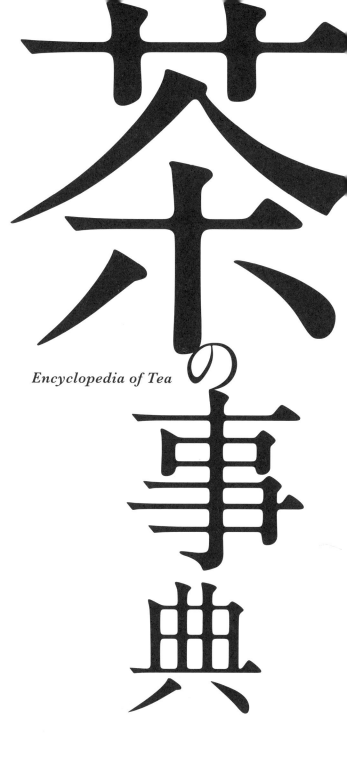

茶の事典

Encyclopedia of Tea

編

大森正司
Masashi Omori

阿南豊正
Toyomasa Anan

伊勢村護
Mamoru Isemura

加藤みゆき
Miyuki Katoh

滝口明子
Akiko Takiguchi

中村羊一郎
Yoichiro Nakamura

朝倉書店

口絵 1 中国種（*Camellia sinensis* var. *sinensis*）の茶樹［本文 p.1 参照］

口絵 2 アッサム種（*C. sinensis* var. *assamica*）の茶樹［本文 p.2 参照］

口絵 3 擂茶の調整（左），および飲むときの具（右）［本文 p.16 参照］

口絵 4 高麗の茶器 ①②青磁托盞，③青磁陽刻花葉文，④鐵製金銀入絲盞．［本文 p.60 参照］

口絵5　朝鮮の茶器
①白磁八角 '祭' 銘注瓶，②粉青沙器印花文碗，③朝鮮白磁茶器セット．［本文 p.63 参照］

口絵6　隠元遺愛　紫泥茶瓶
　　　（大小）（萬福寺蔵）
　　　［本文 p.171 参照］

口絵7　煎茶席荘り［本文 p.177 参照］

口絵8　モロッコの焼き菓子［本文 p.216 参照］

口絵 9　炭疽病の病葉［本文 p.246 参照］

口絵 10　チャハマキの幼虫［本文 p.247 参照］

口絵 11　日光萎凋（晒青）［本文 p.285 参照］

口絵 12　「三紅七緑」の萎凋処理葉写真［本文 p.285 参照］

口絵 13　散茶(左)と緊圧茶(右)［本文 p.289 参照］

口絵 14　タイのミアン［本文 p.294 参照］

口絵 15　ミャンマーのラペソー［本文 p.294 参照］

口絵 16　枝の先端のチャの花芽（左）と腋芽の花芽（右）［本文 p. 317 参照］

口絵 17　チャの種子（左）と果実（右）
　　　　［本文 p. 317 参照］

口絵 18　チャの成葉（左：アッサム種，中：こうろ，右：中国種）
　　　　［本文 p. 318 参照］

口絵 19　水色の審査（日本茶）［本文 p. 458 参照］

口絵 20　紅茶の審査［本文 p. 459 参照］

口絵 21　ティーボウルとソーサー（マイセン，1725年頃）［本文 p. 487 参照］

口絵 22　蓋碗（写真提供：株式会社遊茶）［本文 p. 488 参照］

口絵 23　ティーポット（写真提供：株式会社遊茶）［本文 p. 488 参照］

口絵 24　品芳杯（写真提供：株式会社遊茶）［本文 p. 490 参照］

口絵 25　茶葉罐（写真提供：株式会社遊茶）［本文 p. 490 参照］

口絵 26　富山のバタバタ茶［本文 p. 513 参照］

口絵 27
「春一番のお茶会」コーディネート例
ティー:桜ティー,
ティーフーズ:緑茶あん入り桜餅,抹茶ワッフル,桜ティーゼリー.
［本文 p.517 参照］

口絵 28
「五穀豊穣・秋のお茶会」コーディネート例
ティー:京番茶,焙じ茶,
ティーフーズ:黒豆と焙じ茶のおむすび,あったか芋茶粥,抹茶と黒ごまのガレット.
［本文 p.518 参照］

口絵 29
「かぐや姫のお茶会」コーディネート例
ティー:氷出し玉露,抹茶カクテル,
ティーフーズ:小豆入り抹茶ブレッド,緑茶のふるふるわらび餅.
［本文 p.519 参照］

口絵 30

「ハッピーウェディング」コーディネート例

ティー：ダージリン・ファーストフラッシュ，マリアージュ・フレールの Wedding Tea．

ティーフーズ：アイシングのウェディングケーキ，ベリーの立地スコーン，ピンクのマカロン，シャンパン・ムース．

[本文 p. 520 参照]

口絵 31

「サマータイム・ティー」コーディネート例

ティー：アイスティー・ロイヤル，ヒリーツ・セパレート・ティー，フルーツ．ティー・パンチ，アイスド・ミント・ティー，

ティーフーズ：トマトとバジルのティーサンド，ローズマリー・スコーン．

[本文 p. 520 参照]

口絵 32

「中国茶でタイム・トリップ」コーディネート例

ティー：錦上添花（緑茶），凍頂ウーロン茶（青茶），ジャスミン茶（花茶），

ティーフーズ：ウーロン茶のさっくりドーナツ，ジャスミンティーゼリー，バナナのスリム春巻き．

[本文 p. 521 参照]

口絵 33　煎茶・茎茶の抽出溶液
［本文 p. 523 参照］

口絵 34　深蒸し緑茶・粉茶の抽出溶液
［本文 p. 523 参照］

口絵 35　凍頂ウーロン茶を用いたアサリのスープ
［本文 p. 550 参照］

口絵 36　茶殻ふりかけ［本文 p. 556 参照］

口絵 37　茶殻うどん［本文 p. 556 参照］

銅（酢酸銅）　　　　鉄（木酢酸鉄）　　　媒染剤なし

口絵 38　茶染め綿布と異なる媒染剤による色彩の違い［本文 p. 569 参照］

『茶の事典』の出版によせて

　私が農林省茶業試験場に奉職した40年前には，「茶の湯」に関する本を除けばほとんど茶に関する実用書はありませんでした．このため出版される本はすべて買って読んでいましたが，その後茶に関する図書も年々増加して，今ではすべてに目を通すことも困難になってきました．

　本は文化の象徴であるとするならば，この40年間でわが国の茶の文化も大きく成長したことになります．このような状況のなかで，このたび構想から10年，朝倉書店から待望の『茶の事典』（大森正司他編）が出版されることになりました．

　本書は茶に関する事項を手軽に調べられる事典としての機能を持つだけでなく，どこから読んでも読み切りであるため，気軽に読める読み物としても面白いと思います．

　内容は全8章の構成からなり，第1章は「茶の歴史」として日本・中国だけでなく世界各国の茶業事情が書かれています．第2章の「茶の流通と消費」では，茶馬交易の歴史から，茶が世界に伝搬していったようすが記述されています．また，第3章「茶の文化」では，各国の茶の文化がさまざまな視点からとりあげられており，興味深い内容になっています．第4章は「茶の生産技術」として，茶の品種育成から各種茶の製造法が記載されており，普段目にすることのないお茶の品種改良や製造の現場を見ることができます．第5章「茶の科学」では，チャの植物学的形態から茶の成分までを詳述しています．第6章は「茶と健康」についてとりあげ，最近の研究成果を盛り込んだ新しい知見が紹介されています．第7章「茶の審査と評価・おいしいいれ方」は，茶の審査法のほか，テーブルセッティングなど日常場面での茶の楽しみ方を解説，第8章「茶の利用と応用」では，お茶を使った料理や生活での茶葉の利用法などが興味深く紹介されています．

　このように，本書は近年メディアに溢れている茶に関する情報を整理し，茶

の文化・歴史から科学・医学・料理の分野に至るまで，コンパクトにまとめられた事典です．執筆は第一線で活躍中の102名の先生方が担当されていることから内容にも奥行きがあり，広く一般の読者から茶業関係者まで，身近に置いて役立つ一冊になることと思います．

2017年8月

日本茶業学会会長　武田善行

はじめに

　茶は生活に潤いとゆとりを醸し出すものと思います．
　茶の起源については，中国の陸羽が著書『茶経』の中で「茶は南方の嘉木なり」と記していますが，その「南方」を含めて場所がどこかということについては定かではありません．近年，中国雲南省双江県で発見されました「香竹箐（シャンツーチン）大茶樹」は樹齢が3200年と世界最古であるとされ，これが事実であるとすればその起源は大きく変更されることになります．
　喫茶の起源は神農氏伝説によるところが大きいものですが，一方では当時の中国山奥に住む少数民族が，焚き火で湯を沸かしていた折，ここに茶葉が舞い落ちてきて，何気にこの湯を飲用したときの絶妙な味に驚愕したところから，喫茶の習慣が始まったとも伝えられます．
　人個人でみたときには，茶との出会いはいつごろでしょうか．歯の生えかけた乳幼児の歯を虫歯にしたくないことは，母親は誰しも考えること．しかし，歯磨き粉を使って歯ブラシで磨くことは，乳幼児の場合にはためらわれます．そんなとき，ガーゼに茶をしみこませて，これで軽く口中を拭いてあげれば虫歯予防に効果的です．また，紙おむつのなかった時代，洗ったおむつの最後のすすぎを茶で行ってから干して乾燥するという知恵がありました．これを使うことにより，乳幼児のお尻は格段に快適に改善されます．一方，高齢化社会へと突入しつつあるわが国においては，寝たきりの高齢者も増加の一途であり，そのケアは大きな社会問題ともなっています．このような茶の活用法を図れば，ケアする方もされる方にとっても，真に今日的朗報であると考えられます．個人で見たときには茶との出会いはさまざまかと思われますが，そのかかわり方は生涯にわたり今後ますます大きくなるものと考えられます．
　人もこの地球上ではホモサピエンスという動物の一種です．地球上には動物のほかに，植物と微生物が棲息しており，お互いにニッチェ，うまく棲み分けをして共存しています．これら生き物には，生物であるがゆえの基本的共通事

項があります．まず第一に代謝をすること，第二には刺激反応性を有すること，第三は世代交代をすること．これらの3点は，この地球上に生命を育んでいる生物に，共通に存在する基本的原理と考えられます．

　人間もホモサピエンスであり，さらに万物の霊長である，と自画自賛で自負していますが，地球上では他の微生物，植物，動物と同じように，空気を分け合い，水を分け合い，そして食べ物を分け合って生活しています．この基本原則を万物の霊長であればこそ，他の種に笑われないようにしっかりしなければならないと，実感します．だからこそ限りある地球上の食物を，先進国も途上国も分け合って健康に食べること．そして，家庭においても，可能な限り食品素材を利用して「調理」し，これを家族で，皆で「同席同食」，分け合って，いたわり合って食べることの重要性を感じます．ここにこそ，人と動物の基本的に異なる食べ方があるものと考えられます．

　一般的に動物は茶を好まない（近年，例外も報告されているようですが）とされていますが，日本人は古来より茶を飲用してきました．なぜ茶を飲むのかとの問いについては，成分的にはカフェインの役割が大きいものと考えられます．

　富士山，富岡製糸場が世界文化遺産として，また，和食もユネスコの世界無形文化遺産として登録され，その要としての茶は大きく注目されています．また，各メディアでもしばしば取り上げられ，健康維持にとって効果的と報道されながらも放棄茶園が増大したり，茶価も下がり，後継者問題も取りざたされています．しかし，海外に目を向けると今まで紅茶の国といわれていた国々が緑茶の製造を始めており，世界的には毎年10万t以上の生産量の増加となって，まさに成長産業としての様相を示しています．

　これらは一体どこに，何に起因しているのでしょうか．今，日本の茶業界を構成する生産関係者，流通関係者が真剣な取り組みをされていますので，これを消費者と一緒になって情報発信し，共通理解を図ることが最重要課題であるとも考えられます．

　このような課題解決を推し進めていくとき，その前に横たわる諸問題について，共通認識と共通理解，そしてそのための共通の方法を模索することも重要であると考えられます．

はじめに

　本書は『茶の事典』として，古くてなお新しい問題をも正面からとらえ，先端的事項から現代の生活にかかわる諸問題まで，広く網羅的に編集したものとなっています．つまり茶に関する研究者をはじめ，茶業関係者，学生，一般の方々が，座右の書として手元に置き，しっかり調べて参考にするとか，ちょっとわからないことを調べたい，ということなどにも対応ができるように編集いたしました．

　本書の企画を立ち上げてから，編集委員会の発足，各執筆者への依頼，原稿の収集から校正，刊行まで，諸般の事情により予想外の時間が経過してしまいました．その間に物故された方もおられ，また執筆者の交代などでご迷惑をおかけすることもあり，早くに執筆寄稿された方からは進行の遅れに対しご叱正を受けたこともありました．ここに編集委員とご執筆いただきました先生方にあらためて深くお詫びを申し上げますとともに，あつく御礼を申し上げます．

　また，ここまで辛抱強くご対応頂きました朝倉書店編集部の皆様方に，お詫び方々御礼申し上げたいと思います．

2017 年 8 月

編集者を代表して　大森正司

付記：本書の表現用語について

　本書では茶の歴史・文化から流通消費，生産技術，医学・健康効果，おいしい味わい方や生活への応用まで，茶に関するすべての内容について解説している．

　専門語についてはなるべく表記の統一をはかったが，さまざまな学問分野から茶をとらえて記述しているため，それぞれの分野・研究者の使用法にそって記載し，あえて統一を避けたところもある．また，世界的かつ歴史的な記述の中で，人名・地名・茶の名称などは日本人になじみのある慣用名を主としたが，セクションによっては現地呼称を用いている場合もある．こうした用語のゆれについては，索引で併記しどちらからも引くことができるようにするなどの対応をはかった．

編集者

〔代表〕大森 正司　大妻女子大学名誉教授／お茶大学校長

阿南 豊正	日本茶業学会事務局長	伊勢村 護　静岡県立大学客員教授
加藤 みゆき	香川大学名誉教授	滝口 明子　大東文化大学教授
中村 羊一郎	静岡産業大学客員研究員	

執筆者（五十音順）

青江 誠一郎	大妻女子大学		岡本 由希	和洋女子大学
阿久澤 さゆり	東京農業大学		小川 後楽	小川流煎茶六代家元
浅田 實	創価大学名誉教授		小國 伊太郎	静岡県立大学名誉教授
芦田 均	神戸大学		奥村 静二	株式会社風翠堂
阿南 豊正	日本茶業学会事務局長		小澤 朗人	静岡県農林技術研究所茶業研究センター
阿部 郁朗	東京大学		越智 けい子	株式会社ジャワティー・ジャパン
荒木 琢也	農研機構 果樹茶業研究部門		加藤 みゆき	香川大学名誉教授
荒木 安正	日本紅茶協会名誉顧問		加納 昌彦	成茶加納株式会社
池田 雅彦	常葉大学		烏山 光昭	鹿児島県農業改良普及研究会
石塚 修	筑波大学		川上 美智子	茨城キリスト教大学名誉教授
石山 宗幽	日本茶道院院主		衣笠 仁	株式会社伊藤園
伊勢村 護	静岡県立大学		木下 朋美	鹿児島県立短期大学
磯淵 猛	T・イソブチカンパニー		工藤 宏	入間市博物館
磯部 宏治	前 三重県農業研究所		久保田 佑佳	日本水産株式会社
井上 瞳	愛知学院大学		久留戸 涼子	常葉大学
禹 済泰	中部大学		木幡 勝則	東京都農林総合研究センター
内山 裕美子	味香り戦略研究所		小林 善帆	追手門学院大学
海野 けい子	静岡県立大学		西條 了康	前 香川大学
王 亜雷	日本中国茶協会代表		佐波 哲次	農研機構 果樹茶業研究部門
大島 圭子	東京大学大学院		茶山 和敏	静岡大学
大森 薫	前 福岡県農業総合試験場		澤井 祐典	農研機構 九州沖縄農業研究センター
大森 正司	大妻女子大学名誉教授		塩田 淳子	新宿調理師専門学校

執筆者一覧

清水　　　元	前 日本紅茶協会専務理事	
新家　一男	産業技術総合研究所 創薬研究基盤部門	
杉本　充俊	日本茶インストラクター協会	
鈴木　　　隆	静岡県立大学教授	
須永　恵子	料理研究家	
田浦　良昭	伊藤園産業株式会社	
高庄　敏行	アサヒ飲料株式会社	
高橋　宇正	株式会社寺田製作所	
高橋　忠彦	東京学芸大学	
滝口　明子	大東文化大学	
武田　善行	日本茶業学会会長	
谷端　昭夫	裏千家学園茶道専門学校	
谷　　博司	静岡県経済農業協同組合連合会	
築舘　香澄	淑徳大学	
時光　一郎	人間総合科学大学	
徳永　睦子	有限会社フーディアムトクナガ	
鳥越　美希	料理研究家	
永井　和夫	中部大学	
仲川　清隆	東北大学	
中川　　　大	中部大学	
中川　致之	株式会社佐藤園	
中津川由美	ライター	
中村　修也	文教大学	
中村羊一郎	静岡産業大学	
中村　好志	椙山女学園大学名誉教授	
中村　順行	静岡県立大学	
仁位　京子	洋菓子研究家	
根角　厚司	農研機構 果樹茶業研究部門	
野中　嘉人	日本紅茶協会	
袴田　勝弘	前 農研機構 野菜茶業研究所
橋本　　　浩	花王株式会社
原　　征彦	茶研究・原事務所株式会社
日向　　　進	京都工芸繊維大学名誉教授
廣野　祐平	農研機構 果樹茶業研究部門
深津　修一	元 株式会社寺田製作所
吹野　洋子	前 常磐大学
福司山エツ子	鹿児島女子短期大学名誉教授
福田　伊津子	神戸大学
古橋　瑠美	ギャラックス貿易株式会社
前田　利男	静岡県立大学
増澤　武雄	前 静岡県茶業試験場
松下　　　智	豊茗会会長
水谷　千代美	大妻女子大学
南　　廣子	名古屋女子大学名誉教授
峯木　眞知子	東京家政大学
宮崎　秀雄	佐賀県茶業試験場
宮澤　陽夫	東北大学
村上　宏亮	京都府茶業研究所
村元　美代	盛岡大学
柳内　志織	昭和学院短期大学
山口　真一郎	第一貿易株式会社
山下　まゆ美	織田栄養専門学校
山田　　　浩	静岡県立大学
山本(前田)万里	農研機構 食品研究部門
横越　英彦	静岡県立大学名誉教授
吉冨　　　均	前 農研機構 野菜茶業研究所
依田　　　徹	遠山記念館
李　　瑛子	韓国茶礼道研究家

目　　次

第1章　茶　の　歴　史 …………………………………………………………… 1
1.1　茶利用の始まり ……………………………………………〔武田善行〕… 1
1.1.1　植物としてのチャおよびその利用 ………………………………… 1
1.1.2　チャの原産地 ……………………………………………………… 4
1.1.3　中国から東南アジア一帯にわたるチャの利用地帯の概括 ……… 11
1.2　中国における茶 …………………………………………………………… 14
1.2.1　飲茶の開始と漢代の茶 ……………………………〔松下　智〕… 14
1.2.2　『茶経』と唐代の茶 ………………………………〔高橋忠彦〕… 19
1.2.3　宋代の茶 ……………………………………………〔高橋忠彦〕… 22
1.2.4　釜炒り茶の始まりと普及 …………………………〔松下　智〕… 25
1.2.5　ウーロン茶と紅茶の始まり ………………………〔松下　智〕… 28
Tea Break 〈世界お茶めぐり〉インド・ダージリン …………〔中津川由美〕… 33
1.3　日本における茶 …………………………………………………………… 34
1.3.1　茶利用の始まり ……………………………………〔中村修也〕… 34
1.3.2　栄西以降の茶 ………………………………………〔中村修也〕… 37
1.3.3　抹茶と番茶 ………………………………………〔中村羊一郎〕… 41
1.3.4　煎茶製法の始まりと普及 ………………………〔中村羊一郎〕… 45
1.3.5　茶輸出の開始と製茶技術の発展 ………………〔中村羊一郎〕… 46
1.3.6　機能性への着目 …………………………………〔中村羊一郎〕… 51
1.4　韓国における茶 ………………………………………………〔李　瑛子〕… 53
1.4.1　高句麗の茶文化 ……………………………………………………… 53
1.4.2　百済の茶文化 ………………………………………………………… 54
1.4.3　伽倻の茶文化 ………………………………………………………… 54
1.4.4　新羅の茶文化 ………………………………………………………… 54
1.4.5　高麗の茶文化 ………………………………………………………… 57
1.4.6　朝鮮の茶文化 ………………………………………………………… 60
1.4.7　現代の茶文化 ………………………………………………………… 63
1.5　インド・東南アジアの茶 ………………………………………………… 64
1.5.1　インドシナ半島の茶 ……………………………〔中村羊一郎〕… 64

	1.5.2	インドの茶 ……………………………………………………〔松下　智〕	66

Tea Break　東インド会社とアッサム茶 ………………………〔浅田　實〕…70

	1.5.3	インドネシアの茶 ………………………………………〔越智けい子〕	71
1.6	茶産地の世界的拡大 …………………………………………………………		73
	1.6.1	トルコの茶生産 …………………………………………〔古橋瑠美〕	73
	1.6.2	アフリカの茶生産 ………………………………………〔大島圭子〕	77
	1.6.3	オーストラリアとニュージーランドの茶生産 ……〔田浦良昭〕	80

第2章　茶の流通と消費 …………………………………………………84

2.1	アジア地域 ………………………………………………〔高橋忠彦〕		84
	2.1.1	茶利用開始の伝説 ………………………………………………	84
	2.1.2	茶馬交易 …………………………………………………………	87
	2.1.3	皇帝の茶と庶民の茶 ……………………………………………	89
	2.1.4	中国名茶と産地形成 ……………………………………………	93

Tea Break　〈世界お茶めぐり〉ネパール ……………………〔中津川由美〕…97

2.2	アジアからヨーロッパ・アメリカへ ……………………〔滝口明子〕		98
	2.2.1	ヨーロッパへの伝播（その契機／初期の茶の実態）………	98
	2.2.2	謎の植物，チャ …………………………………………………	100
	2.2.3	英国紅茶論争 ……………………………………………………	105
2.3	茶の世界的流通 …………………………………………〔滝口明子〕		109
	2.3.1	世界商品としての茶（概論）…………………………………	109
	2.3.2	東インド会社 ……………………………………………………	110
	2.3.3	茶税と密輸 ………………………………………………………	114
	2.3.4	インドにおける中国種茶樹移植の試みとアッサム種発見 …	116
	2.3.5	茶を運んだ船 ……………………………………………………	122

Tea Break　ティー・クリッパーの時代—興隆と衰退— ………〔浅田　實〕…126

2.4	世界の茶業界 ………………………………………………………………		127
	2.4.1	世界に拡大する紅茶生産 ………………………〔磯淵　猛〕	127
	2.4.2	紅茶市場の実態 …………………………………〔磯淵　猛〕	134

Tea Break　わが国の紅茶輸入と消費の歴史 …………………〔荒木安正〕…137

	2.4.3	中国茶市場の状況 ……………………………〔山口真一郎〕	139
	2.4.4	日本茶の流通構造 ………………………………〔加納昌彦〕	141
	2.4.5	茶業政策 …………………………………………〔加納昌彦〕	144
	2.4.6	日本茶インストラクター ………………………〔奥村静二〕	146
	2.4.7	紅茶インストラクター …………………………〔野中嘉人〕	147

Tea Break 日本紅茶協会（JTA）について……………………〔荒木安正〕…149

第3章　茶の文化………………………………………………………151
3.1　中国の茶文化……………………………………〔高橋忠彦〕…151
　　3.1.1　中国茶文化概論……………………………………………151
　　3.1.2　文人の茶……………………………………………………154
　　3.1.3　銘茶の物語…………………………………………………157
　　3.1.4　茶芸の始まりと普及………………………………………161
3.2　日本の茶文化……………………………………………………164
　　3.2.1　茶道概史……………………………………〔谷端昭夫〕…164
　　3.2.2　江戸時代の茶道……………………………〔谷端昭夫〕…167
　　3.2.3　煎茶（道）の発展…………………………〔小川後楽〕…169
　　3.2.4　江戸時代庶民の茶…………………………〔谷端昭夫〕…179
　　3.2.5　茶の文学……………………………………〔石塚　修〕…181
　　3.2.6　茶と花………………………………………〔小林善帆〕…184
　　3.2.7　茶　室………………………………………〔日向　進〕…186
　　3.2.8　茶道具………………………………………〔依田　徹〕…188
Tea Break 〈世界お茶めぐり〉スリランカ・デニヤヤ……〔中津川由美〕…191
3.3　アジアの茶文化…………………………………〔中村羊一郎〕…192
　　3.3.1　中国少数民族の茶…………………………………………192
　　3.3.2　チベット・モンゴルの茶…………………………………195
　　3.3.3　婚姻，葬儀の茶……………………………………………196
3.4　欧米の茶文化……………………………………〔滝口明子〕…198
　　3.4.1　欧米の茶文化概論…………………………………………198
　　3.4.2　イギリスを中心とした茶文化の諸相……………………201
　　3.4.3　茶道具とマナー……………………………………………206
Tea Break コーヒーハウス・茶店・喫茶店―イギリスの場合―〔浅田　實〕…214
3.5　北アフリカの茶文化……………………………〔大島圭子〕…215

第4章　茶の生産技術…………………………………………………219
4.1　チャの育種…………………………………………………………219
　　4.1.1　チャの品種育成……………………………〔根角厚司〕…219
　　4.1.2　チャのバイオテクノロジー………………〔中村順行〕…228
Tea Break 〈世界お茶めぐり〉ベトナム………………〔中津川由美〕…233
4.2　チャの栽培…………………………………………………………234

4.2.1　茶園づくりから摘採まで……………………………〔谷　博司〕…234
4.2.2　茶園の土づくりと肥培管理……………………〔烏山光昭・廣野祐平〕…241
4.2.3　チャの病害虫と防除技術………………………〔磯部宏治・小澤朗人〕…245
4.2.4　茶園管理の機械化・IT化………………………………〔荒木琢也〕…249
Tea Break　〈世界お茶めぐり〉インドネシア・ジャワ………〔中津川由美〕…253
4.3　緑茶製造………………………………………………………………254
4.3.1　煎茶・釜炒り茶の製造と再製技術……………………〔宮崎秀雄〕…254
4.3.2　玉露の栽培・製造技術……………………………………〔大森　薫〕…259
4.3.3　てん茶および抹茶の栽培・製造技術……………………〔村上宏亮〕…262
4.3.4　製茶機械の自動化・省エネルギー・低コスト化………〔吉冨　均〕…265
4.3.5　機能性等を高めた緑茶製造（ギャバロン茶）…………〔澤井祐典〕…268
4.4　紅茶・半発酵茶・後発酵茶製造………………………………………275
4.4.1　紅茶の製造と種類…………………………………………〔武田善行〕…275
Tea Break　わが国紅茶生産の歴史………………………………〔荒木安正〕…280
4.4.2　ウーロン茶・半発酵茶の製造技術………………………〔高橋宇正〕…281
4.4.3　後発酵茶の製造技術………………………………………〔加藤みゆき〕…289
4.5　茶飲料製造……………………………………………………………295
4.5.1　茶飲料の製造技術…………………………………………〔衣笠　仁〕…295
4.5.2　機能性を増強した茶飲料の開発・製造…………………〔橋本　浩〕…299
4.5.3　嗜好の多様化に対応した茶飲料の開発・製造…………〔高庄敏行〕…309

第5章　茶の科学……………………………………………………………312
5.1　茶の分類……………………………………………〔袴田勝弘〕…312
5.1.1　不発酵茶（緑茶）…………………………………………………312
5.1.2　半発酵茶……………………………………………………………313
5.1.3　発酵茶（紅茶）……………………………………………………313
5.1.4　後発酵茶……………………………………………………………314
5.2　茶の形態と組織……………………………………〔佐波哲次〕…314
5.2.1　芽の形成と芽の内部組織分化……………………………………314
5.2.2　開葉後の葉の生育…………………………………………………315
5.2.3　新芽の成長…………………………………………………………316
5.2.4　花芽の分化から結実まで…………………………………………316
5.2.5　チャの変種とその形態的相違……………………………………318
5.2.6　チャの変種とその新芽中化学成分の相違………………………319
5.3　茶の成分………………………………………………………………320

5.3.1　茶の一般成分………………………………………〔木幡勝則〕…320
　5.3.2　茶のビタミン………………………………………〔阿南豊正〕…325
　5.3.3　茶の水色成分………………………………………〔西條了康〕…327
　5.3.4　茶の香気成分……………………………………〔川上美智子〕…335
　5.3.5　茶の呈味成分………………………………………〔澤井祐典〕…357
　Tea Break　〈世界お茶めぐり〉マレーシア……………〔中津川由美〕…367
5.4　茶の微生物………………………………………………〔加藤みゆき〕…368
　5.4.1　後発酵茶中の微生物について……………………………………368
　5.4.2　茶成分への影響……………………………………………………370

第6章　茶と健康…………………………………………………………373

6.1　茶と身体……………………………………………………………………373
　6.1.1　茶成分の体内吸収と代謝………………〔仲川清隆・宮澤陽夫〕…373
　6.1.2　茶飲用の生体への効果………………………………〔吹野洋子〕…380
　6.1.3　脳機能調節……………………………………………〔横越英彦〕…385
　6.1.4　老化制御……………………………………………〔海野けい子〕…388
　6.1.5　茶カテキン摂取による整腸作用………………………〔原　征彦〕…390
　6.1.6　過剰摂取による障害………………〔小國伊太郎・茶山和敏〕…393
6.2　茶と疾病……………………………………………………………………398
　6.2.1　抗認知症………………………………………………〔新家一男〕…398
　6.2.2　抗がん………………………………〔小國伊太郎・中村好志〕…400
　Tea Break　〈世界お茶めぐり〉パプアニューギニア………〔中津川由美〕…416
　6.2.3　抗動脈硬化症…………………………………………〔阿部郁朗〕…417
　6.2.4　抗アレルギー………………………………………〔山本(前田)万里〕…419
　6.2.5　抗高血圧症……………………………………………〔大森正司〕…422
　6.2.6　脳卒中予防……………………………………………〔池田雅彦〕…425
　6.2.7　抗糖尿病………………………………………………〔前田利男〕…428
　6.2.8　抗肝障害………………………………………………〔伊勢村護〕…430
　6.2.9　抗肥満…………………………………………………〔時光一郎〕…433
　6.2.10　抗骨粗鬆症………………………〔永井和夫・中川　大・禹　済泰〕…435
　6.2.11　自己免疫病発症抑制…………………………………〔茶山和敏〕…438
　6.2.12　抗ウイルス……………………………………………〔鈴木　隆〕…440
　6.2.13　抗菌…………………………………………………〔山田　浩〕…443
　6.2.14　抗環境ホルモン……………………………………〔久留戸涼子〕…445
　6.2.15　抗環境汚染物質毒性………………〔芦田　均・福田伊津子〕…448

第7章　茶の審査と評価・おいしいいれ方 ……………………………… 452
7.1　茶の審査 ……………………………………………………………… 452
7.1.1　審査設備 ………………………………………〔増澤武雄〕… 452
7.1.2　審査器具と審査要領 …………………………〔増澤武雄〕… 454
7.1.3　外観審査 ………………………………………〔増澤武雄〕… 459
7.1.4　内質審査 ………………………………………〔増澤武雄〕… 461
7.1.5　茶の審査の採点法と審査用語 ………………〔深津修一〕… 463

Tea Break　〈世界お茶めぐり〉ケニア ……………………〔中津川由美〕… 470

7.1.6　感覚器官 ………………………………………〔青江誠一郎〕… 471
7.1.7　科学的審査法 …………………………………〔中川致之〕… 475

7.2　茶のおいしいいれ方 ………………………………………………… 477
7.2.1　水質 ……………………………………………〔内山裕美子〕… 477
7.2.2　水温による茶成分の溶出の違い ……………〔中川致之〕… 481
7.2.3　茶器 ……………………………………………………………… 483
　　　a.　日本茶器 …………………………………〔工藤　宏〕… 483
　　　b.　紅茶器 ……………………………………〔井上　瞳〕… 485
　　　c.　中国茶器 …………………………………〔王　亜雷〕… 488
7.2.4　日本茶の淹れ方 ………………………………〔杉本充俊〕… 493
7.2.5　紅茶のいれ方 …………………………………〔清水　元〕… 504
7.2.6　中国茶のいれ方 ………………………………〔王　亜雷〕… 505
7.2.7　抹茶のいれ方 …………………………………〔石山宗幽〕… 510
7.2.8　黒茶のいれ方 …………………………………〔加藤みゆき〕… 512
7.2.9　茶の保存 ………………………………………〔築舘香澄〕… 514

7.3　茶をおいしく味わうために ………………………………………… 516
7.3.1　テーブルセッティング ………………………〔須永恵子〕… 516
7.3.2　日本茶のプレゼンテーション ………………〔奥村静二〕… 521
7.3.3　紅茶のプレゼンテーション …………………〔野中嘉人〕… 524

Tea Break　「紅茶の日」と大黒屋光太夫 ………………〔荒木安正〕… 526

第8章　茶の利用と応用 ……………………………………………………… 528
8.1　茶の利用と応用のために ……………………………〔大森正司〕 528
8.1.1　茶の機能性とおいしさ研究から ………………………………… 528
8.1.2　茶を食べる―お茶料理の研究 ……………………………………… 529

8.2　食用としての利用 …………………………………………………… 531
8.2.1　茶懐石料理 ……………………………………〔福司山エツ子〕… 531

   8.2.2　普茶料理・・〔德永睦子〕・・・535
   8.2.3　茶がゆ・・〔南　廣子〕・・・538
   8.2.4　お茶漬け・・〔鳥越美希〕・・・541
   8.2.5　茶と菓子・・〔仁位京子〕・・・543
   8.2.6　茶と魚料理・・〔峯木眞知子〕・・・547
   8.2.7　茶と肉料理・・〔柳内志織〕・・・551
   8.2.8　食べるお茶・・〔木下朋美〕・・・552
   8.2.9　茶殻の利用（食用として）・・・・・・・・・・・・・・・・・・・・・・・・・・・・・・〔村元美代〕・・・554
   8.2.10　茶と乳・・〔阿久澤さゆり〕・・・557
   8.2.11　お茶とドリンク・・・・・・・・・・・・・・・・・・・・・・・・・・・・・・・・・・・・・・〔大森正司〕・・・559
   8.2.12　茶と砂糖・・・〔塩田淳子〕・・・564
 8.3　生活への利用・・・568
   8.3.1　茶の草木染め・・〔水谷千代美〕・・・568
   8.3.2　茶の脱臭効果・・〔岡本由希〕・・・570
   8.3.3　茶とうがい・・〔塩田淳子〕・・・572
   8.3.4　お茶風呂・・〔山下まゆ美〕・・・574
   Tea Break　お茶風呂体験・・・・・・・・・・・・・・・・・・・・・・・・・・・・・・・・・〔山下まゆ美〕・・・575
   8.3.5　茶と香粧品・・〔久保田佑佳〕・・・576

索　　引・・579

資　料　編・・589

第1章 茶の歴史

1.1 茶利用の始まり

1.1.1 植物としてのチャおよびその利用

a. 植物としてのチャと作物としてのチャ

(1) 植物としてのチャ

植物としてのチャ（の木）は一般には「チャ」とカタカナで表記し，チャの葉を加工したものは「茶」と漢字で表記する．ただし，「茶樹」などのように一見して植物のチャとわかる場合や，慣用的に用いられる用語では漢字で表記されることも多い．

チャはツバキ科（Theacea）の常緑樹で，学名は *Camellia sinensis* (L.) O. Kuntze である．わが国で栽培されているのは灌木性の小葉種で，一般には中国種（*Camellia sinensis* var. *sinensis*；var. は varietas の略で，変種を表す）と称される（図1.1）．一方，インド，ミャンマーなどで栽培される高木性の大葉種はアッサム種（*Camellia sinensis* var. *assamica*）と呼ばれている（図1.2）．

成葉の大きさは，中国種では5～8 cm，葉幅2～4 cm で先端は尖らない．アッサム種は中国種に比べて大きく，葉長12～20 cm，葉幅6～10 cm で，大きいものは葉長が30 cm に達するものもある（図1.3）．

農業・食品産業技術総合研究機構 果樹茶業研究部門 枕崎茶業研究拠点で保存さ

図1.1 中国種（*Camellia sinensis* var. *sinensis*）の茶樹 [巻頭口絵1参照]

図1.2 アッサム種（*Camellia sinensis* var. *assamica*）の茶樹［口絵2参照］

図1.3 中国種（左：'やぶきた'）とアッサム種（右：'Ak744'）の成葉の大きさの比較

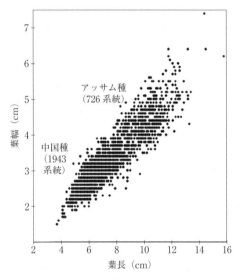

図1.4 成葉の葉長，葉幅からみたアッサム種系統と中国種系統の分布

れている中国種，アッサム種を含む茶遺伝資源（2669系統）について，成葉の葉長，葉幅を調査したところ，アッサム種と中国種との間には明確な境界はなく，連続的な変異を示すことが認められた（図1.4）．

チャには自家不和合性という性質があり，自家受粉しても受精することはまれで自家受精率は5%以下である．チャでは常に遺伝子型の異なる花粉と受精するため，で

きた種子は雑種となる．このため親と同じものを得るためには，挿し木などの栄養繁殖を行う必要がある．

(2) 作物としてのチャ

作物としてのチャをみると，栽培適地は年間降水量が1300 mm 以上で，平均気温が 14～16℃であり，冬季の最低気温が−10℃を下らない所である．土壌もチャの栽培では重要な要素であり，耕土の深い酸性土壌が適する．土壌酸度（pH）は pH 4.5 ～5.5 の弱酸性土壌が適する．pH 5.5 を超し，一般の作物では好適な弱酸性～中性の土壌では根の伸長が著しく抑制される．一方酸性には強く，pH 4 以下の強酸性土壌でも目立った生育障害は認められない．

(3) チャの生育周期

チャは 2～3 月中旬に休眠からさめ，新芽を伸ばす．これが萌芽であり，伸びた新芽が一番茶となる．新芽が十分に生長すると伸長が一時停止するが，まもなく頂芽，腋芽が伸長を始める．これを年間 3～4 回繰り返し，秋の気温降下とともに伸長を停止し，12 月中～下旬に休眠に入る．

チャは需葉作物（葉を利用する作物）であるため，新芽が伸びると摘採し，製茶して茶となる．このため作物としてのチャの生育周期は自然状態のチャのそれとは異なり，摘採によって大きく制約を受ける．したがって，チャの栽培技術とは，摘採，整枝および肥培管理を適正に行い，生育を人為的に制御して収量，品質を最高の状態にすることである．

b. チャとカメリア属近縁野生種

チャはカメリア属（ツバキ属；*Camellia*）の 1 つの種（species）であるが，チャ属（*Thea*）として独立させる分類法も現在根強く残っている．チャとツバキでは花の構造が異なり，チャでは 5 枚の萼片と 2 枚の苞がよく分化し，萼片は開花後も落ちないで果実に残存する．一方，ツバキでは萼片と苞の分化が明瞭ではなく，萼苞を形成し，開花後脱落する．この萼と苞の分化および脱落性の相違を同属の範囲とみるかどうかによって見方が大きく分かれるが，現在ではチャもツバキもカメリア属とするのが一般的である．

カメリア属にはチャ，ツバキをはじめいろいろな種が包含されており，これまでにも多くの分類法が示されてきた．これらのなかで，イギリスのキュー（Kew）植物園でカメリア属の分類の研究をしていたシーリー（J. Robert Sealy）が "*A Revision of Genus* Camellia（カメリア属の改訂）"（1958）を著し，ツバキ属内の植物を花柱の合着程度，総苞または小苞の存在程度に着目して 12 の節に分け，その下に種を置く分類法を発表し，これが長い間分類の基準として用いられてきた．ここではシーリーに準じチャはチャ節（section Thea）に含め，学名を *Camellia sinensis* (L.) O. Kuntze とした．また，種の下に 2 つの変種，すなわち中国種（*C. sinensis* var. *sinensis*）と

アッサム種（*C. sinensis* var. *assamica*）を設けた．さらに，*C. sinensis* var. *sinensis* の form として *macrophyla*（こうろ種）と *parvifolia*（小葉種）に 2 分類した．

1970 年代以降になると中国ではカメリア属の新種の発見が相次ぎ，シーリーの分類では対応が困難になってきた．このため新しい分類法が中国の張宏達（1981），閔天禄（1999）などにより提唱された．張の分類は，当時明らかにされた中国産の種を中心として，カメリア属を花柄上の総苞（この器官が分化すると小苞と萼に区別される）の状態，雌蕊（雌しべ）の合着程度から 4 区分，19 節に分類した．閔はカメリア属の分類において，花柄の有無，総苞または萼と小苞の分化程度，雄蕊数と花糸の合着程度，心皮の合着程度，花柱の合着程度，子房の室数などを重視した分類により，張の 4 亜属を 2 亜属にまとめ，おもにシーリー以後に記載された節を整理して 14 節，約 120 種に分類した．

近年，ベトナムのカメリア属が明らかになりつつあり，カメリア属の分類は今後とも議論が続くものと思われる．ここでは現在でも広く受け入れられているシーリー（1958）の分類を基準に，わが国で栽培されているおもなカメリア属植物を図 1.5 に示す．

チャはカメリア属のなかでも特異な存在である．成分面からみると，チャはカフェイン，テアニン（アミノ酸の一種）および (−)-エピカテキンガレート（ECg），(−)-エピガロカテキンガレート（EGCg）などのエステル型カテキンを葉に多量に含有している．これらの成分はチャ以外のカメリア属植物にはほとんど含まれていないことから，チャを特徴づける成分となっている（表 1.1）．

また，生育面では，チャは新芽を摘採するとすぐに次の新芽が形成され，二番茶芽，三番茶芽となって伸長する．このような特性は，チャ節を除く他のカメリア属植物では認められない特性である．

このような特異性はチャが作物として成立したことと密接に関連している．上記以外にも，耐寒性，耐病性などの変異もきわめて大きく，このため分布域が他のカメリア属植物に比べて格段に広いのも特徴である．

1.1.2 チャの原産地
a. 栽培植物の起原に関する研究

栽培植物の起原に関する研究はスイスの植物学者ド・カンドル（De Candoll）に始まる．彼は 1883 年に『栽培植物の起原』を著し，文明における栽培植物の位置づけを行って起原の重要性を説いた．彼の取り扱った栽培植物は 249 種に及び，その研究方法は植物学を柱とし，古生物学，歴史学，考古学および言語学など広範囲にわたった．

ド・カンドル後，栽培植物の起原に関して顕著な業績をあげたのはロシアの植物学者バビロフ（N. I. Vavillov）とその一派である．彼らは，集団の遺伝的変異性はその

1.1 茶利用の始まり

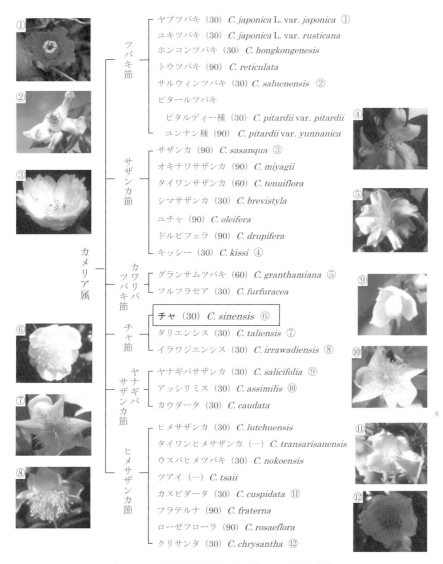

図1.5 わが国で栽培されているおもなカメリア属植物
分類・系統に関しては諸説あるが，ここではシーリー（1958）の分類に準じた．（ ）内は染色体数．

種が発祥し，他の地域への伝播の中心となった地域が最も大きいという分析結果に基づいて「植物地理的微分法」を提唱し，この方法によって栽培植物の発祥地を決定した．

バビロフらは作物を属，種および変種にまで分類し，地域別に変種数を調査して最

表1.1 カメリア属 (*Camellia*) 葉中の主要成分の分布 (永田, 1986)

節 (section)	種 (species)	染色体数 (2n)	カフェイン (乾物%)	テアニン (乾物%)	カテキン (乾物%)				
					(−)-EC	(+)-C	(−)-EGC	(−)-ECg	(−)-EGCg
チャ	チャ (中国種)	30	2.78	1.21	1.13	0.07	2.38	1.35	8.59
	チャ (アッサム種)	30	2.44	1.43	1.44	0.02	0.35	3.35	12.1
	タリエンシス	30	2.54	0.27	0.58	tr.	0.8	1.9	6.84
	イラワジエンシス (2系統)	30	0〜0.02	0.24	0.76	0.03	0.12	0.75	0.25
ツバキ	ヤブツバキ	30	0	0	4.81	0.25	0	0	0
	ユキツバキ (2系統)		0	0	3.35	1.27〜2.04	0	0	0
	ホーザンツバキ (2系統)		0	0	0.11	3.21	0	0	0
	トウツバキ	90	0	0	0.26	0.11	0	0	0
	サルウインツバキ (2系統)	30	0	0	0.35〜1.54	0〜0.07	0	0	0
	ピタルディー	30	0	0	6.64	0.25	0.46	0	0
カワリバツバキ	フルフラセア		0	0.02	0.16	0.58	0.05	0	0
	グランサムツバキ (2系統)		0	0	0.13	1.37〜3.10	0	0	0
サザンカ	サザンカ (2系統)	90	0	0	0.03	0	0	0	0
	キッシー (3系統)	30	0〜0.02	0	tr.〜0.04	0	0	0	0
	オレイフェラ	90	0	0	0	0.17	0	0	0
ヒメサザンカ	5系統		0	0	0	0	0	0	0
ヤナギバサザンカ	3系統		0	0	0	0	0	0	0

注:2系統以上の場合の含量は,近似しているものは平均値,その他は最小値と最高値で表示。

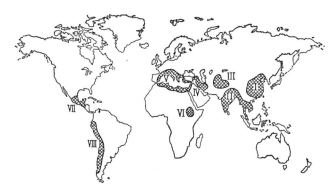

図 1.6 バビロフ（1951）が示した栽培植物起原の 8 大中心地
Ⅰ：中国地区，Ⅱ：インド～マレー地区，Ⅲ：中央アジア地区，Ⅳ：近東海地区，Ⅴ：地中海地区，Ⅵ：アビニシア（エチオピア）地区，Ⅶ：中米地区，Ⅷ：南米地区．

も変種数の多い地方をその作物の発祥地とした．一般にこの地域は遺伝子が最も多く集積された遺伝子中心地となる．ここでは優性遺伝子が多数存在し，その中心地から遠ざかるにつれて変種数は減少し，しかも劣勢遺伝子が多く見いだされると考えた．中心から同心円状に拡がるとき，中心地以外の所で変異が集積されれば，そこを第一次中心地とした．さらに，そこから派生して別の場所で新たに遺伝子の集積が行われれば，それを第二次中心地とした．これに基づいて，1951 年に栽培植物の起原に関する 8 大中心地を明らかにした（図 1.6）．

b. チャの起原における一元説と二元説

チャの学名は *Camellia sinensis* である．「sinensis」はラテン語で「中国」を意味する．また，茶の呼称は世界のいずれの国も中国語を語源とする「テ（The）」か「チャ（Cha）」であり，利用の歴史からみてもチャ（茶）は中国が発祥であることは間違いないところである．

しかしながら，1823 年にイギリスの陸軍大佐ロバート・ブルース（Robert Bruce）によってアッサム山中で野生とみられるチャが発見された．ブルースはその標本をインドのカルカッタ植物園長ウォーリッチ（N. Wallich）博士に送って鑑定を依頼したが，中国種のチャの形態と大きく異なっていたためにすぐにはチャとは識別されなかったと言われている．

チャの起原についてド・カンドルはインドの平原と中国の平原を分かつ山国としたのに対し，ジャワでチャの研究をしていたコーヘン・スチュアート（C. P. Cohen Stuart）（1919）はこの起原説に反対した．彼は，この山脈地帯をチャの起原地とするならば，種々の型のものがこの地より出た後，それぞれの地域において自然淘汰を

受けて現在の姿（アッサム種，中国種）になったと考えなければならないとした．しかし，上述のようにアッサム種と中国種の形態が大きく異なることから，中国の小葉種はアッサムのものとはまったく無関係に中国東部地域で他のチャ属（*Thea*）あるいはカメリア属（*Camellia*）の植物の間に発生した，とする二元説を提唱した．

一方，わが国では中尾佐助が『栽培植物と農耕の起源』（1966）の中で，中国種の原産地は中国南部であるとし，アッサム種の原産地はアッサムの東，アラカン山脈山地の北ビルマのカチン高原だとして二元説を唱えた．

"*All About Tea*"（1935）を著したユーカース（W. H. Ukers）は，その著書の中でチャの発祥地を中国西南部，ミャンマー（ビルマ），インドシナ，アッサムを含む広い地域としている（図 1.7）．

その後，イギリスの植物学者イーデン（T. Eden）（1958）はエーヤワディー（イラワジ）川水源に近い中心地から中国東南部，インドシナ，アッサム地方に伝播したとする一元説を提唱した．

1970 年代になると日本の橋本・志村（1978）が，日本，中国，インド，ミャンマー各地で採集した材料をもとに葉の形態的形質に基づいてクラスター分析を行い，中国の四川および雲南地方をチャの起原とする一元説を提唱した．

一方，中国では呉覚農らが「茶樹在我国西南地区的自然分布」（1979）と題する論文を発表し，チャの原産地を中国西南地区とした．その根拠として，古代の地殻変動の状況や四川南部および雲南北部などは氷河期の影響を受けなかったために多くの古い植物が保存されており，チャもこの地域を起原として生き残った植物であるとした．

中国，中山大学の庄晩芳は「茶樹原産於我国何地」（1981）の中で，四川，貴州および雲南の三省が隣接し合う大婁山系（ターロウ）のチャは樹形，葉，花，果実の変異が大きいと

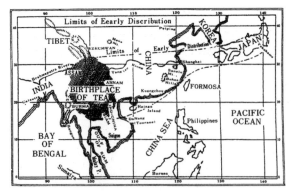

図 1.7 ユーカースが著書中（*All About Tea*, 1935）で示したチャの発祥地（斜線部）と分布域（破線内部）

して，チャの起原を雲貴高原に求めている．

　チャの起原を考える場合，歴史的，形態的要素とともに遺伝学的な考察も重要である．これまでの多くの研究からアッサム種と中国種は染色体の形状も基本数（$n=15$）も同じであり，両変種間の交雑は自由に行え，かつ，その後代も正常であることから，2つの変種間には遺伝的な差異がないことが広く認められている．このことはアッサム種と中国種は同じ起原から発していることを支持するものと考えられる．

　このように現在では，チャの原産地は中国西南部の雲貴高原を中心とする山岳地帯とする説が有力になっている．チャがここを起原に周辺に伝播して現在のようなアッサム種と中国種に分化したと考えると，その伝播の時期が問題となる．

　大石貞男はその著『日本茶業発達史』[2]の中で，「茶が照葉樹林地帯の植物として一元論的に発生したとしても，アッサム種のような耐寒性の弱い大葉喬木になる亜熱帯性植物であるものと，日本種のようにきわめて強い耐寒性をもち，小葉灌木であるものとはかなり早い時期に分化が行われた」としている．一方，鳥屋尾忠之は『遺伝学的にみたチャの起原と分布』（1996）の中で，「発祥地の多様な立地条件に適応した生態型は，変種レベルに分化し，さらに種内は自由に交雑でき生殖的隔離は認められないことからこれらの種内分化はカメリア属の進化の歴史の上では比較的新しいものと考えられる」としている．

　チャの起原および分化については，今後遺伝学的および生化学的手法による研究のアプローチが期待される．

a. 日本のチャの起原

　ユーカースが"*All About Tea*"の中で表したチャの分布は，チャが今日のように広く分布する以前の自然分布に近い状態を表していると考えられる．これを見ると，チャの発祥地から大きく東に分布が偏り，その東端に日本が含まれている．わが国のチャの起原については，日本人が茶を飲む以前にすでにチャがあったとする自生説と，唐，宋時代に僧侶などにより飲茶の風習とともに招来されたとする伝来説とがある．現在では日本がチャの自生地であった可能性は小さいと考えられている．

　それではいつ，どこから伝えられたのかが問題となる．有史以前に日本に到達し，分布していれば自生となるであろうし，その後，大陸から人の移動あるいは文化の交流によってもたらされたものであれば招来ということになる．大石貞男は『日本茶業発達史』[2]の中で非常に古い時代にわが国にもたらされたものとして史前帰化植物との考え方を示したが，これはどちらかといえば自生説に近い考え方である．

　考古学的な考察では，1940年，埼玉県南埼玉郡柏崎村の真福寺の泥炭層から数十粒の種子中からチャの実が見つかったとの報告や，山口県宇部市ではチャの葉と種子の化石が発見されたとの報告がある．縄文人，弥生人の遺跡からチャの種子が発見されたとしてもそれが日本でチャが自生していたことを直接説明するものではないが，

宇部の化石は古第三紀始新世後期（約5500万年前）と推定されていることから，これがチャに間違いなければ自生説を支持する有力な根拠となるだろう．しかし，現在その信憑性を問う声もあり，積極的な支持は得られていない．

谷口熊之助は「ヤマチャ調査報告」（1936）でヤマチャが北は関東から南は南九州にいたるまで広範囲に存在することを明らかにしたが，日本の山中にこのように広範囲にヤマチャが存在することは人手による伝播とは考えにくいとして自生説を支持した．ヤマチャのこのような広範囲な分布の事実は，その後，自生説をとる多くの人々の有力な根拠となっている．

上記のような考え方に対して，1950年代以降新たなヤマチャの調査が行われ，それらに基づいて松下智は「日本茶の起原におけるヤマチャ」（2003）の中で①ヤマチャには古木が認められない，②ヤマチャの生存する所は必ず焼畑農耕文化が存在した，③日本の照葉樹林地帯にはヤマチャをみることができない，④ヤマチャの分布は人工的に手が加えられた地域に限定される，⑤日本のヤマチャにも「こうろ」種が出現する，などから，日本のヤマチャは自生ではなく渡来したものであると結論している．

それでは渡来の時期が問題となる．『日本後紀』（840）によると，弘仁6年（815）4月に嵯峨天皇が近江国の韓崎に行幸し，梵釈寺に詣でた折，この寺の大僧都永忠が自ら茶を点て奉ったとある．このときの茶によるもてなしをたいへん喜ばれた天皇は，同年6月には畿内をはじめ近江，丹波，播磨の諸国にチャの栽培を命じ，毎年これを献上せしめたと記されている．この記述からすると，すでにチャの木は近畿地方の広い範囲で当時相当栽培されていたことが想像できる．したがって，チャは遣唐使などの派遣以前にもいろいろな形で日本に導入されていたものと容易に想像される．

それでは，日本のチャはどこから入ったのであろうか．これについて松元哲（2003）は，カテキンの生合成の初期の反応に働く酵素の一種で，カテキン含量に密接に関係するPAL（フェニルアラニンアンモニアリアーゼ）のcDNAを用いたRFLP解析により，日本の在来種・ヤマチャと中国，韓国のチャを比較している．それによると，①日本の在来種とヤマチャの間にはRFLPパターンに差異がない，②日本の在来種，ヤマチャは著しく変異の幅が小さい，③中国および韓国のチャは変異が大きく多様である，④朝鮮半島はチャの生育可能な地域が限られており，史実からみても日本への主要な伝播ルートではない，⑤日本の在来種，ヤマチャの変異は中国のチャの変異の中に完全に収まることなどから，中国からほんの一部の小集団が韓国を経由せずに直接日本に導入されたと結論づけた．日本のチャの変異が小さいのは，伝播の過程で強烈なびん首効果（bottle neck effect）が働いたものと推察している（図1.8）．

竹尾忠一は「チャの香気成分からみた日本茶の起原」（2003）の中で，日本のチャと中国，インドのチャのモノテルペンアルコール組成比を調べ，テルペンインデックス（TI；リナロール[μg]／（リナロール[μg]＋ゲラニオール[μg]））を比較した結果，

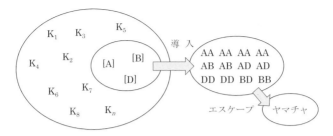

図 1.8 PAL の RFLP から推定される日本の在来種とヤマチャの形成(松元, 2003 を元に作成)
A, B, D：日本型の PAL の RFLP マーカー，K_1〜K_n：中国，韓国のチャで検出された PAL マーカー．

日本のチャは中国浙江省杭州周辺のチャと高い親近性があることを指摘している．

以上のことから，日本のチャの起原は現在では渡来説が有力になっている．また，ヤマチャはもともとは栽培種に由来しており，国内の伝播には焼畑農耕民や山間地を自由に移動できた木地屋の役割などがあったと考えられる．

1.1.3 中国から東南アジア一帯にわたるチャの利用地帯の概括

a. チャの伝播と分布

チャが伝播していくためには種子の移動を伴う．チャの種子は直径 1 cm 前後もあることから，自然状態で各地に拡散していくことは容易ではない．また，チャの種子は短命種子(recalcitrant seed)と呼ばれ，室内に放置すると 5〜10 日で発芽力を失う．しかし，栽培化されて交易が行われれば容易に分布を広げることができる．このことは中国の四川省，雲南省からトンキン(ベトナム)，ミャンマー地方をつなぐ隊商の通路に野生状態のチャが多く発見されることからもわかる．

人間が採集生活から定住して作物を栽培するためには，原始時代にはまず原野に火を放って樹木を焼き，そこに作物の種を播いたと思われる．この焼畑について中尾佐助は『農業起原論』(1967)の中で興味ある一文を書いている．それは「チャは刈り込みに耐えるのみならず，焼畑作業を受けた土地でも，容易に地下から再生して，耕作を妨げる．すなわち，焼畑地に悪質のシーアクライマックスを形成せんとする傾向を持つ植物である．この現象は日本の九州の焼畑地ですでに観察されている．このようにチャは，南部照葉樹林地帯では焼畑にともなって容易に人間に近づいてくる性質を持っていて，それゆえに人間によって容易に大量に利用されることになった」と書いている．これは人類がチャを利用し栽培植物へ取り込む過程をうまく説明している．すなわち，焼畑を行うと地中に残った根株からチャが再生して畑地の中に入ってくるために，容易に人間に利用されたのではないかということである．これも焼畑農耕文

図1.9 焼畑跡地の茶株（雲南省シーサンパンナ・タイ族自治州）

化とチャの関係を説明するものと考えられる（図1.9）.

　チャの伝播には交易や民族の移動が密接に関係していることを述べたが，チャの起原地と目される中国西南部の山岳地帯でチャの伝播にかかわった民族について考えてみたい.

　中国には漢族を含めて56の民族がいる．中国西南部の山岳地帯には漢族を除くと現在チャの栽培と関係のある民族は，ハニ（哈尼）族，チノー（基諾）族，ヤオ（瑤）族，シェ（畬）族，ムーラオ（仫佬）族，プーラン（布朗）族などがいる．ここにあげた少数民族はいずれもかつて焼畑を行っていたが，ハニ族，チノー族は漢族と接触した後で茶を取り入れており，ムーラオ族は広西チワン（壮）族自治区，プーラン族は雲南省シーサンパンナ（西双版納）・タイ（傣）族自治州，シェ族は福建省・浙江省におもに住んでおり居住範囲が比較的限られているため，広範なチャの伝播に大きくかかわったとは考えにくい.

　中国とその周辺諸国へのチャの伝播について松下智はその著書『中国名茶の旅』[3]の中でヤオ族の関与を強く示唆している．すなわち，山岳地帯を中心に居住するヤオ族は過山ヤオ（かざん）と呼ばれ，漢族と相互依存の関係にあったとしている．これにより評皇券牒（ひょうこうけんちょう）あるいは過山榜（かざんぼう）に代表される漢字で書かれた免許状的な性格を兼ねた系譜文書などを所有しており，西南中国の山地で狩猟あるいは焼畑農業をしながら移動を繰り返し，自らの生活空間を拡大していった．このヤオ族の移動と茶の産地，製法との関係図を図1.10に示したが，ヤオ族の移動ルートと定住地はチャ（茶）の分布地と非常によく一致することがわかる．このことから，ヤオ族が非常に早い時期に漢族との接触により茶の利用・加工の知識を得，中国各地に伝播したことが考えられる.

　東南アジアへのチャ（茶）の伝播はヤオ族や漢族との接触により次第に周辺諸国の民族にも拡がっていったものと思われる．たとえば，雲南省のプーラン族はチャの葉

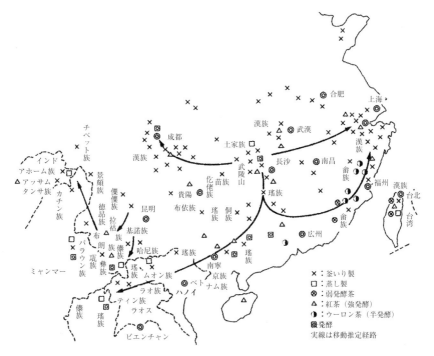

図 1.10 中国およびその周辺諸国の製茶法と少数民族ヤオ（瑤）族の移動ルート

を飲用ではなく，蒸して竹筒の中で貯蔵し，漬け物のようにして食べる方法をとった．これらの茶の利用法はタイ，ミャンマーの山地民族にも伝わりミアン（タイ），ラペソー（ミャンマー）などに発展したのではないかと考えられる．

b. もう1つの茶の利用，食べる茶

中国雲南地方からミャンマー，タイ北部，ラオス北部にかけての山岳地域には，竹筒酸茶，ミアン，ラペソーなどに代表される「食べる茶」がある．

竹筒酸茶は中国雲南省に多く居住するプーラン族にみられる茶の利用法で，5〜6月頃に少し成熟した茶葉を蒸し，10日ほど暗いところに放置して発酵させた後，竹筒に詰めて土中に埋める．これを1ヶ月ほどたってから取り出して食べる．土中に埋めておくことにより嫌気性発酵が進み，酸味をもつようになる．生の葉を直接竹筒に詰めて土中に埋めることもあるが，こちらは強烈な発酵臭がある．

竹筒酸茶を茶の利用の原初的な形だとして雲南省シーサンパンナをチャの原産地とする見方があるが，松下智は『茶の民族誌』(2000) の中で，これは明代以降に始まったもので比較的新しいとしている．

食べる茶としては北部タイのミアン（ミャン，ミエンと書かれることもある）が著

名である．ミアンの加工工程は「蒸す」，「蒸した葉を束ねる」，「束ねた茶葉を竹籠あるいは土中の穴に詰める」の 3 工程からなる．蒸しは 1 時間 30 分くらいかけて十分に蒸し上げる．蒸し葉を広げて冷やし，数十枚ずつ束ね，それをバナナの葉を縦横に重ねた竹籠の中に隙間なく詰め，バナナの葉でふたをし，さらに豚脂を塗って密閉する．1 週間程度で軽く発酵したときに取り出して食べるのが弱発酵ミアンのミアン・ファットである．一方，蒸して束ねた茶葉を土中の穴に 3〜12 ヶ月漬け込まれた強発酵ミアンがミアン・サウルである．

今では見ることができないが，中国シーサンパンナのニイエンもこれとよく似た茶で，蒸すのではなく，煮るところが異なる．

ミャンマーの食べる茶としてはラペソーがある．この茶は北シャン州ナムサンを始め，南シャン州でも作られている．作り方は，茶葉を蒸し，広げて冷ましたのち，竹の筵の上で揉み，さらに水の中でさらして苦味を抜く．水気を切ってから土中の穴に 6〜12 ヶ月間隙間なく漬け込む．ラペソーはそのまま茶うけとしたり，ラッカセイ，ニンニク，干しエビ，ゴマなどと混ぜ，塩，調味料を加えて油であえておかずとしたりする．

竹筒酸茶やミアンは口に含んで長く噛んでから飲み込むことから，一種の噛み茶であるが，ラペソーは完全に食べることに重点を置いた漬物茶である．これらの漬物茶は微生物発酵茶であり，関与する微生物は *Lactobacillus plantarum* や *Lactobacillus vacciposterus* などの乳酸菌である． 〔武田善行〕

引用・参考文献

1) 中村順行（2003）：日本茶の起源を探る（茶学の会・お茶の郷博物館編），茶学の会・お茶の郷博物館．
2) 大石貞男（1983）：日本茶業発達史，農文協．
3) 松下智（1988）：中国名茶の旅，淡交社．
4) 岩浅潔編（1994）：茶の栽培と利用加工，養賢堂．

1.2　中国における茶

1.2.1　飲茶の開始と漢代の茶

a.　茶葉の直接利用

茶葉の利用法として現在は飲用が常識となっているが，飲食文化史的にみると飲用以前に「食べる」「噛む」という方法が原初的であり，茶についても雲南省南部から東南アジア山地にみることができる「ミアン」の習俗がそれにあたり，それをもってチャの原産地の一証左としている人が多い[1]．

現在これら各地の民族をみると，ミアン以前にビンロウ習俗（キンマという植物の葉に石灰を塗り，それに香料を加え，ビンロウというヤシの果実を包んで噛む）が伝統文化として継承されており，雲南省南部から東南アジア山地，インドのアッサム地方に分布している．こうした文化を中尾佐助は「噛み料」と呼んでいる[2]が，噛み料文化として前期地域から南インド，東南アジア島嶼部，さらに南太平洋諸国等に伝統文化として継承されている．

南太平洋諸国のように現代になって茶の普及が始められている地域もあるが，雲南省南部のように清代初期頃の漢文化の伝来とともに茶の利用が伝えられている地域もあり，雲南省南部から東南アジア山地，アッサム地方にかけて，茶とビンロウの競合地域とみることができる．この競合の姿をみても，この地域には茶以前にビンロウが伝統文化として利用されていたことが明らかである．

ビンロウは亜熱帯から熱帯地方の低地に分布する植物であり，主として低地稲作民族によって伝統的に利用されており，中国では稲作民族としてのタイ（傣）族を中心として利用されてきたようである．広西チワン（壮）族自治区の主要民族のチワン族にもビンロウは習俗の伝統文化として継承されてきたが，漢文化の影響が早く，現在ではビンロウの習俗は完全に消滅している．

雲南省シーサンパンナ（西双版納）・タイ（傣）族自治州の支配民族であったタイ族も，チワン族のように漢化が早く，ビンロウの習俗は老婦人の間にかろうじて見いだすことができる程度である．したがってこの地域の支配民族であったタイ族の漢化により，ビンロウの習俗が消えて茶の利用へと変わり，それが徐々に被支配民族であった諸民族にも伝わりつつあるわけで，その過渡期となるのが「ミアン」と呼ばれる食べたり噛んだりの茶ではないかとみることができる．なお，後に述べるように茶文化の広がりに関係の深いヤオ（瑤）族の一派で焼畑移動農耕民族の盤瑤は自らを「ミアン」と称しており，食用系のミアンとのかかわりがあるのかどうか，今後のテーマである．

シーサンパンナには伝統的にはビンロウがなかった民族といえるチベット，バーマ系のイ（彝）族にもビンロウの習俗を見かけるが，これは同地の支配民族であったタイ族との交流の必要性から，タイ族の習俗に同化したものと考えられる．シーサンパンナの土着民族とみられるほど早くから住む，モン・クメール語族のプーラン（布朗）族，ドアン（徳昂）族，倭族には，伝統的噛み料としてビンロウがあり，現在茶にかわりつつある．茶作りで知られるチノー（基諾）族では，自分達の日常生活にはビンロウは欠かせないが，茶も経済作物として欠くことができないとの話である．

b. 武陵山の擂茶

中国における茶葉の利用としては，飲用がほとんどであるが，湖南省西部の常徳市地方に伝わる「擂茶（らいちゃ）」は茶葉の直接利用とみることができる[3]．

擂茶はチャの新芽の生長期に摘んだ生芽をそのままコショウ，ゴマ，ラッカセイ，

図 1.11 擂茶の調整（左），および飲むときの具（右）［口絵 3 参照］

それに少量の塩を加え，少量の水を加えつつ 40〜50 分擂り合わせる．飲むときにはお湯を加えて飲みやすくすると同時に，ビーフンや米の油炒め等の具を加えて飲むが，飲むというより食べることにもなる（図 1.11）．

この習俗は，現在常徳市から安化県地方にみることができ，主として漢族の習俗のようになっているが，かつてこの地方は「武陵蛮」と呼ばれた蛮族の住む地であり，ヤオ族，ミャオ（苗）族，トゥチャ（土家）族等が生活していた地域で，現在ヤオ族はほんのわずかになったが，トゥチャ族を主としてミャオ族も見ることができる．

擂茶の習俗は主としてヤオ族に伝わってきたものであり，現在はヤオ族の移住とともに常徳市地方の伝統文化として漢族に引き継がれているようである．

ヤオ族は，漢代頃までは武陵山一帯に住んでおり，武陵蛮，長沙蛮，五渓蛮などいろいろな呼び名があったが，唐代頃から移動を始め，湖南省南部から広東省，広西チワン族自治区，さらに雲南省南部に及び，ベトナム北部からラオス北部，タイ東北部まで広く分布することになっている．一方，ヤオ族と同系のシェ（畲）族は，広東省から福建省，浙江省等江南地方にも分布しており，いずれも山地を主として生活の場としている．彼らは各地に茶産地を形成し，これらは現在でも中国の主要銘茶の産地として知られている．

雲南省の茶の発祥地ともいわれるシーサンパンナ・タイ族自治州勐臘県の"六茶山"の多くがヤオ族によって開発されており[4]，広東省から福建省に連なる武夷山では，シェ族によるウーロン茶は広く知られるところである（図 1.12）．

擂茶の習俗は，ヤオ族の移動とともに広東省に達しており，広東省から福建省，さらに浙江省までシェ族とともに伝えられている[5]．

広東省北部英徳県には，ヤオ族からの継承とみられるが，漢族による擂茶を見ることができる．また，ヤオ族が多く分布する広西チワン族自治区には，擂茶のような新芽を使わず古葉の乾燥したものや，古葉の粗餅茶を利用しており，擂茶とならずすり

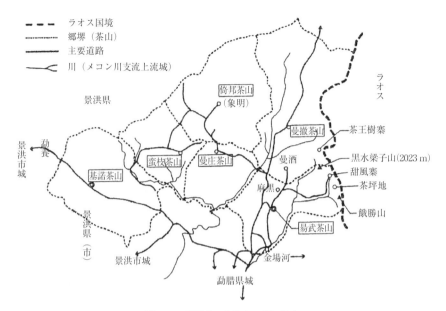

図 1.12 勐臘県の六茶山の現況略図

図 1.13 打油茶（左）と油茶（右）

ばちの内側にすりこぎで打ちつける「打油茶」（図1.13），さらに乾燥したチャ葉を油炒めとする「油茶」の習俗となっている．現在はヤオ族のみならず，広西チワン族自治州に住む諸民族に定着しているが，ヤオ族については同州のヤオ族各自治県にはもれなく打油茶か油茶が定着しており[6]，ヤオ族に茶葉利用の原形をみることができる．

c. 漢代の茶

　茶の歴史，文化をみると，漢族・漢文化によって支えられ維持されてきたことは明らかである．しかし，主としてチャの木は長江流域から雲南省南部までに広く分布しているが，漢文化は主として黄河流域に発達したもので，その基盤が異なる．さらに，チャの木は本来山地の植物であり，山地民族によって利用が始められたものと考えられる．一方漢族は平地農耕民族として歴史が始まっているわけで，チャの利用については根本的に見詰める必要がある．

　漢代を代表する茶の史書として，『僮約』があげられる．この出典は四川省南部の武陽にあり，当時は蜀の国であり巴の地に近い所である．したがって巴の産物としての茶であり，巴の山地民族が作る茶であったはずであり，成都の漢族にとっては，貴重な物として取り扱われたもので，わざわざ武陽の市場へ出向くことになったのではないかと考えられる．

　さらに，主として漢代における巴地方の情況を取り上げた『華陽国志』[7]には，巴諸地方の産物として茶の情況が記されており，各地に茶が生産されていることは記録されているが，茶やその作り方，飲み方等についての具体的な記載はみることができない．ましてや茶にかかわる民族名をみることはできないわけで，漢族を中心とした取扱いであって，山地民族の扱いについては別扱いとなっているのではないか，と思える．

　漢代に次ぐ三国時代に関しても，三国の魏・呉・蜀の接点は武陵山一帯であったが（図1.14），『三国志』等の史書に茶に関する具体的事項をみることはできず，諸葛孔明や魏の曹操についても茶とかかわりのあるエピソードは伝わっていない．それは『三国志』中の「魏志倭人伝」においても同様である．三国時代の茶について確たるものを

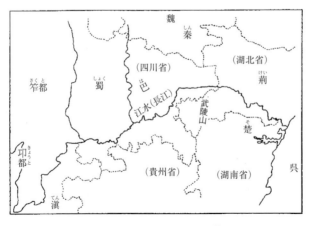

図 1.14　三国時代の武陵山一帯

みることはできず，晋代になって初めて，現在は現物不詳といわれている『廣雅』によって茶についての具体的な記載がなされた．それが唐代の『茶経』によって参照され，広く世界へ紹介され，中国での茶の利用についての具体的な史書として不朽の名著となったわけである．

今までの茶史に関しては，おもに漢族の歴史文献探究に偏りすぎて，チャの生態分類等の見地からの茶を見失ってきたのではないか，と思える．しかし，過去の事象について自然科学的に立証することが不可能なことは明らかである．したがって，現時点でもう一度自然科学の立場に立って，茶の歴史を再検討する必要を痛感するものである．

長い間外国人の立ち入ることのできなかった雲南省南部の山間地方の入境も可能となりつつある現在，茶の綜合的調査を行い，茶の文化成立の真相を明らかにしたいものである．

〔松下　智〕

引用・参考文献

1) 佐々木髙明（1981）：茶の文化―その綜合的研究第二部（守屋毅編），淡交社．
2) 中尾佐助（1993）："噛み料"の文化，VESTA，No. 14：4-18．
3) 松下智（1998）：茶の民族誌―製茶文化の源流，雄山閣出版．
4) 張毅（1987）：易武郷茶葉発展概況，繁体本．
5) 施联朱・雷文先主編（1995）：畲族歴史與文化，中央民族大學出版社．
6) 松下智（1994）：茶と檳榔・その受容と変容，比較民族研究，9：148-171．
7) 常璩撰（1958）：顧廣圻校，商務印書館．

1.2.2　『茶経』と唐代の茶

a.　陸羽と『茶経』

南北朝時代には，南中国で茶飲料（茗飲）が広く飲まれていたのに対し，北中国では乳飲料（酪）が一般的であった．しかし隋唐が統一国家を打ち立てたため，喫茶は中国全土に普及することとなった．『封氏聞見記』によれば，唐の開元年間（713-741）に，茶は全土に普及したとされる．その機運を受けて登場したのが『茶経』である．『茶経』の作者陸羽は，湖北天門の人であるが，安史の乱を避けて浙江湖州に移り，そこを拠点として茶の研究にいそしみ，『茶経』3巻を完成させた．『茶経』は十部構成になっており，「一之源，二之具，三之造，四之器，五之煮，六之飲，七之事，八之出，九之略，十之図」と題され，一が序論，二・三が製茶法，四・五が喫茶法，六が総論になっており，そこまでで一応の完結をみせる．七は文献的資料集，八は生産地の資料として付されたものである．九と十の性格はわかりにくいが，前者は略式の茶について述べ，後者は『茶経』の内容を掛け図にすることについて記している（図自体は

残っておらず,図があったかどうかも不明).七以下が後に補足されたものだとしても,十章の構成は,それはそれで完結をみせている.そういうわけで,『茶経』の成立については,一般に760年前後と推定されているが,一度に完成されたとは限らない.

『茶経』の最古の版本は南宋の『百川学海』に収められるものであり,他の諸本はその系統を引く.現在の『茶経』諸本には,あきらかに誤記が定着したような部分があり（たとえば,四之器の漉方の「処五升」は「受五升」の誤記である）,『茶経』の原型を復元する必要があるが,今後の課題であろう.日本語で書かれた『茶経』の注釈書としては,現在『茶経詳解』[1)]が最も詳しい.また,『茶経・喫茶養生記・茶録・茶具図賛』[2)]にも,読みやすい現代語訳がある.

b. 『茶経』の製茶

『茶経』の「二之具」は製茶に用いる器具について,「三之造」は,製茶の秘訣についてまとめている.ここからうかがわれる製茶工程は以下のようなものである.

茶の芽と葉を摘み,甑で蒸し,臼でついて,型に入れて平たい固形とする.生乾きの固形茶の中心に穴を開け,串を通して,遠火の炭火によって炙って乾燥させる.完成したら,複数の餅茶(乾燥して平たく固めた茶)の穴にひもを通して,まとめて保存する.この製造工程を,現代の製茶の分類にしいてなぞらえるなら,緑茶の工程に近い.蒸して殺青(熱を加えて茶葉に含まれる酵素の働きを止めること)を行ってから乾燥させているからである.その味わいも緑茶に近いものであったと推定される.

『茶経』の「三之造」で,ことに熱心に描写しているのは,餅茶の外見である.餅茶の製造法は上述したとおりであるが,茶の種類や質,加工の方法,乾燥の具合などにより,さまざまな外貌を呈したようであり,それは茶の良否を鑑別する手がかりとされたらしい.ここで問題にされているのは,型によって決まる茶の形(丸とか四角とか花形があった)ではなく,表面の微妙な模様である.陸羽はこれを,良いものから悪いものへ,八等に分ける.すなわち胡人の革靴のように引きつったもの,野牛の胸の毛がとがって垂れたようなもの,浮き雲が山からわき出したようなもの,突風が水面に起こしたさざ波のようなもの,沈澱させた粘土の表面のように平らなもの,ならしたばかりの地面に雨が流れて筋ができたようなもの,以上の6種は,良質で充実した餅茶である.竹の皮のようにがさがさしたもの,霜枯れの蓮の葉のようにしなびたもの,この両者は古くて枯れた餅茶である,と述べられる.当時の餅茶の様相をよく伝える記述である.

しかし一方,陸羽はその記事に続いて,「黒くてつやがあり形がきちんとした見栄えのよい餅茶を,一概によしとするのは鑑別人として下である.黄色くてしわがあり形がでこぼこした見栄えの悪い餅茶を,一概によしとするのは鑑別人としてそれよりはましである.真の鑑別人は,そのような外形にとらわれず,いずれもよしとするし,いずれも悪いとする」という意味のことを述べる.つまり,外形の違いは,茶の製造

工程の差によるもので，茶の本質とは一致しないというのである．

ところで，ここで餅茶が黒か黄色とされているのは注目に値する．陸羽はここで，黒くなるのは朝までかけて製造したもので，黄色いのは摘んだその日のうちに完成したものだという．要するに，『茶経』の茶は基本的に蒸製の緑茶なのであるが，固形茶にするため，乾燥の過程で，表面の後発酵が進まざるを得ない．それが浅ければ黄色（茶色），強ければ黒となるということである．

c. 『茶経』の喫茶

『茶経』の「四之器」は茶を煮るために使用する道具について，「五之煮」は茶を煮る際の秘訣について論じる．それによると『茶経』の提唱している喫茶の手段は次のようになる．

【湯の準備】　風炉に炭火を熾し，一升の水をいれた鍑（ふう）（釜．平たい鍋）をかける．

【茶末の準備】　餅茶を炙り，紙袋に入れて冷まし，割り砕く．それを碾（やげん）で挽き，羅（ふるい）で篩い，微細な茶末を取り出す．

【茶を煮る】　一沸（鍑の底に泡が着く状態）のとき，塩を加え，二沸（泡が連なって立つ状態）のとき，湯の一部を湯冷ましに取り分ける．さらに湯をかき混ぜて渦を作り，その中心に茶末を投じる．三沸（沸騰した状態）になったら，湯冷ましの塩水を鍑に戻し，沸騰を止め，鍑を風炉から下ろす．

【茶を供する】　湯の表面に湯の華が浮くので，湯と華を合わせて茶碗に汲み出し，客にふるまう．

このように，煮る道具（鍑）と飲む道具（盌すなわち碗）を別に設けるのが，唐の煎茶の特徴であり，鍑と碗のいずれについても，茶の表面には華が浮くこととなるのである．

d. 『茶経』の精神

『茶経』においては，茶を客にふるまう際の儀式的な取り決めは一切書かれていない．しかし，「六之飲」に「坐客の数が五人ならば，三つの茶碗を行らし，坐客の数が七人ならば，五つの茶碗を行らす」とある記事から考えると，以下のような形式が想定される．

たとえば5人の客に茶をふるまう場合，茶が煮えてから鍑から汲む最初の茶（第一碗）を客の間に廻し，すぐに第二碗，第三碗を廻す．これは，華が多く入った第一碗が最も美味であり，第二碗，第三碗がそれに次ぎ，第四碗，第五碗は味がだいぶ落ち，のどが渇いていなければ飲む必要がないという前提に立つ．（第六碗以上は飲むものではないと考えられているのであろう．）このような方式は，味の精華が上方に浮き，塩などの雑味が沈澱するという理由によるものであり，同時に，茶が冷めると味が落ちるので，熱いうちに茶を供するという意味もある．

なお，客が7人の場合は，一人の割り当ての量が減るので，碗を5回まで巡らすの

であり，それ以上の客をもてなす場合は，風炉そのものを2ヶ所に設け，同時に茶を煮るものとする．このような規定からは，陸羽が，最上の味の茶を，客に公平にふるまおうとする姿勢が見て取れるのである．

e. 『茶経』の美学

『茶経』は，茶をおいしく煮る技術だけでなく，美しく味わうことも説く．その第一は，茶碗の選択である．唐代には河北の邢窯（けいよう）で作られる白磁と，浙江の越窯で作られる青磁が広く使用されていた．陸羽はこの両者を比較して，越窯の青磁（良質なものは「秘色青磁」と呼ばれた．「秘色」は日本では"ひそく"と表記されたが，実際の発音は"ヒショク"である）で茶を飲む方が，茶の色を緑に見せて美しいとする．それに対し，白磁を用いると，茶が丹（あか）く見えてよろしくないとする．これは，当時の茶の色が，薄い茶色と黄緑色の間であったことを推定させる．背景が白ければ，茶色が目立ち，青ければ色が混ざって緑に見えるわけである．なお，ここで推定された茶の色は，『茶経』の製茶・喫茶過程から推測されるもの（基本的に内実は緑茶で，表面が発酵し，あるいは炙られて焼き色がついた固形茶の色）と一致する．

また『茶経』では，茶の華に対する賞賛めいた形容が列挙されており，茶の美を湯の表面に浮く華に見いだしたことがうかがわれる．華は，泡と茶末が混じったものにほかならないが，陸羽はこれを「薄い沫」「厚い餑（ほつ）」「細かく軽い花」の3種に分けたうえ，花は，棗（なつめ）の白い花，緑の浮き草，青空のうろこ雲になぞらえ，沫は，水辺の緑の苔や菊の花に，餑は，降り積もる雪になぞらえている．要するに鍑や茶碗の中に，自然の光景を見いだすものといえよう． 〔髙橋忠彦〕

引用・参考文献

1) 布目潮渢（2012）：茶経詳解，講談社学術文庫．
2) 髙橋忠彦（2013）：茶経・喫茶養生記・茶録・茶具図賛，淡交社．

🌑 1.2.3　宋代の茶（団茶から散茶へ）

a. 点茶の登場

唐の煎茶法は，宋代になっても消滅するわけではないが，唐末から新たに登場した点茶法によって，文化の背面に押しやられてしまう．点茶とは，茶碗に入れた茶末に湯を注ぐ意であり，文献的に確認できるところでは，唐末から流行し始めたらしい．唐末の蘇廙（そい）の『十六湯品』は，点茶の際に必要な茶器である湯瓶（口の長い湯沸かし）について，材質の善し悪し，また湯を注ぐときの力加減等を論じている．宋初の陶穀の『清異録』には，唐末五代に流行したと思われる特殊な喫茶法として，「生成盞」「漏影春」「茶百戯」があげられているが，いずれも形式的には点茶に属するものである．

b. 点茶の成熟

宋代に入ると,『茶録』『東渓試茶録』『大観茶論』『北苑貢茶録』『北苑別録』など,多くの茶書が著されるが,これらはすべて一地域の,すなわち福建北部の茶文化を記述したものである.ここには皇帝の献上茶を生産するための御茶園(北苑)が設けられ,精密な工程による固形茶が生産された.この北苑茶を中心にした高級な固形茶は,建州(福建北部)の茶という意味で建茶と呼ばれ,北宋期には最高級の茶として宮廷や文人の間で珍重されたのである.

これら茶書に記される福建の茶文化は,点茶を喫茶手段として,茶の本来の色・香・味を追求することを主眼とする.点茶の手順は,『茶録』の記録では,次のようなものである.まず,団茶(固形茶)を粉末にする.そのためには,茶碾(やげん)に入れて挽き,ふるいに通して細かな茶末とするのである.なお,『茶録』には見えないが,宋代には茶臼と呼ばれる臼型の道具が存在し,茶碾に入れる前に,茶臼と槌で,あらかじめ団茶を粗く砕いておいたことが確認されている.湯は,湯瓶に水を汲み入れて,沸かしておく.茶碗(黒釉で厚手の建窯産の茶碗,すなわち建盞が最適とされた)に茶の粉末を茶碗に入れる.その量は,一銭匕(五銖銭の片側,「五」の字の上に載る程度の量)とされた.湯瓶は口が細いので,湯を少しずつかけることができるのであるが,まず少しの湯で茶末を練り,次に湯を茶碗に四分目くらいまで足す.最後に湯を攪拌するが,その道具としては,『茶録』では匙を用い,北宋末の『大観茶論』では茶筅が登場している.茶筅を用いた点茶法は日本に伝わり,茶の湯の源流となる.

c. 点茶の美学

宋の茶書は,おおむね技術的な内容に終始しているが,『茶録』と『大観茶論』には,喫茶の美学的側面が述べられている.後者の内容は詳細かつ難解であるが,前者は比較的理解しやすい.その『茶録』によれば,まず湯と茶末の量のバランスが大事であり,湯が多すぎると「雲脚」が分散してしまうし,茶末が多すぎると「粥面」が固まってしまうとする(図1.15).「雲脚」は,元来低くたれ込めた雲を表す語であり,茶の粉が湯の中で広がるようすを雲になぞらえたのである.「粥面」は,冷めた粥の

図1.15 粥面,雲脚,水痕

表面に膜が張ったようすであり，これを茶の表面の形容に用いている．雲も粥も白いものであるが，一般に宋の茶は，白系統の語で形容されることが多い．これについては後に論ずる．

『茶録』は続いて，「水痕(すいこん)」が早く現れる茶が悪く，「耐久」する茶がよいと述べる．これは，茶の粒子が湯の中に浮き続けて，沈澱しないものがよいとするのである．沈澱によって水が分離して現れるかどうかを，目を凝らして見ることが，茶人に要求された行為であった．

このように，『茶録』に記された点茶法は，茶に関する審美的な行為とすらいえるような，高度な茶文化である．その原型は，『茶録』自身が述べるように，北苑のある福建建安の民間の「闘茶」（茶産地において，茶の善し悪しを競う行為．日本の中世で行われた「闘茶」とは必ずしも同一ではない）技術であり，宋の文人たちはそれをさらに洗練させたのであろう．

d．北苑の団茶

北苑の団茶の製造法は，基本的に唐の延長上にあり，それを発展させたものである．ただ，茶葉を蒸したあと，茶の成分を絞り出して捨てたり，きわめて長時間すりつづけたりする，特殊な工程を含む．結果として緻密な固形茶が作り上げられ，粉末にした場合も微細な茶末となった．福建の茶は，後に発酵茶類（紅茶・ウーロン茶）を生み出したことからわかるように，ポリフェノールを多く含み，そのままでは苦渋味の強い茶となるため，このような特殊な製法をとったものと考えられる．いずれにせよ，基本的には建茶も緑茶であり，唐の餅茶と同様，表面は後発酵の結果，黒・紫・黄（茶色）・青（緑）等の色を呈したといわれる．なお，型を用いることで，茶の表面に龍や鳳の模様を浮き出させたため，龍団，鳳団の名で呼ばれる．

e．いわゆる「白い茶」について

宋代には茶は白いほどよいとされたといわれており，『大観茶論』では何と「純白」の茶をたたえている．ただ，ここでいう白とは，上述した固形茶の外見の色ではない．固形茶を粉末にしたときの色や，点茶で湯をかけて飲むときの色である．実際にどれほど白く見えたかは明瞭でないが，宋の文人たちは，唐の茶が緑であったのに対して，宋の茶は進歩した結果白くなったと認識している．

茶が白く見えた原因であるが，原料に葉緑素の少ない嫩葉(どんよう)を用いたこと，製茶の工程で色素に変化しうるポリフェノールを減らしたこと，製茶また喫茶の工程で粒子を微細にしたこと，使用した茶末の量が少ないこと，建盞という黒い背景を用いて茶の色を認識したこと，等があげられる．なお，これとは別に，宋代には，色の薄い「白茶」と呼ばれる品種の茶樹が珍重されたという記録もある．

f．草茶について

点茶法は，建茶のような固形茶だけに用いられたのではなく，草茶(そうちゃ)と総称された江

南の高級葉茶の飲用にも使用された．代表的な草茶としては，浙江太湖西南岸顧渚山の顧渚茶，浙江会稽山の日鋳（日注）茶，江西修水の双井茶が知られる．草茶に用いられた点茶法の詳細は不明であるが，双井茶を愛好し宣伝した黄庭堅自身の記事によれば，石磑（茶磨と呼ばれる挽き臼）で粉末に挽くところに特徴がある．おそらくは固形茶には茶臼と茶碾が用いられ，葉茶には茶磨が用いられたのであろう．

　日本に伝わった点茶は，『喫茶養生記』によれば，葉茶を用いるものであり，著者の栄西は，その製法（蒸して焙炉で乾燥させる単純なもの）も記している．点茶においては，茶末を湯とともに服用するため，茶の香味が直接に口に伝わる．一方，直接の服用は，薬効面でも効果が高くなる．『喫茶養生記』では，茶は薬品として価値づけられているので，効果を高めるため，『茶録』に比べて大量の茶末を使用している．

g. 団茶の変質と点茶の衰亡

　このような点茶法は，茶の質に左右されやすく，南宋に至って建茶等の固形茶の質が低下するとともに，点茶も衰微していくことになった．宋の点茶においては，①固形茶を粉末にした茶末，②葉茶を粉末にした茶末，③最初から粉末に加工された市販の茶末の3種が用いられたが，①と③は混ぜものなど，質の低下という問題から逃れられなかった．一方，②に使われた葉茶は，煎茶法などの別の飲み方の可能性を開いていったのである．唐宋と，その前後の中国喫茶文化の変遷の概要については，3.1.1項とその図を参照されたい．　　　　　　　　　　　　　　　　　〔高橋忠彦〕

1.2.4　釜炒り茶の始まりと普及

a. 茶葉の加工始め

　現在私たちの日常生活でみられるのは茶葉に手を加えた製品の茶であるが，歴史的にはまったく手を加えない生の茶葉をそのまま利用することもあったはずである．その名残りが1.2.1項で述べた擂茶であり，また，ベトナムには茶葉をそのままポットに詰めて，2〜3分後に茶碗に注いで飲むという習俗がみられる．

　このうち擂茶については，茶葉の利用として原初的なものとみることができるが，ベトナムの茶葉利用については，茶葉の利用法を知った後に簡便法として始めたもので，後年になって成立した手法ではないかと考えられる．

　茶葉に加工することは，茶葉を常時利用するために，生の茶葉に何らかの手を加えて，保存できるようにすることである．

　茶葉を長期保存するには，乾燥させるのが最も手近な方法ではないかとみられるが，それには天日にさらして乾燥するか，火にかざして乾燥するか，2通りの手法がある．これらはチャの育成地の各地にみられた加工法であり，古くは日本の九州山地や中国地方でも行われていたし，中国南部の広西チワン族自治区や雲南省南部の主として少数民族の住む地域では現在でも見ることができる．

この茶葉乾燥方法は初期の加工法といえるが，茶葉は原型に近い状態で完成する．一方，現在の茶は，蒸気加温あるいは火力加温等により茶葉を柔らかくしてから揉捻(もむ)してあり，製品の姿はいろいろあるが，細かくなるか丸味をもったものへとかたちづくられている．したがって，その形状になるまでには，いろいろな操作，加工技術が加わっている．茶の消費拡大普及とともに，加工工程にもいろいろな新しい技術が加わり，多種多様な茶が作られることになってきたわけである．

さらに，それら多様な技術が国別，地域性，民族性によっていっそうの変化をみることになる．

b. 煮るから蒸すへ

茶葉の利用法として，乾燥法に次いで煮る方法が考えられるが，茶葉を煮て食べることは，これまで知られていない．

茶葉を煮る工程は，製造工程の前処理的な方法であって，茶葉を柔らかくして十分に揉むことができるようにする．あるいは日本では四国や，中国では雲南省，さらに東南アジア山地でみられる，漬物として発酵させる茶類にみられる手法である．

日本特有の製茶法としての蒸す工程は，古くは中国に始まっているが，現在中国ではほぼ消滅しており，日本茶の中心的製法となっている．水から湯にして，湯から蒸気を取り出すには，それなりの用具が必要となり，蒸し器としての蒸篭(せいろ)が工夫されてきた(図1.16)．

せいろの工夫される前には蒸煮の工程があり，家庭用料理の鉄鍋で湯を沸湯させ，その沸湯した蒸気に籠などに入れた茶葉を手にもって吊るして蒸す，というものであった．現在日本茶の製法の中心となっている蒸し製法の古い手法として，各地にみることのできた方法である．

c. 釜炒り製法の始まり

茶葉の加工法の1つとして，特に中国における製茶法として主流をなすものに，釜

図 1.16　中国に始まった蒸し茶器

1.2 中国における茶

図 1.17　釜炒り製法（熊本県山間部）

炒り製法がある．これは，鉄鍋を 100 ℃前後の高温に熱して茶葉を投入し，炒って柔らかくなった茶葉を揉みながら乾燥する，というものである（図 1.17）．

「釜炒り」の名のごとく，鉄釜を使用するのが本来の姿であろうが，現実には鉄鍋である．鉄鍋は中国料理には欠くことのできない調理具であって，近年日本の家庭にも広く普及しているが，中国の家庭では欠くことのできないどころか，2〜3 種類は常備されているほどである．

「釜炒り茶」という用語がいつ頃から使われるようになったのか，精確な資料は見いだせないが，現在の釜炒りは，鉄釜でなく鉄鍋であるということである．

中国に始まった蒸し製法の製造には，蒸気を発生するために鉄釜が使われていた．これは，発生した蒸気が拡散しないように胴体部分に丸味をもたせたもので，茶釜がその代表とみることができる．

唐代の製茶法には，こうした釜に蒸篭（せいろ）をのせて，茶葉を蒸した．この技法が宋代に継承され，抹茶製法として日本に伝えられ，これが日本の製茶法の主流となった．現在でも行われている技法である．

唐代以後中国全土といえるほどに茶が普及し，ことに長江流域以南には各地に茶の産地が成り立ち，多くの人々が茶を自分で作って飲むことになり，家庭料理用の鉄鍋で自家用の茶を作ることになったようである．

飲茶の普及とともに茶の製造専門業者も成り立ち，製茶工場もみられるようになる．専用の鉄鍋もでき，鉄釜の蒸し製法から鉄鍋の炒り製法へと変わることになった．

鍋に変わっても釜に近い製法で，鍋に少量の水を先に入れて煮沸させ，蒸気の発生をみて茶葉を投入蒸煮する製茶法が，現在でも中国各地の茶産地にみることができる．

中国で製茶法として茶葉を揉むことになったのは，元代に出版された「王禎」の農書の茶の項からである．従来の蒸煮法では，茶葉は成葉であって堅く，蒸煮によって水気も多いままで，揉むことが困難であったと思われる．それが茶葉も幼芽を使い，

水気のない釜炒りの手法ならば揉みやすくなり，製茶法としては一大革命となったはずである．飲茶の普及とともにどこの民家にもある料理用具で作れるとなれば，全土の茶農家に受け入れられやすく，現在に至っているのではないかと考えられる．

釜炒り用の鍋の設置方法は2通りあり，鍋を水平に設置するものとほぼ45°に設置するものがある．前者は広く一般的な製茶法であり，また高級茶作りにも用いられている．傾斜をもつ鍋は，主として輸出用の茶を作るためのもので，量産を目的とした形態とみられる．

〔松下　智〕

●1.2.5　ウーロン茶と紅茶の始まり
a.　ウーロン茶の産地

現在ウーロン茶の産地は，中国各地の茶産地すべてに及んでいるともいえるほどに普及しており，産地名をつけた何々ウーロン茶という茶名のウーロン茶が，多種多様な商品として市販されている．

しかし，日本でウーロン茶に関心が高まった昭和30〜40年（1955〜1965）頃までは，北京市内の茶専門店でも「あんなものは南の蛮族の飲むもので，北京では扱いません」という返事が返ってきたほどで，そのとおり北京市内の茶店にはウーロン茶の姿はまったく見ることができなかった．ところが日本でウーロン茶がブームとなると，北京どころか中国全土の茶店に並ぶことになり，日本人の顔を見ると「ウーロン茶はどうですか，安いよ」と呼びかけられるようになった．

中国の茶史上でウーロン茶の産地は，福建省の武夷山麓北水仙茶，安渓の鉄観音，台湾のウーロン茶，それに広東省東部潮州北方の鳳凰山など2〜3ヶ所にすぎなかった．それもウーロン茶の産地として名声はあるものの，実際には緑茶が主流に作られていたと考えられる．一方中国における飲茶の習慣は主として緑茶であって，ウーロン茶の習慣はほんの一部にすぎない．極言すれば，統計上にもウーロン茶は名前だけで実物が伝わるという状態ではなかったと考えられる．

お茶を飲むということは，食事との結びつきが強く，日本食には日本の緑茶が適応するわけで，緑茶の習慣が長期にわたって継承されてきた．しかし，戦後の日本人の食生活の変化，特に料理に油脂を使う量が多くなり，この変化に着目した飲料メーカーによって，ウーロン茶の特性・効果が紹介され，日本人の食生活，とりわけ若い女性の間に，肥満防止のキャッチフレーズもあって一大ブームを巻き起こした．それが逆に中国にも伝わり，ウーロン茶の本場ということで，長い間沈黙していた福建省，広東省，台湾がにわかに活気を呈し，現在に至っては中国各省各地の茶産地でも作られることになっているのである．

b.　シェ族とウーロン茶

中国の南端広東省，福建省の北部に連なる武夷山脈は，標高3000mあまりの山も

あるが，大部分は 1000 m 前後の山なみで，ここに住むシェ（畲）族（またはショウ族）によって，ウーロン茶が伝統的産物として作られてきた．

シェ族はヤオ（瑶）族と同系の民族で，広東省山地でヤオ族から分かれて武夷山系を東進し，福建省から浙江省，安徽省等江南地方にまで移住しており，江南地方のシェ族には茶作りは少ないが，広東省，福建省ではシェ族と茶産地のかかわりはたいへん深い．「山地の茶産地でシェ族のいない所はない」とまでいわれるほどで，広東の烏竜茶，福建の北嶺茶，浙江の恵明茶は中国の代表的茶名の1つとなっている．それも現在では緑茶も作るが，大部分はウーロン茶となっている．

広東省東部山地に移住したシェ族は，潮州市北部の鳳凰山に集結しており，この地をシェ族発祥地と呼んでいる[1]．

ひとくちに「鳳凰山」と呼ぶが，広東省東部の福建省境の山地一帯であって，広東省の羅浮山をはじめ蓮華山（標高 1336 m），そして広東省東端の鳳凰山（1422 m）を主峰として烏峯（ウードン）山（1300 m），待招山（1120 m）等の標高 1000 m 内外の山群となっている．

主峰の鳳凰山は，シェ族発祥地ともいわれており，山頂近くには先祖の墓石も保存されて，麓には古い茶畑も見ることができる．烏峯山は近年になって「単叢鳳凰ウーロン茶」の茶名で広く知られるようになったが，ここも清代頃まではシェ族によって茶が作られていたようである．現在は漢族がウーロン茶を作っている．

現在，シェ族によって伝統的なウーロン茶が作られているのは待招山であり，「石古ウーロン茶」として高級ウーロン茶の代名詞のような茶となっている．待招山の山頂にはかつてシェ族が住んでいたというが，現在では家屋の土台などの痕跡をとどめ

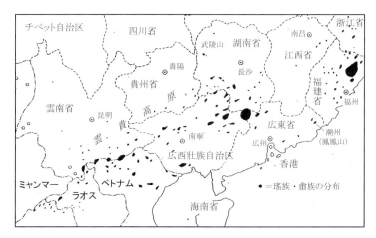

図 1.18　瑶族・畲族の移動分布図

る程度となっている．山頂から100mほど下った所に樹齢300～400年とみられる古い茶樹林があり，山頂近くの当時のシェ族によって利用されていたものとみることができる．

　現代のシェ族は，待招山の麓に移り（6代前という），「石古坪（村）」の村名のもとに1989年の時点で人口314人，34戸が住んでおり，水田作とウーロン茶作りを営む農民となっている．石古ウーロン茶は，山頂生活当時の茶畑とみられる標高1000m前後，傾斜度30°あまりの急傾斜地につくられた，幅2mほどの段々畑で生産される．シェ族の農民は，ここで老木のチャの木によじ登り，ぞっとするような谷間を望みながら茶摘みを行う．

　待招山をはじめ鳳凰山，鳥峯山の古い茶畑では，チャの木はすべて，山地で一株ごとになっており，「単叢」の呼び名の由来となっている．

　摘んだチャの葉はカゴに入れられ，1時間ほどかけて山の急斜面を自宅の加工場まで運ばれる．この間にチャの葉はカゴの中で攪拌され，若干の自然萎凋が行われるのではないかと思われる．石古ウーロン茶は弱発酵（酸化）茶で，発酵度も10％程度であり，かつては緑茶に分類されていたほどで，本来緑茶として作っていたものが，運搬中あるいは加工中の雑な扱いで自然発酵したものをそのまま製品としたところ，香りの強い茶となっていることに気づき，それを意識的に注意製造することになり，ウーロン茶へと改良されたものではないかと推測される．そのため筆者は，石古坪がウーロン茶の発生地ではないかと考える．

　石古ウーロン茶の由来については，石古坪に伝わる物語[2]に紹介されているが，史実としての検証が不十分であり確証のほどは定かでない．

　いずれにしてもウーロン茶が，茶に造詣の深いシェ族によって初めて作られたという仮説は，ウーロン茶に限らず，福建省内の茶産地34ヶ所中，シェ族の住むところが29ヶ所にのぼることからも強く支持される．シェ族は住んでいるが茶の産地ではない所は1ヶ所しかなく，また茶の産地ではあるがシェ族の住んでいない所が4ヶ所あるが，これは主として平地で漢族による近代の茶産地である．シェ族は山間地に住み，山地に適したチャを伝統的に利用してきたわけで，ウーロン茶の自然発生的な開発も十分ありうることである[3]．

　もっとも，こうした推測は山地少数民族によるものであって，漢族中心の緑茶生産の歴史からみると，ウーロン茶の由来は単なる推測の域を出ない．しかし少なくともシェ族の分布域内にウーロン茶の産地があり，シェ族とウーロン茶のかかわりが深いことは確かである．

　台湾のウーロン茶にはシェ族の直接的なかかわりをみることはできないが，台湾へウーロン茶が伝えられたのは主として福建省の安渓地方からであり，ここにシェ族とのかかわりを推測することができる．

c. ウーロン茶から紅茶へ

　鳳凰山でシェ族によって自然発生的に作られた弱発酵のウーロン茶は，福建省と広東省の境界地である閩南(ミンナン)地方出身の華僑に愛飲されており，閩南地方独特の喫茶習俗としての「工夫(コンフウ)茶」として定着し，閩南の伝統文化として中国をはじめ華僑の住む世界各国に伝えられている．

　鳳凰山を出発したシェ族は，唐代に始まり宋代，元代，そして明代と長期にわたって広東省から福建省さらに浙江省等江南地方にまで分布を広げ（図1.18参照），広東省では汕頭(スウトウ)市や潮州市等の平地に住む漢族との共生もスムーズに行われており，現在でも継続している．この共生は福建省でもみられ，鉄観音茶の産地安渓県では，平地の泉州市があり，安渓県内でも山地に住むシェ族は，自分達の作るウーロン茶や山地の産物，竹細工製品などを安渓の市場に並べ，漢族との経済的交流が毎日のように行われている．

　さらに東方の武夷山では，福建省の首都福州市があり，東端の閩東には福安市がある．福建省の後背地となる武夷山系のシェ族は山地を東進するとともに，平地に住む漢族との共生がスムーズに進行しており，茶の開発もそれにつれて行われてきたようである．

　こうした過程をへて，鳳凰山に発生した弱発酵の石古ウーロン茶が，福建省の安渓に伝わり半発酵茶となり，さらに武夷山に伝わり強発酵の閩北水仙茶（武夷水仙茶）へと発展して，発酵度も70～80％へと改良されている．

　しかし，東進したシェ族も福建省東部から浙江省に入る頃には，すでに漢族による緑茶が各地で作られ飲まれており，シェ族による醗酵の茶は飲まれず，したがって販路もなく，自然と緑茶を作ることになった．浙江省南西部の麗水市の西南にある敕木(チィ)山（標高300～400m）の一角にある「恵明寺」の周辺で作られる恵明茶は，中国の緑茶でも屈指の銘茶となっている．近年では福建省東端の福鼎県でも，白毛茶などの銘茶が作られるようになり，シェ族と漢族の共生の実態を物語っている．

　一方武夷山中で作られた強発酵の武夷水仙茶は，発酵度も70～80％と進んでおり，外観は濃い褐色で一見黒色となっている．17世紀の中国茶がヨーロッパに輸出されたときには，緑茶のグリーンティーとともに，これがブラックティーとして武夷（ボヒー，ボヘア）の名のもとに輸出されていることは，多くの茶書に示されているとおりである．

　イギリスに届いた「ブラックティー」はイギリス人の嗜好に合うように改良された．その改良は植民地であったアッサムの茶産地で進められ，100％発酵の完全なブラックティーとなり，アッサムは紅茶産地へと一大発展をとげることになる．

　アッサムで改良されたブラックティーは，武夷水仙茶の輸出港であった福建省の福安港に逆輸入され，福安近くの茶産地「担洋村」で新技術による製茶法が導入開発さ

れ，中国紅茶へと発展した．

1992年に初めて安徽省の祁門紅茶産地(キーモン)を訪問した折，当地の紅茶製造の専門家に祁門紅茶の由来をたずねたところ，「祁門の紅茶は福建省の福安から伝えられた」との説明であった．しかし，当時の福安は外国人の入境は認められず，2001年になってようやく福安を訪問することができた．

福安には福建省の茶叶研究所があり，茶業研究に携わる専門家が計30人あまり勤めており，福建省の茶業開発の最先端となっている．この研究所の専門家に中国紅茶の由来について，祁門での返答を確認したところ，「それは福安北方の担洋村ではないか」との確実な方からの返答であった．

2001年の訪問では担洋村は主としてシェ族の住む村で，かつてはウーロン茶も作っていたものとみられるが，現在は注文があれば紅茶も作る程度で紅茶の由来については明らかでなかった．その後，四川省の紅茶「川紅」や湖北省の紅茶「宜紅」をみると，祁門紅茶とほぼ同様な形状・香味をもっており，製造工程の正確な比較をしたわけではないが，これらの紅茶は同様製法であり，同系統のものとみることができる．武夷水仙茶がアッサムで改良され，紅茶として中国に伝えられたものが，緑茶の高級茶にならって，一芯一葉のような幼芽を利用して担洋紅茶から祁門紅茶となり，中国紅茶へと発展したものとみる．

発酵茶としてのウーロン茶，紅茶などの起源や変遷については，中国の研究においても明確な回答はなされておらず[4]，今後の研究に期待することになるが，歴史資料のみに頼ることなく，実地の精細なる研究に基づき成果を上げることを希望したい．

〔松下　智〕

引用・参考文献

1) 畲族簡史編写組（1989）：畲族簡史，福建省人民出版社．
2) 松下智（2001）：ウーロン茶の発生と伝播，ウーロン茶のすべて（日中交流記念シンポジウム），茶学の会．
3) 藍炯熹主編（1995）：福安畲族志，福建省教育出版社．
4) 安徽農学院主編（1979）：制茶学，農業出版社．

── *Tea Break* ──

 〈世界お茶めぐり〉**インド・ダージリン**

「紅茶園内でゆっくりと休日を楽しみながら,紅茶を身近に感じて欲しい」と,インド・ダージリンのグレンバーン茶園では,2002年からゲストハウスの運営を開始した.老朽化していたマネージャー用宿舎の1つを大改装し,スイートルーム4室,最大12名が宿泊できるゲストハウスにしたものだ(2017年現在では,2棟8室に増えている).前庭からは,天気が良ければ世界第3の高峰,カンチェンジュンガ(標高8586 m)が望める.室内の調度品や小物にも紅茶に関するデザインのものが多用され,ティーカップ模様のタペストリーや,ティーポットがデザインされたナプキンリングなど,紅茶好きならあちこちに目がいってしまう.バスルームのアメニティとしても,ダージリン緑茶のエキスを加えて製造されている石鹸,シャンプー,リンスが備えられていた.食事メニューのなかにも,お茶の葉をトッピングしたモモ(チベット風餃子)や,抹茶アイスクリームなどが組み込まれていた.

写真1　ダージリン・グレンバーン茶園の茶畑

写真2　ヒマラヤの高峰カンチェンジュンガとダージリンの町

写真3　グレンバーン茶園のゲストハウス

写真4　ゲストハウス室内の様子

各地のワイン醸造所で，訪問客に醸造過程の見学やワインの試飲などを行っていることをヒントにしたというこのゲストハウスでは，宿泊客用の紅茶のテイスティングルームも用意されている．圧巻は，森や茶畑の中を散策しながら，シッキム州との境を流れるランギット川まで下りていき，川岸のキャンピングサイトで楽しむバーベキューランチだ．途中，茶園の子供たちが興味深そうについてきたり，茶摘みをしている女性たちとすれ違ったり，吊り橋を渡ったりもする．鳥たちのさえずりも耳に心地よい．

　何といっても，隣の紅茶工場で製茶されたばかりのダージリン茶を使った，モーニングベッドティーで始まる旅の朝は，爽やかな思い出として記憶に残る．

〔中津川由美〕

1.3　日本における茶

1.3.1　茶利用の始まり

a.　奈良時代の茶

　日本における茶の利用がいつから始まったかはまったくわかっていない．それはこれまで日本の考古学が茶にまったく関心がなかったため，茶に関する発掘成果が皆無という状況にあったからである．もっともそれは茶に限ったことではなく，食品としての植物に関する研究は全般的に低迷状況にあるといえよう．

　文献的には「茶」は登場せず，正倉院文書に「茶」が登場する．「茶」は「にがな」つまり苦い菜のことであった．菜（さい）の一種であることは，「茶」が飲用物としてではなく，食べる野菜の一種として扱われていたことからもわかり，正倉院文書に登場する「茶」と茶は別物と考える立場もある．「茶十五束　直　十二文」「茶七把　価銭五文」とあり，茶が比較的廉価で売られていたことから，当時貴重品であった茶の値段としてそぐわないからである．

　しかし，蒸し・揉捻などの諸工程を経て製品化された「茶」は高価であっても，茶葉そのものを食べた「苦菜」の値段が高くないことは不思議ではない．現代の中国に残る擂茶（らいちゃ）などの摂取形態をみると，茶は本来，飲むというよりは食べる物であった可能性が高い．ミャンマーにみられる食べる茶は漬物としての茶であり，これは味覚的には苦いものと考えられるので，「苦菜」と茶のあり方は共通点があるともいえる．食べる茶については守屋毅の『お茶のきた道』[1]や周達生の「食べる茶とその周辺」[2]などに詳しい．

　また，布目潮渢による中国茶の研究[3]によれば，中国において3世紀には喫茶が始まり，中国各地の茶は，「茶」「茗」「荈」「檟」などさまざまな字で表記されていたと

いう．そして七世紀には陸羽によって『茶経』が著されるほどの喫茶文化の普及をみた．日本が少なくとも600年の遣隋使派遣以降，中国王朝との往来を繰り返し，文化の交流があったことを考えると，入隋，入唐した日本人は，中国の茶文化にふれたはずであるが，残念ながら，そうした史料は見つかっていない．

とはいえ，正倉院に残された多くの中国文物を見る限りにおいて，仏教文化とともに茶の文化もわずかながら入ってきた可能性は否定できないであろう．

b. 平安時代の茶の登場

平安時代になると，嵯峨朝においてすぐに喫茶を記録する史料が登場する．弘仁5年（814）4月21日に，嵯峨天皇は藤原冬嗣の邸宅・閑院を訪れ，漢詩の宴を開いている（『類聚国史』巻31）．そこで，嵯峨は「夏日左大将藤冬嗣閑居院」と題する漢詩を詠んでいるが，その中に，「詩を吟じて香茗を搗くを厭わず」という文言が見える（『凌雲集』）．さらに，皇太弟淳和も「提琴搗茗老悟間」（『文華秀麗集』上）という漢詩を詠んでいる．

さらに，嵯峨天皇は，同年8月11日に弟淳和の池亭を訪れ，茶を喫し，漢詩の宴を催している．そのとき，「院の裡に茶煙満つ」という状況であったというから，茶葉を炙って挽いている情景が想像される．中国文化に憧れた嵯峨らしい情景である．

『日本後紀』弘仁6年（815）4月22日には，近江国滋賀韓埼に行幸した嵯峨天皇が，梵釈寺で永忠大僧都から茶をふるまわれたことが記されている．「大僧都永忠手ずから茶を煎じ奉御める」とあり，ここでも茶の字ではなく「茗」と書かれている．嵯峨天皇は，永忠がいれてくれた茶に感激したのか，同年6月3日に「畿内并びに近江・丹波・播磨国をして茶を殖えしめ，毎年之を献ぜしめ」る勅命を出している．以上の嵯峨朝の茶文化については村井康彦の研究に詳しい[4]．

嵯峨天皇の茶の植樹命令は忠実に守られたようで，畿内以外にも茶園が設けられたようである．10世紀に入ると，『日本往生極楽記』の著者として有名な慶滋保胤が，「晩秋過参州薬王寺有感」という漢詩の中で，「有茶園　有薬圃　有僧在中　白眉颯爾」と詠み，三河国薬王寺の茶園の存在を伝えている．また，九州の大宰府でも，菅原道真がお茶を飲んだ様子が『菅家後集』に見いだせる．そこには，

遷客甚煩懣　煩懣結胸腸　起飲茶一盞　飲了未消磨　焼石温胃管

とあり，寝苦しい夜に，起きて茶を飲んだ情景を詠っている．大宰府の官舎には，身近な所に茶が存在したことを推測させる詩となっている．これが単なる中国の漢詩の模倣でないことは，『菅家文草』298の「八月十五日夜，思旧有感」と題する詩に，「茗葉香湯免飲酒」とあり，道真が仲秋の名月の夜にもかかわらず，父・是善の忌月ゆえに禁酒して喫茶に甘んじている様子からもわかる．ここからは喫茶が日常生活に入り込んでいることが察せられる．

また，忘れてならないのは宮城内の茶園の存在である．陽明文庫には元応元年（1319）

書写の「宮城図」が伝存するが、その東北隅に「茶園」が描かれている。これは大同3年（808）に鍛治司が廃止された跡地である。いつから茶園となったのかは不明だが、弘仁6年に茶の植樹令が出されて間もなくのことではなかったであろうか。『権記』長徳元年（995）10月10日条に、「造茶所請者今年料造進御茶料物文、中宮御読経結願」とあり、造茶所という役所の存在が確認できる。推測にすぎないが、造茶所の存在は、宮城内の茶園の存在を意味する。このときも中宮の読経という仏教行事に必要な茶を、造茶所が供給していた可能性が想定できる。

c．仏教行事における引茶

　嵯峨朝の喫茶文化の高まりは、嵯峨の崩御とともに衰微したと考えられてきたが、それは誤りである。漢詩集の編纂が下火になり、漢詩の中に茶の史料が見いだせなくなっただけのことである。また、嵯峨朝においては、喫茶は新来の中国文化であったため、興味関心をもたれたが、それがある程度定着すると、特別なものではなくなったため、行事などの記録にしか残されなくなったとみるべきであろう。現在翻刻されている平安時代の古記録から「茶」史料を検索した労作に福地昭助『平安時代の茶―「喫茶養生記」まで』がある[5]。

　その行事とは、主として仏教行事である。ことに朝廷で春秋二季に行われた季御読経における「引茶」の記録は見過ごせない。季御読経における茶に関しては、中村修也「栄西以前の茶」に詳しい[6]。

　季御読経とは、春二月と秋八月の二季に吉日を選んで行う大般若経の転読行事である。通常は大極殿もしくは紫宸殿で行われた。恒例行事となったのは貞観元年（859）2月25日からと考えられている。行事は4日間行われた。基本形は、1日目が開始日で造茶使が派遣され、2日目に引茶が行われ、3日目に論議があり、4日目が結願という日程であったが、必ずしもこのようには行われず、行事が前後することもあった。12世紀初頭に成立した『雲図抄』には季御読経の行事の平面図に次第が書き込まれた図が掲載されている。

　この季御読経の際に登場する「引茶」について、『江家次第』巻第5に次のような記述がある。

　「天喜四年、傍三ケ日、毎夕、座の侍臣煎茶を施す。衆僧甘葛煎を加う。また厚朴・生薑等、要に随いて之を施す。紫宸殿に所の雑色等参上し件の茶を施す。大極殿に於いて修する時もまた同じ。但し用いる茶器等は所の例に見ゆる也。」

　これは天喜4年（1056）に行われた季御読経の記録である。このときは2日目だけでなく、3日間、毎夕、茶が施されている。しかも、茶だけを飲むのではなく、茶に甘葛や厚朴・生薑が加えられている。

　このことから、季御読経における引茶は、喉の渇きを潤すだけではなく、3日間の読経という激しい労働で消費された体力を回復するための栄養補給の意味があったこ

とがわかる．こうした茶に他の物を添加して飲む方法は，中国ではごく自然に見いだせる．唐代の王建の詩に生薑入りの茶を僧侶が供されたことが詠まれ，宋代の蘇軾（そしょく）の詩には，塩・酪（らく）・山椒（さんしょう）・生薑が加えられていることが詠まれている．

ただし，ここに書かれる「煎」の字義は，「煎じる」という煮詰める行為を意味するとは限らないことは，高橋忠彦の「『茶経』の用字に関して」で指摘されている．高橋は，「煎」には，「水気がなくなるまで煮詰める」以外にも，より広く「煮」「烹」などと同様の意味で使われる場合があることを指摘している[7]．

ところで季御読経の茶は，読経の際の栄養補給の茶で，一般的な平安時代の喫茶ではないことに注意する必要がある．俗人の儀式の茶としては，大臣大饗（だいじんだいきょう）における茶が指摘できる．大臣就任を祝う饗宴において，さまざまな食事が供されたあとに「茶」が供されている．菅原道真の例もあるように，公家世界においても，喫茶はある程度の定着があったと考えられる．公家社会への茶の浸透は何によってなされたのかは不明である．陸羽の『茶経』が日本にもたらされた形跡はない．平安貴族が最も影響を受けた人物として白居易があげられる．中村修也「古代日本における『茶経』の影響」は，喫茶を好んだ白居易が『白氏文集』などの漢詩集に喫茶を詠み込み，『白氏文集』を愛読した平安貴族たちに喫茶文化への道を開いたのではないかと推測している[8]．

●1.3.2　栄西以降の茶

a.　栄西から明恵へ

これまでは，鎌倉時代に栄西（ようさい（えいさい））が，宋より臨済宗とともに喫茶文化をもたらしたと考えられてきた．しかし，これは根拠のないことであった．栄西と茶の関係を直接に物語るのは，『喫茶養生記』を彼が執筆したということに尽きる．しかも『喫茶養生記』は栄西が2度目の帰国を果たしてすぐに執筆されたものではなく，最晩年，栄西が没する2年前にようやく書かれたものであった．それゆえ，栄西が喫茶文化を普及させるために『喫茶養生記』を書いたという論は成立しない，と中村修也「『喫茶養生記』執筆の目的」は述べる[9]．

栄西の『喫茶養生記』に関する記録は，『吾妻鏡』建保2年（1214）2月4日の記事である．将軍・源実朝（さねとも）が昨夜の淵酔で「御病悩」の状態であった．そこで加持祈祷のために栄西が呼び寄せられる．栄西は病状を問診して，「良薬と称して茶一盞を召し進め，一巻の書を相А之を献ぜしむ．茶徳を誉むるの書なり」とあいなった．この茶徳を誉めた書が『喫茶養生記』であるというのが通説である．もし，そう考えることができるとすると，栄西の執筆した『喫茶養生記』は，将軍実朝の手元に秘蔵され，世に出ることはなかったことになる．

この茶徳については，鎌倉時代の仏教説話集『沙石集』（1279年起筆）に興味深い話が掲載されている．僧侶がお茶を飲んでいるところに一人の牛飼いがやってくる．

僧侶の飲んでいるものが何か尋ねるので，僧侶は3つの功徳のある薬と答える．3つの功徳とは，覚醒作用・消化作用・性欲減退であった．それに対して，牛飼いは，眠るのが楽しみなのに眠れないのは困るし，食べ物が少ないのに消化が良すぎると困る．性欲もなければ女性にもてないと不服を申して，茶は不要と立ち去る，という話である．

　仏教世界と俗世間との価値観の違いを現わしていて興味深いが，牛飼いを庶民の代表として考えると，寺院ではお茶は普及していても，まだ庶民世界では茶は普及しなかったことになる．これを実態と考える必要はないが，茶を単なる飲み物として紹介せずに薬効を説いている点が注目される．栄西の『喫茶養生記』も茶が心臓に効果のあるものだと薬効を説いている．

　飲食物を普及させる一番の宣伝文句は薬効であることは昔も今も変わらないのであろう．茶は飲み物であり，流動的食物であったが，なじみのない社会に普及させるためには薬としての効果を説くのが近道だったのである．

　ところで栄西茶種招来説を唱えたのは，おそらく『栂尾明恵上人伝記』（1392年頃成立）と思われる．そこに「建仁寺の僧正御坊，大唐国より持ちて渡り給ひける茶の子を進ぜられける」と，栄西から明恵に茶の種が譲られた伝説が書かれている．こうした伝説は，茶普及のためにつくられた創作と考えるべきであろう．

　栂尾の茶が有名になると，その淵源を求めて栂尾高山寺の明恵をその創始者とし，その明恵は宋から新文化を伝えた栄西と親交があったから，きっと栄西が宋からもたらした茶種をもらったのであろう，という論法で伝説が創作されたものと考えられる．僧侶は知識人であり，医薬にも精通していたから，そのなかでも有名な栄西・明恵という有名人を利用することで，茶の権威を高め，宣伝効果を高めたのであろう．

b. 武家社会への広まり

　鎌倉時代は，京都と鎌倉にそれぞれ公家政権，武家政権が並び立った時代である．とはいえ世の趨勢は武家の優位にあった．武家は「一所懸命」の言葉に代表されるように，土地を守るために命を懸け，そのためには殺傷をも厭わなかった．しかし，他人を殺傷することは強烈な精神負担を武士に課した．その重圧に耐えるために，武士は克己心を養う必要があった．その一方で死者を弔う気持ちも必要であった．この相反する精神的修養に適ったのが禅宗であった．禅は仏の教えを学びつつも，自分自身の精神を鍛える最適の手段であり，武士が求めていた宗教そのものであった．栄西が，京都ではなく鎌倉に基盤を形成できたのも，そうした理由があったと思われる．

　禅宗はまさに武士の都・鎌倉で花開き，鎌倉五山を形成する．五山周辺では中国からの渡来僧が往来し，中国語が飛び交う世界であったというのは，美術史家・島尾新の指摘である[10]．宋の滅亡と，中国仏教界の腐敗を経験した中国僧は，日本に純粋な禅宗修行の理想像を求めて来日した．そして禅院の生活規範である清規を重視した修

行を展開した．

清規に則った修行は厳しく，日常も粗食であった．そこで，清規では来客，行事など，ことあるごとに，喫茶を修行生活の中に組み込んでいた．当然のことながら，禅院で修行する武士たちにも，清規の茶は広まった．しかし，清規の茶はいつまでも同じ茶ではなかった．時代が進むにつれ社会は豊かになり，禅院の茶もいろいろな食材を混入する茶から，茶そのものへの変化があった．ことに武士の茶は，茶葉だけの茶となった．武士の世界で，栄養補給の茶が，味わう茶となったのである．

鎌倉武士の喫茶の様相を示してくれるのが，金沢文庫に残る金沢貞顕(さだあき)関係文書である．金沢貞顕（1278-1332）は北条高時(たかとき)の後に執権になった鎌倉幕府の重鎮．彼の書状をみると，日常的に客に茶で接待している様子がうかがえる．「伊賀国茶一箱，令進候」(武将編192号文書)と伊賀産の茶が鎌倉で飲まれていたことや，「京都茶者顕助をこそたのみて候(は)」(武将編329号文書)とあるように，貞顕は京都の茶の入手を息子の顕助に依頼していることなどがわかる．さらに同文書には，

「寺中第一の新茶，少し分け拝領し候はば，悦び入り候，茶をこのみ候人々，来臨候はぬと覚へ候の間，用意せしめ候也，…」

とあり，貞顕の周辺には茶を好む人々がいたこともわかる．

この武家における茶の流行は，鎌倉幕府の滅亡の遠因の1つにもなったと噂された．かの二条河原落書にも，「茶香十炷(づけ)の寄合も鎌倉釣(ありしか)に有鹿と都はいとど倍増す」と歌われている．「茶香十炷」というのは，十種類の茶，十種類の香の銘柄を当てる勝負である．当然のごとく賞品がかけられ，賭博となった．賭博は風俗を乱し，秩序の崩壊を招く．こうした茶を使った賭博は，京都と鎌倉に限定されたことであろうが，賭博の対象となるほど，各地で名産の茶が生産されていたことを意味する．鎌倉時代には飛躍的に茶の生産が伸びたのであろう．

c. 室町時代の茶

鎌倉末期に流行した闘茶は，室町時代にはいっそう盛んになる．幕府は建武式目の第二条に「女色に耽好し，博奕の業に及ぶこと，此の外，又或は茶寄合と号し，或は連歌会と称して莫大な賭に及ぶ」ことを厳禁している．ここに見られる茶は，喉の渇きをいやす茶でも栄養補給の茶でも，まして後の茶の湯としての茶でもなく，ただ銘柄や生産地を当てる「飲み比べ」の茶であった．これは茶の文化というよりは，南北朝期のバサラといわれた社会風潮とみるべきであろう．

ただし，このときに流行した物比べは後に日本文化として残っていくものもあった．聞香(もんこう)・立花などは伝統文化となり，今に伝わる．闘茶(とうちゃ)も寺院や公家の間で，上品な競技・行事として昇華していった．京都・八坂神社の記録『祇園執行日記』康永2年（1343）9月9日条には，百種類の闘茶の記録がある．また伏見宮貞成(さだふさ)親王の日記『看聞御記』には，応永年間（1394-1428）に公家や親王家で闘茶が夜を徹して行われ

た様子が記録されている．この闘茶は伝統文化とはならなかったが，民俗行事として今に伝わる．群馬県中之条町白久保地区の「お茶講」などがそれで，甘茶・渋茶・陳皮を用意して4種類の茶を作り，飲み当てることで飴がもらえるという共同体内の行事となっている．

茶の生産量の高まりは，飲茶の庶民への広まりを促す．15世紀には路上で行き交う人に茶を飲ませる店も登場してきた．『東寺百合文書』には，応永10年（1403）に道覚・八郎次朗・道幸という3人が，東寺南大門の石段下で茶を売っており，販売の認可を求める申請や，湯沸しの火種の不始末から失火するという事件まで起こした様子が読み取れる[11]．

文明12年（1480）には，ある公家が病気平癒のために京都の寺社を巡歴するが，西院地蔵の周辺に茶屋が10軒，20軒と軒を連ねているのを見て驚いたことを日記に記している．これと同じ情景は『珍皇寺参詣曼荼羅図』（16世紀）をはじめとする絵画史料に多く描かれている．そこでは，簡単な小屋がけをして，小型の竈に釜を掛け，休憩する往来人に抹茶や餅などを供する様子がうかがえる．

『七十一番職人歌合』（1500年頃成立）には，抹茶を点てて売る「一服一銭」と，葉茶その他を煎じて売る「煎じ物売り」が描かれている．天正6年（1578）の狂言本には「陳皮・乾薑・香の付子・葉甘草」が煎じ物としてあげられているから，茶だけではなく，いろんな植物が煎じて売られていたことがわかる．ここには清涼感を求める室町時代の庶民の姿が見いだせる．

寺院の茶，公家の闘茶，庶民の路上の茶など，さまざまな喫茶のあり方が存在するなかで，連歌と結びつき，高尚な寄合いの文化となる茶も登場した．それは「数奇」と呼ばれ，後に「茶の湯」へと発展していった．連歌師・宗長の『宗長日記』大永6年（1528）8月15日条に，「下京茶湯とて，此比数寄などいひて，四畳半敷・六畳敷をのゝゝ興業」とあり，公家の鷲尾隆康の日記『二水記』大永6年8月23日条には，「当時の数奇の宗珠祗候す．下京地下の入道也．数奇之上手也」とあり，一般民衆のなかに，著名な数奇者が登場する時代となったことが読みとれる． 〔中村修也〕

引用・参考文献

1) 守屋毅（1981）：お茶の来た道，NHK出版．
2) 周達生（1985）：論集東アジアの食事文化（石毛直道編），平凡社．
3) 布目潮渢（1995）：中国喫茶文化史，岩波書店．
4) 村井康彦（1979）：茶の文化史，pp.11-39，岩波書店．
5) 福地昭助（2006）：平安時代の茶—「喫茶養生記」まで，角川学芸出版．
6) 中村修也（2001）：茶道学大系2（谷端昭夫編），pp.331-377，淡交社．
7) 高橋忠彦（2012）：陸羽『茶経』の研究（熊倉功夫・程啓坤編），pp.189-196，宮帯出版社．
8) 中村修也（2012）：陸羽『茶経』の研究（熊倉功夫・程啓坤編），pp.255-270，宮帯出版社．

9) 中村修也（2014）：栄西『喫茶養生記』の研究（熊倉功夫・姚国坤編），pp. 87-120，宮帯出版社．
10) 島尾新（2013）：和漢のさかいをまぎらかす―茶の湯の理念と日本文化，淡交社．
11) 中村修也（2006）：よくわかる伝統文化の歴史② 茶道・香道・華道と水墨画（中村修也監修），pp. 40-55，淡交社．

1.3.3 抹茶と番茶

a. 抹茶法の伝来

　抹茶と番茶は，茶の品質，嗜好する階層，飲用方法など，あらゆる点において相互の対極に位置する茶である．抹茶法は栄西が中国の宋からもたらした新しい茶の飲用法で，新芽を蒸して焙炉で乾燥し，粉末にしたものに湯を注いで攪拌して飲む，というもので，日本に渡来するやたちまち寺院や貴族，上級武士の間に普及していった．やがて葉茶のことを碾茶といい，それを粉末にするための精細な石臼，粉末をすくうための茶杓，攪拌用の茶筅など，飲用法にかかわる用具や作法が整備され，日本文化の代表ともいえる茶の湯へと発展した．それに対して，前項でふれた平安時代の宮廷で飲まれていた茶以外に，庶民の日用の茶として存在していたと推定される「番茶」は，製造のための専門的知識は不要で，かつ飲用法も単に煮出すだけというきわめて簡易な茶である．もともとこの日用茶を特定するような呼称は存在しなかったが，上流社会における茶が評価の基準となるにともない，外観，味わい，生産地などを冠してじつに多様な呼称が生まれることになる．また，近世以降，こんにちの煎茶製法が普及していくと，商品として生産されたもののうち下級茶を意味する語としても使用されるようになった．この点を踏まえたうえで，この項では商品価値とは無縁な，かつての庶民の多様な日用の茶，という意味で番茶の語を使用する．

　栄西以後の抹茶法をめぐる歴史についてはすでにふれているので，ここで抹茶のもとになる，つまり石臼で挽く前の葉茶，すなわち抹茶の素材である碾茶の製法を確認しておきたい．碾茶は，茶園の仕立て方，肥培管理，製茶の工程すべてにわたって精緻な技術によって作られる最高級の茶である．抹茶の香りと甘さを生み出すためには，有機肥料をたっぷり施すことが必要で，かつては下肥が使われた．また茶園には支柱を立て，そこに葭を編んだ簀子をかけて日光を遮断し，苦みのもとになるカテキン類の生成を抑制し，甘みのもとになるアミノ酸の増加をはかる．覆いをかけるのは現在の方法でいえば新葉が1, 2枚開いたころに始め，次第に遮光率をあげて最終的には95～98％にまでにする．その間，簀子の上に藁を広げたりしながら日射量を調節する．茶摘みすなわち生産者の用語でいう摘採は，被覆開始後20～25日を目安とする．摘採後はすみやかに蒸してから，焙炉の上で葉の形を保ったままていねいに乾燥させる．その後に箸を用いて選別し，茶壺に詰める．このとき，10匁（約37.5 g）ごとに紙

袋に詰め(これを半袋(はんたい)という)て茶壺におさめ,周囲を葉茶で埋めて蓋をし,和紙で糊付けして封印する.これを夏の間高冷地に保管し,秋にそこからおろし,口切として当年の茶を初めて味わう.つまり抹茶の新茶シーズンは5月の摘採時ではなく,初冬の炉開きに対応する口切茶会になる.江戸城に宇治茶を納め,翌年は空の茶壺を宇治に送る御茶壺道中は,三代将軍家光のときに制度化され,格式高い行列は幕府の勢威を示すものであった.この碾茶の製造に関しては早くから専門化が進み,由緒ある茶問屋が特権的な茶師として権威をもっただけでなく,広大な茶園を支配して貴顕の求める良質な茶の生産に努めた.その様子は外国人宣教師の記録[1]や近世になって描かれた製茶絵図などで詳細にみることができる.なお碾茶の製法の機械化は大正期になって進展し,現在では手炙りの製茶はなくなった.

b. 庶民の番茶

一方,番茶は本来が自家用を目的に,地域ごとの伝統的な製法によって作られた茶の総称である.しかもきわめて単純なものから日時をたっぷりかけて製造するものまで,さまざまな技法がみられる.最も単純なものは,茶葉のついたままの枝をたき火で炙って薬缶で煮出すという「焼き茶」であるが,これは即時的な利用法であって保存はできない.保存可能な製茶法としては,枝葉のまま陰干しして随時使用する「陰干し番茶」,枝葉のまま蒸してから葉のみを天日で乾燥させる「天道干し」などがある.これらに使用する素材は必ずしも新芽にこだわらず,「寒茶」というように真冬に作る茶もあることから,本来,茶は季節を問わず必要に応じて作られたものであることがわかる.新芽にこだわるのは,加工のしやすさに加えて色や味などへの関心が高まったことが原因であろう.このような粗放な番茶が日本でいつ始まったのかについては正確には不明であるが,茶樹が自生できる西日本各地では,焼畑農耕とともに山間部を中心に広く作られていたとみるのが合理的であろう.平安期の史料に茶が登場する以上,民間においてもその時点にはすでに茶が利用されていたと考えられる.

基本的には中世までの日本の番茶はこのような製法によるもので,飲用の場合には熱湯で煮出したことから,薬草などと同様に煎じ物という語が茶を意味していた.煎茶という文字もかつては「煎じ茶」と訓じていたのである.

c. 中世における番茶の実態

番茶という語は新芽を一番というのに対して何番目の茶ということであるから,語義は晩茶と同じであり,ともに晩(おそ)い時期に摘んだ葉という意味になる.「晩茶」という語は14世紀後半の史料[2]にみえ,「番茶」は『大乗院寺社雑事記』[3]の1463年2月の記載にあり,同8年3月下旬(太陽暦で5月初旬に相当)の新茶という語に対応している.

番茶が庶民の日用の茶という意味で使用された最初の史料は,16世紀末から17世紀にかけての日本語の発音をローマ字(ポルトガル語に準じた表記)で記載し,それ

1.3 日本における茶

にポルトガル語の訳をつけた『日葡辞書』に Bancha という項目があり，それは「上等のでない普通の茶」（『邦訳日葡辞書』）と訳される．当時，どのような漢字をあてたかは不明であるが，同時代の『日本教会史』には，抹茶の詳細な記述に続き，抹茶に用いられる茶は国内の特定の土地にわずかしかないのに対して，「庶民が使う下等なもの」は国中いたるところにあるとしている．そしてその飲茶法について「日本人は茶の用法を学んだシナにおけると同じように，昔は茶を煮出して飲んでいた．今でも日本のある地方では下層の人々や農民の間でそれを飲んでいる．それを煎じ茶というが，煮た茶の意である」とし，「日常しかもたびたび飲むものには，シナ風に煮た方が，いっそう健康によく，自然に適しているように思われる」と書かれ，引き続き「熱湯で軽く煮出す」という具体的な飲用法がみえる．こうした記録に狂言や「七十一番職人歌合」に出てくる「煎じもの」の内容をあわせると，中世における庶民の日常的な茶は，煎じ出して飲むバンチャであった，ということができる．このような意味でのバンチャに番茶の文字をあて，これが一般化するのは，「娘十八番茶も出花」などのように，江戸時代に入ってからである．

なお番茶という語ではなく，製茶法や梱包形態による呼称からも庶民の茶の存在を明らかにすることができる．たとえば，「柴茶」は，16 世紀はじめに興福寺大乗院が奈良で商売する茶商人に「柴茶入公事」という，いわば営業税をかけていたことが記録にみえる．この柴茶とは，昭和初期の愛知県の奥三河において，単に天日干ししたものや，寒中に摘んだ硬葉を凍らせてから炒ったものなどをさした例があり[4]，近世にはこのような粗放な茶を，藁を編んだタテに入れて信州方面へと大量に出荷していたものを「たて茶」と称していた．また狂言の「今神明」などには，まずい茶のことを「天道干しのいとまこわず」と称した例があり，これらはいずれも庶民の日用の煮出して飲む茶を意味していた．てんとうぼしと同義の「テントー」は，三重県の四日市市あたりで秋に作る自家用茶の呼称として現在も使われている．これらは文字通り，蒸した後に天日干しをしたことからの命名である．

これらの単純な製法の茶のうち注目すべきは，先にふれた寒茶の存在である．早くから知られていた足助（旧足助町，現在豊田市）の寒茶は，文字通り寒中に，山茶の枝を鎌で刈り取り，そのまま1時間ほど蒸し，葉を集めて自然乾燥させたもので，家によって屋内で干す場合と，天日乾燥させる例がある．飲むには熱湯で煮出せばよい．同様な茶が徳島県にもみられる．寒茶という呼称は研究者の命名によるもので，現地では単に番茶と呼んでいる．このことから，茶は必ずしも新茶だけが珍重されたのではなく，必要に応じて随時作っていた可能性がある．寒中に作ると苦みが少なくて味が良いという者もいる．

ここにみた，蒸して天日干しという単純な製茶法こそ，日本の庶民が愛好した茶の実態であり，製法や外観からさまざまな呼称が生まれているが，本質的には同じもの

である．

d. 蒸して乾燥

このようにみてくると，番茶製法の本質は，「蒸し」「乾燥」という2つの工程から成り立っており，これを碾茶と比較した場合，素材となる芽の品質，焙炉を使用していねいに乾燥させるという，高級品を作るための手間を除くと，碾茶製法が番茶製法と原理的には同じであることに気がつく．

栄西が宋から新しくもたらした抹茶法は，1世紀を経ずして寺院や上流武家の間に普及したが，かれらがすべて由緒ある高級碾茶を入手できたわけではない．金沢文庫の文書群に見えるように，身辺で作られる茶を「山茶」などと称して一段と低いものとみなし，権力者といえども栂ノ尾の茶を渇望したほどであった．これを逆に考えると，抹茶法が普及していく背景には，番茶のような単純な製茶法と飲用法が広く存在していたために，素材となる茶の入手が容易であったからだと考えられよう．したがって番茶を何らかの用具で粉砕して攪拌すれば，抹茶と同様な飲み方ができる．場合によってはその手間もかけずに煎じ茶を攪拌して泡立てて抹茶同様に飲用することでも，最新流行の抹茶法を体験できた．舶来の抹茶法が，社会階層の上下を問わず，新たな流行として急速に普及していった背景には，番茶が広範囲に利用されていたという事実があったのである．

e. 釜炒り茶の導入

こんにち，日本各地で自家用に作られている茶の多くは釜炒り製である．製茶法としての釜炒り製法は，中国の明時代に普及し始め，佐賀県の嬉野などの伝承によれば，戦国末期には九州に伝わってきた．これは熱した大鍋に生葉を入れて攪拌しながら乾燥させ，途中で筵に広げて両手で揉み，ていねいな場合は何回かこの作業を繰り返してから，天日で乾燥させるものである．用具としては調理用の鍋があればよく，蒸し製よりも手軽に作ることができた．また揉むためには葉が柔らかい新芽のほうが扱いやすいこともあって，自家用ではあっても，新芽を使うようになっていった．現在，東北地方でも釜炒り番茶が自家用に作られているが，これはおそらく近世以降に茶栽培の拡大とともに簡便な方法として受容された結果であろう．

この中国渡来の釜炒り法で注目すべきは，「揉む」という工程が加わったことである．揉むことによって茶葉の細胞が破壊され成分が溶出しやすくなる．したがって従来は長時間煮出していたものが，熱湯に漬けるだけでも茶として飲むことができるようになる．もちろん硬化した茶葉を使用した場合は煮出すことが必要ではあるが，釜炒り茶の普及によって，飲用方法にも変化が現れてくる．

1.3.4 煎茶製法の始まりと普及

a. 宇治製法の完成

現在最も広く飲まれている煎茶は，生葉を蒸し，焙炉の上で乾燥させながら揉んで細く仕上げたもので，急須を用いて「淹れる」．「淹」という文字は"ひたす"という意味である．江戸時代にも煎茶という文字は広く使われていたが，これは"せんじちゃ"と訓じるもので，中世の史料に登場する煎じ物の系譜に連なる．以前は茶葉を揉むことはなかったため，成分を抽出するためには熱湯で煎じ出すことが必要であった．しかし，筵などの上で揉むという工程を伴う釜炒り茶が普及していくことにより，「揉む」という作業を蒸し製の茶にも適用することによって，煎じなくても成分を溶出させることが可能になった．「淹」という文字をここにあてるのはそのためである．

ではこの蒸し製煎茶と釜炒り茶の違いはどこにあるのだろうか．釜炒りすることは強い火力によって茶を殺青することであるから，いわゆる炒り香が付き，湯を注いだとき澄んではいるが水色(すいしょく)はやや赤みがかかる．つまり抹茶で味わうような茶の自然の色合いや香りを楽しむには適当ではなかった．しかし，中国で完成されたこの製法は唐製(とうせい)と呼ばれ，手順も簡単で鍋さえあれば簡単に作ることができるため，特に山茶が豊富であった九州に広く普及していった．江戸時代中期になると，旧来の茶の湯の形式化に不満をもつ文人たちの間で，抹茶とは異なって濁っておらず，スッキリした飲み口の，この唐製が好まれた．煎茶普及に大きな足跡を残した売茶翁(ばいさおう)(高遊外，1675-1763)の詩には，唐製の茶を楽しむいう文言がみえる．また彼らが崇敬した唐代の詩人，盧同(ろどう)(仝)の詩にみえる「清風」という概念にも合うとされた．しかし，釜炒り茶には，先にみたような特徴がある．時代は，釜炒り茶では出すことができない茶葉本来の香りと青色（緑色）を保ち，碗に汲んだときに澄んでいる，という特性をもつ茶の出現を待ち望んでいたのである．

b. 商品としての煎茶

それに応えて新たな製法を完成させたのが,宇治湯屋谷（京都府綴喜郡(つづき)宇治田原町）の永谷三之丞（宗円）で，元文3年（1738）のこととされる．彼は，素材には新芽を用い，蒸籠で蒸してから和紙を張った焙炉の上で揉みながら乾燥させた．これは碾茶（抹茶）製法の「蒸し」「焙炉乾燥」という技術と，旧来の番茶製法にみられた「揉み」という技術を組み合わせたもので，出来上がった茶は，細長く丸まっていて，茶本来の色と香りを最大限に生かすことができた．文字通り「清風」の茶が出来上がったのである．この茶を激賞した売茶翁たちによって，宇治製あるいは青製と呼ばれる新たな煎茶製法が次第に普及していくことになる．ここで重要なことは，これまでの番茶製法は自家用茶の延長線上にあったが，この宇治製法は最初から商品として開発されたものであり，蒸し製煎茶は，地域産業として大きな役割を担うことになるという点である．ただし，宗円が蒸し製煎茶製法を発明したというよりも，その前段階として，

宇治あるいは近江などにおいて，これに近い製法がいろいろと工夫されていた．たとえば，蒸した茶を縄を巻きつけた揉み盤の上で揉み，いったん天日で干してから焙炉にかけるという製法があったことが記録されているので，いわゆる宇治製法も各地で試みられていた技術開発の成果を下地として完成されたものとみてよい．

諸書によれば，永谷宗円は，富士登山の帰途に新製法による茶を江戸の茶問屋（山本嘉兵衛の店という）に持ち込み絶賛を博した．これが蒸し製煎茶が世に出る契機であったという．爽やかな緑色の煎茶は，都市の上層町人や文人に評価され，これを煮出すのではなく「淹れる」ための急須とともに次第に普及していくことになる．この傾向は，近年進んできた江戸の武家屋敷跡の発掘による出土品の変化からもうかがうことができる．

なお近世における庶民の飲茶法は，大きく分けて2つあった．1つは煎じ出した茶をそのまま飲む方法，もう1つは振り茶である．これは煮出した番茶を手製ないし安価なササラ型の茶筅で攪拌し，泡立てて飲むもので，攪拌する動作を振るといったため，抹茶を用いての方法と区別して振り茶と総称する．現在では地方の珍しい習俗として注目される富山県のバタバタ茶，島根県のボテボテ茶，沖縄県のブクブク茶などがこれにあたる．しかし振り茶はかつてはきわめて一般的な飲茶法であったことが，近世のさまざまな史料に日常の飲用として記録されていことから判明してきた．特に農村のぜいたく禁止令として名高い「慶安のお触書」（実際には存在しなかったことが証明されたが，内容的にはその頃の農民統制の実態を示すと考えられる）で女性の大茶を禁止した条文も，茶がぜいたく品であったのではなく，皆が寄り集まり振り茶を囲んで時間をつぶす行為を大茶として排斥したのであった．振り茶とは，栄西がもたらした宋式の抹茶法が，庶民階級に最新の流行として採りいれられ広く普及した飲用法であったが，やがてそれに代わる新たな飲茶法が出現したことで時代遅れとなったために，地方の習俗として辛うじて伝承されてきたのであった[5]．

● 1.3.5　茶輸出の開始と製茶技術の発展
a.　国益としての茶産業

嘉永6年（1853）のペリー来航，そして翌年の日米和親条約の締結によって日本は開国，外国との商取引が始まった．長崎の女商人，大浦慶は1853年に長崎にいたオランダ商人に嬉野茶（佐賀県）の見本を渡しておいたところ，3年後にその見本をもってイギリス商人のオルトが現れ大量の茶を注文した．お慶は九州中から茶を集めて6tの茶をアメリカに輸出した．これが日本茶のまとまった輸出第1号といわれる．お慶が集めたのは，九州各地で天然の山茶を素材に作られていた釜炒り茶であった．

ついで正規の貿易を開始するための新たな条約締結交渉が下田（静岡県）で始まった．この間，アメリカ領事ハリスに対し，猿島（茨城県）の中山元成は茶を持参して

売り込もうとしたなど，茶が商品として外国に売れるという情報は，瞬く間に全国に広がった．1858年，日米修好通商条約が結ばれ，翌年5月に神奈川・長崎・函館が開港されてアメリカなどとの正式貿易が可能になると，早速に駿河の商人たちが横浜に出店をするための借地を願い出て許可されている．岡山県美作市海田は上州沼田藩の飛び地だったが，藩は幕末期になると茶産業の育成に力を入れ，茶農家が宇治製法を導入することを積極的に援助し，神戸港を通じて外国に輸出するための組織を作っている．幕末期，財政的に困窮した諸藩にとって茶生産は大きな魅力であり，各地に似たような動きがみられ，本来，茶栽培に不適な地域においても藩の肝いりで茶生産が始まっていった．

明治初期の茶園増殖の動きのなかで，特筆すべきは静岡県の牧之原の開墾である．徳川幕府崩壊後，宗家十六代として静岡藩主となった徳川家達のもとで静岡藩は近代化に努める．同じころ，静岡に隠退した前将軍慶喜を慕って静岡にやってきた精鋭隊士は，勝海舟の斡旋をうけて当時不毛の地とされた金谷原（牧之原）に入植して茶園造成を行った．かれらが茶園開拓を志した理由は，茶が生糸とともに重要な貿易品であったからで，困難ななか，初志を貫いた中条景昭らによって，今日の大茶園の基礎がつくられた．

このようにして茶の生産が拡大すると，製茶技術の向上が課題となる．当時はすべての工程が手作業であったが，特に商品価値を左右したのは茶の仕上がり具合である．外観，色合い，水色，香りなど品質に直接かかわる要素を向上させるための工夫がこらされた．茶の生葉は産地ごとに微妙な差異があるため，それに対応する技法が工夫され，静岡県の場合，地域の師匠と弟子という関係が軸になってさまざまな流派が形成されるようになった．流派名には，青透流，青澄流など高級茶のイメージを示したもののほか，国益流という流派名には茶が外貨を稼ぎだす重要輸出品であるという認識が示されている．優れた師匠は静岡県内に多くの弟子を育てただけでなく，全国の茶産地の要請に応えて派遣され，現地の伝習会を通じて静岡流の製茶技術を普及させ，静岡が全国の茶産業の中心になる一助となった．

b. 明治政府の茶業振興策

日本茶産業の発達は外貨獲得に向けての明治政府の積極的支援と無縁ではなかった．明治7年（1874），大久保利通のもとに内務省勧業寮茶業掛（係）が設置された．勧業寮は同10年に工部省勧農局となって，さらに農業とその関連製造業の改良が図られ，模範官営工場たとえば富岡製糸場などを管轄，同14年に農商務省農務局となった．同29年，東京の西が原に製茶試験場が設立され，茶業経営，製茶機械の改良など茶業推進の中心として大きな役割を果たした．静岡県島田市金谷にある農業・食品産業技術総合研究機構 野菜茶業研究所（2016年4月より「果樹茶業研究部門」に改組）の前身は，大正9年（1920）に設置された農商務省茶業試験場であり，同試験場が何

回かの変遷を経て平成13年（2001）に国立から独立行政法人化されたもので，紅茶研究の拠点として設置された鹿児島県枕崎の研究拠点および各県の茶業試験場とともに品種改良から営農指導にいたるまで，茶業全般の発展について大きな役割を担ってきた．

制度の整備と並行して，世界に売り出せるような茶を作るために，さまざまな努力が払われた．旧幕臣だった多田元吉は明治政府の命により中国やインドでの現地調査を行い，日本人として初めてダージリンやアッサムに足を踏み入れ，現地で採集した茶の種子を日本にもたらした．これは多田系インド雑種と呼ばれ，のちに日本の茶の品種改良に重要な役割を果たした．当時の日本では緑茶よりもウーロン茶や紅茶の方に将来性があると考え，中国人の指導者を招いて全国で製造講習会を開催した．また製法に関する翻訳書も出版されたが，ウーロン茶・紅茶ともに国際市場に進出することはできず，輸出の中心は緑茶に置かれた．

　c．粗悪茶禁止と茶業組合の結成

開国以来，昭和の戦前期までを通じて，輸出された日本茶の大部分はアメリカ向けである．そのため輸出をめぐる日米関係はかなりの曲折を経験している．明治5年（1872），静岡県は「正直者の商売の妨げになるばかりか，名産の名を汚し，ひいてはお国の外聞を落とす」とし，粗悪茶製造には厳罰に処すと命じた．そして同8年には製茶鑑札を発行して製茶業を免許制とし，10年には粗悪茶取締諭告を出し，日干製など低品質の茶については製造そのものを禁じたが，こうした努力にもかかわらず粗悪茶はあとを絶たなかった．乾燥が不十分の場合，輸送中にカビが生えて品質は最悪となるだけでなく，柳葉，クコ，ときにはヒジキまで交ぜたりした例もあった．

粗悪茶の流入にたまりかねたアメリカ議会は明治15年（1882），「贋茶輸入禁止条例」を可決した．そのため日本政府も本腰を入れて対策を立てねばならなくなり，業界に対して粗悪茶を防ぐための組合を結成するよう指導し，その基準となる茶業組合準則を発布，各県はこれに基づいて続々と茶業組合を結成し，その内部組織として茶業取締所を設置し粗悪茶の追放に本腰を入れた．この迅速な対応をみると，茶業がいかに輸出，それもアメリカに対する輸出に依存していたかがよくわかる．

　d．茶は輸出産業

統計によると国内生産量のうち9割が輸出されている年がある．たとえば，明治36年（1903）の場合，生産量が約2万5145 tだったが，輸出量は2万1708 tでじつに86％にのぼっていた．現在の茶がほとんど国内で消費されていることを考えると，戦前の茶業界と現代のそれとはまったく別な世界であると言わざるを得ない．この輸出依存の茶業界の構造は大正期まで続いた．国内一般の茶需要は，高級な煎茶にまでは拡大せず，地域ごとの小さな商圏相手の番茶製造や自家製の番茶は政府統計には出てこないために，番茶を含む真の生産量は不明である．さらにいえば，茶生産地以外

の，たとえば東北地方においては茶を購入して日常的に飲むというようになるのは昭和になってからである．

日本茶の海外輸出を推進したのは横浜と神戸に拠点を置いた外国商社であったが，明治32年（1899）に静岡県の清水港が開港場に指定され，同39年から清水港からの茶輸出が始まった．清水および静岡において輸出用に茶を梱包する前に乾燥度を高める再生作業に必要な設備が充実するとともに，茶輸出の中心は横浜港から清水港に移り，横浜や神戸にあった外国商社も次々に静岡市に店を開いた．こうして静岡は名実ともに茶に関する総合的なセンターとなった．

外国茶商に対抗して彼等を経由せず生産地から直接外国に輸出する，いわゆる直輸出を推進しようという動きも早くからあった．日本で最初に外国商館を通さず，直接海外に茶を輸出したのは，明治8年（1875）創立の狭山茶を扱った狭山会社で，ついで同9年，静岡県最初の直輸出会社，積信社が沼津に創立されるなど，茶産地では外国商館を通さない直輸出の試みが次々と興った．しかし，いずれも外国商館に比べて資本力がなく，粗悪茶輸出の悪影響や変動激しい貿易市場に対応できずに衰退した．

その後，茶産地の会社が団結し，茶業組合中央会議所の支援のもとに全国的な組織としての日本製茶会社が明治23年（1890），大谷嘉兵衛を社長として設立されたが，折悪しく日本最初の恐慌に直面して株金の払い込みが滞り，翌年にあえなく解散となった．ただし，注目すべきは，これまでの輸出会社が直輸出とはいいながら，自ら外国での売り込みをしたのではなく，外国の茶商や商社に委託をする形が多かったのに対し，この会社は輸出事務を自ら行い，直接海外の代理店に出荷して販売しようとした点である．

『日本茶輸出百年史』によれば，明治30年代になると，日清・日露戦争の勝利による日本の外交的地位の向上，関税自主権の回復（明治32年，同44年）とあいまって，日本の貿易が全体として発展していくという大きな潮流のなかで，茶輸出会社も業績を伸ばしていった．明治20年に日本の会社による直輸出の占める割合は，数量で3.9％，金額では2.6％にすぎなかったのが，同36年にはそれぞれ28％と26％へと大きく伸びている．

e. アメリカでの宣伝戦

日本茶は重要な輸出産業であり，国内消費よりも輸出が大きな目的に据えられてきた．『日本茶業史続編』によれば，中央会議所は明治30年以後に大々的に宣伝戦を拡大させ，大正3年（1914）のサンフランシスコ博覧会以降は特別会計を設定して直営の移動喫茶店などをもって米国内で宣伝活動を展開してきた．1935年に刊行されて以来，世界の茶に関する文字通りの百科全書として揺るぎない地位を占めている"*All about Tea*"の著者ユーカースは大正13年（1924）に来日，資料収集にあたるとともに，日本に対して消費国に対する「巧妙なる宣伝」をすべきとの助言を行った．この時期，

第一次大戦終了後のアメリカ市場における日本茶はイギリスによるインド・セイロン紅茶の猛烈な追い上げにあって苦戦を余儀なくされていた．ちょうどその頃，後述するように日本茶に大量のビタミンCが含有されていることが明らかになった．当時のインド紅茶の宣伝文句には，心身に対するリラックス効果や消化促進などの効用がうたわれていたから，日本の業界はこの発見を好機として一挙に攻勢をかけようとした．ところが，輸入食品に対する厳格な指導をしてきたアメリカ農務省は独自の試験の結果，日本茶に含まれるビタミンはきわめて微量にすぎないと発表した．おそらくは保管状態の悪い低品質の茶を素材にしたためではないかと考えられるが，茶の効用を販売促進に役立てようという日本の戦略は完全に出鼻をくじかれて頓挫してしまった．アメリカ市場における日本茶のシェアが減少し続けるのに対して，イギリスによるインド紅茶は値段が高いにもかかわらず急速に増加していったのである．

　日本の中国大陸への進出が始まると，いわゆる満州からモンゴル，さらにはシベリアという広大な市場が視野に入ってきた．昭和2年（1927）にはソ連やモロッコ，エジプト，ペルシア等への視察や関係者の招聘というかたちで動き出しており，その後も市場調査や試売のための予算をとるなど，北米市場の頭打ちに対する対策が進められた．1917年の革命によって成立したソビエト政府も茶の輸入をはかり，日本に対して上海の商社を通じて輸出を打診してきた．大正13年（1924），静岡県の緑茶およそ27 tが試験的に送られたのが対ソビエト輸出の初めである．しかし現地で好まれるのは中国製の釜炒り茶であったから，市場進出のためには中国緑茶の形に合わせて揉捻を十分に施して丸く仕上げた茶がよいということになった．一般の煎茶は葉が細く伸びているため伸び茶といわれるが，これは丸まってグリグリした外観なのでぐり茶と呼ぶことにした．のちに名称を公募して玉緑茶（たまりょくちゃ）と呼ばれるようになる．昭和4年（1929）にはソビエトの技師から製造上のアドバイスを受けている．いっぽう，モロッコなどイスラーム圏においては酒の代わりに茶が好まれているという情報が入ってきて，アフリカや中央アジアの茶市場に対する関心も高まってきた．これまでほとんど知られていなかったこの地域の茶需要に業界は大きな期待をよせ，輸出も試みられたが，低品質の茶を出したために中国茶と比較しての評判はすこぶるよくなかった．さらに熱湯で煮出してしまう現地の飲み方に日本の煎茶は合わなかったということがあげられよう．

　しかし中国大陸への茶輸出は茶業界にとっては重要課題である．当時の業界誌『茶業界』には，中国やモンゴル，満州市場に関する現地報告が頻繁に掲載されている．大陸で好まれるジャスミン茶やモンゴル向けの磚茶（せん）の製造研究も行われた．特に磚茶については，静岡市に造られた磚茶製造工場が秋冬番茶を主要な素材として相当量の磚茶を製造した．磚茶とは下級茶を蒸気で蒸してから煉瓦状にプレスしたもので，日本人にはまったくなじみがないが，現在でもチベットやモンゴルで愛用されている．

このように積極的な海外市場開拓と現地需要に対応した製品開発の試みも，敗戦によってすべて無に帰した．戦争中の食糧増産や働き手不足によって茶園は荒廃し，生産量は半減した．この窮状を救ったのは，日本に送られた食料に対する現物決済としての見返物資に生糸とともに茶が指定されたことであった．また戦後しばらくは中国の混乱から北アフリカや中東向けの茶輸出も拡大していったが，やがて中国茶の国際市場への復帰とともに輸出量は減少していった．ところが経済成長期に入っていた日本の国内需要は拡大を続け，海外市場の喪失を十分に補うことができた．これにより，日本茶の輸出はほぼゼロになった．

　しかし昭和40年代末あたりから国民1人あたりの緑茶購入量は減少し始め，昭和45年（1970）の527 gが平成26年（2014）には294 gになっている．それに対して平成26年の緑茶輸出量は3500 t余にすぎない．ただし，緑茶輸出にとって大きな光明となりそうなのが，現代人の健康志向という時代の動きである．これは，そもそも人間はなぜ，茶を飲み始めたかという，茶と人間との関係の原点を再認識することでもある．

1.3.6　機能性への着目
a.　体験的な効能の認識

　茶が有するさまざまな薬効は，チャという植物の本質であり，人間が茶を生活のなかに取り入れた最大の要因である．医薬の神として尊崇されている神農（しんのう）の伝説では，日に70とも72ともいう多くの薬草を試し，毒にあたった場合は茶を噛んで解毒したといわれる．現在の茶の一般書には神農が茶葉を噛む姿の図像が掲載され，日本でも近世に発展した医者や薬種屋の集いである神農講でも同様な姿をした彫像を祀る例がある．あるいは，神農が湯を沸かしているときにチャの葉が湯の中に舞い込み，それを飲んだところ心身爽快を感じたという伝説もある．要するにチャ葉に含まれる薬効成分をどういう形で体内に取り込むかという工夫がチャの多様な利用法を発展させていった．機能性の内容，また薬草としての位置づけなどは岩間眞知子の研究[6]に詳しい．

　こうした話の真偽にかかわらず，茶に何らかの薬効があるために人間が利用し始めたことは確かであろう．『茶経』（一之源）では，茶は漢方でいう寒に属し，発熱による頭痛・目の不快感・手足の疲れなどに効果があるとしただけでなく，「精行倹徳」の人には最適という精神的な効果も述べており，この一節は後に茶が文化的な飲み物として扱われることになる大きな要因となった．

　栄西が『喫茶養生記』の冒頭において「茶は養生の仙薬なり，延命の妙術なり」と記したように，茶は人の健康にとって大きな効果を有することが強調されていた．鎌倉時代の説話集『沙石集』（1283年）には，ある僧が茶は3つの徳がある薬であると

いい，眠気覚まし，消化促進，煩悩消し，をあげている．いずれも坐禅修行を行う僧侶にとって大きな意味がある薬効である．「煩悩消し」はともかく，茶の別名を目覚まし草ともいうほど覚醒作用があり，これらの薬効は，現在でもそのまま体験的に語られるものである．岩間前掲書に引用されている近世初期の医薬書である『延寿撮要』では，茶の性を微寒，頭をスッキリさせ渇きを癒し，消化を助け利尿作用があり，睡眠を少なくするなどとあり，また多く飲むと身体の脂をとって痩せるともある．近代になって科学的な分析や実験によって茶の機能性が立証されたことで，これらの諸項目が体験を通じて早くから認識されていたことがあらためて証明された．なお，茶と酒はともに人間の精神作用に大きな影響を与えるものであるが，その機能は対照的である．中世においては「酒茶論」と称して，茶と酒の効能を比較する文芸作品が生まれている．

b. 薬効成分の発見

近代になると茶の薬効が科学的分析によって証明されていく．なかでも注目を浴びたのは1923年（大正12），緑茶に大量のビタミンCが含有されているということが三浦政太郎によって発見されたことである．大正期は日本緑茶の多様な機能性が大いに注目された時期である．『静岡県茶業史・続篇』（静岡県茶業組合連合会議所，1937）には，「茶の薬効成分及成分」と題する章があり，次のような語句を含む論説が掲載されている．ビタミン発見，ビタミンA，ビタミンCと浸出湯加減，殺菌力，動脈硬化，毒素破壊力，糖尿病，自家中毒予防などで，現代でも注目されている薬効が列挙されている．またこうした茶の薬効をもとに軍隊で茶飯をたけばすえにくく携行に便利とか，その名も勇ましい突撃錠などの記述も見える．現代において注目を浴びているさまざまな機能性は，すでにこの段階でおおかた指摘されていることになる．戦前のある時期，茶販売促進目的の印刷物に，ままごとをしている兄妹の会話として，お茶を飲むと伝染病にかからないのは，栄養素（ビタミンA, B, C, D）をたくさん含んでいるからといい，夏の飲料にはお茶が一番安全だからお父さんやお母さんに言ってお中元のお遣い物をお茶に決めてもらいましょう，と言わせている．茶の機能性の認識は，商品である茶の販売促進戦略と大きなかかわりをもっていた．

c. カテキンの活用

茶の渋味成分が茶葉から純粋の形で分離されたのは1930年前後で，1948年になってカテキン類のなかで最も多いエピガロカテキンガレート（EGCg）が分離された．やがてカテキン類には抗突然変異性があることが発見されたことを契機に多くの研究者が注目し，抗発がん性の作用も有することが証明されていた．また，神農伝説にみられた解毒作用についてもカテキンが有効に働くことが証明されていった．このような科学的分析の成果や効能の発見については，第6章において詳述される[7]．

こうしたカテキン類の機能性に注目して，多くの商品開発も進められ，茶が有する

多機能性が広く認識され生活に生かされるようになった.具体的には,抗アレルギー性をうたうカテキン飴,ペットの排泄物の消臭材,寝たきりの患者の床ずれを防止するシート,体内の脂肪を燃焼させることをうたった清涼飲料など,驚くほど多岐にわたっている.この傾向は,茶生産のあり方や製茶技術をも大きく変えてしまう可能性がある.茶葉からカテキンを抽出することが目的であるなら,仕上がりの形態には関係なく,より多くのカテキンを効率よく抽出できる製茶方式が求められるからである.

同時に,薬効成分のみを取出すのではなく,本来の飲み物としての緑茶に対する需要も高まっている.アメリカ市場では「茶は健康に良い」という認識が広まり,1990年の緑茶売上高は2000万ドルであったが,2011年には15億ドルとなり,まもなく20億ドルを超えようというが,大部分は中国産である.ここで重要な点は,RTD(ready to drink)すなわち,いつでも,どこでも飲める,ということと,健康が重要なキーワードであることをあらためて認識することである.ペットボトルの普及はその表れであるが,さらに新しい茶の飲用法(食べ方を含む)の開発が期待されている[8].

〔中村羊一郎〕

引用・参考文献

1) ジョアーン・ロドリゲス(1967):日本教会史(上)(大航海時代叢書IX),岩波書店.
2) 金沢文庫古文書,第6輯,4735.
3) 大乗院寺社雑事記,寛正4年(1463)2月7日条.
4) 日本常民文化研究所(1972):民具問答集(日本庶民生活資料叢書第一巻)(アチックミューゼアム編),三一書房.
5) 中村羊一郎(2015):番茶と庶民喫茶史,吉川弘文館.
6) 岩間眞知子(2009):茶の医薬史—中国と日本,思文閣出版.
7) 日本茶業中央会(2013):新版 茶の機能—ヒト試験から分かった新たな役割,農山漁村文化協会.
8) 世界緑茶協会編(2014):世界縁茶会議2013報告,緑茶通信34号,世界緑茶協会.

1.4 韓国における茶

● 1.4.1 高句麗の茶文化

紀元前37年頃,朱蒙により建国された高句麗(こうくり)(BC 37-AD 668)では,貴族中心の優雅な茶文化が営まれていた.1940年に発掘された高句麗舞踊塚壁画に描かれた茶室の様子は,たいへん華麗に装飾され,主人は東側の左に座り,西側の右を見ている.二名の来客は高僧で,西側から東側を見ている.侍童二名が主人の後ろに立っている.このような茶室で,高僧を迎え茶を飲みながら,法文を聞いている様子がうかがえる.また,角觝塚壁画に描かれているのは一般貴族の茶室(居室でもあると思われる)で,

主人は椅子に座っている．左側には二名の夫人が座布団を敷いて座っている．主人の右側には息子が椅子に座っている．その後ろには侍童が拱手して立っているのが見られる．このように，高句麗のもてなしの席に茶があったことがわかる．

高句麗は地理的にチャの栽培が難しく，百済や唐から輸入していたと考えられる．高句麗の古墳からは直径4cmくらいの銭形の団茶が発掘されている．一方，この時代高句麗の人々は，高山地帯に自生する白山茶という植物を飲用に用いていた．白山茶は古代朝鮮時代から白頭山（現在の北朝鮮咸鏡道）周辺の住民たちが飲んでいたとされ，祭天儀式にも用いられていたものである．

茶器は土器，馬足床（足の付いた茶盆）を使用していた．

● 1.4.2 百済の茶文化

百済(くだら)（BC 18-AD 660）は，温祚が建国した中央集権体制国家である．僧侶と貴族を中心とした茶文化が営まれ，寺院では僧侶が献茶に用いたと考えられる．1971年に武寧王陵から銅托銀盞土器茶碗が出土，弥勒寺跡から茶具（風炉と石釜）も出土している．

高麗時代の学者李奎報の『南行月日誌』に，百済僧蛇包が新羅の高僧元暁聖師に餅茶を供養した記録がある．

茶具の特徴は，王室では銀茶碗，銅茶托が，その他寺院などでは土器茶碗，石の風炉が使われたという．寺院の僧侶が仏殿に献茶し，寺院での茶生活にも用いられたと考えられる．

唐と日本との外交を活発に行った国であるだけに茶の飲用も行われ，その茶は餅茶や白山茶であったとみられるが，残念ながら正式な文献には残っていない．

● 1.4.3 伽倻の茶文化

伽倻(かや)（AD 42-562）は洛東江下流金海平野で，勢力が最も強かった金官伽倻金海の首露王が建国したとされる国である．この国の茶の伝来にまつわる説に，「金海 白月山有竹露茶 世傳首露王妃許氏 自印度 特来之茶種云」（李能和『朝鮮仏教通史』）とある．印度阿踰陀国王女許黄玉が嫁入り道具として持ってきたもののなかにチャの種子があり，金海白月山に植えて竹露茶が始まったと伝わっているが，詳細は不明である．白月山は現在の慶尚南道金海東側にある金剛趾渓谷にあり，昔の地名は茶田洞といった．1世紀から6世紀にわたり伽倻国は存在したが，562年に新羅に吸収された．

● 1.4.4 新羅の茶文化

新羅(しらぎ)（BC 57-AD 953）は唐と力を合わせ，百済・高句麗を滅ぼして統一新羅となった（676年）．韓国における茶の記録は，新羅時代からいろいろ現れる．韓国の歴史

図 1.19　縁起祖師孝台

図 1.20　土器瓔珞台付鉢（左）および土器耳付高杯（右）

を代表する書『三国史記』によれば，興徳王 3 年（828），唐に使臣として遣わされていた大廉が，チャの種子を持ち帰り，王命により智異山(チリ)に植えたとの記録がある．しかし，それ以前，善徳女王時代（632-647）に，すでにチャがあったという記録もあり，当時，多くの貴族や留学僧によって茶文化も定着していったと推定できる．本格的に茶の飲用が盛んになったのは，9 世紀の興徳王の時代である．

　現在も智異山一帯は，韓半島の中でも有名な茶産地として知られている．智異山は，全羅道と慶尚道にかけての山々で，気温が高く降雨量も豊富で約 800 種類の植物，約 200 種類の動物が生息している．智異山の麓には野生茶樹が残っており，また一帯には，雙渓寺や華厳寺など大きな寺が多くあり，仏教文化が花開いた地でもある．禅宗が流行し禅風が盛んになるにつれて，茶はますます広まっていった．

　『三国史記』によれば，祭祀や喪礼，祭礼などに茶が用いられた記録があり，6〜7 世紀には茶が飲用されていたことが推察できる．今日でも，仏国寺の大雄殿後ろに茶堂跡地があったり，石窟庵の文殊菩薩像が右手に茶碗を持っていることから，新羅の茶文化をうかがい知ることができる．そのほか，俗離山の法住寺には，茶碗を頭の上に乗せている喜見菩薩像があり，智異山華厳寺には縁起祖師が母親に茶を捧げた孝台がある（図 1.19）．

　1975〜76 年の発掘作業で，文武王 20 年（680）に建てられた王室別宮，雁鴨池の臨海殿跡から，寶相華文傳（紋様入石畳）と土器茶器（抹茶用の茶碗讃栄茶碗など）

が発掘された（図1.20）．このことにより，この時代の新羅の王族が茶を楽しんだことがわかる．『三国遺事』によれば，「宮内穿池，造山種花草，養珍禽奇獣」と雁鴨池のようすが描かれ，孝昭王6年（697）に多くの臣下が臨海殿における宴に招かれたことが記されている．

　1985年頃，慶州南山昌林寺跡地から瓦當の一部が発見され，その表面に「茶淵院」という文字があったことから，新羅時代の寺院に茶室があったことが明らかとなった．茶を嗜んだ身分は，王族，僧侶，貴族，そして花郎（国仙）である．
　　　　　　　　　　　　　　　　　　　　　　　　　（かろう（ファラン））

　花郎徒は真興王37年（576）に正式に成立した制度で，貴族の子弟を対象に教育・修練を行う青年組織である．花郎を代表する人物として四仙（永郎，述郎，南郎，安詳）がおり，彼らは多くの郎徒を率い，全国の名勝地を遊覧修練した．江原道江陵の鏡浦台や寒松亭には彼らが茶を煎れたときの茶具が高麗末まで伝わっていた．高麗末期の大学者李穀（1298-1351）は，東海岸一帯を遊覧した紀行文『東遊記』で，石竃，石池，石鼎，石泉などを見たと書いている．花郎たちは屛山大川で気概と胆力を鍛錬し，修道と修行にあけくれながら茶を飲んだという．

　花郎が精神修行とともに茶を飲んだ記録が残っていることからも，茶は，新羅時代には修練と修養の飲料であったことがわかる．

　新羅の茶の種類は，団茶や餅茶と唐からの「漢茗」で，烹茶法（茶を石釜の湯の中に入れ，煮汁を飲む）で飲用したり，点茶法（茶磨でひいて粉にして湯に溶かして飲む）で飲用した．

　新羅末期のすぐれた文人崔致遠（858-?）が残した四山碑銘（智證大師寂照塔，河
　　　　　　　　　　　　（チェチウォン）
東雙溪寺眞鑑禪師大空塔碑，保寧聖住寺朗慧和尚白月葆光塔碑，慶州崇福寺史蹟碑）の1つ河東雙溪寺眞鑑国師碑を通して，茶を粉にして沸かす方法と餅茶を煮る2通りの方法があったことがわかる．眞鑑国師（774-850）が文聖王2年（840），唐からチャの種子を持ち帰って智異山の周辺に植えたことや，国師が漢茗（茶餅）を石鼎の中に直接投入して煮出して飲んだのは真理を追求したためだと刻まれている（図1.21）．

　この河東雙溪寺眞鑑禪師大空塔に書かれた「漢茗」，真興王7年（546）に建てられた秀徹和尚愣伽寶月塔碑銘にある「茗香」，そして無染国師碑銘にある「礬以茗酵」など，茶に茗の字を多く用いた金石文字から，新羅時代の茶文化の断面をのぞくことができる．

　等身仏となった地蔵法師（696-794）は聖徳王の長男として生まれ，俗名を金喬覚，24歳のときに，唐の九華山で修業し，このとき母国から金地茶をもたらしたと伝えられている．中国で刊行された『四大名産地』には「金地蔵　梗空如篠　相傳金地蔵携来種」とある．九華山に生産する金地茶は法師が持って植えたチャと記されている．

　『三国遺事』に記されている忠談禅師と新羅第35代景徳王（在位742-765）の茶話は韓国茶文化史で最初の献茶の記録として評価される貴重な記録である．景徳王24

図 1.21 眞鑑国師碑（崔致遠）'漢茗'

年（763）3月3日，景徳王が帰正門楼上にお出ましになったところ，一人の僧が桜筒を背負って南からやって来た．王は僧が担いでいる桜筒に目をとめて僧を呼び止めた．僧忠談は，桜筒は茶具をいれる道具で，三月三日（重三）と九月九日（重九）に慶州南山三花嶺弥勒世尊に献茶をしていることを説明し，王にも茶を差し上げた，とある．忠談禅師の茶具が桜筒中にあったことから，その時代僧侶は居拠を移動し，雲水行脚時は茶具を持って動いていたことがわかる．

寶川と孝明という新羅の二人の王子が五台山で修行するとき，毎日早朝千洞水の水を汲み上げ，文殊菩薩に茶をいれ捧げたという記録もある．

新羅30代文武王元年（661）3月に，「（伽倻の建国者）首露王は15代の始祖であるため，その国は存在しないが，王廟は今も存在しているため，宗廟とともに祭祀を行う」と詔が出された．そのため新羅は毎年各節に酒，餅，飯，茶，果物を供え，祭祀を行った．これが先王廟に対する祭礼献茶儀式の始まりである．

新羅時代には先祖に対する儀式「祭礼献茶儀式」と，仏陀や高僧に茶を差し上げる「仏教献茶儀式」があったことがわかる．

1.4.5　高麗の茶文化

統一新羅の次に韓半島を統一した高麗（こうらい）（918-1392）は，新羅の茶文化を引き継ぎながら，独自の茶文化を開花させていった．まず，「茶房」という官庁を設置し，茶に関する全般行事を担当させた．たとえば，進茶儀式の行事，功徳斎，燃燈会，八関会など，国の大小行事を進行した．また，王の巡幸に随行し，茶を点てたり，茶産地から集まった茶を保管管理した．王の命令があったときには下賜品や供物を準備した．茶房には，薬を調製する御医（茶房太医監小監）が所属し，王から格別な扱いを受けていた．たとえば，『高麗史』巻7に，文宗王初期（1047年），茶房太医監の金徴渥が定年退職する年齢になったとき，王は「彼のような実力のある名医は，もっと勤務

すべきだ」と言って，辞めさせなかったという記録がある．茶房の官職は特別で，「茶房侍部」は"正三品"に該当し，「茶房太医小監」は"正四品"，「茶房事」は"正五品"，「茶房参事」は"正七品"から召使の階級までであった．

茶房に属する「茶軍士」は，王の巡幸の際に護衛し，茶行事を行う際には，火鉢と釜を担当する者，茶碗や茶菓子を担当する者，ときには御酒御食果物膳を準備する者，茶行事を護衛する者など，さまざまな職責があった．茶軍士に任命された者は，一般軍人の責務をしなくてもよかった．このような茶房の官吏制度は，中国や新羅にはないものである．

高麗では，新羅の献茶儀式から，進茶儀式に変わっていった．進茶儀式は，その対象により儀式の方法が違っていた．たとえば『高麗史』をみると，89種類の儀式のなかで茶を出す儀式が11種類あった．吉礼では，元子誕生祝賀儀式，王太子冊封儀式，王子妃冊封儀式，公主誕生祝賀儀式，公主結婚式に進茶儀式が催された．嘉礼では，名節の陰暦11月14～15日の八関会と2月15日の燃燈会，元正・冬至の朝賀儀式，大観殿の君臣宴会に茶礼があった．賓礼には，老人の賜宴儀式，北朝使臣の迎接儀式に茶礼を行った．凶礼には，重刑奏対案に進茶儀式があった．

王室と一般民衆の共通の進茶儀式のなかには燃燈会と八関会があった．燃燈会は，新羅時代から伝わる仏陀を喜ばせ，国家と王室の安泰を祈る仏教行事である．燃燈会は高麗が滅んだ後の朝鮮時代でも4月8日に行われ，現代でも陰暦4月8日仏陀の誕生日，寺の大きな行事として，燈を灯し，多くの信者が祈りに参加している．高麗は，仏教国家であったため，王自らが仏前にささげる茶を臼で挽いたという記録も残っている．八関会は，国家と王家の安泰と民衆達の幸福を祈る行事である．このとき，王は臣下とともに茶を飲んだ．王の進茶儀式はとても厳格に決まっており，八関会は最初に王が茶を飲むのを合図に始まる．楽官による演奏や，舞踊を見ながら楽しんだ．また茶だけではなく，茶食，酒，食物等が出された．なかでも「高麗餅（薬菓）」は，現代でもよく食べられている．

この時代，茶も盛んに作られた．寺院の周りには茶を作る茶村があり，国家には茶を作って納める茶所があり，それらを貢茶所といった．高麗時代に書かれた『通度寺舎利袈裟事蹟略録』によると，通度寺北側冬乙山に茶村があったと伝わる．冬乙山は今日の慶尚南道梁山市下北面にある霊鷲山のあたりであり，その村には後世まで茶田と茶泉が残り，「茶所村」と呼ばれた．

茶には土産茶と中国から輸入する茶があった．高麗王室愛用茶には，脳原茶と大茶，孺茶，餅茶（青苔銭），があり，高麗後期には葉茶（雀舌茶）もあった．中国輸入茶の代表的な茶としては，龍鳳団茶，蠟茶，建茶があった．脳原茶は王室の愛用品で，進茶儀式の使用はもちろん国に貢献した臣下への下賜品，贈儀品としても使用された．『高麗史』巻93には，崔承老が63歳で亡くなったとき，王が彼の死を惜しみ，彼の

1.4 韓国における茶

功徳を表彰し，脳原茶200角と大茶10斤を賵儀したとの記録がある．茶所で生産し貢納された脳原茶は宮中で保管して，国家の大小行事に充当された．脳原茶は餅茶であり，臼で挽いて点茶法で飲まれた．孺茶は，智異山雲峯で採られる茶で，老珪禅師がこれを李奎報（1168-1241）に贈った際，味が甘く，乳香があることから二人がそう名付けたと伝えられる．孺茶は別名早芽茶ともいう．大茶とは葉茶のことで，高麗が滅びるとともに消滅してしまったが，そのかわり雀舌茶が登場した．雀舌茶は若い茶葉が雀の舌のようであることから付けられた名で，大茶とともに高麗初期からあったと思われる．ただし文献上は高麗真覚国師（1178-1234）が松広寺にいるとき作った茶詩の中に雀舌茶を飲んだ一節があり，これが雀舌茶のことを書いた最初の記録である．その後，高麗末期の文人，耘谷（1330-?）や韓脩（1333-1384）の茶詩にも雀舌茶が登場し，文人や一般にも飲用されていたことがわかる．雀舌茶は後の朝鮮時代を代表する茶となった．

宋の国からは龍鳳団茶が輸入された．『高麗史』では，文宗32年（1078）6月の記録に，龍鳳団茶の名がある．高麗中期から人々は好んで龍鳳団茶を飲むようになった．

一般庶民たちは茶を売る店「茶店」で，金銭や物品を茶と交換して飲んだ．しかしこの時代，庶民たちの茶生活はさほど容易ではなかった．高級茶を楽しむぜいたくな風潮と過重に附加された茶税のため，一部地域では茶樹を抜いて捨てたと伝わっている．このような状況は朝鮮時代にまで引き継がれ，茶文化が衰退した原因にもなった．

茶器は三国時代に比べ発達し，多様かつ華麗になった．茶文化は急速に発展して，王室での進茶儀式でもたいへん華やかな茶器が使われるようになった．青磁を作る官窯が設けられ，民間でも民窯を設置生産し茶器を製造した．青磁，象嵌青磁，そして高麗後期には粉青沙器の茶器が生産され，王室では銀で造られた茶具も使われた（図1.22）．王宮が茶室には特別に設けられ，外国使臣たちを迎える際に使用された．

『宣和奉使高麗図経』は，徐兢（1091-1153）が著した高麗時代の茶生活を知るうえで非常に役立つ書物である．徐兢は宋から高麗に派遣された使節団の一人で，1123年高麗の都松都を訪れ，高麗についてさまざまな風習を記録し，帰国後宋の皇帝徽宗に伝えたのである．この書物は40巻29項目，さらに300余種類の詳細に分類されている．元来事物に対する説明と絵が描かれていたので図経といったのであるが，1126年金の侵略によって宋（北宋）が滅びた際，絵の部分は焼失してしまった．現在残されている高麗図経の茶に対する記事をみると，高麗人が茶を愛した事実がわかる．徐兢は，ある官吏から招待され，茶と茶菓による接待を受けたという．この記録を通して，一般家庭では来客時に茶で接待することや，一般社会でも茶を飲む習俗があったことがうかがえる．

珍重な茶器（金花烏碗（金で縁どられた天目茶碗），翡色小瓶（小さな翡翠色の青磁茶碗），銀湯爐鼎（銀製の茶炉と茶釜））や儀式的な茶礼法，接賓茶礼にみる点茶法，

図 1.22 高麗の茶器
①,②青磁托盞,③青磁陽刻花葉文,④鐵製金銀入絲盞.[口絵4参照]

華麗な茶室(順天館にある楽賓亭や香林亭など)での様子など,当時宮中に仕えていた文人たちの茶詩からもわかるように,高麗時代には国家行事から一般庶民生活に至るまで茶が浸透していた.

1.4.6 朝鮮の茶文化

1392年,李成桂により朝鮮(1392-1910)が建国された.朝鮮初期には高麗の茶房制度がそのまま継続されていたが,1477年に司尊院が新たに設けられた.司尊院は茶房よりもっと大きな権限を持ち,王の護衛と茶の出納を管理した.官庁には茶時制度が導入され,官員たちが毎日1回,茶時庁で茶を飲みながら重要な政治を語りあった.特別茶田を設け,官庁に茶を運ばせることもした.しかしながら,高麗時代の,華やかな茶文化の様相は徐々に失われ,しばらくは衰退の道を歩んでいくことになる.その原因はいろいろあるが,崇儒抑仏によって仏教の僧侶たちは自由に活動ができなくなり,寺周辺の茶樹が伐採されて茶の生産も減った.そのうえこの時期から全地球的に小氷期と呼ばれる寒冷期に入り,経済が疲弊した.さらに壬辰倭乱(文禄・慶長の役),丙子胡乱などが起こり,内政も荒れていた.明,清に茶の貢納をしなければならなかったため,茶税は高騰し,庶民たちは茶田を捨てたり焼き払った.咸陽郡守であった金宗直(1431-1492)は,茶貢納による郡民たちの苦労を助けるため,厳川寺北側に茶園を造成している.

高麗ほど盛んではなかったが,王室では茶礼が行われた.記録によれば,朝鮮時代の『朝鮮王朝実録』には2043件,『承政院日記』には1530件の茶礼の記録がある.茶礼は,おもに外国使臣を迎え行われる接賓茶礼,神仏先祖に茶を以て供養する祭祀

1.4 韓国における茶

茶礼に分けられる．祭祀茶礼には別茶礼と晝茶礼があり，晝茶礼は王と王妃の葬礼後廟または山陵で行う儀式で，別茶礼は名節と初日，十五日，誕辰日に行う儀式であった．成宗時代完成した儒教社会の朝鮮での基本秩序となった『国朝五禮儀』には五礼が定められている．五礼とは，吉嘉賓軍凶礼のことで，嘉礼賓礼には中国使臣への接賓茶礼，日本から船で遣わされた使臣のために下船茶礼でもてなした記録があった．

儒者や一般家庭でもたくさんの祭祀があったが，茶に変わり水で茶礼を行うこともあった．朝鮮は戦乱によって茶生活の余裕は失われていったが，王室では使臣茶礼，接賓茶礼などの儀式茶礼は行われた．

朝鮮時代の茶文化で特記できる事実は，茶礼が庶民層で確認できることである．茶が生産できる地方の民間では，茶が薬としても使われ，市場で物々交換され，茶だけ売り歩く茶薬販売もあった．

朝鮮時代には崇儒抑仏政策によって，高麗時代に比べ儀式の仏教的色彩が排除されしだいに儒教的性向に変わっていった．このような変化は高麗末期に入った朱子学に起因するもので，民間でも，いわゆる「朱子家礼」による冠婚葬祭儀式が土着化したが，その四礼を行うときには茶が使用された．

四礼の中で冠礼とは今日の成人式を意味し，普通婚礼直前に行われる．未成年者は冠礼を行ってようやく成人とされた．このような儀式は高麗時代に始まり，朝鮮時代さらに発達した．冠礼は冠者（成人になる者）が祖上の神位を祀った祠堂に進み，拝礼して茶礼を行った．

また婚礼は人倫の大事，どのような礼俗よりも神性とされた．朝鮮時代の婚姻風俗には納采という儀式があった．新郎宅から結婚する男子の姓名と生年月日時，つまり四柱単子を新婦宅に送り，新婦宅では宮合を見た後，吉日を選びまた新郎宅に納采を送った．このとき主人夫婦が舎廊斎で茶礼を行った．家礼に基づいて主人と客人がともに茶礼をすることもあった．新郎宅で新婦宅に送る礼物納幣には婚姻を確定する意味が内包された．だから，納采を送るときには，封茶，茶と茶種を封じ蒔く風習があった．地方に限ってこれを「封采」または「封茶」と呼んだ．

18世紀に入ってようやく，士大夫，学者，儒生，文人たちによって忘れられかけた茶文化に光があてられるようになった．茶聖草衣禅師（チョイソンサ）（1786-1866）は朝鮮後期，全羅南道の名刹大興寺の僧侶である（図1.23）．詩学，書画，禅教，梵語に秀で，"最高の境地に至った人物"としてその名を残している．1809年24歳のときには，康津茶山草堂で流配生活を送っていた茶山丁若鏞（チョンヤギョン）との交流を通じて儒書と詩作を学び，丁若鏞の息子丁学淵と弟子の黄裳とは生涯にわたり茶と詩を通じた友情を育んだ．丁若鏞を通じソンビ（貴族）や士大夫，その門下生と密接な関係を築き，なかでも秋史金正喜には大きな影響を与えた．秋史金正喜が残した文章から，草衣が作った茶を誰よりも愛したことがうかがえる．草衣禅師は，大興寺周辺に自生する茶樹で団茶，葉茶

図 1.23 草衣禅師肖像画

を作った可能性が高い．草衣茶の由来は，草衣禅師が居処した大興寺の寺院茶である．草衣は，毎年茶を作ってよくできたものを選んで友人たちに送った．草衣茶の評価と意義については，丁若鏞の弟子黄裳の詩の中に，「酉山茶之善者 謂之草衣茶（善い茶は草衣茶と言った）」「炒用新意北苑以後集大成（製茶の新境地は北苑茶以来草衣が集大成した）」という表現があることや，金命喜（金正喜の実弟）の茶詩にある「草衣忽寄雨前茶 籜包鷹爪手自開 消壅滌煩功莫尚 如霆如割何雄哉（草衣が雨前茶を贈ってくれたが，まるで鷹の爪のような外観で，竹皮で包まれた貴重品だ．草衣茶は憂さも煩悩も洗い流してくれる．この功に勝るものはどこにあろうか）」は，金命喜が草衣茶を飲んだ後，身体に現れた茶の効能を詠んだもので，草衣茶の優秀性を表している．草衣禅師の弟子であった梵海覚岸（1820-1896）の『茶薬説』は，自身がひどい下痢を茶で回復することができた経験をきっかけに茶の効能を著した書で，茶が薬としても使用されたことがわかる資料である．草衣茶に親しんだ秋史，申緯，酉山，洪顕周，朴永輔など京華士族の存在である彼らは，朝鮮後期の茶文化の発展に力を注いでいくこととなる．1824 年一枝庵を設け，多くの著書を執筆，茶文化に関しては『茶神傳』『東茶頌』がある．草衣禅師の精神は多くの尊敬を集め，1840 年憲宗（1827-1849）から「大覺登階普濟尊者艸衣大禅師」という賜号を与えられた．朝鮮中期以降賜号を賜った唯一の僧侶である．

　茶山丁若鏞（1762-1836）は実学思想の集大成者で，破竹の勢いで昇進したが，正祖が 1800 年に急逝すると罷免され，純祖元年 11 月，康津へ流配された．その後流配生活 4 年目に恵蔵禅師との茶を通した交流が始まった．1805 年，万徳山白蓮寺に寄った折，その周辺に生えている野生茶を見つけ，僧侶たちに製茶法を教えた．1808 年，居所を流配地の旧処から自らの号を用いた茶山草堂に移し，自給自足生活を行った．丁若鏞は流配される前から茶についての見識が高く，また自身の健康のため茶を

図 1.24 朝鮮の茶器
①白磁八角'祭'銘注瓶，②粉青沙器印花文碗，③朝鮮白磁茶器セット．［口絵5参照］

必須のものとして常に飲んでいた．茶山草堂には茶碾，茶炉，茶竈，茶泉，各種茶道具が整っていた．丁若鏞が飲んでいた茶は餅茶と葉茶で，『茶信契節目』を組織し，弟子たちとの情義を維持することはもちろん，流配地康津を離れても茶が生産されることを願った．門下生18名の契員たちとの約束の1つは，「雨前の新芽を摘んで葉茶一斤，立夏前に晩茶を摘んで餅茶二斤」とあり，そこから葉茶と餅茶を両方作っていたことがわかる．彼の代表作には『牧民心書』『茶盒詩帖』茶詩集などがある．

朝鮮時代の代表的な茶には雀舌茶，竹露茶，宝林茶，雷笑茶，露芽茶があった．

高麗時代に愛された青磁は王朝の衰退とともにすたれ，朝鮮初期に粉青が使われたが，朝鮮中期以降貴族やソンビたちは白磁を好み，白磁は雀舌茶とともに盛んになった（図 1.24）．

1.4.7 現代の茶文化

朝鮮時代の茶文化は長期間悪条件の中細々と命脈を保っていたが，19世紀に入り，日本の支配下におかれると，民間の生活は困窮して茶を喫する余裕はなくなった．しかしながら，南部地方，長城，宝城，光陽，河東，海南，康津で一部農民たちが茶の生産を続けていた．長興宝林寺周辺では団茶が生産され市場で売られていたという．また日本人たちによって茶の生産，普及，韓国茶の研究も行われた．1970年代後半からは茶文化復興運動が活発になり，国の文化広報部の茶普及計画も発表された．喫茶人口も急激に増加し，現在では緑茶を飲用する人々も年々増加している．全国的にいくつかの茶団体が結成されており，茶に関する研究および教育を行っている．

〔李　瑛子〕

1.5 インド・東南アジアの茶

1.5.1 インドシナ半島の茶

現在インドシナ半島にはベトナム，カンボジア，ラオス，タイ，ミャンマーの5ヶ国がある．そのうち全土に喫茶（特に緑茶）と食茶の習慣がみられるのはミャンマーであり，他の国々における茶の嗜好は主として北部において強くみられる．なお，カンボジアにおける緑茶生産についての情報はなく，販売されているのはベトナム製が多いといわれる．これらの国のうち，ベトナムにおいては茶を重要な輸出産業ととらえ，中部以北において茶園の増殖が進められている．年間生産量は18万tを越え，緑茶生産量でも日本を抜いて大生産国になっている．その他の地域においても緑茶の生産は行われているが，国外輸出にまでは至っていない．この地域における伝統的な緑茶の製法は2つある．1つは蒸して天日乾燥させるもの，他は釜炒り茶であるが，釜炒り茶は中国から伝来した製法であり，タイの北部では台湾の技術指導を得てウーロン茶を製造している所もある．

インドシナ半島の北部はチャの源境である中国西南部，特に雲南省と接しており，野性種と思われる巨大な茶樹の存在も報告されている[1]．そこには多くの少数民族が焼畑を糧として移動生活をしており，彼らが飲茶ないし食茶の習慣を，その原料となるチャの木とともに広めていった可能性が高い．

一例をあげると，ジンポー（景頗）族は焼畑を行いながら中国雲南省あたりから西方へ移動しつつ，インド東部にまで生活圏を拡大した．その際，チャの種子を新たな生活地に播いて利用し，茶樹を残したまま別な地に移動していくことで，植物としてのチャの分布域も拡大していったと推定される．その製茶法に着目すると，中国研究者の漢字表現による「竹筒茶」の分布がある．ミャンマーの平地ジンポー族は茶のことをパラといい，製品としての竹筒茶はパデという．これは釜炒りした茶葉を竹筒に隙間なく詰め込んで栓をし，竹の表面を削って火であぶってから囲炉裏の上の棚に置いておくもので，表面は煤で真っ黒になる代わりに何年でも保存できる．飲用するときには竹筒を切断し，中身を薬缶などに入れて煮出すと赤黒い茶汁ができる．自家用だけでなく，商品にもなるのが竹筒茶であり，雲南省の市においても売られており，インド東部のアッサム地方に住むジュンポー（ジンポー）族も同様の茶を作っている．竹筒茶は照葉樹林帯における共通の茶といってよい（この地域における研究は，現在の国境線にとらわれず，民族の移動によるさまざまな文化の伝播や共通性を考察しなければならない）．

一方，この地域には食茶の習慣も見られ，中国雲南省でもプーラン（布朗）族が作る竹筒酸茶がそれにあたる．ただし，これは中国人研究者の命名であり，プーラン族

自身はミアンと呼んでいる．食茶の習慣が特に顕著なのはタイ北部とミャンマー全域で，それぞれミアン，ラペソーと呼ばれる．製法はまったく同じであり，殺青した茶を竹筒にびっしり詰め込み，空気が入らぬように密栓をして土中に埋め，数ヶ月後に取り出すというもので，乳酸発酵の結果，やや酸味を帯びた柔らかい漬物ができる．タイではこれに刻みショウガ，塩などを加え，ガムのように噛んだり，長時間口中に含んでから繊維質を吐き出すか，そのまま食べる．ミャンマーでは干しエビ，ニンニクなどを加えて塩で味付けしピーナッツオイルであえて食べる．来客にはこれと緑茶を出し，ときにはおかずにもする．

ここで注目すべきは，ラペソーというのはビルマ語で湿った茶という意味であるが，茶生産の本場であるシャン州で，特に茶作りの民といわれるパラウン族（中国では徳昂族）は，これをミアンと呼んでいることである．隣接する中国雲南省のブーラン族も竹筒で作る漬物茶のことをミアンとよび，タイ北部でもミアンとよぶ．しかもタイ北部ではチャの木そのものをミアンの木と呼び，「ミアンの木から飲む茶ができる」というような表現をするという．つまり，ミアンという語は，もともと食用となるチャのことをさしており，のちに同じ植物から飲用のための茶も作ることができるという理解をしたとみられるので，チャを人類がどういう形で利用し始めたのかを考察するうえで重要な示唆を与えている．

つまり，チャは飲み物として利用し始めた民族と，食べ物として利用し始めた民族とがあったということになろう．食用と飲用とが併存しているインドシナ半島北部においては，まず食用としての利用が始まり，そこに中国文化の影響力が及んできたことにより，次第に飲用が食用に変わりつつあるというのが現状ではないかと推測される．ただし，このことは茶利用が食用から始まったという意味ではない．併存した2つの利用法のうち，後世になってどちらが優勢になったか，ということである．なお『茶経』には漢字の「茶」と同義で使用される語が列挙されているが，そのなかの「茗」はこのミアンを表記したものと推定される．

ここにもう一点，注目すべき利用法がある．ベトナムにおいては茶の生葉をいっさい加工せずに直接煮出して飲用することが広く行われているのである．市場では長さ1mほどに切りそろえた茶の枝を，日本で墓前に供えるシキミと同じような形で販売している．この習慣は決して新しいものではなく，昭和13年（1938）に台湾総督府が当時の仏領印度支那の茶事情を踏査した報告では，緑茶を購入できない人の多くは，「生葉煎汁ヲ飲用スル習慣アリ」とされ，華僑の進出などによって緑茶飲用の習慣が普及してはいるが，本来の住民の間では生葉を煮出す方法が一般的であったようすが判明する[2]．これは日本の番茶の項で述べた利用法にも通じており，原初的なチャ利用法が継承されていた可能性が高い．

なお，ここでみてきたような漬け込んで食べる茶，すなわちミアンタイプの製茶法

に類するものが日本の四国において集中的にみられる．たとえば，徳島県の阿波晩茶は，夏の炎天下で茶葉をすべてこき取り，茹でてから揉捻し，大きな桶に漬け込んで発酵させ，そののち天日で乾燥させたもので，熱湯でだして飲用する．発酵段階まではミャンマーのラペソーとまったく同じ手順であり，結果的にそれを食べるか，飲むかという違いである．なおミャンマーでもラペソーを乾燥させて飲用に供することがある．また，高知県の通称土佐碁石茶は，やはり夏の葉を蒸して堆積して発酵させ，さらに桶に詰め込んで2度目の発酵をうながし，塊を切り出して4〜5cm角ほどに切断して天日乾燥させる．地元では消費することなく，すべて瀬戸内海の離島などに出荷され，購入者はこれを用いて茶粥を作る．ここにみられる嫌気性バクテリアによる漬物茶の製法がいつから四国で行われたかについては資料がないが，近世中期には行われていた可能性が高い．しかし，その製法が東南アジアから伝播したものか，四国で独自に発達したものかについては現時点ではまったく不明のままである．伝播ルートは推測すらできない以上，作業仮説として両者は別個に開発された可能性も視野に入れる必要があろう．その場合は野菜などの漬物を作る文化の共通性がヒントになるかもしれない．

〔中村羊一郎〕

引用・参考文献

1) 松下智（2012）：茶の原産地を探る，大河書房．
2) 台湾総督府殖産局編（1938）：印度支那半島の茶業，p.827，殖産局出版．

1.5.2 インドの茶

19世紀中頃，イギリスはヨーロッパで茶の消費量の最も多い国となった．その供給は，東インド会社による中国からの独占的輸入によってきたが，その独占権も1833年までで失効し，さらに中国（当時は清）との政治問題もあり（1840-1842にはアヘン戦争に至る），中国からの茶でなく，自国植民地で茶の生産を，という機運が生じた．その生産地として南アジアの植民地であるインドが見いだされ，インドでの茶生産の歴史が始まった．

1824年，第一次英緬戦争が始まり，イギリスはインドのアッサム地方からビルマ（現ミャンマー）へ抜ける道を探っていた．その際，前年初めてアッサム在来のチャについて報告した陸軍大佐ロバート・ブルースの弟チャールズ・ブルースが，アッサム東部山地への入り口，サディアからルヒット河に沿ってミャンマーへの道を進み，ベーサ（Beesa）地方のジュンポー（Sing-Pho）族の集落にいたったが，ここでベーサの首長ベーサ・ガウム（Beesa Gaum）から，この地に育ったチャの木と種子を受け取った．これが，インド・アッサムの茶業の始まりとされている．

図 1.25 アッサム種の母樹
現在では不要となり，茶畑となった．

　このときのチャの木が，このベーサ地方に自生していたものか，他から導入されたものかどうかは，今もって明らかではない（図 1.25）．それはかつてこの地がインドと中国の国境未定地 N.E.F.A.（North East Frontier Agency）の東端山地にあり，調査不可能の地であったからである（図 1.26）．現在この地はインドが実効支配し，道路や学校，銀行等の建設を行っている．

　ベーサ地方は山地民族ジュンポー族を主とする地域であり，このジュンポー族は，ミャンマー北部カチン州のメーカ川（中国名：恩梅開江）とマリカ川（邁立開江）の合流地から北方に続く，江心坡(こうしん)地方一帯の山間地を故地としている民族である．ここは中国の清代には野人茶山といわれる茶産地であった．ジュンポー族は，その「野人」といわれた民族であり，古くからタイ（傣）族との交流があった．彼らはこのタイ族から茶の利用を知り，チャの植樹を進めてきたと思われる．タイ族は，中国雲南省シーサンパンナから，ミャンマー北部のカチン州，さらにインドのアッサム地方にまで進出しており，広くタイ族文化圏を構成している（図 1.27）．タイ族は山地民族に茶を作らせ，自身はその茶を交易品として活用してきたものとみられる．タイ族文化圏山中の諸民族の多くが，茶の呼び名に La という語を使っており，タイ族の故地であるシーサンパンナのモン・ラー（勐腊）県の地名も，茶の産地であることを示しているとみることができる．さらにジュンポー（ジンポー）族はじめ多くの山地民族が，竹筒茶（竹筒に炒ったチャの葉を詰めて乾燥する）を作っており，アッサム地方山地のジュンポー族も例外ではない（図 1.28）．

　結局，1824 年ブルースによって伝えられたチャの木は，その遠源をたどると，シーサンパンナの大葉種がタイ族によってミャンマー北部に住むジュンポー族に伝えられ，そのジュンポー族によってアッサムに伝えられ，現在のアッサム茶として開発されてきたのではないか，と推測している．

　もともとアッサム地方は一大湿地帯で，マラリアの常習地でもあり，農業の適地と

図1.26 アッサム州，およびアルナチャール・プラディッシュ州（旧N.E.F.A.）の位置

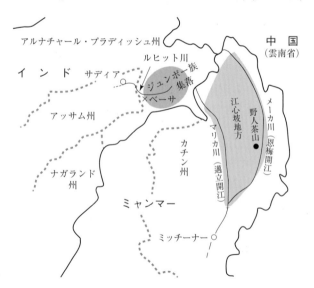

図1.27 ベーサ地方とジュンポー族の故地・江心坡地方

図 1.28 竹筒茶をもつジュンポー族の女性

はとてもいえなかったが，イギリスの植民政策のもと深さ 1 m あまり，幅 1 m あまりとみられる暗渠排水が掘りめぐらされ，チャの木が育つ環境が整えられた．

アッサムをはじめインド各地の茶産地は，イギリスの植民政策の結果生まれたエステート方式のプランテーションである．茶畑の面積はアッサムでの 4000 エーカー（約 1600 ha）を最大として，小規模でも 500〜1000 エーカーと広大で，ここにインド国内，主としてビハール地方から，一村全員を移住させた．エステート内には病院，学校等が設置されて，他地方からの移住者でも何ら不自由なく生活でき，男性は製茶工場で，女性は主として茶摘みとして働き，年間の大部分（12 月〜翌 1 月を除く）が製茶期となっている．

こうしたエステートが，アッサム地方（1830〜：トリプラ，カチャリー）だけでも 652 ヶ所，ベンガル地方（ダージリン（1840〜），ドアース，テライ）296 ヶ所，南インド（1835〜：ニルギリ，コインバートル，マイソール，トラバンコール）204 ヶ所，北インド（カングラ，マンディー，デラダン）61 ヶ所に及ぶ（*Tea Directory, India*, 1966）．

19 世紀後半から 20 世紀中頃にかけてインド各地に開発された茶産地は，インドの独立（1947 年）からはそれまでのイギリス人にかわってほとんどインド人により運営されることになり，一時は衰退したもののその後回復している．近年の茶業界の世界的な変動やエステートの丸ごとの取引もあって経営者が交替することがあっても，エステートそのものは変わらず，新規に開発されたエステートもアッサム地方にはみることができる．しかし，製茶法について大きな変化があり，旧来のオーソドックスな製法は減少し，CTC を中心とする製茶法が主流となっている．高級茶で知られるダージリン茶でも，オーソドックスな茶は 10% 以下に減少している． 〔松下　智〕

引用・参考文献

1) 松下智 (1999)：アッサム紅茶文化史．雄山閣．
2) 尹明徳編 (1933)：雲南北界勘査記：全 (中国方志叢書247号)．成文出版社有限公司．

―― *Tea Break* ――

 ### 東インド会社とアッサム茶

　イギリス東インド会社は貿易独占会社であった．茶との関係でも，会社が広東十三行を通じて独占取引をしたことは有名だし，アメリカでボストン茶会事件 (1773) が起こったのも，会社独占茶に対する不満からであった．その後東インド会社は1833年に茶貿易を含むすべての貿易独占を廃止された．それから間もない1838年11月，ロンドンに初めてプランテーションで栽培されたインドからの茶が到来した．東インド会社の中国茶貿易独占の廃止と，それにとって代わるように輸入されたインド茶との間にはいかなる関係があったのか，それがここでの話題である．

　当時西洋人，なかでも英国人の間で茶といえば，中国産あるいは日本産しか考えられていなかった．ところが19世紀ともなると世界各地でチャの栽培が始まる．同世紀はじめ頃までに，ペナン島，ジャワ島，セントヘレナ島のほか，ブラジルやカロライナ (北米大西洋岸) でもチャの実験的プランテーションが試みられた．ナタール (アフリカ南部) でも実験され始めていた．1823年のアッサム種茶樹発見に始まるインドの茶産業は，そのような世界各国での茶プランテーション実験の一齣であった．

　前世紀にさかのぼって1764年，当時の茶貿易を仕切っていた東インド会社役員会はすでに，広東で中国人貨物上乗人を説得してスマトラのマールバラ要塞に移植するためのチャの苗木を送るよう要請している．1788年には博物学者バンクス (Joseph Banks) が，インドでの茶栽培を強く薦め，ビハール地方やブータンが適地であること，またカルカッタ (現 コルカタ) の植物園で実験してみるべきであることなどを東インド会社に報告している．北京の清朝宮廷使節を勤めたマカートニー卿 (G. Macartney) は，1793年11月21日にこう書いている．

　「茶プランテーション地帯を通って私たちは江西省に入った．そこでいくつかの茶樹を採取することを副王から許された．私はその苗をベンガルに移植

できる.」

　苗は実際インドに送られたようだが，その後のことは明らかではない.
　とにかく東インド会社がインドとの貿易独占の権利を失った頃，ミャンマー国境に近い上部アッサム地域で野生茶の存在が確認されカルカッタに送られた．英国での飲茶の流行がいやがうえにも盛んになり，飲茶の社会的重要性が注目されていた当時のことである．もはや旧来のように広東からの供給だけに頼っていられない．なおも旧体制に固執していた東インド会社役員会に対して，カルカッタ現地当局は1834年1月インドでの茶栽培の可能性を追求し始めた．アッサムでチャを育てる正しい方法は，ジャングルを焼き，茶樹以外のすべてを根こそぎにすれば，そこから多くの若樹が生まれてくる，というものであった．今日のブータンからミャンマーに近い上部アッサムのブラマプトラ川の東側の地方で育った木から入手した茶樹が好適と考えられていた．1838年ロンドンに送られ，1封度あたり1シリング3ペンスないし2シリングで売られ始めたのはこの茶である．こうして英国に流入したインド茶は，ロンドンから地方へと販路を拡大し，中国茶と対等に競合することとなった．まろやかながらこくの強いアッサム茶やフルーティな香りが特徴のダージリン茶は，こうして英国紅茶の中枢となっていった．
〔浅田　實〕

1.5.3　インドネシアの茶

　紅茶というと生産国ではインド，スリランカ，そして消費国ではイギリス，というふうに一般的にはつながっていくが，赤道直下の国，インドネシアでもおいしい紅茶が生産されている．

　インドネシアの茶園は12万4000 ha（2011年）に及び，ジャワ島，スマトラ島，スラウェシ島に点在しているが，多くはジャワ島西部で生産されている．年間生産量は約13万tで世界第4位（2011年），その多くは東欧諸国やアメリカなどに輸出され，日本でもジャワティーとして親しまれている．

　民間の茶園もあるが，輸出用紅茶のほとんどは西部ジャワにある国営茶園「P. T. PERKEBUNAN NUSANTARA VIII」で生産されている．この茶園はインドネシアでも高地に位置するバンドンから南へ45 km，紅茶の栽培に適した火山性の肥沃な土壌に恵まれたパンガレンガン山脈（海抜1500〜2000 m）に広がっている（図1.29）．日中は37℃にも達するが夜になると急に冷え込み，ヒーターやセーターが必要になるほど．朝になると一面霧が立ち込め，茶の産地としてはうってつけの環境である．茶園には100年以上も前の古木が保存されており，まだしっかりと新芽がついている．歴史は150年以上と古く，オランダ領時代の1860年，カールボッシャというオラン

図1.29　ジャワ島の茶園

ダ人が，パンガレンガン山脈の高地にアッサム種を植えたことから始まる．第二次世界大戦中は食糧基地となりかなり荒廃したが，戦後は国の主要産業の1つとして位置づけられ復興をとげた．現在では，ISO 9002およびISO 14001の認証を受けた工場で高品質のオーソドックスティーとCTCを生産している．また，最近では品質の良い有機栽培紅茶まで生産し，Organic Certificate, Rain Forest Alliance（RA）といった国際環境認証も取得している．

　日本への輸出の歴史は比較的浅く，昭和63年（1988）に初めて紹介されて以来，株式会社ジャワティージャパンが輸入元としてインドネシア産茶葉を直輸入し，ティーバッグや缶飲料に加工して提供している．

　a.　インドネシア紅茶の特徴

　インドネシアの茶葉の特徴は，苦み渋みが少なく飲みやすく，水色がきれいな赤橙色であることで，さまざまな飲み方に適した紅茶である．どちらかというと日本人の味覚に合うさっぱりとしたなかにもコクのある，「クセがないのにクセになる」まろやかな紅茶，として評価されている．インドネシアでの主要茶産地が高地であることが，このような特徴を生んでいるのかもしれない．特にアイスティーにするとクリームダウンが生じず，ストレートでも，ミルクティーでも美味しく飲める飲料であることを実感する．　　　　　　　　　　　　　　　　　　　　　　〔越智けい子〕

1.6 茶産地の世界的拡大

1.6.1 トルコの茶生産

　19世紀初頭にイスタンブールのペルシア人からトルコに広まった紅茶は，現在，トルコでおもに飲まれている飲料である．2008年のFAOの調査によると，トルコでの茶の1人あたりの年間消費料は約2.8 kgと，日本の約3倍にのぼっている．またトルコは茶の生産にも力を入れており，2012年には22万5000 tの茶を生産し，世界5位の茶の生産量を誇る．しかしトルコにおける茶の生産の歴史は，トルコ共和国設立（1923年）の後に始まり，それほど長い歴史を持つものではない．

　一方，トルコの隣国ジョージアは，1897年に中国からチャの苗木を持ち込み，1902年には黒海沿岸地域でチャの栽培に成功していた．当時オスマン帝国であったトルコは，ジョージアの黒海沿岸の都市であるバトゥーミとその周辺に調査団を派遣しており，その調査団の一員であったアリー・ルザー・エルテンは，1917年に書かれた調査報告書のなかでバトゥーミにおいてチャが栽培されていることを報告し，この地と同環境にある黒海沿岸の町リゼでの茶の生産を発案した．しかしながら第一次世界大戦とオスマン帝国崩壊の混乱のなかで，この発案は日の目を見ることがなかった．

　しかしその後，トルコ共和国設立後の1924年になって，にわかにエルテンの発案は重要視されることとなる．第一次世界大戦によって疲弊した黒海沿岸地域の復興事業の一環として，茶の生産が注目されたためである．1937年にジョージアからチャの種が20 t輸入されたのを契機に，1939年には30 tの種が，翌40年には40 tの種が輸入されることとなり，それらはリゼで苗木として成長させた後，黒海沿岸の茶生産者に配布され，茶農園は拡大していった．また政府は，茶農業者に対する無利子融資などの優遇処置や農地の茶農園への転換を推奨し，茶の生産量の増加を図った．そして1947年には1日に60 tの加工が可能となる工場がリゼに設けられ，茶の大量生産が可能となった．この地での茶のモノカルチャーは拡大し，2012年調べでは，トルコの茶園は7万5860 haを擁する．現在，茶の生産は，ジョージア国境からトラブゾン，アラクル，リゼ，ファトゥサなどの黒海沿岸地方で行われ，そのなかでも特にリゼ周辺は，国内生産の約65%を占める一大茶生産地となっている（図1.30）．これらの安定したトルコ国内での茶の生産によって，現在，トルコの人々の茶の消費がまかなわれている．

　トルコでは紅茶は独特のいれ方をし，「チャイ」と呼ばれている．これはインド式の牛乳で煮出すタイプの「チャイ」とはまったく異なるもので，チャイダンルックと呼ばれる二段式のポットを使用していれられる（図1.31）．このポットは金属ででき

図 1.30 トルコ・ジョージアの茶の生産地

図 1.31 チャイダンルックからチャイバルダーにチャイを注ぐ様子

ており，やかんを兼ねた造りとなっている．一段目のポットに水を注ぎ，二段目のポットに紅茶の葉を入れた状態で火にかける．一段目の湯が完全に沸騰したら，二段目のポットに湯をなみなみと注ぐ．一段目に水を補充し，再度火にかけ，一段目のポットが沸騰した頃が飲み頃とされる．チャイは一般的にチャイバルダー（チューリップ型の小さなガラスの器）に注がれる．上部のポットから茶をこれに約半分ほど注いだ後，下部のポットから熱湯を加えて薄め，チャイは完成する．器がガラスであるのは，トルコ紅茶独特の赤身を帯びた琥珀色を愛でるためでもあるが，色を見て紅茶の濃さを確認し，濃さを個人の好みに合わせるからである．チャイを給仕してくれる人へ「濃めに」「薄めに」と注文する声をよく聞く．チャイは砂糖以外に何も入れないで飲むのが一般的である．ごくまれにレモンを入れる場合もあるが，ミルクを入れて飲むこ

1.6 茶産地の世界的拡大

とはない．砂糖は個人の好みに任されているが，無糖で飲む人はあまりいない．

トルコ人は家庭の外でも頻繁にチャイを飲む．トルコはカフェの発祥の地であり，16世紀にはカフヴェと呼ばれるトルコ・コーヒーを給仕する喫茶施設が世界に先駆けて設けられ16世紀後期には600軒を超えるカフヴェがイスタンブールに存在し，社交の場として，また文化活動の場として賑わいをみせた．そのため現代に至っても都市のいたるところに喫茶施設は存在する．しかし時代の移り変わりとともに，往時のようにトルコ・コーヒーが給仕されることは少なく，チャイがとって代わっている．当時のカフヴェの雰囲気を最も受け継いでいるのは，「コーヒー・ハウス」を意味するカフヴェ・ハーネであるが，ここでもトルコ・コーヒーよりもチャイのほうがより給仕されている．カフヴェ・ハーネは，その地区の男性が集い，地区の寄合所としての性格を帯びた場である．特に地方では，カフヴェ・ハーネに集うことは，そのコミュニティーの一員としての地位を確立したことを意味している．そのため排他的な性格が強く，部外者が立ち入る場ではない．

しかし現代になって，特に都市部で，その排他的性格を取り除いた喫茶施設が増加している．さらに喫茶施設自体も時代の移り変わりとともに多様化している．「茶の庭」を意味するチャイ・バフチェシと呼ばれる喫茶施設では，屋外にテーブルが並べられ，特に夏場は多くの家族連れやカップルなどでにぎわっている（図1.32）．また都市部の小道に足の低い小さなテーブルと椅子が並べられた喫茶施設では，若者達がチャイを片手に歓談やタブラ（バッグギャモン）に興じている．さらには西欧からの逆輸入された西欧スタイルのカフェも増え，富裕層を中心に人気がある．また人々が集う喫茶施設ではないが，商業地ではチャイオジャーと呼ばれる飲料配達を専門とする業種

図1.32 小道に設けられた喫茶施設
多くの人々がチャイを片手に会話やゲームを楽しむ．

図1.33 会社や商店にチャイを配達するチャイオジャー

図1.34 喫茶施設には必ずあるチャイを作る機械 機械の中では熱湯が常に沸いていて、チャイを切らすことなく給仕することができる。この機械の名前もチャイオジャー．

が存在し，電話や専用のインターフォンによって注文を受け，会社や商店にチャイをはじめとする飲料を配達している（図1.33～1.36）．会社や商店においての商談の際には，必ずチャイが飲まれる習慣があり，彼らのおかげで，わざわざ喫茶施設に商談の場を移す必要がないという利点がある．

　家庭内においてもチャイは頻繁に飲まれる．平日は簡単に済ませることの多い朝食であるが，休日になるとハム，卵，オリーブ，トマトとキュウリのサラダ，数種類のチーズとジャム，ハチミツなどをのせたプレートをテーブルいっぱいに広げて，早朝に近所のパン屋から買い求めた焼きたてのパンとともにゆっくりと食事をする．このときに欠かせないのがチャイダンルックでいれたチャイである．朝食の間中，弱火にしたガスでチャイダンルックの一段目のポットの湯を沸騰させておき，いつでもお代わりが飲める状態にしておく．チャイの入った二段目のチャイダンルックは，空になっ

図1.35 チャイアスクスと呼ばれるチャイを運ぶ真鍮製のお盆

図1.36 覆いのついたチャイアスクス チャイを冷めることなく配達することができる．

ても湯を継ぎ足すことはせず,新しい茶葉に変える.このようにして長ければ2時間も続く朝食を,トルコ人は何杯ものチャイと一緒に楽しむ.

また,トルコの家庭には来客が多く,平日休日を問わず,近所の人々,友人,職場仲間などが頻繁に訪れるが,彼らにふるまわれるのもおもにチャイである.長いおしゃべりの間,チャイは何杯も供されるため,一段目のチャイダンルックの湯は何度も継ぎ足しをされ,途切れることなく沸き続けることとなる.

喫茶施設でも家庭でも,チャイの味は一般的にそれほど重要視されていない.というのも,先にも述べたとおり彼らのチャイのいれ方は香りを楽しむには抽出時間が長すぎる.彼らは味よりもチャイを切らさないことを重要視している.彼らの目的は,おいしいチャイを飲むことよりは,その場に身を置き,歓談あるいは,意見交換をすることにある.喫茶施設はどれほど多様化しようとも,単にそこはチャイを飲む場ではなく,他者と自身を結びつけるための社会活動の場なのである.一方,家庭でもチャイはゲストとホストとの交流を促進し相互理解へとつなげる役割を果たし,また家族間のコミュニケーションツールとして機能する.

トルコ人にとってのチャイとは,他者と自身とを結びつけるために必要とされる小道具なのである. 〔古橋瑠美〕

引用・参考文献

1) 宍戸克美 (2003):トルコ・イスラーム都市の空間文化(浅見泰司編), pp. 22-37, 山川出版社.
2) ヤマンラール水野美奈子 (2000):アジア読本トルコ(鈴木董編), pp. 107-115, 河出書房新社.
3) http://www.caykur.gov.tr/
4) http://www.fao.org/
5) http://faostat.fao.org/

1.6.2 アフリカの茶生産

茶の生産国と聞いて,まず思い浮かぶのはインドやスリランカであり,アフリカ産の茶は日本ではまだなじみが薄い.しかし,アフリカ大陸においても茶は生産されている.世界各国の茶の生産量(2012年)をみると上位20ヶ国の中に7ヶ国が含まれ,サハラ以南,特に東アフリカに集中している[1](図1.37).

アフリカ諸国中,最も生産量が多いのはケニア(世界第3位)で,マラウイ(13位),ウガンダ(14位),タンザニア(15位),ルワンダ(17位),モザンビーク(18位),ジンバブエ(19位)と続いており,生産量は年々増加している.アフリカ各国の茶の生産の特徴として,国内消費量が少なく輸出の割合が多いことがあげられ,輸出量

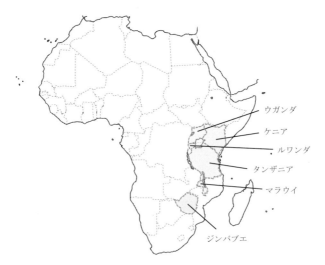

図1.37 アフリカのおもな茶生産・輸出国

(2011年)でもケニア(世界第4位)をはじめ,マラウイ(9位),ウガンダ(8位),タンザニア(11位),ルワンダ(15位),ジンバブエ(19位)が上位20ヶ国以内に入っている[1]．

　アフリカの茶生産はイギリスの植民地支配と結びついて開始された．植民地時代には大規模茶園が続々と各地で開かれ，宗主国企業によって生産された茶が欧州へと輸出された．独立前は外資系大企業によるエステートで栽培されていたが，独立後はこれに加え小規模農家によっても栽培が行われるようになり，自国消費や外貨獲得のための産業として生産・輸出が拡大している．

　国によって構成比率は異なるものの，茶の生産は自国用，輸出用の両部門で行われている．アフリカの茶生産は，高地栽培のため深刻な病害虫がなく今日まで無農薬栽培が行われており，人件費も安く抑えられることから，茶の摘採はすべて一芯二葉の手摘みで行われる．さらに，通年生産が可能である．そのため，茶葉の生育が一定し安定した品質が得られるなど，茶生産においてさまざまな利点を有している．

　しかしながら，アフリカ茶の付加価値である高品質と価格面での優位性は，労働者の重・長時間労働や児童労働によって支えられているという側面もある．

　生産された茶は厳しい品質管理に基づいて，品質の安定，抽出時間の短縮，濃く抽出することが可能である，といった利点をもつCTC製法で加工され，世界各地へ輸出される．そして他の茶葉とブレンドされ，ティーバッグ用に多く利用されている．そのため原産地としてアフリカ諸国の国名が明記されてはいるものの，知名度が低い．しかし，その品質や販売価格は国際的競争力を十分に備えている．

アフリカ最大の生産地であると同時に輸出国でもある赤道直下の国ケニアでは，茶は国土の中央にあるケニア山を中心とした標高1600〜2000 mの高地で，天水農業により生産されている．昼夜の温度差が大きく，冷涼で十分な雨量に恵まれているといった理想的な気象条件や，広大な土地と豊富な労働力，そして近代技術に支えられ，この地の茶栽培は外資系大企業を中心として植民地支配時代を通じ順調に発展してきた．一方，小規模農家による茶の生産は1952年に始まり，1960年代には独立（1964）と前後して「小規模農家による茶生産の増産計画」が実行された．このように国家的にチャ栽培が奨励されたことによって，加工工場の設立や運営強化が進み，現在では全生産量の60%以上を小規模農家が生産している．小規模農家によって生産された茶はこれらの加工工場へ持ち込まれるため，生産量の増大には加工工場の設立が大きく貢献している．また，農地から加工工場へは運搬車が定期的に輸送を担当しており，摘み取り後ただちに処理が開始できるシステムが確立している．そのため小規模農家によって生産された茶であっても品質管理が可能である．

栽培品種はアッサム種と中国種の交配種であり，アッサム種が強い．茶葉はほぼ2週間に1度の間隔で収穫でき，季節的な品質の変動は比較的少なく年間を通じて品質のよい茶葉が収穫できるが，特に収量の減る乾期（7〜9月と1〜2月）の茶の品質が高い．これは茶葉の生育が遅く，栄養分が茶葉に行きわたることによる．品質の安定したケニア紅茶の評価は高く，近年ではブレンドされることなく「ケニア紅茶」として販売されることもある．なかでもヨーロッパでは普段使いの茶として社会的に認知されている．ケニア紅茶は力強い味と明るく澄んだ濃いめの水色が特徴で，ストレートティーのほかレモンやミルクとの相性もよいため，どんな飲み方にでも合う．

ケニア国民1人あたりの茶の年間消費量は，日本とほぼ同じ1kgである．国内では紅茶のティーバッグを牛乳で抽出するロイヤルミルクティー（現地名チャイ Chai）として飲まれることがほとんどで，ストレートティーなど他の飲み方で飲むことはあまりない．そのため，ケニアで茶といえばチャイを指す．「チャイ」の名称は地域・部族にかかわらずケニア全土で使用されている．チャイを作るためには，鍋で温めた牛乳をカップに注ぎ，ティーバッグを1つカップに落とし込む．このカップは取っ手の付いた陶器製のものが多く用いられているが，このティーバッグには紐がついていない．3〜5分経って好みの濃さになったら（多少濃いめが好まれる）ティーバッグを取り出す（沈めたままにしておく人もいる）．これに砂糖をたっぷりと入れてかき混ぜて飲むのがケニア流である．

近年は紅茶に加え緑茶の開発・改良も進んでいる．日本国内の緑茶生産が横ばい傾向であるのに対し，緑茶飲料用等の需要が増加している現状を受けて，ケニアでも日本の緑茶飲料市場に向けた緑茶が生産されている．とくにケニア産の茶葉には，他国産の茶葉と比べてカテキン成分が高くポリフェノール成分が多いという特徴があるた

め，カテキン強化緑茶飲料のカテキン抽出原料としての需要が高まり，インスタント緑茶での輸入が急増している．　　　　　　　　　　　　　　　　　　〔大島圭子〕

引用・参考文献

1) http://www.fao.org
2) Hicks, A. (2009)：*AU Journal of Technology*, **12**(4)：251-264.
   〔http://www.journal.au.edu/au_techno/2009/apr09/journal124_article05.pdf〕
3) Fair Trade Foundation (2010)：*Stirring Up the Tea Trade Can We Build A Better Future for Tea Producers? A Fairtrade Foundation Briefing Paper February, 2010.*
   〔http://www.fairtrade.org.uk/includes/documents/cm_docs/2010/f/1_ft_tea_report_artworkfinal_for_web.pdf〕
4) Eldring, L. (2003)：*Child Labour in the Tea Sector in Malawi：A Pilot Study.*
   〔http://www.fafo.no/pub/rapp/714/714.pdf〕
5) War on Want (2010)：*A Bitter Cup：The exploitation of tea workers in India and Kenya supplying British supermarkets.*
   〔http://www.waronwant.org/attachments/A%20Bitter%20Cup.pdf〕
6) 日本貿易振興機構（2005）：平成16年度 東アフリカ紅茶サンプル発掘専門家派遣，サンプル展示商談会（ケニア・タンザニア）報告書．
7) 日本貿易振興機構：アフリカ産紅茶〔https://www.jetro.go.jp/ext_images/world/africa/seminar_reports/pdf/20121129_pamphlet.pdf〕

●1.6.3　オーストラリアとニュージーランドの茶生産

　日本から見て南方，赤道を越えた南半球に位置するオーストラリアとニュージーランドにも，表1.2に示したように小規模ではあるが茶園が存在する．

　両国の歴史（あくまでヨーロッパ人の植民国家としての歴史，という意味だが）は他の国・地域に比べると浅く，イギリスからオーストラリアへの植民地入植は1788

表1.2　オーストラリアおよびニュージーランド茶園面積[1,2]

国	州	事業主体	自社管理 (ha)	契約生産 (ha)	計 (ha)
オーストラリア	クイーンズランド	Nerada	216	247	463
	クイーンズランド	Daintree	40	0	40
	ニューサウスウェールズ	Madura	25	106	131
	ニューサウスウェールズ	国太楼	4.5	0	4.5
	西オーストラリア	個人事業	4	0	4
	ビクトリア	伊藤園	17.6	50.9	68.5
	タスマニア	個人事業	0.3	0	0.3
		計	307.4	403.9	711.3
ニュージーランド	—	Zealong	48	0	48
		計	48	0	48

年に開始されたにすぎない。しかし、最初の入植時にすでに茶を持ち込んでいた記録があり、イギリスの茶文化とほぼ同様の形で茶飲用の習慣も持ち込まれている。原住民はユーカリと同じフトモモ科に属するティー・ツリー（Tea tree もしくは Ti tree）の葉を煎じて飲用していたことが知られているが、入植した人々は海外から持ち込んだ茶を用い、両国ともに人口の増加に伴い茶を扱う店舗等も開設された。ちなみにティー・ツリーはニュージーランドのマオリ語でマヌカといい、花はマヌカ・ハニーと呼ばれるハチミツの蜜源になる。

オーストラリアへ最初に茶樹が持ち込まれたのは 1824 年のメルボルンの植物園である。このとき、数本の茶樹が植えられているが大規模なチャ栽培が開始されるまでには至らなかった。オーストラリアで農業が産業として勃興するのは内陸の開発が開始される 1800 年代初頭以降のことであり、チャ栽培が開始されたのはクイーンズランド北部（Bingil Bay）でセイロン（現在のスリランカ）から持ち込まれた種が植えられた 1885 年前後のことである。この茶園は度重なる自然災害を受け、1918 年に壊滅的なサイクロンの被害により閉園したが、1950 年代に別の生産者により生き残っていた茶樹から種子を得て茶栽培を再開し、この地域が現在のオーストラリア最大の茶産地となっている。

オーストラリアにはこのほかにも産地があるが、いずれも 1970 年代に栽培が開始された茶産地で紅茶生産が主体である。1970 年代までには栽培・加工ともに機械化が進み、摘採機械は現地で開発された大型の乗用タイプが使用されている。

オーストラリアの茶園面積は 1980 年代の世界的な茶価の高騰を背景に 100 ha（1982年）から 900 ha（1994 年）まで拡大したが、1998 年には 750 ha まで減退している。1990 年代のオーストラリアの生産量と輸入量の推移を表 1.3 に示すが、消費量は年間 1 万 5000 t 前後でこれは現在もほとんど変わっていない。オーストラリアの多くの各茶園面積は 15 ha から 40 ha の規模で、加工機械も持たないいわゆる葉売りの生

表 1.3 オーストラリアの茶の生産量、および輸入量の推移[1]

年	生産量(t)	輸入量(t)
1990	773	16459
1991	720	17242
1992	525	16075
1993	789	17291
1994	1340	17255
1995	699	16515
1996	1142	17639
1997	1200	15551
1998	1250	16662
1999	1300	14420

産家が多い．農園が頻繁に売買される環境で，初期投資額や管理費用，投入労働力が他の作物に比べて高い茶園は閉園・更地化の速度も早く，茶園経営には継続的かつ魅力的な収益性が必要不可欠である．この点が，オーストラリアにおける茶栽培面積拡大の課題となっている．

1980年代後半からは緑茶生産の試みが両国で始まった．先に取り組んだのはそれまでチャ栽培がほとんど産業化されなかったニュージーランドで，政府機関と共同で日本の商社が日本からの品種導入を図り現地の生産家の協力を得て，南島の北部に位置するモツエカでチャ栽培を開始した．1990年半ばには日本から荒茶加工機械を導入し生産を開始したが，晩霜などの影響で生産量が上がらず，1990年代後半には計画を中止している．オーストラリアでも同時期に日本の企業がタスマニア州で試験栽培に取り組んだが，こちらも気象条件が合わず，規模拡大する前に計画が中止になっている．

しかし，世界規模では消費者の健康志向による緑茶消費量が増加していたこともあり，オーストラリアの各州は緑茶生産への意欲を持ち続けた．その結果，ニューサウスウェールズ州とビクトリア州では日本の企業が，西オーストラリア州では地元の生産家が，それぞれ1990年代に各州の政府と協力し栽培に取り組み始めた．現在ではビクトリア州で約70 ha，ニューサウスウェールズ州で約5 ha，西オーストラリア州では約4 haの日本品種茶樹が栽培されている（図1.38）．また，タスマニア州でも試験栽培で用いられた茶樹を使用し，0.3 haと小規模で加工機械も現地で工夫したもの

図1.38　オーストラリアの日本品種茶樹園

ではあるが生産が継続されている.

ニュージーランドでは1990年代後半に台湾から茶樹を導入し北島のオークランド近郊で約50 haのチャ栽培が開始され,現在はここが同国唯一の茶園として年間約20 tの有機栽培の茶を生産している.

このように両国ともに茶産地を有してはいるものの,茶の供給源としては入植当時から海外からの輸入が主流で,現在も8割以上を占めている.オーストラリアの統計に同国向けの輸出地としてヨーロッパの国がみられるのは,人口が少なくギフトショップや雑貨店で少量多品目を取り扱っている国内流通事情より,コーヒー等と合わせて幅広く購入する必要性によるものである.近年は量販店の取り扱いや茶専門店も増え,茶産地からの直接購入や海外の茶メーカー等の参入もよくみられるようになった.

茶で最も飲まれているのは紅茶であり,ミルクティーが一般的である.現在は茶に代わってコーヒーが飲まれることが多くなっており,カフェ等の飲食店でも茶はティーバッグによって供されることがほとんどである.1964年のオーストラリアにおける茶とコーヒーの1人あたり消費量は茶が2.6 kg,コーヒーが1.1 kgであったが,1978年に1.7 kgで並び,1985年にはコーヒー2.0 kg,茶1.3 kgと逆転している.両者をあわせた数量が減少しているのは,ソフトドリンクの摂取量増加によるものである.

今後茶産地が拡大するには安定経営のためにも国内市場との結びつきが不可欠と考えられるが,農薬散布を極力抑えた栽培が可能なことにより,海外市場,特に残留農薬基準が厳しい国・地域への輸出にも期待が寄せられている. 〔田浦良昭〕

引用・参考文献

1) Caffin, N. et al. (2004): *Developing an index of quality for Australian tea*, Rural Industries Research and Devepolment Corporation.
2) Tea Farming in Australia. [http://www.stir-tea-coffee.com/index.php/]

第2章　茶の流通と消費

🍵 2.1　アジア地域

◉2.1.1　茶利用開始の伝説
a. 神農の伝説
　中国の茶の起源について最もよくあげられる伝説は，神農氏の話である．「神農百草を嘗め，日に七十二毒に遇う．茶を得てこれを解く」というもので，敷衍すると次のような話になる．太古の帝王神農氏は，三皇のひとりにも数えられ，伝説上の存在であるが，名の通り人々に農業を教えた聖人であり，本草学の始祖として崇められる．彼は山野のさまざまな植物の薬効を確かめるため，自らそれをいちいち口に含んだ．なかには毒草もあり，1日に72回も毒に当たったこともあるが，そのつど，茶を飲んで毒を消した，というものである．この言葉は『神農本草経』の語として引用されることがあるが，実際にはそのような古い文献にはみえない．『淮南子』脩務篇の「（神農は）百草の滋味，水泉の甘苦を嘗め，民をして辟就する所を知らしむ．此の時に当りて，一日にして七十の毒に遇う」や，『茶経』六之飲の「茶の飲たるや，神農氏に発す」などから派生した一種の伝承といえる．茶がきわめて古い存在であり，その薬効が強いものだということを強調したのである．

b. 民間伝説における茶の起源
　中国各地に，その土地の茶の起源を説明する民話が残されている．茶の民話を最も多くまとめた『清茗拾趣』[1)] の中から，興味深い民話を取り上げてみよう．
　(1)　大紅袍の由来
　武夷岩茶のなかで最高の地位を与えられている大紅袍茶については，いくつかの話が伝えられている．
① 昔，貧乏な老僧が住んでいた．彼は，鶏が産んだ卵が大蛇に呑まれてしまったのを怒り，鶏卵に似た石を用意して，大蛇に呑むように仕向けた．大蛇はしばらく苦しんでいたが，近くの樹の葉を呑み込むと元気を取り戻し去っていった．老僧はその樹の葉が消化を助けることに気付き，自らも服用し，病人にも与えて病を癒した．あるとき武夷山に遊覧しに来た皇帝が体調を崩し，老僧の薬を得てことなきを得た．皇帝はその樹（茶樹）の功績に深く感謝し，着ていた赤い龍袍（「袍」はガウン状

の礼服）を樹にかけ，「救駕神茶」の額を掲げた．これを見て老僧が思わず「大紅袍」と口にし，それが茶の名前になった．

② 千年以上前のこと，皇后が病に臥し，手を尽くしても治らなかった．皇后は太子の手を取り，民間におもむき，治療法を探すよう頼んだ．太子は秘法を尋ねて深山に分け入り，そこで虎に襲われそうになった老人を助ける．その老人が恩返しとして，武夷山に生えるある樹の葉が，仙薬のように効くことを教える．太子はその葉を都に持ち帰り，皇后の病を治す．皇帝は感謝のために，その樹（茶樹）を「大紅袍」，両側の低い樹を「副紅袍」と名付け，冬になると赤い龍袍を樹にかけていたわることとした．

③ 昔のこと，武夷山が干ばつに見舞われ，人々は飢えに苦しみ，木の皮，草の根を食べ尽くし，ついには土を食べて命をつないだため，腹がふくれて苦しんでいた．山の北に「勤婆婆（働き者のばあさん）」と呼ばれる，身寄りのない働き者の老女が住んでいた．ある日，彼女の門口に白髪の老人が渇きのあまり座り込んでいた．老女は山から取ってきた樹の葉を煮た湯を与えた．老人は感謝して，持っていた龍頭の杖を老婆に与え，穴を掘ってこの杖を立て，清水を注ぐよう指示を与えると，風とともに姿を消した．老人は仙人だったのである．老婆が指示通り庭に杖を立て，水をかけると，次の朝には立派な茶樹が生えていた．村人みんなでその茶葉を加工して飲むと，ふくれた腹もへこみ，元気を取り戻した．その話を聞きつけた貪欲な皇帝は，茶樹を都へ運ばせ，宮中の花園に植えさせた．皇帝が茶の葉を摘もうと手を伸ばすと，茶樹は皇帝の手を避けるかのように，天高く伸びてしまった．皇帝は怒って樹を切り倒させたが，樹は倒れて宮殿と皇帝を押しつぶしてしまった．茶樹は赤い彩雲に包まれて都から飛び去った．かの老婆は悲しみのあまり臥せっていたが，緑の茶樹が赤い雲に包まれて飛んでくるのを見て，喜んで後を追うと，その樹は武夷山九龍窠に降り立ったのである．この茶樹は赤い雲（じつは仙人の着ていた大紅袍）に包まれたため，赤く輝くようになったのである．

④ 昔ある秀才（科挙の受験生）が都の科挙におもむく途中，武夷山で病に倒れた．通りかかった天心廟の住職が連れ帰り，茶葉を飲ませると，病は癒え，秀才は元気を取り戻した．秀才は都で状元（科挙の最上位の合格者）となり，皇帝の婿となった．恩返しのために武夷山に戻った状元は，住職と再会し，九龍窠の茶樹を見せてもらう．住職の語るところによれば，武夷の神鳥が蓬莱山からくわえてきた種から生じたものであり，毎年春になると，山の猿を集め，赤い衣を着せて茶摘みをさせるということであった．状元は皇帝への土産にと，茶を一箱作ってもらう．都へ戻った状元は，皇后の病をその茶で治す．その礼として，状元は大紅袍をもって再び武夷山へおもむく．たまたま茶樹が煙火に覆われそうになったのを見た状元は，その大紅袍を茶樹にかぶせる．火が消えてから紅袍を開けてみると，茶樹は赤い色に変

わっていた．その後この茶樹は大紅袍と呼ばれ，岩壁には「大紅袍」の三字が刻まれた．

(2) 鉄観音の由来

安渓の名茶鉄観音の由来についても，2つの説が伝えられている．

① 清の乾隆年間，安渓西坪に魏蔭(いん)という茶農がいた．彼の作る茶は香りが高いことで知られていた．彼は朝晩，家の観音像に茶を供えて礼拝していたが，ある晩，観音菩薩が裏の崖の上に現れる夢を見た．彼が崖をよじ登り，石から生える茶樹を見つけたところで夢が覚めた．朝になって彼がその崖に行ってみると，夢とまったく同じ様子で，石の隙間にすばらしい茶樹を発見した．彼はその樹を取ってきて増やし，やがて製茶をし，特別な客にだけ飲ませていた．ある日，茶を飲ませた塾の教師から，その名を尋ねられた魏蔭は，「鉄羅漢」とつけようかと提案したが，教師は，観音の夢のお告げで見つけたのであるから，「鉄観音」がよかろうといい，魏蔭もそれに従ったのである．

② 清の乾隆年間，安渓西坪に王仕譲という士人が，南岩山麓の荒れた茶園で，特異な茶の苗を発見し，移植して栽培し，製茶して献上したところ，乾隆皇帝の気に入るところとなった．皇帝は，その茶が観音像に似ていて，鉄のように重いので，「南岩鉄観音」と名付けた．

(3) 碧螺春(へきらしゅん)の由来

碧螺春茶は，太湖の洞庭(どうてい)西山（島）と東山（半島）で生産される細かな緑茶で，香り高い．元来「嚇殺人香(ハーシャーレンシャン)（人を脅しつけるような香りの意．殺は意味を強める語）」と呼ばれていたものを，清の康熙帝が「碧蘿春」に改めたともいうが，普通は「碧螺春」と書く．これについて，2つの説が伝わっている．

① 昔，洞庭西山に碧螺姑娘(クーニャン)という美人が住んでいたが，太湖に現れた悪龍が，人々に生けにえを要求したばかりか，碧螺姑娘を嫁にしようとした．阿祥(アーシャン)という義侠心のある若者がおり，密かに碧螺姑娘を愛していたので，悪龍と七日七晩争い，龍を退治したが，自分も瀕死の傷を負う．その血が流れた所に美しい茶樹が生える．碧螺姑娘は阿祥の看病に努めるうち，その茶樹を見出すが，まだ寒かったために，その芽を息で暖め，無事成長させる．その葉を茶に加工して阿祥に飲ませると，彼は回復して不老長生を得る．一方，碧螺姑娘は自らの生命力を茶に与えたため，衰弱して死ぬ．碧螺姑娘にちなんで，その茶は「碧螺春」と名付けられたのである．

② 洞庭東山の莫釐(ばくり)峰に妖怪が現れ，山に登ったきこりが何人も戻ってこなくなった．碧螺という漁師の娘が，原因を確かめに山に登ると，妖怪などおらず，崖の隙間の野生の樹から，濃密な香りが漂ってくるばかりであった．その香りはあまりにも強く，人を昏倒させるほどであったが，碧螺がおもわず魚くさい手で鼻を覆ったため，その香りに打ち勝つことができた．碧螺はこの樹を家に持って帰って栽培し，「嚇

殺人香」と名付けた．その茶はひろまり，移植を重ねるうちに，もとの強烈な香りは薄れていった．碧螺に因んで「碧螺春」と呼ばれる．

以上に紹介したのは，『清茗拾趣』に載せる民話のうち，九牛の一毛であるが，このような伝承を通して，中国の民衆の茶に対する見方をうかがうことができる．茶という「薬草」は，民衆の健康のために，天から善人に与えられた賜物（言い方を変えれば，自分たちが見出したもの）であることと，権力者は常に，茶を自分たちで独占しようとするということである．これは，茶の貢納に苦しんだ民衆の歴史を，一定程度反映したものといえよう．また，名茶にはゆかしい名称がついているので，その名称を説明しようとする意識が，さらに多くの民話を生んだことも指摘できよう．

2.1.2 茶馬交易
a. 茶馬交易とは

中国の茶と西域の馬を交易したという記事は，古く唐の『封氏聞見記』にみえる．唐の粛宗の時期に，回紇（ウイグル）が入朝し，馬を売って茶を買ったというのである．中国西北の民族は，唐以降次第に喫茶の習慣が浸透していた．茶が，肉や乳酪を中心とする食生活に適合するものであったからである．一方，優秀な馬は西域に産するので，茶と馬の交易は以後盛んになっていった．

宋代には，軍馬の需要が多かったため，朝廷は「茶馬司」（茶馬交易を管理する役所）を設け，茶馬交易を国家が管理することとした．宋代に交易が行われたのは，山西，陝西，甘粛，四川等の国境地帯で，交易の相手は吐蕃，回紇，党項，蔵族等であった．西北産の馬は優秀だが低価で，1匹が茶120斤した．西南の馬は質が低いにもかかわらず350斤の茶と交換されたという．西南の政治状況を安定させるため，高い馬でも交易せざるを得なかったともいわれる．宋は結局，年間1万匹から2万匹の馬を入手し，西方民族との融和にも成功したのである．

茶馬交易は，元という遊牧民族国家においては必要がなく，停止されていたが，明代になると復活した．甘粛の西寧，臨漳，臨夏の3ヶ所に茶馬司が設けられ，西北の少数民族と茶馬交易が行われた．明代には，馬1匹は茶数十斤と交換されていた．清初の順治年間には陝西の茶馬司が西北の少数民族と交易を始めたが，後に雲南の睦州においてチベットとの交易も開始された．馬は1匹120斤から70斤の茶と交換されていた．しかし，康熙帝以後，清の国家の版図が拡大し，少数民族との融和に配慮する必要が減ったため，茶馬交易は減少した．雍正13年（1735）に甘粛の茶馬交易が廃止されるに至り，その歴史は終焉を迎えた．

b. 辺銷茶

茶馬交易の歴史から知られるように，中国の歴代王朝は，国内で生産した茶を，周辺の諸民族に輸出して利益を上げてきた．その第一の理由は，茶を生産しない地域の

民族が，茶を栄養補給のために必要としてきたことである．現在でも，チベットやモンゴル（内モンゴル含む）の食生活に，茶は欠かせないものとなっている．

　その仕組みは今も変わらず，湖南・湖北・四川・雲南等で生産された茶（おもに黒茶）の多くは，チベットやモンゴル，新疆で販売することとなっている．これを辺銷茶と呼び，外銷茶（国外輸出の茶），内銷茶（国内消費の茶）と区別している．輸送に便利にするため，緊圧茶にしたものが多いが，多くの場合そのような形になったのは清から近現代にかけてのことであり，これを安易に唐宋の固形茶に比することはできないし，その製法はまったく異なる．そのおもなものを紹介しよう．

(1) 湖南・湖北の辺銷茶

　湖南の安化で生産される黒磚茶は，おもに甘粛，寧夏，青海，新疆に出荷される．31 cm×18 cm×3.5 cm の直方体で，黒茶を固めて作る緊圧茶である．安化の花磚茶は，黒磚茶と同じ規格の黒茶の緊圧茶であり，太原を中心として山西と内蒙古に出荷される．花磚茶の原型は花巻もしくは，その重量から千両茶と呼ばれた．それは長さ 147 cm，直径 20 cm の巨大な円筒形の茶であり，最盛期には年間 3 万本以上も生産された．この花巻を 1958 年前後に改良したのが花磚茶である．湖南の益陽・湖北の蒲圻で生産される茯磚茶は，おもに青海，チベット，寧夏に出荷される．31 cm×18.5 cm×5 cm の直方体で，黒茶の緊圧茶である．茯磚茶の特徴は，「発花」の工程によって一種の菌を繁殖させるため，黄色い胞子が目立つことである．湖南安化の湘尖茶は，黒茶を圧搾して籠に詰めたもので，大きさは 58 cm×35 cm×50 cm である．陝西の漢中を中心に出荷される．湖北の蒲圻等，咸寧地区で生産される青磚茶は，内モンゴル等に出荷される．34 cm×17 cm×4 cm の黒茶の緊圧茶である．

(2) 四川・雲南の辺銷茶

　四川の雅安等で生産される康磚茶は，晒青緑茶を原料とする緊圧茶で，17 cm×9 cm×6 cm の角の丸い枕型である．等級の低い金尖茶もあり，24 cm×19 cm×12 cm である．ともにチベットに出荷され，康磚は康定やラサ（拉薩）に，金尖は康定や辺境地区で売られる．四川の灌県で生産される方包茶は，籠に詰めた黒茶で，66 cm×50 cm×32 cm である．四川省の阿垻，甘孜等のチベット族の自治州に売られるほか，甘粛，青海，チベットにも販路がある．

　雲南の普洱茶は，多様な形の緊圧茶に加工されるが，最高の品質を誇るのは七子餅茶であろう．この茶は，広東や東南アジアで広く販売され，高級な茶趣味の対象として，香港や台湾でも愛好されている．下関，臨滄で生産される椀状の沱茶も品質が高い．これらは，単なる辺銷茶とは言い難い．雲南の大理，昆明，景谷，勐海，塩津等では，チベットや西北部の少数民族に売るための辺銷茶を生産している．多くは緊圧茶で，心臓型の緊茶，円盤状の餅茶，正方形の方茶，煉瓦型の磚茶等がある．

図 2.1 茶馬古道のルート

c. 茶馬古道

茶馬貿易をおもな目的として，雲南・四川とチベットを結んだルートを茶馬古道と呼び，漢民族とチベット族，多くの西北少数民族の相互間の，経済・文化の交流を担った遺跡として，近年注目を浴びている（図2.1）．中国では，茶馬古道をテーマとした書籍や写真集が多く出版されている．なお，茶馬古道といった場合，過去に馬が茶を背に乗せて運んだ古道というイメージが強く，必ずしも茶と馬を交易したという意味ではない．

茶馬古道の具体的なルートは2つある．1つは，雲南最南部の茶産地であるシーサンパンナ（西双版納），思茅から北上し，大理，麗江，中甸，徳欽を経て，チベットの芒康，察隅，林芝を通り，ラサに至るものである．もう1つは，四川省の雅安から始まり，瀘定，康定，巴塘を通って，チベットに入るルートである．茶馬古道の沿道には，過去の石畳や古建築が残り，茶に関する文化遺跡も多い．世界遺産に指定された麗江もあり，観光資源としても注目されるところである．

2.1.3 皇帝の茶と庶民の茶

a. 貢茶の歴史

中国では，土地の名産品は当然のこととして，皇帝に献上されるべき対象となった．茶も例外ではないが，古代から主要な貢納品であったわけではない．『華陽国志』に，巴蜀（はしょく）から周の武王に茶が貢納されたという記事があるが，断片的な記事というべきであろう．『茶経』に引く宋の山謙之の『呉興志』に，浙江省湖州の温山で「御荈（せん）」が生産されたという文があり，これは献上用の名茶であったと考えられる．

貢茶の制度が確実になるのは，喫茶が中国全土に普及した唐の開元年間以降であり，唐の後期には，ほとんどの茶産地（五道十八郡）から茶が献上されていた．湖州の顧渚山には貢茶院が設けられ，貢茶の量は，最盛期には年に1万8400斤に達したという．最上の茶とされたのは，浙江の顧渚山，四川の蒙山茶（この両者については3.1.3項参照）および，湖北の蘄春の茶であった．貢茶の制度は，農民に過度の労働を要求し，その生活を妨げるものだという批判は早くより生じた．781年に作られた袁高の「茶山の詩」は，顧渚山の茶農の苦労を朝廷に訴えたものである．

宋代になっても，主要な茶産区からは茶が献上された．顧渚の貢茶も維持されたが，より有名なのは，福建建安の御茶園たる北苑であり，いわゆる「龍鳳団茶」を大量に貢納した．北宋の徽宗皇帝は，自ら『大観茶論』を著し，点茶の方法や，茶の製造，鑑別等について論じているが，その内容のすべては，北苑周辺の団茶を対象としたものであり，福建以外の茶は無視されている．このように一地域の茶が珍重されたのは，宋代特有の現象である．北苑団茶の実態については，次の項を参照されたい．元の御茶園は，北苑より北の武夷山や，顧渚山に設けられた．

明代の貢茶は，よく知られるように洪武帝の命令によって，1391年に武夷の御茶園で生産されていた「大小龍団」の製造が廃止され，葉茶（芽茶）が主体となった．福建を中心とし，浙江，江蘇，江西，貴州等から貢納が行われた．清代に至ると，皇帝自身が中国の伝統文化に傾倒し，茶文化に興味を示すという現象が生じた．その結果，康熙帝は太湖の「嚇殺人香」茶に「碧螺春」という名を与え（2.1.1項参照），乾隆帝は安徽の「大方茶」に名を与え，貢茶の列に加えた．乾隆帝が龍井村の18本の茶樹を「御茶」に指定したことも知られている．福建をはじめ，おもに安徽，江蘇，浙江，江西から貢納が行われた．

b. 北苑団茶の実態

それぞれの時代に皇帝が飲んでいた貢茶が，最上等のものであったことは想像がつくものの，具体的にどのようなものであったかの情報は少ない．そんななかで，宋の貢茶である北苑団茶は，本来皇族が飲むか，高官に下賜されたもので，同じ重さの黄金より価値があるといわれたが，その製法や外観等の記録は比較的詳細に残っている．少し紹介しよう．

(1) 製法

北苑団茶の製法について，体系的に記しているのは南宋の趙汝礪が著した『北苑別録』である．その章には「採茶」（茶摘みの際の諸注意．たとえば指でなく爪で芽を摘みとるなど），「揀茶」（茶の材料の選び方），「蒸茶」（茶葉の蒸し方），「榨茶」（茶を締め木にかけて，余分な「茶膏」すなわちエキスを絞り出すこと），「研茶」（茶を素焼きの盆に入れ，水を加えながら擂ること），「造茶」（茶を型に入れて形作ること），「過黄」（茶を遠火で乾燥させること）のような題がつけられ，そのまま製茶の工程に

図 2.2 『宣和北苑貢茶録』にみえる団茶表面の模様

対応している．

ここには，今日の常識を越えた製茶技術が記されている．たとえば，「揀茶」では，茶に使う材料の最上位として，「水芽」というものが説明される．蒸した茶の芽を，水を張った盆に入れ，その針のような中心部だけ，ほぐして取り出すのである．それに用いる芽自体も，「小芽」と呼ばれる若い芽である．1つの団茶を作るのにどのくらいの茶葉を要するか，そのぜいたくさは想像を絶したものである．その他，「研茶」や「過黄」も，多くの労力と時間を費やし，最高の茶を作るためには，終日かけて茶を擂り，10日以上かけて乾燥させることが決められている．

(2) 外 観

蔡襄の『茶録』に，茶の外観の色彩として，「青，黄，紫，黒」の別があると書かれている．これは，固形茶を乾燥する際に，表面の後発酵の度合いで色がさまざまになることをいう．その色のなかでも，「官焙」つまり北苑の固形茶は紫色が尊ばれたと，『鶏肋篇』にみえる．紫といっても，実際には濃い茶色に青みがかったような色だと思われる．同じ『茶録』には，保存のために膏を塗ったとあるので，光沢もあったのであろう．

一方，北苑団茶の大きな特徴は，表面に龍や鳳の模様がつけられていたことである．具体的な模様は，熊蕃の『宣和北苑貢茶録』に対し，息子の熊克がつけた図によって知ることができる．図にはさらに，「竹圈銀模」や「銀模銅圈」のように，「模」と「圈」の材質も記されている．「圈」とは，周りの枠であり，「模」は模様が刻まれた，上からおす型であろう．このような微細な模様をおすことができたことは，団茶の緻密さを証明している（図 2.2）．

c. 白茶について

徽宗の『大観茶論』では，特に「白茶」の章を設け，特別な品種として白茶を紹介

している．その記事によれば，この茶樹は偶然生えるもので，人力で作り出すことはできない．4～5軒の茶農家で，1～2株を産するだけだという．この茶葉を採って，ていねいに製造すると，半透明に近い団茶ができるという．当然このようなものは貢品である．『北苑貢茶録』には，白茶の図を載せるが，直径1寸5分の花形の団茶で，龍の模様がついている．図からはよくわからないが，かなり薄いものなのであろう．その製造にあたっては，上述の「水芽」が材料とされた．

d. 金瓜貢茶について

清の朝廷は，全国から茶の貢納を受け，蒙山茶や龍井茶を御茶として重視していたが，一方で普洱茶も愛好していた．1729年に普洱府が設けられ，思茅・西双版納の茶の生産を管理し始めてから，5斤，3斤，1斤，4両，1両5銭のそれぞれの重量をもつ団茶，芽茶，蕊(ずい)茶，膏茶の8種の茶を献上することとなった．その団茶は人の頭のように丸いため，「人頭茶」と呼ばれた．現在北京の故宮博物院に古い人頭茶が残っており，瓜のような形で，表面の茶の芽が金色に見えることから「金瓜貢茶」と呼ばれている．

e. 茶税と茶の専売制度（榷茶）

茶の生産が増えた唐代以降，歴代王朝は課税による収益をはかったが，茶の生産と流通を国家が直接管理し，より確実に利益を独占しようとしたのが「榷(かく)茶」の制度である．これは，唐代の文宗のときに始まるが，本格的に施行されたのは宋初からである．全国の主要な茶産地に6ヶ所の「榷茶務」（茶の流通を管理する役所）と13ヶ所の「榷山場」（官営の茶園）を設け，園戸と呼ばれる茶農に茶を生産させた．役所は茶農と茶商人の間に立って利益を上げ，国庫を潤した．国は茶商人を管理するために茶の取引に許可書を発行したが，これを「茶引」という．榷茶制度はその後も形を変えて，明清まで続いた．

f. 民間の茶と薬茶

茶についてわれわれが文献から知りうるのは，皇帝や士大夫階層の飲んだ茶であり，過去の大多数の庶民がどのような茶を飲んでいたかについては，知ることは少ない．一般的にいえば，圧倒的に多くの農民は，単に水を飲んでいたのであり，茶とは無縁であったと考えることもできる．胡山源の『古今茶事』（1941年）の序文によれば，少し以前まで，農民は生水を飲んでいたし，読書人である彼自身も，子供の頃には茶を飲まなかったという．茶と無縁でないにしても，多くの農民は，安い茶を薄くいれて飲んだり，茶の代理品を飲んだりしたことであろう．

それに対して，古くから茶を利用していた一部地域の民衆は，伝統的な喫茶文化をもっていたであろうし，今でもそうである．『茶経』六之飲の中で，陸羽は，当時の民間の伝統的な喫茶について，葱，生姜，棗，ミカンの皮，呉茱萸(ごしゅゆ)，ハッカを入れて百沸し，濾して飲むというやり方を記したうえで，こんなものは用水路に流した水と

同じだとののしっている．茶の純粋な味を追求した陸羽からみれば，このような茶は否定されるべきものであったが，民衆にとっては，茶は薬物か健康飲料か食料であったのである．陸羽の活躍した湖州では，今でも「青豆茶」（緑茶と青豆とミカンの皮等に湯をかけて飲むもの）という茶があり，唐の民間の茶をしのばせる．

　陸羽の批判する民間の茶に近いのが，現在もそれに関して多くの出版物が刊行されている「薬茶」であろう．「薬茶」の定義は難しいが，1つか複数の薬物を煮出したり（煎茶法），湯をかけておいたり（泡茶法）して飲むもので，薬と飲料の中間的な存在として扱われる．その薬物に茶が含まれることもあるし，含まれないこともある．南方中国で暑気よけに飲む「涼茶」も「薬茶」の一種である．茶は，このような形で昔も今も民衆に親しまれているのである．

2.1.4　中国名茶と産地形成

a.　唐以前の茶産地

　中国において，茶樹は，西北の雲貴高原を原産地として周辺に拡散し，特に長江に沿って東南中国まで分布を広げたと考えられる．それに呼応するように，文献的にみると，漢代以前には巴蜀（四川）における喫茶の記録がみえ，三国時代以降には，長江下流域における喫茶の記事が目立つ．『茶経』七之事は，唐以前の茶の故事を多く集めているが，南朝で喫茶が流行していたことを示すものが目立ち，古い産地として浙江の余姚，烏程（湖州）の温山（御舜すなわち皇帝用の茶を産するとされる）などが確認できる．晋のものと思われる『桐君録』も引用されているが，茶産地として，西陽（河南省光山），武昌（湖北省鄂州），廬江（安徽省廬江），晋陵（江蘇省常州）を挙げる．すべて後世の名茶の産地に一致するものである．

b.　唐の茶産地と名茶

　唐代には，『茶経』八之出は，唐代の名茶の生産地を8つの地区に分けてあげ，「上，次，下，又下」等の言葉で，茶の品評を試みている．その内容をまとめると表2.1の

表2.1　『茶経』にみる唐代の名茶の生産地

山南地区	現在の湖北省を中心とする地区．最上の茶の産地は，峡州の遠安・宜都・夷陵（宜昌）とする．
淮南地区	現在の河南省・安徽省を中心とする地区．最上の茶の産地は，光州の光山とする．
浙西地区	現在の浙江省・江蘇省を中心とする地区．最上の茶の産地は，湖州の顧渚山とする．
剣南地区	現在の四川省にあたる地区．最上の茶の産地は，彭州の九隴とする．
浙東地区	現在の浙江省にあたる地区．最上の茶の産地は，越州の余姚とする．
黔中地区	現在の貴州省を中心とする地区．最上の茶の産地についての記述はない．
江南地区	現在の江西省を中心とする地区．最上の茶の産地についての記述はない．
嶺南地区	現在の福建省・広東省を中心とする地区．最上の茶の産地についての記述はない．

ようになる.

『茶経』の記事は，一方で，全国の茶区をカバーしながらも，陸羽の見聞に近い地域の茶を特に詳述し，評価しているようである．山南は陸羽の故郷に近く，浙西の湖州は陸羽が活動の中心とした土地で，顧渚山の茶は陸羽が最も評価するものであった．唐代において顧渚茶と名を等しくした蒙山茶（剣南雅州産）はなぜか下とされている．『茶経』以外の資料を併せ考えると，唐の茶産地は現在とほとんど変わらず，南中国全土に及び，現在の名茶の産地の多くは唐代にさかのぼることが確認できる．

c. 宋の茶産地と名茶

唐代以前には，多くの高級茶が蒸製の餅茶であったが，宋代に至ると，その多くが葉茶（散茶）に改良された．その典型例が浙江の顧渚茶である．他に新興の葉茶として，浙江会稽の日鋳茶（日注茶），江西修水の双井茶が脚光を浴びた．

一方で，北苑を中心とする福建の団茶の生産も盛んとなった．五代のころから蝋面茶（溶かした蝋のように見える茶）と呼ばれる高級茶が，建安の建渓，特に鳳凰山の南麓で作られ始めた．宋に入って，そこに設けられた御茶園たる北苑では，さらに茶の改良を重ね，龍団，鳳団，石乳，白乳，的乳をはじめとする名茶が次々に作られた．一説に，宋に入って気候が寒冷化したため，春のより早い時期に貢茶が可能な福建の茶が求められたのだという．

d. 明清の茶産地と名茶

明代には，安徽省休寧の松羅山で，大方という僧が炒青緑茶を開発したとされる．これが急速に広まり，蒸青緑茶は減少した．杭州の龍井茶も，炒青緑茶として作られ，有名になった．清代に入り，武夷山で緑茶の製法を改良し，晒青の工程を伴う半発酵茶が作られ，ウーロン茶や紅茶の生産の契機となった．各地の黒茶，黄茶，花茶の生産も盛んになり，茶の多様化を促進した．ただ，アヘン戦争以降，政治的混乱のため，茶の生産は質量ともに衰え，それが復活したのは現代中国になってからである．

e. 現代中国の茶産地と名茶

現代中国の茶の生産地は西南茶区，江北茶区，江南茶区，華南茶区に分類される（図2.3）．

(1) 西南茶区

滇西南丘陵産地区域：雲南西南部のシーサンパンナ（西双版納），思茅，勐海を中心とした茶産区であり，普洱茶（黒茶）の代表的な産地であるが，滇紅（雲南紅茶）や南糯白毫（緑茶）でも知られる．

雲貴高原区域：雲南と貴州を中心とし，広西，四川，チベットに及ぶ茶産区．雲南宜良の宝洪茶，貴州都匀の都匀毛尖等の優良な緑茶で知られる．

四川盆地丘陵区域名茶：成都を中心とする四川盆地の茶産区．名山・雅安の蒙頂茶，峨眉の峨蕊・竹葉青等の繊細な緑茶で知られる．

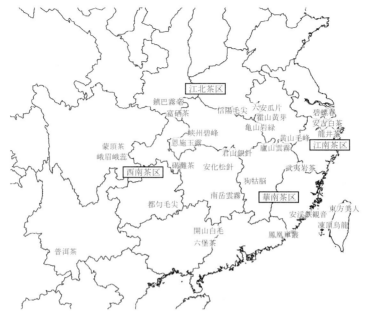

図2.3 現代中国の主要な銘茶産地

　武陵山地区域名茶：貴州・湖南・湖北・重慶にまたがる茶産区．湖南沅陵の碣灘茶等の緑茶を産する．なお，湖北恩施の恩施玉露は，現在では少ない蒸青緑茶として知られる．

(2) 江北茶区

　秦巴山区域名茶：陝西省南部の丘陵地帯を中心とし，甘粛・四川・湖北・河南に及ぶ茶産区．茶の北限に近いが，四川万源の巴山雀舌，陝西紫陽の富硒茶，鎮巴の秦巴霧毫，湖北宜昌の峡州碧峰等の緑茶を産する．

　桐柏山大別山区域名茶：湖北東北部，河南南部，安徽西部の丘陵地帯にまたがる茶産区．安徽六安の六安瓜片，霍山の霍山黄芽，湖北麻城の亀山岩緑，河南信陽の信陽毛尖等の緑茶を産する．

　江淮膠東丘岡区域名茶：江蘇北部，安徽東部から山東省に至る沿海地帯の茶産区．近年開発された山東日照の碧緑茶等が注目される．

(3) 江南茶区

　黄山太湖低山丘陵区域名茶：黄山・太湖・杭州を中心として，安徽南部，江蘇南部，浙江西部，江西東北部にかけての丘陵地帯の茶産区．安徽黄山の黄山毛峰，歙県の老竹大方，休寧の松羅茶，江蘇呉県の碧螺春，南京の雨花茶，浙江杭州の龍井茶，長興の顧渚紫筍，安吉の安吉白茶等を産出し，最も優れた緑茶の産地といって過言ではな

い．安徽祁門(キーモン)の祁門紅茶は世界的に知られる．

鄱陽洞庭両湖低山丘陵区域名茶：鄱陽湖と洞庭湖を中心とした茶産区．江西，湖南と湖北の一部に及ぶ．緑茶では，江西廬山の廬山雲霧，遂川の狗㺃脳(クコノウ)，湖南安化の安化松針，黄茶では湖南洞庭湖の君山銀針が有名である．黒磚・茯磚等の緊圧黒茶の生産でも知られる．

五嶺低山丘陵区域名茶：湖南，江西の南部と，広東，広西の北部にわたる茶産区．緑茶としては，湖南衡山の南岳雲霧茶，広西賀県の開山白毛茶が知られる．

浙南閩東北低山丘陵区域名茶：武夷山を擁する福建東部から，浙江南部にかけての茶産区．武夷山に産する各種の岩茶（ウーロン茶）が有名だが，同所の紅茶，正山小種（ラプサンスーチョン）も世界に知られる．また，福建福州は，ジャスミン茶の産地としても重要．緑茶としては，浙江舟山の普陀仏茶，臨海の臨海蟠龍等がある．

(4) 華南茶区

粤中桂中南低山丘陵区域名茶：広東南部から広西南部にかけての茶産区．緑茶も産するが，広西蒼梧(え)の六堡茶（黒茶），広東英徳の英徳紅茶，鶴山の古労茶（焙煎の風味が強い緑茶）など多様な茶を産する．

閩南粤東北低山丘陵区域名茶：福建南部から広東東北部にかけての茶産区．福建安渓の鉄観音，永春の閩南水仙，広東潮安の鳳凰単叢など，ウーロン茶の名産地として知られる．

海南低山丘陵区域名茶：海南島の茶産区．CTC紅茶で知られる．

台湾低山丘陵区域名茶：台湾の茶産区．南投の凍頂烏龍，阿里山等の高地で生産される高山烏龍など，新竹・苗栗の東方美人（膨風茶）など，優れたウーロン茶を産する．（以上，おもに『中国茶類与区域名茶』[2]による．）

なお，従来は陝西・河南・山東を結んだ線を茶の北限としたが，近年では，河北・山東・チベットでも茶の生産が試みられている． 〔高橋忠彦〕

引用・参考文献

1) 余鳳・徐華龍・葛根宝編（1993）：清茗拾趣，中国軽工業出版社．
2) 王広智編著（2003）：中国茶類与区域名茶，中国農業科学出版社．

= Tea Break =

〈世界お茶めぐり〉**ネパール**

　ネパールの東部はインド・ダージリンと接しており，国境に近いイラム（Ilam）地方では，ダージリンとほぼ同時期の 1860 年代からの紅茶生産の歴史がある．インド人とネパール人は国境を自由に行き来でき，かつてはダージリンの紅茶工場がネパール側の茶栽培農家から生葉を買って製茶することも多かった．

　ネパールでは輸出用作物として紅茶が注目され，1990 年代から新しい紅茶工場がいくつか建設されてきた．その 1 つのグランセ茶園は，イラムより山をいくつか西に越えたダンクタ（Dhankuta）に 1998 年に設立された．煉瓦の壁と青い屋根という，紅茶工場としては格別におしゃれな外観をもつ．有機栽培に取り組んでおり，品質面での評価も高い．よく整理整頓された工場内を見学させてもらっている間に，紅茶を詰めた木箱を 1 階から 2 階のストックルームへ運ぶ作業が行われていた．引き締まった体の数人の男性が，40 kg ほどの重さの木箱を 1 つ 1 つ背負い，静かに，黙々と階段を上がっていく．その光景に思わず目を見張り，「あの木箱，重いのでしょう？　力があるのですね」と言うと，「彼らはシェルパ族なのです」と工場長が説明してくれた．ヒマラヤの登山者を支える山岳民族のシェルパ族の力強さは，紅茶工場内でも発揮されていた．

　グランセ茶園を訪ねた 9 月はまだ雨期で，いったん降り出すとどうしようもないくらいのどしゃぶりになる．ゲストルーム内で洗濯物を 3 日間室内干しにしても，ぐっしょり湿ったままで乾く気配がまったくない．業を煮やしてアイロンを借り，下着までアイロンで乾かした．この険しい地形，厳しい気候のなかで生きていくには，シェルパ族に限らず，したたかで強靭でなくては難しい．　　　　　〔中津川由美〕

写真 1　グランセ紅茶工場で働くシェルパ族のスタッフ

2.2 アジアからヨーロッパ・アメリカへ

2.2.1 ヨーロッパへの伝播（その契機／初期の茶の実態）

　中国や日本を中心とするアジアの飲み物として長く親しまれてきた茶は，どのようにしてヨーロッパへ伝わったのだろうか．また伝わったばかりのころ，ヨーロッパの人々はアジア産の茶をどのように受け入れたのか．ここではヨーロッパへの茶の伝播の契機と初期の実態についてみていく．

　古代からアジアの物産として重要な役割を果たしていた絹や香辛料と比べると，茶がヨーロッパの生活に登場するのはかなり遅く，15～16世紀の大航海時代以降と考えられている．茶は，主として海の道を通ってヨーロッパへもたらされることになった．

　陸路に関しては，シルクロードや茶馬交易（中国と周辺遊牧民族との交易）を介して，あるいはモンゴル帝国（元朝）の版図拡大の時期に，茶も西へ伝播した可能性がある．たとえば，チンギス・ハンに仕えた名宰相・耶律楚材（1190-1244）は西征にも同行したが，その際詠んだ詩は，歴史，地理，風俗の貴重な資料となっており，茶詩も含まれている．

　ロシアに関しては，1567年ころから茶は知られていたが，本格的な伝播は1654年にロシア皇帝の使者バイコフ（F. I. Baikov）が北京から持ち帰ったのが端緒とされている．その後，ロシアと清朝が締結したネルチンスク条約（1689年），キャフタ条約（1727年）によって，陸路の隊商貿易による輸入が増え，ロシアにおける茶の飲用が普及した[1]．ただし1763年にイルクーツク南方にキャトカの大市が設置される以前は，ロシアでは茶の飲用はほとんど一般化していなかったという説もある[2]．

　ヨーロッパへの茶の伝播については，オランダ東インド会社の輸入開始の年が1つの目安となる．1610年，オランダ東インド会社の船ローデ・レーウメット（Roode Leeuwmet）号は，日本の平戸から日本茶を，途中の寄港地で中国茶を積み込んで，アムステルダム港へ戻った（この船の詳しい航路については2.3.5項を参照）．これが，アジアからヨーロッパへのまとまった茶輸入の始まりとされている．つまり，ヨーロッパに最初に輸入されたのは，日本茶と中国茶であり，おもに緑茶だったと考えられる．初期にオランダが入手した中国茶は，インドネシアのバンタムなどに渡来する私貿易の中国船（ジャンク）から買い付けたものだった．中国の海禁政策やマカオのポルトガルとの競争関係などもその背景にあった．そのため，ヨーロッパへの輸入茶のなかで，オランダが平戸で比較的安定して入手できる日本茶は重要な位置を占めていた．

　もちろんこれ以前にも，宣教のためアジア地域に来ていたイエズス会士や商人，船

乗りたちの手を経て，イタリア，ポルトガルなどに少量の茶がもたらされていたと思われる．

ヨーロッパの文献上，茶に関する記述が現れるのは，16世紀後半からと考えられている．それより古い記録では，9世紀半ばに唐代の中国へ行った2人のアラブ人商人（人名不詳）の旅行記があり，1718年にフランスの東洋学者ルノドー師による仏語訳が出て，広く知られるようになった．この旅行記には，「サー（sakh）と呼ばれるハーブ」のことが記されている．葉の上に熱湯を注ぐとしている点など不審な点もあるが（唐代では固形茶の粉末を煮出す「煎茶法」が一般的），ここで言う「サー」が茶を指していることは，おそらく間違いないだろう．当時の中国で「サー」は，旅行者であるアラブ商人の目からみても注目に値する飲み物であり，「香りが良く，苦い」ハーブであること，中国全土の街々で飲まれており，塩と並んで国家の重要な課税対象であり財源とみなされていたことなどがわかる．

ヨーロッパ人による茶に関する初期の記述としては，マッフェイ，アルメイダ，マテオ・リッチ（Matteo Ricci, 1552-1610），ラムージオ（1550, 1563, 1588），ボタロー（Giovanni Botaro, 1590）などの著作がある．

このほか，スペイン人のテクセイラ（Texeira）は1600年頃，乾燥したチャの葉をマラッカで見つけ，中国人はこの植物から飲み物を作るということを教えられたという．また，オレアリウス（Adam Olearii, 1600頃-1671）の『ペルシャ旅行記』[3]は，17世紀のヨーロッパで版を重ねて広く読まれた本で，茶に関する記述がみられる[4]．

以上のように，ヨーロッパでは15世紀末以来，アジアやアフリカ，アメリカなど地球上の他の地域や大陸への関心が高まり，各国が競って探検と貿易のために航路を開こうとしていた．茶のヨーロッパへの伝播と浸透の背景には，アジアの国々とその物産への強い関心があったことを忘れないでおきたい．

食生活の面からみると，新大陸からのココア（カカオ豆から作る飲み物．チョコラトル）はコロンブスやコルテス以後，スペインの宮廷を中心に人気の飲み物となった．エチオピア原産のコーヒーはイスラム教の寺院やコーヒー店などアラビア半島を中心に飲用が次第に広がり，1615年イタリアのヴェネチアにヨーロッパ最初のカフェができたとされている．このように，それ以前の時代にはまったくなかった新しい3つの飲み物，ココア・茶・コーヒーが世界各地からもたらされ，16世紀から17世紀にかけて，相前後してヨーロッパの食卓に登場したのだった．

初期の茶の実態としては，輸入開始後，1650～1660年代までは，輸入量も少なく価格もきわめて高かったため，フランスの王侯貴族や高位聖職者などごく限られた人しか茶を味わうことはできなかった．おもに貴重な薬品として飲まれていたと考えられる．17世紀後半になると，サロンやコーヒーハウスなどの文化が栄えたこととも結びついて，茶はココア，コーヒー，タバコなどの新しい嗜好品とともにヨーロッパ

の生活に浸透し始める．オランダ，イギリスなどの東インド会社が，香料貿易からコーヒー・茶貿易に軸足を移して，力を入れ始める頃でもある．

18世紀に入るとイギリスの市民家庭で，茶とパンの朝食が新しく人気を呼ぶ．茶の大流行が始まり，1730年代には偽茶の横行，1750年代には茶論争など，社会問題化するほど，茶はイギリスの生活を大きく変えていく．そして1800年前後になると，「国民生活に不可欠の必需品」と呼ばれるほど重要な飲み物になっていた．この18世紀の100年間で茶はイギリス人の食生活を変え，以前多かった炎症性の病気が減少するなど，国民の健康増進にもよい影響を与えたと当時の医者は主張している．

以上がヨーロッパにおける初期の茶の普及と定着の大きな流れである．ヨーロッパのなかでもイギリスでは，18世紀に茶が大流行し，歴史上まれにみる大きな生活の変化をもたらした．これを契機としてイギリスは，19世紀には植民地のインドやスリランカで茶生産をめざし，第二次世界大戦後アフリカでも茶生産を始めることになる．世界の歴史のうえでも大きな転回点となった2つの事件，ボストン茶会事件（1773）とアヘン戦争（1840-1842）のいずれにも，茶は深くかかわっている．

●2.2.2 謎の植物，チャ

茶がヨーロッパにもたらされた17世紀は，科学史のうえでは西欧近代科学革命と呼ばれるほど大きな変革の時期だった．

医学薬学の面でも，16～17世紀は，停滞していたヨーロッパの医学がようやく夜明けを迎える「近代医学の黎明期」と考えられている．科学・医学史上きわめて重要な時期に，「謎の植物 チャ」はヨーロッパに登場したのだった．

ヨーロッパにおけるチャの科学的探究の歴史は，ヨーロッパの学問と思想の流れを反映し，社会生活の変化とも密接に関連している．17世紀から19世紀初頭のヨーロッ

図2.4 シモン・パウリ肖像

パ人による茶に関する研究の流れで重要なものとしては，①茶樹そのもの（植物としてのチャ）に関する研究，②飲み物としての茶の種類と成分分析に関する研究，③茶の人体への影響に関する研究などがあげられる．

a． パウリ—茶樹をめぐる議論（植物学）

北欧の町ロストク（現 ドイツ）出身のシモン・パウリ（Simon Paulli, 1603-1680）は17世紀に活躍した医学・植物学者で，コペンハーゲン大学医学教授やノルウェー王の侍医も務めた．パウリは1635年と1665年にチャに関するラテン語の著作を出版している[5,6]．パウリの茶書は，ヨーロッパで書かれた茶論のなかでも最も初期のものであり，出版当時から18世紀中頃まで多くの論議を巻き起こした．この本でパウリは，新大陸からのタバコと中国などアジアからのチャを取り上げて，それぞれの植物としての特色や原産地での使用法，ヨーロッパ人がこれらを嗜むことの是非などについて論じている．パウリの立場はタバコに対してもチャに対しても否定的で，チャに関しては，同じ植物がヨーロッパにも自生しているとして，カメロアグヌス（Chameloeagnus）をあげている．パウリが「チャは草本か灌木か」についてさまざまな推論を行っていることから，茶論執筆当時（1665年頃），この問題は未解決であったことがわかる．ヨーロッパの学者たちは，アジアから運ばれてくる「茶葉」を前にして，これは地上に生える草の葉を加工したものなのか，樹木の葉なのか，真剣に考え，議論していた．当時のヨーロッパ人にとって，チャはこれほどにも「謎の植物」だったのだ．

この時期，茶は日本や中国からの輸入に頼るほかない高価で貴重な輸入品だった．コーヒーと並んで人気の出始めていた茶というぜいたく品を購入するために，ヨーロッパ人が多額の出費を続けることに対して，パウリは大きな危惧の念を抱いていた．そしてアジア産のチャと同じ植物をヨーロッパで発見したいと願ったのである．しかし，パウリが「アジアのチャと同じ植物である」と主張した「カメロアグヌス」は，残念ながらのちにチャとは異なる植物であることが判明した．カメロアグヌスは，別名ミリカ・ゲール，ガウル，スウィート・ウィロウ，またはオランダ銀梅花（マートル）とも呼ばれる[7]．

b． ボンテクー—茶の人体への影響（医学）

パウリに続いて17世紀後半にチャを論じた重要な人物として，オランダの医者コルネリウス・ボンテクー（Cornelis Bontekoe, 1647-1685）がいる．ボンテクーは茶論 "*Tractaat van het excellenste Kruyd Thee*（チャ—この優れた薬草について）"[8] を出版し，そのなかで「チャは優れた効用をもつ薬草であり，これを日常生活に取り入れることにより，生活習慣を改善し，病気を予防しよう」と主張した．ボンテクーは学者向けにはラテン語の論文も書いたが，一般の人々に読めるように母国語のオランダ語で茶論を書き，茶の効能やいれ方，飲み方をわかりやすく伝えようとしている．

図2.5　コルネリウス・ボンテクー肖像
(G. P. Busch による銅版画)

「健康こそ，人生の幸福である．快楽も，名誉も栄光も，富も，人間が尊重するものはすべて，健康でなければ無に等しい．というのも，健康でなければ，そういったものを楽しむことができないからだ．」

ボンテクーの茶論はこのような言葉で始まっている．人間の幸福のためには健康を守ることが大切であり，病気の治療にばかり目を向けないで，病気を防ぎ，病気にならないような生活をするべきである．そのために，茶は非常に役に立つ薬草である．これが，ボンテクーの基本的な主張だった．

17世紀のオランダは東西両インドとの貿易により繁栄し，黄金時代を迎えていた．しかし医療に関しては，怪しげな治療法や薬で患者を苦しめたり，治療費を目当てに治療期間を長引かせたりする悪徳医者も少なくなかった．ボンテクーは当時の風潮を厳しく批判し，茶を用いて日常の生活習慣を改善し，自分の健康を自分で守ることの重要性を強く訴えている．

あらためてボンテクーの茶論全体を読み直してみると，現代の視点からみてもバランスのとれた，非常に合理的な内容になっていることに気づく．時代に先駆けて，予防医学を重視し，身近な日常生活の改善からスタートすることの大切さを説いている．その際大きな味方になってくれるとボンテクーが考えたのが，「最も優れた薬草」，すなわち「チャ」だったのである．

c. ケンペル—日本に来た博物学者；「日本の茶の話」

チャという謎の植物に関して，ヨーロッパの人々に初めて詳しい学問的紹介をしたのは，北ドイツ，レムゴー出身の医者で博物学者のケンペル（Engelbert Kaempfer, 1651-1716）である．ケンペルはアジア各地を訪れ熱心に資料を収集し，日本にも約2年間（1690-1692）滞在した．当時日本は5代将軍綱吉の時代であり，ケンペルは

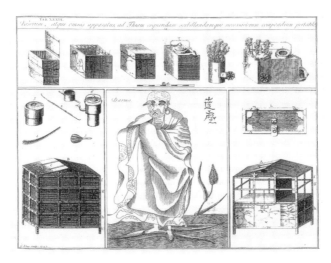

図 2.6　ケンペル『日本誌』中の「日本の茶の話」挿絵

長崎・出島から江戸に参府し将軍謁見も果たしている.

ケンペルが遺した貴重なコレクションや原稿は，没後イギリス人貴族スローン卿 (Hans Sloane, 1660-1753) に買い取られた．スローン卿は博物学に深い関心をもつ人物で，その膨大で貴重なコレクションは現在も続く大英博物館開設の基となった．買い取られたケンペルの草稿の一部は，スローン卿の命を受けて医師で図書室司書のスイス人ショイヒツァー (J. C. Sheuchzer, 1702-1729) により編纂・英訳され，"The History of Japan（日本誌）"(1727)[9] として出版された．その際ショイヒツァーは，ケンペルが生前出版していた著作 "Amoenitates Exoticae（廻国奇観）"(1712) の日本関連の記述もラテン語から英訳して，『日本誌』に付け加えた．そのなかに有名な鎖国論や鍼・灸の記述，そして「日本の茶の話」も含まれている．

ケンペルの「日本の茶の話」は，茶樹の植物学的特徴の詳しい記述に始まり，茶の起源（達磨のまぶたの伝説），茶樹の栽培法，茶摘み，茶の種類，茶の製法（釜炒り）と保存法（真壺のこと），喫茶法や茶の効能と弊害，茶の道具など，茶全般に関する精密で正確な記録となっている（図 2.6）.

ケンペルの茶論は，英訳『日本誌』を介して，イギリスのみならずヨーロッパ各国の茶の研究者や愛好者たちに広く読み継がれ，引用され続けた．その影響は 18 世紀の多くの茶論に顕著にみられる．ヨーロッパ人の日本観および日本茶観形成の基盤となった著作といってよい．

d.　オーヴィントン—17 世紀末のインドとイギリス

次にオーヴィントン (J. Ovington, 1653-1731) の茶書 "An Essay upon the Nature and Qualities of Tea（茶の本質と諸性質について）"（1699）[10] を取り上げる．この本は植物として，また飲み物としての茶の諸性質を紹介することをねらいとしており，茶樹について，茶の種類，飲み方，選び方，保存法，効用，などから構成されている．当時の人々に必要な知識が要領よくまとめられていて，明快でわかりやすい．茶を「おいしい薬」（おいしく心地よい pleasant，医薬としての効果がある medicinal）ととらえる考え方が表明されている．これはすでに 17 世紀フランスのデュフール（S. Dufour）の茶論などにもみられる考え方だが，普及初期のイギリスで，茶がどのような飲み物ととらえられていたかを示す言葉として重要である．

オーヴィントンは茶を大きく 3 種類に分けて，それぞれの茶葉の形状や色，さらに水色（飲み物としての茶の色），耐泡性（何煎くらいいれられるか）などについて詳しく書いている．茶の 3 種類は，ボヒー（Bohe/Voui），シンロ（Singlo/Soumlo），ビン（Bing）またはインペリアル（Imperial）と呼ばれている．

① ボヒーは黒色に近い小さな葉で，水色は褐色（brown）あるいは赤みがかっている．中国人はこのお茶を病気の治療や予防に効果があると考えている．

② シンロには中国では産地や製法などによって多くの種類があるが，輸入されているのは，同じくらい品質のよい 2 種類，すなわち細長い葉をしたものと，それより小さくて青みがかった緑色のものである．

③ ビンまたはインペリアルの葉は大きくて巻きはゆるい．この種類の葉の最上質のものは，緑色でカリカリして，香りはとてもよいので，中国でも他の 2 種類より 3 倍くらい値段が高く，イングランドでも高値がついている．

e. レットサム―『茶の博物誌』

レットサム（J.C. Lettsom, 1744-1815）は，西インド諸島で植民者（両親はアイルランド，イングランド出身）の子として生まれた．6 歳からイギリスで育ち，植物学・薬学や医学を修め，オランダのライデン大学において，緑茶の性質に関する論文により学位を得た後，ロンドンで開業し，内科臨床医となった．

レットサムの茶論 "The Natural Histry of the Tea-tree（茶の博物誌）" は 1772 年に初版，1799 年に第 2 版が出版されている．茶が広く普及し，イギリスで「国民生活の必需品」として定着し始めていた．しかし植物としてのチャや喫茶の人体への影響などについては，なかなかはっきりしたことがわからず，まだ疑問や論争が渦巻いている時代でもあった．この本が出たことで，チャの植物学的特性や医学的効用をめぐって 17 世紀以来続いていた論争に一応の終止符が打たれ，ヨーロッパにおける喫茶の本格的普及が促された．その点で，茶の文化史上重要な意義をもつ古典といえる．

同書を読むと，18 世紀の半ばから後半にかけて世界各地を探検したヨーロッパ人たちが，お茶を携えて出かけていたことが紹介されている．そして多くの探検家が茶の恩恵を報告していることは，たいへん興味深い．しかも探検隊を助けた茶は，中国

産か日本産のおもに緑茶だったのである.

2.2.3 英国紅茶論争

　ヨーロッパでは茶の輸入開始以降,オランダからフランス,ドイツ,イギリスなど周辺諸国へも徐々に茶の消費は広がっていった.しかし17世紀の間は,まだ輸入量も少なく,きわめて高価で貴重な舶来品であったから,茶を味わうことのできる人は限られていた.18世紀になると,茶は特にイギリスで人気の飲み物として大流行し,消費量は爆発的に伸びた.

　「英国紅茶論争」とは,茶が富裕層だけでなく中流市民層から労働者階級へと広がりかけていた1750年代に,茶に対して社会の各方面から起こった激しい反対論とそれに対して茶を擁護する人たちの間の論争を指している.このような論争は,中国から日本に茶が伝播したときには起こらなかった.アジアの飲み物がイギリスに普及し定着し始めたときに,なぜこのような論争が起こったのだろう.これは新しい文化の定着に対する一種の拒絶反応であったとも考えられる.欧米における茶の約400年の歴史のなかで,最も重要な分水嶺だった[11].

　まずはじめに,1750年代の茶論争に至るまでの,茶の流行と定着の過程を振り返っておきたい.

　イギリスでは清教徒革命後の1660年,チャールズ2世(在位1660-1685)が亡命先のフランスから帰国して王位に就き,王政復古の時代が始まる.ポルトガルから輿入れした王妃キャサリンが,東洋の箪笥などの嫁入り道具とともに茶の習慣を宮廷に伝えたとされている.また1688年の名誉革命でオランダから王位に就いたウィリアム3世とメアリ(ジェイムズ2世の娘でウィリアムの妻)は,ともにオランダ生活以来お茶と陶磁器を愛好しており,次のアン女王(在位1702-1714,ジェイムズ2世の末娘)も茶を好んだとされる.このようにステュアート朝(1660-1714)のイギリスでは,お茶好きの君主が続いたこともあり,宮廷や貴族の間でポルトガル,オランダ,フランスの風習とともに茶の習慣が取り入れられていった.

　しかし,イギリスにおける茶の流行で重要なのは,このような支配層の間で好まれただけでなく,1700年代初頭に進行しつつあった堅実で安定した中流市民階層の成長だった.その市民たちの家庭で,毎日飲む飲み物として茶が受け入れられたのだ.たとえばフランスでは,宮廷や貴族,高位聖職者の間で茶の流行はあったものの,その供給はおもにオランダからの輸入に頼っていて,非常に高価だったこともあり,コーヒーほど一般に普及することはなかった.一方イギリスでは,茶は18世紀のはじめ頃からコーヒーハウスや家庭のティーテーブルで飲まれるようになり,中流市民階層の家庭の日常の飲み物になっていった.このことが,茶の国民的流行と普及そして定着の大きなきっかけになったと考えられる.

図 2.7　ロンドンのコーヒーハウス（1700 年前後）

　エチオピア原産のコーヒーは，16 世紀半ばには，中近東のイスラーム圏で飲用が広がっていて，1615 年にはイタリアのヴェニスにヨーロッパで最初のコーヒー店ができたという．イギリスでは 1650 年頃からロンドンを中心にコーヒーハウスができ始めた（図 2.7）．トルコに滞在したイギリス人の貴族や商人のなかに，コーヒーの味を覚え，帰国後も飲みたいという人たちがいて，召使いに店を出させたのがイギリスのコーヒーハウスの始まりとされている．

　17 世紀末になると，イギリスでも茶論が出版され始める．たとえばジョン・チェンバレン（John Chamberlaye, 1666-1723）の本（1682），チェンバレンによるデュフールの茶書の英訳（フランス語原書 1671，英訳 1685），前項で取り上げたオーヴィントンの本などである．茶の流行と普及につれて，こういった茶書を読みたいと思う人たちがイギリス，とくにロンドン周辺には増えてきていたことがわかる．

　さて 18 世紀茶論争の出発点として，スコットランド出身の医師トーマス・ショート博士（Thomas Short, 1690?-1772）の茶論がある．ショート博士は，1730 年と 1750 年，40 歳と 60 歳のとき，二度にわたって茶論を出版した．茶を手放しで賞賛するのでもなく，頭から反対するのでもない．自分で実験したり，文献を調べたりしながら，茶の本質を明らかにしようと努め，この新来の飲み物のもつ社会的・経済的意味についても考察している．また日本の緑茶を好み，大いに推奨した．なお，日本の東京大学図書館所蔵のショート博士の茶書（1750 年版）には，1927.9.29 付けで"Removed from Patent Library"の印影がある．内容を知る人物が，関東大震災（1923.9.1）後の日本への寄贈図書の 1 冊として，この本を選んでくれたのかもしれない．ショート博士の茶書には次のような記述がみられる．

　「すべての茶は東インドから，すなわち主として日本・中国・シャムから来る．し

かし日本のものが最も値打ちがあり，普通明るく澄んだ緑色をしており，他国のものより葉は小さく，香りと味はずっとよい.」

このように，18世紀半ばになると，茶はヨーロッパにおいて社会的にも重要な役割を果たす飲み物になってきていた．ちょうどこの頃，ヨーロッパ各国から北米大陸に移住した人たちは，本国での生活様式や習慣を植民地に持ち込んだため，茶の習慣もアメリカに伝播する．1740年代のイギリス貿易統計に現れた「雑工業製品」の輸出の激増は，アメリカ植民地の生活文化の「イギリス化」をもたらしたとされている．ここで「雑工業製品」とは，つまりイギリス風生活グッズのことで，その多くが茶にまつわる商品だった．アメリカ植民地の主要な輸入商品群は，茶，ティー・カップ，ソーサー，ポット，ティー・スプーン，シュガー・ボックス，ティー・タオルなどと，衣服，印刷物，食品，その他，イギリス的文化生活を保障する生活物資であったという．つまり，茶と茶にまつわる商品群は1740年代以降，アメリカ植民地におけるジェントルマンにとって，「イギリス風」生活様式を維持するための必需品であったのだ．1740年代に，イギリス本国の中上流階級の洗練された文化として「茶」が定着しつつあったからこそ，それをまねて植民地のジェントルマン階層の人々は，アメリカで茶を飲む生活をしようとしたし，そのために茶にまつわる商品群が主要輸入品目となった．

ここからわかることは，1740年代にはすでに，茶はイギリスならびにヨーロッパにおいて，「イギリス風」生活を代表するものと認められていたこと，またそれゆえにアメリカ植民地で「お茶を飲む」ことは，文化的統合の中心となったことである．

さて次に，紅茶論争の時代の反茶論として最も有名なジョナス・ハンウェイ（Jonas Hanway, 1712-1786）の本を取り上げたい．1756年に出版された"*An Essay on Tea*（茶論）"には，「健康に有害で，産業を阻害し，国家を窮乏させるものとしての茶．イギリスにおける茶の成長と大量の消費についての短い解説および政治的考察．二人の貴婦人に宛てた25通の手紙」という長いサブタイトルがついており，翌年に出版された第2版では手紙の数が32通に増えている．

ハンウェイによれば，茶は「流行病」であり「この国の最良の果実の大部分をむさぼり食ってしまう，7つの頭をもった化け物」にほかならない．ハンウェイが茶によって損なわれるものとしてあげているのは，お金と時間，道徳観念，健康，男性のたくましさ，女性の美しさ，などだった．

特に茶の熱烈な支持者としてその人気を支えていたのは女性たちだったので，ハンウェイはある貴婦人への手紙の形式をとって，「国を愛するなら，茶を飲む習慣を廃絶しよう」と訴えたのである．女性にとって重要なチャームポイントだった歯についても，「お茶を飲むと歯が悪くなる」と書いている．当時，砂糖とミルクを入れて飲むやり方が一般的だったので，その砂糖のために虫歯になる人が多かったと推測できる．しかし，ハンウェイは砂糖については非常に寛大で，甘いお菓子を食べても虫歯

の少ないポルトガルの女性たちを例にあげて，茶こそ虫歯の原因と考えていた．

　茶の種類に関しては，さきにあげたショート博士と異なり，ハンウェイは緑茶よりボヒー茶を好んだようだ．18世紀中葉のイギリスでは，「ボヒー」は緑茶以外の発酵茶系の茶の総称と考えてよい．

　ハンウェイの茶論を読むと，1756年のロンドンで，茶，特に緑茶が流行していて，「もうお茶飲みましたか？」が挨拶の言葉にもなっていたこと，男女の別や世代を超えて親しまれる飲み物になっていたことなど，茶をめぐる当時のイギリスの状況がよく伝わってくる．冷静でも客観的でもいられないほど，茶に猛反対しているハンウェイの熱のこもった言葉だからこそ，逆に当時のイギリス社会における茶の圧倒的な人気や生活への浸透ぶりを生き生きと伝える，信頼性の高い証言となっている．

　茶に対する反対論者は，ハンウェイひとりではなかった．農学者や医者たち，ジョン・ウェスレー（1703-1791）のような宗教者たちなど，さまざまな立場からの反対者がいた．茶はそれほど急速にイギリス人の生活に入り込み，食生活だけでなく，社交や商業，貿易や政治など社会の各方面で劇的な変化を引き起こしていた．1750年代には，まだ茶の価格はそれほど安くなってはいなかったが，お屋敷の召使いたちや都市の職人層など，労働者階級の人々まで，中上流階級のまねをして茶を飲みたがるようになってきていた．なお庶民の間で茶が普及した一要因として，密貿易人（smugglers）の活躍がある．これについては，2.3.3項を参照されたい．

　このように18世紀半ばのイギリスでは，茶に対する賛否両論が渦巻いていた．それは，異国の飲み物であった茶が，伝播し，流行し，普及していく過程で起こった論争だった．茶が社会のごく一部の人が楽しむぜいたく品から，国民の大多数の生活に浸透し根付き始める，まさにそのときに起こった．異国の飲み物を国民飲料にしてよいのか，自分たちの生活の一部として取り込んでよいのか，拒絶するべきか．

　このあとのイギリスの歴史をみると，ハンウェイには気の毒だが，茶の人気は衰えず，イギリスは自他ともに認める「お茶の国」になっていく． 〔滝口明子〕

引用・参考文献

1) 濱下武志（2000）：明代以降の中国茶の歴史—対外交易を中心として．東洋の茶（茶道学大系7）（高橋忠彦編），p.128，淡交社．
2) ブローデル（1985）：日常性の構造 1．物質文明・経済・資本主義 15-18世紀 I-1，p.340．みすず書房．
3) A. Olearii（1633, 1656, 1666, 1698）：*Persionische Reise-Beschreibung*.
4) J.C. レットサム著，滝口明子訳（2002）：茶の博物誌，p.39，講談社．
5) S. Paulli（1635）：*Libellum de usu et abusu tabaci et herbae Theae*.
6) S. Paulli（1665）：*Commentarius de abusu tabaci Americanorum veteri et herbae Thee Asiaticorum in Europa novo*…．（英訳1746）

7) J.C.レットサム著,滝口明子訳（2002）：茶の博物誌,p.81-87,講談社.
8) C. Bontekoe (1678): *Tractaat van het excellenste Kruyd Thee*.
9) E. Kaempfer (1727): *The History of Japan*.
10) J. Ovington (1699): *An Essay upon the Nature and Qualities of Tea*.
11) 滝口明子（1996）：英国紅茶論争,講談社.

2.3 茶の世界的流通

2.3.1 世界商品としての茶（概論）

　茶の交易は陸路と海路に分かれる．陸路の交易では，中国と周辺遊牧民族との茶馬交易が重要である（2.1.2項参照）．

　海路の交易についてはどうか．茶に関しては，古くから華僑として東南アジアに移り住んだ中国人とその子孫たちによって，東南アジア一帯に茶の習慣が伝えられたと考えられる．ただ，この地域の特産品で，インド，ペルシャ，ヨーロッパなどで需要があったものは，コショウなどの香辛料であり，茶ではなかった．

　17世紀はじめからヨーロッパへの茶の輸入が始まる．しかし17世紀前半はまだ香辛料貿易が中心で，1650年頃がそのピークだった．消費量の減少，輸入量の過剰などにより価格の下落した香辛料に代わるものとして，茶やコーヒーの取引が徐々に伸びてくるのは，17世紀後半からといってよい．

　17世紀から19世紀半ばまで，欧米に輸入されていた茶は，おもに中国茶か日本茶だった．インド・セイロン（スリランカ）茶が世界の茶市場で中国茶を圧倒するようになるのは，19世紀後半のことである．したがって，19世紀前半までの茶の世界的流通をみるには，中国茶と日本茶の動きに注目する必要がある．19世紀後半以降は，インド，スリランカ，後にアフリカ，トルコ，インドネシアなど新しい茶の生産地と消費国の間の貿易，特に欧米の茶・コーヒー関連企業の役割は大きい．初期のアジア・ヨーロッパ間の茶貿易で中心的な役割を果たしたのは，オランダ東インド会社とイギリス東インド会社だった．

　イギリスの茶税は1660年に始まる．以後，東インド会社の独占，重商主義政策，戦争遂行のための軍事費調達などのために，18世紀末近くまで，非常に重い税金（関税と消費税）が茶に課せられた．そのためにイギリス人は原価の2倍近い値段の茶を買わされることになり，オランダ，フランス，北欧諸国（スウェーデン，デンマーク）などによるイギリスへの茶の密輸入が活発化した．18世紀後半の中国に茶を仕入れに向かったのは，イギリスだけでなく，大陸諸国の船も多く含まれていた（上記4国のほか，スペイン，ポルトガル，神聖ローマ帝国，プロイセン，ジェノバなども船を送っていた）．そして，その茶の大半は，国内消費ではなくイギリスへの再輸出へま

わされたのである．これをイギリス沿岸で受け取り，取り締まりを逃れて，イギリスの津々浦々の庶民のもとへ「手頃な値段」の茶を届ける商売で活躍したのが，密貿易人たち（smugglers）だった．アメリカ植民地独立運動のきっかけの1つとなったボストン茶会事件が起こったのもちょうどこの頃，1773年のことである．1784年の帰正法（減税法：Commutation Act）以後，ようやく茶の密輸入は終わることとなった．

さてイギリスは，茶貿易における中国依存から抜け出すために，茶樹移植の長い努力を続けていた．19世紀に入り，1830年代に植民地だったインドで茶樹（アッサム種）が発見されたことは，イギリスの茶の歴史だけでなく，対中国政策（1840年からアヘン戦争）ならびに全貿易構造を転換させる重大な契機となった．インドにおける茶園の開発は進み，1860年代から軌道に乗り，1870年代からはスリランカでも茶園開発が進む．そして1870～1880年代以降，インド・セイロン茶は世界市場で中国茶を圧倒するほど急成長をとげる．さらにこのアッサム種の栽培地域はインドネシア，アフリカなどへも広がって，現在に至っている．

2.3.2 東インド会社

a. オランダ東インド会社

オランダ東インド会社（Vereenigde Oostindische Compagnie：VOC）は，東インド貿易に携わるオランダの諸会社によって，1602年に結成された．当時1595年から1601年にかけて，オランダ諸都市にはアジア遠洋航海会社が続々と設立され，計65隻もの船が派遣された．しかし，それぞれ別々の会社が運用したため，帰港時に港が混み合うこともあり，過当競争による商品価格の低下で，つぶれる会社も出てきた．そこで，諸会社が1つに結集し，資本金650万フローリン（ギルダー）で結成されたのが，オランダ東インド会社である．結束することにより，資本力や軍事力で他国との競争において優位に立つというねらいがあった．その後（1621年），西インド貿易に携わるオランダ西インド会社も作られた．

こうしてオランダは，スペイン，ポルトガルの海外進出の後を受けて，海外との交易による貿易立国をめざした．東インド会社はアジア地域（インド，東南アジア，中国，日本など），西インド会社は西インド諸島を含むアメリカ大陸方面を対象に，交易活動を行うことになる．そしてこれ以後，東西両方面におけるオランダの発展はめざましく，17世紀はオランダの黄金時代となった．東西両インド会社を中心とする貿易によってオランダに流れ込んだ世界の富が，その繁栄を支えたのだった（図2.8）．

オランダ東インド会社の輸入した茶は国内消費向けだけでなく，フランス，イギリスへ再輸出され，高値で売られた．初期の輸入量については，以下のような推移がみられた[1]．

1637年頃から茶は定期的に輸入される品目の1つとなった．「茶を用い始めた人が

2.3 茶の世界的流通

図 2.8 広東に入港するオランダ東インド会社の船 (1655 年頃) (Ukers "*All About Tea*" (1935) より)

いるようなので,どの船にも日本茶と中国茶の壺 (jars) をいくつか積み込んで欲しい」という指示書が残っている.1650 年末に,東インドからオランダへは 11 船が帰着した.これらの船には 5 箱分,合計 22 カッティ (1 catti = 約 30 重量ポンドなので,1 ポンド = 0.454 kg とすれば,合計約 300 kg) の日本茶 (Thia) が積まれていた.1685 年に大幅な増加がみられ,輸入量は 2 万重量ポンド (約 9 t) となった.1734 年の茶の輸入量は 88 万 5567 重量ポンド (約 402 t) だった.1739 年までに茶はオランダ東インド会社の輸入品目中第 1 位となる.1750 年頃から紅茶 (発酵茶) が緑茶を上回るようになり,朝食の飲み物だったコーヒーにもとってかわるほどになった.1734～1784 年の 50 年間に,茶の輸入量はおよそ 4 倍に増加し,年間輸入量 350 万重量ポンド (約 1589 t) に達している.

オランダ東インド会社の輸入していた茶は,おもにフランスやイギリスなど周辺諸国に再輸出された.17 世紀後半から 18 世紀はじめ頃,フランスでは中国へ派遣されたイエズス会士の報告などを通して茶の薬効への関心が高まり,おもに宮廷の王侯貴族や高位聖職者の間で茶を愛好する人たちが増えていた.フランスでは茶をもっぱらオランダからの輸入に頼っており,非常に高価であった.また 18 世紀イギリスで茶が流行してからは,オランダからイギリスへ密輸される茶も多かった.

オランダは日本の長崎,平戸の出島に商館を開き,江戸幕府の鎖国政策以降も,西洋諸国のなかでは唯一日本との交易を許されていた.中国の明・清王朝の対外政策は,「海禁」の緩和と厳守の時期があり,ポルトガルが 16 世紀から拠点として認められていたマカオはあったものの,政治的混乱の時期は中国本土との通商が難しいことも少なくなかった.そのため,初期には中国茶の入手は,ジャンク船で中国人が運んでく

る私貿易の茶をバタビアで買いつけることが一般的だった．平戸で安定して取引できる日本の有田・伊万里の陶磁器や日本茶は，オランダ東インド会社にとってありがたい商品だったといえる．

b. イギリス東インド会社

イギリスでは，オランダに対抗して，ロンドンの有力な商人が連合して東インド貿易に直接参加する会社の創立をはかった．そして「イギリス東インド会社」（東インド諸地域に貿易するロンドン商人たちの総裁と会社 The Governor and Company of Merchants of London Trading into the East Indies）は，1600年12月31日にエリザベス1世から特許状を得た．オランダ東インド会社と比べると資本金は10分の1以下の小規模なスタートだったが，その後，クロムウェルの時代，1657年の改革などを経て，株式・配当など会社としての仕組みも整い，安定した成長をとげる．1858年8月の会社解散まで250年あまりの長きにわたり，イギリスの東洋貿易全般を取り仕切り，コショウなど香辛料貿易，インドのキャラコ（木綿布）貿易，中国茶貿易のほか，インドにも関わり，植民地化への動きの中心的役割を果たした．

1610年のオランダ東インド会社による茶輸入に続いて，1615年頃には，「湯に浸すと緑の色を呈するチャという葉」を送ってほしいという注文書がイギリス東インド会社からも出されている．しかし，オランダ東インド会社の茶輸入量の増加が1650年代以降であったように，イギリスでも茶の本格的な輸入が始まるのは1650～1660年代以降とみてよい．

さてイギリス東インド会社は，1623年アンボイナ事件を機に，オランダが支配を進めるモルッカ諸島やインドネシアから退去し，インドへ向かう．そしてボンベイ（現 ムンバイ），マドラス（チェンナイ），カルカッタ（コルカタ）などを拠点にインド貿易を進めた．しかしもちろん，この時期のインドにはまだ現代のアッサムやダージリンのような茶園があったわけではない．会社の主力輸入商品はコショウなど香辛料，そして1660年代からキャラコブームを巻き起こしたインド産木綿製品や絹綿糸などだった．

イギリス東インド会社が直接茶の輸入に乗り出すのは1668年のことである．1685年に中国の海禁が解かれてからは，中国からの直輸入の体制が整い，輸入量も大きく増加した．1710年代になると茶の国内消費量は非常な勢いで伸び続け，1720年代には，茶は中国からの輸出品目中第1位となった．1760年になると，茶はイギリス東インド会社の全輸入額の約40%を占め，インド・キャラコを抜いて首位を占めるに至った．

初期のヨーロッパにおける茶の価格は極端に高いものだった．1657年，イギリスで茶を初めて市販したトーマス・ギャラウェイの店での売値は，1重量ポンド（約454g）につき，6～10ポンドもしたという．18世紀イギリス国内の茶の平均販売価格については，表2.2のように推移した（茶葉の重さ，1重量ポンドあたりの価格．

2.3 茶の世界的流通

表2.2 18世紀イギリス国内の茶の平均販売価格（1重量ポンドあたり）[2]

年	価格
1700～1712年	16シリング～16シリング2ペンス
1713～1721年	12シリング～11シリング
1722～1733年	7シリング6ペンス～6シリング9ペンス
1734～1744年	4シリング2ペンス
1745～1759年	4シリング10ペンス～5シリング5ペンス
1760～1766年	4シリング8ペンス
1767～1777年	3シリング5ペンス～3シリング4ペンス
1778～1783年	3シリング7ペンス～3シリング10ペンス

※1シリング＝12ペンス．

表2.3 18世紀イギリスにおける物価と賃金

品目	価格
パン（100g）	4～5ペンス（18世紀前半） 6～7ペンス（18世紀後半）
ビール（1ガロン＝約4.54 L）	1ペニー半～2ペンス
ミルク（1 L）	1ペニー
肉類（約400 g）	2ペンス半
卵（3～4個）	1ペニー
ジャガイモ（10 kg）	4～5ペンス
キャベツ（1個）	1/2ペニー
労働者の1週間の賃金	約7シリング（＝84ペンス）

（文献[32, 33]などを参照して作成）

ただし通貨1ポンド＝20シリング＝240ペンス）．

　茶の相対的価値をつかむために，18世紀イギリスの食べ物の値段をみておこう（表2.3）．18世紀中は，ほぼ物価が安定していたので，他の食品と比較してみると，初期の茶がいかに高価なものだったかよくわかる．

　また種類別の茶の価格の変化については，広東における貿易の詳細な研究を行ったルイ・ダーミニーの論文が参考になる[3]．

　緑茶と発酵茶の輸入量の割合については，正確な統計のない時代なので難しいが，だいたいの傾向として，緑茶（インペリアル，ハイソン，シンロ）：発酵茶（ペコー，スーチョン，コングー，ボヒー）の比率は，18世紀はじめには55：45，18世紀中頃には34：66となる．しだいに紅茶，発酵茶系の茶の輸入が増えていることがわかる．ただし1800年前後のイギリスでも上等の緑茶は贈り物として重要だったこと，1840年前後のヨーロッパでも，緑茶と紅茶をブレンドして飲むことが一般的だったこと，またそれぞれに含まれる上級茶と下級茶の割合の変動などにも留意しなければならない．

2.3.3　茶税と密輸

　税金を何に，どのくらい課すかは，古代以来さまざまな国家にとって財政の基盤と国のありかたにかかわる最重要課題だった．たとえば，イギリスの「窓税」は，窓の

大きさに対して課税されたため，窓の小さな家が増えてしまったといわれる．中国では唐代のころから塩と茶が専売制となり，国家財政の基礎となった．

　イギリスの茶税に関しては，1660年頃の記録が残っている．コーヒーハウスで売られる液体の茶1ガロン（約4.5 L）に対して8ペンスの税金を課すとし，これは王政復古でフランスから帰国して王位に就いたチャールズ2世の命令によるものだった．チャールズ2世の財政状態の逼迫に伴い，課税対象として目をつけられるほど，コーヒーハウスやそこでのコーヒー，ココア，茶などの飲み物が一般の人々の人気を集め，普及しつつあったことを示している．その後，1670年には税率は上がり，1ガロンにつき2シリングとなった．

　1689年からは液体ではなく，乾燥した茶葉1重量ポンド（約454 g）に対して5シリングの消費税が課せられるようになった．さらに1695年からは，この5シリングの消費税に加えて，関税としてイギリス東インド会社輸入分なら1シリング，オランダなど他国からの輸入分なら2シリング6ペンスの税金が追加課税されることになった（1シリング＝12ペンス）．

　このように，茶の人気の高まりと消費増加に伴って，茶税は国家の重要な財源となっていく．特にイギリスは17〜18世紀にかけて，ヨーロッパだけでなくアメリカ，インド，東南アジアなどでも数々の戦争を繰り返していたので，戦費の捻出のためにも，茶税の重要性は増すばかりだった．税金が下がることはあまりないのだが，下がったときは消費量の増加につながっている．1721年のウォルポール（R. Walpole）内閣のときに，茶，コーヒー，ココアの輸入に対する関税が廃止され，消費税のみになった．その結果，茶の輸入は急増し，初めて100万重量ポンドになった．しかしその後再び茶税は上がり，4シリングの消費税と14％の関税，1745年に1シリングの消費税と25％の関税．さらに1748年に関税は30％にアップしている．1749年にはいったん元に戻るが，またこの後も茶税は上昇傾向をたどり，1759年には65％になる．ついに1784年には120％にまで上がったが，この年に帰正法（減税法）により，茶税は引き下げられた．その結果，密輸は激減した[1]．イギリスの人々は，東インド会社が輸入する品質の安定した茶を以前より低価格で飲めるようになったのである．

　帰正法以前のイギリスでは，東インド会社が正規に輸入して販売する茶の価格は，非常に高いものであった．そのため，新しい人気の飲み物を飲みたがる庶民の間では，密貿易（smuggling）の茶を買うことが盛んに行われていた．たとえば，1750年代の茶論争のころも，論者たちは，茶の密売買のことを社会問題として論じている．茶税が引き下げられる1784年までは，密貿易は非常に盛んだった．イギリス東インド会社の茶貿易独占は150年以上にわたって続いたため，スマグラーズ（smugglers）と呼ばれる密貿易商人たちは，庶民にとっては，日常生活の必需品となりかけていた茶を手頃な値段で届けてくれる心強い味方であった．必需品に高すぎる税金をかけて，

2.3 茶の世界的流通

図 2.9 ボストン茶会事件（1773）（Ukers "*All About Tea*" (1935) より）

労せずして税収を得ようとする国王や政府に対する，民衆の抵抗，市民的反抗という意味もあり，密貿易人に対する親しみを込めた唄や絵が多く残されている．

茶税の問題が世界史の大事件につながったのは，ボストン茶会事件（1773）をきっかけとするアメリカ植民地独立運動である（図2.9）．イギリス国王ジョージ3世（在位1760-1820）の時代だった．

このころのイギリス本国とアメリカ植民地の関係を考えるうえで，近年歴史家が注目しているのが，「ティー・コンプレクス (tea complex)」ということである[4]．茶は1770年代になると，すでにイギリス本国で一定の地位を確立し，イギリス人の日常生活の不可欠の一部となりつつあった．茶を楽しむには，茶葉だけでなく，ティーカップやポット，あるいは茶漉し，ティーコージー，砂糖ばさみ，ミルクジャグ，やかんなどさまざまな道具が必要となる．そのような道具を自分の趣味に合わせてそろえることが，茶の楽しみをより深める．そういう茶と茶をとりまく道具類，家具調度なども含めて，「ティー・コンプレクス（茶・文化複合）」と呼ぶ．

1770年代になると植民地アメリカでも，本国の「イギリス風の」ティーを楽しみたい，ゆとりのある人々が増えていた．茶はイギリス風の生活様式を代表するものとみなされていた．また，当時アメリカにはイギリスからだけでなく，ヨーロッパの諸地域から，宗教的迫害や戦争，貧困などを逃れて，新しい大地を求めて渡ってきた人々がいた．その人たちもまた，本国での習慣に従って，茶やコーヒーを楽しんでいた．

だからこそ，タウンゼント法などによって，イギリス政府が植民地に重税を課そうとしたとき，他の何よりもまず，第一に茶税が問題になった．茶税に対する反対運動が，またたく間に広がり，主婦や青年たちの政治的関心の高まりにひと役買った．茶に対する反対は，政治的連帯のしるしとなり，幅広い人々を巻き込む力をもったので

ある.

アメリカ植民地独立運動の頃，マサチューセッツ州の一地方紙には次のような言葉がみられる；「茶の使用は政治的な悪（a political Evil）である」(1773.12.23 *Mass. Spy*)[4]．また，同時代の別の記事は「イギリスの『がらくた』を拒否することは，美徳（virtue）である」と主張する．「がらくた」の代表として茶が想定されていたことは，いうまでもない．

● 2.3.4　インドにおける中国種茶樹移植の試みとアッサム種発見

茶の流通から世界史を見直すとき，ボストン茶会事件（1773）と並んでもう1つの大きな事件はアヘン戦争（1840-1842）である．ここでは，18世紀後半から19世紀前半までのイギリスとインド，中国の関係を，茶とアヘンの面から見直してみたい．

18世紀後半にイギリスでは茶の消費が急増し，1800年前後には国民生活の必需品とされるほどになっていた．東インド会社は中国から茶を買う代わりに，中国に売る商品を探す必要があった．手持ちの欧州産毛織物はあまり売れなかった．努力を重ねて本国やインドからの物産，毛織物，綿花，金属などを売っても，せいぜい茶の購入額の3分の1くらいにしかならない．残りの3分の2は銀で支払わなければならなかった．イギリス本国の正貨である銀貨の輸出は禁じられていたから，東インド会社の社員が苦労して世界中から集めて来た銀貨が広東で，茶の支払いに費やされた[5]．

イギリス本国や植民地で，茶はもはや国民生活に不可欠のものになっている．そして，茶を供給してくれている中国との貿易には，大きな不均衡がある．これを打開するには，どうすればよいのか．2つの対策が考えられた．第一は，茶を自国，または植民地で育てて生産できるようにすること．第二は，中国に売れる商品を開発すること．第一の方策のために，「中国種茶樹移植の努力」が続けられた．中国からイギリス本国や，インドへ種，苗，茶師が秘かに運ばれた．第二の方策として浮上したのが，ほかならぬ「アヘン取引」だった．そして，結果からみれば第三の道となり，イギリスにとって貿易不均衡の解消どころか，中国茶を市場で圧倒する状況を生み出したのは，植民地インドにおける「アッサム種」の発見だった．偶然発見されたインド自生のアッサム種は，その後インド各地をはじめスリランカ，インドネシア，アフリカなどでの栽培に適して発展した．そして19世紀末〜20世紀にかけて，中国茶を圧倒する世界的な茶産業へと成長したのだった．

a.　中国種茶樹移植の努力

イギリスは中国との貿易不均衡を解消するため，アヘン売り込みだけではなく，もう1つの方法も早くから試みていた．その方法とは，正攻法，すなわち本国あるいは植民地における茶樹の移植と「茶の国産化」だった．しかし，こちらは長年の努力にもかかわらず，なかなか成果があがらなかった．中国から秘かにあるいは許可を得て

2.3 茶の世界的流通

図 2.10 ジョージ・マカートニー肖像（レミュエル・
フランシス・アボット画，1785年頃）

持ち出したチャの種，苗などは，気候や風土のうえから好適地とされたインド北部山岳地帯に植えられても，なかなか根づかなかった．

移植の必要性は早くから指摘されていた．たとえば，18世紀末に中国貿易にかかわる関係改善のための使節として中国へ派遣されたマカートニー（G. Macartney, 1737-1806）の日記には，次のような記述がある．マカートニー使節団は，乾隆帝（在位 1735-1796）との面談を果たしたものの，さまざまな貿易上の要求（広東以外の開港や関税引き下げ等）に関しては，交渉の余地のないまま帰国することになった．「もしこの国とイギリスが本気で喧嘩をしたらどうなるか」──中国を去るにあたって，マカートニーはイギリスが被る打撃を想定し，以下のように述べている．

「大英帝国にとっての打撃は即時に現れ，かつ深刻であろう．（中略）中国から買うものについていえば，わが国の絹製品にとって不可欠の材料である中国の生糸ばかりでなく，もう1つの不可欠の贅沢品，というよりは絶対欠くことのできない生活必需品たる茶をも輸入できなくなるであろう．」（1794年1月）[6]

マカートニーは別の箇所で，チャの木の苗を中国側から分けてもらったことを喜んでいる．

「数本の茶の木を大きな土の塊を付けたままの，現に生育している状態で採取することを総督が許してくれたことを忘れずに記しておかねばならない．この木をベンガルに送ることができると思うとうれしい．彼の地の政府当局者の気概と愛国心をもってすれば，この貴重な灌木の栽培が試みられて，必ず成功を収めることは疑いない．われわれが茶の木を手に入れた場所は，ほぼ北緯28度にあたる．当地の夏はきわめて暑く，冬は極端に寒い．しかし霜はおりないし，雪も降らない．」（1793年11月21日）[6]

この日マカートニーの一行は，午前10時に出発し，浙江省と江西省の境界標識となっている建物で食事をしている．そして，その後陸路24マイル（約38.6 km）の全行程を9時間以内で移動して玉山県に到着．移動には，各自好きな乗り物（馬，覆い付きのかご，覆いなしのかご）を選ぶことができたらしい．とても気持ちよい晴れた日だったので，乗馬を選ぶ者が多かった．マカートニーは，その道中の風景，丘や農地，農民がよく働くこと，肥料や農具のことなどを興味深く観察し，詳しく描写している．

さて，この木がベンガルに送られて根付いたかどうかはわからない．ただこれはかなり例外的なことで，マカートニーが喜んだ気持ちもよくわかる．通常，チャのように大きな利益をもたらす商品作物は，その生産国が厳しく栽培を管理していて，国外に苗や種などを持ち出せないようにすることが，一般的だったからである．もちろんこのあとも，イエズス会の宣教師などを除いては，一般の欧米人の中国内陸部への立ち入りは許されておらず，茶樹や種の持ち出しは制限されていた．

また，ほぼ同じ頃，ロンドンで出版されたレットサム『茶の博物誌』（第2版1799）[7]序文も，茶樹の移植の可能性について，大きな期待を述べている．

「以前非常に大きな茶樹がイングランドにあり，所有者は東インド会社の理事で，その人は数年間その木を保持していたのだが，挿し木や取り木をすることを拒んだと聞いている．その木が枯れて以来，わが国にはもはや一本の茶樹もなくなってしまった．…この常緑樹を中国から手に入れるためなら，どんな苦労や出費も惜しまなかった紳士たちを私は数人知っているが，その人たちの最善の努力もたいていは実を結ばなかった．というのも，強くて元気な苗木を広東で多数積み込んで航海の間できる限りの世話をしても，すぐに苗木はしおれてきて，これまでのところただ一本しかイギリスまでの船旅に耐えたものはなかったからである．」「今後おそらくこの非常にすぐれた植物は，イギリス本土のみならず，その繁殖に大いに適していると思われるわが植民地においても帰化植物になるだろう．」

初期の中国種茶樹移植の試みは次のように進められた[9]．1780年，広東のイギリス東インド会社長官からインド総督W．ヘイスティングスへ少数のチャの種子が送られた．ヘイスティングスはその一部をブータンのジョージ・ボーグル（George Bogle）氏へ送り，残りはベンガル歩兵連隊のロバート・キッド（Robert Kyd）陸軍中佐に渡した．キッドはこれをカルカッタ（現 コルカタ）のシブプール（Sibpur）にある自分の植物園に植えた．ブータンに植えられたものも，キッドが植えたものもよく育った．これらがインドで育った中国種の茶樹のはじめとされている．しかし，これまでも，またこれ以後も長い間，中国からインドへ送られた種や苗はなかなか順調に育たなかった．

1788年，ジョゼフ・バンクス卿（Joseph Banks, 1743-1820）が東インド会社の理

事会の要請により，「茶に関する覚書」(Tea Memoir) を作成した．バンクス卿は商品作物（植物）の普及（伝播 diffusion）を趣味とするすぐれた博物学者で，この「覚書」はインドにおける茶栽培を強力に奨める内容となっていた．チャの栽培に適した場所としては，ビハール (Bihar)，ランプール (Rangpur)，クーチビハール (Cooch Bihar) をあげている．キッドはこれを熱心に支持し推進しようとしたが，東インド会社は反対した．会社が巨利を得ている中国茶貿易を損なうのではないか，と恐れたためである．

1793年，前述のマカートニー使節団に随行した科学者が中国茶（栽培種）の種子をカルカッタへ送った．これはバンクス卿の助言に従って，植物園に植えられた．

b. アッサム種の発見

1815年には，アッサム地方における茶樹の存在に関して，最初の報告がなされている．それはラッター大佐からの以下のような報告だった．「アッサムの山岳民ジュンポー (Sing-Pho) は，野生の茶樹の葉を集め，ビルマ人のやり方で油とニンニクで調理して食べる．またその葉から飲み物をつくる．」

また1816年にはネパールのカトマンズにある王宮に逗留していた貴族のエドワード・ガードナーが宮殿内の庭園でチャの木らしき植物をみつけ，その葉の見本をカルカッタの王立植物園長ウォーリッチ博士 (N. Wallich, 1787-1854) に送っている．博士は，それはツバキ科の植物だが真正のチャではないと判断した．

このように，アッサム，ブータン，ネパール方面では1815年から1834年にかけて茶樹らしい植物の報告が相次いでいた．またそれと並行して中国種移植の努力も続けられていた．そのなかで重要なのは，ビルマ領アッサムにおける茶樹の発見と，「茶に関する委員会」の設立である．

アッサムにおける茶樹発見にはロバート・ブルース (Robert Bruce, 1789-1824) とチャールズ・A. ブルース (Charles Alexander Bruce, 1793-1871) の兄弟がかかわっている．兄のロバートは1824年に亡くなったが，弟のチャールズは，アッサム種の発見だけでなくその栽培と産業化にも尽力し，インド茶業の発展の基礎を作った人物として，「インド茶業の父」と呼ばれている．またチャールズ・ブルースは，アッサム種の栽培と並行して，中国種の移植と栽培にもかかわっていた．さらに1834年1月24日，インド総督ベンティンク (W. Bentinck) によって「茶に関する委員会（茶業委員会，The Tea Committee）」が設立され，インドでの茶栽培と茶園開発事業は実現に向けて大きな一歩を踏み出すことになった．

1826年のチャールズ・ブルースによる報告，1831年のチャールトン大尉による報告，1832年総司令官ジェンキンスによる報告などにもかかわらず，前述のカルカッタ王立植物園長ウォーリッチ博士は，送られた植物をチャと認めなかった．ブルースは奥地の探検も行うほどアッサムについて詳しく，チャールトンとジェンキンスの2人も

アッサム・ヴァレーの中央に位置する町 Gauhati に在住していたので，この丘全体にチャが自生していることをよく知っていたのである．1834年ジェンキンスは，チャールトンを再度派遣して自生の茶樹を採集させ，さらに山岳民が自分たちの「原始的な茶」をいれるために使用している加工された茶葉もサンプルとして送ることにした．茶樹，茶葉，実，花，加工した茶葉，という完璧な見本を提出したのである．これは1834年11月8日にカルカッタ植物園に届き，今度こそウォーリッチ博士もこれを中国のチャと同一の植物であると認めたのだった．

1834年6月，東インド会社は中国種の茶樹の移植のために，ゴードン（W. Gordon）をカルカッタから中国に派遣していた．ゴードンは中国の緑茶産地へ入ることは許されなかったが，1835年にボヒー茶の種子をカルカッタへ送ることには成功した．ゴードンは，同年2月3日に，アッサム種確認の報を受けて中国から呼び戻されるが，このときまでにすでに中国からチャの種を発送していたのである．それらの種は，カルカッタの植物園で4200株に成長し，1835年から1836年にかけて，上アッサム（Upper Assam），クマオーン（Kumaon），デラドゥーン（Dehra Dun），ニルギリ丘陵（Nilgiri hills）などへ移植のために送られた．その一部は今もアッサムの茶畑の一画に中国種茶樹として保存され生育しているという（図2.11参照）．

この当時，委員会のなかでも，栽培地に関してはヒマラヤかアッサムか，栽培品種に関してはアッサム種か中国種かについて，まだ意見が分かれていた．自生のアッサム種は「粗悪」な茶しかつくれないのではないか，という懸念があった．また後にインドでは紅茶生産が中心となるが，1840年前後は緑茶と紅茶の両方を作ろうとしていた．チャールズ・ブルースは1839年の報告書のなかで，「貧しい人が偽物の着色緑茶を飲まなくてもいいように，品質が良く低価格の緑茶を作りたい」と書いている．同

図 2.11　アッサム茶園に残る中国茶樹（Ukers "*All About Tea*"（1935）より）
1835年に中国人技術者によってチュブワ（Chubwa）に植えられたもの．

報告書には，アッサム茶樹の繁っている丘のことや労働者たちが，緑茶・紅茶の製法をそれぞれ別の中国人指導者に付いて習っていることなども記されている．1840年1月25日のイギリスの新聞チェインバース・エディンバラ・ジャーナル（*Chambers's Edinburgh Journal*, No.417）には，ブルース報告書の紹介記事がある．

このようにイギリスの植民地だったインドで茶の栽培を試みていた関係者の間では，アッサムで茶樹が発見された後も，中国種移植の努力はすぐに放棄されたわけではなかった．野生に近いアッサム種よりも，長い年月栽培種として育てられてきた中国種の方がすぐれており，インドの茶園で栽培するのにふさわしいと考える人たちも少なくなかった．そのためゴードンは，1836年に再度中国へ派遣されている．またロバート・フォーチュン（Robert Fortune, 1812-1880）は，アヘン戦争後の中国に入り，それまで欧米人が訪れることのできなかった茶産地をまわって，詳細な報告を残している．1840年代になっても，中国種移植の努力が続いていたことがわかる．フォーチュンが中国からインドへ送った種子や茶樹は，これまでのものがなかなか根付かなかったのに比べるとよく成長し，アッサム茶の茶畑の一画に，移植の記念碑として残っているという．

1839年，アッサム・カンパニーが組織され，政府の許可を得てインドでの茶園開発が進むことになった．ここでは，労働力確保の面で困難があったことだけ指摘しておきたい．同年のブルースの報告書でも，チャはあるのに，それを摘み取り，製茶する人手が足りないことを繰り返し訴えている．地元の山岳民に頼ることができなかったため，インドの別の地方から人を集める必要があった．アッサム茶園での労働は決して楽なものではなかった．「アッサムに行くくらいなら，地獄に行った方がまし」という言い伝えが民衆の間でささやかれるほど，アッサムには厳しい労働が待っていた．インド各地の遠い地方から連れて来られる人も多く，途中で亡くなるケースも少なくなかった．それを嘆く茶園主の手紙などが残されているが，その内容は，せっかくお金を支払って手に入れた労働力を失ったことや損益を嘆いたのであって，茶摘みの人々の死を悼んだのではなかった．初期の茶園での労働は，低賃金で拘束されて，過酷な条件で働かねばならず，奴隷労働に等しいものだったとされている．茶園労働者やその子供たちの福祉と教育に配慮する良心的な茶園経営者も皆無ではなかったが，中国，台湾，日本などで，かつて茶摘みの季節になると，緑の野山や茶畑に男女の茶摘み歌がのどかに響き合っていた風景とは，かなり異なる光景であったと考えられる．

イギリスが植民地インドにおいて，茶園経営という一大産業を新たに創出した功績は大きい．機械の導入や鉄道敷設などによって，生産と輸送の効率を上げたことも特筆に値する．そして，企業にもよるが，生産から流通までを一本化してコストを削減し，消費者に品質のよい茶をより早く，安く届ける努力をしたことなども重要である．また「茶に関する委員会」を設立したベンティンク卿は人道的な立場から，サティの

慣習（ヒンドゥー教の寡婦殉死）を廃止させた総督でもあった．ただこれまでのインドの茶史研究は，どちらかというと文献（社史や欧米人の手紙，記録など）に偏りがちで，茶園経営者の視点に近いものだった．文字資料の少なさなどの困難はあるが，近年日本人研究者の地道なフィールドワークによって，この地域の民俗学，考古学や人類学，遺伝子研究なども進んでいる（文献[8]ほか）．新たな研究成果を取り入れて，現地の諸民族や山岳少数民族の側からも茶業を含めた生活史を見直すことが求められている．

2.3.5　茶を運んだ船

a.　オランダ東インド会社の船

1610年，オランダ東インド会社の船ローデ・レーウメット号（Roode Leeuwmet）は，日本の平戸から日本茶を，途中の寄港地で中国茶を積み込んで，アムステルダム港へ戻った．これがアジアからヨーロッパへのまとまった茶輸入の始まりとされている．角山榮[10]によれば，この船は200トン，日本の平戸出港は1609年10月2日，寄港地パタニ（Patani）10月29日着，11月21日出帆，バンタム（Bantam）11月31日着，翌1610年1月10日出帆，オランダ，アムステルダム港着1610年7月20日，という航程をたどったらしい（W. Z. Mulder, *Hollanders in Hirado*, 1597-1641, Haarlew, n. d）．なお，オランダ東インド会社が中国茶をマカオで初めて買い付けた年は1606年[11]あるいは1607年[19]という説もある．

b.　イギリス東インド会社の船「イースト・インディアマン」

「イースト・インディアマン（East Indiaman）」は，イギリス東インド会社が貿易のために使用した船の総称である．1833年に会社の中国茶貿易独占が廃止されるま

図2.12　イギリス東インド会社の所有船「ワーテルロー」（1817年頃）（Ukers "*All About Tea*" (1935) より）

では，中国の茶はこの大型帆船で広東からイギリスへ運ばれた（図 2.12）．大量の荷物を積める構造をもち，軍艦と同じ設備があり，要人や商客を乗せて運ぶため，客船としての娯楽休養設備も備えていた．急ぐ必要はなく，安全無事に航海することが第一だった．

荷物の積み方としては，船底は溜まり水が出るため陶器類を敷き詰め，その上に，下級茶（ボヒー）から中級茶（コングー），高級茶（スーチョン，ハイソン，ガンパウダー）の順で，茶箱を何段にも積み上げていく．最上段には高価な絹が積まれることが多かったという．茶箱の内側は茶葉の劣化を避けるために鉛の内張りがされていた．この鉛は良質で印刷用の活字に使えるので，会社は船底の陶器類だけでなく茶箱の内張りの鉛も売りに出して儲けていたという[5]．

中国茶は，内陸部の茶の産地から 2 ヶ月ほどかけて広東に届けられる場合もあった．それをすぐイギリスへ送るのではなく，一番茶，二番茶を倉庫に保管して，北東季節風を待つ．そして 11 月から 12 月の風をとらえて，茶の半分はイースト・インディアマンが積んで帰り，残りの半分は 2 月から 3 月の風をとらえた船が運ぶ．この航海に，普通 4 ヶ月から 6 ヶ月要するとされていた[5]．

c. ティー・クリッパー（茶運搬快速帆船）

「カティーサーク（Cutty Sark）」（図 2.13）などで有名なティー・クリッパー（Tea Clipper）は，中国の新茶をイギリスへ届けるレースで知られている．

アヘン戦争の後，特に 1850 年代から，中国の新茶を早くロンドンへ届けるということが重視されるようになった．アメリカではちょうど 1845 年頃のゴールドラッシュの影響で，金の発見された西海岸に行くための船の需要が急増し，造船が盛んになった．その結果，茶貿易にもアメリカの快速帆船が活躍するようになり，構造・デザイン・機能ともにすぐれた船が造られるようになった．ただ南北戦争の時期（1861-1865）

図 2.13　快速帆船「カティーサーク」(1868 年頃)
(Ukers "*All About Tea*" (1935) より)

図 2.14 「ティーピング」(左) と「エーリアル」(右) の競争 (1866 年頃)(Ukers "*All About Tea*" (1935) より)

は，アメリカ船は茶貿易に加われず，イギリス船の独擅場となった．

　イギリスでは，上海からロンドンへ，どの船が早く到着するかで，賭けをして楽しむ人も多く，レースの勝者に賞金が与えられることになって，ますます競争が過熱したという．賞金が出されるようになったのは1856年のレースからで，そのときはアメリカ船の「モーリー」600トンとイギリス船の「ロード・オブ・ジ・アイルズ」691トンの争いとなった．クリッパーレースの賞金を出すのは，コンサイニー（荷受人）で，受け取るのは船主だった[5]．特に有名な船や船長については，さまざまなエピソードが今も語り伝えられている．詩歌や本も残っていて，往時のイギリスの人々の熱狂ぶりが偲ばれる．特にレースが過熱したとされるのは1860年代だった．1866年のレースは「ティーピング」（767トン）と「エーリアル」（853トン）による，最後までハラハラする接戦だった（図2.14）．1869年は好記録が出た年で，「タイタニア」(879トン) は6月16日上海発で9月22日ロンドン着，航海日数98日，「エーリアル」は7月1日福州発で10月12日ロンドン着，航海日数103日，「ティーピング」も103日という記録を残している．

　1869年のスエズ運河開通と蒸気船の登場によって，ティー・クリッパー茶貿易は大きな影響を受けた（Tea Break 参照）．1870年のシーズンに福州で，早摘み茶は蒸気船に積まれてしまい，「エーリアル」は中国茶の入手をあきらめて，日本茶を積んでニューヨークへ向かったという．　　　　　　　　　　　　　　　〔滝口明子〕

引用・参考文献

1) Ukers (1935)：*All About Tea, vol. II*, p. 108-109；124-125.
2) 佐々木正哉 (1971)：イギリスと中国．西欧文明と東アジア（東西文明の交流 5）（榎一雄編），p. 378，平凡社．

3) L. Dermigny (1964): *La Chine et l'Occident: Le Commerce a Canton au XVIIIe siecle, 1719-1833*, Paris, tome 2.
4) 川北稔 (1998): 生活文化の『イギリス化』と『大英帝国』の成立――八世紀におけるイギリス帝国の変容. 大英帝国と帝国意識: 支配の深層を探る (木畑洋一編著), ミネルヴァ書房.
5) 矢沢利彦 (2000): 中国茶輸送快速帆船, p.25:45-46:68, (私家版).
6) ジョージ・マカートニー著, 坂野正高訳注 (1975): 中国訪問使節日記, p.180-182:220, 平凡社.
7) J.C. レットサム著, 滝口明子訳 (2002): 茶の博物誌, p.21-22:39, 講談社.
8) 中村羊一郎 (2000): 東南アジアの茶. 東洋の茶 (茶道学大系 7) (高橋忠彦編), 淡交社.
9) Ukers (1935): *All About Tea, vol. I*, p.134-141.
10) 角山榮 (2003): 緑茶通信, **6**:11.
11) 荒木安正・松田昌夫 (2002): 紅茶の事典, 柴田書店.
12) 角山榮 (1980): 茶の世界史, 中央公論社.
13) 滝口明子 (1996): 英国紅茶論争, 講談社.
14) 島田孝右監修, 滝口明子編 (2004): 茶の文化史―英国初期文献集成 (全5巻+別冊), ユーリカプレス.
15) 瀧口明子 (2011): 欧米茶書の中の東洋―シモン・パウリ『煙草・茶論』研究. 東洋研究, 180:21-59.
16) J.M. Scott (1964): *The Tea Story*, Heinemann.
17) M. Ellis ed. (2010): *Tea and the Tea-Table in Eighteenth Century England, Vol. 4*, Routledge.
18) 矢沢利彦 (1994): 東のお茶 西のお茶, 研文出版.
19) 松崎芳郎 (2012): 年表 茶の世界史, 八坂書房.
20) 浅田實 (1989): 東インド会社―巨大商業資本の盛衰, 講談社.
21) 山田憲太郎 (1994): 香料の歴史 (復刻版), 紀伊國屋書店.
22) 宮本絢子 (1999): ヴェルサイユの異端公妃―リーゼロッテ・フォン・デア・プファルツの生涯, 鳥影社.
23) 臼田昭訳 (1987-1991): サミュエル・ピープスの日記 (全7巻), 国文社.
24) 西村三郎 (1989): リンネとその使徒たち, 人文書院.
25) 中川致之 (2009): 茶の健康成分発見の歴史, 光琳.
26) 濱下武志 (2000): 明代以降の中国茶の歴史―対外交易を中心として, 東洋の茶 (茶道学大系 7) (高橋忠彦編), p.128, 淡交社.
27) ブリタニカ国際大百科事典
28) Paule Charles-Dominique traduction ed. (1995): *Voyageurs arabes* (Bibliothèque de la Pléiade (n° 413)), p.17-18, Gallimard.
29) D. Forrest (1973): *Tea for the British*, London.
30) E.F.C. Ludowyk (1966): *The Modern History of Ceylon*, p.90-94, London.
31) P. Mathias (1976): The British tea trade in the nineteenth century. *The Making of the Modern British Diet* (D.J. Oddy, D.S. Miller ed.), London.
32) 小林章夫 (1988) チャップ・ブック―近代イギリスの大衆文化, 駸々堂出版.
33) 香内三郎 (1991) ベストセラーの読まれ方―イギリス16世紀から20世紀へ, 日本放送出版協会.

= Tea Break =

 ティー・クリッパーの時代—興隆と衰退—

「カティーサーク」に代表されるティー・クリッパーは，茶輸送専門の快速帆船で，19世紀半ばには中国産の高級一番茶を何日間でロンドンに搬入できるかを競うクリッパー競争が演じられた．現在なら航空便で1日内外で輸送できるのだが，150年ほど前には海路だけが頼りである．いったいイギリス東インド会社船が黄埔（whampoa, 広東）からテムズ河畔（ロンドン）まで就航していた時代には，茶輸送のスピードは大して問題ではなかった．会社独占のため，そこには競争などなかったからである．1833年に東インド会社の中国茶貿易独占が廃止されても，当初は私船主も船長も一番茶を自らの手でとは考えず，競争はなかった．快速船による競争は，アメリカ茶輸送快速船のロンドン到着と，アヘン戦争による中国諸港開港が重要な契機となり始まった．

アメリカ船は，1849年に英国議会が「航海条例」を廃止するまで，中国から英国に物資を運ぶのを許されていなかった．アメリカ快速船「オリエンタル（Oriental）」が香港からロンドンの西インドドックに入港したのは1850年12月3日のことである．所要日数は95日で，これは当時97～110日を要した英国快速船と対比したとき優位にあった．とにかく「新茶」が早く入手できるというので，これを転機に快速船競争（クリッパーレース）が本格化する．アヘン戦争後，南京条約（1842）による開港は，このような競争をいっそう加速させた．従来は貿易港といえば広東1港に限られていたが，新たに一番茶提供源として格好な福州が脚光を浴びることとなった．ここは武夷山脈周辺の茶産地にも近く，一番茶の積込みに好都合な港であった．ここからの初めての茶積み出しは1853年のことで，6月前半に積み込み，逆モンスーンを避けてロンドンへと運んだ．

こうして開始された快速帆船の一番茶をめぐるスピード競争は1860年代いっぱいまで続くが，スエズ運河が1869年11月に開通し，しかもポートサイドやアデンに石炭積込地ができたために，1870年代には蒸気船による輸送が有利となった．しかし，それまでの十数年間，茶輸送専門の快速帆船の競争は賑やかで，人々の高い関心を集めた．1864年には85日間で上海からリバプールに到着した快速帆船もあった．

「カティーサーク」は中国航路での競争でトップではなかったものの，今もグリニッジ海事博物館に係留されており，当時のティー・クリッパーを実見す

ることができる貴重な船である．1869年に建造されたティー・クリッパーとしては末期の型で，鉄の骨組に板を張った混成船だった．船の大きさを表す総トン数は951トン，120封度の茶を運べる格納所を備えていた．

ともあれ蒸気船時代となると，1876年には呉淞（Woosung，上海）からロンドンへ41日で到着したとか，1877年には38日で帰ったとか，航行時間は劇的に短縮され，風まかせの帆船は海運の表舞台から退場を余儀なくされる．もっとも1883年には27日と4時間で帰還したのだが，石炭を過度に消費したため船賃が2倍以上かかり，経費の点で失敗だったという事例もあった．〔浅田　實〕

2.4　世界の茶業界

2.4.1　世界に拡大する紅茶生産

a.　茶の主要生産国

茶を生産している国は，世界全体でみると約30ヶ国にのぼり，そのなかでも主要な生産国は20ヶ国ほどである．それぞれの国の茶栽培面積と生産量を表2.4に示した．

2015年度でみてみると，世界計では栽培面積が454万ha，収穫量は約531万tとなっている．このうち，中国・日本など緑茶を生産している主要10ヶ国の総量は約175万tとなっていて（表2.5参照），おおむね紅茶が全体の約60％，緑茶と若干の半発酵茶を含むそれ以外の茶が残り40％，という比になっている．

2001年の世界生産量約306万tから，約15年ほどの間に生産量は1.7倍に伸びた．これは消費者の健康意識の高まりを背景に茶への志向が強まったこと，および工業的に生産される茶飲料の市場が大幅に拡大したことに起因している．

紅茶に関していえば，世界の総生産量（2011年統計で257万t）のうち，インド，スリランカ，ケニアを代表とするアフリカ諸国，インドネシア，中国の主要5ヶ国（地域）が全体の75％を占めている．

輸出量では第1位ケニア（42万t；2011年統計値，以下同じ），次いでスリランカ（30万t），インド（19万t），インドネシア（8万t），中国（8万t）という順位で，近年ケニアを代表するアフリカ諸国がスリランカを抜いてトップとなっている．

b.　主要国の茶園開発と動向

（1）　スリランカ

茶の生産量では，現在中国，インド，ケニアに次いで世界第4位である．この国に紅茶生産を目的として最初にチャの苗木がもたらされたのは1839年，カルカッタの植物園から運ばれてきたものが，古都キャンディにあるペラデニア植物園に植えられた．次いで1841年にドイツ人のM.B.ワームが中国種の苗木をロスチャイルドコー

表2.4 主要な茶生産国における栽培面積と生産量の推移（2001～2015）

	栽培面積（1000 ha）							生産量（1000 t）						
	2001	2005	2010	2012	2013	2014	2015	2001	2005	2010	2012	2013	2014	2015
中　国	1141	1352	1970	2280	2469	2650	2810	702	935	1475	1790	1924	2096	2278
インド	510	556	561	564	564	567	567	854	946	966	1126	1200	1207	1209
ケニア	124	141	172	191	199	203	209	295	323	399	370	432	445	399
スリランカ	189	188	188	187	187	188	188	296	317	331	328	340	338	329
ベトナム	102	124	129	124	124	125	125	77	133	175	174	180	175	170
トルコ	77	78	78	78	77	77	78	143	135	118	131	134	123	133
インドネシア	151	139	123	121	120	121	119	167	156	151	138	137	136	129
アルゼンチン	37	37	40	41	42	41	41	67	80	92	83	80	82	83
日　本	50	48	47	46	43	45	39	90	100	83	86	83	81	76
バングラデシュ	49	52	55	55	54	54	54	57	61	62	62	66	64	66
ウガンダ	21	22	26	29	33	34	36	33	38	59	58	61	65	59
マラウィ	19	19	19	19	19	19	19	37	38	52	42	46	46	39
タンザニア	21	23	23	23	23	23	23	25	30	32	32	32	36	32
ルワンダ	13	13	14	15	16	17	17	18	16	23	23	22	25	25
ミャンマー	72	78	78	79	79	79	79	17	18	19	20	20	20	20
ネパール	14	16	17	17	17	17	17	12	13	17	18	19	20	18
ジンバブエ	7	2	6	5	6	6	6	22	15	14	13	13	14	15
台　湾	19	18	15	13	12	11	12	20	19	17	15	15	15	14
イラン	35	23	18	17	16	16	16	59	25	17	15	14	14	13
ブルンジ	9	9	9	9	9	9	9	9	8	7	9	9	10	11
（世界計）	2743	3022	3670	3990	4181	4375	4537	3059	3537	4281	4691	4991	5196	5305

International Tea Committee "*Annual Bulletin of Statistics*" より作成．数値は緑茶，紅茶，ウーロン茶などの合計．

ヒー園に植え，そこで増殖した苗木を弟のG.B. ワームがソカマに移し，そこで栽培に成功したチャの葉から，この国の最初の紅茶が作られたとされている．

　その後，1857年には8万エーカー（約3万2400 ha）ほどに拡大していたコーヒー園にさび病が発生し，荒廃してしまったため，1867年に農園主協会は紅茶生産を目的として，スコットランド人のジェームス・テーラーにアッサム種の種苗を託し，キャンディ地区のルーラ・コンデラの山岳地で栽培がスタートした．これによってコーヒー園を茶園に転換する者が増え，政府も紅茶生産に力を注いだので，茶園面積は拡大の一途をたどり，1880年に5706 haだったものが，1895年には12万2000 haと20倍以上に増大した．

　スリランカの茶園では，インド・アッサムをモデルとしたイギリスのエステート方式が採用され，茶園労働者は島民のシンハリ人ではなく，インド東南部からタミール人を移住させて当たらせた．

　紅茶の生産増強に拍車をかけたのは，1940年頃，セントクームズの茶研究所で開発されたアッサム種の改良品種で，アッサムの在来種に比べて数倍もの生産量を得られることになった．これはまさにスリランカの地に適応したもので，「セイロン紅茶」のステータスを築いた茶樹といえる．躍進の結果を数字でみると，1934～1938年の5

表 2.5 緑茶の主要生産国における生産量および輸出量の推移（1975～2015）

	上段：緑茶生産量，下段：緑茶輸出量　（1000t）												
	1975	1980	1985	1990	1995	2000	2005	2009	2010	2011	2012	2013	2014	2015
中　国	— 33*	178 49	238 61	333 83	414 67	498 155	691 206	1006 229	1046 234	1138 257	1248 249	1313 264	1416 249	1510 272
ベトナム	18 3.4	16 9.0	23 10	24 6.0	24 5.0	28 12	61 20	72 42	63 46	80 44	84 54	88 59	96 64	94 69
日　本	5.4 2.2	102 2.7	96 1.8	90 0.3	85 0.5	89 0.7	99 1.0	86 2.0	83 2.2	82 2.4	86 2.4	83 2.9	81 3.5	76 4.1
インドネシア	14 0.0	20 0.1	34 0.1	34 1.7	33 3.2	38 7.8	38 9.5	32 11	33 11	31 9.5	33 12	32 12	31 12	28 12
イ ン ド	7.3 1.9	8.5 1.0	8.5 1.6	8.0 3.0	8.1 3.0	6.2 2.6	9.4 4.5	14 9.0	16 12	12 8.7	11 8.0	17 12	15 9.3	19 11
台　湾	— 12	— 11	— 2.5	— 1.0	20 0.8	20 0.6	18 0.5	16 0.7	17 0.8	17 0.8	14 1.0	14 1.1	14 1.0	14 1.4
スリランカ	— —	— —	1.2 1.3	0.9 0.4	4.6 0.8	9.5 0.6	2.4 2.7	2.3 3.9	3.3 2.8	3.0 2.5	3.0 2.4	3.7 3.1	3.2 2.9	2.9 2.4
ロシア					0.9 —	0.4 —	0.6 —	0.6 —	0.6 —	0.6 —	0.6 —	0.6 —	0.6 —	0.6 —
ジョージア					1.9 —	0.4 —	0.6 —	0.6 —	0.6 —	0.6 —	0.6 —	0.6 —	0.6 —	0.6 —
バングラデシュ	— —	0.4 —	1.0 —	1.4 —	0.5 —	0.4 —	0.2 —	0.3 —	0.3 —	0.2 —	0.3 —	0.3 —	0.3 —	0.3 —
（世界計）	162 52	351 72	431 78	523 95	587 80	683 180	924 246	1237 299	1269 311	1371 328	1487 331	1560 357	1666 345	1752 375

International Tea Committee *"Annual Bulletin of Statistics"* より作成．
＊：中国の 1975 年の輸出量は「その他の茶」（緑茶，紅茶以外のもの）も含んだ統計値．

年間の栽培面積 22 万 5000 ha に対し，1958 年には 23 万 1000 ha で伸び率は少ない．しかし，生産量に関しては，1934～1938 年の 10 万 3000 t に対し 1958 年では 18 万 7000 t と，1.8 倍になっている．つまり，品種改良による単位面積あたりの収量増が，著しい生産量の伸びをもたらしたのである．

スリランカは人口が約 2100 万人と少ないので，紅茶生産量の 90% は外国へ輸出されており，輸出量はケニアに次ぐ世界 2 位となっている．しかし，インドのアッサムやケニアといった他の大産地で近年主流となっている CTC 製法でなく，伝統的なオーソドックス製法が中心であること，また茶園全体の 70% が急な斜面に位置することから，これからの国際競争に耐えうる技術革新と生産効率の向上が課題とされている．今後の需要増を見込んで CTC 製法への移行は行われつつあるが，平坦で広大な茶園で最新技術を導入する新興産地との競争は厳しい．

(2) インド

インドの茶はアッサムからスタートする．それはイギリスのロバート・ブルース少

佐が1823年，ビルマ（現ミャンマー）との国境に近いランプール，現在のシブサガルで，ジュンポー族の族長，ビーサ・ガム（ベーサ・ガゥムとも）と出会い，チャの存在を知ったことから始まる．彼はそのときチャの種や苗木を持ち帰ることができなかったが，1825年，ロバートの弟チャールズ・A.ブルースが，チャの種苗を手にすることになった．

このチャはアッサムの大葉種で，当時植物学者が知っていた中国の小葉種よりも数倍大きく，しばらく同種とは認められなかったほどである．しかし，そんな動向のなか，インド総督ウィリアム・ベンティンクは1834年2月に茶業委員会（The Tea Committee）を設け，インドへの紅茶栽培の導入を遂行するという計画を打ち出した．

茶業委員会は，中国種への執着をもち続け，アッサムをはじめとしたインド各地に中国種の種苗を植えて栽培を試みた．1836年頃，その一部はチャールズ・ブルースにも届けられ，彼はごく少量生き残った茶樹から，1839年に32ポンドの収穫を得たと伝えられている．同年，中国種はヒマラヤの山岳地に適していると主張したのがコーヘン・スチュアート博士である．この勧告をもとにカンベル博士がダージリンに植えたチャが見事に成功をおさめ，今日の世界三大銘茶のひとつ，ダージリン茶の起源となった．

一方，チャールズ・ブルースは努力の末，アッサム種の栽培にも成功した．彼の作った最初のアッサム茶がロンドンに到着したのは1838年11月のことであったが，その評価はとても高く，すぐさま1839年2月，カルカッタ（現コルカタ）とロンドンでほぼ同時にアッサム・カンパニーが設立され，アッサムの製茶事業が本格的に立ち上がることになった．

今日のインド茶産地は次の3地域に区分されている．

・北インド

アッサム州を中心としてブラマプトラ川流域の渓谷地帯，北にヒマラヤの山岳地，南端にナガヒルからアッサム高原を経て，ゴーティ，バングラディシュの平原に続く，

図2.15 北インド・アッサムの茶園

最も大きな面積を有する茶産地である．ジョハルト，ラクヒンプール，シブサガル，ダンダマ，ダラン，ゴアルパラ，カムラップなどがアッサム州の茶園を形成する．一方，スルマ渓谷には，カシャール，トリプラ，バングラデシュのシルヘットがある．

・北西部インド

ベンガル茶産地といわれ，ダージリンを代表とする．ダージリンは西ベンガル州の北端ヒマラヤ山麓・標高 2000 m の高地で，シッキム，ネパール，ブータンなどの諸民族の交易地として知られている．現在 80 あまりの茶園が存在し，摘採は 3 月から 11 月まで可能．最も良い茶がとれるのは，「春一番」といわれるファースト・フラッシュ，初夏のセカンド・フラッシュである．

・南インド

茶業委員会の方針によって 1834 年，ケララ州ニルギリに中国種の種苗を送り，カイテイに植付けしたのが始まりである．しかし，中国種の栽培はなかなか成功せず，1926 年，ニルギリに茶業研究所ができ，アッサム種の品種改良品が開発されてから，企業化が進んでいった．

茶園は南インドの強い直射日光を受けるが，アッサムのようにシェイドツリー（日陰用樹木）は植えられず，見通しがよく緑の絨毯を敷いたように見える．南インドは地理的にスリランカに近く気候風土もよく似ているので，紅茶のキャラクターにも共通点があり，一般に強い個性がなく広い用途がある．しかし現在では生産される紅茶の 90% 以上が CTC 製法によるものであり，その意味ではスリランカの BOP を主体とするオーソドックスティーとは異なっているといえる．

インドの茶園面積はここ 20 年間に約 10% 程度増加したが，収穫量では 30% 以上の伸びを示している．これは新規茶園の造成よりも既存茶園の品種改良，新品種の改植，さらには管理技術の向上，またオーソドックスティーから CTC 茶への移行が貢献しているものと考えられ，特にアッサムや南インドの増産が著しい．一方で北インドのダージリンは高標高の立地や小規模な茶園，オーソドックスティー中心の生産，

図 2.16　北西部インド・ダージリンの茶園

図 2.17　南インド・ケララ州　ニルギリの茶園

といった制限要因があり生産量は伸び悩んでいる．

インド紅茶は生産量において世界一であるが，十数億の人口をかかえる国内需要も膨大であり，輸出量においては現在ケニア，スリランカに続く第3位である．経済大国化が進むなか，かつてのような，外貨を得るおもな輸出資源としての地位は過去のものとなりつつある．

(3) 中　国

中国の紅茶は17世紀の半ばに出現し，インドのアッサムとセイロン紅茶がヨーロッパに導入されるまで，およそ200年間にわたり茶市場を独占していた．しかし，1879年の輸出量を最高として，イギリスが開発したインド，スリランカの紅茶に転化し，それまでの国際市場におけるおもな位置から退いてしまった．

現在，中国全体の茶葉生産量は162万tにもなるが，そのほとんどは緑茶であり，紅茶生産量は20万tほどである．紅茶産地としては湖南省，広東省，安徽省，四川省，浙江省，貴州省，湖北省，雲南省が知られ，幅広い地域で生産されている．

中国産紅茶のほとんどはヨーロッパを中心に輸出されており，伝統ある，アンティークなイメージをもつ高級茶として特にヨーロッパでは人気が高い．しかし，現代人のライフスタイルの変化に根差した，ティーポット用のオーソドックスティーから，ティーバッグや茶飲料生産に適する加工茶へ，という世界的な需要の趨勢があり，1970年代以降は，広東省，海南省，湖南省，浙江省，雲南省などでCTC茶も作られている．しかし，最新の生産技術の導入に関しては遅れが目立つ．

(4) インドネシア

1826年，植物学者のシーボルトは当時オランダ領東インドであったインドネシアに招かれ，中国と日本からチャの種苗を取り寄せて，バイテンゾーンの植物園で試植した．その後，1875年までは中国種とアッサム種の両種で栽培をしていたが，やがてアッサム種が主体となった．

1927年頃には，ジャワ島の茶園は269ヶ所・面積8万4000ha，そのほかにスマトラ島の茶園を合わせると12万haと大規模であったが，第二次世界大戦の結果，茶園は荒廃し復興が遅れた．再起をみせたのは1960年代に入ってからで，輸出用として発展したのは1970年代に入ってからである．

生産地はスマトラが主体で，ボゴール，メダン，ブリアンガーなどがおもな産地である．近年はオーソドックスティーからCTCに転向し，生産効率を高めている．

(5) アフリカ諸国の紅茶

アフリカが茶の生産に着手したのは19世紀の末頃からで，インド，セイロン（スリランカ）に比べると出遅れた感はあった．しかし，20世紀に入って輸出産業として海外市場に重点を置くようになってから急な勢いで伸び続け，今日，世界の茶の生産国のなかでは生産量はインドや中国には及ばないものの，輸出量ではケニアが世界

一の地位を得るに至っている（表 2.4 参照）．本地域では生産量，輸出量ともにケニアがトップであるが，その他の国々の発展の過程もみてみることにする．

・ケニア

1903 年にインドのアッサム種を導入し，ケリチョー，ナンディーヒル，ソチックの丘陵地帯で栽培が開始された．その後 1925 年，ブルックボンドとジェームス・ファインレイの両社が共同で大規模な茶の生産に着手し，当時最新鋭の工場を建設．この年には 153 ha の茶園から約 260 t の茶を生産し，そのうち 73 t をイギリスに向けて輸出した[1]．1933 年には国内の茶園面積は 4800 ha，生産量は 1457 t に達し，アフリカで第 1 位の生産国となった．

・マラウィ

アフリカ中央部マラウィ湖沿いに南北に広がる細長い国で，1885 年，スコットランド人のエリモリック博士がイギリス王立植物園から持ち込んだチャの苗木が，栽培のきっかけとなった．20 世紀に入ってからはアッサムから苗木を移植し，本格的な茶園の造成に入った．

1970 年代には栽培面積 1 万 5200 ha，生産量 1 万 8700 t（輸出量もほぼ同数の 1 万 7700 t）と急増した．現在は生産量が 4 万 t 以上となり，そのほとんどが輸出されている．

・ウガンダ

20 世紀はじめ頃から，インド，スリランカから輸入したチャの種子を，エンテベの植物園で育成し，チャの栽培に着手した．1933 年には茶園面積 12 ha だったが，1970 年には 1 万 7500 ha，生産量 1 万 8200 t となり，今日では 3 万 5000 t を超すまでになった．

・タンザニア

タンザニアは国土の大半が 1000 m を超える高原で，チャの栽培は 20 世紀のはじめ，ドイツ人がチャの木を試植したのが始まりといわれている．

1964 年に中国との国交が開かれ，中国茶の技術者が導入されて，緑茶の開発も進められた．1975 年には生産量 1 万 3000 t だったが，現在は約 3 万 t，輸出量は 1 万 5000 t までに成長している．

・ジンバブエ

1927 年に茶園の造成が始まり，輸出用として生産が開始された．輸出量は今日では 1 万 5000 t まで伸びてきている．

このほかにもモザンビーク，ルワンダ，モーリシャスなどで積極的に茶園開発が行われ，CTC 紅茶を中心に輸出量が増加している．

2.4.2 紅茶市場の実態
a. 茶園から紅茶市場まで

茶が現代のように機械によって揉まれ，ふるい分けられ，ドライヤーで乾燥される工程を経て作られるようになったのは，ここ百数十年の間の技術革新の結果である．現在，紅茶の形状はオーソドックスティーと加工茶のCTCとに大別されるが，加工茶のCTC製法においても，やはり原料となる茶葉は生産地のほとんどで手摘みにより集荷されている．

(1) 茶摘み（tea plucking）

スリランカの茶園を例にあげると，基本的には1本の軸に新芽と2枚の新葉が付いている状態で摘むのを一芯二葉という．3枚目の葉をマザーリーフと呼び，この付け根には次の芽があって，これが次の一芯二葉に成長するのである．茶の摘み方は成長によって3枚目の葉が若々しく伸びている状態であれば一芯二葉で摘む場合もある．スリランカでは1日に18〜20 kgを1人で摘むといわれ，摘み取った後，約20日間で次に摘む茶葉が成長する．

(2) 萎凋（いちょう）（withering）

摘まれた茶葉は紅茶工場に集められる．そして4階建てになっている工場の2〜4階に運ばれ，製茶の第一段階である茶葉をしおれさせる工程に入る．これを萎凋と呼ぶ．生葉は萎凋槽（幅3〜4 m，長さ20〜30 mの巨大な槽で，下から3分の2の高さのあたりに金網を張り，中に温風を通す仕組みになっている）に30〜40 cmの高さで広げられ，10〜14時間送風を行う．この工程により生葉の水分の40〜50％は蒸発し，しおれた状態となる．

(3) 揉捻（じゅうねん）（rolling）

しおらせた茶葉を揉むのが揉捻である．原理としては手のひらに葉を乗せて，その手を固定し，もう片方の手のひらを重ね，円を描くように回しながら揉む．この動きを機械化したものが揉捻機である．

揉捻によって茶葉にねじりを与え，形状を茶葉の平らなものから細い棒状に変え，細胞や組織を潰して葉汁を出し，表皮細胞から酸化発酵の触媒をつとめる酸化酵素（ポリフェノールオキシターゼやパーオキシターゼ）が出てくる．この状態で酸素に触れることにより，葉緑素などが酸化発酵を始め，紅茶の味，香り，水色の三大要素が生まれてくる．揉捻時間は生葉の状態で20〜30分，二度にわたって揉むこともあり，40分間に及ぶこともある．

(4) ローターバン（rotorvan）

この工程は揉捻の終わった後にローターバンと呼ばれる肉のミンチを作るような機械にかけ，さらに茶葉をねじり切り，より多くの葉汁を出させ，発酵を促進させるものである．オーソドックスティーのBOPタイプや，CTC加工茶の一部で用いられる

場合がある．

(5) 玉解け，ふるい分け（roll breaken）

揉捻またはローターバンの後，茶葉は小さな塊状態になっている．これを斜めに傾いたすべり台のような金網にのせて上下左右に振り動かし，ふるい分ける．これによって酸素と触れる面を大きくし，また機械によって帯びた熱も放つことができる．

(6) 酸化発酵（fermentation）

タイル貼りの床，またはテーブルの上に厚さ10cmほどに茶葉を積み，湿度80～90%，室温が24～25℃ほどで酸化発酵させる．時間は品質によってさまざまに異なるが，通常は20～90分程度．生葉はこの発酵により紅茶に変わっていく．

(7) 乾燥（drying）

茶葉を乾燥させることにより発酵を完全に止める．箱形の乾燥機内で，茶葉をベルトコンベアーに乗せ上から下へと移動させ，その間に熱風を当てて乾燥させる．熱風の温度は90～98℃の間で，約20分間行われるのが標準である．決して焦がすことなく，水分のみを取り除くのが肝要で，できあがった茶葉の水分率は3～4%となる．

(8) CTC製茶法

現在，加工茶の製造法として世界に広く普及している製茶法であり，1930年代にW．マック・カーチャーが考案したものである．生葉を萎凋した後に，専用の特別な機械にかけるもので，押し潰し（crush），引きちぎる（tear），粒状に丸める（curl）という作業を一度に行う（「CTC」はそれらの頭文字から）．機械内部にはステンレス製の2本のローラーがあり，このローラーには溝，エッジが切られている．ローラーの回転速度を違えることにより，生葉が破裂・切断され，成形されていくという仕組みである．その後は発酵，乾燥という過程を経て，仕上がりは顆粒状の茶葉になる．CTC茶は茎や軸も含めて加工するために雑味もあるが，量産ができ，早い抽出がティーバッグに最適なことから，アメリカを中心にアイスティー用として需要が高まり，未来型の紅茶として今後も成長を遂げることが予想される．

b．紅茶の流通形態

(1) 原料茶の流通

紅茶工場で完成された紅茶は原料茶と呼ばれ，通常，次のような流れで流通する．

〈売り手（紅茶工場または茶園の会社）〉
↓
〈生産国で登録されたブローカー〉
↕
〈ティーオークション〉
↓

〈バイヤー〉
↓
〈買い手（商社，紅茶包装会社，ブレンド業者）〉

それぞれの動きは次のようになる．
① 紅茶工場などの生産者は，ティーオークションに出す茶葉の見本品を，オークションに登録されたブローカーに送る．
② ブローカーは各製造者から送られた見本品を，やはりティーオークションに登録されたバイヤー（輸出業者）に送り，オークションの日程などを連絡する．
③ バイヤーは受け取った見本品を鑑定して評価（紅茶の質，参考価格など）を出し，おもに海外の商社やブレンダーなどの買い手に見本とともに送って注文を受ける．
④ 買い手はブローカーから送られてきた見本と評価を検討し，欲しい紅茶を選び，オークションでの落札希望価格を指値して，バイヤーに買い付けを依頼する．
⑤ 依頼を受けたバイヤーは，直接買い付けのできない買い手に代わって，ティーオークションに参加し，受け負った指値の範囲内で入札を行う．
⑥ 指値の範囲内で落札できるとバイヤーは売り手への代金を支払い，原料茶を入手する．
⑦ 買い手は送られてきた原料茶をさらに他の買い手（商社，メーカー，卸売り業者など）に販売したり，自社加工やブレンドを行って製品化する．

基本的にティーブローカーは，インド，スリランカなどオークションを開催する国に登録された者でないとティーオークションには参加できないことになっている．つまり，売り手と買い手が直接オークションに参加することはできない．ティーオークションは開催国によって異なるが，週に1〜2回の割合で開かれている．

(2) 一般市場での流通

世界でよく知られている銘柄のTwinings，Lipton，Brooke Bond，日本では日東紅茶などは，バイヤーでもあり，同時にオリジナルティーを作るメーカーでもある．彼らは指定した量と金額で買い付けた原料茶を鑑定し，キャラクターを吟味した後，いったん倉庫に保管する．そして，微妙に異なる各茶葉のキャラクターを考慮しながら，独自のブレンドを作り，いつでもどこでも同じ風味で楽しむことができるように仕上げる．

日本にはこのような工程で製品化された包装紅茶の形で搬入される場合と，バルクティーと呼ばれ，ダンボール箱や木箱，近年では大型の紙パックに詰められた散茶の形で輸入されるものがある．量的には圧倒的にバルクティーが占め，メーカーで製品化したり，紅茶飲料の材料として使用されることが多い．

原料茶としての輸入・流通形態は19世紀の半ばからほとんど大きな変化はないが，

市場での消費形態は，社会や生活の変化に伴ってどんどん様変わりし，ある意味で紅茶の未来化が進んでいる．たとえば，工業的に生産されるリキッドティーが普及するなか，製造メーカーは紅茶本来の味と香りに加え，新たな風味や機能性（茶自身によるもののほか，フレーバーとして添加されたフルーツやハーブ，スパイスなどの成分によるものも含む）をアピールする新製品を次々に開発している．紅茶は未来型の飲料としてなおも進化していくと思われる．　　　　　　　　　　　　　〔磯淵　猛〕

引用・参考文献

1) 松崎芳郎（1992）：茶の世界史，p. 300-305，八坂書房．
2) 斉藤貞（1975）：紅茶読本，p. 88-125，柴田書店．
3) 日本茶業中央会（2012）：茶関係資料，日本茶業中央会．

Tea Break

わが国の紅茶輸入と消費の歴史

〈幕末〜明治〉

　安政3年（1856），伊豆下田に入港したアメリカの使者（ハリス初代総領事？）が，幕府（13代将軍・徳川家定）に対し「茶50斤」（約30 kg）を手土産の一部として献上したとある（日本喫茶資料）．緑茶大国のわが国に持参されたこの茶こそは，ようやくロンドンやニューヨークに登場し始めた「インド・アッサム産紅茶」ではなかったか．ただし献上された茶を誰がどのように利用したかはいっさい不明である．その後，明治維新を越えて明治7年（1874），地方新聞にわが国で初めての紅茶に関する広告が掲載された．「紅茶は欧米でブラキテ（ブラックティ）といい，コーヒーに代用され，棒砂糖を（砕いて）いれ，牛乳をくわえて飲む」という．広告主や商売の内容などまったく不明である．東京日比谷に西洋風の社交場「鹿鳴館」が完成した明治20年（1887）の公式記録では，外国産のバルク紅茶80 kgが輸入されたとされるが，風評も実態も記録にない．外国人のためのホテルやレストランでの業務用のコーヒー・紅茶の提供が順次行われるようになっていき，カフェやミルクホールなどが明治21年頃から東京，横浜，大阪，神戸などに誕生，日本人の間でも銀行や商社マンをはじめ一部のエリートや自由人がコーヒーや紅茶を楽しむようになっていったと考えられている．

　こうした流れのなかから明治39年（1906），ロンドンでパックされた「リプトン紅茶」（黄缶ナンバーワン，100% セイロン）が，明治屋によって初めて

正規に輸入される．これがわが国での外国産銘柄紅茶によるマーケティングの始まりであった．この製品は当時のイギリス紅茶市場のシェア第1位で，世界の各国へ輸出されていた．「黄缶ナンバーワン」450 g詰めの値段は2円25銭，225 gは1円18銭で，当時は米1升が80銭ほどであったから，庶民感覚からすれば舶来の紅茶なんぞは"高嶺の花"であった．

〈大正〜1940年代〉

明治の末から大正時代にかけて紅茶の銘柄間の競争はなく，「紅茶といえばリプトン」（言い換えればセイロン紅茶）の時代が続いたが，昭和2年（1927）になるとわが国初の国産銘柄紅茶が誕生する．それは当時日本領であった台湾において，ウーロン茶生産の延長線上で大正末期から生産されるようになった紅茶で，最初は「三井紅茶」，その後昭和5年（1930）に公募により改名し「日東紅茶」となって今日に至っている．昭和12年（1937）頃までは，輸入品で「リプトン」（黄缶＝セイロン紅茶，それ以外にダージリン丸缶），「ブルックボンド」（ダージリン丸缶），および台湾産紅茶を原料とした「三井紅茶」，「トリス紅茶」（壽屋），「森永紅茶」（森永製菓），それに静岡産紅茶を原料とした「JBT印・日本紅茶」（二光商会，昭和19年に日本紅茶に改称）などがあった．

その後，満州事変（1931），支那事変（日中戦争，1937〜）と戦雲が拡大し，昭和14（1939）年の大東亜戦争（第二次世界大戦）により外国産紅茶の輸入は全面的に禁止となる．それ以降，日本本土と台湾産の紅茶が細々と取引され，統制経済のなか，国産紅茶も公定価格での取引となった（その統制は戦後の昭和23年（1948）まで続く）．ただしその間もリプトン（セイロン）紅茶は香港，上海，大連，青島などから密輸入されていた．第二次世界大戦後は，在日占領軍の軍需物資としての紅茶が，わずかながら9大都市の希望家族に対し"配給"のかたちで放出された．昭和23年（1948）には外国人登録業者用OSS枠により戦後初の輸入が行われたが，これらの紅茶はイギリスのリプトン（青缶と黄缶，いずれもセイロン紅茶），アメリカのリプトン（セイロン紅茶）とテンダーリーフ（セイロン紅茶）に限られていた．昭和26年（1951），OSS枠に代わってホテル用品枠が発給されたが，輸入紅茶はイギリスのリプトン（セイロン紅茶）に限られた．

〈1950年代〜現在〉

昭和25年（1950），民間貿易が再開されて一般枠による紅茶輸入となる．これは「優先外貨制度」の抽選方式のため，紅茶業者は必要とする物量の一部分しか確保できなかった．昭和28年（1953），輸入方式が「外貨資金特別割当制度」に変わったが，国策による国産紅茶産業化政策が推進中であったため，外

貸資金割当金額に「国産紅茶引取りリンク制」がとられた．つまり国産紅茶の引き取り（販売）予定量に対する割り当てを原則とした．

昭和36年（1961），ドイツ製「コンスタンタ」ティーバッグ自動包装機械が初めて導入され，わが国にも「誰にでも簡便に紅茶がいれられる紅茶消費の大衆化時代」が到来した．次いで昭和38年（1963），日本紅茶がイギリスのブルックボンドと業務提携をしたことに発して，イギリスの有力銘柄紅茶の導入が始まり，トワイニング，ライオンズ，メルローズ，リッジウエイ，ジャクソンなどがわが国に進出した．さらにわが国独特の「ギフト市場」が拡大傾向にあったために，フランスやイギリスほかのグルメ食料品店のブランドも進出する結果となった．

その後，昭和46年（1971）6月の外国産紅茶の輸入自由化，それに引き続き起きたニクソンショックやオイルショックなどの経済大変動により，紅茶消費は長い停滞の時期を迎える．しかし，ここにきて缶やペットボトル詰めの紅茶飲料の普及発展，紅茶ポリフェノールを中心とした健康効果が広く知られるようになったことなどを背景に，静かな「紅茶ブーム」の到来ともいえる状況となり，昭和55年（1980）には年間の紅茶輸入量が7500tであったものが，近年では年間の紅茶輸入量が安定して1万5000t以上で推移している．健康志向の強い生活者を中心に紅茶ファンが年々着実に増加しており，業界一致しての粘り強い消費啓蒙活動がようやく実を結びつつあるように思われる．

〔荒木安正〕

2.4.3 中国茶葉市場の状況

2013年の世界の茶葉産業は，気候条件に恵まれ，世界経済回復の影響もあるなかで，栽培，生産，消費のすべてが上昇傾向を維持した．2013年の中国茶葉は乾燥荒茶生産量が189万tに達して世界トップとなり，これが世界の茶葉生産量増加をもたらした大きな理由となった．本項では2013年の中国茶葉業界の現況と分析を報告する．

a. 茶園栽培面積

17の茶葉生産省（区，市）の合計茶園面積は，前年比253.8万ムー（約3800 ha；1ムーは6.667 a）増の3869万ムー（約5万8000 ha）．うち収穫面積は前年比227.3万ムー（約3400 ha）増（＋8.4％）の2917.6万ムー（約4万3800 ha）であった．

b. 茶葉生産量

2013年の乾燥荒茶生産量は前年比11.5万t増（＋6.5％）の189万tであった（図2.18）．市場の変化に伴って，緑茶と青茶（中国茶の分類で，半発酵茶をさす．いわゆるウーロン茶はこのカテゴリに含まれる）の生産量の伸びは，茶葉総生産量の平均

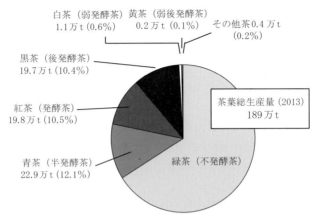

図 2.18 2013 年中国茶葉の分類別生産量・割合

伸び率を下回ったが，黒茶（後発酵茶；プーアル（普洱）茶を含む），紅茶，白茶（弱発酵茶）の伸び率は大きく上昇し，いずれも茶葉総生産量の平均伸び率を上回った．全国の生産量では，黒茶が前年比 2.7 万 t 増（+16%）の 19.7 万 t，紅茶が同 2.4 万 t 増（+14.2%）の 19.8 万 t，緑茶が同 6 t 増（+5%）の 124.9 万 t，青茶が同 0.8 t 増（+3.6%）の 22.9 万 t，白茶が同 1898 t 増（+19.8%）の 1.1 万 t，黄茶（弱後発酵茶）が同 215 t 増（+10.5%）の 2253 t となっている．

c. 茶葉輸出量

税関統計によれば，2013 年 1～12 月の中国茶葉輸出量は前年同期比 +3.92% の 32.6 万 t，輸出金額は同 +19.64% の約 12.5 億米ドルで，平均単価は同 +15.13% の 3920 米ドル/t となった．このうち，緑茶の輸出量は前年同期比 +6.37% の 26.4 万 t，輸出金額は同 +23.4% 増の約 9.3 億米ドルで，平均単価は同 +16.01% の 3562 米ドル/t となった．紅茶は輸出量が前年同期比 -8.27% の 3.3 万 t，輸出金額は同 +8.02% の約 1.3 億米ドルで，平均単価は同 +17.78% の 3904 米ドル/t となった．青茶は輸出量が前年同期比 -1.92% の 1.7 万 t，輸出金額は同 +9.56% の約 8748 万米ドルで，平均単価は同 +7.71% の 5135 米ドル/t となった．花茶（ジャスミン茶など）は輸出量が前年同期比 -6.37% の 6856 t，輸出金額は同 +7.04% の約 5518 万米ドルで，平均単価は同 +14.32% の 8048 米ドル/t となった．黒茶は輸出量が前年同期比 +5.26% の 4513 t，輸出金額は同 +19.5% の約 4331 万米ドルで，平均単価は同 +13.6% の 9587 米ドル/t となった．

d. 茶葉の国内販売

2013 年は，輸出が基本的に安定状況にあるなか，国内販売が中国の茶業発展を牽引する大きな要因となった．中国国内の茶葉市場は好調が続いており，高級ブランド

の緑茶は相変わらず人気が高く，プーアル茶，紅茶，武夷岩茶も長く支持されており，これらが市場の発展を支えている．鉄観音は積極的な方向転換により商品の高級化を進めており，濃厚な香りと伝統の味わいで再び市場の人気を集めるようになった．また黒茶は行政とメーカーの後押しを受けて，その保健機能が徐々に市場に浸透しつつあり，売上を急速に伸ばしている．なかでもプーアル茶は生産と販売が一段と活発化し，理想的な発展という良い状態が現れている．緑茶と白茶も安定した快調な成長を維持している．2014 年の中国茶葉市場においては，目下のところプーアル茶，武夷岩茶，白茶が消費者の人気を集めている．

e. 価格動向

喫茶は多くの中国人にとって生活習慣の1つであり，茶は生活のなかで欠くことのできない飲料となっている．さらに，消費者の健康意識の高まりにつれて，茶はより多くの人々に受け入れられ，愛され，求められるようになっている．近年，各地の高級ブランド茶葉は価格が高騰していたが，政府が打ち出した「清廉な政府の建設」という方針により，政府による調達や贈答品としての販売が控えられたことから，高級ブランド茶の価格は大きく落ち込んだ．一方，中～低価格帯の茶葉については，国内茶飲料市場の拡大が続いていることもあり，需要は活況を呈している．しかしながらここ数年の物価・人件費・燃料費の高騰などから，茶農家にとって利益の少ない夏茶・秋茶の生産意欲が減退しており，中～低価格帯茶葉の価格も高止まりの傾向にある．このことから，対外的な輸出茶葉の価格にも大きな影響が生じている．〔山口真一郎〕

● 2.4.4 日本茶の流通構造

a. 茶流通の変遷と現状

1970 年代頃までは，農産物において大量生産，大量流通，大量消費に適した生産・流通システムが形成されていた．しかし 1980 年代に入ると，農産物の流通は多様化する．茶の流通を取り巻く状況も，農産物流通と同様に，大きく変化している．具体的には，茶価の低迷，リーフ茶の消費減少，消費者ニーズの多様化，静岡県における茶集散地機能の低下[1]と南九州地域の大規模茶生産者と飲料原料メーカーの取引拡大[2]，などがあげられる．全国の茶産地では，それぞれの実情に即した茶流通および茶取引が行われている[3]．

b. 茶流通の経路と特徴

生産者から消費者への茶流通経路を明確にするために，静岡県における例を図 2.19 に示した．静岡県では，生産者から茶商への茶の流通経路（茶取引）は，主として4通りに分けることができる[4]．荒茶取引に関与する主体には，①茶市場，②農協・経済連（農協共販），③茶斡旋業者，の3つがある．図に示されている荒茶流通では，その 82%が茶市場，農協共販，茶斡旋業者を経由して，生産者から産地茶商に届く[5]．

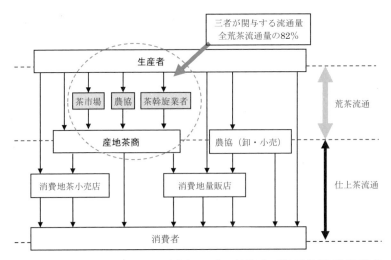

図 2.19　静岡県における生産者から消費者への茶の流通経路（静岡県茶業振興計画資料（2006）より作成）

中小零細な加工業者・流通業者の実需を基本に，品質評価を重視する小口取引を中心とした流通が形成されてきている[6] ことが，静岡県における特徴である．

荒茶流通とは，生産者が荒茶を製造し，それが再製業者（荒茶を選別，整形，焙煎して仕上茶に加工する茶業者をいう．産地茶商の大半はこの業務を行っている）に販売されるまでをさす[7]．

茶取引では，粉引（荒茶価格帯ごとに定められた比率で代金を控除する商習慣．日を追うごとに荒茶品質の低下が生じ，商品価値の低い荒粉や細粉の比率が増加するため，価格の低い荒茶ほど控除額が大きい．この商習慣に対し否定的，懐疑的な見解もある[7]），手形決済，早朝取引，相対取引など，他の農産物とは異なる，古くからの茶特有の商習慣が現在も主流となっている[7]．荒茶流通の近代化を推進しようとする動きのあるなかで，個性豊かな静岡県茶産地と茶の維持には，これまで続いてきた複数の流通経路の並存が必要である[4] との見解もある．

(1) 茶市場

「相対取引」（静岡県），「入札取引」（鹿児島県）という方法によって価格形成がなされる．上場したものが毎回同じ買手に評価，購入されるとは限らない．数多くの買手が集まり行われる商談やこれによって決定する価格は，品質に見合ったものであると判断できる[4]．

(2) 農協共販

1970 年代はじめ，構造改善事業をはじめとする農業近代化のための諸制度による

融資を得て設立された製茶工場の増加で，静岡県内で一定の産地規模をもつ農協は自身が販売に責任をもつ必要性[1]が生じ，茶流通部門への進出を始めた．その進出の範囲は農協により異なり，初歩的な荒茶の集荷・販売から，茶市場の開設や冷蔵施設と再製工場を併設して年間事業活動を行う本格的参入までさまざまである．農協共販には，職員が直接産地茶商に見本茶を持ち込んで商談する方法と，経済連に委託して商談する方法がある．この取引で生産者は，斡旋手数料および保証料を支払い（農協と経済連が介在する共販を利用する場合，農協に支払う手数料（保証料を含む）は取引金額×2%，経済連に支払う手数料（同上）は取引金額×0.2% である．買手から農協や経済連に振込まれた茶代金は，手数料を差し引かれて生産者に支払われる）．販売先である産地茶商への与信管理は農協茶取引補償協会が行う．

(3) 茶斡旋業者

茶斡旋業者は，戦後の静岡県茶業において特異的に発達し，重要な役割を担ってきた．この業者についての記述はいくつかある（文献[1,4,6,8,10]，曽根 1969，中澤 2008 を参照）．その特徴について整理すると，①介在する取引は，茶生産時期における生産者と産地茶商の間の「荒茶取引」と，端境期における産地茶商間の「荒茶取引および仕上茶取引」である．②茶取引の斡旋を行い，売買の成立したものについて一定の手数料（すべて売り手が負担する．文献[8]を参照）を受ける．③1966 年に静岡県製茶斡旋商業協同組合を設立し，組織的な活動を行っている（戦後は任意組合でスタートし，のちに共同斡旋にかかわる手数料の取扱いなどをおもな業務とする現組織に改編した）．④業者数は減少している（2001 年には 33 業者あったが，廃業等により 2013 年には 22 業者に減少している）．

茶斡旋業者を経由した販売では生産者が負担するのは斡旋手数料のみで，販売先への与信管理は生産者が自己責任で行う[9]．

c. 茶流通の新しい動き

流通構造の変化に伴う茶流通業者の分化が生じて，消費地茶店の産地進出（産地茶商・中抜き）や産地茶商の消費地進出（茶店以外への販売）が起こっている[11]．また，静岡県の荒茶流通では，農協と茶斡旋業者が連携に向けて模索を開始している[9]．

d. 茶流通の将来

荒茶および仕上茶における流通は，2010 年代に入るとさらに変化のスピードを上げている．生産，流通，販売が取扱数量を減少させていることに対しては，サプライチェーンの連続性に課題があるという指摘もある[12]．そのなかで，消費地茶店の産地進出や産地茶商の消費地進出，あるいは農協と茶斡旋業者の連携は，実需者である産地茶商やその川下に位置する消費地茶店や消費者の求める茶（顧客ニーズ）を川上側の生産者に伝え，茶流通の円滑化を実現しようとしている．茶流通の将来はこのような変化に対して大きな期待がかけられている．

〔加納昌彦〕

引用・参考文献

1) 大越篤（1974）：茶の流通機構．日本茶の生産と流通，明文書房．
2) 根師梓・藤島廣二（2012）：国内の緑茶飲料原料茶葉供給における企業間取引の成立条件．農村研究，**114**：25-34．
3) 静岡県茶業会議所（2013）：日本茶流通の現状―平成25年度お茶の郷博物館企画展③．
4) 加納昌彦・納口るり子（2009）：静岡県における茶の流通構造―生産者～流通業者（茶商）への流通経路を中心に．農業経営研究，**47**(1)：64-69．
5) 静岡県農業水産部（2006）：茶業の明日を拓く，静岡県茶業振興基本計画―攻めの茶業（H18～22）．
6) 鴻巣正（2004）：荒茶の産地市場の機能変化と流通の課題―特定実需者向取引の進展と産地の対応．調査と情報，2004年5月号：10-16．
7) 静岡県経済産業部（2013）：静岡県茶業の現状．お茶白書．
8) 山田繁（1989）：茶の流通．静岡県茶業史第5編，p.254，静岡県茶業会議所．
9) 加納昌彦・納口るり子（2014）：静岡県の荒茶流通における農協と茶斡旋業者の連携．農業経営研究，**52**(1, 2)：83-88．
10) 静岡県農林水産部（2001）：静岡県茶業振興基本計画―特色のある茶産地と力強い経営をめざして．
11) 加納昌彦・納口るり子（2011）：茶流通業者の業態変化と産地・消費地間連携．農業経営研究，**49**(2)：45-50．
12) 農林水産省（2012）：茶をめぐる事情．

2.4.5　茶業政策

　全国各茶産地では，リーフ茶をはじめとした茶の需要の確保（短期的な目標）や需要の拡大（中長期的目標）の実現が大きな課題となっている．消費者のニーズに対応した信頼性が高く，特徴が顕著で魅力に富んだ付加価値の高い茶について供給力を強化すること，またそのために，茶のサプライチェーンを構成する「茶園段階から加工・流通段階まで」の関係者間で，協力・協働体制を構築することが急務となっている．

a.　農林水産省が行う茶の生産流通振興策

　各茶産地における生産・流通・消費に関する事情が異なるため，農林水産省では新たなチャの栽培手法や技術の導入・実証，加工適正試験の実施や加工技術の導入・実証，成分分析や品質管理体制の整備，国産の茶を使った新商品の開発や試作など，生産者や茶商が連携して行う「茶の需要拡大に向けた取組への支援」を，平成21年度から開始している．

b.　お茶の振興に関する法律とその概要

　平成23年（2011）4月，「お茶の振興に関する法律」が策定された．
　わが国においては周知の通り，①茶業が地域産業として重要な地位を占めている．また，②日常の喫茶の習慣や茶道など茶に関する伝統と文化が国民の生活に深く浸透

し，国民が豊かで健康的な生活を送るうえで茶が重要な役割を担っている．しかし近年，生活様式の多様化その他の茶をめぐる諸情勢の変化により，茶業を取り巻く環境が非常に厳しいものとなっている．そこで，国が③茶の需要の長期見通し，④③の長期見通しに即した栽培面積その他茶の生産の目標等を掲げた「茶業振興基本方針」を策定し，これを都道府県に下ろした．

都道府県はこれに即してそれぞれの実情に合わせた「茶業振興計画」を策定した．ここには「茶業経営計画」が盛り込まれており，都道府県知事は茶業振興計画に照らして認定し，茶業経営計画に関する援助や資金の貸付を行うとしている．また国の茶の生産および出荷の安定に関する措置に基づき，都道府県は茶の生産者の経営の安定等のための措置を策定している．

これらは茶業の健全な発展のための諸施策で，具体的には，(ア) 栽培等の状況に関する情報の提供，(イ) 加工および流通の合理化に対する支援，(ウ) 品質の向上の促進，(エ) 新用途への利用の促進，(オ) 消費の拡大，(カ) 輸出の振興，(キ) 国民の理解と関心の増進，が盛り込まれている．

c. 民間団体における茶業政策の普及，浸透

(1) 公益社団法人 日本茶業中央会

お茶の振興に関する基本的方策を樹立し，安全で良質な茶の需給関係の総合的改良発達を推進するとともに，茶文化の振興を図ることにより，茶業の健全な発展および国民生活の豊かさの向上実現に寄与することを目的とする団体である．

①全国茶生産団体連合会（全国規模の生産者団体：東京都千代田区），②全国茶商工業協同組合連合会（全国規模の流通業者団体：静岡市葵区），③日本茶輸出組合（全国規模の輸出業者団体：静岡市葵区），④公益社団法人 静岡県茶業会議所（主産県総合団体：静岡市葵区），⑤公益社団法人 京都府茶業会議所（主産県総合団体：京都府宇治市）⑥公益社団法人 鹿児島県茶業会議所（主産県総合団体：鹿児島市）の全国下部6団体が会員団体であり，下記を事業として行っている．

1. 茶業および茶文化の振興に関する関係機関への提言に関すること
2. 茶の需要の拡大，計画的な生産等茶の需給の安定に係る総合的施策の推進に関すること
3. 茶の生産，流通および加工の合理化に関すること
4. 安全安心な信頼性の高い茶の供給体制の整備に関すること
5. 国際的な視点に立った日本茶の振興と日本茶文化の普及に関すること
6. 茶に関する情報の収集，機能性等の調査研究とその活用に関すること
7. 消費者に向けた，茶の健康的，文化的情報提供に関すること
8. 茶業に関する団体相互の連携，協調に関すること
9. その他この法人の目的を達成するために必要な事業

〔加納昌彦〕

2.4.6 日本茶インストラクター

日本茶インストラクターは,1999年,日本茶と消費者の接点となり,日本茶文化の発展および日本茶の正しい理解と普及を指導できる者を認定することを目的に制定された.

全国の若手茶業関係者が中心となり発足に向け活動し,当初は社団法人(現 公益社団法人)日本茶業中央会の認定により資格制度が始まる.その後「特定非営利活動法人(NPO法人)日本茶インストラクター協会」が2002年に設立され,資格認定が移行している.

発足当初(第1期)は日本茶インストラクターのみで,茶業従事者のみに受験資格を限定していたが,第2期以降からは茶業従事者だけではなく一般の人(満20歳以上)にも受験資格の枠を広げた.これにより,日本茶を扱う他業種からの受験者が増え,現在は茶に関心が高い女性が多く,受験層が推移してきている.

日本茶インストラクター協会は現在,「日本茶アドバイザー(初級)」,「日本茶インストラクター(中級)」,「日本茶マスター(上級)」の3種類の資格を認定している.

a. 日本茶アドバイザー(初級)

「日本茶に対する関心が高く,茶全般の知識および技術の程度が,消費者の指導・助言や日本茶インストラクターのアシスタントとしての適性を備えた初級指導者」(日本茶インストラクター協会資料)となり,おもな活動内容は,販売店での消費者への指導・助言,日本茶教室でのアシスタント,茶関連イベントでの案内役などがある.

資格取得方法としては「通学コース(日本茶アドバイザー養成スクール)」「受験コース(日本茶アドバイザー通信講座受講【推奨】)」「日本茶インストラクター通信講座受講終了後申請」の,3種類がある.受験コースは年に一度開催される認定試験を受験する.

b. 日本茶インストラクター(中級)

「日本茶のすべてにわたる知識および技術の程度が,消費者や初級指導者を指導する適格性を備えた中級指導者」(日本茶インストラクター協会資料)となり,おもな活動内容は,日本茶教室の開催,日本茶カフェプロデュース,学校カルチャースクール等各種講習会講師,通信教育添削講師,日本茶アドバイザーの育成・指導などがある.

資格取得方法としては「受験コース(日本茶インストラクター通信講座受講【推奨】)」がある.年一度の受験によるものになる.

日本茶インストラクター協会が開催する日本茶インストラクター認定試験は,筆記による一次試験と実技による二次試験から構成される.一次試験(筆記試験)でのおもな内容は日本茶インストラクター協会発行のテキスト「茶の歴史」「チャの栽培」「茶の製造法」「茶の化学」「茶の淹れ方」「茶の健康科学」「茶の利用」「茶業概要」「茶の品質審査と鑑定」「日本茶インストラクターのインストラクション技術」の各項目か

ら出題される.

二次試験(実技試験)では,実際にお茶を見て行う茶の品質審査・鑑定と日本茶インストラクション実技がある.茶の品質審査・鑑定では,「荒茶による茶期別判定」いわゆる茶の収穫時期の順番判定,「仕上げによる品質判定」茶の優劣,「茶種別判定」茶の種類判定,「茶の浸出液による品質判定」がある.日本茶インストラクション技術では,試験官(審査員)より出題される課題茶の淹れ方を,課題茶にあった実際の茶器を選ぶところから始まり,講師になってインストラクションを規定時間内で行い,その後茶について質疑応答があり日本茶インストラクターとしての適性を判断される.

一次試験・二次試験を合わせ,最終合格率は約3割で推移している.

c. 日本茶マスター(上級)

「日本茶インストラクターとして3年以上の活動と経験を有し,日本茶に関する分野別の専門的知識および技術の程度が特にすぐれた上級指導者」(日本茶インストラクター協会資料)となり,おもな活動内容は,各種研修会,講習会講師,日本茶インストラクターの育成・指導などである.

2016年現在,累計で日本茶アドバイザーは9796名,日本茶インストラクターは4022名の認定者がいるが,日本茶マスターの認定者はまだいない.

茶業関係ではこれらの資格を取得することによる優位性が認められ始め,企業での求人条件や社内研修に利用され始めた.茶業界自体では営業するにあたり資格が必要なわけではないが,茶の効能効果等が「特定保健用食品」として広くPRされる商品が多く目につくようになり,消費者の茶に対する質問がより専門化してきていることを考えると,日本茶インストラクターや日本茶アドバイザーの活躍の場はこれからも拡大していくだろう. 〔奥村静二〕

2.4.7 紅茶インストラクター

a. 沿革・制度

日本紅茶協会(1971年,日本紅茶協議会として発足)は,日本における紅茶普及促進を目的として,紅茶メーカーや紅茶輸入業者,それに紅茶生産国の在日政府機関などで組織された紅茶の業界団体である(章末の「Tea Break」参照).

同協会では1986年,紅茶啓蒙活動として,消費者向けセミナー開催を企画するなど紅茶教育事業に着手した.しかし講師として活動できる人材は一部の紅茶メーカーなどに限られていたため,講師の養成は緊急課題となった.そこで1989年,インストラクターの人材育成を目的として,協会会員会社から候補者を募りインストラクター養成研修を開始した.協会は1991年,日本ティーインストラクター資格認定制度を発足させ,同時に設置された資格認定試験委員会により,これまで養成研修を受

けたインストラクターを対象に資格認定試験を実施，この試験に合格した22名に対して日本ティーインストラクター3級「ジュニア」の資格を与えた．

一方でその活動が，マスコミ等で報じられると，一般の関心も高まった．協会としては人材をできる限り増やすことを決定し，翌1992年，養成研修2期生の募集を開始した．資格認定制度に定めたカリキュラムに基づく養成期間は1年とし，会員会社と一般に向け公募した．こうして確立した養成研修への参加希望者は，年を追うごとに増加した．

現在，日本紅茶協会認定ティーインストラクターの認定資格は3段階に定められている．

(1) ティーインストラクター3級「ジュニア」

日本紅茶協会が定める規定の単位を修得し，資格試験に合格したものに対し，ティーインストラクター3級「ジュニア」資格認定証を授与する．養成研修は毎年実施．

(2) ティーインストラクター2級「シニア」

「ジュニア」(ティーインストラクター3級) の資格を得た後，5年以上の実務経験と，日本紅茶協会が定めた受験資格（海外研修等含めた）を有していることを条件として，「レポート審査」，「資格試験」に合格したものに資格認定証を授与する．選考は2年に一度実施される．

(3) ティーインストラクター1級「マスター」

「シニア」(ティーインストラクター2級) の資格を得た後，紅茶業界で通算10年以上の実務経験を有し，その人格，見識，ならびに実績が公正に認められ，マスター論文を評価されたたものに資格認定証を授与する．選考は3年に一度実施される．

b. 現況

1991年の第1回認定資格試験以降，二十数年を経過し，2016年4月時点で，ティーインストラクタージュニア（3級）取得者は1900名を超え，シニアは70名以上，マスターは2名を数えるまでになった．

現在ティーイストラクタージュニア（3級）資格取得には，養成研修を受け，試験に合格することを必要としている．研修は4月からスタートし，12月まで毎週1回（2時間半）受講する．受講資格は年間受講料を納付し，毎週の講座に出席できることが条件となる．学生については修学に支障のないことを条件としている．試験は研修中の7月から8月にかけて前期試験（学科・テイスティング）が行われ，12月に紅茶講習会手順の実技試験が実施される．

(1) 研修内容

研修前半は紅茶の基礎知識習得のための座学と，後半は講習会を行ううえで重要な手順実技とで構成される．座学内容としては，茶の分類，茶の発展史，生産国の概要と品質特徴，製造方法，等級区分，テイスティング，オークション，ブレンド，紅茶

のいれ方原理，成分と効用，茶の世界史，イギリス紅茶発展史など多岐にわたる．

実技は「紅茶講習会の手順と実習」を中心に，講師として模擬体験講座などを交え実践練習を繰り返し習得する．すべての講座を受講すると受験資格に必要な33単位を取得する．

(2) ティーインストラクターとしての活躍の場

資格取得後の活動については，個々の取得目的が異なり，また取得者の年齢層も幅広いためか，資格の活かし方は千差万別である．

取得後の資格の活かし方の例をあげると，関連企業や職場でのスキルアップに役立てる，将来の自己実現に向け備える，文化事業に講師や職員として所属する，さらなる紅茶知識を身につけ上級資格をめざして活動する，とりたてて資格を活かした活動はしないものの，身につけた紅茶文化や魅力を日常生活のなかで謳歌する，などである．

c. 課題と解決策

養成研修会場は東京で，講座は昼間の午後開催であるため，これまで会社員の受講は基本的に難しかった．研修者のなかには毎週地方から上京する人，会社を退職して受講する人もいる．すべての要望実現には要件整備を必要とし早急な実施は難しいが，順次課題解消に向け改善がはかられている．2013年度には夜間講座が新設され，会社員の受講が可能となった．昼の研修生は圧倒的に女性が多いが，夜間では男性が目立つようになった．また，短期間での紅茶知識習得のために，ティーアドバイザー養成研修や特別講座などを各都市で定期的に実施している．

課題として検討されるべきは，参加者の範囲を広げるためにも，土曜日や休日の活用，通信教育制度の導入などの新たな実施形態があげられる． 〔野中嘉人〕

―― Tea Break ――

日本紅茶協会（JTA）について

日本紅茶協会は昭和14年（1939）に設立された，わが国で唯一の紅茶関連業者による任意団体である．設立後，「全日本紅茶業協会」を経て，昭和46年（1971）から事業を引き継いだ「日本紅茶協議会」が，昭和59年（1984）に「日本紅茶協会」と名称変更して現在に至る．本部は東京都港区東新橋に，関西連絡所を大阪市北区太融寺町にそれぞれもつ．

協会の会員は正会員，賛助会員，特別会員の合計約60法人/団体によって構成されている．それらは，パッカーズ（紅茶包装業者/メーカー），インポーターズ（輸出入商社），エージェンツ（輸入代理店），関連包装資材メーカーズ，さ

らに主要生産国（スリランカ，インド，インドネシア，ケニア，バングラデシュ，マラウィ）の政府機関（主として茶業局）などを含む．会員間の互助親睦のほかに，年間通して実施している事業はおもに次の4つである：
　①国際関連事業（国際会議，食の安全性の確保などの国際連携作業ほか）
　②一般共同宣伝事業（「紅茶の日」のイベント，「おいしい紅茶の店」選定ほか）
　③紅茶消費促進事業（各国の紅茶と文化を楽しむ会，紅茶セミナーほか）
　④教育関連事業（ティーインストラクター養成研修制度，ティーインストラクター資格認定制度ほか）　　　　　　　　　　　　　　　〔荒木安正〕

第3章 茶の文化

🍃 3.1 中国の茶文化

🍵 3.1.1 中国茶文化概論
a. 喫茶法の類型について

中国の喫茶文化は，広い意味ではあらゆる階層の喫茶様式を含むが，ここでは，文人が担った，最も洗練された茶文化を扱う．なぜなら，文人の茶の発展こそが，中国の茶文化全体を導いたものであるし，日本や欧米の茶文化に影響を与え，その源流となったからである．

中国の文人の茶の発展については，つとに岡倉天心（覚三）が "The Book of Tea（茶の本）" において論じている．彼は中国の3つの茶の流派（schools）として，唐の "boiled tea"，宋の "whipped tea"，明の "steeped tea" をあげている．その類型化はほぼ正確であり，唐の「煎茶」もしくは「煮茶」，宋の「点茶」，明の「泡茶」に対応する．唐・宋・明の茶を，喫茶法の変化として記述した功績は，中国茶文化史研究において，先駆的な業績と言わざるをえない．

ただし，天心が唐宋明それぞれの茶を古典主義，ロマン主義，自然主義に配当することは，あまりにも観念的で理解しがたい面がある．さらに天心は唐宋の理想の茶文化が，元のモンゴル文化の侵略によって，中国では消滅し，ひとり日本にのみ茶の湯として伝わり，発展したとする．ここには，元寇を退けた日本にこそ，アジア文化の正統な部分が伝わったとする，独自の見解がみられる．

実際には，宋の点茶文化が衰亡したのは，元の侵略によるというよりは，一種の自壊作用によるものであろうし，日本の茶の湯は鎌倉・室町を通して日本独自に発展した文化であり，宋の茶の単純な後継者ではない．明代の茶文化は，多くの残された茶書の内容からみると，唐宋の理想を失ったというより，その精神を復元するのにつとめ，それにある程度成功したものとみるべきであろう．

b. 喫茶法の発展

中国の喫茶法の展開は，基本的には発展の過程としてとらえることができる（図3.1参照）．原初的な喫茶は，純粋に茶を味わうものではなく，食事の一部であり，薬品であった．そのため，ネギ・ショウガ・塩などを加えて長時間煮出すことによって，

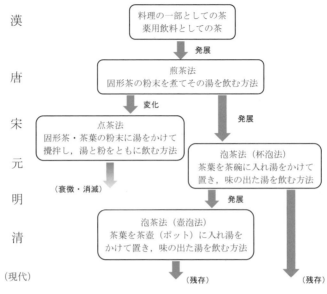

図 3.1　中国における喫茶法の展開

味や薬効を引き出したのである．そのような喫茶法を改革したのが唐の陸羽であり，『茶経』に記されるような繊細な煎茶法は，純粋な茶の味を引き出し，味の落ちないうちに供することを目的としている．

　唐末から宋にかけて流行した点茶法は，茶の純粋な味を追求するという点では，『茶経』の煎茶の延長上にあった．しかし，点茶は，茶末に湯をかけて攪拌して飲用するので，茶そのものをじかに摂取する点で，煎茶とは異なる．湯に塩を加える唐の習慣は，宋には衰えたらしい．北苑団茶の一部には龍脳香を加えたものもあるが，概して宋の点茶は，茶の真の色・香り・味といった，純粋な部分を追求するものとして発展した．

　点茶の際には，固形茶と葉茶の双方をいったん粉末に加工して使用したが，場合によっては市販の末茶も用いられたらしい．固形茶と市販の末茶の質が低下したことが，点茶の衰亡を招き，煎茶の復興につながったと思われる．

　宋代に葉茶が高級化したのを受け，南宋・元の頃より，葉茶を直接煮て飲む方法が開発され，さらに葉茶に湯をかけて味を出す喫茶法，すなわち泡茶法へと展開した．泡茶法が発展する条件は，湯をかけただけで味の出る葉茶の存在である．元の頃に揉捻の工程を伴った葉茶が開発されたことが，泡茶法の展開を促したといえよう．

　泡茶法は，その初期には，茶碗に入れた葉茶に湯をかけるものであったが，これを仮に「杯泡法(はいほう)」と呼ぶ．杯泡法は明代前期から流行し，現在も残存する．明代前期の杯泡法では，葉茶に香りをつけたり，茶碗に果実の類を加えたりすることも一般に行

われた．その種の杯泡法に比べ，より純粋な茶の味を追求したのが，明末に興る「壺泡法」である．これは，茶壺（ティーポット）に葉茶を入れ，湯をかけて蒸らして味をだし，茶碗に汲み出して飲用するものであり，これも今日一般的に用いられている．

茶壺は，明末には，磁器製，錫製のものも用いられたが，次第に宜興産の素焼きの器，すなわち宜興紫砂の茶壺が他を圧倒して流行した．茶人のなかには，小振りの茶壺をひとりずつ用いて泡茶をすべきだと主張するものもおり（周高起『洞山岕茶系』），茶壺の小型化，工芸化をうながした．清代になって，福建，広東等でウーロン茶が飲まれるようになると，それに対応して小型の宜興茶壺が使用され，葉の厚いウーロン茶を十分に蒸らす道具として機能した．いわゆる工夫茶に用いられる孟臣壺がこれである．

以上述べたように，喫茶法は，それぞれの時代の茶器の変化と密接にかかわる．茶碗に限定していえば，唐代は茶の緑色を映えさせるものとして，浙江の青磁が好まれ，宋代は淡い乳白色の茶を鑑賞するために，福建の黒釉の茶碗が好まれた．明の泡茶では，無色に近い，透明感のある茶の色を見きわめるために白磁の茶碗が使われたが，この習慣は現在に及ぶ．なぜなら明の緑茶だけでなく，清代に発達した発酵茶・半発酵茶も，泡茶法で飲まれ，濃い色はついているものの，透明感があるからである．

c. 製茶法の発展

喫茶法の発展は，製茶法の発展と軌を一にしたものである．『茶経』に記された製茶法は，「餅茶」の製造技術を伝える．これは想像しうる原初の製茶法，つまり，生の茶葉をそのまま摂取したり，茶葉を炙ったり，乾燥させたりするものに比べ，高度に発展したものである．『茶経』の「餅茶」は，摘んだ茶葉を蒸して，臼で搗き，平たく固めて乾燥させたもので，他の食品や薬品にも共通する方法である．これは茶の保存性を高め，流通に便利にした．また，蒸すことにより，葉の酵素を殺し，「発酵」の進展を止めたものであり，これは現在の「殺青」工程に等しく，基本的には緑茶の一種といえる．

たしかに「餅茶」の表面は，後発酵の度合いの強弱によって，黒もしくは黄（茶色）を帯びていたとされるが，その内実は緑茶であるといってよい．このように，完成度の高い緑茶から出発したことが，中国の茶文化を方向づけたといえる．

宋の北苑団茶は，製法の発展により，さらに緻密なものとなった．しかし，これも蒸すことで殺青を行っているので，基本的には緑茶の一種といえる．宋代には草茶と呼ばれる江南の葉茶が発展した．たとえば浙江の顧渚茶は唐代には餅茶として製造されていたが，宋になって葉茶に改められたという．草茶の製法は厳密にはわからないが，栄西が『喫茶養生記』に記した浙江の製茶法は，少なくとも蒸製の緑茶であり，葉を蒸して焙るものである．この製茶法では揉捻を伴わないために，泡茶には用いられない．現在日本で抹茶の原料として生産される「てん（碾）茶」が，揉捻されない

ことと軌を一にしている.

元に至り,揉捻を伴う葉茶の製法が完成することにより,現在の中国緑茶の原型が完成した.さらに明代に至り,安徽の松羅茶(しょうら),浙江の龍井茶(りゅうせい(ロンチン))などの炒青緑茶が発展し,蒸製と炒製の両様の緑茶が併存することとなった.これは,生の茶葉を鍋で炒めて殺青し,鍋や焙炉で乾燥して完成するものである.清代に入り,半発酵茶としてのウーロン茶,発酵茶としての紅茶が,武夷山などの地域で発展し,後発酵茶としての普洱(プーアル)茶も普及する.普洱茶を含む黒茶の一部は,流通に便するため圧搾して固形茶に作られるようになったが,これは唐宋の固形茶とは根本的に異なるものである.

● 3.1.2 文人の茶

a. 茶会の始まり

茶は本来は庶民の飲料であったし,唐代に茶が普及したときは,僧侶の飲料としての性格が強かった.とはいえ,『茶経』七之事に引かれた歴史資料をみる限り,身分の高い官僚のなかにも,三国時代以来,茶の愛好家がいたことはわかる.しかし,誤解されがちであるが,有名な文人である左思と張載の詩が,それぞれ一首,茶を扱ったものとして『茶経』に引用されていたとしても,南北朝時代には,まだ茶は文人の世界の一部をなす要素ではなかった.

唐になって,茶は詩に詠われるようになり,しかも文人生活の重要な要素,すなわち隠逸味を象徴する題材として定着するのである.茶の詩のなかには,茶を愛好する人々が茶を介して集った様子を詠ったものもある.われわれの言葉でいえば,茶会に近い集会である.

陸羽の親友の釈皎然は,「晦夜に李侍御萼の宅に集い,潘述・湯衡・海上人を招きて茶を飲みて賦す」において,「晦夜不生月,琴軒猶為開.牆東隠者在,淇上逸僧来.茗愛伝花飲,詩看巻素裁.風流高此会,暁景屡裴回(かい).(晦夜月を生ぜず,琴軒猶お為に開く.牆東に隠者在り,淇上より逸僧来る.茗は伝花の飲を愛し,詩は巻素の裁を看る.風流此の会に高まり,暁景屡(しばしば)裴回す.)」と詠んでいる.文人が,月のない夜に僧俗の友人たちを招き,酒ではなく茶を飲み,窓を開いて琴を奏でる.茶を愛で,詩を詠み,興に乗って明け方まで庭をさまよう.「風流」がきわまったこの集いは,日本風にいえば,まさに侘寂の世界である.ここで「伝花の飲」というのは,客の間を巡る茶杯に,美しい茶の華が浮いていることを意味する.

もちろん,このような茶会は,何らかの決まりに従って行われたのでもないし,その形式がそのまま後に伝えられたということもなかろう.しかし,文人の世界の常として,詩を通じてその精神が伝えられたのは確実である.

3.1 中国の茶文化

b. 茶詩の世界－唐の煎茶

茶を愛でる詩の多くは，その詩人の感じた言葉で茶の美しさを詠んでいるが，やはり時代の制約を受けざるを得ない．つまり，唐の詩人は，唐代に一般的であった，煎茶法の茶を詠むことになるのである．その結果，類似した言葉が用いられることになる．その1つが「松花」である．李徳裕の「茗芽を憶う」は，山中に閑居して早春に茶を味わうことを詠んでいるが，「松花飄鼎泛, 蘭気入甌軽.（松花は鼎に飄いて泛び，蘭気は甌に入りて軽し．）」という表現で，鼎（茶を煮る鍋）の湯に，松の花のような茶の華が軽く漂い，茶碗からは，蘭のような香りが立ち上る，と詠んでいる．

唐の煎茶における茶の華の美については，1.2.2項を参照していただきたい．鍋で煮た茶を茶碗に注ぐのが煎茶の形式である．ここで松の花のような黄色い花粉によって華の形容をしているのは，実際に似ているからでもあるが，松が隠者や仙人のイメージに近いからでもあろう．唐詩において，「松花」と並んで用いられる茶の形容が，「麹塵」であるが，これも黄色くちらちらしたイメージの語であり，茶の華の描写にふさわしい．「麹塵」自体は麹の表面の胞子であるが，芽吹いた柳や，水面の輝きの形容としても使われる言葉である．「松花」も「麹塵」も，直接『茶経』では使われていない詩語であるが，茶を自然の光景の一部として形容する精神は，『茶経』に共通するものである．

唐の詩人のなかで最大数の茶詩を書いたのは白居易であり，文人趣味としての茶のイメージを打ち立てたのも彼の功績である．彼が詩に詠む茶は，陸羽のように味にこだわるものではなく，日々の閑適な生活において，悠然と楽しむものである．その「夏日に病間えて」の詩句「或飲一甌茗, 或吟両句詩（或いは飲む一甌の茗，或いは吟ず両句の詩)」は，その心情を代表している．白居易が後世の詩に与えた影響は絶大である．

c. 茶詩の世界－宋の点茶

宋代の文人も茶を詠んだ詩を多く残しているが，茶としては北苑の団茶が珍重され，喫茶法としては点茶が流行したという．新たな時代を受けて，茶の表現も唐とは異なったものとなった．たとえば，北宋の梅堯臣は，「李仲求，建渓の洪井茶七品を寄せ，愈よ少くして愈よ佳なり，いまだ嘗めていかなるかを知らざるのみ，と云う，因りて条してこれに答う」という詩において，知人から贈られた，一等から七等までそろった北苑の団茶について，「末品無水暈, 六品無沈渣. 五品散雲脚, 四品浮粟花. 三品若瓊乳, 二品罕所加. 絶品不可議, 甘香焉等差.（末品も水暈無く，六品も沈渣無し．五品は雲脚を散じ，四品は粟花を浮ぶ．三品は瓊乳の若く，二品は加うる所罕なり．絶品は議すべからず，甘香いずくんぞ等差せん．)」と描写している．

この詩を解読しながら，1.2.3項で論じた宋の団茶と点茶の実態について再確認したい．まず，末品（七等の品）にすら現れないとされる「水暈」は，『茶録』にいわ

ゆる「水痕」に近い言葉であり，茶碗の茶を上から見て，周辺部に日の暈のように水の輪ができることであろう．言い方を変えれば，茶の粒子が沈澱すると現れるものである．六品に現れないとされた「沈渣（沈澱した滓）」と表裏一体の概念である．

五品の「雲脚」は，『茶録』にそのままみえる言葉であり，茶の粒子が湯の中で広がった様子を雲にたとえたものである．四品の「粟花」は，「粟紋」ともいい，茶の湯の表面の微細な粒である．三品は「瓊乳」のようだとされるが，これは仙人の飲料とされる液状の白玉であろう．最後は「絶品（一等の品）は言葉で説明できないほどすばらしく，その甘みと香りは等級などつけられない．」と述べる．

このように梅堯臣は，当時の点茶の美を余すことなく述べているのであるが，その視点は茶碗の中に注がれ，茶の粒子が湯と渾然となる様子を見つめている．宋代の点茶においては，茶の色は乳白とされ，色彩感が排除されている．「雲脚」「水痕」の語からわかるように，茶の様子をたれ込める雲や流れる川になぞらえ，茶碗の中に水墨画の世界を見るのである．（なお，「水痕」の語は，本来は船端や川岸の喫水線を意味するが，宋代には詩語として意味を広げ，川の流れそのものを指す場合もある．）

d. 茶詩の世界―宋の煎茶

宋代には点茶が主流であるが，唐以来の煎茶を愛する文人もいた．もちろん詩文の中では，「煎茶」という言葉を使っても，実際には点茶である場合もある．しかし一方，文字通りに茶を煎る煎茶も存在する．蘇轍は，「子瞻の煎茶に和す」と題した詩，つまり兄の蘇軾の「試院煎茶」の詩に唱和して作った詩のなかで，次のように述べている．「君不見閩中茶品天下高，傾身事茶不知労．又不見北方俚人茗飲無不有，塩酪椒薑誇満口．我今倦遊思故郷，不学南方与北方．銅鐺得火蚯蚓叫，匙脚旋転秋螢光．何時茅檐帰去炙背読文字，遣児折取枯竹女煎湯．（君見ずや閩中の茶品は天下に高く，身を傾けて茶を事とし労を知らず．又た見ずや北方の俚人は茗飲して有らざるものなく，塩酪椒薑口に満つるを誇る．我今遊に倦みて故郷を思い，南方と北方とを学ばず．銅鐺火を得て蚯蚓叫び，匙脚旋転して秋螢の光あり．何時か茅檐に帰り去りて背を炙りて文字を読み，児を遣して枯竹を折り取らしめ女をして湯を煎しめん．）」

この詩で作者は，南方福建の贅沢な建茶（ようするに点茶）も，北方の味をつけた茶も否定し，彼ら兄弟の故郷である蜀（四川）の茶をたたえているのである．そして，故郷に戻って子供たちと煎茶を楽しむ姿を，理想の境地として思い描いているのである．この詩にみられる，生活のなかで茶をしみじみ味わう境地は，南宋の陸遊や，楊万里の詩に受け継がれていく．楊万里の「六一泉を以て双井茶を煮る」は，欧陽修と蘇軾ゆかりの六一泉の水で，黄庭堅ゆかりの双井茶を煮るという題材で，詩の最後には「何時帰上滕王閣，自看風炉自煮嘗（何時か帰りて滕王閣に上り，自ら風炉を看て自ら煮て嘗めん）」と述べ，蘇轍の句を言い換えている．滕王閣は楊万里の故郷に近い名所である．やはり故郷で煎茶を楽しむ暮らしにあこがれ，望郷の念を訴えていて，

文人が心から楽しむ茶としての煎茶のイメージが受け継がれていることがわかる．

e. 茶詩と典故－明以降

中国の文人の世界は，過去の文人への敬慕の上に成り立っているといっても過言ではなかろう．茶文化に関しても同様である．上に引いた楊万里の詩は，欧陽修，黄庭堅，蘇軾，蘇轍といった，過去の茶を愛した人々を意識しつつ，そのうえで自らの茶を愛しているのである．このような現象は，典故を重んずる中国文学の世界では，時代が降るほど顕著になっていく．

たとえば唐の詩は実際の煎茶の美を詠んでいるし，宋の詩は点茶の美を詠んでいる．しかし，元，明，清の茶詩には，あまり現実味がない．喫茶文化そのものは泡茶の完成という高揚を示したが，それを素直にうたうことは，伝統に縛られた詩の世界では，やりにくかったのであろう．

画人としても高名な文人，文徵明（ぶんちょうめい）は，蘇州の生まれで虎丘茶と恵山泉を愛し，明代中期の茶人の代表格といえる．彼は唐の陸亀蒙にならって「茶具十詠」の図と詩を書き残したが，この一連の詩を読めば明代の泡茶の実際が理解できるかというと，そうではない．たとえばその中の「茶鼎」は「斫石肖古制，中容外堅白．煮月松風間，幽香破蒼壁．龍頭縮菌蠢勢，蟹眼浮雲液．不使彌明嘲，自随王濛厄．（石を斫りて古制に肖（に）せ，中は容れ外は堅白なり．月を煮る松風の間，幽香蒼壁を破る．龍頭に縮菌（しゅくしゅん）の勢あり，蟹眼（かいがん）雲液を浮ぶ．彌明〈軒轅彌明という道士．「石鼎聯句」の登場人物〉をして嘲らざらしめ，自ら王濛（もうざん）〈晋の人．茶を水厄と呼ぶ故事の主人公〉の厄に随う．）」と読むが，唐代には石の鼎で茶を煮たかもしれないが，明にはそのようなものは使わない．しかもこれは韓愈が序を書いた「石鼎聯句」の石鼎である（「石鼎聯句」に「龍頭縮菌蠢」の句がある）．結局明の詩ではあっても，すべては唐の煎茶のイメージの世界なのである．茶の趣味は文人にとって，過去の文化へのあこがれの一部であったのであろう．

🌑 3.1.3 名茶の物語

a. 唐の名茶

唐代には各地で既に名茶と呼びうるものが登場している．しかし，唐詩の中でたびたび登場するものとしては，顧渚茶（こしょ）と蒙山茶（もうざん）にとどめをさす．

(1) 顧渚茶

顧渚山は太湖の西岸に位置し，湖州市（呉興）の西北の長興にあり，北の宜興市との境界に及ぶ．唐の陸羽はここの茶を高く評価し，「顧渚山記」を著したが残っていない．陸羽の友人の皎然（きょうねん）も，顧渚山の近くに生まれて顧渚茶に詳しく，「顧渚行」と題した詩の中で，茶の生産について詳しく述べている．要するに，『茶経』に記述された茶の典型が顧渚茶である．この茶は紫筍茶とも呼ばれたが，それは『茶経』の語

を取ったものである．

顧渚山には770年に貢茶院が設けられ，貢納は明代まで続いた．山の東にある金沙泉は名水として知られ，貢茶を製造するときだけ湧き出したという伝説もある．現在でもここでは，有名な緑茶の顧渚紫筍が栽培されている．

(2) 蒙山茶

蒙山は四川盆地の西部，雅安と名山の間にある．ここに産する蒙山茶は，蒙頂茶とも呼ばれ，唐から清に至るまで一貫して貢茶とされたという歴史を誇る．蒙山でチャを栽培したのは，前漢の呉理真（一般には僧侶とされ，甘露大師の尊称をもつが，農民だとする伝説もある．）とされ，ことの真偽はともかくとして，彼は具体的に名の知られた中国最初のチャの栽培家である．

蒙山茶は唐詩において顧渚茶と並び立つものとしてあげられるが，その個性などをうかがい知ることはできない．唐以降，時代の変化に応じて形を変えながら，優良な茶を産出し続けたのであろう．清代には，山上の皇茶園の七株の茶樹が仙茶と呼ばれ，年に三百六十枚の葉が摘まれて茶に作られ，皇帝が天や先祖を祀るときにのみ用いられたという．現在も蒙山は名茶の産地として知られ，緑茶の蒙頂石花，蒙頂甘露，黄茶の蒙頂黄芽が生産される．

b. 宋の名茶

宋代に入ると名茶の数も増えるが，固形茶としては福建北苑の団茶が最も知られる．これについては1.2.3項と2.1.3項を参照されたい．葉茶のなかでは，江南の草茶が高級なものとされた．代表的なものは，顧渚茶，日鋳茶（にっちゅう），双井茶（そうせい）である．

(1) 日鋳茶

日鋳茶は，浙江省の会稽山日鋳嶺に産する．紹興の東南の郊外である．日鋳は日注と書くこともあり，それぞれに由来が説明されている．日鋳については，春秋時代の刀工の欧冶が越王のために刀を鋳たことによるとされる．他の場所ではうまくいかなかったのに，この山の上で「一日にして鋳成」できたというのである．日注については，日差しが差し注ぐからといわれている．

宋の楊彦の『楊公筆録』によれば，日鋳山頂の油車嶺で産する茶がよいが，量は少なく，芽の長さは一寸あまり，麝香の香りがするとされる．同書は，「越（浙江）の人は，熱湯を麝香にかけ，その湯が熱いうちに瓶に注ぐ．それを乾かしてから（本物でない）茶芽を入れて密封し，偽って日鋳茶と称する．この偽の日鋳の瓶を開けると，麝香の香りが鼻を打つので，本物と間違えてしまう」と記している．瓶に保存して市販されていたことがうかがえるのである．

日鋳茶は多くの詩に詠われているが，蘇轍の「宋城の宰，韓秉（へい）文より日鋳茶を恵まる」に「磨（挽き臼）は春雷を転じて白雪を飛ばし，甌（茶碗）は錫水（無錫の名水恵山泉）を傾けて凝酥を散ず」とあり，葉茶である日鋳茶は挽かれて白い茶末となり，

点茶で飲むと，乳酪のように見えると描かれている．

現在でも日鋳嶺には，日鋳茶の子孫にあたる茶樹が栽培されており，将来は商品としての復活も期待される．

(2) 双井茶

日鋳茶と並び称される草茶が双井茶である．宋の詩人たちは，北苑茶と日鋳茶と双井茶のいずれが上か下かについて，さまざまな議論をしている．黄庭堅もこの3種茶を別格に扱い，「煎茶の賦」の中で，「建渓（北苑）は割くがごとく，双井は撮つがごとく，日鋳は絶つがごとし」と，その味わいの差を述べている．

双井は，江西の分寧（修水）の名水の名前であり，この水を使って土地の人がチャを栽培した．ここは黄庭堅の故郷であるため，彼が都で宣伝に努め，有名になったものである．双井茶については，欧陽修の『帰田録』に次のような話が伝えられている．「もともと日注茶が草茶のなかで一番とされていたが，景祐年間以後，双井白芽茶の評判が高まり，品質も良くなった．近頃では，赤い絹の袋にわずか1, 2両を入れ，並の茶十数斤の中で保存する．熱や湿気を避けるためである」というもので，葉茶を袋に詰めて保存する様子がわかる．

黄庭堅は，双井茶を点茶で飲むための注意を，王子厚にあてた手紙の中で述べている．茶の白毛を取り去ってから挽き臼で挽くこと，北苑茶と違って，沸かし立ての熱湯を用いなければいけないこと等である．双井茶は詩の中で「鷹爪」と形容されることが多く，当時の茶の形をうかがわせる．現在も修水県の双井村では「双井緑」が生産され，江西省の名茶に指定されている．

c. 明の名茶

明代に入ると，緑茶の製法に変化が現れる．それ以前の蒸青緑茶に対して，炒青緑茶が登場し，なかでも安徽休寧の松蘿茶，霍山の六安茶，浙江杭州の龍井茶，江蘇蘇州の虎丘茶，天池茶等が知られ，茶人はその善し悪しを論じている．ほかに，唐以来の名茶顧渚茶は，羅岕茶と呼ばれ，伝統的な蒸青緑茶として愛飲された．

(1) 羅岕茶

羅岕は，宜興の南の地名（岕は峡谷の意）で，顧渚山の一部である．この茶は明代には，『洞山岕茶系』『岕茶箋』といった専門書が著されるほど珍重された．許次紓の『茶疏』でも，わざわざ「岕中製法」の項目を設けている．他の茶と違って，立夏後という遅い時期に採製されたという．この製法は，顧渚山では消滅して伝わらない．現在の顧渚紫筍茶は通常の炒青緑茶である．

(2) 松蘿茶

松蘿茶は休寧の万安鎮福寺村の松蘿山で生産された．大方という僧がその製法を開発したとされ，炒青緑茶の祖といわれている．現在でも生産されている名茶であるが，清代には"Singlo"の名でヨーロッパに輸出され，中国緑茶の代名詞とされた．

(3) 龍井茶

杭州では唐宋より茶が生産されていたが、龍井茶の名が知られるようになったのは明に入ってからである。もともと龍井は龍泓(おう)ともいい、西湖の西南にある名水の名であり、その周辺の龍井村で生産されたのが本来の龍井茶であった。清代以降次第に生産地域も広がり、清末には現在のような扁平な形になったといわれている。今に至るまで中国緑茶の代表格といえよう。

d. 清の名茶

(1) 武夷茶

武夷山は福建省北部の崇安(武夷山市)に在る名山で、奇峰と清流で知られる。宋代に北苑が設けられた建安から見て北方に位置し、地質植生ともに近いところである。元のときから武夷山に御茶園が設けられ、石乳等の団茶を生産した。明代に入り、洪武帝が団茶の生産をやめさせて葉茶に改めたが、貢茶の生産は続いた。清に入り、武夷茶の製法が改良され、『王草堂茶説』によれば、茶を摘んだ後、竹かごに載せて「風日」の中に晒すという工程が加わり、「晒青」と呼ばれたという。殺青の前にある程度発酵を促し、「半青半紅」の茶としたというので、これが半発酵茶たるウーロン茶の原型だと考えられる。

後に武夷茶はヨーロッパに輸出され、"Bohea (ボヒー、ボヘア)"の名で知られたし、武夷山の星村で生産された煙味のある茶は、"Lapsang Souchong (ラプサンスーチョン)"と呼ばれ、中国紅茶の典型として、ヨーロッパで愛飲された。武夷のウーロン茶は、岩山ごとの独特の味をもつ茶樹が、名叢と呼ばれて珍重され、なかでも四大名叢 (大紅袍・鉄羅漢・白鶏冠・水金亀) が知られている。

(2) 普洱 (プーアル) 茶

普洱茶は、雲南省西南部、瀾滄江の両岸の、臨滄、思茅地区、およびシーサンパンナ (西双版納) タイ (傣) 族自治州で生産される茶の総称である。特にシーサンパンナの六大茶山が、名産地として知られる。それを普洱茶と呼ぶのは、集散地の町の名を取ったものである。雲南大葉種を用いて作られた晒青緑茶は、多くが緊圧茶に加工されて出荷される。円盤状の七子餅茶、碗状の沱茶、直方体の磚茶、きのこ型の緊茶などがある。

普洱茶自体は、きわめて古くから栽培されていたが、清の雍正年間に貢茶とされてから、広く知られることとなった。普洱茶は、本来、晒青緑茶を緊圧茶に加工し、長期間自然に熟成させた後発酵茶である。20世紀半ばに至り、高温高湿の条件下で人工的に後発酵を早める「渥堆」の工程が開発されたが、この場合でも、緊圧茶にしてから、さらに3〜5年は熟成させなければならない。10年から数十年も熟成させた普洱茶は、穏和な甘みを帯び、茶通の間で珍重されている。

3.1.4 茶芸の始まりと普及

a. 茶芸の始まり

中国では，茶をいれるための技術体系を表すのに，一般に「茶芸」という言葉が用いられる．茶芸は，もと台湾で用いられ，香港に広まり，今では中国全土で普通に用いられている．「茶道」という言葉を避けたのは，日本の茶道と一線を画すためであったらしい．しかし，現在では「茶道」も中国で用いられている．「茶道」という語は，古く唐の釈皎然の詩に遡るが，後の中国ではあまり用いられなかったものである．茶芸にせよ，茶道にせよ，ほとんど茶文化と同義の広い意味に用いられることもあり，定義は難しい．

とはいえ，本来茶を正しくいれるための技術やその伝承があったことはいうまでもない．それを「茶芸」と呼ぶならば，その濫觴はやはり陸羽なのであろう．『茶経』の記事に，その一端を読み取ることができる（詳しくは1.2.2項参照）．『唐国史補』には，陸羽と常伯熊という2人の茶人が，御史大夫李季卿の前で競って茶をいれた話を載せる．常伯熊という人物は，「黄被衫，烏紗帽をつけ，手に茶器をとり，口で茶の名を説明し」て，見るものに感心されたという．その後，陸羽も招かれて茶を煮たが，「野服」を着ていたのと，茶のいれ方が常伯熊と比べて変わり映えしなかったために，李季卿は陸羽を卑しみ，召使いに30文の報酬を払わせた．陸羽はそれを恥じて「毀茶論」を著したという．

この話から，当時の茶人が，貴人に見せる形で茶を煮たことがわかる．場合によっては，人を感心させるような技術であったのであろう．ただし，陸羽の逸話が暗に示しているように，人に茶をいれるのは，身分の低いものが奉仕として行う行為と位置づけられたのではなかろうか．台湾故宮博物院蔵の伝閻立本『蕭翼賺蘭亭図巻』では，いかにも『茶経』に似たやり方で，鍋で茶を煮ている人物が描かれているが，彼は地面にうずくまった召使いで，高僧と役人のために茶を煮ているにすぎない．唐詩の中には，文人が自分で手ずから茶を煮たと書いてあるものもあるが，むしろそれは例外なのであろう．

b. 宋から明・清にかけて

その後も，茶をいれる技術は時代に応じて発展した．宋初に点茶が発展すると，かき回す匙の動かし方で，茶の表面に文字や動植物の形を浮き上がらせる技術が登場し，「生成盞」とか「茶百戯」と呼ばれたという．蔡襄の『茶録』や，徽宗皇帝の『大観茶論』には，点茶の細かな手順が記されている．特に後者の茶筅の使い方に関する記事は，完全には理解しがたいが，きわめて高度な技術のように見える．とはいえ，固形茶を茶碾や茶磨を用いて挽く行為は地面や戸外で行わざるをえず，全体としては，やはり茶は身分の低い者が高い者のために用意するのが普通であった．

明代になり，文人趣味としての茶文化が確立すると同時に，泡茶法という，煎茶法

と点茶法に比べれば簡単で容易な喫茶法が開発されたために，茶は文人が手ずからいれるというイメージが強くなった．泡茶法は平易であるとはいえ，明代後期に茶壺の使用が開始されると，それはそれで特殊な技術が必要とされた．許次紆（きょじしょ）の『茶疏』等，明末の茶書にはその種の記述が現れる．茶葉と湯のどちらを先に入れるかという問題について，「上投」「中投」「下投」という用語が作られるのもこの頃である．

　清代になると，壺泡法の一種として工夫茶（クンフー（コンゴウ））が発達する．特にウーロン茶の喫茶が盛んな，広東東部の潮州地区（潮安，汕頭（スワトウ））では，「潮汕工夫茶」と呼ばれるものが発展した．近隣の鳳凰山で生産される名茶の鳳凰単叢等を用いる．茶具としては，孟臣壺（もうしんこ）と呼ばれる小型の宜興茶壺，若深杯（じゃくしんはい）と呼ばれる小振りの白磁の茶碗，砂銚（さちょう）（素焼きの湯沸かし），泥炉（素焼きの炉）等，伝統的なものが定められている．

　工夫茶では，ウーロン茶の味を引き出すためのさまざまな工夫が凝らされる．たとえば，茶壺をあらかじめ湯で温めること，茶壺の中に茶葉を入れてからは，高いところから湯を注ぐこと，茶杯には低く注ぐこと等である．茶壺を廻しながら，3個の茶杯に均等に茶を注ぐことを「関公巡城（かんこうじゅんじょう）」と呼び，最後の一滴まで注いで回ることを「韓信点兵（かんしんてんぺい）」と呼ぶ．このような合理的な手順や，風雅な呼び名は，多くが後の茶芸に継承されていく．

c. 現代の茶芸

　上述したように「茶芸」という言葉が初めて流布したのは，台湾においてである．1970年代半ば，台湾では伝統的中国文化を見直す機運が高まっていた．この流れのなかで，茶文化を宣揚するために，1978年に「中国茶芸協会」が，台北と高雄のそれぞれで成立し，1982年には「中華茶芸協会」が台湾全土の組織として成立した．その後，台湾の茶芸組織は大陸との交流も盛んに行ったため，茶芸の名は広まっていった．

　茶芸と平行して，茶芸館も台湾から普及を開始した．茶芸協会が成立した頃から，伝統的な中国茶（台湾の場合宜興茶壺を用いた工夫茶が中心となった．）を提供し，絵画などの伝統美術を鑑賞させる茶館ができ始めていたが，1981年から，正式に茶芸館を名乗る店が台北で営業を始め，その後，香港・シンガポール・澳門にも，茶芸と茶芸館が広まっていった．

　1991年以降になると，福州の「福建茶芸館」を皮切りとし，大陸にも茶芸館が普及し，現在では主要な都市にはほとんど茶芸館が存在する．それ以前，大陸では伝統的な茶館が存在した．茶館の歴史は古く，土地の人々が安い茶を飲んで時間を過ごし，所によっては伝統演劇を上演するというものである．しかし，この種の茶館は，一部の観光茶館を除いては，中国の近代化の中で消滅しかかっていたことも事実である．茶芸館の普及は，伝統的な茶館業界にも刺激を与え，華美をきわめた内装の茶座で高級茶を味わう茶芸館が増えつつある．もはや台湾流の茶芸館でなくとも，茶芸館を名乗る

ことが普通になりつつあり，緑茶・白茶・工芸茶など多様な茶を提供している．

ところで，茶芸に話を戻すが，茶芸の世界では客の前で喫茶の手順を披露することを重視する．その茶器や方法は，本来台湾の茶がウーロン茶系であったため，工夫茶を基礎としたものである．しかし，台湾の茶芸では，そこに改良を加え，茶海，聞香杯等の新たな茶具を使用したのである．茶海は，クリーマー様の器であり，茶壺の茶をいったん茶海に注ぐことで，均質な茶を客に注ぎ分けることができる．聞香杯は，丈の高い円筒型の小型杯で，茶を飲むための品茗杯とセットにして客の前に置かれる．茶を注ぐ際，いったん聞香杯に注ぎ，それを品茗杯にあける．からになった聞香杯に残った茶の香りを聞くためである．

d. 茶の地域的多様性

もともと中国の茶文化は，地域的多様性という問題から離れられない．漢民族に限ってもそうである．現在の状況に即してみても，まず，愛好する茶の種類が異なる．東北部を含む北方中国では，清代以降南方の花茶（ジャスミン茶など）が普及し，好まれた．もともと茶を薄くいれる習慣の地域である．四川の人々も花茶を好む．長江流域では，おおむね土地の緑茶を愛飲する．いずれにせよ中国緑茶であるから，どちらかといえば，淡泊な茶である．それに対し，南方中国では濃厚な茶が好まれ，福建と広東東部（潮州地区）ではウーロン茶，それより西では，普洱茶・六堡茶等の黒茶が愛飲される．花茶と緑茶の地域では，茶壺も用いるが，蓋付き茶碗に茶葉を入れて泡茶で飲むことが多い．あるいは蓋などない茶碗や，ガラスのコップに茶葉を入れて湯をかけることも普通である（近年流行している工芸茶は，茶葉を水中花のように形づくったもので，当然ガラスの茶器がふさわしい）．ウーロン茶には，潮汕工夫茶や台湾流の茶芸で用いる茶具（宜興茶壺など）が向いているが，広東など，蓋付き茶碗（蓋碗）を茶壺代わりに用いるところもある．普洱茶には，蓋付き茶碗や茶壺が使われている．しかし今後は，交通の発達や情報の多様化によって，喫茶の地域差が減少していくことも考えられるし，ペットボトルの茶の普及もめざましい．

茶芸館や茶芸組織は，もはや台湾ウーロン茶の宣伝という枠を超えて，さまざまな茶に対応する喫茶法を，茶芸として体系化しつつある．台湾の茶芸と無縁の組織も，各地で○○茶芸や○○茶道と名乗って，地方の伝統的茶文化を復興したり，独自の茶文化を展開したりしている．状況はやや混沌としているが，茶を中国の「国飲」として宣揚する，そのエネルギーは大きく，今後の創造的な作用が期待できる．

〔高橋忠彦〕

3.2 日本の茶文化

3.2.1 茶道概史
a. 奈良時代〜平安時代

　日本における喫茶の歴史は奈良時代〜平安時代初頭に始まる．中国（唐）との交易・交流によって制度・文物などが請来されたが，喫茶もそのうちに含まれていた．この時期の喫茶法は釜などに沸かした湯の内に粉末状の葉茶を投入し，煮出して飲むものであった．8世紀に唐の陸羽が著した『茶経』の茶法とほぼ同様なことから，おそらく唐風飲茶法の直截な移入であったと考えられている．弘仁6年（815）に近江梵釈寺の僧永忠が嵯峨天皇に茶を奉じた記事がみられ（『日本後紀』），続いて五畿内などに茶の献上を命じ，内裏でも茶園が営まれた．それらの茶は「季御読経」などの朝廷行事などで使われた．この時期の『凌雲集』（814年成立）など漢詩集からみると天皇や僧侶・貴族など限られた人物が唐文化の一環として茶を飲んでいたようだ．

b. 鎌倉時代

　鎌倉時代には新たな茶法である「抹茶法」が中国宋から請来される．すでに12世紀には博多に居住する宋商らが持ち込んでいたとされるが，記録上は建保2年（1214）に入宋僧明庵栄西が源実朝に進上した茶の記事が初見である（『吾妻鏡』[1]）．
　その後の鎌倉では，称名寺などで栽培されていた茶や京都栂尾から運ばれた葉茶を茶臼で粉末にして，日宋貿易などで持ち込まれた天目などの茶道具を使って茶筅で点てて飲む方法が広まった．この時期の禅宗寺院には唐物茶道具が蓄積され，「清規」にのっとって「茶礼」が行われるようになった．鎌倉幕府15代執権・金沢貞顕（1278-1333）の手紙には「唐物」「茶」の流行が記され，鎌倉市街からは茶入，天目などの出土も知られている．

c. 南北朝・室町時代前期

　南北朝から室町時代前半には「闘茶」が盛行した．闘茶ははじめ京都栂尾産の「本茶」とそれ以外の産地の「非茶」を飲み分ける単純なルールであったが，のちに「四種十服」など，茶をブレンドして4種の異なった味を作り出し，10回飲んで正否を飲み当てるなどさまざまなルールが考案された．また「雲脚茶」と呼ばれ，点てた際の泡がいかに長く残るかを競った場合もあった．
　寺社の参詣人らを対象に茶を売る「一服一銭」の茶売りたちも応永10年（1403）頃から記録に現れる（『東寺百合文書』[2]）．東寺など寺社内外で天秤棒に茶道具を担っての振り売りなどが行われ，後には市街地に茶店を構えることになった．
　一方で室町将軍家などでは，接客・連歌などの芸能空間でもあった「会所」でおもに日明貿易などで輸入された唐絵・天目など中国産の美術工芸品（唐物）を飾り付け，

これらを鑑賞しながらの喫茶も行われた(『室町殿行幸御飾記』[3])．ここでは近侍する「会所の同朋」たちによって飾り付けがされ，抹茶が「茶湯所」などの別室から運び出された．担当した同朋衆の能阿弥・芸阿弥・相阿弥らによってノウハウが蓄積され，成果としての『君台観左右帳記』が書き残され，のちの時代の飾りの規範とされた．

d. 室町時代後期

室町時代の後半時期(15世紀)に至ると，喫茶に対する内省的な考え方が生まれる．珠光(村田珠光，1423-1502)は「冷え枯れる」精神を求め「月も雲間のなきはいやにて候」(『禅鳳雑談』)などの言葉を残し，のちの「侘び茶」につながる考え方を生みだしている．さらに，主客が茶室に同座して茶を喫する「茶の湯」が京都，堺，奈良などで芽生え，その記録としての茶会記も書き始められている．

織田信長は永禄11年(1568)の上洛直後から茶の湯に注目し，室町将軍家などに伝来した唐物茶道具(東山御物)の蒐集につとめ，これらを使った茶会を開催し，後に武功を積んだ家臣に下賜する．家臣たちは競って茶道具を入手しようとしたために，この時期に唐物茶道具の価値は著しく上昇した．

豊臣秀吉は信長の唐物茶道具蒐集を継承する一方で，信長の茶頭であった千利休(1522-1591)らを重用し新たな「茶の湯」を普及させるべくイベントを連続して行っている．新築なった大坂城での「大坂城大茶湯」をはじめ，信長3回忌における「大徳寺大茶湯」，時の正親町天皇を客とした「禁中茶会」，京都北野神社で行った「北野大茶湯」などである．これらによって茶の湯は戦国大名や京・堺・奈良の町人のみならず公家貴族たちの間にも広まり，文化としての喫茶・茶の湯が定着することになった．

これらのイベントに参画した千利休は，天正10年(1582)頃に二畳敷という極小の茶室「待庵」(国宝)を造立，続いて「宗易形」の茶碗(樂茶碗)や釜，竹花入などを考案し，茶会における唐物茶道具に代わる和物茶道具の使用頻度を高めることになった．

e. 江戸時代

江戸時代の茶道については次の3.2.2項に詳しく述べられるので，ここではざっと概要をたどるにとどめる．

徳川将軍家でも茶の湯が重視され，俗に「将軍家茶道師範」と呼ばれる人物たちが活動する．古田織部は「数寄屋御成」と称される形式を創案し，その後，小堀遠江守政一(遠州流)，片桐石見守貞昌(石州流)らに引き継がれた．特に石州流は各大名家にも大きな影響を与え，諸国の大名家における茶堂たちも石州流を学ぶことになった．

江戸時代後半には出雲松江の藩主松平治郷(不昧)は茶道具の蒐集・分類に意を尽くし，寛政元年(1789)から図入り名物道具集としての『古今名物類聚』(18巻)

を刊行している．幕末には近江彦根藩主井伊直弼(なおすけ)（宗観）がその著『茶湯一会集』で「一期一会」の精神を表明した[4]．

室町時代末に茶の湯にかかわりはじめた天皇・公家では，金森宗和や後陽成天皇の弟にあたる梶井門跡常修院宮慈胤(じいん)法親王らによって公家相応の茶が模索され，御室焼仁清による茶陶が生み出されることになった．

利休の孫・千宗旦の子息は3つの千家（表千家・裏千家・武者小路千家）をたて，京都で茶の宗匠として活動するかたわら，大名家に出仕する．

また江戸時代後半には新たな喫茶法「煎茶」が盛行する．売茶翁高遊外(ばいさおうこうゆうがい)(1675-1763)が文人趣味として確立し，田中鶴翁(かくおう)(1782-1848)は花月庵流，小川可進(かしん)(1786-1855)は小川流をたて，煎茶道としての形を整えて茶の湯と並んで煎茶を定着させている．（日本における煎茶の歴史，および煎茶道の発展については，3.2.3項であらためて解説を行う．）

f. 明治時代

維新の激動のなかで旧来の文化は衰退を余儀なくされたが，製茶は輸出用として盛況をきたした．煎茶道は木戸孝允，伊藤博文などの政治家や岩崎弥太郎，住友吉左衛門ら財界の支持のもと，なお盛んであった．茶の湯も井上馨，三井物産の益田孝など政財界が中心になった茶会が行われ，仏教美術などをも取り入れた新たな形が考案されて各地の財界人を中心に再生する．さらに昭和前半期には，それまでの政財界人中心の茶に替わって，茶の湯の家元を中心とした茶道流派による茶が盛行することになった．

g. 現代

趣味の多様化などにより，茶道人口は昭和の終わり頃にはピークを迎え，家庭における煎茶，番茶などのだし茶の使用も暫時減少傾向をみせる．替わって，健康飲料としてのペットボトル入りの茶などが多く飲まれるようになっている． 〔谷端昭夫〕

引用・参考文献

1) 黒板勝美編（1932）：吾妻鏡（新訂増補國史大系32～33巻），国史大系刊行会．
2) 京都府立総合資料館編（2004）：東寺百合文書，思文閣出版．
3) 佐藤豊三（1976）：室町殿行幸御飾記（徳川美術館編）．
4) 熊倉功夫編（2002）：史料井伊直弼の茶の湯（上，下）（彦根城博物館叢書2, 3巻），サンライズ出版．
5) 谷端昭夫（2007）：よくわかる茶の湯の歴史，淡交社．
6) 熊倉功夫（1980）：近代茶道史の研究，NHK出版．

3.2.2　江戸時代の茶道
a.　大名の茶

　江戸時代初頭までには茶産地宇治で覆い下栽培など製茶技術の改良が進み，江戸将軍家に良質の碾茶を納める必要もあって茶師上林(かんばやし)一族が宇治郷代官に任じられ，宇治から江戸に碾茶を運ぶ「御茶壺道中」も始まっている．

　徳川将軍家でも茶の湯は重視され，俗に「将軍家茶道師範」と呼ばれた古田織部は「数寄屋御成」と称される茶室から始まる将軍の御成り形式を創案し，茶庭（露地）や茶室の整備，後に「伊賀焼」や「織部焼」と呼ばれる異形の茶陶を茶会に使うなど，時代の要請に合わせた新たな茶道具を創案したとされる．その後，京都伏見奉行小堀遠江守政一（遠州流），大和小泉の片桐石見守貞政（石州流[1]）らに引き継がれたが，特に石州流は各大名家にも大きな影響を与え，諸国の大名家における茶堂たちも石州流を学ぶことになった．茶の湯は各地の武家や関係の商人たちの間にも広まりをみせ，平戸松浦家（鎮信流），越後新発田溝口家（溝口派）などの大名は，自ら石州流内で一派を開くに至っている．

　諸大名家に茶の湯が教養として定着するなかで，出雲松江の大名松平治郷（号：不昧，1751-1818）は不昧流と称される独自の茶道流派を創出し，出雲焼など新たな茶道具，茶室，茶菓子などをも創案する．なかでも茶道具の蒐集・分類に意を尽くし，寛政元年（1789）から4回に分けて図入り名物道具集として『古今名物類聚』（全18冊）を刊行している．

　幕末の近江彦根藩主・大老井伊直弼（号：宗観）は石州流のうちで一派を創出するが，自派のテキストとして執筆した『茶湯一会集』（安政4年（1857）成立）のなかで「一期一会」の精神を表明し，後に茶道の精神として広まることになった．

b.　豪商の茶

　江戸時代中頃までは，大名家などと関係をもった特権的な商人（大坂の淀屋，京都の大文字屋など）が交流の必要もあって，名物茶道具を使っての茶会を行っていたことが知られる．江戸後期になると江戸の越後屋三井家，大坂の鴻池屋山中家，天王寺屋五兵衛など新興の商人たちが台頭し，社交や大名家との交流などのために嗜み始め，三千家の茶を学ぶことになった．特に大坂の千草屋平瀬露香（1839-1908）は一時期，武者小路千家の家元預かりを務めるほど茶道に造詣が深かった[2]．

c.　公　家

　室町時代末に茶の湯にかかわりはじめた天皇・公家たちの間では身分相応の茶が模索され，金森宗和や後陽成天皇の弟にあたる梶井門跡常修院宮慈胤(じいん)法親王らによって公家風の茶の湯が形づくられ，その茶陶として御室焼(おむろ)（仁清窯(にんせい)）や修学院焼などが生み出されることになった．後西天皇は自ら茶の湯の会を連続して開催し（『後西院御茶湯記』），さらに自らデザインした焼物（野神焼）や自作の茶道具なども伝わってい

る．江戸時代中葉には，慈胤法親王や後西天皇らと交流を繰り返していた近衛家熙によって，公家独自の茶の湯の形が成立した（『槐記』[3]）．

d．千家の茶

千利休の孫・千宗旦の子息が三つの千家（表千家・裏千家・武者小路千家）をたて，京都で茶の宗匠として活動するかたわら，紀州徳川家，加賀前田家，高松松平家などの大名家に出仕する．同じく宗旦門下の山田宗徧は三河吉田（豊橋市）の小笠原家に仕えた後に江戸で茶匠として活動し，藤村庸軒は伊勢藤堂家に出仕するなど，この時期に利休の茶は子孫や門下によって各地に伝わることになった．

元禄3年（1690）の利休百回忌をきっかけに豪農や豪商ら都市民たちも茶の湯を嗜み始め，続いて大名や豪商の妻や娘など女性が茶を学ぶことになった．大坂の茶匠大口樵翁は女性のための茶書『刀自袂』を著し，江戸で山田宗徧は『茶道便蒙鈔』（元禄3年刊）などを，京都では遠州の流れを汲む遠藤元閑による『茶湯評林』などが刊行され，出版による茶の湯の普及が図られるようになった．茶道の広まりによって新たな茶道具が必要とされ，京都の仁清窯，尾形深省による乾山窯などでは色絵の茶道具や懐石用食器などを焼いて好評を博した．

茶の湯の普及に伴い，それまでの稽古法は限界をきたして新たな方策が模索されるが，表千家7代・如心斎宗左や裏千家8代・一燈宗室，川上不白らは大徳寺玉林院の大龍宗丈に参禅するなかで「七事式」を考案した．七事式はそれまでの茶法の上に立って5人以上が同時に8畳以上の部屋で行う7種の方式からなっていた．いずれもが反復練習を必要としたところから，多人数で行う稽古に対応したものでもあった．大勢の門弟に対応することができるところから，茶道人口の増大に適していたといえよう．以降，稽古法として定着し，現在は千家以外の各流派でも類似の稽古法がとられている．

e．幕末

幕末には裏千家11代・玄々斎宗室が松山久松家，尾張徳川家など大名家に出仕するかたわら近衛家，九条家，東本願寺門跡など公家貴族などの間にも支持を広げ，慶応元年（1865）以来，天皇への御茶献上を行っている．玄々斎の活動は，それまでの身分別の茶とは異なって公家や大名・武士，商人らに共有される茶の姿を示しており，近代における新たな茶の先駆けとなった．　　　　　　　　　　　〔谷端昭夫〕

引用・参考文献

1) 野村瑞典（1980）：定本石州流（全7冊），光村推古書院．
2) 原田伴彦（1979）：町人茶道史，筑摩書房．
3) 千宗室（1958）：槐記（茶道古典全集 第5巻），淡交新社．

3.2.3 煎茶(道)の発展
a. 「煎茶」の文字が意味するもの

煎茶の文字は,緑茶の一種としての茶葉,あるいはその茶葉に湯を投じ,抽出して得られた茶液,またはその飲み方を指すのが一般だが,茶葉を湯で煎じて飲むなど,抹茶(挽茶)以外の日常に飲む茶を総称する場合もある.さらに,茶の湯(茶道)に対して,わが国近世に興隆した,新しい茶道(煎茶道)を,たんに煎茶と呼ぶこともある.

わが国の喫茶の歴史は,中国の茶の展開に沿い,その影響のもとに発展してきた.平安時代の文献にも,早くに「煎茶」の文字は登場するが,しかしそれは中国で用いられていた用語がそのまま使用されたもので,わが国独自の喫茶に対する用例ではない.

煎茶の文字そのものの使用の由来は,遠く中国の唐代にまでさかのぼる.その普及は,世界で最初の茶書『茶経』を著した陸羽(733-804)の力が大きいとされている(図3.2).

封演(生没年未詳)の『封氏聞見記』等には「陸鴻漸(陸羽)茶論を為し,茶の功効并びに煎茶・炙茶之法を説く」と記され,また「鴻漸之論に因って,広く之を潤色す.是に於いて茶の道大いに行わる」ともあるように,「煎茶博士」とも呼ばれた陸羽が,煎茶の法を,最も早い時期,積極的に指導した人物とされている.そして煎茶の法とともに,用語としての「煎茶」を広めた功績も,また陸羽にかせられている.

同時代の,秀才の誉れ高かった張又新(生没年未詳)にも『煎茶水記』と題する書があるように,文字としての煎茶の用例は彼以後盛んとなり,白居易(白楽天,772-846)の有名な「坐して酌む冷冷の水,煎じ看る瑟瑟の塵」の一句「瑟瑟の塵」とは,

図3.2 陸羽『茶経』皮日休序

粉末にされた団茶を，沸騰した湯の中に投じるときのさまを詠ったものだが，この詩の題は，「山泉にて茶を煎るに懐い有り（山泉煎茶有懐）」と，やはり煎茶の文字が使われている．このように，唐代詩人の詩文中にも，煎茶の文字は数多く見ることができる．

しかし，ここでの煎茶の文字が示す内容は，私たちが知っている煎茶とは異なっている．わが国で，煎茶の語彙が示す最も一般的な内容は，さきにも述べたように，葉の形状を残した緑茶，あるいはそれを熱湯で抽出した液のことを指し，茶の湯に用いられる粉末の抹茶と対照される．しかし，唐代の煎茶は，団茶・餅茶と呼ばれる固形の茶を火に炙り，茶研などで粉末にしたものを，沸騰した湯の中に入れ，煎ることを指して言った．

この場合の煎茶の文字は，わが国のように，茶の形状を示す名詞としての使われ方ではなく，茶を煎るという，動詞としての用いられ方がなされており，煮茶，烹茶などの文字にも置き換えられる．

b. 煎茶の請来

わが国での，煎茶の文字の使用例は意外に早く，その初見は弘仁6年（815）に，嵯峨天皇（786-842）が近江国唐崎に行幸し，その帰路梵釈寺に立ち寄られたときの記録にある．

梵釈寺の大僧都永忠（743-816）自らが嵯峨天皇に煎茶の接待をした．これは勅撰の歴史書，六国史の1つ『日本後紀』に記録されており「大僧都永忠，手自ら茶を煎じ奉御す」（大僧都永忠手自煎茶奉御）の文字が見える．

永忠は，宝亀年間（770-780）のはじめ唐に渡ったといわれている．陸羽が，茶亭三葵亭で，茶人としての活躍をしている頃だっただけに，中国の詩僧，文人との交流も多かった永忠は，誰よりも多く唐代の文雅な茶を体験していたと思われる．このようにわが国に，最初に中国から文雅・風雅な茶が紹介された時期，それは平安時代にまで遡り，それらは煎茶の名で呼ばれていた．

藤原冬嗣（775-826）の館での茶会など，貴族たちの風雅な茶会を始め，遣唐僧最澄（767-822）や空海（774-835）などにも，文雅な喫茶の事例が残されている．しかし，貴族社会の衰退とともに喫茶も影をひそめ，わが国で再び茶のことが注目され出すのは，鎌倉時代，宋から帰国した栄西禅師（1141-1215）以降のことである．

栄西は新しい喫茶法，いわゆる抹茶の法を持ち帰り，わが国最初の茶書『喫茶養生記』を著すなど，医薬的効用を強調，喫茶の普及に努めた．また，この抹茶を主体とする茶道の世界は，千利休（1522-1591）による茶の湯の大成となり，わが国独自の喫茶文化を発展させるが，それは別項で述べられる．

中国で葉茶の使用が始まるのは，朱元璋（1328-1398）が明の太祖洪武帝となって国を興し，洪武24年（1391）餅茶を廃止，葉茶での貢茶に変更して以来と考えられ

るが，それは，足利義満（1358-1408）が将軍職についた頃にあたる．

しかし，わが国では，織田信長（1534-1582）や豊臣秀吉（1537-1598）といった権力者が茶の湯を愛好していただけに，新しい喫茶法，葉茶の使用や煎茶器の到来はずっと後のことになる．北野に大茶会が催されたのが天正13年（1585），千利休のわび茶（侘び茶）が形を成し，茶の湯が大成するのもこの頃とされている．

一方，わが国近世の煎茶界に影響を与えた明の朱権の『茶譜』は1440年頃，そして同じ書名をもつ銭椿年（せんちんねん）の『茶譜』が書かれたのが1539年，明代の茶の特色を示す注目すべき書とされる陸樹声（りくじゅせい）の編集した『茶寮記』や徐渭の『煎茶七類』などの出版は1570〜1575年前後といわれ，中国ではすでに新しい茶の到来を迎え，抹茶はすっかり姿を消していた．しかし，この頃わが国は，まさに茶の湯の大成期に向かっていた．

煎茶が日本で意識され始める，あるいは秘かに用いられ始めるのは，室町時代（1392-1573）後期と考えられるが，特に五山の禅僧たちの間にその傾向が多くみられた．しかし，すぐには広がりをみせず，しばらく時間の経過が必要とされた．

この葉茶を用いる明代の喫茶法を，「煎茶」と呼び，わが国で意識的な取り組みがなされる最も早い事例として，黄檗山萬福寺（おうばくさんまんぷくじ）の開祖隠元隆琦（いんげんりゅうき）（1592-1673）およびそのもとで修行していた和僧月潭道澄（げったんどうちょう）（1636-1723）等，黄檗僧の喫茶の楽しみ方が注目される．隠元の侍僧であった道澄は，詩文に優れていたが，なかでも「煎茶歌」と題する詩を残し，権門勢家の好む茶の湯ではなく，風雅清貧の茶として煎茶を主張している（図3.5）．

図3.3　隠元像（『隠元禅師語録』より）

図3.4　隠元遺愛　紫泥茶瓶（大小）（萬福寺蔵）
　　　　［口絵6参照］

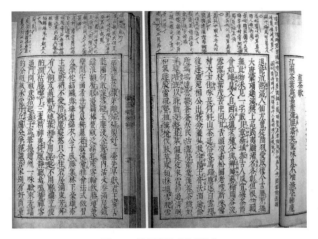

図 3.5　月潭道澄『煎茶歌』

このように，茶の湯を意識し，あるいはそれに対峙する形での煎茶の存在は，江戸時代に入り次第に強まってゆく．後水尾天皇の第六皇子で，のち天台座主にもなった尭恕法親王(ぎょうじょ)（1640-1695）も，「歌と茶の湯は大のきらいにて」「一生薄茶もまいらせず，煎茶のみなり」（『槐記』）と評されるように，茶の湯と一線を画した，興味深い姿勢を貫いている．

これは，煎茶中興の祖と呼ばれる，次に記す売茶翁(ばいさおう)（1675-1763）の登場よりも，半世紀あまりも前のことである．

以上のことから，わが国で「煎茶の伝来」といった場合，厳密には2つの流れがあったことになる．つまり，平安時代における中国唐代の煎茶受容．そして，さらに時代は下り，中国明代に普及する葉茶の受容．この葉茶は，従来の飲み方と異なり，茶瓶（急須）を用い，茶葉に湯を注ぎ抽出して飲む方法，つまり現代わが国でいうところの煎茶である．中国では，冲茶・泡茶あるいは淹茶と呼ばれ，煎茶の文字は使われていない．しかし，月潭道澄や売茶翁をはじめ，近世の喫茶愛好の文人たちは，新しく登場した葉茶の世界を呼ぶのに，主として「煎茶」の文字を選び，冲茶・泡茶あるいは淹茶等の呼称はあまり用いなかった．煎茶に固執したのは，やはりそこに強い意志が働いてのことだった．

「盧陸の遺風」あるいは「盧陸の道」という言葉が茶道を意味したことからもわかるように，唐代の陸羽や，「茶歌」（「筆を走らせ孟諫議の新茶を寄するを謝す」）で有名な玉川子盧仝(ろどう)（795-835）の喫茶の世界（図3.6），その文雅な茶の世界を理想とし，その精神を継承することを強く意識していたからである．

図 3.6 済源村「盧仝故里」碑

c. 売茶翁の登場〔煎茶道の提唱〕

煎茶の名のもと，新しい茶道としての独自の歩みが始まるのは江戸時代の中期からであり，最初に煎茶への積極的な関心を示し，その行動に出たのは高遊外売茶翁である（図3.7）．彼は肥前国神埼郡蓮池（現 佐賀市蓮池町）に生まれ，11歳で同町の龍津寺（黄檗山万福寺の末寺）に入り，月海と号した．のち僧籍を離れ高遊外の号に改める．

売茶翁が東山に通仙亭と称する小さな茶店を設け，風流な売茶稼業を始めたのは享保20年（1735），61歳のときである．煎茶が世間で一躍注目を浴びるようになったのは，彼の活動に始まるといってもよい．名所旧跡や景勝の地を選んで出かけ，煎茶の立ち売り，いわゆる「一服一銭」を始めた．「茶銭は黄金百鎰より半文銭までは，くれ次第，ただのみも勝手，ただよりはまけもうさず」といった銭筒銘も人目を引いたが，珍しい煎茶器，珍しい茶の入れ方にも注目が集まった．

しかし，京都に出た売茶翁が，当初煎茶を口に，革新的な売茶活動を始めた際の真の目的は，腐敗・堕落・衰退の一途をたどっていた禅僧社会に対し，激しい警鐘を打ち鳴らすことにあったとされている．「対客言志」一編を書いて，自らの意思を世間に問うてもいる．「今時の輩を見るに，身は伽藍空間に処して，心は世俗紅塵に馳する者の十に八九なり」と，妥協を許さないきわめて厳しい姿勢をみせている．しかし，「茶によそえて禅宗の衰へを嘆息」する，禅批判の方便であったはずの彼の煎茶は，のち次第にその向かう方向を変える．

高遊外を名乗る売茶翁の老荘的，文学的抒情性に富んだ詩偈を介して，その精神は多く文人社会に迎え入れられ，そこでの浸透を早めた．そのことは，「通仙亭」で風雅な煎茶の茶亭を開いて12年あまり後，寛延元年（1748）の著作『梅山種茶譜略』

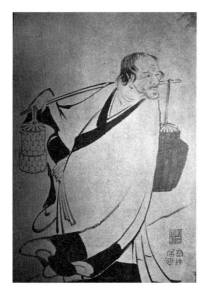
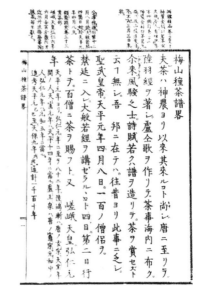

図3.7　売茶翁像（伊藤若冲画）　　　図3.8　『梅山種茶譜略』の冒頭部分

の冒頭を読むことによって，さらに強く印象づけられる（図3.8）．「夫レ茶ハ神農ヨリ以来其来ルコト尚シ．唐ニ至リテ，陸羽経ヲ著シ，盧仝歌ヲ作リテ，茶事海内ニ布ク．爾(しかし)来(よりこのかた)風騒之士，詩賦若(もし)クハ譜ヲ造リテ，茶ヲ賞セズト云コト無シ．吾邦ニ在テハ往昔ヨリ此事ニ乏(とぼ)シ」とあり，文雅な茶を強調するものに変わっている．

中国文人の風雅な茶事に対する憧憬が示されるとともに，わが国従来の喫茶趣味の在り方に強い疑念が表明され，新しい煎茶への指針が示唆されることになった．「陸羽経ヲ著シ，盧仝歌ヲ作リテ」あるいは「吾邦ノ栄西アルハ，大唐ノ陸羽盧仝有ガ如シ」と，当時文人の間で注目され始めた唐代の詩人玉川子盧仝や，『茶経』の著者陸羽の名前が盛んに登場することにも注意すべきだろう．

この主張は，高遊外売茶翁の晩年まで変わらず，入寂の月に刊行された『売茶翁偈語』にも，自らを指して「盧仝正流兼達磨宗四十五傳」と書いている．陸羽ではなく「盧仝正流」と主張したところに，高遊外売茶翁は文雅を伴う煎茶の新しさを示そうとしていたのだろう．つまり盧仝の「茶歌」に示された仙境こそが，また彼の煎茶が究極的に求めようとする理想の世界でもあった．

こうして唐代詩人の超俗的な生き方が，彼に強い影響を与えていたわけだが，それはまた唐代文化の模倣とさえいわれる，わが国平安時代，とりわけ嵯峨王朝期の貴族文化に対する憧憬とも重なっていた．中国的な文人趣味と王朝貴族の風雅との二重性格をもった日本の煎茶の世界は，こうした背景をもって誕生したのである．

とりわけ売茶翁が「茶を煎る」場所として選んだところが，下鴨神社の糺の森，吉田神社，日向大神宮，御室仁和寺など，天皇，および公家社会と深いつながりのある空間を選んでいることから，尊皇精神の先駆けとみて，それが幕末の志士文人による煎茶愛好に結び付くとされている．

d. 煎茶の隆盛〔煎茶と文人〕

異国趣味あるいは文人趣味としての煎茶の楽しみ，煎茶飲用の習慣は，高遊外売茶翁が主唱する以前から長崎などの地では行われていたが，文雅の色彩と，道としての求道性を深めた点では，彼を最初の人と考えてよい．亀田窮楽（1690-1758），彭城百川（1697-1752），伊藤若冲（1716-1800），曾我蕭白（1730-1781），それに池大雅（1723-1776）といった京洛の文人雅客や木村蒹葭堂（1736-1802）など大坂の好事家・文人などが，売茶翁の煎茶に関心を寄せ愛好するに至り，京都・大坂を中心に，煎茶道・煎茶趣味の流行はいっそう確かなものになった．

のち大坂出身で，一時京都鳴滝の泉谷に隠棲，売茶翁とも接した大枝流芳（生没年不詳）は，風流風雅に生きた人物で，香道や花道にも詳しく「風流の好事家」とも評されたが，彼は日本最初のまとまった煎茶書『青湾茶話』（1756年刊，のち『煎茶仕用集』と改名）を残している．中国の茶書を渉猟しての，文人趣味的な内容のものであるが，売茶翁の風雅を継ぐものとされ，このころから茶の湯を意識し，煎茶の独自性，存在を主張する行動がいっそう目立ち始めている．

そうした傾向をさらに推し進めたのが，江戸後期の国学者・歌人・小説家の上田秋成（1734-1809）である．秋成は，医業を都賀庭鐘（生没年不詳）について学んでいるが，煎茶の技も同時に習ったものと思われる．木村蒹葭堂とも親しく，間接的に売

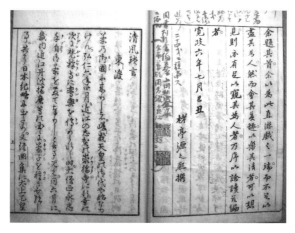

図 3.9　上田秋成『清風瑣言』

茶翁の煎茶にふれる機会も多かった．秋成が煎茶への傾斜をさらに深めたのは京都移住後で，寛政6年（1794）には有名な煎茶書『清風瑣言』を刊行している（図3.9）．
　秋成が住んだ知恩院前袋町の家の向かいには，詩文や書画にも巧みであった儒者の村瀬栲亭（むらせこうてい）（1744-1818）がいた．四条派の祖となった画家・俳人として知られる松村月渓（呉春，1752-1811），歌人の小沢蘆庵（1723-1801），さらに風雅のパトロン的立場にあった京都の豪商で画・連歌をよくした世継寂窓（よつぎじゃくそう）（?-1843）などが，秋成とともに煎茶を楽しんでいた．岡崎に居然亭と呼ばれる広大な別荘を持っていた世継寂窓は，また相国寺の大典禅師（1719-1801）の寿像を描いたことでも知られているが，大典禅師は売茶翁とも交友があり，その「売茶翁伝」は翁を知る人の書いた伝記として貴重なものである．
　売茶翁が意図した「詩賦若しくは譜を造りて茶を賞す」という文雅な煎茶は，こうしてまず秋成らを中心とする京洛の文人たちの間にその根を下ろすことになる．なかでも秋成の煎茶は「文雅養成の技事」の側面が強調され，彼の国学的教養と，公卿文人サロンへの出入りなどによる王朝的な色彩と美意識が加わり，売茶翁の煎茶にみられた禅的な雰囲気とは異なった，文人的色彩の濃厚なものへと変化していった．煎茶がさらに茶の湯批判，抹茶攻撃の姿勢を強く打ち出すのもこの頃からである．
　このようにして文人煎茶は，寛政（1789-1801）のころから，とりわけ文化・文政期（1804-1830）以降幕末明治にかけて，優れた人材の輩出と，内容の充実の面で，まさにその最盛期を迎えることになる．田能村竹田（たのむらちくでん）（1777-1835），頼山陽（らいさんよう）（1780-1832），青木木米（もくべい）（1767-1833），小石玄瑞（1784-1849），岡田半江（1782-1846），僧の末広雲華（1773-1850）など，多士済々の人材にあふれた．当時の文人墨客で，煎茶趣味をもたない者はいなかったといってもよいほどの勢いだった．
　なかでも，竹田，木米といった人物は，近世文人画の大成者としても知られ，煎茶の世界においても，この2人の果たした役割にはきわめて大きなものがある．青木木米は，陶芸の世界で秀れた煎茶器を制作，京焼の新しい時代を切り開いた人物である．また詩文書画の秀れた才能を陶磁器の上に発揮し，文人趣味に即した茶器の制作は，仁清（1661-1673）・乾山（1663-1743）以後の京焼に活力を与え，新風を吹込むことになった．
　田能村竹田は，清澄で格調の高い風雅な煎茶の世界を築くことに，最も熱心なひとりだった．詩・書・画三位一体の理想的境地を，彼は煎茶の世界に追い求めていたといっても過言ではない．
　地域的な広がりもいっそう増し，長崎では木下逸雲（1800-1866）や釧雲泉（くしろうんせん）（1759-1811）らの画家が煎茶愛好家としても有名で，特に雲泉は煎茶器を担って漂泊の旅にその生涯を終えている．彼は江戸の文人たちに煎茶の楽しさを教えた最初の人物とも考えられ，大窪詩仏（1767-1837），亀田鵬斎（1752-1826），柏木如亭（1763-1819）

図 3.10　煎茶席荘り [口絵 7 参照]

らが，雲泉の煎茶交遊の仲間であった．さらに各地に売茶翁の二世，三世を自称する者も現われ，なかでも有名なのが，「八橋売茶」の名で知られる笠原方厳（1760-1828）である．在原業平（825-880）の故地 三河国八橋の無量寿寺を再興，その住職となって終えるが，その間煎茶の普及にもつとめた．

　これ以降幕末・明治にかけて，煎茶はいっそうの高揚を示すが，その背景には当時同じく流行した文房清玩趣味があげられる．硯，墨，筆，紙などの文房具（文房四方）や奇石，盆栽，花，銅器などの観賞を楽しむもので，花を挿し，煎茶を喫し，文房の名品を鑑賞するといった超俗的な生活スタイルが，とりわけ文人たちの間で愛好されるに至った．後世の煎茶席の飾りに文房具が主要な役割を担うのも，ここに起因している（図 3.10）．

　こうした文人煎茶の時代を経て，時の流れとともに煎茶の世界も，次第に体系的な道化，茶道を希求する方向に向かっていく．それは，また茶の新たな大衆化でもあり，儀礼化の道でもあった．専門的な，いわゆる煎茶家の登場がこれに続き，煎茶家元の誕生となる．

e. 煎茶家元の誕生

　大坂で醸造業を営み，売茶翁の風雅にあこがれ，煎茶家として独立したのが田中鶴翁（花月菴，1782-1848）である．黄檗僧聞中（1739-1829）に師事して禅学と煎茶道を修め，家に売茶翁の像を安置し，毎月 16 日に「売茶忌」を営み，また 3 月 6 日には「陸羽忌」を設け，手製の新茶を供して，煎茶の二祖に感謝した．茶具を携え江戸にも行き，綾瀬川で船上の煎茶会を催したが，この席には平田篤胤（1776-1843）や谷文晁

(1763-1840) ら江戸の文人墨客が多数集まった. 中国杭州の西湖の水を取り寄せ淀川に流して茶を煮たというエピソードもある. 一条忠香(1812-1863)の召を受け, その庭前で煎茶を献じ, のち「煎茶家元」の染筆を下賜された.

これとほぼ同じころ, 京都の御典医小川可進(1786-1855)も, 煎茶家として独立し活躍した. 宇治を代表とする日本の茶葉に適した, 日本的な煎法や新しい茶器の工夫で, 煎茶の世界を一新している. 名は弘宣. 後楽とも号した. 可進が煎茶界に画期をもたらしたのは, 医家としての科学的・合理的な眼で, 茶そのものを見直し, 茶に即した煎法と手前を新しく創案, 造意の茶器を定めたことにある.

晩年の『喫茶弁』の書は, 彼の煎茶の哲理が述べられているが, その冒頭には「我が煎茶は, 陰陽昇降火水風の理を原として, 烹るに法あり, 式なし. 其の式, 其の法中にあり」と書かれており, 煎茶は, 形式にこだわるものではなく, その手前も, 茶本来の真味(本質)を引出すための, 必然的な手順の積み重ねから成り立つものであることが説かれている (図3.11).

岩倉具視の父 堀川康親(1797-1859)は, 可進とも親交厚く, 「茶徳の霊妙を知り, 仰ぎ日夜愛喫し, 当時煎法の活達を極む」と言い, 豊岡随資(1814-1886)も「煎茶の法有る, 実に翁を以て嚆矢と為す」と称した.

煎茶が, 中国的な文人趣味の一方で, 王朝的な風雅の世界にも強い関心を示していたことはさきに述べた通りだが, 可進の御典医であったという立場は, その傾向をいっそう強める結果になった. 幕末の政争激しい時代, その渦中にあった鷹司政通(1789-1868), 近衛忠熙(1808-1898)やさきの一条忠香らは, ともに知られた煎茶愛好の公卿文人たちであった. 可進の煎茶に王朝的な雰囲気が伝えられているのは, そうした交遊の影響といってよい.

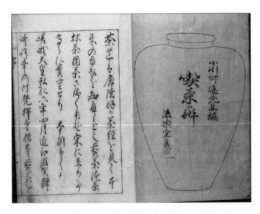

図3.11 小川可進『喫茶弁』

近代日本誕生のうえで大きな役割を果たした幕末の志士達のなかにも，煎茶愛好家は少なくなかった．盧仝の「百万億の蒼生」に対する暖かい人間愛に感動，彼が示していた「清風颯颯」の理想の社会を実現するため，明治維新という時代の変革に向かって立ち上がった真摯な者達であった．

茶の湯は，江戸の幕藩体制との癒着が長かっただけに，旧体制の江戸幕府が倒れ，明治新政府のもとでの新しい時代の幕開けがなされるや，一時期煎茶全盛の時代が現出する．伊藤博文(1841-1909)，木戸孝允(1833-1877)，山県有朋(1838-1922)などは，頼山陽，田能村竹田などの強い影響下にあっただけに，私淑していた彼らが煎茶を愛していたこと，またほかにも，煎茶を背景に育った幕末の志士たちが，明治の政財界の中心になって社会をリードしたことにより，茶の湯衰退，煎茶隆盛の道を切り開くことを容易にした．茶の湯と煎茶はその居所を変え，一時，茶道といえば煎茶を指すほどの時代を迎えることにもなる．

しかし，中国的な色彩の色濃かった煎茶は，西欧化の波と，日清戦争などにみられるような，中国に対する価値観の変化に影響され，煎茶趣味・煎茶道は急激に衰退する．しかしその間，庶民にいっそうの広がりをみせた飲茶の風習と重なり，煎茶の名のみ普及し現代に至った．ただ，日中国交の回復以後，1980年代に入りその交流が盛んになって，再び煎茶道への関心は高まって今日に至っている． 〔小川後楽〕

3.2.4 江戸時代庶民の茶（水茶屋）

大名上杉家の重臣であった直江兼継の著とされる『四季農戒書』(1619年刊)には「大茶立てては喰らい，彼方こなたの留守を訪ね」とあり，また「諸国郷村に大茶を飲み」(『慶安御触書』)などに象徴的にみられるように，真偽はともあれ江戸時代の前半期には「大茶」は戒めるべきものであったと考えられていたらしく，それだけ飲茶の風習が広まっていたことが推測される．

江戸中期頃までには葉茶の生産が増加した．茶の湯用の抹茶の産地としては宇治が中心ではあったが，葉茶は各地で生産され，人見必大の『本朝食鑑』[1](1697年刊)には，江戸では静岡や長野産など各地の茶が販売されており，朝食前にこれらの煎じ茶を飲む婦女が多いとしており，各地に淹し茶が普及し，全国に喫茶が広がり始めていた様子を記していた．さらにこの頃の農書類でも茶の普及が記され，畦や山間の荒地，屋敷内で栽培すべきものとしている．

元禄年間(1688-1704)頃，商品経済の発展による都市商人や余剰生産物の販売による豪農の出現は，新たな茶の湯（抹茶）や煎茶の受容層を生み出し，抹茶や煎茶の流派による茶が広まった．茶道具でもそれまでの中国伝来の唐物に替わって和物（国産品）が，さらに色絵の茶陶である仁清窯や乾山焼などの茶道具が好評を博し，茶碗や懐石の器など，茶の湯の道具のみならず高級料亭の食器としても使われることに

なった.

　京都では千利休の血脈をひく三千家や藪内流,江戸でも千宗旦の高弟山田宗徧が茶匠として活動するなかで,宗徧や京都の遠藤元閑らが茶の湯入門書を刊行し,以降の茶書出版のさきがけになった.江戸時代後半には茶道人口も増加の一途をたどり,その対応が期待された.表千家7代・如心斎宗左や裏千家8代・一燈宗室らは享和3年(1803)頃に「七事式」と呼ばれる7種の新たな茶法を考案し,あわせて茶法の整備を図った.これに参画した川上不白[2](1716-1807)は,江戸神田明神境内の蓮華庵を拠点として大名やその茶堂,町人など300人以上の門下を集め,不白の流・江戸千家などと呼ばれることになった.

　江戸時代後期には大坂・江戸の商人たちの間にも茶の湯が広まった.大坂の豪商鴻池一族の草間直方は,一族に蓄積された良質な茶道具を中心とした図入りの茶道具や茶会記など茶の湯関係の史料をも集成した『茶器名物図彙』(95巻)を執筆し,ほぼ同時期の松平治郷(不昧)の『古今名物類聚』と並ぶ書を完成させている.また,江戸の両替商仙波太郎兵衛や同じく江戸木場の材木商冬木屋は,多数の名物茶道具を蒐集していたことでよく知られている.

　　a. 煎　茶

　江戸時代後半に新たな喫茶法が盛行する.「煎茶」である.承応3年(1654)に隠元隆琦(1594-1673)が中国から来朝し,寛文元年(1661)には京都宇治に黄檗宗の萬福寺を開創し,新たな中国文化としての煎茶を紹介する.隠元は「通仙」や「清風」を旨とし,絵画や書,普茶料理など最新の中国文化を背景にもち,葉茶を煮出して飲む新たな喫茶法であった.隠元所用と伝わる「紫泥茶瓶」などが伝存しており(前項の図3.4),これには底に焦げ跡が残っているところから,直火で湯を沸かし葉茶を煎じる方法をとったものと考えられている.

　18世紀半ばには永谷宗円(1681-1778)ら宇治近郊の茶農家によって新たに蒸し製煎茶の製法が開発され,これらの茶は大消費地江戸に送られて人気を博した.さらに19世紀中頃になると,高品質で濃厚な甘味が特徴的な「玉露」も作られるようになり,江戸の葉茶屋ではさまざまな種類の茶が販売されるようになった.

　煎茶を文人趣味として確立したのが売茶翁高遊外(1675-1763)で,享保20年(1735)頃には京都東山の「通仙亭」を中心に煎茶を売りながら禅の精神を説き,京都の池大雅やその弟子で大坂の木村蒹葭堂などと交流し,国学者上田秋成は『清風瑣言』(1794年刊)を刊行し煎茶を定着させるのに貢献している.幕末に至る大坂の田中鶴翁(花月庵流),京都の小川可進(小川流)らが煎茶道として形を整え,茶の湯と並んで盛行した(前項参照).

　文久2年(1862)4月,大坂網島で「清湾茶会」,同年7月には「売茶翁追善茶会」が行われ,一度に多人数が参加する大寄せ茶会の形式を定着させることになった.江

戸後期の国学者前田夏蔭の『木の芽説』には,「今日ではどんな貧しい家でも,朝夕これを煮ぬ家もなく,四六時中これを汲まぬ人はいない」とあり,茶を飲む風習が一般にまで広まった様子を記している.

b. 水茶屋

江戸では街道筋の「茶店」に起源をもつ屋台や小屋掛けの飲食業者(出茶屋),煮売茶屋が茶や菓子のほかに酒や肴を出す店が現れた.茶を販売する「葉茶屋」に対して「水茶屋」と呼ばれ,調理した食事を出す「煮売茶屋」も出現した.京都の二軒茶屋は室町時代末には八坂神社門前で参詣人に茶を売る茶店として出発するが,元禄期には豆腐田楽で知られるようになった.江戸浅草の「奈良茶飯屋」は,「うつは物のきれいさ色々整えた」(『西鶴置土産』[3]) とあり,煎り大豆や焼栗などを入れた緑茶で炊いた飯を出し,給仕女も現れる.幕府は風紀を乱す等の理由でたびたび禁止令を出しているが,その効果は薄かった.明治維新を迎えると,急激な西洋化によって江戸時代以来の茶の文化は大きな変革を余儀なくされることになる. 〔谷端昭夫〕

引用・参考文献

1) 講談社編(1991):川上不白の茶,講談社.
2) 人見必大著,島田勇雄訳(1976):本朝食鑑(東洋文庫296),平凡社.
3) 井原西鶴著,暉峻康隆訳(1997):西鶴置土産―現代語訳・西鶴,小学館.

● 3.2.5 茶の文学(川柳を中心に)

茶の湯と文学については,茶の湯文化学会編『講座日本茶の湯全史 第3巻 近代』[1]に通史的な紹介がなされているので,ここでは村上瑛二郎「川柳・雑俳に詠まれた茶の湯の句」[2]であげられた中から,明和から万延年間にかけて(1764~1861)の川柳を適宜とりあげ,文学と茶の湯のかかわりについてみていく.

a. 川柳にみる女性と茶の湯

女性と茶の湯のかかわりについては,大口樵翁『刀自袂(とじのたもと)』[3]がよく知られている.熊倉功夫は「茶の湯はそのはじまりから裏方の女性の存在抜きには考えられなかった」としている[4]が,そのことが川柳にどのように反映しているのだろうか.

・明和(1764-1772) 〈以下,句中の表記の一部を読みやすいよう改めてある.〉
  茶の湯だといってさそいに来てくりやれ
  けいせいの茶の湯も錆は有ながら
  茶の席に女交りて高笑ひ

・安永(1772-1781)
  口切の揚屋へ客が客に来て
  いつとなく太夫が茶の湯手に入て

口切も高尾が客は羽織にて
・天明（1781-1789）
　　　茶の席に遊女の立居淋しくて
　　　やらしさ妾この頃茶を始め
　　　やって見る夫習うた茶の手前
・寛政（1789-1801）
　　　妻ならぬ妻は茶の湯の上手にて
　　　独ふくで貞女を立る茶筅髪

　以上，目立つのは遊女と茶の湯がともに詠まれている点である．遊里で客がつかないことを「お茶を挽く」というように，もともと遊女と茶の湯のかかわりは深い．井原西鶴『好色一代男』でも遊女吉野や高橋の茶の湯が描かれたり，実際に京都島原の角屋にも茶室が残されていることなどからも，そのことはうかがえる．また「二親を茶の湯稽古の客にして」（天明）という句もあるが，茶の湯は家族で楽しむというよりも男女で楽しむという光景が彷彿とされたようである．ときには妾宅に出かける口実になっていた可能性もある．夜咄の茶事などは格好の口実だったのかもしれない．

b.「四畳半」のイメージ

　次に目につくのは，「四畳半」を詠みこんだ川柳である．『南方録』でも「茶湯は台子を根本とすることなれども，心の至る所は草の小座敷にしくことなし」と利休が常々言っていたとしている．四畳半は茶室の区分では広間にも小間にもあたるが，一般の人々がもっていたいわゆる茶室のイメージと合致したのであろう．そのことは，「お茶挽女郎部屋までも四畳半」などから端的にわかる．

・明和
　　　ちゃの会にくさめもならぬ四畳半
　　　広き世に狭い自慢の四畳半
・安永
　　　四畳半たで酢をまわしまわしのみ
　　　四畳半見れば五六八茶わんなり
　　　四畳半いろりのはたを壱人り居る
　　　桐の葉が落ちてあつまる四畳半
　　　御番をばむかしになして四畳半
・寛政
　　　楽しみの阿房宮也四畳半
　　　大名の世のすてどころ四畳半
　　　四畳半爰ぞ老父の捨てどころ
　　　三年は塞がぬ父の四畳半

- 享和（1801-1804）
    極楽はここじやと居る四畳半
- 文化（1804-1818）
    千畳の座敷にあきて四畳半
    大名に給仕をさせる四畳半
    世の中を逃ては春も四畳半
    世の中を茶にしてくらす四畳半
- 文政（1818-1831）
    大海を片手でつかむ四畳半
    四畳半茶つぼの皮をむく手付
    お茶挽女郎部屋までも四畳半

「茶の湯」という落語はよく知られているが，隠居後の楽しみに特に利休流の小間での茶の湯がもてはやされたことも川柳からうかがえる．「四畳半爰ぞ老父の捨てどころ」などはまさにそうした風潮への皮肉がこめられている句であろう．

c. 茶の湯説話の浸透

川柳には「四畳半」のように茶の湯のイメージで創作されたものもあるが，茶の湯に関してある程度の知識がないと理解できないものもある．

- 明和
    矢さけびの中に利休は静也
    其色の服紗をきらふ大徳寺
- 寛政
    羽箒になりてや鶴の世をちぢめ
    大茶の湯申の下刻にやつと済
- 文化
    くもの子のやうに松永うちくだき
- 安永
    松永がりつぷくとんだ茶釜なり
    ごくはらが立て松永茶をやめる
    松永がかまをのぶ長心がけ

「矢さけびの中に利休は静也」の句はもちろん利休の切腹のようすを描写している．秀吉の命令で上杉景勝の軍勢が取り囲んだという挿話をふまえている．「其色の服紗をきらふ大徳寺」とは，男性が用いる紫の袱紗の色が大徳寺をまきこんで起きた「紫衣事件」を連想させるということであろう．「羽箒」に鶴の羽を用いることや，茶事が正午に始まり二刻で普通は未の刻には終わるはずなのに「申の下刻」にまで及んだことなども，実際に茶事の経験があるからこその川柳であろう．また，利休の挿話に

とどまらず，松永久秀が信長に命の代わりに差し出せと言われた平蜘蛛の釜を体にくくりつけて自刃したとされる挿話も詠まれていることも，当時，茶の湯説話が広く知られていた可能性を示唆していて興味深い． 〔石塚　修〕

引用・参考文献

1) 茶の湯文化学会編（2014）：講座日本茶の湯全史 第3巻 近代，思文閣出版．
2) 村上瑛二郎（2009）：川柳・雑俳に詠まれた茶の湯の句．茶の湯文化学，10号．
3) 大口樵翁（1721）：刀自袂．
4) 熊倉功夫編著（2013）：大口樵翁，p.14, 宮帯出版社．

3.2.6　茶　と　花

　茶の湯（茶）といけ花[1,2]（花）は，ともに室町時代に成立し，以後日本の生活文化として親しまれてきた．いけ花には「たて花」「立花(りっか)」「生花(せいか)」「盛花(もりばな)・投入花(なげいればな)」という様式をもつ流れに対し，今日まで一貫して「抛入(なげいれ)」という様式（特に決められた形）を持たない花の存在がある．侘び茶を大成した千利休は，小座敷の茶の湯の席にふさわしい花として「抛入」を好んだが，このような茶席の抛入を，茶花と呼ぶ．

　室町時代の花の伝書『仙伝抄』[3]「奧輝之別紙」に，「抛入」に関するいくつかの条文が見出せるが，その1つに「一　花をいるゝといふは，さいろう（菜籠）のやうなるものに花をいけたるをいふ．野山に有体にいるゝなり」とあり，千利休『利休七則』に，「花は野にあるように」とあることからも，茶花が「抛入」の1つの様態であったといえる．また成立年に留意が必要であるものの『南方録』[4]に，四畳半座敷・一間床には「小花瓶に一色立華」とあるように，茶の湯の一色（1種類）を好む趣向から，「一色物」という1種類の花材による立花が生まれたともいわれる．

　茶事の席で，中立(なかだち)をすると亭主が座敷を改め，床の掛物を外して茶花を入れるという作法もあるように，花を愛でることは，茶の湯の心得の1つでもある．

　抹茶の席に入れられた花が「抛入」とすれば，煎茶の席に飾られる花は「文人生(ぶんじんいけ)」である．「文人生」もまた，きまりや形にとらわれない花であり，中国文人の影響を受け，茶を喫し，文人画を描くように花をいけることが余技として愛好された．「抛入」と異なるのは，18世紀中～後期に始まり，また奇抜かつ高踏的な部分があり，その活動がおもに知識人の愛好にとどまったことであろう．

　18世紀半ば（江戸中期），立花の大型化・形式化は不都合なものとなり，本来の「いけばな」を求める機運にのり，「抛入」は脚光を浴びたが，書院造の座敷の床には格式ある花が求められ，様式をもたない「抛入」がそのままその花となることはなかった．しかし「抛入」あるいは「いけばな」は形を整え，格式を備え，19世紀初期「生花（せいか）」様式が確立する．生花様式を出発点とするいけ花流派名に千家流（千家），織

部流（古田織部），遠州流（小堀遠州），石州流（片桐石州），庸軒流（藤村庸軒）など，茶家・茶人の名を冠する名称が多くみられることから，生花様式確立にいたる過程に，茶を嗜む者たちの「抛入」，ひいては茶花の存在があったことが知られる[5]．

一方，茶・花はともに各時代の思潮を取り入れて発展している．16世紀，たとえば『南方録』（成立年に留意）は，「茶ノ道カトヲモヘバ則，祖師仏ノ悟道也．」，『池坊専応口伝』[6]は，「凡仏も初部の華厳といふより一実の法花にいたるまで．花をもつて縁とせり．」「かゝるさとりの種をうる事もや侍らん」というように，仏教的受容ひいては悟りの境地が見出せる．

江戸時代に入り，17世紀『小堀遠州書捨文』[7]冒頭は，「それ茶の湯の道とて外にはなく，君父に忠孝を尽くし，家々の業を懈怠なく，ことさらに旧友の交をうしなふことなかれ．」とあり，『立花時勢粧』[8]は「心は君のごとく，六の枝は臣のごとし」「花道を鍛錬して」と，7つの役枝を君臣の主従関係になぞらえ，儒教道徳を取り入れ道を説いている．両者を幕藩体制の教学政策として位置づけることにより，その普及発展を図ろうとしたことが見出せる．

このように茶や花に「道」という求道的な性格が加わることにより，これらの稽古という性格が明確になり，元禄6年（1693）刊の『男重宝記』からは，両者が男児の躾け，また稽古事であったことが見出せる．しかし女性に対しては，前年の元禄5年刊『女重宝記』では単なる嗜みとして，家内を治めたうえでなされるものとの位置づけであった．女子の躾け，稽古事ともなったのは，江戸後期～末期のことである[9]．

近代（明治）に入り，「修養」という思潮のもとで茶・花がとらえられるようになる．従来男性のものであった両者は，「婦徳」を涵養するもの，花嫁修業としてむしろ女子のなすべきものと位置づけられるようになる．このため女学校・高等女学校教育に，課外としてではあるが取り入れられることも多く，女子の礼儀作法教育の一環を担った[10]．また両者は，キリスト教主義女学校[11]において，学校存続の方策の一環として取り入れられるなど，日本人社会において女子の心得るべきものとして，世間一般に根強い支持があったことがわかる．また20世紀初期，特に戦時下ではともに「精神修養」として位置づけられた．

さらに両者は，帝国日本の植民地朝鮮や台湾[12,13]では，他民族（日本人以外）が多く通う女学校・高等女学校において，日本人としてのアイデンティティを身につけていることを示すものとして，取り入れられた．植民地「満洲」都市部[14]では，環境の大きく異なる大陸での生活により失いがちな日本人的風格の維持，また植民地全般において内地（旧来からある日本の領土をさす．日本国内）と同様の生活を送るために茶・花の取り入れは重視された．

第二次世界大戦，戦後の復興期を経て高度成長期を迎え，茶・花は趣味と実益を兼ねた日本人の教養として，ともに生活と切り離せない文化として親しまれ，特に女性

の余暇を満たすものとして受容人口を増大させた．しかし20世紀末頃からは，床の間のある畳の部屋の減少など生活環境の変化，また趣味・娯楽の多様化により，受容人口は下降線をたどっているが，その一方で，近年では「クールジャパン」の一環として取り上げられるなど，日本の伝統的文化としての観点から，国内外で再評価されつつある．　　　　　　　　　　　　　　　　　　　　　　　　　　　　　〔小林善帆〕

引用・参考文献

1) 小林善帆（2013）：いけ花史試論（前編）．いけ花文化研究，**1**，国際いけ花学会．
2) 小林善帆（2014）：いけ花史試論（後編）．いけ花文化研究，**2**，国際いけ花学会．
3) 華道沿革研究会編（1930）：仙伝抄．花道古書集成 第1巻，大日本華道会．（復刻 1970，思文閣）
4) 南坊宗啓（1972）：南方録．近世芸道論（日本思想大系61），岩波書店．
5) 小林善帆（2011）：一八世紀のいけ花─「たて花」「立花」「抛入」の相関を通して．一八世紀日本の文化状況と国際環境（笠谷和比古編），思文閣出版．
6) 華道沿革研究会編（1930）：池坊専応口伝．花道古書集成 第1巻，大日本華道会．（復刻 1970，思文閣）
7) 千宗室14世（1962）：小堀遠州書捨文．茶道古典全集 第11巻，淡交社．
8) 華道沿革研究会編（1930）：立花時勢粧．花道古書集成 第2巻，大日本華道会．（復刻 1970，思文閣）
9) 小林善帆（2007）：「花」の成立と展開 第一部，和泉書院．
10) 小林善帆（2007）：「花」の成立と展開 第二部，和泉書院．
11) 小林善帆（2013）：近代日本のキリスト教主義女学校と精神修養─いけ花・茶の湯・礼儀作法・武道を通して．日本の近代化とプロテスタンティズム（笠谷和比古・上村敏文編），教文館．
12) 小林善帆（2010）：植民地台湾の女学校といけ花・茶の湯．芸能史研究，**189**．
13) 小林善帆（2013）：植民地朝鮮の女学校・高等女学校といけ花・茶の湯・礼儀作法─植民地台湾との相互参照を加えて．『日本研究』国際日本文化研究センター紀要，**47**．
14) 小林善帆（2015）：『女性満洲』と戦時下のいけ花．立命館言語文化研究，**26**(4)．

● 3.2.7　茶　　室

　茶の湯のための専用の室または建物を茶室（草庵の茶室）という．江戸時代までは，「茶湯座敷」「小座敷」あるいは単に「座敷」と呼ばれた．「座敷」とは畳敷きを指す呼称であるが，このことは茶の湯が当初から畳敷きの部屋で行われていたことを示唆する．「数寄屋」と称することもあるが，千利休によって大成された茶室の様式とは異質な方向に進む風潮も生じた．そのため，利休の曾孫江岑は「数寄屋ト申事ききにくしとて，小座敷と古より申」（『江岑夏書』）と批判的に述べている．利休以後の茶室は，織田有楽，古田織部，小堀遠州らにより多様な展開をみる．

a. 歴 史

室町時代に将軍邸の会所などで行われていた茶の湯は，別室で点てた茶を客座敷に運ぶ方式であった（殿中の茶）．点茶の場（茶湯間）と喫茶の場（客座）が空間的に分離されていたところに殿中の茶の特質があり，茶湯間には茶の湯に必要な道具を並べる「茶湯棚」が置かれていた．

厳重な格式と儀礼的な形式を備え，唐物が飾られた会所の座敷で風雅な茶の湯が催される一方，くつろいだ雰囲気のなかで共同で飲食するたのしみに根ざした茶の湯も行われていた．その会場とされたのが茶屋である．茶屋とはいうものの，茶の湯専用の施設として設けられたものではない．そのため，用法だけでなく建築的にも形式にとらわれない自由な表現が可能であり，用材としては黒木（皮付きの丸太）や竹が好まれた．茶屋は草庵の茶室を成立させる1つの母体となり，丸太や竹で組み立てられる茶室の技術はこのような場で錬磨されていった．

一方，珠光（村田珠光，1423-1502）らは親密な人間関係を樹立するため，寄合の伝統を基礎に，点茶の場と喫茶の場とが1つの空間を共有する方式の茶の湯＝草庵の茶を推進した．珠光の茶湯座敷は四畳半で，間口1間・奥行半間の床（床の間）があり，「坪内」と呼ばれる庭に面した縁から出入りした．

茶室としての空間的個性が初めて確立するのは，武野紹鷗（1502-1555）の四畳半においてである．茶室は北向きで入口に縁がつき，檜の角柱，白の張付壁，間口1間・奥行2尺3寸の床を構えるという，多分に書院造り的な格調を保っていた．しかし鴨居の内法の高さが通常より低くされていたのは「潜り」に通じる扱いといえ，天井高もかなり低かったところに，茶室としての空間的個性が示されている．茶室の正面と脇には坪内が付属していたが，茶の湯の空間を日常生活空間から結界する坪内は，茶室と一体となって茶の湯の場を形成する露地に発展する．床の深さが半間より浅いことは，茶湯棚や台子を床に飾ることがなくなり，茶器を畳の上に直接置き合わせるようになったことによる．

茶室のいっそうの草体化を進めたのが千利休である．「唐物一種成共持候者ハ四帖半ニ悉座敷ヲ立ル」（『山上宗二記』）といわれたように，紹鷗時代の四畳半は名物の権威と結びついたところに成立していた．利休は，名物主義から解放された，「一座建立」の精神に基づく主客交歓を追求する．簡素な素材で組み立てながら，麁相を基調とした厳格な構成のもとに，形式や意匠を洗練させることによって，侘び茶の空間のいっそうの草体化を進めた．草体化の過程において，縁が取り除かれ，庭と茶座敷は潜りの形式の躙口で直結された．縁が取り除かれたことに伴い，腰掛や刀掛が工夫された．

茶室の草体化が進むなかで，中柱と袖壁によって点前座を客座から半ば隔てる台（大）目構えが創始され，草庵茶室の典型的な形式となる．利休が大坂屋敷に設けた

深三畳台目の茶室では，中柱と畳まで伸びた袖壁とで点前座と客座は隔てられていたが，後には袖壁の下方は吹き抜かれるようになる．台目構えは台子点前を不可能にし，殿中の茶の湯における点茶所に通ずるへりくだった構えが，主客同座を原則とする侘び茶の建築的な機構のなかに再編成されたものとみることができる．また釣棚は茶湯間の茶湯棚を草体化したものといえる．

b. 構　成

四畳半以上を広間，それ以下を小間と呼ぶ．広間は書院の茶，小間は草庵（侘び茶）に対応し，四畳半はどちらにも対応する．茶室固有の空間構成はもっぱら小間において追求された．

内部は客座と点前座で構成される．客座と一畳か台目畳の大きさの点前座の組合せによって，さまざまな間取りが生まれる．客座と点前座をつなぐのが炉である．点前畳に切る入炉には向切りと隅炉があり，また客畳に切る出炉には四畳半切りと台目切りがある．

室内には上段の形式を基本とする床（床の間）を設けるのが原則である．象徴的な貴人の座であり，押板・付書院・違棚という座敷飾りの機能を集約した装置である床は，畳より一段高く，間口1間・奥行半間で張付壁という形式が伝統であった．茶の湯の空間の草体化に伴い，張付壁を土壁にし，間口・奥行を狭め，高さをなくして踏み込みにするなど，床にも種々の工夫が加えられた結果，多彩な形式，意匠の床構えが創出された．

出入口は，客側と亭主側に分かれる．客側の出入口である躙口は，高さ・幅とも70cmほどの板戸である．腰障子を2本建てて開放感を添えることもあり，貴人口(にんぐち)と呼ばれる．亭主側の出入口は，点前のための茶道口と客への給仕のための給仕口がある．2本襖を建てて茶道口と給仕口とすることもある．

窓は，土壁を塗り残して下地をあらわす下地窓，竹の連子を立てた連子窓，掛込天井（化粧屋根裏）にあける突上窓を組み合わせることによって，立体的で妙味に富む明暗が演出される．利休は開口を抑えて精神性の深い求道的な空間の創出をめざしたが，有楽，織部，遠州らは窓を多くあけ，視覚的な変化に富んだ茶室を創成した．

〔日向　進〕

●3.2.8　茶　道　具

広義の「茶道具」は，喫茶に関係するすべての道具を包括する，かなり広範な概念である．団茶（煎茶法），抹茶（点茶法），煎茶（淹茶法(えんちゃ)）と，喫茶法ごとに独自の道具があり，また懐石料理用の食器や煙草盆といった，直接は喫茶に関係ない道具も含まれる．とりわけ日本では，抹茶の道具が名家に伝来し，家宝として高い価値を与えられている点に特徴がある．

3.2 日本の茶文化

　これら茶道具の多くは，中国に起源をもっている．陸羽『茶経』には，鍑など，唐代の団茶用の茶道具が掲載される．また宋代には蔡襄『茶録』等があり，「盞（天目）」に「湯瓶」から湯を注ぐ，点茶法の喫茶具が記録されている．

　日本には平安時代初期までに唐風の煎茶法が伝わっている．当時の道具については不明な点が多いが，奈良の興福寺一条院跡から出土した湯を沸かす「火舎」などは，喫茶に関係するものと推測されている．

　鎌倉には入宋僧を通じて宋風の点茶法がもたらされ，おもに禅宗寺院で抹茶が飲まれるようになる．このため鎌倉の寺院には相当数の舶来品，「唐物」が持ち込まれており，円覚寺仏日庵の財産目録『佛日庵公物目録』には，喫茶用の天目や湯瓶が登場している．

　室町時代に入ると，足利義満の日明貿易により，さらにすぐれた中国美術が輸入されるようになる．足利将軍家は曜変天目や宋代絵画など唐物の名品を多数所持し，その様子は『君台観左右帳記』に記録されている．これらは後に茶道具として最高の権威を帯びるようになり，現在では足利義政の別邸にちなんで「東山御物」と呼ばれている．ただし1つ注意すべき点は，これらが必ずしも中国の価値観と同一ではないという点である．茶席に掛ける絵画のなかでは，牧谿の絵が尊ばれた．牧谿は湿潤な空気を表現することにたけた名手ではあるが，中国では重用な画家とは見なされていない．この段階で，日本人の美意識による取捨が行われていたことになる．

　室町時代には，茶の湯釜で湯を沸かして抹茶を点てる「茶の湯」の形式が整い始める．その過程で高い価値を認められるようになったのが，碾茶を保存する「茶壺」と，挽いた抹茶を入れる「茶入」であった．これらは中国から輸入された唐物のなかでも，特に形や釉薬の調子がすぐれたものが選び抜かれ，「三ヶ月」や「松島」といった銘が与えられた．このように厳正に選別されることで，日本の茶道具における特殊な権威，「名物」の概念が確立していく．応仁の乱などにより室町幕府の権威が失墜し戦国時代に入ると，これらの名物は，京都の将軍家から地方の大名家や商人などに分散していくことになる．織田信長がこうした名物茶道具を蒐集し，家臣への報償としたことで，名物茶道具の価値は一国一城に比肩するほどに高まっていった．

　しかし天正年間に入り，こうした唐物を中心とした茶道具の価値体系には，大きな変化が生じる．奈良に始まり堺で成熟した，「侘び茶」の美意識である．侘び茶では「名物」の規範を逸脱しながらも，審美的な見どころのあるものを見出し，亭主の工夫で使いこなす点が重要とされた．また輸入品ではない，日本製の茶道具も賞玩されるようになる．その代表となるのが，千利休が樂長次郎に作らせた樂茶碗であった．さらに秀吉の朝鮮出兵に際しては，朝鮮人捕虜から陶磁器の製造技術が伝わった．なかでも山口県の萩焼では，高麗茶碗に近い製品を製造しており，当時の茶人の嗜好を反映している．

江戸幕藩体制が確立すると，茶道具の価値観にも変化が生じる．名の知られた茶道具を記録する「名物記」は，大名家の序列に従って記載されるようになった．これは道具の美しさよりも，所有者の地位が重要視されるようになったことを示している．また誰から誰へ伝わったという情報,「伝来」が重要視されるようになり，これも付加価値に比重が移ったことを示している．

　寛永時代には，小堀遠州が各地の窯を指導したといわれる．なかでも滋賀県の膳所焼，福岡県の高取焼などでは，遠州好みの瀟洒な施釉陶器が制作され，遠州はこれらに和歌にちなんだ銘を付け，後に「中興名物」と称されるようになる．また京都では野々村仁清が色絵陶器を確立し，茶道具の和様化を大きく推し進めた．

　利休没後100年の元禄3年(1690)に，立花実山によって編纂されたとされる『南方録』では,「掛物ほど第一の道具はなし．（中略）墨蹟を第一とす」の言葉がみえる．これは禅宗を中心に据えた精神論が発達した結果であり，かつての茶壺・茶入から，茶席の主役が掛け軸に移っていく様相を示している．

　18世紀後半には，明・清風の煎茶(淹茶法)が流行する．清船からは宜興製の茶銚（急須）などが輸入され，中国趣味の文人は煎茶席でこれらを飾って楽しんでいた．京都では青木木米や高橋道八らが煎茶道具の制作を手掛けるようになり，愛知県の常滑でも宜興茶銚の制作技術が導入された．

　明治時代に入ると，武家の社交術としての茶の湯は衰退し，茶道具を制作する工芸家たちも窮乏した．京都で茶陶を制作していた宮川香山家などは，横浜に移転して輸出工芸を制作している．明治後半期には茶道具の需要も回復し，千家流茶道の流行を背景に,「千家十職」に代表される京都の職家の作品が人気を集めるようになった．

　昭和元年（1926）には高橋義雄（箒庵）編纂の『大正名器鑑』が完成する．同書では茶入と同数の茶碗が掲載され，茶碗が鑑賞対象として評価を上げていく状況をみせている．こうして昭和期には，おもに茶碗が美術全集などで取り上げられるようになっていった．

〔依田　徹〕

引用・参考文献

1)　京都国立博物館（2002）：日本人と茶—その歴史・その美意識，京都国立博物館．
2)　南坊宗啓著，西山松之助校注（1986）：南方録，p.17，岩波書店．
3)　竹内順一・矢野環（2001）：名物記の生成構造（茶道学大系 10 巻），淡交社．

Tea Break

 〈世界お茶めぐり〉**スリランカ・デニヤヤ**

　スリランカの紅茶は，製茶工場の標高によって高地産，中地産，低地産に分類される．日本市場でなじみ深いのは高地産あるいは中地産で，中東やロシア市場向けが主流の低地産は，日本にはあまり多くは輸入されていない．また，高地産・中地産は，イギリス植民地時代のプランテーション産業として発展してきたが，比較的新しい産地である低地産は，小農家による茶栽培が盛んだ．山が丸ごと茶畑になっているプランテーションの風景は，そこで働く労働者の多くが南インドからの移民の子孫であることを考え合わせると，どこか威圧感を感じさせる．その点，小農家による茶栽培は，規模はさまざまだが，小さなところでは畑の一角が茶畑になっているという風情で，そこで夫婦が茶摘みをしている姿は，のどかな農村の風景として映る．

　低地産の産地の1つ，デニヤヤ（Deniyaya）地方にあるルンビニ紅茶工場を訪ねてみた．紅茶の品質とともに，工場設備のよさ，清潔さでも定評を得ている紅茶工場である．この周辺では1980年代から茶栽培が始まり，ルンビニの工場は最初に1985年に建てられてから，順次拡張・改良されてきた．約150 haの土地に自社の茶畑と製茶工場があるが，生産量の9割は周辺の契約農家から買い入れる生葉を製茶しているものだ．

　ルンビニに限らず，この地方の紅茶工場では，毎日午後になると契約農家からの生葉を集めるために巡回トラックを出す．少し傾きかけた日の光を浴びながら，あちこちの小農家がトラックに生葉を引き渡している光景は，デニヤヤの風物詩の1つのようだ．　　　　　　　　　　　　　　〔中津川由美〕

写真1　スリランカ・デニヤヤ地方のルンビニ紅茶工場入口

3.3 アジアの茶文化

● 3.3.1 中国少数民族の茶
a. 単純飲料以外の茶利用法

　中国は漢民族以外に 55 もの少数民族を抱える多民族国家である．しかし中国の喫茶文化という場合，多くは漢民族が記した文献や数多くの詩文などを中心としたもので，少数民族の間に継承されてきた独自の茶文化についてはほとんど関心が払われてこなかった．だが文化をより広い視野から多角的にとらえ，生活文化という視点に立つと，茶が日常生活のなかでどれほど大きな意味をもっていたかが明らかになってくる．たとえば，茶利用の始まりについてはよく知られた神農伝説以外に，少数民族の間にも独自の伝承があるが，こうした茶利用開始伝承は大きく 2 つに区分することができる．1 つは茶の薬効を知ったことを契機とするもの，もう 1 つは神仙や偉人から茶を与えられて生活が豊かになったというタイプである．ただし，薬効を認識したからこそ商品としての意味をもったのであるから，両者の先後関係は明らかである．中国各地での調査を重ねた松下智は，チャは焼畑民であるヤオ（瑤）族が初めてその利用法を知り，彼らが移動していくなかで，漢族が茶を知ったのではないかという仮説を立てている（1.1.3 項参照）．

　少数民族の居住地は中国全土に及ぶが，茶を自ら生産している民族は，チャの原産地と目される雲南省から四川省，貴州省あたりに集中しており，民族ごとに多様な製茶法を伝えている．なかでも最も普通にみられるのは釜炒り茶であるが，これは鉄鍋の普及を前提にする必要があり，それを用いての釜炒り茶は明時代以降に主流となっていく．それ以前の製茶法は陸羽の『茶経』や宋時代の文献にみえる「蒸し」による殺青法とていねいな仕上げ工程を経たものが知られているが，庶民社会においては，『茶経』にも記載がある天日乾燥などの単純素朴な製茶法が普通であり，それらは日本各地に伝承されてきた番茶の製法にも通じるものである．

　飲用法も多様である．雲南省あたりで現在でも広くみられるのは，薬缶で茶葉を煮だして随時飲用する方法だが，来客をもてなすには，自家製の釜炒り茶を取っ手のついた素焼きの小壺に入れて囲炉裏で焙じ，それに熱湯をさしたものを小分けにする，「烤茶」（中国人研究者による漢字表記）という方法である．また釜炒り茶を竹筒に詰め込んだ竹筒茶と呼ばれるものは，保存運搬のための便法ではあるが，長期間囲炉裏の上の棚に放置しておくこともある．そのため強い煙臭がつくが，日本の京番茶にも強火で焦がすものがあり，この臭いに対する嗜好性は燻製などに通じるものがあると思われる．

　ただし，茶の利用法は飲用だけではない．むしろチャという植物の薬効をどのよう

に体内に取り込むか，という視点からみれば，それは生葉を直接嚙んでもよく，エキスを煮出してもよいし，加工して直接食べるという方法もある．こうした多様な利用法は，飲用を中心に発展してきた漢民族ではなく，その周辺に住む諸民族の間で開発され，今日にまで継承されてきたものである．つまり，茶葉を加工して保存し，適宜湯をもってエキスを抽出して飲むというだけでなく，その茶汁に具を加えて食べたり，あるいは茶葉そのものを食するなど，数多くのチャ利用法が存在しているのである．次にその具体例を示す．

b. 擂茶
擂茶とは，すり鉢に茶葉やラッカセイ，ゴマ，ショウガなどを入れて長いすりこぎでよく擂り，それに湯冷ましを注いだり，あるいはもち米も一緒にすりつぶして鍋で煮立てる．前者はさっぱりとしたコンソメ風の清水擂茶，後者はポタージュのようで糊糊擂茶という．夏季には冷やした氷擂茶が人気があり，道路沿いの食堂でも売っている．また擂茶を味わうには豪華な付け合わせが必要である．それも全部自家製のものでなければならない．20～30種類も机上狭しと並ぶので，机を圧迫するほど，という意味で「圧卓」と呼ばれる．周達生によると，これらを適当につまみ，擂茶を飲んだり，擂茶のなかに適量をとって入れ，飲んだり食べたりする．伝説によれば，前漢の馬援将軍の兵士が疫病で次々と倒れたとき，ひとりの老婆が山中から現れ，米，茶葉，生ショウガを集め，すり鉢でこれを糊状になるまで擂らせた．そして鍋で沸かした湯の中にこれらを入れてかき混ぜ，赤黒くなった湯を倒れた兵士に一碗ずつ飲ませると，翌日には全快した．これを「擂茶」というようになったという[1]．

擂茶を愛好するのは広西チワン（壯）族自治区から湖南省に多く居住するトン（侗）族やチワン族で，本来は家庭における日常の食品であったが，現在は観光資源としても活用されている．また粉末が「中国湖南特産の保健擂茶」と銘打たれて土産物として売られている．

このように擂茶には多くのバリエーションがある．茶葉を擂り潰すことから日本の抹茶の祖であると述べる向きもあるが，『茶経』の唐時代から宋に至る飲茶の歴史につながるのが抹茶であるので，この考えはあたらない．

c. 打油茶
油茶は打油茶ともいい，茶葉を油で炒め，チャの成分が吸収された油を用いて簡便な料理を作るものをいう．これが盛んなのは広西チワン族自治区とその北側に位置する湖南省である．広西チワン族自治区竜勝に住む紅瑤は，油茶を打油茶とも呼ぶ．まず「稲花」というおこわを干してから油で揚げたもの，つまりアラレと，ラッカセイ・ショウガなどを用意し，自家製の番茶を油で揚げて塩を入れ，葉を竹製の茶濾しで濾しとり，その油をさきに用意した具にかけて一本箸で食べる．ここで使う油は油茶木（サザンカの仲間）の種子から採った茶油である．油の絞り方は椿油と同じで，蒸し

て砕いた種子を絞り機にかける．油は椿油と同じく整髪料にも食用油にもなる．日本でもチャの種子から搾油することは近年まで行われていた．

　トン族の間では，油茶は旧正月が済んで仕事が忙しくないときに大勢の人が集まって味わうものだという．自家製の茶や市場で購入した茶を使い，ラッカセイ・干米（もち米を蒸して乾燥させたもの）・ネギ・ショウガ・塩を混ぜる．特に親族，仲良し，あるいはハレの行事のときには豚の内臓，ビーフン，もち米の団子なども入れる．家によっては，昼食に際してまず油茶を飲み，それから飯を食べる．正月すぎには何軒かが集まり，日ごとに会場を変えて油茶を楽しむこともある．

　このようにみてくると，油茶はたんに日常の飲食の一部というよりも，大勢の人が集まって皆で楽しむものであったらしい．また種々の具を入れるという点からは，擂茶にも通じており，家族や気の合った仲間との娯楽的飲食としても位置づけられる．茶を集団で楽しむという点では，日本の民俗である「大茶」にも類似しており，茶が単なる飲食物ではなく，人間関係を取り結ぶという機能をもっていることを示しているる．

d.　三道茶

　雲南省大理ペー（白）族が婚姻に際して飲ませるという三道茶（さんどうちゃ）は観光客にもよく知られるようになった．これは当地で一般的な烤茶の飲ませ方をさし，3回に分けて異なった味わい方でもてなすというものである．まず1杯目を一道といい，純粋に烤茶だけで苦みを味わってもらう．二道ではクルミや乳扇（ルーシャン）を混ぜてやや甘くする．乳扇とは牛乳を発酵させてから薄く扇のような形に乾燥させたもので，炙って砕くか，そのまま糸のように細く切って入れる．三道は，ハチミツなどを加えて非常に甘くするという[2]．あるいは，このベースには雲南産の沱茶を使い，一道茶を「苦茶」といってそのまま飲む．二道茶は「甜茶」といって上記の茶に紅糖（黒砂糖）・核桃仁（クルミ）・芝麻（ゴマ）などを加える．三道は「回味茶」といって同様に肉桂（ナツメグ）・花椒（サンショウ）・ショウガ・ハチミツ・紅砂糖等を加えて非常に甘いものとする[3]という例もある．これは茶の抽出液に種々の混ぜ物をするタイプである．

e.　八宝茶

　ジャスミン茶をベースに，氷砂糖，サンザシ，竜眼（ロンガン；果物）など8種類の具を混ぜて飲むため，八宝菜と同じ漢字用法で八宝茶と呼ばれるものがある．これは中国全体で人気があり，1回分を入れた小袋がスーパーの店頭にも並んでいる．この起源は不明であるが，これまでみてきたような，茶にさまざまな具を入れて飲むという形態の発展系であろう．隣国ミャンマーの中国雲南省に近いラシオにおいても食堂のメニューに八宝茶があり，中国系の人々の進出により広まったものである．

　これら中国少数民族の間で行われている茶の利用法に共通するのは，茶にさまざまな具を混ぜている点である．その意味では日本の茶粥も同じタイプに属すとみてよ

い，唐の陸羽は茶に混ぜ物をすることを排し，純粋飲料として味わうことを主張したが，ここにみられる事例はまさに陸羽が排除した飲茶法をうかがわせるものばかりである．逆にいえば，このような茶利用法がむしろチャの本源的な利用法に近いものであり，自ら茶を作ることができた少数民族の間にそれが伝承されてきたという見方ができるのではないか．

3.3.2 チベット・モンゴルの茶
a. バター茶とツァンパ

茶作りに不適な地域に居住する中国西北部の諸民族の間には，単純な飲用ではなく茶に種々の混ぜ物をして軽い食事とする利用法が盛んである．これは現地で考案されたというよりも，茶利用の古い方法が地域独特の発達を遂げたものであろう．たとえば，チベットでも団茶にバターを混ぜた酥油（バター）茶で麦焦がしを溶いたツァンパを朝食としている．バター茶は，木製の筒の中に茶汁とバターを入れピストンを上下させて撹拌したもので，毎朝作って魔法瓶に入れておき，必要に応じて木製の器で飲んだり，携帯している麦焦がしを溶いて団子状にして食べるのである．使用される茶は，中国で作られる磚茶である．

チベットにはチャは産しないが，伝説では吐蕃の時代，王が重病に罹って静養中，王宮の屋根に見たことのない美しい小鳥が口に葉のついた小枝をくわえてきた．翌日にも同様だったので，王は家来に命じてこの枝を取り寄せ，葉を口に含んでみるとすがすがしい香りがし，ゆでてみたら素晴らしい飲み物になり体にもたいへんよかったので，以後保健飲料として広めることになった[4]という．

あるいは，中国の唐代（640年），太宗の娘である文成公主とチベットのソンツェンガンポとの婚姻が成立し，翌年彼女は大量の書籍や種子，職人らを伴ってチベット入りした．そのとき初めて飲茶習俗が伝わったといわれる．唐代においては茶にバターを混ぜる飲用法が存在した．高橋忠彦が紹介する『鄴侯家伝』では，粛宗朝の徳宗が「酥椒」を加えた茶を好んだが，これは「バターがギラギラと浮いた茶」だという[5]．チベットに茶が導入された時期は確定できないが，いわゆる茶馬交易によって大量の茶が搬入されたことで，本来茶とは縁のなかったチベット族にも茶は必須のものとなった．磚茶にバターをはじめ，クルミ，牛乳，鶏卵，干しブドウなどを混ぜるという利用法は，後世になってチベット族が開発したというよりも，茶が当地に導入されたときに存在した，茶に種々の混ぜ物をするという古い利用法を伝えるものであろう[6]．

b. スーティ・チャイ

モンゴル族の間ではスーティ・チャイ（漢字で奶茶すなわちミルク茶）という方法が広く行われている．これは中国内蒙古自治区やモンゴル共和国で共通にみられる．

まず固形茶を砕いて煮出し,その中に牛乳,乾燥チーズ,炒り粟などを混ぜて「食べる」のである．これは現在でも朝食として最も一般的な方法であり，季節や地域によっては肉や羊の尾の脂身なども入れることがあるという．一ノ瀬恵はモンゴルでの現地調査での体験から「とりわけ肉や脂身を入れた一品は，寒風吹きぬける草原での労働や遠出には欠かせない．表面を油が被っているので，なかの熱々の蒸気も逃げない．体は充分温まる」[7]という．ビタミン補給の効果があるとされる茶に栄養価の高い具を加えることで，きわめて合理的な食品となっている．このような茶と乳製品との結合は遊牧民の間に共通し，チャン（羌）族にも同様の事例がみられる．また基本的にはチベットのバター茶と同じ利用法であるとみることができる．

3.3.3 婚姻・葬儀の茶

a. 婚姻と茶

日本の九州一帯では結納のことをチャイレという．番茶を詰めた茶壺や茶筒を豪華な水引細工で飾り立てたものを式台に載せ,結納の日に目録とともに嫁方に持参する．目録には末広などとともに「御知家」とあるのが，すなわちお茶のことである．ほとんど同様な習慣が新潟県にもみられるが，これは茶を産しない地域に九州から茶が移入されるに伴って伝わった民俗であろう．なお相手に贈る茶は，いいお茶はよく出るからと，日用の安価なものがよいとされた．あるいは，チャの木は植え替えがしにくいので，いったん嫁いで根をおろしたらもう別れるものではないという意味をこめたともいう．

チャの木がしっかり根をおろすから婚姻にふさわしいという言い方は中国にもある．釜炒り製法が九州に伝来したときに付随して受容された習俗かもしれない．中国各地には，婚姻に際して茶が重要な意味をもつ民俗がみられる．たとえば，貴州省のホウェイ（回）族の間では，女の親が結婚を許すと，男方では布一匹，糖食・茶葉を一包ずつ用意して仲人を介して女方に持参する．これを楽一といった．また婚礼の日が決まると鶏・羊などとともに塩茶を贈る．経済力がなければ糖・茶を一包と塩や米を贈る．披露の宴に際して嫁が客に茶を汲む例は多く，また江蘇省の例では，嫁入り後，嫁は婿の家に何回にもわたって贈り物をする．たとえば，3日目には三朝茶，7日目に七朝茶，その他満月茶，年茶など，内容は茶でなくても茶と称するのは，本来は茶を贈った名残ではないかと推定される[8]．

ミャンマーのシャン州に住むパオ族は，結婚を申し込むとき煙草，砂糖などとともに茶（ラペソー）をバナナの葉で包み竹紐で縛って娘の家に持参する．村の長老がその紐を目の前でほどけば嫁入りの許可を意味するが，ほどいてもらえずに持ち帰ることもある．シャン族は盆に煙草，ミルク，紙幣などとともに緑茶の紙包を載せて持参し，これを受けとってくれれば結婚の許可を意味した．またカチン州西部のカンティ

シャン族は,竹筒に詰めて作ったラペソーを2本持参するのが結納の印で,もらった家では人目につく場所にこれを飾ると,婚約が周知されるという.

b. 葬儀と茶

日本では別れの儀礼として茶を供えることが多い.静岡県には入棺が終えて釘を打つ直前に,当主の嫁が茶碗に入れた茶を棺の上に供える.棺桶に茶葉を入れる習慣は各地にみられ,におい消しとも,遺骸が中で動かないようにするためだともいう.また遺骸にかけてやる頭陀袋に針や銭とともに茶を入れることもある.

中国四川省の例では,沐浴させた死者の口の中に,米・ナツメ・銀・茶を含ませて入棺する.貴州省の漢族は,棺の中に香料を塗り布を張った上に死者をのせる.その際,茶葉を三角の布袋に詰めて枕とし,薄い布団で遺骸を覆うという[9].

日本では死者および祖先の供養のために盆や彼岸に茶湯(ちゃとう)を供えることが多い.神奈川県の通称茶湯寺には死後100日を機に遺族が参拝して,住職から茶葉をもらい帰宅後に飲む.大阪府泉大津市では,彼岸にチャの枝を墓前に供える.また埋葬地にチャの種子を播く例もみられ,まりつき歌にも「墓の印に茶の木を植えて」という文言がある.地方によってはチャの木は屋敷地内に植えるものではないといわれているのも,茶と葬儀との関連を下敷きにして生まれた禁忌であろう.

霊魂とチャの木との関係は,タイ国北部の山岳地帯に住むヤオ族の間にもみられた.チェンライ県のヤオ族は,人が亡くなったとき,卵を空中に投げてそれが落ちて割れた所を埋葬場所とし,埋葬し終えたところで,その周囲にチャの種を蒔く.そこに生えたチャの木は他のチャの木と同じように扱い,普通に摘んで釜炒り茶を作るという.また白鳥芳男によれば,やはり北部のヤオ族の村では,祖先祭祀の儀式を依頼された司祭の指示で,屋内の神棚を安置してある土間にこれから供養しようとする祖霊の数だけ根の付いたチャの若木を並べ立て,粘土状の泥でその根元を覆って木の柵で囲み,既に他界した家族の名前を書いた紙を割竹の棒にはさんで,そこに並べてあるチャの若木の根元に立てる[10].祖先祭祀に茶がかかわっているのは,チャが常緑樹であることのほかに,火を用いて調理した食物を食べることが境界越えの儀礼とされたり,実際の農耕の場で境木として使用されていることなど,境界を意識させる植物であることに起因すると考えられる[11].

〔中村羊一郎〕

引用・参考文献

1) 周達生(1987):お茶の文化誌―その民族学的研究.p.84,福武書店.
2) 徐海栄主編(2000):中国茶事大典,華夏出版社.
3) 王海思(1996):雲南民族的茶文化.茶の文化と効能国際シンポジウム論文集,p.74-75.
4) 顔其香主編(2001):中国少数民族飲食文化荟萃,商務印書館国際有限公司.
5) 高橋忠彦(2013):中国喫茶史.講座 日本茶の湯全史 第1巻 中世(茶の湯文化学会編),

思文閣.
6) 顔其香主編（2001）：中国少数民族飲食文化荟萃，商務印書館国際有限公司.
7) 一ノ瀬恵（1991）：モンゴルに暮らす，岩波書店.
8) 吉村亨が集成した中国各地の茶俗より：『人間文化研究』掲載
9) 前出吉村報告
10) 白鳥芳男（1978）：東南アジア山地民族誌，講談社.
11) 中村羊一郎（1998）：番茶と日本人，吉川弘文館.

3.4 欧米の茶文化

3.4.1 欧米の茶文化概論
a. 輸入品，消費者の文化，混ぜる文化

茶はヨーロッパやアメリカの人々にとっては，中国・日本など遠隔地からの輸入品であり，生産には直接関与できない期間が長かった．1850～1860年代になるとイギリスの植民地インドで，そして1870年代からはセイロン（スリランカ）で，茶生産が本格化する．それまでは，欧米では茶樹や茶畑を見たことのない人，製茶法がどうなっているのかをまったく知らない人がほとんどだった．

そのため，欧米の茶文化は消費者の文化として始まった．消費者として茶を楽しむことに重点が置かれ，自分たちでできることをいろいろ工夫していった．

たとえば，茶葉のブレンドは，かなり早くから行われている．トーマス・トワイニング（Thomas Twining, 1675-1741）のコーヒーハウスは1706年に開店し，1717年頃からは初めて女性客向けにも茶葉の販売を始めた．客たちの前でいくつかの茶箱を開いて数種類の茶を混ぜ合わせ，それを試飲してもらい，客の好みに合うブレンドを作るやり方で販売していた．

このように，小売商や茶業者は品質の安定や均質化のために数種の茶を混ぜて販売していたが，一般の人々も自分の流儀で，自分の好みに合わせて，数種の茶を混ぜ合わせて茶をいれることを楽しんでいた．これが，日常の中の一種の儀式，儀礼のようになっていく．日々の暮らしのなかで，自分なりの茶葉の混ぜ方，いれ方を編み出して，儀式のようにいれてみて遊ぶ．薬としても嗜好品としても楽しむやり方は，中国や日本の場合と共通している．

ただ，大きく異なるのは「混ぜること」を肯定的にとらえる「混ぜる文化」だったという点である．中国では，たとえば陸羽の『茶経』（760年前後）などにもみられるとおり，茶そのものの味や香りを楽しむことが大切で，他の混ぜ物（他の木の葉や塩，果皮，種子，砂糖，ミルク）などを加えて飲むことは邪道ととらえられていた．中国では「清」，すがすがしい，さっぱり，さわやかということが，茶の味わいを表現する重要な言葉になっている．

これに対して，ヨーロッパ，特にイギリスでは流行の初期から，茶葉そのものを数種類混ぜ合わせるだけでなく，砂糖やハチミツ，在来のハーブ，ミルク（おもに牛乳），クリーム，レモン，酒類など，さまざまなものを茶に混ぜて試している．多様なものを積極的に混ぜることを推し進めて，自分たちの食文化や味覚に合うものを見つけようとする態度が顕著にみられる．たとえば17世紀のピープス（S. Pepys, 1633-1703）の日記などには，コーヒーと茶を半々に混ぜた飲み物などの記録もある．

b. ティーテーブルの楽しみ―コミュニケーションの飲み物としての茶

　中国の宋代の茶や日本の茶道・煎茶道などが，どちらかというと文人茶として完成されていくのに対して，欧米の茶は市民の家庭生活や社交の飲み物としての性格が強い．自然のなかで隠者のような暮らしをしつつ，ひとり静かに，あるいは少数の風流を解する友と茶を味わうのが東洋的な茶の理想とすれば，西洋の茶はもう少し世俗的で家庭的でにぎやかである．もっとも，日本にも，番茶の文化や茶の間の団欒のように，型にはまらず，もっと気楽に茶を楽しむスタイルは存在する．

　1750年代の茶論争のころ，お茶好きの文人ジョンソン博士によれば，「茶は名目的（nominal）な娯楽であり，人々は「茶そのもの」に魅かれて集まっているのではなく，「ティーテーブル」に魅かれて集まっているのだ」という．茶という飲み物の味わいもさることながら，茶が演出するもの，茶のもたらす時間，とくにティーテーブルで一緒にお茶を味わいながら語り合うこと，つまりティーテーブルでの会話の楽しみこそ，茶の最大の魅力，というわけだ．

　もちろんイギリスでも中国や日本に劣らず，茶の味や香りを繊細に識別し，茶葉そのものの扱い方に力を入れる人も少なくなかった．しかし茶を好む人たちの主流は，ティーテーブルの集いの楽しみを最も重視するようになっていった．

　たとえば18～19世紀にかけてイギリス文学に現れる茶の場面をみても，ひとりで静かに茶を味わうといった場面はきわめて少ない．茶が登場するのは，ほとんどの場合人と人が集まり，語り合うティーテーブルの場面である．またヨーロッパ文化の中心として栄えたフランスでも，17～18世紀にサロン文化が花開き，広くヨーロッパ諸国からすぐれた思想家や学者たちが集まってきた．王侯貴族の婦人たちも交えて，当時の大学よりもはるかに自由な雰囲気で，男女の客たちが学問や芸術について語り合い，新しい思想や文化が生まれた．

　ドイツのフリードリッヒ大王（在位1740-1786）やオーストリアのマリア・テレジア（在位1740-1780）のような啓蒙専制君主たちも，こうした集いを重視して，それぞれの宮殿に文人や芸術家を招き，文化政策の一環としてアカデミーの建設にも取り組もうとしていた．このようなサロン文化を支えた飲み物は，酩酊ではなく覚醒をもたらす飲み物，精神を明晰にし，思考力を活性化させる飲み物であるコーヒー，茶，ココアなどにほかならなかった．

このようにティーテーブルの楽しみこそ，イギリスはじめ欧米の茶文化の最大の特色であるといえるだろう．言い換えれば，茶は欧米においては，人と人のつながりを形成する社交の飲み物，社会の潤滑油として作用したということである．

茶は長く暗く厳しい冬をもつ北方ヨーロッパの人々にとっては，何よりもまず，「快活さ」(cheerfulness) や「元気」を与えてくれる飲み物だった．火を囲み，温かいお茶を飲みながら，ティーテーブルの周りで語り合う楽しみが冬の暮らしに明るさをもたらした．やがて1800年頃になると，茶はイギリスでは「宮殿から田舎家まで」，どんな階級の家庭でも階級を超えて楽しめる飲み物となっていた．貴族の夫人も労働者の家庭でも，それぞれの好みと懐具合に合わせて，「ティーテーブルの楽しみ」を味わうことができたのである．こうして18〜19世紀にかけて，多くの詩や小説，絵画の中に，茶の場面が描かれることになる．

c. 食文化のなかの茶

注目すべきことは，もともと異国の飲み物であった茶が，イギリスの食文化を大きく変え，国民生活の必需品となり，独自の文化的伝統を生み出すまでになったということである．茶はイギリス文化を代表するものとして，世界各地にイギリス風の茶文化が輸出されるほどになった．現代も旧イギリス植民地を中心として，イギリス風のお茶の習慣が世界各地に根付き，その土地の茶文化を形成している．植民地主義の負の側面を忘れてはならないが，茶文化の世界化にイギリスが大きく貢献したことは認めなければならない．

イギリスでは1800年頃になると茶が広く普及して，国民の「日常生活の必需品」と呼ばれるほどになった．イギリス風の生活様式というときに，まず誰もが思い浮かべるのが「お茶」(ティー) であり，「茶の国イギリス」というイメージが定着する．茶はイギリス文化を統合する，中心的で象徴的なものととらえられる．このことは，すでに1740〜1770年代の植民地アメリカの生活における茶の位置にも表れている．

このように，欧米のなかでも特にイギリスで，茶は生活様式や文化の中心とみなされるほどになっていく．そして，19世紀になると，茶はイギリスの国民的飲料，独自の文化的伝統としてさらに発展し，イギリスの植民地主義的世界進出とともに，ティーの習慣や文化も世界に広がることになる．とりわけ19世紀後半は，植民地インドおよびセイロン（スリランカ）で生産された紅茶が世界の茶市場を圧倒するようになり，「紅茶の国イギリス」の時代がくる．現在も世界の茶生産のなかで，緑茶やウーロン茶に比べて，紅茶の生産量は圧倒的に多い．それはこの時代にイギリス人の嗜好に合う紅茶の文化が世界に広まったことと深く関係している．

3.4.2　イギリスを中心とした茶文化の諸相
a.　お茶の時間
(1)　朝食の茶

　イギリスでは，18世紀はじめ頃から茶とミルク，パンとバターの朝食が新しい習慣として流行し始める．この時代の朝食の変化をいち早く察知して，「毎朝1時間，規則正しくバター付きパンとお茶の朝食をとっていらっしゃるようなすべてのファッショナブルなご家庭」で読んでもらうための新聞"*The Spectator*（スペクテーター）"が創刊される（1711年）．

　では茶以前の朝食はどんなものだったのか．たとえばヘンリー8世の時代の文書には，「王妃付きの高位の侍女には朝食として，黒パン一切れ，白パンひとつ，エール1ガロン，そして骨付き牛肉をとらせるように」という国王からの指示がある（エールとはイギリスに古くからある軽いビールで，もとはホップ不使用のものを指す）．女官たちは朝から1ガロン（約4.5 L）の麦酒を飲んで1日の仕事を始めていたらしい．

　現代の私たちにとって，大ジョッキのビール付き朝食と王妃の侍女のイメージを結びつけるのは，やや難しい．しかしさまざまな記録からも，茶以前のイギリスの一般的な朝食は，「ミルクや乳製品，エールとビール，トースト，冷肉（コールドミート）」などだったことがわかる．上流階級の人々の場合は，これにさらに何品かプラスされ，「サック酒や最高級ワイン」も出されたという[1]．飲み物としては，やはり酒類が中心になっていることに気づく．

　酒類以外の飲み物として，水，ミルク，ホエイ（乳清；ミルクからバター，チーズ，クリームなどを作ったあとの副産物）なども飲まれてはいた．しかし，生水は当時の衛生状況では不純物が混じっていたり伝染病の原因になったりする危険な飲み物だった．ミルクやホエイは腐りやすく，都市では新鮮なものを入手するのは難しい．したがって，日常的な飲み物としてイギリスで茶以前に最も広く飲まれていたのは，ビールやエールだった．これらこそ，男女を問わず，大人も子どもも安心して気軽に飲める日常飲料だったのだ．

　イギリスやオランダ，ドイツなど北方ヨーロッパでは，ビールやエールは他のアルコール度数の高い強い酒と比べて「健康的な飲み物」とみなされていた．たとえば，ドイツ出身でルイ14世の弟オルレアン公フィリップ1世の再婚相手となってヴェルサイユで暮らしたリーゼロッテ（Liselotte von der Pfalz, 1652-1722）は，故郷ドイツの親戚などにあてた手紙のなかでドイツ風の食事やビール，ビールスープのことをなつかしんでいる[2]．確かに肉食中心で野菜からの栄養が不足しがちな当時のヨーロッパ貴族の食生活では，ビールは単なる飲み物ではなく，栄養面でも食事を補い，整腸作用や利尿作用など身体の調子を整える薬効もある健康飲料だったと考えられる．

(2) 午後の茶

朝食だけでなく,「午後のもてなし」にも,もちろん茶が出された.18世紀後半のロンドンで活躍した医師レットサム博士は茶論の中で次のように書いている[1].

「午後になると茶が再びみんなの前に運ばれる.ほとんどの人が茶を飲み,その量はかなり多い.この異国の飲み物がもたらされるまでは,午後の客人をこれとは非常に異なるやり方でもてなしていた.そういう機会には,しばしばゼリー,タルト,砂糖菓子,冷肉(コールドミート),ワイン,りんご酒,強いエールなど,そしてコーディアルズという呼び名で蒸留酒まで出されていて,おそらく酒類の飲み過ぎで身体を壊す人たちもかなりあったと思われる.」

やがて夕方4～5時頃に軽い食事にあたるようなお茶の時間を設けることが一般化した.日本の「おやつ」は,八つ時(＝午後3時頃)のお茶とお菓子の休憩時間から,そのとき食べるお菓子の意味も含む言葉になった.「お三時」ともいい,「間食」の意味もある.イギリスの「アフタヌーン・ティー(afternoon tea)」(＝午後のお茶)も,元来はこの午後4～5時頃のお茶の時間をさす言葉だが,このときよく出される「スコーンとクロッテッド・クリームとジャム＋紅茶」のメニュー(食事内容)を指して,「アフタヌーン・ティー」と呼ぶこともある.

このアフタヌーン・ティーの起源については,第7代ベッドフォード公爵夫人アンナ・マリア(Anna Russell, Duchess of Bedford)のエピソードが広く知られている.当時昼食と夕食の間隔が長くなり,夕方頃お腹がすくため,夫人は少し「沈んだ気分」(sinking feeling)を感じて,お茶と軽食を所望した.そしてこのお茶の時間のおかげで元気を回復した.以後,午後4～5時頃にお茶の時間を設けることを習慣としたという.時期としては,ヴィクトリア女王(在位1837-1901)即位前後の時代と思われる.1840～1845年頃という説もある.

午後にお茶を飲むことは18世紀以来続いていたが,19世紀のはじめは茶の一般化,大衆化がさらに進んでいた時期である.茶の供給に関しては,まだ自国や植民地での生産の見通しは立たず,もっぱら中国茶に依存していた.貴族や富裕層(産業資本家やインド帰りの成金)と産業都市の労働者層の格差が開き,産業革命による公害(石炭のばい煙等による大気汚染など)も起こり始め,コレラと結核の時代でもあった.

このような時代に,「アフタヌーン・ティー」は貴族の夫人たちの優雅な習慣として始まり,イギリスが誇る伝統文化として育っていく.茶が大衆化した時代だからこそ,差別化の意味も含めて,文化の洗練の方向をめざしたものとみることもできる.今も人気のアール・グレイ(Earl Grey)という紅茶の原型とされるお茶がグレイ伯爵に贈られたのも,この頃である.龍眼(りゅうがん,ロンガンとも呼ばれる果物.楊貴妃の好物だったという荔枝(れいし,ライチ)に似ており,やや小さい)の香りのするお茶だったという.この香りに近いベルガモット(柑橘系の果物)の香りを着

香したお茶が，アール・グレイの名で販売されるようになる．

　こうして，18世紀はじめの流行以来，午後にもお茶は飲まれてきたのだが，19世紀はじめ以降，イギリスの多くの家庭に「アフタヌーン・ティー」の習慣が広がり，この時期から「ティー」という言葉に，夕方の軽い食事の意味も加わるようになった．20世紀前半のイギリスに学び，フランスにも滞在した英文学者で評論家の吉田健一は，随筆の中で「紅茶」について書いている．たとえばパリの喫茶店の看板に，「午後4時」「午後5時」などの文字がみられることにふれている．海峡を越えて，フランスでも午後のお茶の楽しみが定着していたことを感じさせる．また，熟年の男女の恋を描いたシェイクスピアの『アントニーとクレオパトラ』のなかのアントニーのセリフ「鎧を脱がせてくれ」をしばしば引用している．午後のお茶，夕方のお茶には，1日の仕事を終えてほっとする時間という意味があり，その気分を最もよく表すセリフと吉田は考えたのではないだろうか．

　現代の日本でも「午後の紅茶」や「アフタヌーン・ティー」は商品名や企業名に使われるほど広く知られ，女性たちに好まれる人気の呼び名になっている．

　(3) 文学と茶

　夕方のお茶の時間については，18～20世紀の多くの文学作品にも描かれている．その代表的なものとして，2つの作品の一節を引用する．

　「その時の事情にもよるが，午後のお茶と呼ばれる儀式に捧げられたひとときほど気持ちのよいものは，人生にはめったにない．お茶を飲もうが飲むまいが……もちろん決して飲まない人もいるのだが……お茶の時間の雰囲気がそれだけで楽しいといった場合があるのだ．」(Henry James (1881)：*The Portrait of a Lady*〔行方昭夫訳[3]〕)

　「午後のお茶の饗宴（と呼んでもさしつかえなかろう）を設けたことほど，イギリス人の家庭生活に対する優れた素質をはっきり示しているものはなかろう．どんないやしい家庭の中にあっても，お茶の時間だけはなにか神聖なものをもっているのである．それは家庭のいろいろな仕事と心労が一段落をつげたことを示し，落ち着いた団らんの夕べが始まったことを示している．茶碗や皿がふれあう音を聞いただけでも，われわれの心はぬくぬくと満ち足りた気持ちになる．」(G. R. Gissing (1903)：*The Private Papers of Henry Ryecroft*〔平井正穂訳[4]〕)

　またアイルランド出身のシェイクスピア学者ピーター・ミルワード氏は，著書の中で少年時代のお茶の時間の思い出を語っている．学校から帰宅して，家で母親と1日の話をしながらお茶やお菓子で休憩する．そのほっとする「お茶の時間」がいかに大事なひとときだったかが，伝わってくる．

　お茶を1日中飲んでいるお茶好きもイギリスには多くいた．そのひとり，「茶論争」の頃ハンウェイの攻撃に対して茶を擁護した18世紀の文人ジョンソン博士（Samuel

Johnson, 1709-1784) は，イギリスの茶人の代表といえるかもしれない．朝・昼はもちろん，夜も夜中もお茶なしではいられない．本人の弁によれば，「茶をもって夜明けを迎えた」という．

最後に目覚めのお茶（早朝のお茶）についてみておこう．インドなど旧イギリス植民地の格式あるホテルでは，ごく最近まで続けられていた．早朝，目覚めたばかりの主人（客人）のベッドまで茶が運ばれてくる．茶を飲みながら目を覚まし，新しい1日を迎える．その日の過ごし方を考えながら，お茶を飲む，静かな時間．1日の始まりを告げる目覚めのお茶は，その日1日の運命を決める大事なお茶だった．

20世紀はじめにベストセラーになった "How to live on 24 Hours a Day（1日24時間をどう生きるか）" (1908)[5] という本の中で，アーノルド・ベネット（Enock Arnold Bennett, 1867-1931）は次のように書いている．

「まるで1日24時間でなく240時間もあるかのように，のんびり構えている人もいる．ぼーっと過ごして時間を無駄にしても罰せられることはない．でも1日24時間で暮らす方法を真剣に考えるかどうかで，あなたの人生は変わってくる．どんな人にも，ほら，目が覚めて朝が来たら，また新しい，まっさらな，24時間が準備されている！　だから今日の，この24時間を大切に使おう．」

ベネットはこの本の中で，集中して考える習慣の訓練法や，仕事から帰宅して寝るまでの夜の時間を週3回，自分の心（魂）を養うような読書・思索・芸術の研究にあてることなど，1日24時間で生きる生活の仕方を，きわめて具体的にユーモアたっぷりに紹介している．そして最後に読んで欲しいという「序文」のなかで，「目覚めのお茶」の重要性を強調している．

「いつもより，1〜2時間早く起きてみるのです．召使いがまだ起きてないって？　平気です．お茶のセットを夜寝る前に準備しておいてもらうのです．カップとポットと茶葉とビスケット少し．朝，あなたは目が覚めたら，火をつけて湯を沸かすだけ．3分後，美味しい目覚めのお茶であなたは1日を始めることができる．人の起きない時間に起きて，そのとき目覚めのお茶が飲めるかどうかということが，あなたの1日を，したがってあなたの人生を，左右するのです．」

b. お茶の空間

日本の茶文化で茶の空間について述べるとすれば，「茶室」と「茶の間」についてふれる必要がある．では，イギリスの場合はどうか．重要なのは，「茶卓（ティーテーブル）」「茶の小部屋（クローゼット）」「朝食の間（ブレックファースト・ルーム）」「居間（ドローイング・ルーム）」などであろうと思われる．

ティーテーブル（tea table）は，直接にはお茶を飲む卓を指しているのだが，卓だけでなく，その周りに集う人々や空間も含めて使われることも多い．たとえば18世紀はじめに，「お茶の朝食とセットで新聞を」というキャッチフレーズで売り出した

前述の新聞『スペクテーター』のなかには，この言葉が頻出する．これは「コーヒーハウス」と対になる言葉でもあった．すなわち，初期には，外で男たちが集まる場としての「コーヒーハウス」と，家庭でおもに女性たちが集まる場としての「ティーテーブル」が対比されて語られることが多かった．19世紀はじめのジェイン・オースティン（Jane Austen, 1775-1817）の小説などでも，「エマのお屋敷に新しく登場した大きな円いティーテーブル」，「この同じテーブルのまわりで」のように使われている．

ティーテーブルは，すでに前項 b. で述べたとおりイギリスの茶文化の中心的な場と考えることができる．家族や友人との茶と会話の場であり，お茶を飲みながらの会話によって人間関係を結ぶ場でもあった．そのまわりに集う人間によって，噂話と偽善と作り笑いの表面的な社交の場になることもあれば，本当の人間と人間の親しみのこもった深い出会いの場になることもあった．ティーテーブルの周りには，日本の「茶室」とも比べうる独特の意味空間が形成されていったといえるのではなかろうか．

(1) 「茶の小部屋」

1700年前後のイギリスの日記や手紙，その他の文献をみていると，クローゼット（closet）という言葉が出てくる．現代の日本でも，たとえばマンションの間取り図などに，ウォークイン・クローゼットという文字を見かける．もともとは小部屋，個人の私室（プライベート・ルーム）の意味があった．たとえば「私はみんなの前でお祈りするだけでなく，自分の部屋（closet）でもちゃんとお祈りしています」「X夫人は友人 4, 5 人を茶の小部屋（closet）に招いて，お茶を飲んだ」のように使われる．日本の茶道でも，書院，広間の茶から草庵，小間の茶へと侘び茶の世界は展開する．空間の大小でいえば，小室化である．四畳半，二畳という極小の茶室空間は，不思議なことに，内部に座っているうちに，そこが小宇宙であることに気づく瞬間があり，さらに宇宙の中心の壺の中にいるかのように，不思議な広がりを感じることがある．そのような狭く限られた空間に集い，小さいゆえの近さや親密さと，より大きなものにつながっているという感覚をイギリスの人々も，感じることがあったのだろうか．

ナショナルトラストなどの活動のおかげで，由緒ある貴族の館が保存され，17〜18世紀の茶の小部屋が，現在も残されている．それは，中国と日本からの珍しく貴重な輸入品である茶を飲むのにふさわしい部屋だった．中国の陶磁器，中国風の壁紙や装飾，日本あるいは東南アジアの漆塗りのテーブルなど，家具調度も東洋風の「茶の小部屋」でのお茶会が偲ばれる（図 3.12, 13）．

(2) 「朝食の間」と「客間，居間」

日本でも「茶の間」や「主婦の座」について，生活学，民俗学，建築史などからの研究がある．イギリスの場合，茶にかかわる室内空間として，「朝食の間」ブレックファースト・ルーム（breakfast room）と「客間，居間」ドローイング・ルーム（drawing room）が重要である．18世紀の室内装飾の本に，朝食の部屋を描いた絵画が何点か

図 3.12 茶の小部屋（17 世紀イギリス，Ham House）[6]

図 3.13 ティーポット（17 世紀イギリス，Ham House）[6]

みられる．天井の高い明るい部屋で，お茶のセットややかんの湯気が描かれている．

　ドローイング・ルームは，19世紀はじめのオースティンの小説などでもよく登場する．家庭でのパーティーで食事（正餐，ディナー）のあと，男性たちはそのまま食堂に残り，酒を飲み続ける．女性たちは別室に引き下がり（withdraw），女性どうしでアルコール以外のお茶やコーヒーなど飲みながらおしゃべりをして，男性たちがこの部屋に引き上げてくるのを待つ．この部屋がドローイング・ルームと呼ばれる部屋である．手元の辞書では1642年ころからこの用法があるという．中流階級の家庭で，家族だけで過ごす普段の日は，居間（リビング・ルーム），くつろぐ部屋として使用することもできた．本格的な食事をする正式の食堂（食事室）ではなく，少し気楽な，おしゃべりをしながら軽食や菓子をつまんだり，お茶を飲んだりすることもできる部屋．まさに「茶の間」といってもよいだろう．そういう用途に合わせて，座りやすい椅子やソファ，小テーブル，暖炉など家具や調度もデザインされた．茶の文化は日本の建築や美術工芸に大きな影響を与えた．イギリスの場合も，茶文化はカップや家具やインテリア・デザインの変遷にはかりしれないインパクトを与えたといえるだろう．

3.4.3　茶道具とマナー

　茶文化の楽しみのなかで，茶道具とその扱いは，茶葉と水の選び方と同じくらい重要な位置にある．

　ヨーロッパでは17世紀の後半頃から王侯貴族や高位の聖職者の間で茶の流行がみられる．そのころの茶の人気は，薬効や会話の魅力もさることながら，それを楽しむ中国や日本製の茶壺（急須，ティーポット teapot）や茶碗（カップ cup）など茶を取

り巻く「もの」の魅力によるところも大きかった．茶だけでなく，ポットやカップ，お盆やテーブルなどのさまざまな道具もまた，茶の楽しみの重要な一部となっていた．どんなポットで，どんなカップから飲むか，どんな道具をそろえるか，部屋の飾り付けはどうかなど，こまごまとした舞台作りが茶の人気を支えていた．

　イギリスでは，王政復古の1660年代頃から，貴族の間で茶の流行が始まる．ちょうどその頃チャールズ2世に嫁いだポルトガルの王女，ブラガンザのキャサリンの嫁入り道具のなかには，茶や砂糖だけでなく，日本や中国の家具（箪笥（たんす）など）および道具類も多く含まれていた．これがチャールズ2世の宮廷やその周辺での東洋趣味流行のきっかけとなった．

　中国の陶磁器に対する関心は，茶以前からヨーロッパの王侯貴族の間で高まっていた．蒐集した東洋陶磁を陳列するための部屋を城館に設けることがブームになり，オランダやイギリスの裕福な市民も部屋を東洋風の陶磁器で飾った．

　日本の茶人たちもそれぞれの「好み」を茶道具に反映させ，さまざまな焼き物を育てた．ヨーロッパの場合は，17世紀の茶の流行の初期には，茶を飲むのにふさわしい器は，中国と日本からの輸入に頼らざるをえなかった．王侯貴族や裕福な市民は，中国趣味・日本趣味をありがたがるだけでなく，自分たちの「好み」を伝えて注文し，自分たちの趣味に合わせた器を作らせようともしている．しかし，日本や中国は遠く，陶磁器を購入する費用は莫大なものになる．

　中国では1638年頃から明末清初の混乱期を迎えた．一方日本では1637〜1638年にかけて島原の乱が起こり，ようやくその鎮圧に成功した徳川幕府は，1639年にポルトガル人の来航を禁じ，1641年にはオランダ人を長崎の出島に移した．鎖国の完成とされる年である．

　なんとか日本や中国からの輸入に頼らず，ヨーロッパでも東洋の陶磁器のように美しく熱にも強い焼き物が作れないものか．この時期に，さまざまな努力が重ねられて，ヨーロッパの各地で東洋陶磁をまねた陶磁器がつくられるようになる．磁器の製法については，長い間謎とされていたが，ついにザクセン選帝侯でポーランド国王のアウグスト2世（在位1694-1733）のもとで，1709年ヨハン・フリードリヒ・ベトガーという若い錬金術師が白い磁器の製造に成功した．翌年，アウグスト大王はマイセンに磁器工場をつくる．その後，ヨーロッパ各地に磁器の工場がつくられていく．ちょうど，イギリスで市民家庭に茶の朝食が流行し始めた時期である．

　こうしてヨーロッパでも磁器の生産が可能になったわけだが，そのためにすぐ中国や日本の陶磁器の人気が衰えたわけではない．むしろ18世紀を通して，中国趣味，日本趣味は美術工芸のさまざまな分野で愛好者を増やし，ヨーロッパの工芸に大きな影響を与え続けた．たとえば，フランスのコンデ王子は日本の磁器「柿右衛門（かきえもん）」の蒐集家として知られ，1725年にパリ近郊に建てた磁器工場でも柿右衛門様式のポット

やカップなどを生産させている．また，オランダの美術館には，日本の漆塗りの技法で作られたティーアーン（tea urn）が残されている．ティーアーンは，後述するように，テーブルの上で茶を入れるとき，熱いお湯を沸かすために考えられた茶道具である（図3.15）．

a. ティーカップと受皿

17世紀後半～18世紀にかけて，茶が非常に高価で貴重な輸入品であった頃，用いられていた急須（ティーポット）や茶碗（カップ）はきわめて小さな把手(とって)のないものだった．現在私たちが日本酒を飲むのに用いる小ぶりのお猪口(ちょこ)くらいの大きさのもの，あるいは小ぶりの煎茶茶碗を思い浮かべるとよい．初期の茶論には「食後50杯くらいお茶を飲んでもさしつかえない」と書いてあるが，これはそのような器を想定してのことだから，驚くことはない．

18世紀はじめ頃のイギリスのコーヒーハウスの絵や裕福な市民のお茶の絵を見ると，まだ把手のついていない茶碗が多いことに気づく．また，茶碗の呼び方も，dish, bowl, cupなどさまざまである．dishは現在は普通「皿」の意味で使う単語だが，bowl「ボウル：碗」に比べて，深さが浅く，平らな形状のものを指していたように思われる．当初，茶は我慢できる限り熱くして飲まないと効果がないと思われていた．絵の中の人物の茶碗の持ち方に注目してみると，人々が茶碗の持ち方をいろいろ工夫していたことが読み取れる．熱い茶を入れた器を，いかにやけどせず，しかも優雅に持つか．指の形はどうするのがよいか．日本の茶道でも，茶道具を扱う手の形や動きは合理的でシンプルな無駄のない美しさを究めている．欧米の茶文化でも，数世紀にわたって描かれた喫茶画を見ていくと，絵に描かれた人たちのポーズは，その国その時代の茶の飲み方の1つのモデルを私たちに教えてくれる．

ヨーロッパでは，コーヒー，ココア，茶などが入ってくるまで，人々は熱い飲み物に慣れていなかった．もちろんスープや粥状の熱い食べ物はあったが，飲み物はおもにワインやビール，安全なものが入手できるなら水，ミルク，ホエイなどで，病気のときに植物の葉を煎じて飲むことはあっても，日常飲料として熱い飲み物を飲む習慣はなかった．

たとえば，初期の「コーヒー・茶・ココア」論として広く読まれたフランスのデュフール（P. S. Dufour）の本 "*Traités Nouveaux & Curieux du Café, du Thé et du Chocolate*"（1685）の挿絵を見てみよう（図3.14）[6]．コーヒー，茶，ココアの産地を表す3人の人物がそれぞれ飲み物を入れた器を持っている．その3つの器から湯気が立っている様子がはっきり描かれていて，熱い飲み物であることが強調されている．

この慣れない熱い飲み物をどう飲むかということで，ヨーロッパ人が編み出した工夫の1つは受皿（ソーサー saucer）に移して飲む飲み方，もう1つは茶碗に把手を付けることだった．

3.4 欧米の茶文化

図 3.14　ドュフールの本の挿絵

　受皿（ソーサー）は初期の頃は，深みのある形状のものが一般的だった．平板な皿ではなく，把手のない茶碗の外側にもう1つ，やや広口の茶碗（これがソーサーの原型にあたる）を二重がさねしたような感じといえばよいだろうか．平板ではないので，そこに茶を移して，冷まして，口をつけて飲むことができた．

　受皿にコーヒーや茶を移して，冷ましたものを受皿から飲む様子が，たとえばボネの絵（1774）にも表されている（図3.16）．これは，時代や地域による違いはあるが，少なくとも当初は，おしゃれで優雅な，一般に認められた作法だった．18世紀末ころまでは，これがマナーとされていたのだが，その後しだいに，受皿に茶を移すことは，無作法なこと，あまり上品でないこととみなされるようになる．そのような社会的コードを踏まえて，20世紀イギリスの作家オーウェルはBBCの食堂で，わざと受皿から茶を飲んだという．このエピソードは，小野二郎の名著『紅茶を受皿で』（晶文社，1981）に紹介されている．

　さて，もう1つの工夫，すなわち茶碗に把手をつける工夫は，1715年頃には実現したようである．そもそも，エールやビールを飲むための，ジョッキやタンカード，マッグといった器は，みんな把手つきだったので，熱くて持ちにくいなら把手をつければよい，ということは誰でも思いつきやすいアイディアだったかもしれない．18～19世紀にかけて，把手つきと把手なしの茶碗は長い間共存していた．茶道具の産地に関しては，東洋からの高価な輸入品の場合もあれば，18世紀後半からはウェッジウッドなどイギリスやヨーロッパ産の場合もあった．もちろん把手つきだからといっ

第3章 茶の文化

図3.15 ブロンテ家のティーアーン

図3.16 「コーヒーを飲む女」(ルイ・マラン・ボネ画, 1774)

図3.17 「茶を嗜むイングランドの家族」(ヨーゼフ・ファン・エイケン画, 1725頃) 右は茶器が描かれている部分を拡大したもの.

て,すべてヨーロッパ産とは限らない.形状などをヨーロッパ側が注文して作らせる場合も少なくなかった.中国や日本などアジア産で,ヨーロッパ好みに合わせたものもあった.

たとえば,オランダ出身の画家エイケンの作とされる絵(1725年頃)には,さまざまな茶道具が描かれている(図3.17).左端の女主人らしい女性は今ちょうどティー・キャディー(tea caddy;茶を入れて保存していた容器,茶筒)から茶の葉を出そうとしているところであり,中央のメイドは湯をポットに注ぐためにやかんを

持ち上げている．ティーポットは赤い色で細長い形をしている．この絵では，細長く，把手がついているカップと，丸く浅い形で把手のないものの両方が描かれている．浅いカップの方は，受皿（ソーサー）に載っており，細長いカップはソーサーから外して置いてある．右端の人物が左手に持って運んできているのは，銀のコーヒーポットのようにも見える．もしそうだとしたら，細長いカップは，コーヒーのためだったのかもしれない．メイドの後ろには，やかんを温めておくための台がある．

茶葉を入れておくティー・キャディーに関しては，18世紀前半までは鍵がついているものもあり，鍵のかかる棚に保管するなどして厳重に女主人が管理していた．そのことからも，茶がいかに貴重品として大切に扱われていたかがわかる．内部が2つに分かれていて，おそらく緑茶，ボヒー茶（発酵茶）をそれぞれ入れられるようになっていたと思われる．

b. やかんとティーアーン

茶をいれるときに，なくてはならぬ道具の1つにやかん（kettle）がある．茶道で茶釜が大事なのと同様，やかんがなくては，欧米のお茶も始まらない．マザーグースの唄にも「ポーリー，やかんを（火に）かけて」という唄がある．いざお客さまだ，とか，さあお茶を飲もうというときは，まず，やかんを火にかける．やかんは地味な道具なので特に茶道具として注目されることは少ないが，18世紀の絵には，意外にも，やかんがかなり頻繁に登場している．なぜやかんがこんなに描かれているかというと，茶をお客さまたちの目の前で入れるために，やかんを客間まで運ぶ必要があったのだ．

召使いがどのような動作や姿で描かれているかはさまざまである．主人や客たちは，たいていテーブルの周りに座って，トランプをしたり，カップを持ちながらおしゃべりをしたりしている．召使いの方は，やかんを運んでいるところ，ティーポットに湯を注いでいる瞬間，お代わりの注文を待ちながら，テーブルのそばに設置されたやかん台（アルコールランプの火で保温している場合も）で待機しているところ，など表情や服装もさまざまで面白い．重そうにだるそうに，おっくうそうにやかんを運んでいる若者もいれば，きびきびとした雰囲気を漂わせて，しっかり主人たちのテーブルに注意を集中している少年もいる．年配の執事頭のような人物は，重大な儀式に参加しているという風情で，うやうやしくやかんを捧げ持ちながら，広間を横断している．欧米の茶文化の様相を知ろうとするとき，こんなふうにやかんを持つ人たちに注目してみるのも面白い発見がある．

さて，湯沸かしとしてもう1つ詩文学や絵に登場するのが，ティーアーン（tea urn）である．アーンにはもともと壺の意味がある．おそらくロシアのサモワールのように，イランやアフガニスタン，トルコ，中央アジアの諸国などでも古くから現代まで使われている金属製の湯沸かしと起源は同じと思われる．ただ，イギリスやドイツの場合，絵画を参考にすれば，18世紀後半〜19世紀にかけて一時期使われていたが，

図3.18 「ウィロビー・ド・ブローク家のお茶」(Johann Zoffany 画, 1766年)
右はティーアーン (矢印) が描かれている部分を拡大したもの.

その後はあまり見かけなくなる. 1766年のウィロビー・ド・ブローク家のお茶の絵 (図 3.18) には, 銀のティーアーンが描かれている. オックスフォード英語辞典には,「アーン urn」の用例としては 1781〜1880 年のものが載っている. 特に 1780 年代には, 文学作品にも「銀のアーン」や「ぶくぶく, しゅーしゅー, 沸き立つアーン」などの表現が目立つようになり, ティーテーブルに欠かせない中心的な茶道具になってきていたことがわかる.

最後に, 19世紀半ばにエミリー・ブロンテ (Emily Bronte, 1818-1848) が書いたイギリス文学史上不朽の名作『嵐が丘』[7] のお茶の一場面をみておきたい.
「キャサリン, お茶が冷めてしまわないうちにテーブルに着いて下さい」
とリントンはいつもの声の調子と, しかるべき礼儀正しさを保つように努めながら, 口を挟みました.「ヒースクリフさんは今晩どこへ泊まられるにせよ, これからまだ長い道を歩いて行かれるんだよ. それに僕は喉が渇いた.」
キャサリンは湯沸かし【アーン】の前に座り, ベルで呼ばれてイザベラも来ましたので, 皆さまに椅子をすすめて, 私【召使いのネリー, 語り手】は部屋を出ました. 食事は 10 分も続きませんでした. キャサリンはカップに茶を注ぐこともしませんでした. 食べることも飲むこともできなかったのです. エドガーは, 茶を少し受皿に移したものの, ほとんど一口も飲んでいませんでした. (【 】内は筆者補足)
長い間失踪していたヒースクリフが, ある日突然舞い戻り, リントン夫人となったキャサリンを訪ねてくる. そして, キャサリンの夫エドガー・リントンとその妹のイザベラを含めて 4 人でお茶を飲む場面である. 夫のリントンはカップから受皿に茶を移すが, 一口も飲むことができない. カップから受皿に茶を注いだのは, 手許が震えてこぼしてしまったわけではない. 飲もうとして一口分移したのだが, 飲めなくなってしまった. また妻のキャサリンは, 女主人の定位置, すなわちティーアーンの前の席に

3.4 欧米の茶文化

図 3.19 受皿から飲む老婦人たち (1908)

座るのだが，自分のカップに茶を注ぐこともできないでいる．幼なじみのヒースクリフが突然舞い戻って来たことが嬉しくて，夢のようで，うわの空の状態でいること，女主人としての自分をまったく忘れてしまっていることが，茶道具の扱いを通して，鮮やかに描き出されている．

『嵐が丘』は時間的な構成もかなり綿密に組み立てられていることがわかっていて，この茶を飲む場面は 1783 年 9 月のこととして描かれている．エミリー・ブロンテが生きていた 19 世紀半ばのヨークシャーでは，お茶を受皿から飲んでいたのだろうか．そうではなくて，18 世紀末の生活を再現するために，お茶の飲み方も考証し，意図的にこのように描いたのだろうか．あるいは 20 世紀のアイルランドの婦人たちの例（図 3.19）もあるのだから，ブロンテ姉妹もやはり受皿からお茶を飲んでいたとしても，不思議ではない． 〔滝口明子〕

引用・参考文献

1) J. C. レットサム著，滝口明子訳 (2002)：茶の博物誌，p.133-134，講談社．
2) 宮本絢子 (1999)：ヴェルサイユの異端公妃—リーゼロッテ・フォン・デア・プファルツの生涯，p.87，鳥影社．
3) H. James (1881)：*The Portrait of a Lady*.［ヘンリー・ジェイムズ著，行方昭夫訳 (1996)：ある婦人の肖像，岩波書店．］
4) G. R. Gissing (1903)：*The Private Papers of Henry Ryecroft*.［G. R. ギッシング著，平井正穂訳 (1951)：ヘンリ・ライクロフトの私記，岩波書店．］
5) E. A. Bennett (1908)：*How to live on 24 Hours a Day*．
6) 滝口明子 (2015)：お茶を愉しむ—絵画でたどるヨーロッパ茶文化，p.40：43，大東文化大学東洋研究所．
7) E. Brontë (1847)：*Wuthering Heights*.［エミリー・ブロンテ著，滝口明子訳：嵐が丘．］

====== Tea Brake ======

 コーヒーハウス・茶店・喫茶店—イギリスの場合—

　17世紀イギリスの有名な日記作家サミュエル・ピープス (Samuel Pepys, 1633-1703) は,1660年9月25日,「一杯の茶」について記述している.彼にとって茶はまだ何といっても薬用だった.それでもコーヒーハウスは,当時から英国上流市民の憩いの場,社交の場であった.茶の英国での需要は18世紀に入ってからさらに増加する.下表にみるとおり,茶の輸入量は1700年の帰港船では絹の4分の1にしかすぎなかった.ところが1722年帰港の船では,絹輸入を上回る.そうしたなかでトーマス・トワイニング (Thomas Twining) がコーヒーハウスを設立するのは1705年のことである.文筆家として活躍していたアディソン (Joseph Addison, 1672-1719) やスティール (Sir Richard Steele, 1672-1729) がよく出かけたのは,ハットンコーヒーハウスであった.法律家たちもコーヒーハウスの上客だったし,薬剤師も多かった.ロンドンばかりでなく,ブリストルやヨークにもコーヒーハウスができた.

表　中国から英国への,各年を代表する船の輸入量

	茶	絹
1700年	1374 t	7470 t
1722年	40000 t	28000 t

　コーヒーハウスが盛んになると,茶を飲む人が増え,茶小売業も栄えた.18世紀英国の茶需要増加は国内消費税との関連でもみることができる.17世紀にチャールズ2世はコーヒーハウスの飲料に1ガロンあたり8ペンスの消費税を課したが,間もなく廃止され,代わって茶葉に課税するようになった.1723年,初代首相ロバート・ウォルポール (Robert Walpole) は,それまで茶葉1封度につき5シリングであった茶消費税を4シリングに下げた.さらに1745年,首相ヘンリー・ペラム (Henry Pelham) はさらにそれを1シリングにまで引き下げた.これで18世紀中頃英国での茶消費は決定的に増加した.1741〜1745年の茶消費は年平均80万封度であったが,1746〜1750年には250万封度以上となった(本文2.2.3項でふれる「紅茶論争」はこの頃の出来事である).

　ところが,コーヒーハウスはその興隆と同じくらい速く社会的に衰退していった.なるほどコーヒーハウスは社交の場であったが,それは男性の領分であり,婦人たちはまだ自宅で茶を嗜んでいた.だが18世紀半ばから19世紀は

じめにかけて，茶店と茶店のある公園（ティーガーデン）が盛んになった．茶店は男性のみではなく女性にも親しまれたし，子供連れも歓迎された．ロンドン中心部のラニラ公園，ヴォクスオール公園，メアリーレボーン公園といった「茶店のある公園」は，上流の人々の愛顧を得ようと努力していたし，おおむねそれに成功していた．そのほか中産階級の人たちやうらぶれた賃金労働者の人たちも，郊外の公園や庭園で，彼らの趣味に合い，予算にも合った茶を見つけることができた．こうして英国では茶は次第に庶民のものとなっていった．

それでも，ティーガーデンの流行は19世紀半ばころに終わった．それに代わったのが英国流の喫茶店（ティーショップ）で，それは急須の茶を何人かの顧客と睦まじく分かち合う家族的雰囲気の社交場だった．リバプール・チャーチストリートの「コーヒー共進会」においてお気に入りの茶（"cup of tea"）が出されたのが始まりで，ここから全国に拡大していった．コーヒーにも重点が置かれていたが，何種類かの上質茶を混ぜたものの小売もしていたし，店でも飲ませていた．リバプール「共進会」で疲れを癒やす茶葉を出す売店を営んでいたジョセフ・リヨンは，ニューカッスルに新しい店を開いた．ここの喫茶店では最良の茶1杯が2ペンスで出され，大成功を博した．1894年にロンドン・ピカディリーに初めてリヨン茶店が開始し，その翌年には15の支店が開業した．そこでは最初から茶が支配的な飲み物だった．しばしば日中にも出されたが，正統なアフタヌーン・ティーの時刻である午後4時30分には，炒ったソラマメとトーストといった簡単な食事も一緒に出された．「お持ち帰り」用の包みも売り出された．最近まで存続した喫茶店は，こうして濃い茶を一口飲んで人間性を取り戻す場ともなったのである．

〔浅田 實〕

🍃 3.5 北アフリカの茶文化

北アフリカで茶といえばミント茶（アッツアイ）が特徴的である．

北アフリカで最も西に位置するモロッコでは，「茶」といえば中国緑茶を使用したミント茶であり，紅茶はあまり飲まない．モロッコではミント茶は国民的飲料といえ，この習慣は全土に浸透しており，客人のもてなしのみならず三度の食事，お茶の時間，家族の団欒や友人との語らい，あるいは商談と，生活に欠かせない存在である．

モロッコのミント茶には，黒色に近い深い緑色をした丸い形の茶葉（珠茶）が用いられる．銀やアルミ製の専用のポット（バッラード）に緑茶を入れ，ミントの葉（ナァナァ），砂糖を順に加え，熱湯を注ぐ（図3.20）．一般的に暑さの厳しい南部に行くほど，茶は濃く煮出され砂糖も多く入れる傾向にある．茶葉が開き，ミントの香りが広がっ

図3.20 ミント茶をいれる男性（モロッコ）

図3.21 モロッコの焼菓子［口絵8参照］

たら，緑や赤，金色などで美しく装飾された高さ7 cmほどの小さめのグラスに注ぐ．最初の1杯はポットへ戻す．その後，用意されたグラスに順番に茶を注いでいく．ミントの小さな葉を浮かべることもある．また，良いミントが手に入りにくい冬期には，ニガヨモギ（シバ）がミントの代わりに使用されることもある．グラスに茶を注ぐときには高い位置から注ぎ，茶の表面に泡を立てることが重要である．これにより空気と茶が混じり，美味しい茶になるといわれている．茶を飲むときには大きな音を立て

てすする．これは茶が美味しいことを表現するためである．ハチミツのような濃い水色で，茶の渋味と砂糖の甘味，そしてミントの香りが一体となったミント茶は清涼な味わいであり，手作りの甘い焼菓子（図3.21）やピーナツやアーモンドといったナッツ類，ナツメヤシなどと一緒に飲むと，また格別である．

　チュニジアでも茶といえばミント茶が主流であるが，緑茶に加えて紅茶も使用される．近年はコーヒー（エスプレッソ）に取って代わられ，来客の際に茶をふるまうことは少なくなった．地元の人向けの喫茶店にはミント茶が置いていないこともある．これは多忙な現代の生活スタイルに合わせたものであり，来客時に茶を出していた頃のように時間がなくなったことのあらわれともいえる．しかしながら，現在でも断食月の来客時など特別な場合には，食後に菓子と一緒に茶を飲む．

　いれ方は，緑茶（アハダル）・紅茶（アハマル）どちらの葉を使った場合も同じである．チュニジアではポットに茶と砂糖を入れ，茶を濃く煮出す．またモロッコと違い，ミントはグラスに葉が1～2枚浮かべられているだけである．さらに松の実を浮かべることもある．グラスに口をつけ，松の実が沈まないように茶の表面をうまくすすって口の中に2～3粒を入れ，噛みながら茶を飲む．茶をすすっては松の実を噛み，グラスが空になるまでこれを繰り返し，そして飲み終わったときに松の実がグラスの底に残らないように飲むのがチュニジア式の作法である．

　隣のアルジェリアでも，北部では同じ中国緑茶を使用しているが，ミントは必ずしも入れない．南部では中国紅茶を使用したミント茶が飲用されている．南部では，1杯目は茶葉と砂糖だけ，2杯目はミントを加えて，3杯目は茶葉と砂糖を足して飲むのが一般的である．

　エジプトでは1990年代後半になってやっと緑茶が出回ったため，緑茶文化はほとんど浸透していない．そのためエジプトでは茶といえば紅茶であり，1日に4～5杯飲むのが一般的で，小さなグラス1杯の茶に砂糖をティースプーンで2～5杯入れる．紅茶はティーバッグが使用され，砂糖だけを入れるのが一般的であるが，ミントの葉や牛乳を加えて飲むこともある．エジプトのミント茶にはモロッコやチュニジアのような確立した作法は存在しない．また，エジプト南部では紅茶はグラス1杯あたりティースプーン2杯の茶葉が必要とされ，さらにこれを5分以上煮出すことにより非常に濃く抽出される．水色は黒く，苦味が強いため，多量の砂糖を加えて飲む．隣国のリビアでも茶を濃く抽出するのが一般的であり，ミントの葉やピーナツを入れることもある．

　このように北アフリカでは，茶の楽しみ方には地域差がある．しかし，茶を飲むことが人間関係において不可欠であり，社会的に重要な要素となっていることは共通である．とくに来客時には，美味しい茶を訪問客に出すことが当然の義務であり，訪問客はそれを楽しみ少なくともグラス1杯の茶を飲み干すことが義務となっている．こ

れは古くから旅人を温かく迎え入れてきた，「もてなし」を知るイスラームの伝統であるといえよう． 〔大島圭子〕

第4章 茶の生産技術

4.1 チャの育種

4.1.1 チャの品種育成
a. 茶の品種改良の歴史
（1） 品種改良のはじまり

わが国におけるチャの品種改良は，茶業調査のため清国に派遣された多田元吉[1,2]（図4.1）らがチャの種子（海外遺伝資源）を導入した明治10年（1877）に始まったといえる．その後，1900年代初頭から昭和にかけて，'やぶきた' を選抜した杉山彦三郎をはじめ，倉持三右衛門，小杉庄蔵，富永宇吉，山本忠七，鈴木金蔵，八木林次郎，平野甚之丞，小山政次郎など多くの民間育種家の活躍によって多数の品種が輩出されている[3,4]．国によるチャの育種の開始は明治38年（1905）農事試験場に製茶部ができてからである．それ以来大正8年（1919）に静岡県の牧之原台地（現 島田市金谷）に独立した茶業試験場，そして現在の国立研究開発法人 農業・食品産業技術総合研究機構 果樹茶業研究部門（金谷茶業研究拠点，枕崎茶業研究拠点）に引き継がれている．府県では，国の茶育種事業の指定試験地となっていた埼玉県と宮崎県のほか，茨城県，静岡県，三重県，奈良県，京都府，鹿児島県などからも品種が育成されている．

図4.1 多田元吉（1829-1896）
（提供：川口国昭氏）

(2) 紅茶用品種の育成

安政6年（1959）に横浜港から日本茶が初めて輸出されて以来，茶は生糸と並ぶわが国の主要な輸出品となった．紅茶は江戸時代にはわが国で生産されていなかったが，世界的に流通の主流は紅茶であったことから，緑茶だけでなく紅茶の製造・輸出も国策として推進された．しかし，紅茶で中国やインドとの競争に勝つためには，日本国内で栽培できる高品質な紅茶用品種が必要であった．そこで，昭和4年（1929）に鹿児島県を指定試験地として紅茶の品種改良を開始し，昭和6年（1931）には茶における最初の交雑育種が行われた．国立茶業試験場においても最初の交雑育種が1933年に紅茶用品種育成のために行われている．当時，紅茶がいかにわが国にとって重要であったかは，茶農林1号が紅茶用品種'べにほまれ'であることからもうかがうことができる．ちなみに，初めて交雑育種によって育成された品種も紅茶用の'はつもみじ'（茶農林13号）である．

昭和14年（1939）には枕崎を紅茶品種育成のための試験地とし，翌年から指定試験地として本格的に紅茶品種の育種を開始している．昭和44年（1969）には耐寒性が強く高品質な紅茶用品種'べにひかり'（茶農林28号）が育成されたが，時すでに遅く昭和46年（1971）に紅茶の輸入が自由化されたことにより国内の紅茶産業は壊滅的となり，国策としての紅茶品種の育成は中止された．こうして，耐寒性の強い高品質の紅茶品種'べにひかり'は，ほとんど日の目を見ることなく幻の品種となった．

(3) 緑茶用品種の育成

緑茶の品種育成は明治時代から始まっているが，当初は在来種のなかから優良なものを選抜する，あるいは自然交雑種子を播いてそのなかから選抜する方法がとられていた．交雑育種の開始は紅茶よりも遅く昭和9年（1934）からである．交雑育種による緑茶品種第1号は昭和22年（1947）に埼玉県で交配され，1962年に登録された'おくむさし'（茶農林26号）である．その後，1970年に'かなやみどり'（茶農林30号）が育成され，それ以降の品種の多くは交雑育種によるものとなった．

在来種や実生群の中から選抜された'やぶきた'，'あさつゆ'，'べにほまれ'などを第一世代の品種，在来種や導入遺伝資源，あるいは第一世代を交配親として用いた'かなやみどり'，'おくみどり'，'べにひかり'などを第二世代の品種とすると，最近育成された品種は，第一世代，第二世代の子供や孫の世代であり，第三世代の品種であるということができる．また近年では，*Camellia taliensis*などチャの近縁種を利用した品種育成も開始され，平成23年（2011）に高アントシアニン茶品種'サンルージュ'が品種登録されているが，これらは第四世代の品種といえるかもしれない．

(4) 挿し木技術の確立と品種の普及

チャが挿し木で増殖できることは，杉山彦三郎が'やぶきた'を選抜した明治時代にはすでに知られていたが，増殖率が悪かったため実生による増殖が一般的であった．

図 4.2 押田幹太（1901-1967）（提供：押田良樹氏）

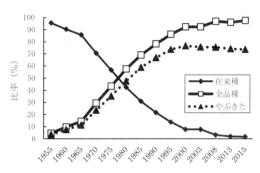

図 4.3 品種化率の推移

当時，チャは挿し木による増殖が難しい植物とされ，国も実生繁殖用品種の育成を目指していたが，遺伝的に不均一な実生では個体間のばらつきを解消することができなかった．チャの挿し木が一般的な技術となったのは，昭和 11 年（1936）に奈良県茶業分場の押田幹太（図 4.2）がチャの挿し木による増殖法を確立してからのことであり，国が助成事業として奈良，静岡，宮崎，埼玉，鹿児島などに指定の原種圃を設置しチャ品種の普及を促進したこと，1953 年からチャにおいても農林登録制度が適用され，品種に関する周知がなされたことなどから，栄養繁殖による品種の普及が急速に進むことになる（図 4.3）．

チャにおける農林登録制度が始まると同時に，多くの品種が登録されている．しかし，品種化した茶園の大部分を'やぶきた'が占めており，減少傾向にはあるものの'やぶきた'一品種寡占状態（2015 年時点で全茶園面積の約 73.7％，全品種中の 75.6％）は現在まで続いている．このことは，'やぶきた'の優秀性に加えて，当時'やぶきた'に対抗できる品種がほとんどなかったこと，'やぶきた'の全国的な普及によって'やぶきた'に対する栽培法や製造法が確立されたこと，さらに茶特有の流通システムによることが大きいと考えられる．

b. チャの品種

1953 年以降わが国で育成された命名登録品種（2008 年以降は農林認定制度に基づく認定品種）は 2016 年現在で 57 品種である．種類別では，煎茶用 38（'そうふう'[5]は煎茶・半発酵茶兼用），紅茶用 10（'べにふうき'[6]は紅茶・半発酵茶兼用），釜炒茶・玉緑茶用 7，玉露・てん茶用 3 である．農林登録または農林認定がなされていない国費育成品種は 6，公立の研究機関および民間で育成された品種，あるいは品種登録はされていないが育成機関で名前が付けられ一般に普及しているものまで含めると，これまでに 118 を超える品種が育成されている（表 4.1～4.7）．また，1988 年に初めて

表 4.1 煎茶用品種（命名登録，農林認定品種）

品種名	農林登録番号	来歴	命名登録年（農林認定）	品種登録年	品種登録番号	育成場所
あさつゆ	茶農林2号	宇治在来種実生	1953			茶業試験場（金谷）
みよし	茶農林3号	宇治在来種実生	1953			茶業試験場（金谷）
さやまみどり	茶農林5号	宇治在来種実生	1953			埼玉県立農試茶業支場
やぶきた	茶農林6号	静岡在来種実生	1953			静岡県茶業試験場
まきのはらわせ	茶農林7号	静岡在来種実生	1953			静岡県茶業試験場
こやにし	茶農林8号	宇治在来種実生	1953			静岡県茶業試験場
ろくろう	茶農林9号	在来種	1953			静岡県茶業試験場
やまとみどり	茶農林10号	奈良在来種実生	1953			奈良県農試茶業分場
なつみどり	茶農林16号	静岡在来種実生	1954			茶業試験場（金谷）
やえほ	茶農林17号	静岡在来種実生	1954			静岡県茶業試験場
はつみどり	茶農林20号	三重県から導入した実生	1954			鹿児島県茶業試験場
おくむさし	茶農林26号	さやまみどり×やまとみどり	1962			埼玉県茶業研究所
かなやみどり	茶農林30号	S6×やぶきた	1970			茶業試験場（金谷）
さやまかおり	茶農林31号	やぶきた実生	1971			埼玉県茶業研究所
おくみどり	茶農林32号	やぶきた×静在16	1974			茶業試験場（金谷）
とよか	茶農林33号	さやまみどり×やぶきた	1976			埼玉県茶業試験場
おくゆたか	茶農林34号	ゆたかみどり×F1NN8（たまみどり×S6）	1983	1983	455	茶業試験場（金谷）
めいりょく	茶農林35号	やぶきた×Z1	1986	1987	1388	野菜・茶業試験場（金谷）
ふくみどり	茶農林36号	やぶきた×23F1107(さやまみどり×やぶきた)	1986	1988	1556	埼玉県茶業試験場
しゅんめい	茶農林37号	ゆたかみどり×F1NN8	1988	1990	2159	野菜・茶業試験場（金谷）
みねかおり	茶農林38号	やぶきた×うんかい	1988	1990	2157	宮崎県総農試茶業支場
みなみかおり	茶農林39号	やぶきた×宮A11	1988	1990	2158	宮崎県総農試茶業支場
さえみどり	茶農林40号	やぶきた×あさつゆ	1990	1991	2881	野菜・茶業試験場（枕崎）
ふうしゅん	茶農林41号	Z1×かなやみどり	1991	1993	3697	野菜・茶業試験場（金谷）
みなみさやか	茶農林42号	宮A-6（たかちほ×宮F19-4-48）×F1NN27	1991	1994	3932	宮崎県総農試茶業支場
ほくめい	茶農林43号	さやまみどり×5507（やぶきた自然実生）	1992	1995	4775	埼玉県茶業試験場
りょうふう	茶農林45号	ほうりょく×やぶきた	1997	2001	9204	野菜・茶業試験場（金谷）
むさしかおり	茶農林46号	さやまかおり×硬枝紅心実生	1997	2001	9306	埼玉県茶業試験場
さきみどり	茶農林47号	F1NN27×ME52	1997	2001	9203	宮崎県総農試茶業支場
はるみどり	茶農林48号	かなやみどり×やぶきた	2000	2003	11102	野菜・茶業試験場（枕崎）
そうふう	茶農林49号	やぶきた×静印雑131	2002	2005	12706	野菜茶業研究所（金谷）
さいのみどり	茶農林50号	さやまかおり実生	2003	2006	13753	埼玉県農総研茶業特産研究所

表4.1 つづき

はるもえぎ	茶農林51号	F1NN27×ME52	2003	2006	13755	宮崎県総農試茶業支場
みやまかおり	茶農林52号	京研283×埼玉1号	2003	2006	13754	宮崎県総農試茶業支場
ゆめわかば	茶農林53号	やぶきた×埼玉9号	2006	2008	17051	埼玉県農総研茶業特産研究所
ゆめかおり	茶農林54号	さやまかおり×宮崎8号	2006	2009	17252	宮崎県総農試茶業支場
さえあかり	茶農林55号	Z1×さえみどり	(2011)	2012	22070	野菜茶業研究所（枕崎）
はるのなごり	茶農林56号	埼玉1号×宮崎8号	(2012)	2012	22068	宮崎県総農試茶業支場
しゅんたろう		埼玉9号×枕F1-33422		2011	21261	野菜茶業研究所（枕崎）
なんめい		さやまかおり×枕崎13号		2014	23034	野菜茶業研究所（枕崎）
おくはるか		埼玉20号×埼玉7号		2015	23946	埼玉県農総研茶業特産研究所
きらり31		さきみどり×さえみどり		2016	25105	宮崎県総農試茶業支場
はると34		さえみどり×さきみどり		*2016*	*30755*	宮崎県総農試茶業支場

2016年12月現在．（　）は農林認定年，斜体字は出願公表年・出願番号．

表4.2 煎茶用品種（品種登録のみの品種）

品種名	来歴	品種登録年	品種登録番号	育成場所または育成者
星野緑	福岡県在来種	1981	71	井上十二生
司みどり	静岡県在来種	1984	511	山崎裕司
たかねわせ	やぶきた自然実生	1985	898	村松穂一
さとう早生	安倍1号自然実生	1986	1025	佐藤光輝
おくひかり	やぶきた×静Cy225	1987	1387	静岡県
いなぐち	やぶきた自然実生	1988	1676	稲口勝利
さわみずか	やぶきた×ふじみどり	1995	4292	静岡県茶業試験場
みねゆたか	やぶきた枝変わり	1996	4835	松下栄市
松寿	くりたわせ枝変わり	1996	4952	松下栄市
摩利支	杉山八重穂自然実生	1996	4953	山森美好・山森理佐雄
みえ緑萌1号	やぶきた自然実生	1996	4954	三重県農業技術センター茶業センター
あさのか	やぶきた×Cp1号	1996	5013	鹿児島県茶業試験場
藤かおり	静印雑131×やぶきた	1996	5072	森園市二・小柳三義
山の息吹	やぶきた自然実生	1997	5430	静岡県茶業試験場
さがらひかり	やぶきた自然実生	1998	6684	中村孫一
さがらみどり	やぶきた自然実生	1998	6685	中村孫一
香駿	くらさわ×かなやみどり	2000	8131	静岡県茶業試験場
さがらかおり	やぶきた自然実生	2000	8132	中村孫一
さがらわせ	やぶきた自然実生	2000	8133	中村孫一
みどりの星	やぶきた自然実生	2001	9305	中村孫一
りょくふう	自然交雑実生	2002	9652	白鳥俊男
つゆひかり	静7132×あさつゆ	2003	11103	静岡県茶業試験場
みえうえじま	在来実生	2003	11368	上嶋　親
きら香	やぶきた枝変わり	2006	14307	竹内清美・竹内忠義
蓬莱錦	在来実生	2008	16019	吉野誠一
金谷いぶき	さやまかおり×摩利支	2009	17960	水野昭南
金谷ほまれ	さやまかおり×摩利支	2009	17961	水野昭南
しゅんたろう	埼玉9号×枕F1-33422	2011	21261	野菜茶業研究所（枕崎）
ゆめするが	おくひかり×やぶきた	2012	22069	静岡県

表4.2 つづき

希望の芽	さやまかおり×摩利支	2013	22616	水野昭南
しずかおり	おくひかり×くりたわせ	2015	23945	静岡県
満点の輝き	さやまかおり×摩利支	2015	24225	水野昭南

2016年12月現在.

表4.3 釜炒茶・玉緑茶用品種

品種名	農林登録番号	来歴	命名登録年	品種登録年	品種登録番号	育成場所
たまみどり	茶農林4号	宇治在来種実生	1953			茶業試験場（金谷）
たかちほ	茶農林11号	宮崎県在来種実生	1953			宮崎県総農試茶業支場
いずみ	茶農林24号	べにほまれの実生	1960			九州農業試験場
やまなみ	茶農林27号	中国湖北省導入実生	1965			宮崎県総農試茶業支場
うんかい	茶農林29号	たかちほ×宮F1 9-4-48	1970			宮崎県総農試茶業支場
みねかおり	茶農林38号	やぶきた×うんかい	1988	1990	2157	宮崎県総農試茶業支場
なごみゆたか	茶農林57号	埼玉16号×福8	(2012)	2012	22071	宮崎県総農試茶業支場

2016年12月現在.

表4.4 玉露・てん茶用品種

品種名	農林登録番号	来歴	命名登録年	品種登録年	品種登録番号	育成場所または育成者
あさぎり	茶農林18号	宇治在来種実生	1954			京都府立茶業研究所
きょうみどり	茶農林19号	宇治在来種実生	1954			京都府立茶業研究所
ひめみどり	茶農林23号	福岡在来種実生	1960			九州農業試験場
寺川早生		宇治在来種実生		1990	2092	寺川俊男
成里乃		宇治在来種実生		2002	10751	堀井信夫
奥の山		宇治在来種実生		2002	10752	堀井信夫
鳳春		さみどり自然交雑実生		2006	14534	京都府立茶業研究所
展茗		さみどり自然交雑実生		2006	14535	京都府立茶業研究所

2016年12月現在.

表4.5 紅茶用品種

品種名	農林登録番号	来歴	命名登録年	品種登録年	品種登録番号	育成場所
べにほまれ	茶農林1号	多田系インド導入種実生	1953			茶業試験場（金谷）
いんど	茶農林12号	インド雑種実生	1953			鹿児島県茶業試験場
はつもみじ	茶農林13号	Ai2×NKaO5	1953			鹿児島県茶業試験場
べにたちわせ	茶農林14号	Ai2×NKaO1	1953			鹿児島県茶業試験場
あかね	茶農林15号	Ai2×NKaO3	1953			鹿児島県茶業試験場
べにかおり	茶農林21号	Ai21×NKaO3	1960			鹿児島県茶業試験場
べにふじ	茶農林22号	べにほまれ×C19	1960			茶業試験場（金谷）
さつまべに	茶農林25号	NKao3×Ai18	1960			鹿児島県茶業試験場
べにひかり	茶農林28号	べにかおり×CN1	1969			茶業試験場（枕崎）
べにふうき	茶農林44号	べにほまれ×枕Cd86	1993	1995	4591	野菜・茶業試験場（枕崎）

2016年12月現在.

4.1 チャの育種

表 4.6 中間母本登録品種・その他の品種

農林登録番号 (品種名)	出願時の 名称	来　歴	主要特性	命名 登録年	品種 登録年	品種登 録番号	育成場所
茶中間母本農 1号	チャツバキ 1号	さやまかおり ×ヤブツバキ	耐病虫性	1988	1992	3047	野菜・茶業試験 場（金谷）
茶中間母本農 2号	IRB89-15	やぶきたの放射線 突然変異	自家和合性	1994	1998	6449	農業・生物資源 研究所
茶中間母本農 3号	MAKURA 1号	インドからの導 入実生	高タンニン、高カ フェイン、花香	1998	2002	10244	野菜・茶業試験 場（枕崎）
茶中間母本農 4号	KM8	金Ck17 ×さやまかおり	クワシロカイガラ ムシ、輪斑病、炭 疽病抵抗性	2004	2008	16018	野菜茶業研究所 （枕崎）
茶中間母本農 5号	KM62	金Ck17 ×さやまかおり	クワシロカイガラ ムシ、輪斑病、炭 疽病抵抗性	2004	2008	16017	野菜茶業研究所 （枕崎）
茶中間母本農 6号	F95181	タリエンシス実生	高アントシアニン	2004	2008	16016	野菜茶業研究所 （枕崎）
サンルージュ	枕個03-1384	茶中間母本農6 号実生	高アントシアニン		2011	21262	野菜茶業研究所 （枕崎）

2016年12月現在.

表 4.7 命名登録・品種登録をされなかった品種

品種名	用　途	来　歴	育成年	育成場所
ほうりょく	煎　茶	多田系印雑の実生	1956	静岡県茶業試験場
するがわせ	煎　茶	やぶきた自然実生	1962	静岡県茶業試験場
ふじみどり	煎　茶	不　明	1962	静岡県茶業試験場
くりたわせ	煎　茶	静岡在来実生	1966	鹿児島県茶業試験場
ゆたかみどり	煎　茶	あさつゆ自然実生（系統名：Y2）	1966	茶業試験場（金谷）
やまかい	煎　茶	やぶきた自然実生	1967	静岡県茶業試験場
くらさわ	煎　茶	やぶきた自然実生	1967	静岡県茶業試験場
おおいわせ	煎　茶	やえほ×やぶきた	1976	静岡県茶業試験場
ごこう	玉露・てん茶	宇治在来実生	1954	京都府立茶業研究所
うじひかり	玉露・てん茶	京都在来種	1954	京都府立茶業研究所
あさひ	玉露・てん茶	宇治在来実生	1954	京都府立茶業研究所
こまかげ	玉露・てん茶	宇治在来実生	1954	京都府立茶業研究所
さみどり	玉露・てん茶	京都在来種	1954	京都府立茶業研究所
おぐらみどり	玉露・てん茶	京都在来種	1954	京都府立茶業研究所
うじみどり	玉露・てん茶	宇治在来実生	1985	京都府立茶業研究所
からべに	紅　茶	中国湖北省実生	1956	静岡県茶業試験場
ただにしき	紅　茶	多田系インド導入種実生	1958	静岡県茶業試験場
べにつくば	紅　茶	茨城県在来種	1958	真壁地区農業改良普及所

2016年12月現在.

茶中間母本として登録されたチャツバキ1号（茶中間母本農1号）をはじめ、自家和合性が高いIRB89-15（茶中間母本農2号），高タンニン・高カフェイン・花香保有特性を有するMAKURA1号（茶中間母本農3号），クワシロカイガラムシ抵抗性のKM8（茶中間母本農4号），KM62（茶中間母本農5号），高アントシアニンのF95181（茶中間母本農6号）などの育種素材が選抜されて中間母本登録されており，茶中間母本農6

号の後代からは，わが国で初めて機能性成分をターゲットにした高アントシアニン品種'サンルージュ'[7]が育成されている．

c. 育種目標

チャの育種目標は，時代背景を強く反映している．品種改良が始まった当初は，現在のように機械化が進んでおらず，摘採は手摘みかはさみ摘みであり，製茶は大部分が手揉みによって行われていた．したがって，品質の向上，収量の増加とともに労働力の分散化が重要な課題であり，早晩性が異なり，株張りがよく，製茶品質がすぐれた品種の育成が最も重要な育種目標であった．また，茶が主要な輸出品であった20世紀前半，煎茶だけでなく，輸出品としてより有利な紅茶，釜炒り茶，玉緑茶用の品種の育成が重要な育種目標となった．しかし，1971年に紅茶の輸入自由化により日本の紅茶輸出がなくなると同時に，紅茶用品種の育成も育種目標から消えることになる．

近年は，高品質，多収，早晩性だけでなく，嗜好の多様化，国民の安全・安心への関心の高まりから，多様な香味の品種，農薬使用量や施肥量の低減に寄与できる品種の育成，あるいは，茶のもつ機能性をより有効に利用するため，機能性成分を多く含んだ品種の育成が重要な育種目標となっている．

d. 育種の方法

作物育種の方法には，交雑（自然交雑，人工交雑），突然変異（放射線，化学物質），遺伝子組換えなどがある．チャの育種はおもに交雑育種によって行われており，公的な機関で育成された最近の品種は大部分が人工交雑によるものである．また，放射線を利用した突然変異育種も試みられており，これまでに自家和合性が高い変異系統が選抜され，茶中間母本農2号として中間母本登録されている．

交雑育種によってよりすぐれた品種を育成するためには，すぐれた育種素材（交配母本）が必要である．最近では特徴ある香味や新たな機能性など育種目標も多様化しており，多田元吉に始まるわが国のチャ遺伝資源の重要性があらためて見直されている．

e. 育種体制

品種としての登録には，国が農林番号を付けて命名，登録，普及に資する「命名登録」（2008年以降は「農林認定登録」）と，種苗法に基づいて行う「品種登録」がある．「命名登録品種（農林認定品種）」は優秀性を担保するため，国が指定した法人または公立研究機関が育成した系統で系統適応性検定試験および特性検定試験を行っている．現在，国費によるチャの育種事業は，国立研究開発法人 農業・食品産業技術総合研究機構 果樹茶業研究部門と，旧指定試験地である宮崎県総合農業試験場茶業支場の2ヶ所で，育種目標を分担しながら連携して行っている．また，地域適応性や加工適性に関する試験は，系統適応性検定試験として，チャの主要な産地（埼玉県，静岡県，三重県，滋賀県，京都府，奈良県，高知県，福岡県，佐賀県，長崎県，熊本県，大分

4.1 チャの育種

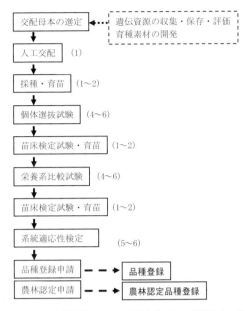

図 4.4 国の育種事業における交雑育種による品種育成の流れ
( ) 内数値は，その段階に要するおおよその年数．

県，宮崎県，鹿児島県）において試験が行われている．

現在，国立研究開発法人が行うチャの品種改良の流れは以下のとおりである（図4.4）．①目的とする形質を有した育種素材を選定し交配に用いる．②獲得した種子を播種し個体を養成し，圃場で個体選抜試験に供試する．このとき，生育，早晩性，耐病虫性，耐寒性，品質などさまざまな項目が検定され有望個体が選抜される．③選抜した個体は苗床で挿し木を行い，発根性や活着などを検定する．④有望個体は栄養系統として再び圃場試験に供試し，生育，早晩性，耐病虫性，耐寒性，収量性，品質，成分などさまざまな生理・生態的特性の検定を行い数個体の有望系統を選抜する．⑤選抜された系統は，委託を受けた府県で系統適応性検定試験に供試され，地域の気候，土壌，栽培方法，加工方法に対する適性が評価される．⑥育成系統評価試験において優秀と認められた系統については種苗法に基づく品種登録の申請がなされ，普及性が高いと思われる品種については農林認定の申請が行われる．

品種登録は重要な形質にかかる特性の全部または一部によって他の植物体の集合と区別することができること（区別性），その特性の全部を保持しつつ繁殖させることができること（均一性，安定性）が要件であり，この要件に未譲渡性の要件を満たせば品種として登録することが可能であり，公立研究機関や民間育種家による品種育成も行われている．

f. 品種の利用

わが国におけるチャの経済栽培地域は新潟県から沖縄県まで広範囲に及び，その気候，地形，土壌，地域性は多様である．産地のブランド化が求められる今日，それらの地域性を十分に生かすための品種の選定は重要である．また，嗜好の多様化，食品に対する安全・安心への要求，健康志向の増大によるチャの機能性に対する期待などから，チャの品種には多様な特性が求められるようになった．たとえば，環境負荷低減型の茶栽培を実現するための耐病虫性や少肥栽培適応性の高い品種，ドリンク需要に応えるため年間を通して安定した生産量が確保できる多収品種や香味に強い特徴を有する品種，あるいは，特定の機能性成分高含有の品種などである．最近では，クワシロカイガラムシに抵抗性，抗疲労作用が期待できるアントシアニン高含有，特徴ある香味の品種の育成や，育成品種のなかから抗アレルギー作用があるメチル化カテキンを多く含んだ品種が見つかり，品種への注目，期待が高まっている．

品種改良は植物の遺伝的変化を人為的に加速させる操作であり，近代の産業化された作物において，その重要性は世界共通の認識となっている．チャは中国を起源とし，2000年を超える歴史のなかでその時々の政治，経済，文化，あるいは気候，風土に影響され，利用形態あるいは栽培・加工の方法を変化させながら世界中に広まった作物である．近年，国際競争のなかで品種の重要性は増大しており，すでに遺伝資源の囲い込みが始まっている．わが国のチャの品種改良は，開始されてすでに100年以上を経ているが，品種の重要性が一般に認識され，本格的に普及し始めたのは1960年代以降であり，茶の品種育成と普及には数十年を要してきたことを考えれば，さまざまな特徴をもったチャ品種が目的に応じて利用される時代は，今始まったばかりであるといえる．

〔根角厚司〕

引用・参考文献

1) 川口国昭・多田節子（1989）：茶業開化—明治発展史と多田元吉，p. 209-213，山童社．
2) 松崎芳郎編著（1992）：年表茶の世界史，p. 167-169，八坂書房．
3) 渕之上康元・渕之上弘子著（2005）：日本のチャの品種，p. 19-21，自費出版．
4) 武田善行編著（2004）：茶のサイエンス，p. 21-23，筑波書房．
5) 近藤貞昭ほか（2003）：野菜茶業研究所研究報告，第2号：71-82．
6) 武田善行ほか（1994）：野菜・茶業試験場研究報告B 茶業，(7)：1-11．
7) 根角厚司ほか（2012）：$JARQ$, **46**(3)：215-220．

4.1.2 チャのバイオテクノロジー

バイオテクノロジーは，さまざまな分野の基礎・応用技術として進展が著しく，幅広く応用され発展し続けている．

特に，近年では世界中で遺伝子組換え作物が商業栽培されているが，わが国においては青いバラのような一部の例外を除いて遺伝子組換え作物に対する社会的な受容が進んでいない．そのため，遺伝子組換え作物は国内では商業生産されていない．一方で，ダイズ，トウモロコシ，ジャガイモ，ナタネをはじめ多くの組替え作物とその産物が海外から大量に輸入されている．

遺伝子組換え作物の栽培・利用に関しては国・地域によって対応に温度差がみられるものの，世界の人口が増え続けるなかバイオテクノロジーには食料供給や環境問題への貢献が期待され，研究・開発・実施段階などさまざまなフェーズでの知見が積み重ねられている．

植物がもつ多彩な機能を高度に利用し，その効率を上げるためには分子レベルでの解析も必要であるが，基盤となる細胞，組織から植物体を再生させる技術開発も必須となる．しかしながら，チャでは世界的に研究員も少なく，いまだ安定した再分化系や増殖技術も確立していない．また周辺技術の発達も遅々としており，実用場面への活用例は少ないのが現状である．本項ではこれらの点も踏まえたうえで培養手法ごとにこれまでの知見を紹介する（図4.5）．

a. 培養系を用いたチャ遺伝資源の保存技術

現在，チャの遺伝資源の保存は野外ジーンバンクで行われているが，その維持管理に膨大な経費，労力，面積を必要とするため，チャ種子の胚軸，茶樹の茎頂部や培養多芽体を用いた超低温保存法が開発されている[1]．種子から摘出した胚軸では「直接乾燥法」が，培養された茎頂部や培養多芽体では「ガラス化法」や「アルギン酸ビーズ乾燥法」が用いられている．いずれも，液体窒素中に保存する前段階として，供試部位の水分含量を低くすることや細胞内の浸透圧を高めておくことが重要である．

b. 器官培養

一般的に，チャで使用される培養部位は茎頂部，腋芽，胚，葯などであるが，不定器官の分化には，茎切片，幼葉，子葉も用いられる[2]．

茎頂培養では，まず微生物の汚染除去が重要となる．外植片は一番茶初期の新芽や摘出する茎頂部をできる限り小さくすることにより汚染が抑制できる．培地は，ベンジルアデニン（BA）とジベレリン A_3（GA_3）の組合せやそれに低濃度のインドール-3-酪酸（IBA；0.01 mg/L）を加えるのが有効である．腋芽培養は，BA（1.0～5.0 mg/L）と GA_3（5.0 mg/L）を組み合わせた培地で，茎頂培養に比較してより簡便で速やかに腋芽を生育させることが可能である．胚培養は非常に容易であり，低濃度の基本培地だけでも十分である．葯培養については中国で初めてチャの半数体が得られ（1983），その後インドや日本でも成功しているが，一般的には分化率が低くいまだ実用化には至っていない．

① 初代培養系

①-1 茎頂および腋芽の培養系　　　①-2 再分化系

茎頂培養法　　　　　　　　　　　　　　不定胚の分化
1/2 M&S＋BA(0.1〜1.0 mg/L)＋GA$_3$(5.0 mg/L)　　M&S＋BA(1.0〜5.0 mg/L)

腋芽培養法　　　　　　　　　　　　　　不定芽の分化
1/2 M&S＋BA(1.0, 5.0 mg/L)＋GA$_3$(0.0, 1.0 mg/L)　　M&S＋IAA(0.01〜1.0 mg/L)
or　1/2 M&S＋BA(5.0 mg/L)＋GA$_3$(5.0 mg/L)　　　　＋GA$_3$(1.0〜5.0 mg/L)

② 試験管内挿し木法を用いた増殖法

1/2 M&S＋IBA(1.0 mg/L)＋BA(1.0 mg/L)＋GA$_3$(5.0 mg/L)　　or
1/2 M&S＋IBA(0.1 mg/L)＋BA(0.1 mg/L)＋2iP(5.0 mg/L)＋GA$_3$(5.0 mg/L)

③ 発根・順化

発根　　　　　　　　　　　　　　　　発根＋順化
1/2 M&S＋IBA(0.5〜1.0 mg/L)　　（温度：15.0℃, 光条件：8〜16時間日長・3000〜5000 Lux）

図 4.5　チャの組織培養を利用した種苗大量増殖法

c. カルス培養

チャのカルスは,茎切片をはじめ各種の外植片にオーキシンを添加することで容易に得ることができる.カルスの増殖速度は寒天などの固形培地に比べ液体振盪培地で早い.この液体振盪培地を用いて,カテキンやフラボンなど有用物質の生合成やテアニンなどチャに特異的な成分の大量合成法の研究が行われている.また,最近ではチャ培養細胞を用いた医薬品合成も試みられ,ペルオキシダーゼを利用した「エトポシド」や「スチレン」,「ケトラクタム」の合成も成功している[3].

一方,カルス培養系からの不定器官の分化において,不定胚は種子の子葉を外植片としたときに容易に得られる.また,その他の外植片としては茎切片,幼葉,葉柄,茎頂部などのカルスからも不定胚分化が報告されているが,その大部分は高サイトカイニンと低オーキシンの組合せ,あるいは低サイトカイニン単独で誘導されている.不定芽は,子葉はもとより未展開葉,葉柄部や茎切片のカルスから分化するが,その率は概して低い.特に,子葉以外の外植片由来の不定胚および不定芽分化率の低さがチャの培養系を育種に利用するための大きな壁にもなっているため,早急に効率的な再分化系を確立することが望まれている[4].

d. 増殖・発根および順化

チャの種苗を増殖するためには,試験管内挿し木・多芽形成・不定胚および苗条原基などの利用が考えられるが,現状では試験管内挿し木法がより簡便な技術となっている[2].

試験管内挿し木による大量増殖は,IBA (0.1 mg/L) と BA (1.0 mg/L) に GA_3 (5.0 mg/L) を加えた培地で,試験管内挿し木による継代培養を繰り返すことにより1年間に5万倍程度の増殖が可能となっている.インドでは,試験管内で大量増殖された培養苗を圃場で栽培し,生育や収量性,品質特性などが調査され始め,一般苗に比較して培養苗では側芽の生育がすぐれたり,根量が多くなるとの知見も得ているが,これらは培養時におけるホルモンの影響を受けたものと考察され,いまだ一般苗との相違は明らかになっていないのが現状である.

なお,培養苗を圃場で栽培する場合,根の分化にはオーキシンの添加が有効であり,暗黒下,27〜30℃程度の条件が適当である.しかし,この条件下で発根した個体は外的環境に順化しにくいため,15℃,光条件は3000〜5000 Lux,8〜16時間日長で発根させるのがよい.また,最近では光独立栄養培養法を活用し,CO_2濃度および光強度を高めて培養することにより,容易に発根および順化が可能となり,商業的な受注生産も始められつつある.

e. 遺伝子組換え

世界的にはダイズ,トウモロコシ,ワタをはじめ多くの遺伝子組換え作物が栽培されている.チャにおいては,これまでに遺伝子を導入したカルス形成はいくつか報告

されており，また最近ようやくアグロバクテリウム法とパーティクルガン法の併用により胚カルスから多芽体が得られているが，実用例はない[3]．

一方，チャからの遺伝子のクローニングはカテキン合成に関与するフェニルアラニンアンモニアリアーゼやカルコンシンターゼ遺伝子およびカフェインシンセターゼやカルコン合成酵素，フラボノール還元酵素，グルタミン合成酵素，アンモニウムトランスポーター遺伝子，リボゾーム RNA 遺伝子などがクローン化されている．

f．その他

最近では，遺伝子工学技術の発達により DNA 育種も展開されている．

なかでも RAPD (random amplified polymorphic DNA)，RFLP (restriction fragment length polymorphism)，AFLP (amplified fragment length polymorphism)，SSR (simple sequence repeat) などの DNA マーカーは，品種の識別や産地分類，親子鑑定，茶樹間の類縁関係，遺伝的多様性やチャの起源の把握などに各国で用いられている．また，最近ではチャにおいても大量の発現遺伝子情報が中国や日本で解析され，チャの EST (expressed sequence tags) によるデータベースも構築されつつある．

さらに，また，DNA マーカーを利用した連鎖地図も作成されつつあり，クワシロカイガラムシに関しては抵抗性遺伝子 MSR-1 の識別用プライマーを用いる方法が実用化され，マーカー選抜が行われている．そのほか，炭疽病抵抗性，高カフェイン，香気物質などの解析も進められている．DNA マーカーによる早期選抜は，形質評価までに長期間を要すチャの育種に新しい可能性を付与するものとして，今後の発展が注目されているが，チャではバイオテクノロジーにかかわる研究員数も少なく，遅々として進んでいないのが現状である． 〔中村順行〕

引用・参考文献

1) 倉貫幸一 (2006)：静岡茶試特別報告，**3**：1-63．
2) 中村順行 (2007)：静岡茶試特別報告，**4**：1-84．
3) 伊勢村護 (2006)：茶の効能と応用開発，p.239-244；247-254；273-281，シーエムシー出版．
4) T. K. Mondal et al. (2004)：*Plant Cell, Tissue and Organ Culture*, **76**：195-254．

Tea Break

〈世界お茶めぐり〉ベトナム

　「食べる前にまず食器を拭くのは、汚れているからではなく、文化なのです」と、ベトナム北部のプーベンティー社のベルギー人ディレクターが冗談めかして言い、率先して食器を紙ナプキンでキュッキュッと拭き始めた。ベトナムの街場の食堂では、卓上に用意されている取り皿や箸を、使う前に必ず各自が紙ナプキンで徹底的に拭く。ベルギーのSIPEF社グループのプーベンティー社の食堂でも、その「文化」を継承していた。

　ハノイから北に約120 km、プートー省にあるプーベンティー社は、1995年の設立で、紅茶および果汁飲料を生産している。ベトナムでの従来の紅茶生産は、旧ソ連製の製茶機器を使い、旧ソ連邦やイラクなど限られた市場に輸出していたため、紅茶の国際市場の動向とは異なる動きをしていた。当初から国際市場向けの紅茶生産を目指したプーベンティー社は、インド製の設備を導入し、イギリス人やインド人技術者の指導の下でCTC茶の生産を開始した。同社は、ベトナムにおけるCTC茶生産のパイオニアであり、リーダー的存在である。

　ベトナム国内では、南部では地元産のコーヒー、北部では釜炒り緑茶がよく飲まれている。コーヒーは、アルミ製のフィルターでじっくり少量をドリップし、コンデンスミルクを加えて飲む濃厚なベトナム式コーヒーだ。釜炒り緑茶も茶葉をたっぷり使って濃厚に抽出し、猪口あるいはデミタスカップのような器で何杯も飲む。街の食堂で食後のお茶を飲むときは、食事をしたテーブルから別のテーブルに移動し、気分一新してから飲むのもユニークで、これも1つの習慣、あるいは「文化」なのかもしれない。　　　　　〔中津川由美〕

写真1　ベトナム・プートー省にあるプーベンティー社のCTC紅茶工場

写真2　ベトナム北部の街角で大きな袋入りで売られている釜炒り緑茶と、ティータイムを楽しむ人々

4.2 チャの栽培

4.2.1 茶園づくりから摘採まで
a. 育苗
チャは自家不和合性であり，自花の花粉で受精できる確率は低く，種子は遺伝的に雑ぱくである．このため，均一な茶園を作るには栄養繁殖を行うしかなく，現在の茶の増殖には一般的に挿し木育苗がなされている．挿し木方法として，普通挿しとビニル被覆挿し木法がある．また，最近ではペーパーポットを用いた挿し木法も利用されている．挿し木時期は夏挿しと秋挿しがあるが，夏挿しが一般的である．

（1）普通挿し（夏挿し）

一番茶芽を収穫しないで放任しておき，6月になって，伸ばしておいた一番茶芽の茎が堅くなってから，図 4.6 のような 2 節 2 葉で挿し穂を調整し挿し木する．

挿し床は排水性，保水性ともに良好な病原菌のいない土壌を準備する．挿し木にあたっては挿し床に十分灌水し，挿し穂を 3～4 cm の深さに下葉の葉柄が少し埋まるくらいに挿す．挿し方が浅く茎だけしか埋まっていないと，挿し木した後，風などで揺すられて発根が悪くなることがある．すべて挿し終わったら改めて十分な灌水をし，挿し穂と土がよく馴染むようにする．その後直ちに光線透過率 30～40% 程度の寒冷紗などで日よけを行う．挿し木直後は生け花と同様，切り口から吸水し生存しており，朝夕の十分な灌水が必要である．

挿し木後 20～30 日ぐらいから発根が始まり，45 日程度でほぼ一次根が出揃う．このころから少しずつ灌水を控えるようにする．土壌水分が多すぎると根の生育が抑制される傾向がある．施肥は，挿し木後 2 ヶ月後ぐらいから月に 1 回程度少量の緩効性肥料を与えるようにする．日よけは 9 月中旬，曇りの日を選んで除去する．日よけの除去直後強い日射を受けると日焼けを起こし枯れることがあるので注意する．苗は冬を越すためには防寒が必要であり，10 月末～11 月に敷きわらを十分に敷き，寒さの

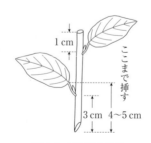

図 4.6　挿し穂の形状

厳しいところでは防寒被覆も行う．

(2) ビニル被覆挿し（秋挿し）

秋に多く行われる挿し木法としてビニル被覆挿しがある．9月中旬から10月上旬に二・三番茶芽の硬化した枝条を使い，普通挿しと同様の穂を調整して挿し木する．挿し木前に少量の灌水で挿し床を湿らせておき，挿し木が終わったら十分な灌水を行って，直ちにビニルのフィルム等で高さ40～50 cmのトンネル被覆を行い，裾を完全に土に埋めて密閉する．その外側を直接または間接に光線透過率15～20%程度に遮光被覆を行う．この挿し木法は灌水の手間が省けて省力効果は高く，保温性もよいため秋の挿し木に用いられる．

(3) ポット育苗

無底のペーパーポットに挿し木育苗するペーパーポット育苗法が普及し始めている．定植はポットのまま土付で植えられるので根が乾燥せず植え痛みが少なく，定植後の初期生育がよいとして利用されている．基本的な挿し木技術は普通挿しと同様である．内径5～6 cm，深さが15 cmのペーパーポットに通気性，保水性のよい土を充填し，十分灌水し土を落ち着かせて準備する．挿し木は普通挿しと同様であるが，挿し穂の足の長さ（下葉からの下端部までの長さ）は少し短めに調整する．

(4) 実生繁殖

山間部では茶の種子をまいて茶園を造る実生繁殖法が残っている地域もある．実生繁殖法は挿し木などの栄養繁殖に比較して，根群が深く，太い種子根が発達するため，乾燥や寒冷などの気象ストレスに強いとされる．種をまく時期は温暖地では秋，寒冷地では春とされてきた．播種するとき，あらかじめ3～4日水に浸し，浮き上がる種子は除いてまく．秋まきでは5～6 cm，春は3 cmに覆土して，その上に乾燥しないようわらなどでマルチする．

b. 定 植

苗木の植え付けは普通3月から4月の新芽萌芽前の春が最適である．暖地では9月の定植も可能であるが，植え付け直後の苗は越冬が困難なため，温暖地ではあまり実施されない．

茶園は傾斜角度を緩やかに調整するなど地形修正をし，その後，堆肥の施用と深耕など土壌の物理性，化学性を改良して苗の定植が行われる．土壌が混和され，土壌構造が攪乱されているため，植え付け後2～3年は乾燥時には灌水など十分な管理が必要になる．土壌の化学性については施肥の項目で説明されるので省略するが，植え付けた後は株元の土壌改良ができなくなるため，植え付け前に土壌の化学性・物理性のチェックを十分にしておく必要がある．

栽植密度は，収穫方法に合わせて畝間（うね）を1.5～1.8 m，株間を0.3～0.45 cmの単条植えを基本に，早期成園化を目指すには，条間0.3～0.5 mの千鳥（ちどり）植えを行っている．

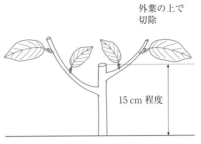

図 4.7 定植時の剪定

苗は 1.8×0.3 m で 1850 本余が植え付けられ，補植用の予備をみて 2000 本程度準備する．植え付け本数が多いと初期の収量が多く，早期成園化が可能になる．

整地と土壌改善が終わった園では植え溝を掘る．一年生苗で 20 cm 程度，二年生苗で 30 cm 程度と，苗の大きさで深さが決まる．一年生苗は木質化した根がないので乾燥しないように扱う．細根は 20 分程度の日射で枯死するといわれている．苗床から掘り上げた苗は根が乾かないようにこも等で包んで輸送し，なるべく早く植え付けるようにする．

苗を所定の密度に根を広げてていねいに植え付け，直射日光に当てないようすばやく土で被うようにする．植え溝で掘り上げた土の 7〜8 割の土を戻したところで水を十分に与え，チャ株をゆするようにすると泥とチャの根がなじんでくる．チャ株を少し上へ上げるように引くと根の先端が下向きになる．灌水後残りの土 2〜3 割の土を株元に寄せ，敷きわらをして，土壌からの水分蒸発を抑制するようにする．

植え付け直後の根は十分な吸水力がなく，地上部が風にあおられると活着が悪くなるため，葉が 5〜10 枚つくように剪枝する（図 4.7）．このとき主幹はあまり高いと分枝してくる位置が高くなり，株張りが狭い腰高の株になりやすく，剪枝が低いとその後の生育が思わしくないため，剪枝位置は 15 cm 程度を標準とする．中心の幹は 15 cm 程度で，外へむいた枝は 5〜10 cm 高い位置の外葉を活かして剪枝する．外葉の付け根にある芽を活かすことによって，早く枝張りを拡大するようにする．

c. 仕立て

植え付け時の剪枝は活着を第一に，ある程度着葉数を目処に剪枝の高さを決めるが，定植 2 年目以降の幼木園の仕立ては，剪枝により主幹の徒長を抑え側枝の生育を促し，基本的な骨格を作って，健全な樹体を作るように心がける．均一な摘採面を構成するためには枝の太さ，長さ，数などが揃うように剪枝の位置を決める必要がある．

剪枝の時期としては，一番茶萌芽期前，3 月中旬〜4 月初旬，根の活動が活発で，芽がまだ伸びていない時期に，前年剪枝位置から 5〜10 cm 上で主幹を止めるようにする．

表 4.8 一年生苗を植え付けたときの標準的な仕立て法

	剪枝			摘採	
	時期	高さ	形状	時期	方法
植え付け年	植え付け時	地上 15 cm	杯状	—	—
2 年目	3 月中下旬	20～25 cm	杯状	—	—
3 年目	一番茶後	30～35 cm	水平	一番茶のみ	手摘み
4 年目	一番茶後	35～40 cm	水平	一・二番茶	一番茶手摘み，二番茶はさみ摘み，秋または春整枝
5 年目	一番茶後	40～45 cm	やや弧状	一・二番茶	はさみ摘み

仕立て方法は中心の主幹が枝も太く力が強いので多少強めに剪枝するが，周りの枝は横の広がりを早くするため，剪枝位置が多少高めになり，杯状の形に仕立て，年次を経るに従い水平からやや弧状に摘採機に合うように形づける．

d. 摘採

チャは新芽の生育途上を収穫物とする作物である．したがって，摘採時期が早いと単位面積あたりの収穫量は少ないが，柔らかい高品質の新芽が収穫できる．逆に摘採が遅くなると茎や下葉が硬くなり，製茶品質は低下するが，収穫量は多くなる．品質と収量が適度なときに収穫する必要がある（図 4.8）．

摘採時期の判定に使用される指標として，一定面積内の全芽数に対する出開き芽（生長が停止して止め葉が出現した新芽）の出現割合を出開き度といい，一番茶の摘採適期は出開き度で 50～80％ であり，一枚の茶園で考えると 3～5 日程度である．しかし，幼木などの樹勢がよい茶園の新芽は出開きしないこともある．このため，一般農家は新芽の色，手ざわりなどで判断することが多い．

日本の品種茶園では春になって気温が高くなり，一番茶の芽がかなり揃って伸張し

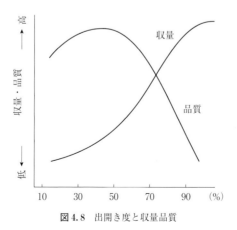

図 4.8 出開き度と収量品質

図4.9 摘採風景

表4.9 摘採方法別作業能率

摘採方法（形式）		作業人員	作業強度	時間あたり作業面積	時間あたり摘採量
手摘み		1名	弱	0.1 a	1〜2 kg
手ばさみ		1名	中	0.3 a	12〜25 kg
可搬型摘採機		2名	強	4 a	250〜370 kg
乗用型摘採機	（袋交換式）	1名	弱	8 a	450〜500 kg
	（コンテナ型）	1名	弱	10 a	600〜700 kg
レール走行式摘採機	（半畝型）	1名	中	3.5 a	200〜250 kg
	（一畝型）	1名	弱	6 a	350〜400 kg

てくる．種で増殖していた時期には一枚の茶園に早晩性の異なる株が混在しており，はさみで一斉に収穫することは困難であった．東南アジアの茶園では現在でも品種の問題と同時に，冬季の休眠が成立しないところでは新芽が順次伸張し続けはさみで一斉摘採ができない．回り摘みといって収穫適期の新芽だけを手で選択的に収穫する方法がとられている．このため，一枚の茶園に7日から2週間おきに年間十数回収穫に入っている．

　手摘みは新芽をみて選択的に摘採位置を変え収穫するため，収穫物は比較的大きさ・質が揃ったものになる．これに対し，はさみ摘みは平面的に決まった位置で切断するため，大きい芽も小さい芽も一緒に収穫され品質的に不揃いになる．摘採方法によって作業のつらさ（作業強度）や作業能率が異なり（表4.9），最近は乗用型摘採機などの利用が多くなり，手摘みは玉露や品評会出品用などの高級茶生産で行われている程度である．

e. 整剪枝

(1) 整枝

整枝は摘採面を均一にし，古葉や木茎が摘採葉に混入しないようにして，機械摘採が容易にできるようにする作業である．同時に摘採芽数や1本あたりの芽の大きさなど収量構成要素を生育状況に応じてコントロールしたり，その後の生育を揃えるためにも整枝は重要な作業である．

整枝には一番茶後の整枝，二番茶後の整枝など各茶期の摘採後に遅れ芽を除去し，次の茶期の茶芽の生育を揃えるために行う整枝と，秋または春の一番茶採取前に，一番茶の生育時期・収量構成要素などをコントロールするために行う整枝がある．

秋整枝と春整枝の違いは，秋整枝は春整枝と比較して一番茶の摘採時期が3～4日早く，芽揃いがよい傾向になる．厳寒期を経験するため凍害を受けやすく，寒冷地では春整枝にする．

静岡では温暖地が多く，一番茶新芽の生育が早い秋整枝が一般的である．秋整枝の時期は整枝後年内に整枝面の冬芽が萌芽しないである程度充実できる時期がよく，平年的な気温の推移から牧之原では10月10日前後の平均気温が18～19℃以下になる時期が標準とされている．整枝の時期が早いと，12月までに整枝面の冬芽が再萌芽する．再萌芽した芽は耐凍性が低下し，1月下旬からの厳寒期に障害を受け翌年の一番茶の減収が起こる．秋整枝が遅いと，冬芽の充実が少なく，耐凍性が不足するか，障害を受けなくても翌年の一番茶が小さな芽になって収量的に少なくなる危険性がある．

整枝の深さは葉層を8cm以上残すよう，三番茶摘採園では秋芽の表層を軽くならす程度に，三番茶不摘採園では二番茶摘採面から5cm程度上で整枝する．整枝が深いと一番茶の芽が小さな芽数型の収量構成要素になる．秋整枝以降，冬の間に寒風で成葉があおられ整枝面が乱れることが多い．このため3月中旬の萌芽前に，新芽を傷つけないように軽く再整枝する．

(2) 剪枝更新

毎年摘採を繰り返すと枝が細く密生し，葉が小さくなって，新芽は開葉数の少ない小型の芽になってくる．また，チャ株は樹高が高くなって揺れ，摘採作業が難しくなる．このようなチャ株に対して剪枝更新を行う．剪枝の方法としては浅刈り，深刈り，中切りなど切除する深さによって分類される．深く剪枝すると，残された枝は太くなり，回復に時間はかかるが，再生してくる新芽は強い芽が出てくる．更新効果は長く続く．剪枝が浅いと芽数は多いが更新効果は少なく，短期間のうちに更新が必要になる．

f. 茶樹の生育環境

チャは東南アジアの亜熱帯地域の森林の下ばえとして生育していた．このため比較

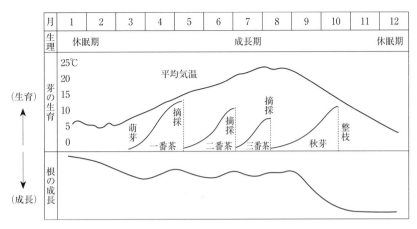

図 4.10　平均気温の年間推移と茶芽と根の生育周期

的温暖な気象環境を好むが，人為的な保護があれば日本国内のほとんどの地域で栽培することが可能である．国内の主用産地の年間平均気温で 12〜18℃ の間に分布している．特に冬場の低温に影響されることが大きく，冬場の最低気温が −11〜−12℃ 以下にならないことが必要である．特に冬場に −12℃ 以下に 24 時間以上あたると，枯死してしまう．

一般的に暖地におけるチャの生産量は多いが，品質的にやや劣るとされている．これは，冬季に十分な低温に遭遇せず，休眠が浅いため芽揃いが悪いことが原因と推測されている．

一方寒冷地では品質がよい傾向があるが，寒害や凍霜害の被害を受けやすく，生産量は安定しない．

チャは年間降水量が年間 1500 mm 以上，3 月から 10 月までの茶芽の生育期間中は 1000 mm 以上の降水が必要とされている．国内の茶産地は 1000〜3000 mm と幅広い降水量がみられるが，降雨が不足する地域では灌水施設が設置されている．

茶の蒸散量は気温と日射によって影響されるが，夏の気温の高い日には 7 mm/日の蒸散がみられ，冬場の気温が低いときには 1 mm/日以下になる．この蒸散量の年間累積量は約 1000 mm となるが，利用効率などを考慮して年間 1500 mm の降水量が必要とされている．

このような気象条件のなか，静岡県における一般的な茶芽の 1 年間の生育周期は図 4.10 のようになっている．

12 月の短日・低温により自発休眠に入り，耐凍性が増して最低気温が −6〜−7℃，樹体温が −10℃ 近くなっても耐えられるようになる．1 月半ば過ぎには季節的に最も寒い時期に入って，他発休眠（強制休眠）になる．年によって 3 月上旬には暖かくなり，

平均気温で8〜10℃になって，根が吸水を活発化させ，新芽がふくらみ始める．平均気温で10〜12℃あたりの時期で萌芽期になり，萌芽後，25日から30日で一番茶摘採期になる．一番茶摘採後約45〜50日で二番茶摘採，二番茶摘採から35〜40日で三番茶摘採になる．

8月の気温が30℃を超えると茶芽の生育は緩やかになり，蒸散量が多くなる．吸水量と蒸散量のバランスが崩れると葉温が40〜45℃になり，生育障害が発生する．8月の後半以降秋芽の生育が開始され，10月初旬に秋整枝される．秋整枝以降翌年の一番茶の素が11月いっぱい準備され，12月の自発休眠に入る．地下部（根）は地上部と交互に生育する傾向がみられ，摘採がなければ新芽が出開いて光合成が行われ，養分が根の方へ供給されて根の成長が行われるが，摘採されることにより側芽の成長が促進され根の成長は抑制される．このため，摘採園の根の成長は，三番茶を摘採しないときは三番茶芽が出開いた後や，秋整枝後の芽の成長が停止してから盛んになる．

〔谷　博司〕

引用・参考文献

1) 静岡県茶業会議所編（1988）：新茶業全書（第8版），静岡県茶業会議所．
2) 岩浅潔（1994）：茶の品質評価．茶の栽培と利用加工（岩浅潔編），p. 356-368，養賢堂．
3) 淵之上弘子（1999）：日本茶全書―生産から賞味まで，農山漁村文化協会．
4) 静岡県編（2008）：生産指導指針．

4.2.2　茶園の土づくりと肥培管理

a.　土づくり

チャの根は深くまで伸びることから，干ばつに対してはかなり強いが，過湿には弱い．茶園では排水がよく，保水性のある土壌を60 cm以上確保する必要がある．チャは酸性土壌を好むため，土壌pHが6を超えるような場合，根の伸張が悪くなり生育が劣ることがある．一方で，強酸性化した場合も，吸収根の伸張が抑制されるとともに，保肥力が低下し，肥料成分が流亡しやすくなる．定植前に土壌の天地返し，排水対策，土壌pHの矯正，有機物施用など土づくりを行うことは定植後の生育への効果が大きい．

成木になると株張りが広がるため，土づくりは茶園面積の1/4程度を占める畝間に限定される．畝間は施肥位置となり，同様の肥培管理が続けられるため，土壌は塩基類が欠乏し，強酸性化するなど化学性が劣悪化している．また，茶園管理作業の通路となっていることから，管理機などによる踏圧で土壌は緻密化し，根の伸張が妨げられている．

チャの新根は大部分が9〜10月に伸びることから，秋季が土づくりには最適な時期

である．土壌の物理性が悪化した畝間は，深さ40cm程度深耕することで，土壌中の通気性がよくなり吸収根が増加する．ただし深耕は断根により一時的に生育が停滞することから，樹勢の弱った茶園では控える．土壌診断に基づき苦土石灰など塩基類を施用し酸度矯正をするのもこの時期である．

完熟堆肥，敷草の施用は，表土の流出防止，土壌踏圧の軽減，有機物補給などの効果が大きく，土壌の物理性・化学性・生物性を同時に改良する有効な手段である．なお，完熟堆肥など有機物には肥料成分も多く含まれており，有機物の種類によっては施用量，施用時期とともに養分の負荷についても十分配慮する必要がある．

一部の地域では，茶園へ施用する敷草を得るために茶園の周辺において，茶草場（ちゃぐさば）と呼ばれる採草地が管理されてきた．この採草地の管理は本来，茶の品質を向上させるために行われてきたものだが，他方で，絶滅危惧種の植物の自生が確認される[1]など，地域の生物多様性の保全にも貢献していることが明らかになっている．

微量要素については，チャでは欠乏症が出ることは少なく，特に補給する必要はないが，肥料成分のバランス，土壌酸度に留意する．

b．年間施肥体系

チャに対する三要素の施肥量は，収穫により茶園から収奪される量とそれぞれの利用率から算出された値，および圃場における施肥量試験の結果を考慮し決定されている．施肥基準は，地域によってやや異なっているが10aあたり窒素50kg程度，リン酸，カリ（カリウム）は窒素の約半量となっているところが多い．

チャは需葉作物で，新芽にアミノ酸など窒素化合物の多いものが品質はすぐれることから，窒素肥料は最も重要である．施用した窒素は，年間に10aあたり20kg前後吸収され，特に4～11月の吸収量が多い．

窒素肥料は，吸収根の活動が盛んになる春先から一番茶収穫までの春季，二・三番茶新芽が生育する夏季，翌年新芽の母葉が生長する秋季において，春肥，夏肥，秋肥として施用される．肥料の種類，施用量は収量の増加，品質向上，養分蓄積など各時期の施肥目的，および吸収特性を考慮して決められている．夏肥は秋，春肥に比べて速効的な肥料が使用され，春，夏肥の施用量は秋肥に比べて多い．窒素肥料は利用率を高めるため，各時期の肥料をさらに分施するなど，年間の施肥回数が多い体系となっている．

リン酸は，吸収量が窒素に比べて少なく，降雨でほとんど流亡しない．チャは他の作物では吸収されない形態のリン酸も吸収することから，春・秋季に2分して施用されている．

カリは，窒素に次いで吸収量が多く，特に夏季に多い．茶園に施用した有機物，土壌に還元されたチャ有機物などからの供給もあり，流亡も窒素に比べて少ないことから，リン酸と同時に春・秋季に2分して施用されている．

c. 施肥法

チャは定植時，幼木茶園，成木茶園では施肥法が異なる．

定植時では生長を促すため，根が活着した数ヶ月後から肥料を少量ずつ分施する．白黒ビニールマルチ敷設後に定植する場合は，マルチする前に肥効の長い被覆肥料などを施用すると施肥の省力が図れる．

幼木は成木に比べて，三要素の吸収量は少ない．おおよそ定植5年目以降を成木とみなし，定植後の年数とともに施用量を増やす．幼木園では吸収根の分布が浅く，根量も少ないことから，肥料の利用率を向上させるため分施回数が多い．

成木園における施肥法では，特に肥料の種類，施肥位置が肥効と関係が深い．

茶園で使われる肥料は菜種粕など有機質肥料が多い．有機質肥料は，吸収根に対する濃度障害が少なく，品質に対する効果が高いとされる．近年，環境保全型農業への対応が求められるなか，窒素の利用率が高い被覆肥料などの利用も増加している．これらの肥料は，おもに配合肥料の原料として使われ，有機質肥料の配合割合がきわめて高いのが茶肥料の特徴である．

成木園では，畝間は表層だけでなく下層にも吸収根が多く，施肥位置となっている．一方，チャの樹冠下は，吸収根の活性が高く，肥料の利用率は高いが，機械散布が困難である．また，施肥に伴い土壌の理化学性が悪化した場合に土壌改良しにくいことから，施肥している茶園はきわめて少ない．

茶園では，樹齢別の年間施肥体系に基づき，おもに自走型の施肥機を利用して畝間に施肥し，土壌と攪拌する．畝間の表層にリン酸が蓄積している茶園が多いため，深耕などにより根群域へ拡散させることも重要である．

d. 多肥問題

緑茶は品質による価格差が大きく，うま味成分のアミノ酸類を多く含む製品が高い価格で取り引きされる傾向にある．1970年代以降，高品質を目指した肥培管理が重視され，各地域の窒素施用量は，県基準を大幅に超える施肥量となった．

チャは根群域が広く，過剰に吸収した窒素を樹体内でテアニンなどアミドに代謝する機能をもつことから，多肥による障害が目立ちにくく，多肥傾向が続いた．このことでチャの吸収根は減少し，収量，品質の維持には多肥が必要となるなどの悪循環に陥った．

1999年2月に環境基本法に基づく，水質汚濁にかかわる環境基準と地下水の水質汚濁にかかわる環境基準に，新たに硝酸態窒素および亜硝酸態窒素が追加された．茶園周辺地域における湧水，地下水調査の結果，環境基準を上回る濃度の硝酸態窒素，亜硝酸態窒素が多くの地点で検出された．また，農地から発生する主要な温室効果ガスの1つであり，オゾン層破壊物質でもある一酸化二窒素（亜酸化窒素）の発生量は，窒素多肥で多くなるとされ，茶園における発生量が懸念された．

このように環境保全への関心が高まり，対策が求められたこともあり，茶園における窒素施肥の適正化に向けた多くの試験研究が行われ，新たな技術が確立された．

e. 減肥技術

少肥栽培には肥料の利用率の高い品種が必要で，有望な品種・系統が明らかにされている．品種選定に際しては，良質・多収，耐病害虫性などとともに，少肥適応性も重要な判断材料である．一方，チャでは少肥適応品種への転換には年数を要することから，既存茶園では，吸収根の増加や活性を高めるための土壌改良や樹勢強化につながる地上部管理が減肥には欠かせない．

施肥技術では肥料の種類，施肥位置，施肥方法などについて，有効な技術が確立された．

肥料の種類では，被覆肥料は肥料成分が徐々に溶出することから，濃度障害を受けにくく，降雨による流亡も少ない有効な資材である．チャはアンモニア態の窒素も吸収し，生育，品質に対する効果は硝酸態窒素よりも高い．アンモニア態窒素は硝酸態窒素に比べて，土壌に吸着され流亡しにくいことから，施肥後にアンモニア態の形態で土壌中に長く存在する石灰窒素や硝酸化成（硝化）抑制剤を含んだ肥料も有効な資材である．また，硝化の抑制により一酸化二窒素発生量も低減できることが確認されている．これは，一酸化二窒素はおもに硝化過程と脱窒過程から発生するため，硝化を抑制することで，硝化とそれに続いて起こる脱窒由来の一酸化二窒素発生量をともに低減できるためである．これらの資材を主体とした施肥法により，施肥の効率化が図られ，減肥できることが実証されている．

施肥位置では，活性が高い吸収根は樹冠下に多いことから，副成分を含まず土壌の化学性に影響の少ない被覆尿素などを施用し，施肥位置を広げることで肥料の利用率が高まった．開発された施肥機を利用し，樹冠下と畝間への施肥を組み合わせることで少肥栽培が図られる．

施肥法では，樹冠下に灌水チューブを敷設し，液肥を点滴施肥する施肥法が開発された．本法は，きわめて少ない肥料で収量・品質向上がはかれるとともに，窒素の流亡も少ないとされる．

茶園における環境保全への対応が進み，肥培管理技術を中心に新たな技術が導入された1990年代後半から各地の施肥量は減少し，ほぼ都府県の施肥基準に近い施肥量となっている．このような生産者や行政を中心とした茶園への窒素施肥量削減の取り組みによって，茶園周辺地域の地下水や湧水，河川などの硝酸態窒素濃度が減少してきた地域もみられる[2,3]．農地への施肥量の削減は他の作物畑でも進められてきたが，地域の周辺水系の水質に改善効果が確認された事例はほとんどみられない．また，一酸化二窒素については，温室効果ガスの排出権取引の枠組みで運用される制度が整備されつつある．この制度は，たとえば施肥法の改善によって削減した一酸化二窒素発

生量に相当する金額を生産者が得ることで,施肥法の改善に要したコストの一部を補填できるというもので,環境負荷低減に向けた生産者の取り組みを後押しするものである.

f. 茶樹由来の有機物

茶樹の生育にとって,施肥由来の成分に加えて,落葉,整剪枝に由来する成分の寄与も重要である.これらの成分を再び茶樹に利用させるためには,茶樹由来の有機物を土壌と混和し,土壌微生物による分解を促進させる必要がある.しかし,近年の乗用型機械の普及に伴う剪枝回数の増加や,労働力不足や夏期の干ばつ頻度の増加による深耕回数の減少などを要因として,整剪枝作業で土壌中に落とされた枝葉が,畝間土壌の上に未分解のまま堆積している茶園がみられるようになった[4].このような茶園では,枝葉由来の窒素等の成分がチャの根に届かず再利用されないだけでなく,施肥窒素利用率の低下[5]や一酸化二窒素発生量の増加[6]も引き起こされるなど,多くの悪影響を及ぼす.永年性作物であるチャを栽培するうえでは,1年ごとの施肥だけでなく,健全な物質循環に留意し,長期的な視野で土壌管理や栽培管理を行うことが重要である.

〔烏山光昭・廣野祐平〕

引用・参考文献

1) 稲垣栄洋ほか(2008):静岡県の茶園地帯に見られる管理された茶草ススキ草地.雑草研究,**53**:77-78.
2) Y. Hirono *et al.* (2009): Trends in water quality around an intensive tea-growing area in Shizuoka, Japan. *Soil Sci. Plant Nutr.*, **55**: 783-792.
3) 高橋智紀ほか(2009):施肥削減が進行する牧之原台地を集水域とした小河川,湧水および井水の硝酸性窒素濃度の推移.静岡県農技研報,**2**:17-25.
4) 志和将一ほか(2009):茶園畝間における整剪枝残さ堆積の実態とそれが施肥窒素の土壌における動態に及ぼす影響.茶業研究報告,**108**:29-38.
5) 近藤知義ほか(2013):茶園畝間の整剪枝残さの堆積による施肥効率の低下.茶業研究報告,**115**:27-31.
6) 志和将一ほか(2012):茶園畝間の整剪枝残さ堆積による亜酸化窒素の発生.日本土壌肥料学雑誌,**83**:396-404.

●4.2.3 チャの病害虫と防除技術

a. 病害虫の発生生態および被害

チャを加害する病害虫としては,病害では56種[1],虫害では126種[2]が記載されている.病害虫の発生時期,発生量などは茶産地により異なるが,ここでは各茶産地で重点防除対象になっている主要な病害虫について,発生生態・被害・防除について述べる.

図 4.11 炭疽病の病葉［口絵 9 参照］

(1) 病　害

・炭疽病（図 4.11）：　越冬した罹病葉が春の第一次伝染源になる．分生子は雨滴で飛散し，新葉の毛茸（もうじ）から侵入する．侵入感染後は 10〜20 日の潜伏期間を経て病斑を形成する．新芽生育期に降雨が続くと発生が多くなる．二番茶芽，三番茶芽，秋芽の生育期にそれぞれ 1〜2 回防除する．

・もち病：　おもに二番茶芽と秋芽生育期に発生し，この時期に降雨が続くと多発する．山間地の風通しの悪い茶園では発生が多く，多発した場合は製茶品質が著しく低下する．二番茶期と秋芽の萌芽から開葉初期に防除する．

・輪斑病（りんはん）：　摘採や整枝でできた傷口に分生子が付着し感染する．摘採機や摘採葉収容袋が伝染の原因とされている．摘採後時間がたつほど防除効果が低下するため，摘採後 1 日以内に防除する．

・新梢枯死症（しんしょうこし）：　輪斑病菌が降雨時に飛散し，新芽の包葉などの脱落した傷口から侵入感染すると枝枯れ症状を引き起こす．感染から枝が枯死するまでに 40 日程度を要する．新芽を対象に萌芽期と 2 葉開葉期の 2 回程度薬剤防除する．

・赤焼病（あかやけ）：　病原細菌が降雨時に雨滴とともに飛散し，伝染する．強風で葉柄部や葉面に生じた傷から感染する．早春期の強風を伴う降雨は病原細菌の侵入感染が起こりやすい．また，寒害や霜害により障害を受けると発生が助長される．感染期の 10 月中〜下旬および 2 月下旬〜3 月上旬に防除する．

(2) 虫　害

・チャノコカクモンハマキ：　1 年に 4〜5 回発生する．幼虫は比較的新葉を好み，葉を縦にとじるか，成葉を上下に綴（つづ）って，食害する．性フェロモントラップなどを利用して成虫の発生消長を調べて発蛾最盛日を算出し，防除適期を決める．防除適期は，薬剤の種類によって異なる．

・チャハマキ（図 4.12）：　1 年に 4〜5 回発生する．幼虫は比較的古葉を好み，上下の葉を綴りその中で葉を食害する．140 粒程度の卵塊を産み，幼虫はあまり分散をし

図4.12 チャハマキの幼虫［口絵10参照］

図4.13 チャノホソガの被害（三角葉巻）

ないので，被害が集中することが多い．チャノコカクモンハマキと同様に性フェロモントラップを利用して成虫の発生消長を調べて発蛾最盛日を算出し，防除適期を決める．防除適期は，薬剤の種類によって異なる．ただし，夏以降の世代では誘殺ピークがはっきりしない場合が多く，防除適期の把握がやや困難である．チャノコカクモンハマキとの同時防除剤として性フェロモンを利用した交信攪乱剤がある．

・チャノホソガ（図4.13）： 年間の発生回数は6～8回．成虫は新芽にのみ産卵する．孵化した幼虫は5齢の幼虫期を経て古葉の裏部等で蛹化する．幼虫初期は葉肉内部を潜行，葉縁部を巻いて内部を食害するが，この時期までの加害では収量および品質への実害はほとんどない．4～5齢期は葉を三角形に綴り，その内部に糞を貯める．虫糞の入った三角巻葉が収穫芽に混入すると荒茶品質を著しく低下させる．性フェロモントラップを用いて成虫の発生消長を調査するとともに，新芽の萌芽状況とあわせて防除をする．一番茶期では新芽より成虫が早く発生することがあり，防除が必要ないこともある．二番茶期以降はチャノキイロアザミウマ，チャノミドリヒメヨコバイと同時防除する．

・チャノキイロアザミウマ： 成幼虫ともに柔らかい葉の表面を加害するため，傷と

なって残り，葉の成長に伴って傷が拡大する．新芽生育初期に多発すると，新芽の生育が遅れることがある．防除は成幼虫を対象に新芽生育初期に行う．通常はチャノミドリヒメヨコバイ，チャノホソガとの同時防除として行われる．

・チャノミドリヒメヨコバイ：　成幼虫ともに新芽・葉・茎を吸汁加害する．被害を受けると葉の黄化，葉脈の褐変が起こり，葉が内側に湾曲し，新芽の発育が遅延する．被害が大きい場合は葉先が褐変し，落葉する．一番茶期には被害が出ることは少ないが，二番茶期以降は新芽生育初期に薬剤防除が必要である．

・クワシロカイガラムシ：　幼虫，成虫が茶樹の幹および枝に寄生し，樹液を吸汁する．発生が多い場合は株が枯死することもある．平坦地では1年に3回発生する．雌成虫は介殻の下に産卵し，孵化した幼虫は歩行または風により移動した後に枝上に定着する．防除は各世代の幼虫孵化時期に行うが，近年は早春期の1回散布のみで長期にわたって効果が持続する薬剤もある．年により幼虫孵化時期が変動するため，防除時期の判断は細心の注意が必要である．有効積算温度により幼虫孵化時期を予測することができるので，病害虫防除所等の情報を参考に防除時期を決定するとよい．枝に薬剤がかかるようクワシロカイガラムシ専用の噴口を用いて薬剤を散布する．土着天敵類が茶園で有効に働いているので，天敵の保護を考慮した薬剤の選択も必要である．

・カンザワハダニ：　葉裏に寄生し吸汁加害する．5月下旬〜6月中旬および8月下旬〜9月に発生ピークがある．越冬密度が高い年は一番茶芽に被害が発生する場合がある．乾燥した年には多発することもある．葉裏に寄生するため薬剤がかかりにくく，多発生してからでは防除が困難となる．3月上旬〜下旬，5月中下旬（一番茶摘採後）の初期防除が効果的である．薬剤抵抗性が発達しやすいため，同一系統の薬剤の連用は避けた方がよい．カブリダニ類をはじめとした天敵が茶園に生息し，カンザワハダニの密度抑制に有効に働いている．天敵の活動を観察しながら，薬剤の種類を選択することも重要である．

・チャトゲコナジラミ（図4.14）：　2004年に京都府で初確認された侵入新害虫で，

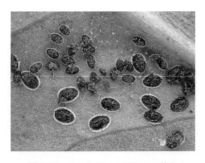

図4.14　チャトゲコナジラミの幼虫

現在では全国の主要茶産地に分布が拡大した．成虫・幼虫ともに葉裏に寄生して吸汁加害し，黒色小判型の幼虫は葉裏に固着する．年3〜4回発生し，一番茶摘採時期に越冬成虫が一斉に羽化するため，多発すると作業環境を悪化させる．成虫も幼虫も大量の甘露を排出し，すす病を誘発して樹勢の低下を招く．本害虫には，有力な土着天敵（シルベストリコバチ，クロツヤテントウ）がいるので，天敵に影響の強い薬剤の使用を避けて天敵類の保護利用を図る．

b. 防除技術
(1) 農薬

農薬散布が病害虫防除の主要な手段である．農薬はそれぞれの作物ごと，病害虫ごとに希釈倍数，散布量，使用回数，使用時期（収穫前日数）が定められている．これは病害虫に対する防除効果が得られ，かつ，安全性を確保するための使用基準である．チャの場合は，18項目にわたる毒性試験，農薬成分の作物残留試験に加え，荒茶に匂いが残らないかどうか残臭試験も実施し，使用基準が決められている．

殺虫剤では生物農薬（微生物農薬）も登録が取得されてきている．また，昆虫性フェロモンを利用した防除剤（トートリルア剤）も開発されている．これらの生物農薬やフェロモン剤を活用し，化学合成農薬に頼りすぎない病害虫の総合的病害虫管理（IPM）の確立と普及が期待される．

(2) 発生予察

特に害虫の発生消長を把握し，防除適期の判定などに利用する技術が開発されている．白熱灯などを用いたライトトラップが一般的であるが，昆虫の性フェロモンを利用したフェロモントラップも利用できる．チャではチャノコカクモンハマキ，チャハマキ，チャノホソガ，ナガチャコガネ，チャドクガの発生予察用性フェロモン剤（ルアー）が市販されている．性フェロモントラップに誘殺される成虫の数を自動的に計数する装置も市販されている． 〔磯部宏治・小澤朗人〕

引用・参考文献

1) 日本植物病理学会編（2000）：日本植物病名目録，p.90-94，日本植物防疫協会．
2) 日本応用動物昆虫学会編（2006）：農林有害動物・昆虫名鑑，p.195-196，日本応用動物昆虫学会．

4.2.4 茶園管理の機械化・IT化
a. 茶園管理の機械化

成木園における管理作業体系は，更新作業を除き樹齢にかかわらず同様な作業体系がとられる．おもな作業は，摘採，整枝，施肥，耕耘，防除である．更新作業は整枝よりも低い位置で樹冠部を剪除する作業で，数年に一度行われる．現在，主要な作業

図4.15 可搬型摘採機による作業

において,歩行型機械と乗用型機械が利用されている.平坦地や大区画の茶園では乗用型機械化作業体系が確立され省力化が進んでいるが,傾斜地や小区画の茶園では歩行型機械化作業体系で管理されている.おもな茶園管理作業の機械作業について紹介する.

茶園管理作業の機械化は,茶樹の樹形,植栽様式の改良により進んだといえる.手摘みにより1芽ずつ収穫していた栽培様式から,剪枝ばさみを用いて樹冠面を形成させ,はさみ摘みを可能にし,一斉収穫ともいえる栽培様式に変更したことが端緒である.その後,単一の品種で畝仕立ての茶園を造成し,樹形の整った茶園に管理することで,今日の機械化に至ったと考えられる.

はさみ摘みにより行われていた摘採作業は,1950年代に携帯型摘採機が開発され1960年代に普及し,作業能率が飛躍的に高まった.その後も製茶工場の生産能力向上に対応すべく,2人用可搬型摘採機,レール走行式摘採機,乗用型摘採機へと機械化が進んだ.現在では2人作業の可搬型摘採機と乗用型摘採機が主流となっている.

可搬型摘採機(図4.15)は1960年代後半に普及し始めた.2人の作業者が畝間を歩きながら,茶畝の両側から機械を保持し,円弧状の茶畝表面の片側の新芽を摘みとる.摘みとられた新芽は摘採機後方に取り付けられた摘採袋に送風機からの風で吹き飛ばされる.摘採機のフレームにはエンジン,刈刃,送風管があり,機械質量は十数kgと軽量化が図られているが,機械を安定して保持し摘採袋を引きながらの作業となるため,労働強度は高い.古葉や枝の混入を防ぐため,刈高さを一定に維持する必要がある.作業能率はおおむね面積にして1時間あたり4 aである.軽量で機動性が高く,小面積や傾斜地の茶園では今後も利用されるものと考えられる.

乗用型摘採機(図4.16)は,1960年代に,茶畝を跨ぐ車輪型ハイクリアランストラクターとそれに装着する作業機の開発が開始され,その後,走行部をクローラ式にして実用化に至った.初期の機械は運転者のほか刈刃の調節者が必要な2人作業で,

4.2 チャの栽培

図 4.16 乗用型摘採機による作業

可搬型摘採機と同様に円弧状の茶畝表面の片側を刈り取るのみだったが，1980年代には茶畝の全面を一度で刈り取るクローラ型乗用摘採機が開発され，鹿児島県を中心に大規模茶園に普及，1990年代後半には全国茶産地への導入が始まった．摘採した新芽の収容方式は，200 kg 以上を収容可能なコンテナ式，可搬型摘採機と同様に摘採袋を利用する方式がある．作業能率は利用する機械や条件にもよるが，おおむね面積にして1時間あたり 10～25 a である．

　整枝作業は摘採作業と同様の機械が利用されている．剪除された枝葉は，送風機の風で畝間に落とされる．可搬型の機械では刈刃とエンジンの位置が摘採機とは逆になっていて，作業方向が摘採時の逆方向になっている．乗用型の機械は，刈刃ユニットや刈り落としユニットを付け替えることで，乗用型摘採機と同じ機体を利用できる．また，茶畝の側面を剪除するすそ刈りでは，車輪式の往復動刃トリマーや乗用型管理機のフレームに往復動刃を付けたものが利用されている．

　更新作業の歩行型作業体系では，整枝作業と同様の機械が利用されている．更新作業用の往復動の刈刃は，先端が鋭角になっている摘採や整枝に用いる刈刃とは異なり，先端にも刃がある形状であり，太い枝の切断に対応している．刈刃ユニットを付け替えることで，乗用型摘採機と同じ機体を利用できる．乗用型管理機では往復動の刈刃のほか，ハンマーナイフによって樹冠部を粉砕して剪除する専用機械もある．

　施肥作業は，歩行型作業体系においては，作業者が手で押し進める1輪式の手押し式施肥機と駆動力を有する2～3輪式の動力付施肥機を利用する．手押し式は容量 30 L 程度の資材タンク底部から資材を落下させるもので，軽量で取り扱いが容易である．動力付の資材タンク容量は 60～100 L 程度である．いずれも散布量の設定はタンク底部の開口部の開度調節により行い，作業速度が変動すると単位面積あたりの資材散布量が変動するため均一散布のためには作業速度を一定に保つ必要がある．堆肥散布機は，クローラ走行体の機械で，資材タンク底面のコンベヤ状の送り装置で堆肥

を散布する．乗用型作業体系においては，資材タンク容量は最大で500L程度，堆肥散布機では1000L程度のユニットが利用される．歩行型作業機と同様の資材タンクを装備したものや大型の肥料タンクを装備したものがあり，資材の排出は自由落下のほか，タンク底面のベルトコンベヤやスクリューコンベヤにより左右のアタッチメントへ排出するものもある．歩行型，乗用型施肥機の肥料繰り出し装置を横溝ロールにして速度連動機構を付加した精密施肥機も開発されている．

茶園の耕耘作業は，畝間土壌を対象にして，施肥後に肥料と土壌を混和し土壌の圧密化を防ぐ中・浅耕と土壌環境の改善を目的とした深耕がある．畝間には整剪枝残渣や敷草があるためロータリー耕耘は一般的ではなく，クランク式，サブソイラ式の機械により行われる．クランク式は茶園で行われているてこ鍬による耕耘をクランク機構により機械化したもので，歩行型，乗用型の機械があり，中・浅耕，深耕に利用されている．サブソイラ式は深耕作業に利用される．乗用型機械のクローラ後方に垂直の刃が取り付けられ，心土破砕をするもので，有機物や資材を混和する能力はクランク式に比べ劣る．クランク式，サブソイラ式のいずれも，乗用型機械では2つの畝間を同時に作業できるため作業能率が高い．

茶園の防除作業は，液体の薬液散布が主流である．乗用型散布機は薬液タンク，動力噴霧機，ブームノズルを乗用型機械に装備し，多くの機種は専用機で3畝を同時に散布できる．歩行型作業体系では，動力噴霧機からホースを介して手散布ノズルで散布する．水と風を利用して害虫防除を行う作業機も開発されている．

茶園管理用機械は他作物と比べ特殊なものが多く，通常の成園管理ではトラクターは利用しない．永年性の作物であり，年間を通じて茶樹が植えてあるため，機体設計においては制限が多い．乗用型の茶園用機械は茶樹を跨ぐ構造で重心位置が高く，傾斜地茶園での利用が制限される．歩行型の機械は幅30cm程度の畝間を走行できるよう作られ，作業者が機体を保持して利用することを想定すると重心位置を低く，軽くする工夫が必要となる．

b. 茶園管理のIT化

茶園管理における情報技術は，肥培管理，害虫の発生予察などにおける意思決定支援の場面や，製茶工場を核とした情報管理に利用されている．

肥培管理では，土壌埋設型の電気伝導度（EC）センサーと土壌水分（pF）センサーを活用し，施肥時期，肥料の種類，施用量を判断する肥培管理システムが全国で利用されている．EC値，pF値，気温，地温，降水量等を地域の代表的な茶園に設置し，計測値は携帯電話網などを利用し収集・蓄積され一括管理される．茶園の状況は利用者へ配信され，施肥時期や灌水時期の判断，指導に役立っている．

害虫の発生予察では，自動計数式のフェロモントラップが開発され，害虫の発生消長を把握し防除適期を求める手段としてハマキガ2種とチャノホソガで利用されてい

Tea Break

〈世界お茶めぐり〉**インドネシア・ジャワ**

　ジャワ島を旅すると，インドネシア産のコーヒーのこくと，ジャワ産の紅茶のライトさが好対照だなと思う．ジャワ島では西部と中部がおもな茶産地で，輸出用に紅茶を生産する大規模農園とともに，釜炒り緑茶を作る小規模生産者も多い．緑茶はほとんどが国内消費用だ．

　庶民的な食堂では，ジャワティーというと釜炒り緑茶にジャスミンの花香をつけたお茶が，ビアジョッキのようなガラスの器で出てくる．再火入れしているので，こうばしさも加わったなんともエキゾチックな香りをもち，水色もウーロン茶のようだ．このジャワティーの独特な香りが好きかといわれると，どちらかというと苦手なのだが，なんとなく怖いもの見たさのようにまた飲んでみては，自分の苦手ぶりを再確認してしまう．

　一度，西ジャワのとある食堂の台所で，ジャワティーのいれ方を見せてもらった（写真2）．まず，大きなポットに大量の茶葉を入れて湯を注ぎ，濃いお茶を用意しておく．お客から注文があると，濃いお茶を少量ずつジョッキに入れ，熱湯で割って提供していた．そのざっくばらんさは，食事とともにたっぷり飲む，日常茶飯のお茶そのものだった．

　ガルーダ・インドネシア航空で帰国する際に，機内でティーバッグでいれられたジャワ紅茶を飲むのもいいものだ．特に夜間のフライトでは，寝る前に紅茶を飲むのをためらうときもあるが，ジャワ紅茶なら安心して飲める．ミルクも何も入れずに楽しめる穏やかでやさしい味わいが，疲れた体をいやしてくれるかのように，スーッと心地よく喉を通っていく．　　〔中津川由美〕

写真1　インドネシア・西ジャワの大茶園で働く人々

写真2　現地でのジャワティーのいれ方（西ジャワの食堂にて）

る.肥培管理システムとあわせて利用されることが多く,誘殺数は肥培管理システムと同様に管理される.また,有効積算温度によるクワシロカイガラムシの防除適期予測法が実用化され,肥培管理システムの気温データを利用するなどして,作業計画立案に利用されている.

多数の茶園や生産者の生産履歴データの活用は,共同製茶工場や大型製茶工場に導入されている生葉荷受管理などを行う製茶工場支援ソフトを核に進められている.これらのソフトウエアは生葉受け入れ管理のほかトレーサビリティーにも対応でき,蓄積された栽培管理履歴データの活用により,より効率的な茶園管理が実現できる可能性がある.
〔荒木琢也〕

4.3 緑 茶 製 造

4.3.1 煎茶・釜炒り茶の製造と再製技術

日本の緑茶製造は,原料生葉中の酸化酵素を不活性化するための殺青方法により,大きく蒸し製と釜炒り製に分けられる.全国茶品評会での茶種分類を例にあげると,蒸し製として普通煎茶,玉露,かぶせ茶,深蒸し茶,蒸し製玉緑茶およびてん茶が該当し,釜炒り製は釜炒り茶のみとなる.玉露ならびにてん茶については次項に譲り,本項では蒸し製として煎茶(広義的に精揉機を使用する茶種とし,普通煎茶,かぶせ茶,深蒸し茶など)および蒸し製玉緑茶,釜炒り製として釜炒り茶について荒茶の製造から再製加工までを述べる.

a. 煎茶および蒸し製玉緑茶

煎茶および蒸し製玉緑茶は基本的に図 4.17 のような製茶機械を用いて製造し,それを工程ごとに分けると蒸熱,粗揉,揉捻,中揉,精揉または再乾,乾燥の6工程となる.

蒸熱工程は生葉に含まれる酸化酵素をボイラーで発生させた蒸気の熱により不活性化する工程であり,蒸熱の加減により製茶品質が大きく変化する.蒸機には網胴回転攪拌式(図 4.18)と送帯式のものがあり,生葉 1 kg を蒸すのに必要な蒸気量は,網胴回転攪拌式では 0.3 kg,送帯式では 0.5 kg 程度である.茶種により蒸し時間が異なり,一般的に流通している茶については,普通煎茶,かぶせ茶および蒸し製玉緑茶が 30〜90 秒,深蒸し茶が 90〜150 秒程度であり,網胴回転攪拌式蒸機の場合,原料生葉の形質ならびに市場のニーズによって網胴および攪拌軸の回転数等を調整する.蒸熱後の茶葉は,高温のためすぐに品質が劣化するので,冷却機を用いて速やかに常温まで冷却する必要がある.

粗揉工程は冷却後の蒸葉を揉み込みながら熱風により乾燥する工程であり,近年は乾燥効率と品質向上を目的として,葉打機,第一粗揉機および第二粗揉機を組み合わ

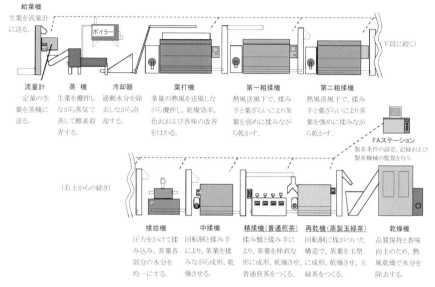

図4.17 蒸し製茶工程

図4.18 網胴回転攪拌式蒸機

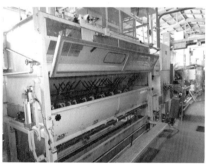

図4.19 葉打機

せる場合が多い．葉打機は冷却直後の高含水率（乾物基準で約400〜300％）の蒸葉を合理的に乾燥するため，葉ざらいによる攪拌のみとなっており（図4.19），多量の熱風により10〜15分の処理時間で約20〜30％の水分を除去する．その後，葉ざらいと揉み手を備えた第一粗揉機ならびに第二粗揉機（図4.20）を用いて茶葉を揉み込みながら乾燥を進め，工程全体で約1時間かけて含水率100％（乾物基準）程度まで水分を減少させる．このとき90℃前後の熱風で乾かすが，恒率乾燥により処理中の茶温は36±2℃を保つように熱風量ならびに攪拌回転数を調整することが肝要である．

図4.20 粗揉機

図4.21 揉捻機

図4.22 中揉機

図4.23 精揉機

　揉捻工程は，粗揉後の茶葉を揉盤の上で加圧しながら回転揉みし，葉や茎の部分の水分を揉み出して全体の水分を均一にして，次の中揉工程における乾燥と成形の効率化につなげる重要な工程である（図4.21）．揉捻では茎の部分を揉み込むことが重要であり，処理時間は30分程度を目安とする．

　中揉工程では回転胴内に熱風を送りながら，揉み手により茶葉を揉み込み，乾燥と成形を行う（図4.22）．揉み手は胴に対して同方向に約1.8～2.0倍の早さで回転し，それにより茶葉は細長く撚り込まれながら乾燥しつやがでる．中揉機投入時の含水率（乾物基準）100％程度から恒率乾燥を保ちながら乾燥を進めるためには，中揉機の排気温度が32～34℃（このとき茶温は34～36℃）になるよう風量ならびに回転数を調節し，含水率30～35％（乾物基準）程度で取り出す．

　精揉工程は煎茶製造特有の工程であり，精揉機は揉盤と揉圧盤により加圧しながら茶を丸細く伸ばす整形を行い，揉盤の両側をガスバーナーで加熱して伝導加熱により茶葉の乾燥を進める製茶機である（図4.23）．形状が安定するためには含水率が乾物

図4.24 再乾機　　　　　　　　図4.25 透気式連続乾燥機

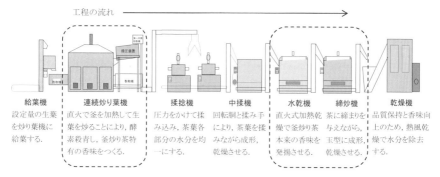

図4.26 従来の釜炒り製茶ライン

基準で11～13%程度になる必要があり，茶葉の状態に合わせて温度，回転数ならびに加圧程度を調整しながら40～60分間かけて乾燥成形を進める．

再乾工程は，蒸し製玉緑茶の製造において精揉工程の代わりとなる乾燥成形工程であり，「集葉板」または「桟(さん)」のついた回転ドラム内に熱風を吹き込みながら，集葉板により持ち上げられた茶葉が落下する際に乾燥すると同時に自重により曲玉状に成形される工程である（図4.24）．

乾燥工程は，熱風により茶温を70～80℃に保ち，30～40分かけて茶葉中の含水率を保存に適した4～5%まで乾燥させる工程である．乾燥機には棚型と連続式の2種類があり，大量製造ラインには透気式連続乾燥機（図4.25）が用いられている．

b. 釜炒り茶

釜炒り茶は，基本的に図4.26のような製茶機械を用いて製造し，それを工程ごとに分けると，炒り葉，揉捻，中揉，水乾(すいかん)，締炒(しめいり)，乾燥の6工程となる．

炒り葉工程は，直火により300℃以上に加熱した鉄製の円筒釜で，連続的に生葉を

図4.27 120K型高能率炒り葉機

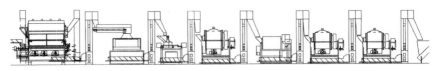

図4.28 新型釜炒り製茶ライン

炒り（その際，茶葉中の水分が蒸気化することにより炒り蒸し状態となる）茶葉中の酸化酵素を失活させると同時に，釜炒り茶特有の香り（釜香）を発揚させる重要な工程である．手炒り製法から発展したため，最初は回分式で小型の機械であったが，大量安定生産のため1959年に円筒型連続炒り葉機が開発され，さらに2009年に炒り葉と連続粗揉を組み合わせた120K型高能率炒り葉機（図4.27）が開発され現場での利用が始まっている[1]．揉捻および中揉工程については上記に準じる．

水乾および締炒工程は，鉄製の回転ドラムをガスまたは重油燃焼により直接加熱してドラム内の茶葉を乾燥，成形する工程であり，加工時のドラム内の表面温度は百数十度になっており，このことが釜炒り茶の特徴である香り（釜香）の発揚に寄与している．現在，釜香発揚と処理能力の向上を目的として，第一水乾機を中揉工程の前に組み込んだ製茶ラインを推奨している（図4.28）．

c. 再製加工

再製加工は，荒茶を精製し仕上げ加工することであり，乾燥，火入れ，篩分，切断，風選，除茎等を行って商品化する工程である．使用する機械には，火入れ機，総合仕上げ機（篩分と切断），風選機，色彩選別機，合組機等がある．火入れ機は主として熱風式と回転ドラム式に分けられ，前者は棚式乾燥機（回分式）および透気式連続乾燥機，後者は回転ドラム式火入機（回分式）ならびに連続回転ドラム式火入機（図4.29）

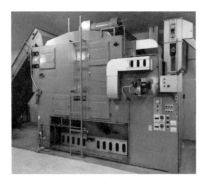

図 4.29　回転ドラム火入機

が一般的である．　　　　　　　　　　　　　　　　　　　　〔宮崎秀雄〕

引用・参考文献

1) 宮崎秀雄（2013）：釜炒り茶の伝統を未来へ！ 新型高能率炒り葉機の開発，JATAFF ジャーナル，**1**(1)：25-26．

4.3.2　玉露の栽培・製造技術

　一番茶期に遮光して育てた新芽葉を，蒸気で酸化酵素を失活させ酸化を防ぐことで，鮮やかな固有の緑色を保持し，独特の香味（覆（おお）い香（か））をあわせもつ日本緑茶の最高級品が玉露である．

　玉露は，福岡の八女（やめ）玉露と京都の宇治玉露が有名だが，三重県や静岡県等でも生産されている．生産量は，昭和53年（1978）の574 tを境に減少傾向にあり，平成17年（2005）は227 tである．生産量が少ないうえ玉露のみを生産している製茶工場はないので，玉露専用の製茶機は開発されていない．玉露の製造といっても特殊な製法はなく，煎茶と同じ機械を使い，製造法も上級煎茶を作る場合と大差はない．

　玉露原葉は，強い耐陰性をもつ茶樹の特性を利用して，おもに自然仕立ての茶園に有機質肥料中心の施肥管理をし，新芽の伸育時期にわらを粗く織ったこも（薦）などで茶園を覆い，新芽を直射日光にさらさないようにして育てる（図4.30～4.32）ため，露天で育つ煎茶原葉と比較すると次のような特徴をもっている．

　玉露原葉は葉肉が非常に薄く，80%以上の多量の水分を含み，柔軟で粘着性の強い葉質になりやすく，葉緑素も多く，葉色はつやのある鮮緑色であると同時に，旨味成分であるテアニン等のアミノ酸類が多い．特有の覆い香は青海苔様の香りで，その主成分ジメチルスルフィドの前駆物質とされるメチルメチオニンスルフォニウムを多く含んでいる．また，茎葉中の水分が多く茎の硬化が少ない玉露原葉では，茎上下部

図4.30 玉露生産地の茶園

図4.31 新芽の伸育時期にこもなどで茶園を覆う

図4.32 遮光下における茶葉の様子

図4.33 採摘後に被覆を除去した茶園

間および上下葉の硬軟の差が小さく,京都方式の折摘みでは長い茎が多くなりやすく,福岡方式のこき摘み(親指と人差指で新芽の下部からこき上げ摘採する方法)では葉が多くなりやすいという特徴がある.

a. 玉露の栽培

玉露原葉を育てる条件として,遮光率と遮光期間ならびに温湿度などの遮光下にお

ける環境が問題であるが，伝統的には本ず(ほん)被覆が行われる．すなわち，好適な土壌・気象条件下で遮光栽培に耐えるように肥培管理された自然仕立ての茶園で，一番茶の新芽が生育し始め，新葉が1～2葉に伸育した4月中～下旬に，180 cm程度の棚によしず（葦簀）やこもを広げるとともに，側面にもこもを張って60%程度の遮光を行う．この状態で7～10日程度を経て，新葉が2～3葉に達したら，段階的に振りわらをして95%以上の遮光状態にし，16日以上20日前後遮光下で育てた新芽葉を手摘みする．

化学繊維資材による二段式の棚で遮光する二段被覆や，弧状仕立てにしての両手摘みや機械摘み方式も行われている．最近は，こもや化学繊維だけで簡易に遮光する方法も多くなっている．

摘採は一番茶のみなので，摘採が終わると被覆を除去し（図4.33），残葉茎を樹高40～60 cm程度に剪枝する．再生してきた枝は病害虫や肥培管理に注意して翌年の遮光栽培に耐えらえるように樹勢を維持し，11月中旬～12月上旬に，徒長枝を摘心し側芽の充実を図ることが煎茶園などと異なる玉露独特の栽培法である．

b. 玉露の製造

玉露の製造工程は，煎茶と同様に，蒸熱（殺菌・洗浄）→葉打・粗揉→揉捻→中揉→精揉→乾燥である．各工程の概略は以下で述べる通りであるが，覆い香や色沢（色つや）が尊重される玉露では，蒸し過ぎや火香(ひか)はタブーである．

(1) 蒸 熱

蒸気で茶葉の殺菌・洗浄を行うとともに，①タンニン等の酸化を防ぎ緑色を保ち，ビタミンCを保持し変質を防止する．②青臭みを除き芳香の発揚を促すなど，玉露固有の香味を引き出す．③茶葉組織を柔軟にして，揉みやすく，均一に乾燥しやすくし，有用成分が溶出されやすい状態にする．これらの条件を満たすために，茶葉中の酸化酵素を95℃以上・30秒程度で不活性化する．

(2) 葉打・粗揉

蒸熱葉を熱風量などを制御しながら熱風中で攪拌・揉圧することで，供給熱量が蒸発熱量として効率よく使われ，茶温（茶葉温度）を35℃程度で一定に保つ．この恒率乾燥状態を保ち続ける揉乾操作条件で，玉露特有の色調や香味を発揚し，1時間程度で質量基準での含水率50%（乾量基準で100%）程度までに乾燥させる．

(3) 揉 捻

揉み不足を補うとともに水分の均一化を目的に30分程度行う．

(4) 中 揉

整形に都合のよい締りとよれ形をつけるため軽く揉み，含水率25%程度（乾量基準で30%ほど）までに乾燥させる．

(5) 精 揉

中揉葉を混合・攪拌・圧迫し，含水率12%程度まで均一に除きながら乾燥・成形する．

(6) 乾　燥

変質を防ぎ長期保存ができるように，形を締め香味の発揚を促し，含水率3～4%程度まで乾燥させる．

乾燥工程までを終えた茶は，玉露の荒茶と呼ばれ，生産農家から出荷される．茶商等が購入後，荒茶を切断したりふるいに掛けたりして形態を整え，火入れ（焙煎）やブレンドによって香味を整える二次加工を行う．この再製・仕上げ工程を経て，最終的に包装されたものが消費者に販売される商品としての玉露である． 〔大森　薫〕

引用・参考文献

1) 静岡県茶業会議所（1966）：新茶業全書，静岡県茶業会議所．

4.3.3　てん茶および抹茶の栽培・製造技術

近年食品等，加工原料向けの抹茶需要が拡大していることから，抹茶の原料であるてん茶は，現在増加基調で生産が推移している唯一の茶種とされている[1]．平成25年（2013）の執筆時点ではてん茶の府県別生産量は公表されていないが，最後に発表のあった平成20年（2008）には，京都府と愛知県で全体の7割を占めていた（表4.10）[2]．

加工原料向けには，生産工程を簡略化した製品もみられるようだが，ここでは，「熟練した評価員が官能で判別できる典型的なてん茶」について述べる．

「てん茶（碾茶）」という呼び名は挽臼（石臼）で挽くための茶を意味しており，覆

表4.10　府県別てん茶荒茶生産量（2008年主産県）（農水省「作物統計」より*）

府　　県	生産量（t）
埼　　玉	（内訳不明）
岐　　阜	70
静　　岡	211
愛　　知	500
三　　重	（内訳不明）
滋　　賀	7
京　　都	791
奈　　良	43
福　　岡	4
宮　　崎	（内訳不明）
計	1740
（参考）全国	1780

*：主産県調査結果をもとに推計として公表されたもの．

い下茶園で栽培された生葉から専用の装置を用いて作られ，仕上げ加工と粉砕を経て抹茶となる．

a. てん茶の栽培

てん茶は，葉が展開した形状で，さえた色沢（鮮やかな色合い）や，芳香を伴った覆い香味を備えている．こうした特性を発揮するため，覆い下茶園（一番茶の萌芽から摘採まで，茶園をよしず，わら，化学繊維資材などで覆い，日射を遮る茶園）で栽培し，摘採は出開き度80〜90%で開葉数5〜7枚をめどに，覆いがよく効いた時期に行う．品種選択も重要で，20日を越える被覆期間を経ても新芽が柔らかい状態を保つこと，摘採期の新葉が薄く大きくなることなどが求められ，代表的なてん茶用品種に'あさひ'，'さみどり'がある．

b. てん茶（抹茶）の製造

(1) 荒茶製造

てん茶の荒茶製造は，茶葉が常に全工程を流れる連続式製茶による（図4.34の給葉〜てん茶機部分）．給葉機から定量供給された生葉は，まず生葉篩分機で包葉や切れ葉が除かれる．蒸熱は，網胴回転攪拌型蒸機を用い，茶葉から覆い香が強く引き立ち，展開良好で色合いがさえ，かつ柔らかな触感の蒸葉が得られるよう，10〜15秒で行う．蒸葉は，冷却散茶機で繰り返し吹き上げ（図4.35），冷却しながら蒸し露をとる．同時に茶葉の展開が促される．冷却散茶後の茶葉は，てん茶機の下段コンベヤ上に散布され，乾燥工程に移る．

てん茶機は，金網製のベルトコンベヤに散布された茶葉がトンネル状の乾燥室を通過する間に乾燥が行われる装置で，大きさは，コンベヤ幅が180〜200 cm，長さは10 mあまりである．コンベヤは，茶葉の乾燥が進むに従って乾燥温度が低く，乾燥時間は長くなるように3〜5段配置され（図4.34は3段式の例を示す），仕切り板で

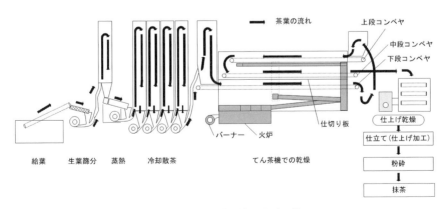

図4.34 てん茶（抹茶）の製造工程

図4.35 冷却散茶機の内部に吹き上げられた茶葉

図4.36 電動式挽臼の外観

区切られた下部，初期乾燥室の温度は乾燥状態をみながら火炉付近で170〜200℃に設定される．30分内外で葉部の乾燥を終えたてん茶は，軽い感触で色調がさえ，機内で生成した芳香がまろやかな旨味を連想させる状態となる．木茎分離後の葉部を仕上げ乾燥したものが，てん茶の荒茶である．
　(2) 仕上げ加工（仕立て）
　てん茶の仕上げ加工は挽臼で粉砕するための準備工程で，仕立てともいう．仕立てが終わり粉砕できる状態になった茶葉を仕立葉，または砕料（さいりょう）という．仕立ての工程では，茶葉を粗く粉砕してから茎や葉脈を除去し，葉肉部分を挽臼での粉砕に適当な5mm角程度の大きさに揃える．作業には，荒茶製造のような決まった順序がなく，状況に応じて適宜選択，繰り返し，荒茶の製造工程で生成された芳香を逃さぬよう手早く行う．異なる荒茶の配合は仕立てまでの段階に行われ，粉砕工程に移る．
　(3) 粉　砕
　砕料を粉砕して抹茶に至る工程で，生産機には電動式挽臼（図4.36；以下挽臼）

が使用される．挽臼は，直径約 33 cm，上臼の重さおよそ 23 kg，茶葉が粉砕される上臼と下臼の合わせ面に目（溝）が刻まれた花崗岩製で，砕料は上臼に置いたホッパーから供給される．挽臼 1 台あたりの粉砕量は 50 g/時間程度で，少しずつ時間をかけて挽くことで色沢や香りを損なうことなく微粉砕が行われ，製品の粒度は 5～10 μm となる．挽臼では，粉砕が行われるだけでなく，適度な加熱により抹茶特有の風味が生成されるなど，抹茶の粉砕に求められる要件がみごとに実現されている．

〔村上宏亮〕

引用・参考文献

1) 茶需要拡大技術確立推進協議会（2014）：平成 25 年度茶需要・消費動向等調査．
2) 日本茶業中央会（2009）：平成 21 年度茶関係資料．

4.3.4　製茶機械の自動化・省エネルギー・低コスト化

　緑茶は，製茶工程の最初で熱処理により茶葉中の酸化酵素を不活性化し，乾燥させて作るため，茶葉中の水分のほぼすべてを人工乾燥によって除去することになる．そのため，緑茶の製茶工程はほぼ乾燥工程といってよく，萎凋（いちょう）と呼ばれる自然乾燥を含む紅茶，ウーロン茶よりも多くのエネルギーを消費している．緑茶のなかでも煎茶は日本独自の茶種であり，その製造工程は他に類を見ないものである．当初手揉みにより作られていた煎茶も，19 世紀末にその一部が機械化され，その後次々と各工程を担う機械が発明されて，完全に機械で製造されるようになった．また，機械の調節も手動で行われていたが，乾燥に用いる熱風温度の調節が自動化されたのを手始めに自動化が進み，1980 年代からコンピュータ制御も導入されて，現在では，ほとんど人手を要することなく製茶できるまでになっている（図 4.37，4.38）．ここでは，最も機械化の進んだ煎茶の製造工程を中心に，自動化・省エネ・低コスト化の歩みを紹

図 4.37　コンピュータによる製造工程の制御

図 4.38　製茶機械

介する．

a. 製茶機械の自動化

煎茶の製造工程は，蒸熱，粗揉，揉捻，中揉，精揉，乾燥の6工程を基本とし，自動化は，おもに蒸熱と揉捻以外の乾燥工程を制御する目的で進められてきた．茶に限らず食品の乾燥では，品温のコントロールが重要で，製茶工程の自動制御もまずこれから始まっている．現在では，茶葉温度をサーミスタのようなセンサで計測して熱風温度を調節するフィードバック制御が確立しているが，当初は，単に指定した温度に熱風温度を制御するのみであった．粗揉工程や中揉工程の初期では，茶葉は恒率乾燥となり，茶葉温度が熱風の湿球温度と一致することが知られているため，熱風温度を一定に制御するだけでもかなりの効果がある．その後，時間とともに熱風温度を変化させるシーケンス制御が導入され，そのコントローラにマイクロコンピュータが使われるなど，自動化は進展していった．今では，粗揉工程の最初は，希望する茶葉温度から計算された熱風温度に制御し，その後，減率乾燥に移ると，茶葉温度を計測して熱風温度を調節するフィードバック制御に切り替えるシステムが使用されており，それらはコンピュータで制御されている．

乾燥工程を制御する場合，品温と並んで重要なのは水分である．製茶工程中の水分は，生葉の75～80%から荒茶の5%まで大きく変化し，粗揉，中揉，精揉，乾燥の乾燥4工程を移行するタイミングは，水分を目安にしている．茶葉のように不均質で高水分の材料の水分計測は難しく，水分に基づく制御が行われるようになったのは，比較的最近になってからである．水分センサとしては，マイクロ波が茶葉の水分に吸収される性質を利用したもの，茶葉の電気抵抗が水分によって変わることを利用したものが実用化されており，さらに茶葉の静電容量が水分によって変わることも考慮して，静電容量と電気抵抗の比からより精度の高い計測を可能にした水分計も実用化されようとしている．ほかにも，まだ実用化はされていないが，給・排気の絶対湿度差を積算して，含水率を推定する方法も提案されている．

さらに，「しとり」と呼ばれている製茶工程独特の制御のポイントがある．粗揉や中揉などの乾燥工程では，茶葉表面を常に湿った状態とすること，すなわちしとりを保つことが重要で，このしとりを保つように，温度・風量などを調節する．温度や風量が不適切で，しとりがなくなることは「上乾き」と呼ばれ，茶葉温度の上昇を招くので，茶の品質低下の原因となる．このしとりを数値化したものに「しとり度」があり，茶葉表面含水率に平衡な相対湿度と定義されている[1]．しとり度は，熱風の温度と湿度および茶葉温度から求めることが可能で，この方法による制御も提案されている．

このほか，計測・制御の対象となっているものは，各工程の茶葉温度，水分をはじめ，蒸機の蒸熱時間，揉捻，精揉工程の揉圧など多岐にわたる．現在研究中のものも含め，製茶工程の計測・制御項目を表4.11にまとめた．

4.3 緑茶製造

表 4.11 製茶工程の計測・制御項目（文献[2] を改変）

工程	計測項目	制御項目
蒸熱	生葉流量，生葉含水率，蒸気圧，蒸気流量，蒸熱時間	生葉流量，蒸気圧，蒸気流量，蒸熱時間，投入
粗揉	投入質量，初期含水率，茶葉温度，含水率，しとり度，外気湿度，熱風温度，排気湿度，風量	投入質量，熱風温度，風量，主軸回転数，投入，取り出し
揉捻	含水率	揉圧，投入，取り出し
中揉	投入質量，初期含水率，茶葉温度，含水率，しとり度，外気湿度，熱風温度，排気湿度，風量	熱風温度，風量，主軸回転数，投入，取り出し
精揉	投入質量，初期含水率，茶葉温度，含水率，しとり度，茶葉かさ，火室温度，側溝温度	火室温度，揉圧，主軸回転数，投入，取り出し
乾燥	投入質量，初期含水率，茶葉温度，熱風温度	熱風温度，風量，通過時間，投入

表 4.12 製茶工程における熱効率[3]

工程	含水率（% d.b.）		荒茶 1 kg あたり（kJ）		熱効率（%）		
	投入時	取出時	供給熱量	有効熱量	火炉効率	本体効率	総合効率
蒸熱	350	350	4848	1115	75	31	23
粗揉	350	100	17271	5556	69	47	32
揉捻	100	100	0	0	−	−	−
中揉	100	35	2392	1586	88	78	69
精揉	35	13	1467	574	29	80	39
乾燥	13	5	1734	199	86	17	14
合計			27712	9030			

現在では，製茶ライン全体を 1 ヶ所のコンピュータで制御できるようになり，大規模製茶施設でもきわめて少人数で操業できるシステムが実用化されている．研究レベルでは，さらにインターネットを利用して施設外から遠隔監視・操作できるシステムも作られており，進展が期待される．

b. 製茶機械の省エネルギー

はじめに述べたように緑茶の製造は多くの熱エネルギーを消費するため，省エネルギーは重要な問題である．表 4.12 に製茶工程の熱効率等をまとめたものを示した．これによれば，製茶工程全体での熱効率は 33% で，決して高くない．工程別にみると，最も熱効率の高いのは中揉工程で，同じ熱風乾燥工程である粗揉工程の 2 倍に達する．この原因の 1 つは風量比の違いで，中揉工程での風量比が $0.3\,\mathrm{m^3/min \cdot kg}$ 程度であるのに対し，粗揉工程では $1.0\,\mathrm{m^3/min \cdot kg}$ を超える風量比となることもあり，そのままでは無駄が多い．粗揉工程の初期で高水分の茶葉を迅速に乾燥する必要があるときは大風量もやむを得ないが，乾燥が進んだ後半では，風量を少なくする方が，上乾きを防ぐ意味でも熱効率の向上の面でも重要である．

熱損失のおもなものは，乾燥機部分やその火炉からの排気で，壁面からの放熱損失

もある．市販の製茶機械もエコノマイザーと呼ばれる排気からの熱回収装置や断熱材を使用して熱効率の向上に努めている．ヒートパイプを利用した熱回収装置や排気循環を利用した省エネルギー型粗揉機を試作して実験した結果では，41%の熱効率が達成され，29%の燃料節約を実現している[3]．

c. 製茶機械の低コスト化

製茶機械は年々大形化し，また自動化のための計装も増えて，高価になってきている．しかし，大型化により処理量あたりのコストは低下し，さらに自動化とも相まって大幅な省力となるため，製茶コストの面からすれば低コスト化となっている．

茶系ドリンクの需要が増え，その原料となる低価格の茶が求められている昨今，製茶コストのかなりの部分を占める製茶機械の償却費を削減するため，製茶機械そのものの低コスト化の努力も続けられている．計測・制御を中央のコンピュータに集中化させ，各機械の計装を簡略化するシステムが提案されたり，製茶工程を見直し，工程を簡略化することで，一部の機械を不要としたり，複数の工程を1台の機械で対応したりする方法も研究されている．その1つとして，穴の開いた金属ベルトと加熱したドラムの間に茶葉を挟み，連続的に殺青・乾燥するオールインワン製茶機がある．製茶工程を1台でまかなうことができる点で大幅な低コスト化が見込めるが，製品は従来の茶とは違ったフレーク状となるため，ドリンク用原料など新たな用途を開拓できるかが普及への鍵となる．　　　　　　　　　　　　　　　　　　　　　〔吉冨　均〕

引用・参考文献

1) 吉冨均ほか（2000）：農業機械学会誌，**62**(4)：127-136．
2) 吉冨均ほか（2004）：農業機械学会誌，**66**(6)：103-112．
3) 吉冨均ほか（1990）：農業機械学会誌，**52**(1)：51-60．

●4.3.5　機能性等を高めた緑茶製造（ギャバロン茶）

農林水産省 野菜・茶業試験場（現 国立研究開発法人 農業・食品産業技術総合研究機構 果樹茶業研究部門）がγ-アミノ酪酸（γ-aminobutyric acid：GABA）を増加させた茶（ギャバロン茶）を最初に開発したのは，1987年のことである．この頃，日本人の食生活の洋風化や，嗜好飲料の多様化による競合から茶の消費が伸び悩む状況にあり，また，茶に対する消費者のニーズが多様化・個性化してきており，消費動向を先取りした新茶種・新製品の開発により新しい需要を開拓する必要に迫られていた．一方，自然食品に対する関心が高まるなかで，茶のもつ保健効果が注目されていた．そこで，茶葉のもつ生理機能を利用し，保健効果をより高めた新しいタイプの茶の開発を試みたわけである．

当初はアミノ酸代謝の研究のため，摘採したチャの生の葉を空気，酸素，窒素，二

酸化炭素などの雰囲気下で一定時間放置したところ，窒素，二酸化炭素などの無酸素条件下に置いたときだけ，グルタミン酸やアスパラギン酸が減少し，普通のチャにはほとんど含まれないアラニンや GABA が大量に蓄積する現象がみられた（表 4.13）[1]．このうち，GABA はすでに血圧の上昇を抑制する成分として知られていたため注目され，GABA を蓄積した葉はそのまま蒸されて煎茶と同じ工程を経て加工され，ギャバロン茶（GABA 茶）の名で市販されるに至った．外観は普通の煎茶と変わりなく，内容成分も上記 4 種類のアミノ酸以外には目立った違いのない茶である．ただうま味成分であるグルタミン酸が減少しており，また無酸素条件下で処理した際の独特の匂いがあるため，いっぷう変わった香味となっている．この香味は，荒茶加工後に火入れを 110℃・30 分程度行うと香ばしさで気にならなくなることがわかっている．しかし，過度の火入れは GABA の分解が起きるため禁物である．

また，嫌気処理を行った生葉は，その後緑茶，ウーロン茶，紅茶のいずれにも加工が可能で，GABA 含量の維持されたものができる．ウーロン茶と紅茶に加工する際は，嫌気処理は萎凋の後で行うのが望ましい．

表 4.13 種々のガス下に置かれた摘採茶葉の主要な化学成分含量の変動[1]

	空気		酸素		窒素		二酸化炭素	
	5 時間	10 時間	5 時間	10 時間	5 時間	10 時間	5 時間	10 時間
アスパラギン酸	149.6	176.7	113.6	237.6	11.7	2.0	3.7	8.6
グルタミン酸	133.6	236.3	140.4	148.0	4.8	8.0	4.3	5.7
アラニン	14.6	40.1	13.7	44.2	165.1	123.1	67.8	58.6
テアニン	309.8	327.2	343.6	334.4	389.9	334.4	290.6	320.1
GABA	12.7	28.5	4.0	12.7	173.9	233.9	180.2	290.9
								(mg%)
カフェイン	2.7	3.0	2.7	2.7	2.5	2.7	2.7	2.5
タンニン	14.3	15.0	13.9	14.1	14.5	14.5	15.0	14.2

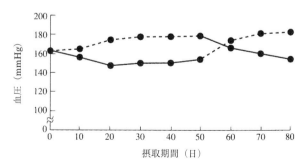

図 4.39 ギャバロン茶の高血圧発症ラットに対する血圧降下作用[2]
実線：ギャバロン茶，破線：煎茶．摂取 50 日目以降，試験区を入れかえ．

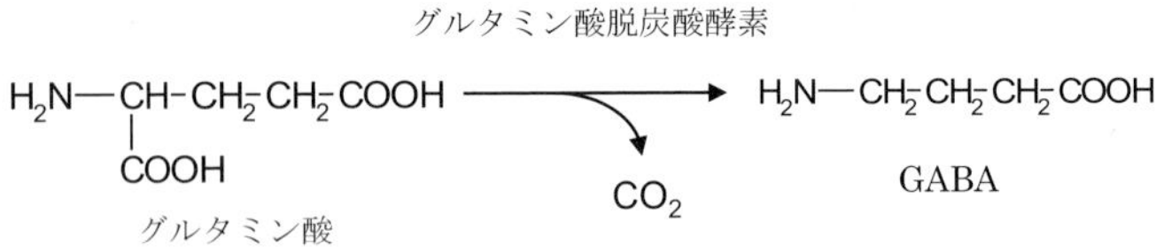

グルタミン酸脱炭酸酵素

$$H_2N-CH-CH_2-CH_2-COOH \longrightarrow H_2N-CH_2-CH_2-CH_2-COOH$$
$$|$$
$$COOH \qquad CO_2 \qquad GABA$$
グルタミン酸

図4.40 嫌気条件下におけるGABAの生成

表4.14 煎茶とギャバロン茶の茶期別アミノ酸含量（mg/g）

	一番茶早期		一番茶晩期		二番茶	
	煎茶	GABA茶	煎茶	GABA茶	煎茶	GABA茶
アスパラギン酸	1.31	0.21	1.14	0.23	1.06	0.20
グルタミン酸	1.98	0.22	1.88	0.42	1.60	0.29
アスパラギン	0.13	0.14	0.14	0.18	0.05	0.10
セリン	0.92	0.80	0.82	0.75	0.54	0.48
グルタミン	1.96	1.39	1.25	0.96	0.32	0.22
アルギニン	1.08	0.48	0.48	0.54	0.19	0.22
アラニン	0.26	1.52	0.44	1.77	0.15	0.98
テアニン	11.43	9.65	8.29	8.65	2.63	3.51
GABA	0.06	2.05	0.13	1.82	0.29	1.60

　成長に伴い高血圧を発症するラット（高血圧自然発症ラット）に製造したギャバロン茶を与えたところ，緑茶と比較してギャバロン茶を摂取している期間は血圧の上昇が抑制されていた．しかし，ギャバロン茶を与えていたラットに代わりに緑茶を与えると血圧は上昇し始めたことから，高血圧の改善にはギャバロン茶の継続的な飲用が必要だと考えられた（図4.39）[2]．また，ヒトに対しては，13人の高血圧症患者にギャバロン茶を飲ませたところ，半数の患者の血圧が改善されたという報告がある[3]．
　実際にはギャバロン茶は，摘採した生の葉を袋に入れて真空あるいは窒素パックすることにより嫌気条件下に置いて製造される．このときGABAは生葉の中のグルタミン酸からグルタミン酸脱炭酸酵素により生じる（図4.40）．また，アスパラギン酸も嫌気条件下でグルタミン酸に変化するが，ほぼ同量が同時にアラニンに変化する．したがって，ギャバロン茶のGABA含量は，原料となる葉のグルタミン酸含量とほぼ同じである．生産現場ではギャバロン茶は一番茶の終わりの葉か，二・三番茶を用いて作られることが多いが，これらの葉は一番茶の早期と比較するとグルタミン酸の含量が低いため，蓄積するGABA含量も低下する（表4.14）．一般に製品1gあたり1.5 mg以上のGABAが蓄積したものをギャバロン茶と呼ぶことになっており，二・三番茶を用いても確実にこの値を超えるように製法を改善することが課題となっている．
　その後の研究の結果，嫌気条件下におけるGABAの蓄積について時間を追って観察すると，開始3時間までの増加が大きく，以降ほとんど増えないことがわかった．

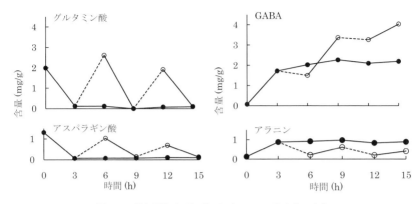

図4.41 嫌気好気交互処理におけるアミノ酸含量の変化
実線:嫌気処理,破線:好気処理.

これはGABAの基質となるグルタミン酸が最初の3時間でほとんど消費し尽くされてしまうためだと考えられた（図4.41●）．以降嫌気処理を続けてもGABAの増加は少ないので，3時間で嫌気処理を中止して葉を空気中にさらして好気条件下に置くと，減少していたグルタミン酸含量が急激に回復することがわかった．一方GABAはわずかに減少したにとどまった．その後再び嫌気処理を行うことで，回復したグルタミン酸を使ってGABAをさらに増加させることに成功した（図4.41○）．嫌気処理と好気処理は何度か繰り返すことができ，GABA含量を従来の嫌気のみの処理区と比較して1.5～2倍にすることができた（特許番号3038373）[4]．この方法を用いることにより，GABA含量の高いギャバロン茶を安定生産することが可能となった．なお，好気条件下ではGABA含量は漸減していくため，最後の嫌気処理が終了したら速やかに殺青を行って製茶することが重要である．

さらにその後，摘採してから1～2日間保存した生葉を用いることにより，GABAをさらに増やす技術が開発された．摘採した生葉は10～20℃で1～2日間保存することにより，その間にタンパク質の分解などが起こると考えられ，グルタミン酸をはじめさまざまなアミノ酸が増加する（表4.15）．この葉を用いて嫌気処理を行うことにより，摘採してすぐに嫌気処理を始めた生葉よりも，多くのGABAを蓄積させることができる（図4.42）．しかも1～2日間保存した生葉は，嫌気処理後に好気処理を行うことにより，摘採してすぐの生葉よりも多くのグルタミン酸が回復する．これは，生葉を1～2日間保存することにより，グルタミン酸以外のアミノ酸も増加しているため，嫌気処理の間に一度グルタミン酸が消失しても，好気処理を行うことで他のアミノ酸からより多くのグルタミン酸を回復させることができるためだと考えられる．したがって，保存した生葉は，嫌気処理と好気処理を繰り返すことにより，より

表 4.15 摘採葉のアミノ酸含量の変化 (mg/g, 二番茶)

	10℃保存			20℃保存		
	0 時間	24 時間	48 時間	0 時間	24 時間	48 時間
アスパラギン酸	1.11	2.55	3.18	1.11	3.45	3.03
スレオニン	0.11	0.16	0.17	0.11	0.32	0.44
セリン	0.44	0.38	0.33	0.44	0.68	1.21
アスパラギン	—	0.09	0.46	—	0.71	2.77
グルタミン酸	1.56	1.92	1.89	1.56	1.89	2.50
グルタミン	—	—	—	—	0.12	0.80
テアニン	3.71	3.16	2.94	3.71	4.82	3.30
グリシン	—	—	—	—	0.12	0.12
アラニン	0.13	0.19	0.17	0.13	0.29	0.47
バリン	0.06	0.16	0.26	0.06	0.38	0.69
イソロイシン	—	0.13	0.21	—	0.29	0.57
ロイシン	—	0.19	0.23	—	0.30	0.44
フェニルアラニン	—	—	0.09	—	—	0.38
GABA	—	—	—	—	—	—
リジン	—	—	—	—	0.69	1.24
エチルアミン	0.24	0.19	0.19	0.24	0.18	0.12
アルギニン	0.40	0.14	0.47	0.40	0.55	0.99

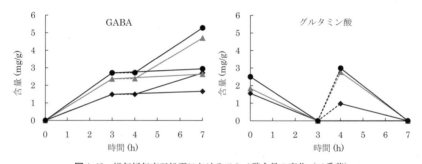

図 4.42 嫌気好気交互処理におけるアミノ酸含量の変化(二番茶)
実線:嫌気処理, 破線:好気処理, ◆:即日葉, ▲:10℃・2 日保存葉, ●:20℃・2 日保存葉.

GABA 蓄積の効果を高めることができ, 1987 年の開発当初のギャバロン茶と比較して 3 倍以上の GABA を蓄積できた[5]。

茶の種類は, 不発酵茶と発酵茶の 2 種類に分けられ, ギャバロン茶はどちらにも加工が可能である. これまではもちろん日本では不発酵茶(煎茶)のギャバロン茶が多く作られてきており, 摘採した生葉をすぐに嫌気処理して GABA を増加させていた. 上記のように, 摘採した生葉をすぐに嫌気処理することなく, 1~2 日間保管すれば, グルタミン酸が増加して, その後の嫌気処理でさらに GABA を増加させることができるが, これは発酵茶(紅茶)の製造工程の萎凋処理に似ている. 生葉を萎凋(しおれ)させる間にも, 同様にグルタミン酸などアミノ酸の増加は起きており, 萎凋後に嫌気

処理を行い，それから紅茶に加工すれば，摘採した生葉をすぐに嫌気処理して作った煎茶のギャバロン茶よりも，GABA含量の高い紅茶のギャバロン茶ができると考えられる．また，煎茶のギャバロン茶は嫌気処理由来の独特の匂いが気になるが，紅茶は煎茶と比較して香気成分が種類，量ともに膨大であるため，紅茶のギャバロン茶は嫌気処理由来の匂いがマスクされてほとんど気にならない．したがって，紅茶のギャバロン茶は，煎茶のギャバロン茶と比較して，GABA含量は高く，しかもおいしく飲めるということで，非常に高品質といえる．

また近年，最初に長時間（24時間以上）の嫌気処理を行った場合は，その後の好気処理でGABAの基質であるグルタミン酸の回復が観察されないことがわかっていた．生葉を摘採後，25℃で嫌気処理を行い，3, 6, 9, 12時間後にそれぞれ好気処理を1時間行うと，嫌気処理3時間後に葉を好気処理した場合は，グルタミン酸の回復が起こるが，嫌気処理6, 9, 12時間後に好気処理を行ってもグルタミン酸の回復量は徐々に少なくなり，それに伴って2度目の嫌気処理によるGABAの増加量も徐々に少なくなった（図4.43）．これは酵素活性の低下によるものと考えられ，したがって，嫌気処理と好気処理の繰り返しによりGABAを増加させるには，25℃の条件下においては，嫌気処理時間は3〜6時間程度とした方がよいと考えられた[5]．

一方，ギャバロン茶の仕上げ工程においても，GABA含量を維持するための改善

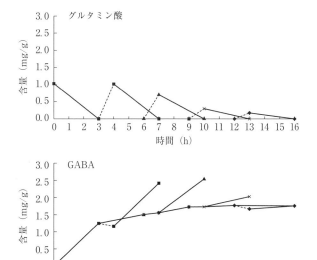

図4.43　嫌気処理および好気処理におけるアミノ酸含量の変化
実線：嫌気処理，破線：好気処理．

表4.16 煎茶とギャバロン茶の部位別アミノ酸含量 (mg/g)

	煎茶		ギャバロン茶	
	葉	茎	葉	茎
アスパラギン酸	1.22	2.14	0.15	0.31
グルタミン酸	1.82	3.19	0.19	0.43
アスパラギン	0.05	0.14	0.12	0.23
セリン	0.54	0.85	0.61	0.93
グルタミン	0.95	3.61	0.80	3.12
アルギニン	0.28	0.54	0.74	1.08
アラニン	0.15	0.25	1.11	1.77
テアニン	7.06	17.05	8.87	20.76
GABA	0.10	0.13	2.03	3.26

がなされている．煎茶は葉よりも茎の方がグルタミン酸などアミノ酸含量は高い[6]．生葉でも同じである．したがって生葉をギャバロン茶に加工すると，GABA含量も葉よりも茎の方が高くなる（表4.16）[7]．煎茶においては，茎は特有のにおいがするなどの理由で商品になる前に除かれてしまうが，ギャバロン茶は香味よりもGABA含量を優先したいため，茎を除かずに商品化するのが望ましいと考えられた．

　本茶は，微生物や添加物をいっさい使用せず，その効能を強化する手段として茶葉のもつ成分と酵素を利用して茶葉自身に有効成分を生成させたものである．薬品の代用としてではなく，保健効果を高めた茶として日常的に気軽に愛飲されており，新しいタイプの茶として登場して四半世紀を経た昨今も，リラックス効果などの新たな機能性の見出されたGABAブームの再来に乗って人気を保っている．〔澤井祐典〕

引用・参考文献

1) 津志田藤二郎ほか (1987): γ-アミノ酪酸を蓄積させた茶の製造とその特徴．日本農芸化学会誌, **61**: 817-822.
2) 大森正司ほか (1987): 嫌気処理緑茶（ギャバロン茶）による高血圧自然発症ラットの血圧上昇抑制作用．日本農芸化学会誌, **61**: 1449-1451.
3) 村松敬一郎 (1991): 茶の科学, p.171-172, 朝倉書店.
4) 澤井祐典ほか (1999): 嫌気-好気交互処理による茶葉のγ-アミノ酪酸の増加．日本食品科学工学会誌, **46**(7): 462-466.
5) 澤井祐典 (2008): GABA茶の製造技術とその改良．*New Food Industry*, **50**(9): 31-42.
6) 三輪悦夫・高柳博次・中川致之 (1978): 葉位別にみた茶葉の化学成分含量．茶業研究報告, **47**: 48-52.
7) 澤井祐典ほか (1999): 嫌気処理した茶葉の茎におけるγ-アミノ酪酸含量．日本食品科学工学会誌, **46**(4): 274-277.

4.4 紅茶・半発酵茶・後発酵茶製造

4.4.1 紅茶の製造と種類
a. 紅茶生産の現状

　世界の茶生産量は430万tである（2011年）．その内訳は紅茶が257万t，緑茶136万t，ウーロン茶20万t，その他の茶（黒茶，黄茶，白茶など）17万tであり，紅茶が全体の60%弱を占めている．最近10年間で紅茶の比率が10%減少し，緑茶の比率が高くなってきているのが特徴である．これは緑茶の機能性研究が進み，インド，スリランカ，インドネシアなどの紅茶生産国が紅茶を一部緑茶に切り替えて生産していることによる．

　紅茶の最大の生産国はインドで2011年の生産量は98万t，2位はケニア37万t，3位はスリランカ32万t，4位はトルコ14万tである．以下ベトナム10万t，インドネシアとアルゼンチンが9万tで続く．南米のアルゼンチンは自国ではほとんど消費せず，生産量の90%以上をおもにアメリカ市場に輸出している．

　紅茶の国際間流通量は142万t強で，生産量の55%が生産国から輸出に回される国際農産物である．最大の輸出国はケニアで輸出量は42万t，2位がスリランカ30万tであり，この2国で輸出量全体の50%を占める．これらの国では全国内生産量の95%以上が輸出に回されており，国家の重要な外貨獲得農産物となっている．なお，ケニアは紅茶の国内生産量よりも輸出量が多くなっているが，これはケニアがアフリカにおける紅茶の集散地になっているために，タンザニア，マラウィからの移入によるものが含まれているからである．

　わが国の紅茶の生産は1870年代に初めて行われ，1884年には20tが輸出されたが，品質が劣り高い評価は得られなかった．その後，1929年に農林省は鹿児島県に紅茶の指定試験地（鹿児島県に委託）を設け，永年生木本作物では当時最先端の交雑育種による品種改良に着手した．このためにインドから三井物産などの協力を得て大量の種子を購入し，各地に配布するとともに，鹿児島県の指定試験地では耐寒性が強く，紅茶品質のすぐれた品種を育成するために，1932年から導入したアッサム種を母本として利用し，日本種との間で精力的な交雑育種が行われた．育種の成果は戦後間もなく開花し，'はつもみじ'をはじめ多くの国産紅茶用品種が続々と育成された（4.1節表4.5参照）．

　紅茶生産国は第二次世界大戦の影響で茶園が荒廃し，生産力を落としたために，わが国から1953年には8000tを超す紅茶が輸出された．しかし，在来種で作られた紅茶はその品質が国際水準に達していなかったために，主要国の生産が回復するにつれて輸出は低調となっていった．このような状況において，国産の紅茶用品種に多くの

期待が寄せられたが，わが国の戦後の経済復興がめざましいことからIMF8条国への移行が決まり，低開発国農産物の輸入制限が撤廃されることになった．このため1964年に紅茶の自由化宣言を行い，1971年6月から紅茶は完全輸入自由化となった．輸入自由化前の1965年には1500tを超える紅茶を輸出していたが，輸入自由化年の1971年には23tに激減し，1972年にはわが国の紅茶産業はほとんど壊滅した．

近年国産紅茶は和紅茶あるいは地紅茶として注目されるようになり，2002年より毎年地紅茶サミットが開催されている．わが国の紅茶製造は30年以上のブランクのために当初は品質の劣るものが多かったが，最近では品質の向上が著しく，海外の渋味のある紅茶とは一線を画した甘味のある紅茶が，嗜好の多様化とともに一部の消費者に受け入れられている．このようななかで1993年に新品種として種苗登録された野菜茶業研究所育成の'べにふうき'が，本格的な紅茶用品種として注目されている．

現在国内での紅茶生産量は100〜200tと推定されるが，小規模生産者が多く，生産は不安定であるために年次による変動が大きい．今後国産紅茶が定着するかどうかについては注目して見ていくことが必要である．

b. 紅茶の製造

紅茶の製造法には大きく分けてオーソドックス製法，およびアンオーソドックス製法がある．

(1) オーソドックス製法

オーソドックス製法は基本的には，萎凋(いちょう) → 揉捻(じゅうねん)→玉解(たまと)き・篩(ふる)い分け→発酵→乾燥の工程からなる（図4.44）．オーソドックス製法はもともと伝統的なリーフスタイルの紅茶を作るために開発された製法であるが，最近では製茶効率を上げるために最初に肉挽機に似た構造をもつローターバンに通して細断し，2〜3台のCTC機でさらに細かくカットするローターバン-CTC製法が主流になってきた（後述）．

・萎凋：　萎凋の目的は80%（重量比）近い生葉の水分を55〜60%近くまで減じ，揉捻工程を容易にすることである．この段階で既に軽い発酵が始まっており，萎凋中に甘い香りがしてくる．

萎凋方法には自然萎凋と人工萎凋の2種類がある．自然萎凋（図4.45）では，天

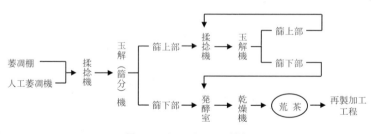

図4.44　オーソドックス製法

図 4.45　自然萎凋の萎凋棚（スリランカ）

図 4.46　人工萎凋槽（インド）

候や摘採葉の熟度などにより萎凋時間が大きく異なり，一定に保つことができないために計画生産が困難となる．このため大量生産には適さない面があり，最近では人工萎凋が主流になっている．

人工萎凋は萎凋槽と呼ばれる大きな長方形の槽に茶葉を 30～40 cm の厚さに入れ，底面から空気を送り込んで茶葉を効率的に萎凋できるように設計されている（図 4.46）．大型のものでは底面からだけでなく，リバースして上面からも交互に吸気できるようにしたものもある．また，湿度が高くて萎凋が進まないときは，送風機の所に熱源を置いて 40～50℃ の熱風を送ることにより萎凋時間の調節が図られる．

自然萎凋では萎凋時間は 12～18 時間を要するが，人工萎凋では 8～12 時間と短い．

・揉捻：　萎凋が終わった茶葉は容積が大幅に減り，柔らかくなって揉捻に適するようになる．揉捻機はさまざまな大きさや形状のものがあるが，一般的には直径が 1～2 m の円筒（揉胴）を備え，底面の揉盤には中央に突起（corn）があり，そこから周辺にいくつかの山型のヒル（hill）が設けられているものが用いられている（図 4.47）．茶葉は円筒の中でゆっくりと右回転をしながら，軽く上下に反転して揉まれる．リーフタイプの紅茶は上蓋に圧をあまりかけないで揉み込むのに対し，ブロークンタイプ

図4.47 国産小型揉捻機（15 kg型）

の紅茶は適度に圧をかけて茶葉が切れるように揉み込む.

揉捻の開始当初は茶葉はまだまとまっていないが, 揉捻が進むと塊となって揉まれるようになる. このためときどき上蓋を開けて塊をほぐすとともに, 新鮮な空気を入れる.

揉捻時間は60～120分であるが, 茶葉の芯や柔らかい上部の葉は発酵が速く進むので途中で取り出して玉解き（塊をほぐす）をし, 篩い分けを行う. 篩下の茶は発酵槽（室）に移し, 篩上の部分はさらに揉捻を行う. 一般に茎や熟度の進んだ葉は発酵が遅いので, 発酵を均一に揃えるためにはこの操作は重要である.

・玉解き・篩い分け： 揉捻機内では茶葉は塊状になって円筒内で回転している. このため揉捻を終えた茶葉は塊をほぐすために玉解機にかけ, 発酵槽（室）に堆積する.

・発酵： 発酵は前述のように萎凋段階から始まっているが, 揉捻工程で急激に高まる. 揉捻を終えた茶葉は温度25～28℃, 湿度90～95%の発酵槽（室）内に堆積され, 均一な発酵を促進させる. 発酵時間は温度, 茶葉の熟度などによって異なるが, おおよそ60～120分を目安とする. 一般に, ブロークンタイプの紅茶は揉捻工程でかなり発酵が進んでおり, 発酵槽内でも発酵速度が速いので, リーフタイプの紅茶よりも発酵時間は短い. 発酵槽から取り出す目安は, アルデヒド様の刺激性のある青臭さが薄れ, 甘みのある香りが発揚した時期である.

・乾燥： この工程は茶葉の酸化発酵の程度を適度な状態で完全に止め, 水分を3～4%に乾燥して, 変質を防ぐことである. 発酵を止めるには高温で茶葉を処理する必要があり, 初期温度は90℃以上が必要である. 5～10分程度で発酵を止めると, 後はコゲが入らないように80℃以下に温度を下げてゆっくりと乾燥し, 60分程度で乾燥を終える.

(2) アンオーソドックス法

・レッグカット製法： 無萎凋あるいは軽く萎凋した生葉をタバコの裁断機を改良し

(1) 萎凋槽 → CTC機(3基連続) → 発酵槽 → ⃝荒 茶 → 再製加工工程

(2) 人工萎凋機 → ローターバン機 → CTC機(3基連続) → 発酵槽 → ⃝荒 茶 → 再製加工工程

図4.48　アンオーソドックス製法

図4.49　CTC機のローラー（インド）　　図4.50　ローターバン（インド）

たレッグカッターで細切りし，押さえ蓋なしで揉捻し，酸化発酵後乾燥する方法である．レッグカット製法は能率は高いが，製品に青臭みが残るため品質は一般によくない．その後，人工萎凋槽が改良され，大量の生葉が効率よく萎凋できるようになったことからCTC製法にとって替わられ，現在ではあまり行われていない．

・CTC製法：　CTC製法は，2つのステンレスの大きなローラーを備えたCTC機と呼ばれる機械を通過させて茶葉をつぶし（crash），切断し（tear），粒状に丸める（curl）工程により処理する（図4.48）．CTC機のステンレスローラーは回転数が異なり，700回転前後の高速回転と70回転前後の低速回転を組み合わせたものである（図4.49）．ローラーの外周表面には突起が刻まれており，茶葉は破壊，切断され，同時にローラーの長方向に運ばれて斜めに刻み込まれた多数の溝に沿って粒状に丸められる．通常CTC機は3基連結され，その後，発酵槽内での発酵工程を経て乾燥を行う．CTC製法では茶葉が細かく細断されているためにオーソドックス製法よりも発酵時間がはるかに短く，コンベヤによって発酵槽内をゆっくり運ばれる過程で必要な発酵が行われ，その後，高温の乾燥機内を通って乾燥される．

　近年さらに能率を上げるために，人工萎凋された茶葉を最初にローターバン（図4.50）で細断し，その後上記のCTC機に接続する製造法が一般的になりつつある．

　CTC製法で作られた紅茶はティーバッグの原料となる場合が多い．

c. 紅茶の等級区分

　紅茶の等級区分は品質の良し悪しを示す基準ではなく，篩分機の篩い目（メッシュ）

の大きさにより茶を大きさと形状により物理的に分類した基準である．等級区分は現在必ずしも統一的なものがあるわけではないが，オーソドックス製法では大きく OP（Orange Pekoe），BOP（Broken Orange Pekoe），BOPF（Broken Orange Pekoe Fannings），D（Dust）などに分けられる．また，一部の産地では特徴を表すためにさらに T（Tippy：チップが目立つ），G（Golden：輝いている），F（Flowerly：形の良い），S（Special：特別な）などの形容詞が使われている場合がある（たとえば「TGFOP」など）．

CTC 製法では，B（Broken），F（Fannings），D（Dust）などの等級区分がある．

オーソドックス製法では BOP あるいは BOPF の等級区分に製茶目標がおかれているが，CTC 製法では PF（Pekoe Fannings），あるいは BP（Broken Pekoe）が主体となる．

〔武田善行〕

引用・参考文献

1) 日本茶業中央会編（2013）：平成 25 年度版茶関係資料，日本茶業中央会．
2) 農山漁村文化協会編（2008）：茶大百科 I，農山漁村文化協会．

=== Tea Break ===

   わが国産紅茶生産の歴史

　中国に次ぐ伝統的な緑茶王国・日本．幕末 19 世紀後半には「黒船」が来航し，西欧諸国から開国を迫られた．安政 5 年（1858）に日米修好通商条約が結ばれて横浜を開港，わが国から欧米市場向けの緑茶の輸出が始まった．しかし間もなく当時イギリス領であったインドにおけるイギリス式紅茶生産と輸出が軌道に乗ると，わが国からのイギリス向け緑茶の輸出は激減し，アメリカ向けが大半を占めるようになった．

　その後のイギリス紅茶産業の盛行と他国への輸出の急増をみた明治政府は，富国強兵戦略の一環として「生糸と紅茶」を輸出品の柱としたいとの悲願をもって，明治 7 年（1874）に内務省勧業寮農務課に「製茶係り」を置き，翌年には中国安徽省から（緑茶の）製茶技師を 2 名招聘し熊本と大分県で「中国式工夫茶」製造の伝習を始めた．さらに明治 9 年（1876）には多田元吉ら 2 名をインド・アッサムとダージリン地方へ派遣し，「イギリス式紅茶」の製法を学ばせた．翌年に帰国した多田らは，高知県で紅茶の試験栽培を開始した．

　その後，1 世紀の間に 2 度にわたる世界大戦を経て，官民一体となって取り

組んだ紅茶生産と輸出外貨の獲得への夢は実を結ぶことなく，わが国の「国産紅茶産業推進」の試みは中止された．そして開発途上国からの強い要請もあり，昭和46年（1971）には「外国産紅茶の輸入自由化」が実現，緑茶の国内需要が旺盛なこともあり，わが国産紅茶の生産農家は伝統の緑茶生産へと回帰した．

　国産紅茶産業化不成功の主因は，インド・セイロンと比較して気象条件に恵まれず，コスト高であったこと，また製茶農家の大半が緑茶の専門家でイギリス式紅茶生産に関する知識・経験・実績に乏しく，国際水準の品質鑑定のノウハウや消費地向けのブレンディングのノウハウも欠けていたことなどがあげられる．1980年代にはわが国で「イギリス紅茶ブーム」が起き，この前後からわが国内の製茶農家の間で自場消費と観光土産向けに「国産紅茶」の生産復活のきざしがみられる．多様化し個性化した暮らしのなかで，心と体の両面に効く紅茶が外国産・国産の区別なく自由に楽しく愛飲されることは，素晴らしいことであるといえよう．　　　　　　　　　　　　　　　〔荒木安正〕

4.4.2　ウーロン茶・半発酵茶の製造技術

　ウーロン（烏龍）茶は，伝統的な中国茶六大分類のなかでは「青茶」に分類されている．半発酵茶・ウーロン茶が製造されるようになったのは緑茶製造より新しく，一般には18世紀中頃といわれている．現代の『中国茶葉大辞典』（2000年）では，青茶ではなく「ウーロン茶」として紹介されるようになっている[1]．

　ウーロン茶は17～18世紀当時，福建・広東の2省のみで生産されていた茶であったが，福建から台湾にチャの種と製法が渡り，19世紀には福建・広東・台湾が主要な生産地域となった．現在は中国各茶産地（広西，浙江，雲南など），インドネシア，ベトナムの各国で生産されている[5]．

a.　ウーロン茶用品種

　ウーロン茶製造には，やや硬い葉質の茶葉が向いている．種子繁殖と挿し木による栄養繁殖のいずれも行われているが，種子の場合は母方の系統はわかるが父方の系統が判別できない．そのためその品種名を母系の名で呼称するのは学術的には無理があるが，現状では有性系品種として扱われている．表4.17に国家審査認定ウーロン茶品種と各省査定認定品種を，また表4.18には台湾の品種を示す．台湾の品種には福建省から種で持ち込まれたもの（'青心烏龍' など；図4.51）と，台湾茶業改良場で選抜育種されたものがある[2]．

b.　製茶方法

　ウーロン茶の製茶方法は各茶産地により異なるが，最初に製茶された生産地については①福建省閩北・武夷山，あるいは②同じく福建省閩南，という2説[3]がある．代

表4.17 代表的なウーロン茶品種

品種名	原産地	樹姿	葉	早晩生	おもな栽培地域	認定種類	備考
福建水仙 (Fujian Shuixian)	福建省建陽県	小喬木	大葉	晩生	福建北部, 南部	国家	別名:水吉水仙, 武夷水仙
大葉烏龍 (Daye Oolong)	福建省安渓県	灌木	中葉	中生	福建南部, 広東, 広西	国家	別名:大葉烏, 大脚烏
鉄観音 (Tieguanyin)	福建省安渓県	灌木	中葉	中生	福建北部, 南部, 台湾, 広東	国家	別名:紅心観音, 魏飲種, 紅様観音
毛蟹 (Maoxie)	福建省安渓県	灌木	中葉	中生	福建, 広東, 浙江	国家	別名:茗花
黄棪 (Huangdan)	福建省安渓県	小喬木	中葉	早生	福建南部, 広東, 浙江	国家	別名:黄金桂
梅占 (Meizhan)	福建省安渓県	小喬木	中葉	中生	福建, 広東, 浙江	国家	別名:大葉梅占
本山 (Benshan)	福建省安渓県	灌木	中葉	晩生	福建南部, 中部	国家	
肉桂 (Rougui)	福建省武夷山	灌木	中葉	晩生	福建	福建省	別名:玉桂
紅芽仏手 (Houngya Foshou)	福建省安渓県	灌木	大葉	中生	福建	福建省	別名:雪梨, 香様
緑芽仏手 (Luya Foshou)	福建省安渓県	灌木	大葉	中生	福建	福建省	
鳳凰水仙 (Fenghuang Shuixian)	広東省潮安	小喬木	大葉	早生	広東, 浙江	国家	別名:広東水仙
嶺頭単叢 (Lingtou Dancong)	広東省饒平	小喬木	中葉	早生	広東	広東省	別名:白葉単叢
大紅袍 (Dahongpao)	福建省武夷山	灌木	小葉	晩生	福建省武夷山	―	武夷四大名叢の1つ

『中国茶葉大辞典』を参考に作成.

表4.18 台湾のウーロン茶品種

品種名	原産地	樹姿	葉	早晩生	おもな栽培地域
青心烏龍 (Qingxin Oolong)	福建省安渓県	灌木	中葉	晩生	台湾茶生産地区
青心大冇 (Qingxin Damao)	台湾文山	灌木	中葉	中生	台湾茶生産地区, 福建, 広東
鉄観音 (Tieguanyin)	福建省安渓県	灌木	中葉	中生	台湾中部地区
四季春 (Sijichun)	台湾木柵	灌木	小葉	極早生	台湾中部地区
台茶12号 (金萱 Jinxuan)	台湾省茶業改良場	灌木	中葉	中生	台湾中部地区
台茶13号 (翠玉 Cuiyu)	台湾省茶業改良場	灌木	中葉	中生	台湾中部地区

台湾省茶業改良場編『台湾茶業簡介』を参考に作成.

表的な基本的製茶工程を図4.52, 4.53に示す.一般的には発酵度(生葉の酸化度合い)の程度(強~弱)と産する地域によって,大きく4種類(閩南ウーロン茶,武夷岩茶,台湾ウーロン茶,台湾包種茶)に分類している.この茶の特徴は部分発酵で,製茶の第一歩は萎凋方法と発酵の進捗度と制御である.その違いにより多様な茶が創出されてくる.以下,工程が少ない台湾文山製茶法を例にとり,各工程の説明をする.

図 4.51　青心烏龍種

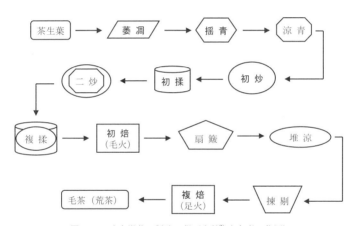

図 4.52　武夷岩茶の製造工程（文献[3]を参考に作図）

伝統製法は 13 工程，現在は機械化により**太字**の 6 工程で作られる．
各工程の用語説明；
揺青：萎凋している生葉を攪拌する．手作業で行う場合と揺青機を使用する場合とがある．生葉に傷がつき，酸化が進む．程度は生葉原料，茶種により異なる．
涼青：室内自然萎凋法の一種．笳レイ上，麻布上に生葉を薄く広げ，静置葉温を下げる．
初炒：伝統製法では炒りを 2 回に分けて行う．初回は釜温度を高くして青臭を除き，反転も素早く炒る．
二炒：初炒釜温度より低く，悶を主として炒る．
初焙：「焙」はあぶるの意味．揉捻後に炒り不足，水分の不均一を補うため，高温で乾燥する．
扇簸：伝統製法の工程の一種．篩い箕で扇ぎ夾雑物を取り除く．
堆涼：目の細かい篩上に処理茶を入れ，各段の棚で涼める．
揀剔：細かい夾雑物を選び取り除く．
複焙：包揉後，乾燥と品質保持を兼ね，短時間，低めの温度で乾燥する．
毛茶：日本でいう荒茶．その後，仕上げ加工（精製）製品とする．製品は成品ともいう．

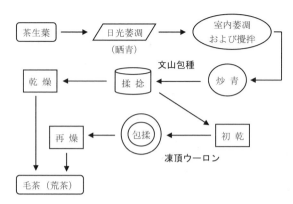

図4.53 台湾包種茶（文山包種と凍頂ウーロン）の製造工程

各工程の用語説明；
晒青：生晒，日光萎凋方式．麻布上，筋レイ上に生葉を広げて置き，葉を日光に晒し，萎れさせる．萎凋程度は生葉原料，茶種により異なる．
炒青：殺青，炒り葉．炒り釜で生葉を炒る．現在は炒り葉機が使用される．
初乾：初焙と似た工程．
包揉：茶葉を布で包み，バスケットボールくらいの大きさにし，手・足を用い固めながら揉む．現在は機械で行われ，布球揉捻機，平台揉捻機などがある．団揉ともいう．
複包揉：包揉の2回目，作業は最初の包揉と同じだが，最初より固く締める．
回軟：炒り葉を清潔な湿った布で包み，適当な容器に入れ静置する．炒り葉を柔軟にする工程．

(1) 萎　凋

葉が萎れることを萎凋というが，摘採したばかりの生葉は含水率が高く，D.B.（ドライベース）で360～400％（W.B.（ウェットベース）で78～80％）を保持している．細胞内に液胞として，養分を含んだ水分が満ちあふれている．そのため，生葉は硬く膨張し，手で握るとやや反発感を感じる．萎凋の工程で葉内の水分は徐々に消散し，硬さ，重さ，見かけの容積，軟らかさが変化していく．これを物理的萎凋と呼んでいる．萎凋には生化学的な反応を起こさせる働きもある．特に香気，水色，滋味成分の前駆物質が形成されて，大きく茶の品質に影響する．萎凋には大きく分けると日光萎凋と室内萎凋があり，日光萎凋では太陽の光と熱をもって水分の蒸散を加速させる（図4.54）．そこに攪拌という操作が加わると，「発酵」という現象が起きる．この現象は微生物によるものではなく，茶葉自身がもつ酸化酵素による酸化反応である．日光萎凋で発酵を進めすぎると葉が焼ける現象になり品質を損う．室内萎凋（図4.55）はウーロン茶製茶では最も重要な工程であり，生葉の攪拌，静置によって発酵程度を調節し，香気・滋味を好ましい状態にする．最適萎凋条件は温度22～25℃，相対湿度70～80％とされているが，その環境条件（温度，湿度，風の動き），攪拌回数，茶層の厚さ，静置時間などによって萎凋進捗時間が変わり，一般的には経験則で作業を行っている．岩茶の最も理想的な発酵の生葉外観は「三紅七緑」といって，1枚の生葉の

図 4.54　日光萎凋（晒青）［口絵 11 参照］　　　図 4.55　大量方式の室内萎凋

図 4.56　三紅七緑の萎凋処理葉写真［口絵 12 参照］

3 割の面積が赤くなり（外縁から変色），あとの 7 割が緑の状態（図 4.56）がよいとされるが，基本的には荒茶製品で花様・果実様の香りが発揚されなければならない．萎凋終了最終判断は茶種（台湾包種茶，閩南ウーロン茶など）によって異なる．また，萎凋の操作呼称も異なっている．

(2)　炒青，殺青（炒り葉）

　台湾では炒青，中国は殺青，日本は炒り葉と呼称している工程である（図 4.57）．生葉の酸化酵素を失活させる工程で，煎茶・玉露などでは蒸気を使用している．ウーロン茶は釜での直接加熱により急速に酸化酵素を失活させ，発酵を停止し，萎凋で生成された香気・水色・滋味を固定させる．そのため，釜内側表面温度は茶種や原料の硬軟により異なるものの 160〜280℃の範囲で行われる．基本的操作は「開→悶→開」で，投入当初の葉は攪拌を早め青臭さを除去し，その後，酸化酵素を失活させるため攪拌を遅くし，葉と葉を包むように葉から蒸発する蒸気で酸化酵素を失活させる．失活が終了したらすばやく余分な蒸気を除去するため攪拌を早める．この間，操作状況に応じ，排蒸，加熱温度を最適な条件にする．一般的にウーロン茶は生葉の水分が少ないので，「悶」を主として操作する．

図4.57 炒り葉処理中

(3) 揉 捻

手作業で行っていた時代は手・足を用い，むしろ（筵），平竹籠，板などを台にして，炒り葉を押し付け揉みながら葉の水分を押し出し，その後の形を作りやすくしていた．茶葉転動により相互摩擦が行われ，細胞内水分が表面に浮き出て，外観がすぐれるため，現在は揉捻機を用いて行われている．所要時間，加圧程度は茶種，葉の硬軟で異なるが，文山包種は炒り葉後すぐに投入し約5〜10分，加圧揉捻する．中国では紅茶揉捻と同様な機器を使用し，一方台湾ではお椀型の望月式揉捻機を用いている．

(4) 乾 燥

乾燥操作はまだ失活されていなかった酸化酵素を完全に失活し，品質を固定化する．同時に高温処理は茶の香気・水色・滋味を変化させる．そのため，乾燥温度は機種によって異なるが，85〜100℃の範囲で数回行い，水分を3〜4%にし，茶の長期保存に耐えうる状態にする．

c. ウーロン茶分布の特徴

ウーロン茶生産地域と有名な茶種を以下に紹介する．

(1) 福建省の生産地

福建省のおもな生産地域は図4.58に示すように閩南（おもな産地：安渓，永春，南安）と閩北（おもな産地：武夷山，建甌（おう），建陽，南平）に分かれている．

・武夷岩茶： 岩茶，武夷茶とも称し，ウーロン茶で最も有名な茶の1つである．武夷山の周辺60 km²，海抜650 mの茶園から生産される茶（品種は問わない）で生産量は少なく，最高級茶として扱われる．製法も伝統的な製法を維持し，萎凋，炒り，揉捻，火入れにこだわりがある．

・大紅袍（だいこうほう）： 武夷山の北部地区にある九竜窠（か）に産する品種'大紅袍'で製茶された名茶．武夷岩茶中の珍品とされ，たいへん生産量が少なく希少価値が高い．

・武夷肉桂： 武夷山水簾洞，三仰峰，馬頭岩，九曲渓で品種'肉桂'を栽培，製茶

図 4.58 福建省の茶産地

された茶種.
・閩北水仙： 建甌,建陽で品種'水仙'を製茶した茶.包揉はしないか軽く行う条茶である.
・鉄観音： 品種'鉄観音'を用いた閩南の有名な茶種.包揉を行う茶種で外観は硬く球状になっている.近年,台湾から束包機(布球揉捻機),平台式揉捻機が導入され,手で包揉する工場が少なくなっている.
・黄金桂： 安渓虎邱で品種'黄棪'を用いて製茶した茶種.
・永春佛手： 品種'佛手'を用いて,永春で製茶,包揉を3回以上行うのが特徴.

(2) 広東省の生産地

広東東部地区の潮安,饒平,梅州などがおもな産地になる.一部福建省にまたがる産地もある.
・鳳凰単欉： 潮安鳳凰郷茶区の半喬木型の鳳凰水仙群の単株から摘採された生葉を製茶した条形茶種.加工後精製製品は級ごとに単欉,浪菜,水仙と呼称されている.

(3) 台湾の生産地

台湾の主産地は5区に分けられている(図4.59).北部茶区は台北県新店,坪林,深坑,石碇,台北市木柵,宜蘭県大同,冬山など.茶区全体の生産量は微減傾向であるが,新興産地として宜蘭県が伸びてきている.桃竹苗茶区は桃園県,新竹県,苗栗県であるが,台北市のベットタウン化により,顕著に産地が縮小している.新竹県の三大名産の1つ椪風茶(東方美人)は,6月上〜中旬にウンカ(チャノミドリヒメヨコバイ:*Emposca flavescens* もしくは *Emposca onukii*)に吸害された生葉を供し,独特な製法で製茶する.中南部茶区は南投県鹿谷,竹山,名間,雲林県,嘉義県,台中県,高雄県を含み,新興産地の嘉義県,雲林県の伸びが大きい.東部茶区は台東県,花蓮

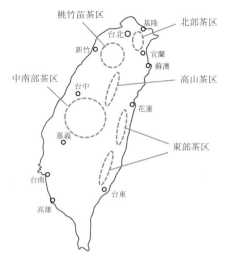

図 4.59 台湾の茶産地

県を中心とした茶産地区である．高山茶区は阿里山，玉山山脈，雪山山脈，中央山脈と台東山脈で産する海抜1000m以上の茶産地区を包括している．日夜の温度差の大，雲霧がかかる気象条件などから，品質の良い茶を産するとされる．

・文山包種茶： 清茶ともいわれ，台北県坪林，石碇，深坑において'青心烏龍'種などを用いて製茶された条形茶．

・凍頂ウーロン茶： 南投県鹿谷郷を中心に作られる半球型の包種茶．

・椪風茶（東方美人）： '青心大冇'種から製茶された白毫ウーロン茶で，台湾の茶書では椪風茶，そのほか膨風茶，香檳烏龍茶，福寿茶，東方美人（Oriental Beauty），台湾烏龍茶（Formosa Oolong Tea）などの呼称がある．ウンカ（チャノミドリヒメヨコバイ）に吸害された生葉を用いて製茶するのが特徴．発酵度が高く，紅茶に近いウーロン茶である． 〔高橋宇正〕

引用・参考文献

1) 陳宗懋 編（2000）：中国茶葉大辞典，p.267，中国軽工業出版社．
2) 王連源（1999）：台北市茶商業同業公会110周年記念，p.30，台北市茶商業同業公会．
3) 陳宗懋 編（1991）：中国茶経，p.293-299，上海文化出版社．
4) 陳逸明 編（1997）：台湾茶業簡介，p.7-8，台湾省茶業改良場．
5) 陳宗懋 編（2000）：中国茶葉大辞典，p.267，中国軽工業出版社．
6) 陳煥堂・林世煜（2001）：台湾茶，猫頭鷹出版．
7) 甘子能・林義恒（1988）：認識台湾的包種茶，台湾省茶業改良場 文山分場．
8) 谷本陽三（1990）：中国茶の魅力，柴田出版．

9) 松井陽吉 (1999)：烏龍茶の魅力, プレジデント社.
10) 左能典代 (2000)：中国名茶館, 高橋出版.
11) ヘンリー・ホブハウス著, 阿部三喜男ほか訳 (1987)：歴史を変えた種, パーソナルメディア.
12) 伊藤園 (1988)：福建烏龍茶, 伊藤園.

4.4.3 後発酵茶の製造技術

　後発酵茶は, 分類すると3つに分けられる (図4.60)[1]. 好気的かび付け茶の黒茶と, 嫌気的バクテリア発酵茶, 好気的かび付け後嫌気的バクテリア発酵の2段階発酵茶である. 好気的かび付け茶には, 中国の黒茶や日本の富山の黒茶がある. 中国の黒茶の代表的なものはプーアル(普洱)茶で, 形状の違いにより散茶と緊圧茶に分類される(図4.61). 嫌気的バクテリア発酵茶には, タイ・ラオスのミアン, ミャンマーのラペソー, 中国の竹筒酸茶, 阿波晩茶などがある. 好気的かび付け後嫌気的バクテリア発酵の2段階発酵茶としては, 高知の碁石茶と愛媛の石鎚黒茶が知られる.

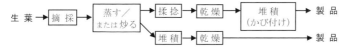

図4.60　後発酵茶の製造方法

 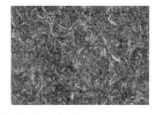

図4.61　散茶（左）と緊圧茶（右）［口絵13参照］

a. 後発酵茶の産地と種類
(1) アジアの後発酵茶

後発酵茶は中国・東南アジアの各地に存在している．中国の黒茶は，代表的なものにプーアル茶があり，ほかに黒磚茶（こくせん），茯磚茶（ふくせん），青磚茶（せいせん），花磚茶（はなせん）など，多く存在している[2]．嫌気的バクテリア発酵茶[3]は，中国では竹筒酸茶が雲南省シーサンパンナ（西双版納）タイ（傣）族自治州・弄養村のプーラン（布朗）族という少数民族により作られている．また北部タイ・ラオスではミアンが，ミャンマーではラペソーが作られている．これらの後発酵茶は，すべて使用する茶葉が新芽であり，黒茶以外は「食べる茶」として親しまれている．

(2) 日本の後発酵茶

日本では，富山の黒茶が富山県蛭谷（びるだん）地方でバタバタ茶の原料として作られている．そのほか，徳島県の勝浦川流域や吉野川流域で作られる阿波晩茶と呼ばれるもの，石鎚山の麓で石鎚黒茶として製造されているもの，高知県の大豊町（おおとよ）で製造されている碁石茶がある．これらの後発酵茶では，使用する茶葉は新芽から硬葉まで幅があり，「飲む茶」として使用されている．

b. おもな製造方法と特徴
(1) 好気的かび付け茶

プーアル茶には2種類の製造方法が存在している[2]．茶を製造した後にかび付けを行うものと，茶を製造する段階でかびを付けるものである．前者では，生茶を殺青（蒸すか炒る）した後に揉捻をして乾燥させて茶を製造した後，かび付けを行う．このとき水をかけて湿度を調整する．後者は，生茶を殺青（蒸すか炒る）した後揉捻し，堆積を行ってかび付けを行い，その後乾燥させて黒茶にする．かび付け時のかびとして，*Aspergirus*属，*Penicillium*属，*Clostridium*属などの菌が同定されている[2]．

茯磚茶は，他の黒茶と異なり熟成するときに黄色の「金花」と呼ばれるものが生成する（この状態を「発花」という）．これがあると，品質が良い製品とされる．この「金花」の実体は*Eurotium cristatum*という菌類である[2]．

富山の黒茶では，使用する生葉は成葉である．真夏にその茶葉を摘採し，蒸しを行う．以前は茹でを行っていたが，現在は緑茶用の蒸し機を用いて蒸した後，生葉のときの水分まで乾燥を行う．その後かび付け槽に入れる．かび付け槽は木枠の周囲をわらでできたこも（薦）で囲い，上にも同じくこもをかぶせて保温する．かびの発生とともに温度が上昇するので，同じ大きさのかび付け槽をもう1つ作っておき，茶葉を移し変えることによって温度調節をしている．この操作を数回繰り返し，20〜25日くらいでかび付けを終了する．この後，天日で乾燥を行う．

(2) 嫌気的バクテリア発酵茶[3]

製造方法は，チャを摘採し（図4.62），その後蒸しまたは炒りを行う．その後，揉

捻をした後に桶や竹で編んだバスケットに漬け込む．タイのミアンは，北タイ（おもにチェンマイ近郊）を中心に製造されている．チャの摘採は，アッサム種（*Camellia sinensis* var. *assamica*）茶樹の大きな葉の軸を残してかみそりで切る．これを竹ひごを使って1束に縛り，「カム」を作る．その「カム」を蒸し器に入れて蒸す．その後桶に漬け込む．同じ北タイのナン県は，北ラオスの地域と同じように葉を摘採し，竹ひごを使って1束に縛り「カム」を作り，こちらは竹筒ではなく桶に蒸した「カム」を漬け込み，ミアンを製造している．

ミャンマーのラペソーは，茶樹から新芽のみを摘採し，その後蒸しか炒りを行った後に揉捻を行い，桶漬けを行う．おもな生産地シャン州のナムサンは，竹で作ったバスケット，あるいは地面に穴を掘りその中に揉捻した茶葉を入れて，嫌気的バクテリア発酵を行う（図4.63）．近年は製造方法を簡略化して，桶漬けの工程でバナナの葉やビニール袋にしっかり包んで嫌気状態を保ち，水の中で保存する方法も用いられている．中国の竹筒酸茶も同様の方法で製造し，桶漬けの工程に竹筒を用いて嫌気状態

図4.62 タイのミアンの摘採の道具（左）と摘採方法（右）

図4.63 ミャンマーのラペソーの漬け込み

図 4.64 阿波番茶の揉捻機

にし，竹筒を土の中に埋め込む．

　日本においては，阿波晩茶が代表的である．茶葉を 1 年に一度，7 月頃に摘採する．摘採といっても一般的な緑茶の摘採方法とは異なり，すべての葉を茶樹からしごき取る「しごき摘み」という方法をとる．この摘採方法では，新芽も古葉もまとめて収穫される．茶樹についている茶葉をすべて摘採し，次に茹でを行う．茹で工程は茶葉を専用の杓子や棒のようなもので攪拌しながら約 10 分間行う．茹で時間は，茶葉の色が少し茶色になったくらいが終了の目安である．その後茹でた葉を揉捻する．舟形の揉捻機（図 4.64）が一般的に使われているが，最近は製造の省力化のため，緑茶製造時の揉捻で使用する揉捻機を模倣した手づくりの揉捻機を使用する農家も徐々に増えつつある．これと同様の機械はミャンマーのラペソー製造所でもみられた．次に桶漬けを行う．この桶漬けは，嫌気的バクテリア発酵茶において最も重要な工程である．小さな桶ならば，杵(きね)（餅つきのときに使用するのと同じ）で揉捻した茶葉の漬け込みを行う．大きな桶の場合は，人が桶の中に入って足でしっかり踏み込んで茶葉と茶葉の間の空気を除く．漬け込んだ桶の上部は，バショウやシュロの葉等をしっかり並べて桶に蓋をするように並べる．次に木の内蓋をし，さらにその上に茶葉と同量の重量の重石を積み重ねて漬け込みを行う．同時に桶中の嫌気状態を保つために，茶汁（蒸し汁）を一緒に入れる．漬け込み期間は約 2 週間である．桶出しは，はじめに茶汁をしっかり除く．次に桶の上部の茶葉を取り除く（これをくち茶という）．くち茶を除いて，むしろの上に茶葉を 1 枚 1 枚ばらばらにして乾燥する．乾燥の際，あまり乾きすぎると茶葉が割れやすくなるので，少々夜露に濡れるくらいの方が良い製品に仕上がるという．

4.4 紅茶・半発酵茶・後発酵茶製造

図 4.65　碁石茶のかび付け

(3) 好気的かび付け後嫌気的バクテリア発酵の2段階発酵茶[3]

碁石茶は，生葉を枝ごと切り出し，直径20 cmくらいに束ねて蒸し桶にぎっしりと足で踏み込み，これを大釜の上に載せて約2～4時間蒸す．このときに蒸し桶の中心に大きな竹を入れて，蒸気の通り道を作る．蒸し上がった茶葉は，むしろの上に広げて冷却する．次に茶葉を枝から落として小枝などを除き，かび付け室に約50 cmほどの厚さに積み上げる（図4.65）．その上にむしろをかぶせて，保温を保ちながらかびを付ける．品温調節のため，ときどき手をかび付けの茶葉と茶葉の間に入れて，かび付け槽の温度変化をみる．温度が高いときには足で茶葉を踏み込み調節を行う．約10日間でかび付けが終わる．このかび付けの状態で碁石茶の良し悪しが決まるという．その後かび付けした茶葉を桶に入れて桶漬けを行う．ここでは，桶の内部が嫌気状態であることが重要である．そのためにかび付けした茶葉をばらばらにして桶の中に入れ，足で踏み固めながら中の空気を抜き，蒸し桶に残っている茶汁をひしゃくでかけながらさらに踏み固めていく．桶の上部にシュロの葉またはわらをかぶせて木の蓋を載せ，上には茶葉と同重量の重石を乗せる．この桶漬けを約2週間行う．次に桶から茶葉を30 cm角・厚さ20 cmのブロック状に切り出す．これを板の上に載せて，さらに3～5 cm角に切断する．厚さを1 cmにし，むしろの上に1つ1つ広げて天日乾燥を行う．ときどき上下を返して均一に乾燥するようにする．乾燥の程度が悪いとかびが生えたりして劣化する．

石鎚黒茶では，碁石茶の製造方法と比較して，茶葉の摘採方法がしごき採りであること，かび付けの後揉捻操作を行うこと，桶漬けの重石が非常に軽いため乾燥するときに切り出しは行わず，阿波晩茶のように茶葉をばらばらにして乾燥させる，といった違いがある．

図4.66　タイのミアン［口絵14参照］　　　図4.67　ミャンマーのラペソー［口絵15参照］

c.　利用形態

(1)　好気的かび付け茶（7.2.8項参照）

富山の黒茶は，バタバタ茶として親しまれている．

中国の黒茶は，飲用茶として多くの人々に親しまれている．また中国のウイグル自治区や内モンゴル自治区，チベット自治区，青海などの地域で親しまれている．チベット地域ではバター茶として使用されている．

(2)　嫌気的バクテリア発酵茶

タイ・ラオスのミアンは，茶葉に岩塩をくるんでそのまま食べる方法をとっている．またタイのミアンは，いろいろな調味料をミアンと一緒に混ぜて食べる（図4.66）．ミャンマーのラペソーは，ニンニクの薄切りや揚げもの，ピーナッツを揚げたものなどと一緒に，サラダ油や塩，レモン汁などであえたサラダのようにして食べられる（図4.67）．

阿波晩茶は，やかんに湯を沸かしておき，その中にひとつまみ茶葉を入れて煮出す．熱いままをそのまま飲んでもよし，冷たくしてもよい茶である．

(3)　好気的かび付け後嫌気的バクテリア発酵の2段階発酵茶

石鎚黒茶は飲用する茶である．一方碁石茶は，本来は香川県の塩飽諸島で茶粥（ちゃがゆ）に用いられていた．しかし，近年生産量が少なくなり，茶粥に用いられるより飲用される方が多くなった．茶粥は，釜に水を入れて湯を沸かしそこに茶袋にいれた碁石茶を入れて浸出し，茶袋を取り出した後に洗った米を入れて茶粥を作る．ときにはサツマイモなども一緒に入れることもある．

〔加藤みゆき〕

引用・参考文献

1)　大森正司・加藤みゆき・難波敦子・宮川金二郎（1994）：日本の後発酵茶―中国・東南アジアとの関連，p.8，さんえい出版．

2) 呂　毅・郭雯飛・駱少君・坂田完三（2004）：微生物発酵茶中国黒茶のすべて，p.23-94，幸書房．
3) 加藤みゆき（1996）：健康を食べるお茶，p.72-102，保育社．

4.5　茶飲料製造

4.5.1　茶飲料の製造技術

　日本における茶の伝来は，天平元年に遣唐使の一行によってもたらされたのが最初という説があり，江戸時代には庶民にも浸透し喫茶の習慣が広まったといわれている[1,2]．

　かつて茶の保存・流通方法としては茶壺が使われ，茶を液状で保存・流通させることはまったく考えられてはいなかった．しかし 800 年たった現在では，生活習慣や文化の移り変わり，さらに技術革新も加わり，茶も容器詰飲料として変貌を遂げている．

　茶飲料は現在，清涼飲料業界において 1 つの種別として定着し，毎年生産量を大きく伸ばしている．

　ここでは茶飲料の製造技術を中心に，品質保持技術について解説したい．

a.　茶飲料の製造方法

　茶飲料の製造工程を図 4.68 に示す．製造工程は容器形態によって若干異なるが，大きく分けて抽出，濾過，調合，加熱・充填，殺菌の 5 つである．ここで最も重要なことは，原料茶に適した抽出条件を見出し抽出液の変化を抑え，製品の品質安定性を確保することである．以下，茶飲料の製造工程を説明する[3]．

　（1）抽出工程

　水質が茶飲料に与える影響は大きく，金属イオンを除去したイオン交換水等を用いる．

　抽出方式は一般にニーダー，かご式，コーヒー抽出機等が使用される．茶飲料は抽出工程が最も重要で，ここで最終製品の品質がほぼ決定される．

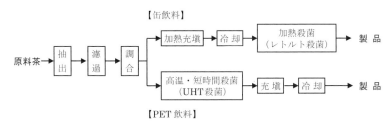

図 4.68　茶飲料の製造方法

(2) 濾過工程

抽出後速やかに茶殻を分離し冷却を行う．これは抽出液の風味を保ち，劣化を防止するために行うものである．濾過方法としては一般的に布濾過や遠心分離濾過を使用する．

(3) 調合工程

抽出液は所定の濃度まで希釈し，pHを6.0前後に調整する．普通はアスコルビン酸と重曹（炭酸水素ナトリウム）を用いる．アスコルビン酸（ビタミンC）の添加は，酸化防止と栄養強化の意味合いももつ．

(4) 加熱・充填工程

調合液は通常90℃程度まで加熱し充填される．これは調合液中の溶存酸素を低下させ，風味の保持と主要成分の酸化劣化を抑えるためである．PET飲料の場合は，調合液を殺菌後洗浄ボトルに熱間充填（ホットパック；飲料を殺菌後熱い状態でボトルに充填し冷却する方法）し，キャップを巻き締める．

(5) 殺菌工程

茶飲料は中性飲料であるため，食品衛生法の殺菌基準では低酸性飲料に属する．この場合の殺菌は，次のような方法で行うことが義務づけられている[4,5]；

「pH 4.6以上で，かつ水分活性が0.94を越えるものについては，120℃，4分間の加熱殺菌か同等以上の方法」

現在，茶飲料の殺菌方法として，缶飲料ではレトルト殺菌方法が使用され，115〜121℃・10〜20分（$F_0=10$〜20），またPET飲料では瞬間加熱殺菌法（UHT）が使用され，135〜140℃・30〜60秒の殺菌が行われる．

最近では熱間充填法に代わる無菌充填法（無菌充填：殺菌された飲料をすぐに冷却して，常温で滅菌ボトルに充填する方法）など，品質劣化の1つである加熱による影響を避けるための製造技術の研究開発が各社盛んに進められている．

b. 茶飲料開発にあたっての問題点

茶飲料は各種清涼飲料のなかでも最も繊細な飲料であり，特に緑茶飲料は加熱殺菌処理により水色が褐変するとともに香気劣化が激しくみられる．それではどのような成分変化が起こっているのか解説する．

(1) 加熱殺菌による水色の変化と防止対策

緑茶飲料中の主要成分として，カテキン類，カフェイン，ビタミンC，遊離アミノ酸類などが知られており，なかでもカテキン類は機能性が高く生活習慣病予防成分として期待されている[6]．しかしカテキン類は熱および酸素に不安定で，特に酸素存在下では酸化・重合が激しく起こり減少するとともに，褐色化を引き起こす[7]．

これらの対策方法として缶緑茶飲料では，加熱充填による溶存酸素量の低下，高温での体積膨張によるヘッドスペース量の減少，および巻締め時に窒素ガスを注入する

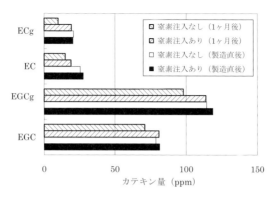

図4.69 窒素ガス注入による殺菌後および1ヶ月保存後のカテキン類の変化

ことによりヘッドスペース中の酸素を取り除き,カテキン類の酸化・重合を抑える方法をとっている[8].図4.69に,窒素ガス注入による殺菌後および1ヶ月保存後のカテキン類の変化について示した.窒素ガス注入により,カテキン類の減少が抑えられ,特に保存時における安定性の向上に効果がみられた.

このように製造工程での溶存酸素を減少させることにより,緑茶飲料の品質は著しく向上することが明らかである.

またPET緑茶飲料では,加熱充填による溶存酸素量の低下,高温での体積膨張によるヘッドスペース量の減少,および酸素透過性が少なくハイバリヤー性の高いPETボトルを使用している[9].通常ボトルとハイバリヤーボトルでの2週間保存による官能評価試験を行うと,通常ボトルは保存が経過するごとに香味の劣化が大きくなるが,ハイバリヤーボトルは香味の劣化を抑える効果がみられた.

このように溶存酸素の吸収と外部からの酸素混入を抑えるハイバリヤーボトルの出現により,PETボトルのホット販売が可能となった.

(2) 加熱殺菌による香気成分変化と防止対策

緑茶の香りは300以上の揮発性微量香気成分から構成され,各物質量比が香りの質を決定する.これら香気成分もカテキン類同様,熱・酸素に不安定であり,加熱殺菌で緑茶特有の新鮮で爽快な香りが失われてしまう.

図4.70に緑茶飲料の殺菌前後の香気変化を示す.緑茶飲料は加熱殺菌することにより,リナロール,ゲラニオール,インドール等のテルペンアルコール類とベンジルアルコール,4-ビニルフェノールが激しく増加する傾向がみられた.これらの傾向は上級茶に多くみられ,下級茶になるに従ってテルペンアルコール類等の増加は抑えられた.

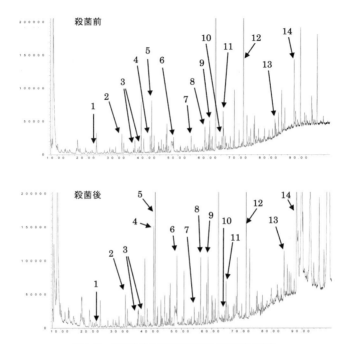

図 4.70 緑茶飲料の加熱殺菌前後の香気成分変化
1：*trans*-2-ヘキセナール，2：*cis*-3-ヘキセノール，3：リナロールオキシド，4：ベンズアルデヒド，5：リナロール，6：*cis*-3-ヘキセン酸ヘキセニル，7：サリチル酸メチル，8：ゲラニオール，9：ベンジルアルコール，10：β-イオノン，11：*cis*-ジャスモン，12：ネロリドール，13：4-ビニルフェノール，14：インドール．

　加熱殺菌によるテルペンアルコール類，ベンジルアルコール，4-ビニルフェノール等の増加は，茶抽出液中に溶け出しているその前駆体である配糖体の加水分解等による新たな成分生成が起こったためと考えられている[10〜12]．

　また，4-ビニルフェノールは*p*-クマル酸の加熱分解による生成物であり，不快臭成分であることが報告されている[13]．

　このように，水溶性前駆体からの新たなる成分生成が茶香気成分バランスを崩し，これが不快臭の原因となることが明らかになっている．

　また竹尾らは，リナロール，ゲラニオール等のテルペンアルコール類の生成量は上級茶で高く，下級茶になるにつれて低くなることを報告している[14]．

　このように緑茶飲料中にはテルペンアルコール等の香気成分前駆体である配糖体が多量に含有されており，下級茶のように茶葉が熟成し硬くなるにつれて配糖体量が減少することが考えられた．そのため，加水分解による新たなる成分の生成が少なくなり，下級茶では不快臭が少なくなるものと考えられた．

このような殺菌による香りの変化に対する防止対策として，飲料加工に合った原料茶の選択，ブレンドおよび二次加工の開発が行われており，緑茶飲料に最適な原料を開発することが重要である．

c. 茶飲料の今後

近年茶葉から種々の生理活性物質が抽出され，その効用に関する研究も盛んに行われている．茶のもつ効用や機能性が注目されるようになり，自然・健康志向の強まりに伴い清涼飲料業界では炭酸，果汁，コーヒー飲料等が横ばいで推移し，消費者の"甘み離れ"が起こりつつある傾向がみられるなかで，緑茶飲料は類をみない急成長を遂げた．

その背景には，絶えざる品質向上の努力とともに，消費者のニーズに合わせた差別化された商品開発が行われてきたことがあると考えられる．

今後は，高年齢化に備えた健康に良い「高付加価値商品」の開発や，子供たちに安心して与えられる「自然・安全・健康・おいしい」商品作りなどの提案が必要であり，いかに需要の底上げに貢献できるような商品を開発できるかが，安定成長を続ける重要な鍵だと思われる．

〔衣笠　仁〕

引用・参考文献

1) 大石貞夫（1984）：新茶業全書（1章），3．
2) 松崎芳郎（1953）：日本茶の伝来，淡交社．
3) 全国清涼飲料工業会（2003）：最新・ソフトドリンクス，光琳．
4) 厚生省生活衛生局（1989）：食品衛生小六法，p.182，新日本法規出版．
5) 東洋食品工業短期大学（2000）：飲料缶詰の製造（東洋食品工業短期大学公開講座・缶詰技術講習会テキスト），p.128．
6) 村松敬一郎ほか編（2000）：茶の機能，学会センター．
7) 坂本裕（1970）：茶業試験場研究報告，48-55．
8) 山本隆士（1993）：ソフト・ドリンク技術資料，p.65-73．
9) ビバリッジジャパン編集部（2000）：ビバリッジジャパン，No.228：26-30．
10) 衣笠仁ほか（1989）：缶煎茶の殺菌中に生成するレトルト臭の生成機構とその防臭対策，日本農芸化学会誌，**63**：29-35．
11) H. Kinugasa（1990）：*Agric. Biol. Chem.*, **54**：2537-2542．
12) 衣笠仁ほか（1997）：日本食品科学工学会誌，**44**：30-36．
12) R. D. Steinke（1964）：*J. Agric. Food Chem.*, **12**：381．
14) 竹尾忠一ほか（1985）：茶業試験場報告，20．

●4.5.2　機能性を増強した茶飲料の開発・製造

茶成分のなかでもポリフェノールの一種であるカテキン類は生理活性の報告が多く，現在までに，抗酸化作用，抗がん作用，抗動脈硬化，血中コレステロール低下，

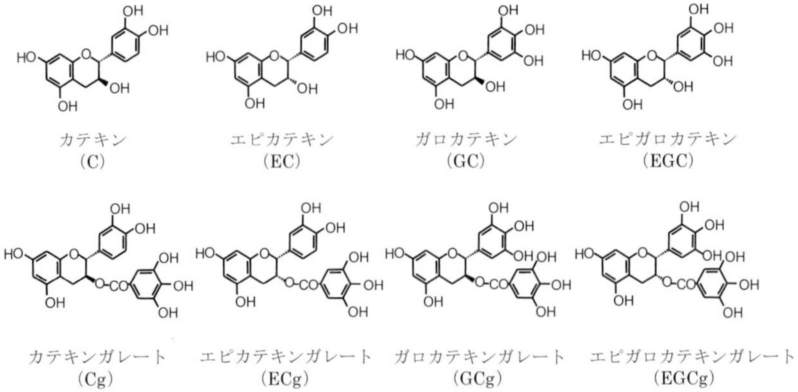

図4.71 代表的な茶カテキン類の構造

カテキン (C)　エピカテキン (EC)　ガロカテキン (GC)　エピガロカテキン (EGC)
カテキンガレート (Cg)　エピカテキンガレート (ECg)　ガロカテキンガレート (GCg)　エピガロカテキンガレート (EGCg)

血圧上昇抑制作用,血糖上昇抑制,血小板凝集抑制,抗菌作用,抗ウイルス作用,虫歯予防,抗アレルギー作用ならびに脳障害軽減などが報告されている[1,2].

このように,多くの生理活性をもつ茶の主要成分の1つであるカテキン類は,苦味,渋味を有する物質である[1]. カテキン (catechin) という語は,漢方の阿仙薬というインド原産のマメ科の植物で *Acacia catechu* に由来している[2,3]. カテキン類は,3-ヒドロキシフラバン構造を有する化合物の総称であり,緑茶成分中に含有量が多く,緑茶葉中に乾燥重量の10~18%含まれている. その代表的な構造は,図4.71に示すように,カテキン (C), エピカテキン (EC), ガロカテキン (GC), エピガロカテキン (EGC), カテキンガレート (Cg), エピカテキンガレート (ECg), ガロカテキンガレート (GCg), エピガロカテキンガレート (EGCg) である[2]. 緑茶の渋味の主体は,特にEGCg, ECgといったガレートであると考えられている[4].

a. 背景とねらい

日本人のライフスタイルは,この50年で大きく変化してきた. 欠乏の時代から飽食の時代となり,あわせて自動車の普及など社会環境の大きな変化によって肥満・生活習慣病といった新しい健康問題が深刻化している. そのおもな原因は,偏った食事(特に欧米型の食生活がもたらした脂質の摂り過ぎ)と運動不足といわれている. 肥満の状態で,脂質異常,高血糖および高血圧などの生活習慣病が重積すると,メタボリックシンドローム(内臓脂肪症候群)と呼ばれる状態となり,動脈硬化性疾患を引き起こす危険性が高くなることが示唆されている[5]. 平成12年(2000)に厚生労働省は,21世紀における国民健康づくり運動(健康日本21)において,メタボリックシンドローム予防のため,運動の習慣化や食生活の改善を推進している.

一般に「過食」と「運動不足」というライフスタイルにかかわる問題が肥満の最も

重要な要因と考えられることから，運動量を増やしたり食生活を改善するなど日常の生活習慣を変え，肥満を予防・改善することが望まれるが，決して容易ではない．激しい運動を始めたり，極端な食事制限やそれに伴う栄養の偏りなどが好ましいわけはなく，日常の生活習慣のなかで肥満を防ぐことが必要である．そのため，脂肪の蓄積を低減し，かつ毎日の食生活のなかで無理なく安心して継続摂取できる食品が望まれていた．

筆者らは以前から「肥満」をターゲットとした脂質代謝研究を行ってきたなかで，脂肪の増減における食生活改善の重要性を実感してきた．このような状況のなか，脂質代謝研究を通して培った考え方，評価軸をもとに，植物ポリフェノールの生理活性を見直すことから始めた．多くの素材に対する，培養細胞を用いた一次スクリーニング，肥満モデル動物を用いた二次スクリーニングの結果，数種の植物ポリフェノールに脂質代謝への影響を示唆するデータが得られた．なかでも最もすぐれた素材として選択されたのが，茶カテキンであった．茶カテキンの体脂肪低減作用の研究は茶の研究として始まったものではなく，脂質代謝に影響を与える素材を探索した結果，日本人が長年にわたり愛飲してきた緑茶に含まれる「茶カテキン」に到達したのである．

茶カテキンの食経験に関して小國らは疫学調査の結果から，静岡県の緑茶産地の住民の多くは1日1〜1.5gの茶カテキンを摂取していること[6]や，茶カテキンは古くからその生理活性が注目されていたこともあり，体内動態に関する報告も多数認められる[2]．このように茶カテキンは食経験が豊富であり，加えて体内動態に関する検討も進んでいることから，安全性に関しても非常にすぐれた食品素材と考える．

b. 高濃度茶カテキンの体脂肪低減作用

筆者らは，緑茶の主要成分である茶カテキンに着目し，ヒトにおける高濃度茶カテキンの体脂肪低減作用を実証した．以下にその検討について述べる．

まず，健常男子27名を対象に，1日100mg/本，540mg/本，900mg/本の茶カテキンを12週間にわたって摂取した場合の内臓脂肪量を測定した．内臓脂肪量は，図4.72に示すように臍部（へそ周辺）横断部のCT断層画像解析により，内臓脂肪面

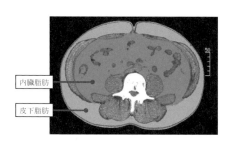

図4.72 腹部X線CT写真

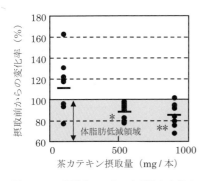

図4.73 12週間茶カテキンを摂取した場合の内臓脂肪量の変化率
* : $p<0.05$, ** : $p<0.01$ (対使用前).

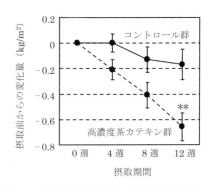

図4.74 12週間茶カテキンを摂取した場合のBMIの変化量
平均±標準誤差. ** : $p<0.01$ (対コントロール群).

積より算出した.その結果,図4.73に示すように茶カテキンを1日に540 mg/本および900 mg/本を継続的に摂取することにより,内臓脂肪量が初期値に比べ統計的に有意に低下した[7].

次に健常男女(男性43名,女性37名)の80名を対象に,ダブルブラインドの並行試験を行った.この試験では,コントロール群(茶カテキン126 mg/本)または高濃度茶カテキン群(茶カテキン588 mg/本)を1日1本,食生活および運動量を日常生活そのままに維持した状態で,12週間にわたり継続摂取した.その間,肥満または体脂肪量の指標となるBody Mass Index(BMI=体重[kg]/身長[m]^2)[8]ならびに腹部脂肪量としてCTの画像解析による腹部脂肪面積の計測を行った.その結果,12週間摂取後の高濃度茶カテキンを摂取した群では,コントロール群に比べ,図4.74に示すようにBMIで0.5 kg/m^2,図4.75に示すように体重で1.25 kg低下し,いずれも高濃度茶カテキン群でコントロール群に対する群間に有意な差が認められた.また,図4.76に示すように腹部脂肪量も同様の傾向を示し,内臓脂肪量では,9.0 cm^2,図4.77に示すように内臓脂肪量と皮下脂肪量を合計した総脂肪量では,24.5 cm^{2}でいずれも有意に低下した[9].

さらに長期摂取による体脂肪低減作用の知見は,被験者数を多くした試験(男性109名,女性117名)においても,同様の試験結果が得られた[10].

体脂肪低減作用が認められたこの540 mgという茶カテキン量は,茶葉を急須で入れたお茶では約700 mL分に,また現在市販されている平均的な緑茶飲料では約1300 mL分相当である.この量の茶カテキンを日常生活のなかで効率よく摂取するためには工夫が必要であるが,初めてヒトにおいて高濃度茶カテキンの体脂肪低減作用を見出した発見であることは間違いない.

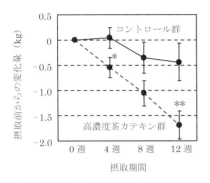

図 4.75 12週間茶カテキンを摂取した場合の体重の変化量
平均±標準誤差. *: $p<0.05$. **: $p<0.01$
（対コントロール群）.

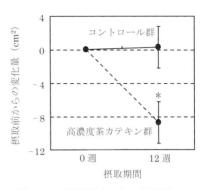

図 4.76 12週間茶カテキンを摂取した場合の内臓脂肪量の変化量
平均±標準誤差. *: $p<0.05$（対コントロール群）.

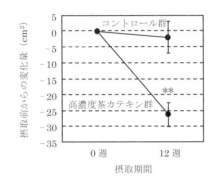

図 4.77 12週間茶カテキンを摂取した場合の総脂肪量の変化量
平均±標準誤差. **: $p<0.01$（対コントロール群）.

c. 高濃度茶カテキン飲料の脂肪燃焼性に及ぼす影響

一般にヒトは，食事から摂取したエネルギーを毎日の生活のなかで消費している．図 4.78 に示すように，この摂取したエネルギー（エネルギー摂取量）と消費したエネルギー（エネルギー消費量）のバランスによって，ヒトの体重の増減が決まる．すなわち，「エネルギー摂取量＞エネルギー消費量」の場合，過剰のエネルギーが体脂肪として蓄積され肥満となる．

ヒトが消費するエネルギーは「基礎代謝」，「身体活動代謝」，「食事誘発性体熱産生」の3種類で構成されている[11]．基礎代謝は，消費エネルギーの約60〜75%に相当し，呼吸や体温維持など，生命維持のために消費されるエネルギーで，加齢に伴い筋肉量とともに低下する．身体活動代謝は約10〜30%であり，運動や家事・仕事など，日

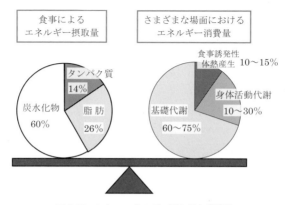

図 4.78　ヒトのエネルギー摂取量と消費量

常生活のなかで身体を動かすときに消費されるエネルギーである．食事誘発性体熱産生（DIT：diet induced thermogenesis）は約 10〜15％ であり，食物の消化吸収や味・香りの知覚によって消費されるエネルギーである．腹部内臓脂肪量の多いヒトほど DIT が低くなること[12,15]や，加齢とともにエネルギーを消費しにくくなるため，毎日の生活のなかで消費エネルギーを積極的に増やすための努力をすることが，脂肪の低減に非常に大切になってくる．

そこで，高濃度茶カテキン飲料を継続的に摂取した場合，日常の運動時の脂肪燃焼効果への影響について検討した．高濃度茶カテキン飲料と運動併用をした試験では，健常男性 14 名を高濃度茶カテキン群（570 mg/本）とコントロール群（0 mg/本）に分け，試験期間中は毎日 1 本，8 週間連続摂取するとともに，運動として時速 5 km，30 分間の定期的なトレッドミル運動（ベルトコンベヤの上を歩く運動）を週 3 回課した．8 週間後，呼気分析を行い，安静時にトレッドミル運動時のエネルギー消費を計測した．その結果，定期的な運動と高濃度茶カテキンの継続的な摂取を組み合わせることで，運動のみを負荷した場合と比較して，運動時における脂肪燃焼量が有意に亢進した[16]．また，高濃度茶カテキン飲料を継続摂取することによって運動時の脂肪燃焼量が増加する[17]，あるいは高濃度茶カテキン飲料の継続摂取と習慣的な運動との組合せが効果的に体脂肪を低減させる[18]との知見もあり，高濃度茶カテキン飲料の摂取と運動を組み合わせることにより，効率的に脂肪が消費されることがわかった．

次に高濃度茶カテキン飲料を食事のときに飲用した場合の，食事の脂肪燃焼効果への影響について検討した．健常男性 12 名の被験者を高濃度茶カテキン群（593 mg/本）とコントロール群（78 mg/本）の 2 群に分け，試験期間中は毎日 1 本，12 週間継続摂取した．飲料摂取開始 4，8 および 12 週目に安定同位体投与後の呼気分析を行うことで，食事由来の脂肪の燃焼量を測定した．その結果，高濃度茶カテキンの継続摂取

が食事性脂肪の燃焼性を上昇させることがわかった[15]．

また，肥満モデル動物を用いた実験では，茶カテキンを継続的に摂取しても脂質の吸収抑制は認められないこと[19]や，茶カテキンの摂取により，ヒトや動物で消費エネルギー量が増加することが報告されていること[20,21]から，高濃度茶カテキンを継続的に摂取することによる体脂肪量の減少は，日常の運動時および食事の脂肪燃焼量を増加させる作用によることが明らかになった．

d. 茶カテキンによる体脂肪低減メカニズム

食事中の脂質は小腸から吸収され，血液によって全身のさまざまな組織に送られる．体のなかで脂質代謝に大きくかかわっているのが肝臓である．脂質の一部は肝臓で「β酸化」というエネルギーを得るための分解を受け，最終的に水と二酸化炭素になる．これは，肝臓（肝細胞）にある脂質を燃焼させてエネルギーに変換するための酵素（β酸化関連酵素）の働きによるものである．

茶カテキンを摂取すると，胃や小腸で吸収され血中に移行し，門脈を経由して肝臓に到達すること[22,23]．茶カテキンを肥満モデル動物に与えた場合，肝臓での脂肪燃焼酵素（ペルオキシソームβ酸化酵素：ACO（acyl-CoA oxidase）およびミトコンドリアβ酸化酵素：MCAD（medium-chain acyl-CoA dehydrogenase））の遺伝子発現量が40%近く増加し，さらに脂質のβ酸化活性が約3倍に上昇していることがわかった[24]．これらの結果は高濃度茶カテキンの摂取により，肝臓での脂質代謝が活発になり，脂肪の消費の増加が起こっていることを示唆している．

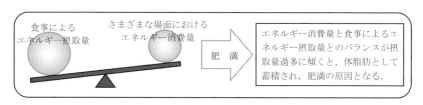

図 4.79 高濃度カテキンの体脂肪低減のメカニズム（イメージ図）

また肥満モデル動物を用いて，定期的な運動と茶カテキンの継続摂取を併用することで，肝臓だけでなく筋肉の脂質代謝を活性化すること[25,26]や前述の食事や運動時での脂肪の燃焼性が上昇していることから[15~18]，高濃度茶カテキンの継続摂取によって，脂肪がエネルギーとして燃焼されやすくなるため，図4.79に示すようにエネルギー消費量が増加し，体脂肪が低減すると考えられる．

e. 高濃度茶カテキン飲料の開発

2000年に，茶カテキンの体脂肪低減効果を有する食品の商品化に向け「開発プロジェクト」がスタートした．摂取する食品の食経験や安全性はもちろんのこと，嗜好性，入手の容易さ，摂取の容易さならびに価格などのさまざまな条件を満たした商品づくりに取り組んだ．

食品の健康機能は，医薬品とは異なり穏やかな作用であるため，普段の食生活を変えることなく，飽きずに毎日無理なく継続することが大切である．機能のために味を犠牲にすることは許されない．

しかしながら，茶カテキンの風味の特徴は，苦味・渋味であり，上述した体脂肪低減作用が認められた540 mg/本という茶カテキン量は，止渇性の高い一般的なペットボトル入り緑茶飲料の3～4倍にあたる量である．単に茶カテキンを高濃度にしただけでは苦味・渋味が強く，止渇飲料としては致命的であった．そこで，筆者らは風味目標を「急須でいれた濃いお茶の味」とし，実効感と嗜好性を両立した風味設計を目指した．

まず風味の主原料となる茶葉にこだわり，世界中から，採取時期，加工法，産地の異なる多くの種類を集め，苦味，渋味，うま味，香り，深み（コク）などの評価を行った．その結果，やはり日本人の嗜好性にあった緑茶は，日本産が最も適していることが改めてわかった．さらに所定量の茶カテキンを安定して取り出すことが必要だったため，抽出される茶カテキン量も選定基準とした．茶葉の選定に至るまでは，試作のたびに風味と品質を評価し，改良の繰り返しであった．しかしながら，満足する風味がなかなか得られず，茶カテキン540 mg/本の壁は高く，「良薬は口に苦し」の臨界的濃度かと風味の限界を感じる日々が続いた．ペットボトル入り緑茶飲料として初めての濃い味であることから，社内外パネラーによるアンケートでは意見が二分され，「おいしい，こんな味を待っていた」という声がある反面，「苦くて飲めない」との声も多く，本当に製品になるのか不安な日々が続いた．最終判断として1週間毎日1本飲み続ける嗜好調査を行ったところ，「効きそうな気がする」との機能実効感や「飲み続けているうちに濃い深みのある味でくせになる味」との声が多くなることがわかり，継続飲用により，嗜好性も獲得できることの手ごたえを感じるようになっていった．

処方の完成度が上がるにつれ，新たな課題も発生した．製品形態は，長期間保存が

可能な容器詰飲料を想定していた．そのため風味は変化しないことが望ましい．しかしながら，加工食品を長期保存した場合，内容物の劣化は必然的に起こり，劣化をできるだけ抑制することが，食品における重要な課題である．緑茶という繊細な風味は，少しの成分の変化で風味を損ねてしまう．特に緑茶の上品で爽快な香りは変化しやすかった．そのため処方検討と保存安定性試験を繰り返すことにより，風味の劣化にくい処方を構築していった．

また安全性の確保のために，茶葉のトレーサビリティーの構築を行い，生産農家のはっきりした茶葉のみを使用し，農薬の散布記録，茶葉ブレンドならびに仕上げ加工現場の監査を行い，製造時の茶葉の受け入れ検査についても徹底して実施した．

そして処方完成後，茶カテキン 540 mg を関与成分とした「体脂肪が気になる方に」適する緑茶飲料として厚生労働省より特定保健用食品の表示許可を取得し，2003 年に販売を開始した．その後，2006 年に「エネルギーとして脂肪を消費しやすくする」という表示許可を取得，2016 年には「脂肪の分解と消費に働く茶カテキンを豊富に含んでおり，脂肪を代謝する力を高め，体脂肪を減らすのを助けるので，体脂肪が気になる方に適しています」という許可表示を消費者庁より取得し，緑茶飲料のみならず，スポーツドリンクタイプ，炭酸飲料タイプという幅広い飲料カテゴリーにおいて高濃度茶カテキン飲料を展開している．

f. 高濃度茶カテキン飲料の新たなヒト臨床エビデンス

最近，非アルコール性脂肪性肝疾患 (non-alcoholic fatty liver disease：NAFLD) が生活習慣病の 1 つとして認識され，米国では肝疾患として最も高頻度に認められる疾患である（成人の 20～40％）．NAFLD 患者は，肝臓の脂肪蓄積が増加して肝機能が低下し，その多くは，肥満，糖尿病，高インスリン血症，高脂血症を呈する．また，NAFLD が進行すると，肝硬変・肝細胞がんへ移行しやすいことも知られている．Sakata らは，NAFLD と診断された 17 名を対象に高濃度茶カテキン飲料を 12 週間継続摂取した場合の脂肪肝への影響を検討した[27]．試験期間中，被験者は，茶カテキンを 1080 mg 含む飲料（高茶カテキン群：$n=7$），茶カテキンを 200 mg 含む飲料（低茶カテキン群：$n=5$），茶カテキンを含まない飲料（対照群：$n=5$）のいずれかを飲用した．その結果，高茶カテキン群の肝臓の脂肪蓄積量は，低茶カテキン群，および対照群と比べて，12 週目に有意な低下が確認された．また，肝機能障害を示す指標である血清 ALT の値，ならびに生体内の酸化ストレスの代表的マーカーである尿中イソプラスタンの値も，高茶カテキン群において，低茶カテキン群，および対照群と比べて，有意に改善された．よって，茶カテキンは，脂肪肝と生体内の酸化ストレスの改善に有効であることが新たに示唆された．

g. おわりに

WHO では，動脈硬化性疾患発症のリスクファクター症候群として「メタボリック

シンドローム」を定義し，そのなかでも肥満を因子の1つとしてあげている[28]．平成19年(2007)の厚生労働省国民健康・栄養調査の結果では，メタボリックシンドロームが強く疑われる者と予備群をあわせた割合は，男女とも40歳以上で特に高い．40〜74歳でみると男性の2人に1人，女性の5人に1人が，メタボリックシンドロームが強く疑われる者と予備群である[29]．また最近，社会的ストレスが肥満や心疾患の発症に影響しているという知見が，動物実験の結果から得られている．Shively らによると，社会的な服従により内臓脂肪の蓄積を促すストレス・ホルモンが分泌され，内臓脂肪は血管に粥状物質（プラーク）ができる粥状硬化症を促進する．内臓脂肪がたまりやすくなり，動脈硬化が促され，心疾患の発症につながる危険があることを報告している[30]．社会的ストレスが問題になっている現代において，肥満予防に対する取り組みは今後ますます重要性を増していくと思われる．

　こうした肥満を防ぐためには，食生活や運動習慣を中心とした生活習慣の改善が有効である．しかしながら，生活習慣をすぐに改善することは，非常に困難であるのも事実である．筆者らが開発した高濃度カテキン飲料が生活習慣を見直すきっかけとなり，人々の健康の維持増進に貢献することができれば幸いである．　　　〔橋本　浩〕

引用・参考文献

1) 伊勢村護監修 (2006)：茶の効能と応用開発，シーエムシー出版．
2) 村松敬一郎編 (2002)：茶の機能―生体機能の新たな可能性，学会出版センター．
3) 中川致之 (2009)：茶の健康成分発見の歴史，光琳．
4) 中川致之 (2002)：*RYOKUCHA*, **2**：7-14.
5) Y. Matsuzawa et al. (1995)：*Obes. Res.*, **3**：645S-647S.
6) 小國伊太郎 (2000)：静岡県立大学短期大学部研究紀要，**14**(1)：77.
7) T. Nagao et al. (2001)：*J. Oleo. Sci.*, **50**：717-728.
8) 日本肥満学会編集委員会 (2001)：肥満・肥満症の指導マニュアル（第2版），医歯薬出版．
9) T. Tsuchida, H. Itakura, H. Nakamura (2002)：*Prog. Med.*, **22**：2189-2203.
10) 高妻和哉ほか (2005)：*Prog. Med.*, **25**：1945-1957.
11) 細谷憲政編著 (2000)：なぜエネルギー代謝か，第一出版．
12) P. Gray et al. (2002)：*Nutrition Review*, **60**(8)：223-233.
13) Y. Schutz et al. (1984)：*Am. J. Clin. Nutr.*, **40**：542-552.
14) K. Segal et al. (1992)：*J. Clin. Invest.*, **89**：824-833.
15) U. Harada et al. (2005)：*J. Health. Sci.*, **51**：248-252.
16) N. Ota et al. (2005)：*J. Health. Sci.*, **51**：233-236.
17) S. Takashima et al. (2004)：*Prog. Med.*, **24**：3371-3379.
18) K. Kataoka et al. (2004)：*Prog. Med.*, **24**：3358-3370.
19) S. Meguro et al. (2001)：*J. Oleo. Sci.*, **50**：593-598.
20) A. G. Dulloo et al. (2000)：*Int. J. Obes.*, **24**：252-258.
21) A. G. Dulloo et al. (1999)：*Am. J. Clin. Nut.*, **70**：1040-1045.

22) A. M. Hackett *et al.*（1983）：*Eur. J. Drug Metab. Pharmacokinet.*, **8**：35-42.
23) L. Chen *et al.*（1997）：*Drug Metab. Dispos.*, **25**：1045-1050.
24) T. Murase *et al.*（2002）：*Int. J. Obes. Relat. Metab. Disord*, **26**：1459-1464.
25) A. Shimotoyodome *et al.*（2005）：*Med. Sci. Sports Exerc.*, **37**：1884-1892.
26) T. Murase *et al.*（2006）：*Int. J. Obes. Relat. Metab. Disord*, **30**：561-568.
27) R. Sakata *et al.*（2013）：*Int. J. Molecular Med.*, **32**：989-994.
28) P. Zimmet *et al.*（2001）：*Nature.*, **414**：782-787.
29) 厚生労働省（2008）：平成19年国民・栄養調査結果の概要.
30) C. A. Shively *et al.*（2009）：*Obesity.*, **17**：1513-1520.

4.5.3 嗜好の多様化に対応した茶飲料の製造・開発

「紅茶」「ウーロン茶」「緑茶」は，原則「茶」の発酵度を指標とした単一茶葉を使用したものである．これに対し，茶を含む葉ものの原料に茶以外の原料，特に穀物系の原料を中心に混合して使用することにより，単一種では表現できないさまざまな味と香りを表現することが可能となり，また，数種類の自然素材の成分を吸収できるといった利点が生まれる．

このような製品は一般的に「ブレンド茶」と呼ばれており，緑茶，ウーロン茶に穀物，薬草等をブレンドしたものが主流となっている（図4.80）．

その製造法の大きなポイントとしては，原料の多様性に起因する微生物制御の困難さがあげられ，容器あるいは殺菌・充填方法の制約要因となっている．

a. 原料

「ブレンド茶」にはさまざまな原料が用いられるが，おおまかに分けると，植物原料とその他の原料（菌類など），また植物の場合は茶を含め葉を使用する場合，穀物など種子を使用する場合，その他の部位（茎，花びらなど）がある．植物原料として代表的なものとしては，穀物原料としては，オオムギ・ハトムギ・玄米・ダイズなど，菌類原料としては，シイタケ・霊芝（マンネンタケ）などがある．

　　オオムギ　　　　　ハトムギ　　　　　玄米

図4.80　ブレンド茶のおもな原料

穀物原料は熱風・直火等で焙煎処理が行われ，葉ものの乾燥・焙煎処理は茶の乾燥・焙煎処理に準じて行われる．

b. 製造工程

(1) 抽出・調合

多くの場合，あらかじめ混合された1種類あるいは数種の原料を用い，これを熱水あるいは温水にて抽出する．抽出の方法は大きく浸漬抽出とドリップ抽出があるが，これらについては後述する．抽出により得られた液は冷却，および必要に応じて遠心分離や濾過などの清澄化工程がとられる．

調合は調合タンクに抽出液と希釈用水，さらに必要であれば副原料を添加し，所定の濃度に調整する．「ブレンド茶」は他の無糖茶に比較しさまざまな成分を含み，液自身の静菌作用が低いため，短時間で微生物が増殖する可能性がある．そのため，調合液，環境の管理については細心の注意を払う必要がある．以下に製造現場で使用される，ブレンド茶の抽出工程について述べる．

・浸漬抽出： 抽出中に抽剤である熱水あるいは温水の出入りがない抽出方法で，一定量の熱水（あるいは温水）に一定時間，茶葉などの抽料原料を接触させる方法である．抽料が抽出装置の全体に存在しうる完全な浸漬抽出と，かごなどに抽料を入れ，場合によりこれが抽出操作中に上下などに移動する方式がある．装置として前者にニーダー，多機能抽出機，後者にバスケット型抽出機が使用され，装置により茶殻の分離方法が異なる．

・ドリップ抽出： コーヒーにおいて一般的に用いられる方法であり，抽出中，連続的に熱水または温水を抽料の入れられた抽出機に供給し，連続的に抽出液を回収する方法である．

抽出開始後，浸漬状態を作り出してから上述の操作を行う浸漬ドリップ方式と，これを行わない完全ドリップ方式がある．装置としては多機能抽出機やコーヒー用抽出機が用いられる．

(2) 殺菌・充填

「ブレンド茶」はいわゆる低酸性飲料に属しており，ほとんどの場合そのpHは4.6以上，また水分活性は0.94を超えており，大部分が常温流通している．食品衛生法では他の無糖茶飲料同様の殺菌方法・条件が最低遵守の規準として定められている．しかしながら，実際の製造においては内容液の微生物に対する耐性を考慮する必要がある．

茶を主体とした飲料は，ポリフェノールによる抗菌作用があり，きわめて貧栄養で微生物の栄養要求をほとんど満足できないため，内容液による静菌効果が比較的高く，UHT殺菌後に管理されたクリーンブース内で熱間充填し密封する，といった方法により製造することが可能である．しかし，「ブレンド茶」は一般に穀物を主体に配合

図 4.81　無菌充填設備

されるため，他の無糖茶に比してさまざまな成分を含み，またポリフェノール含有量も低いため，熱間充填で殺滅できない *Bacillus* 属や *Clostridium* 属など耐熱性細菌芽胞の発芽抑制を完全には行うことはできない．

そのため，液処理条件として耐熱性の有芽胞細菌の殺菌を考慮する必要があり，それは容器滅菌についても同様である．PET 容器や LL 紙容器については内容物を UHT 殺菌処理し，これを別に滅菌した容器に無菌環境下で充填する無菌充填方式をとる（図 4.81）．容器滅菌の対象は PET ボトル，キャップおよび紙であるが，殺菌方法としては薬剤が使用されることが主であり，充填システムにより過酸化水素系，過酢酸系，およびその併用系などが利用される．また，無菌充填に使用される非耐熱の PET ボトルは，製造工場でプリフォームからブロー成形されることも多く，プリフォームをレジンから射出成形により得ることもある．缶・リシール缶等の金属容器については一般的な低酸性飲料と同様，レトルト殺菌方法をとる．　　〔高庄敏行〕

第 5 章 茶 の 科 学

5.1 茶 の 分 類

ツバキ科カメリア属チャ (*Camellia sinensis*) の葉から製造される茶の種類は, 栽培法, 一次加工法, 二次加工法等によりさまざまな分け方があるが, 通常, 使用されているわが国の茶の一般的な分類法は図5.1のとおりである. わが国の茶の種類は, その製造法の違いから, 不発酵茶 (緑茶)・半発酵茶 (ウーロン茶など)・発酵茶 (紅茶)・後発酵茶の4種類に大別される. チャの樹から摘み採られた新芽では, その内部で活発な生命活動を営んでおり, 酸化酵素のポリフェノールオキシダーゼをはじめ種々の酵素が働いて, 茶葉内の成分も経時的に変化する. 4つの茶種の違いは, 茶葉中に含まれる酸化酵素 (ポリフェノールオキシダーゼ) の働きをいつ止めるかによる. 4つの茶種は, 一本の同じチャの樹から製造することができるが, 実際には, それぞれの茶種向きに選抜育成された品種が使用される.

5.1.1 不発酵茶 (緑茶)

茶葉内成分の変化をできるだけ防ぐために, 摘採後直ちに茶葉を蒸す・炒る・煮る・

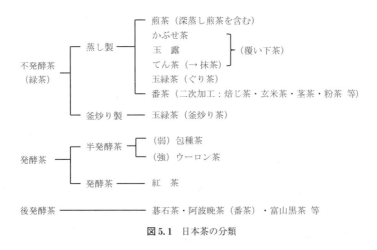

図 5.1 日本茶の分類

電磁波利用などの方法で加熱することにより酸化酵素の働きを止めて（失活させて）から製造したものが，不発酵茶（緑茶）である．このうち，酵素失活のための加熱に低圧の飽和蒸気を使用するのが蒸し製で，日本茶独特の方法である．これには，煎茶，かぶせ茶，玉露，てん茶，蒸し製玉緑茶（ぐり茶），番茶が含まれる．一方，加熱に釜（火熱）で炒る方法が使用されたものが釜炒り製で，この酵素失活の方法は殺青と呼ばれており，中国茶の特徴である．わが国では，九州地方を中心に生産されている釜炒り製玉緑茶（釜炒り茶）が相当する．

　緑茶（蒸し製）はさらに栽培法（チャの栽培管理法）や加工法などにより細分化される．栽培法では，新芽伸育期に茶園に被覆をして遮光する覆い下茶（かぶせ茶，玉露，てん茶）と，被覆をしない露地栽培茶（煎茶，玉緑茶など）とに分けることができる．さらに，覆い下茶は遮光の程度が弱いかぶせ茶と強い玉露・てん茶に分けられ，玉露とてん茶は蒸熱後の製造法の違いから分けることができる．また，てん茶は，石臼等でひいて微粉末化した抹茶として販売されており，通常，てん茶を消費者が目にすることはない．他方，露地栽培茶は蒸熱後の加工法により煎茶，玉緑茶（煎茶の揉み工程のうち精揉工程を省いて製造したもの）に分けられる．また，深蒸し茶は酵素失活のための蒸し時間が通常の2倍以上長い茶である．このほか市販の茶には焙じ茶，玄米，茎茶，粉茶などがあるが，いずれも二次加工品である．また，煎茶などの茶種について，茶の摘採・製造時期（一番茶，二番茶など），茶の産地名（静岡茶，宇治茶など）や品種名により分類する方法もある．

●5.1.2　半発酵茶

　茶葉をある程度萎れさせ（萎凋），発酵（酸化）を進めたうえで殺青・製造したもので，弱発酵から強発酵までその幅が広い．日本では軽度の発酵を包種茶，中強度の発酵をウーロン茶と2種に分けているが，中国では，白茶・黄茶・青茶に大別し，発酵の程度などにより多種多様な茶が生産されている．

●5.1.3　発酵茶（紅茶）

　生葉を萎凋後よく揉み（揉捻し），茶葉中の酸化酵素の働きを最大限活用して発酵（酸化）作用を進めた後，加熱乾燥したものが発酵茶（紅茶）である．紅茶は製造法により，伝統的な製法（萎凋，揉捻，発酵，乾燥）よりなるオーソドックス製法の紅茶（リーフスタイル）と，アンオーソドックス製法と呼ばれるCTC製法・ローターバン製法・レッグカット製法などによる紅茶（ティーバッグスタイル）に分けることができる（4.4.1項参照）．なお，紅茶は産地により香味に特徴があることから，産地名（ダージリン・祁門・ウバなど）を冠して呼ばれることもある．

　なお，茶で使用される「発酵」という用語は，「茶葉内の酸化酵素の働きによる劇

的な成分変化」をさしており，醸造工業で使用される微生物の作用を利用したいわゆる発酵とは異なるので，最近では酸化という言葉が用いられることもある．

●5.1.4 後発酵茶

収穫生葉（茶葉）をいったん加熱処理により酵素失活させた後，微生物の発酵作用を利用して製造することから後発酵茶と名付けられている．主として好気性発酵によるもの（富山黒茶・プーアル茶など），嫌気性発酵によるもの（阿波晩茶（番茶）など），好気性発酵後さらに嫌気性発酵させたもの（碁石茶など）に分けられる．

なお，後発酵茶は分類上，発酵茶あるいは不発酵茶の二次加工茶として整理されることもあるが，いったん酵素失活させてから，本来の発酵作用（微生物を関与させた）を利用して製造された茶であり，紅茶で使用される「発酵」とはメカニズムが異なるので，本項ではいずれにも属さない別項目立てとした． 〔袴田勝弘〕

引用・参考文献

1) 安田環（1994）：製茶概説．茶の栽培と利用加工（岩浅潔編著），p.45-60，養賢堂．
2) 袴田勝弘（2005）：茶の種類と加工法．茶の話（缶詰技術研究会編），p.43-47，缶詰技術研究会．
3) 日本茶業技術協会（1999）：茶の科学用語事典，日本茶業技術協会．

▼ 5.2 チャの形態と組織

●5.2.1 芽の形成と芽の内部組織分化

日本の大部分のチャ品種は，冬季には加温しても生長しない時期があり，自発休眠するとされている．休眠が最も深い時期は，12月下旬から1月上旬である．

また，チャの主要品種である'やぶきた'は，秋整枝の時期を変えても，整枝直後の芽内幼葉数は3〜4枚，芽長は2mm程度であるが，整枝直後から速やかに芽内の幼葉数と芽長の増加が認められる．12月上旬になるとそれらの生長がほとんど認められなくなり，3月上旬から芽長の増加が再び認められる（佐波，未発表；図5.2）．頂芽があると腋芽の生長は抑制され，整枝により頂芽が除去されると幼葉数や芽長の増加が認められることから，頂芽優勢が働いていると考えられる．中野ら[1]は，多くの品種はおおむね12月上旬に幼葉数と芽長の増加が停止するが，2月下旬以降の芽長や幼葉数の増加程度は品種により異なることを報告しており，品種により芽の生長開始時期（休眠が明ける時期）は異なると考えられる．

中山[2]によると，夏の頂芽では，表5.1に示すような生育過程を経て葉ができるとしている．最も内側の幼葉は，表皮，葉内組織，葉脈は分化しておらず，全体的には

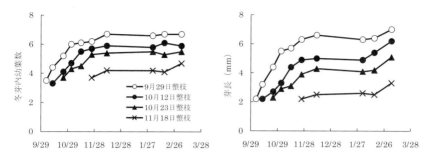

図 5.2 冬芽内の幼葉数および芽長の推移（佐波，未発表）

表 5.1 未展開葉の発達過程（文献[2]より作成）

幼葉位置	葉長(mm)	表皮		葉肉組織（層数）		葉脈	
		毛茸	気孔	柵状	海綿状	中央脈	側脈
P1	0.1~0.2						
P2	0.5~0.7	求頂的				+	
P3	2.0~2.5	+	求頂的	1~2	1~2	+	+
P4	6~7	+	+	2	2~3	+	+
P5	12~14	+	+	2~3	3~4	+	+
P6	20~22	+	+	3	4~5	+	+

P1~P6 は未展開葉で数字が小さい方が若い．求頂的：基部から先端に向かい分化が進んでいる状態．+：分化が認められる状態．

活発な分裂状態にある．毛茸(もうじ)は内側から 2 番目の幼葉で裏側に発生が認められ始め，3 番目の幼葉では基部付近で著しく発生が認められるようになり，その外側の 4 番目の幼葉では全体が毛茸で覆われるようになる．気孔は内側から 3~4 番目の幼葉で分化が認められ始めるが，大部分は開葉直後に急速に分化が進む．葉脈のうち，中央脈は内側から 2 番目の幼葉で分化を始め，側脈は 3 番目の幼葉で分化が始まる．腋芽は 3 番目の幼葉の葉腋で分化を開始し，4 番目の幼葉の葉腋で腋芽として盛り上がり，開葉直前の幼葉の腋芽内では 3 枚の幼葉を分化している．

●5.2.2 開葉後の葉の生育

中山[2]によると，開葉開始直後の 1~3 日目までは葉肉組織でも細胞分裂が観察されるが，6 日目頃になると細胞分裂はほとんど観察されなくなる．その後は細胞の肥大や細胞間隙の拡大により，葉面積，葉厚は増加し，30 日目頃に葉の拡大はほとんど終了する．また，展開直後の気孔数はきわめて少ないが，展開開始 6 日目頃から気孔の分化が急速に進み，12 日目頃にはほとんどの気孔は完成し，その後の増加はほとんどない．なお，これらの気孔はすべて裏側に存在する．

図5.3 芯のある新芽(左)と出開き芽(右)

表5.2 一番茶新芽の1日あたり開葉数と温度との関係(文献[2]より作成)

品種名	10℃	15℃	20℃	25℃
やぶきた	0.08	0.18	0.22	0.27
べにほまれ	0.07	0.18	0.22	0.24
やまとみどり	0.08	0.18	0.25	0.27

5.2.3 新芽の生長

中山[2]によると,一番茶期頃には5日に1枚程度ずつ開葉するが,葉原基の分化は生育の旺盛な新芽でも10日に1枚,通常の新芽ではさらに緩慢なため,開葉するべき幼葉が小さく開葉できず,いわゆる出開き芽(図5.3)になる.また,新芽の開葉速度は温度が25℃までは高いほど多いため(表5.2),一番茶生育期(平均気温15〜20℃)では1日あたり0.2枚程度,二番茶生育期(平均気温20〜25℃)では1日あたり0.25枚程度開葉する.

新芽の茎は生育とともに木化(リグニン化)する.吉田ら[3]によると,最初に導管細胞壁の一部で木化が認められ,次いで導管細胞壁の木化がさらに進行するとともに厚膜組織でもわずかに木化が認められるようになる.摘採面付近の新芽の木化程度がこの段階であれば,摘採適期であるとした.さらに木化が進行すると,導管細胞壁はほぼ完全に木化し,厚膜組織でも木化が進行する.

5.2.4 花芽の分化から結実まで

花芽は生育がやや劣る枝の先端および腋芽の両側に分化する(図5.4).枝の栄養状態がよい場合には,花芽は発達せず中央の葉芽が大きくなり,きわめてよい場合には両側の芽も葉芽になることもある.高橋ら[4]によると,花芽の分化期,開花期は表

5.3に示すような時期である．一番茶枝条につく花芽は秋の早い時期に開花するが，三・四番茶枝条につく花芽は晩秋開花あるいは未開花となるため，結実までは至らない．讃井ら[5]は日本の品種系統の花器外部形態を調査し，花弁数5～9（平均4.9），萼片数3～6（平均4.9），雄蕊は花糸数178～276（平均229）で外側が長く内側が短い．雌蕊は柱頭の分岐数3が多く，その長さの平均が1.18 cmであることを明らかにした．花弁の色はほとんどが白色であるが，乳白色や淡緑色を呈するものもあり，まれに淡紅色であることもある．花径は通常2.5～6 cmで平均は4 cm程度である．

塘ら[6]によると，秋に受精が行われた後，露地では3月下旬まではほとんど発育せず，5月頃から果実の肥大が旺盛になり，8月下旬には果実の大きさは完熟期とほぼ同じ

図5.4 枝の先端のチャの花芽（左）と腋芽の花芽（右）［口絵16参照］

表5.3 花芽の分化および開花開始時期（品種：'みよし'）[4]

	分化期	出蕾期	開花期
一番茶枝条	6月18日	7月 2日	9月 5日
二番茶枝条	7月21日	7月31日	10月15日
三番茶枝条	8月25日	8月30日	11月21日
四番茶枝条	10月17日	11月11日	—

図5.5 チャの種子（左）と果実（右）［口絵17参照］

になる.種子中に子葉が認められるのは6月下旬以降で,幼芽,幼根が形成されるのは7月中旬以降で,安定した発芽能力をもつ種子は9月中旬以降に得られることを明らかにしている.果実は無毛で3～4室あり,10月中旬頃に成熟すると,割れて種子が露出する.1果あたり1～3粒種子が入っており,種子の大きさは15 mm 程度である.果実の大きさは種子が3粒入っている場合には25～30 mm 程度である(図5.5).外種皮は茶褐色で硬く,その内側に渋皮のような内種皮がある.

5.2.5 チャの変種とその形態的相違

Sealy[7]はチャ (*Camellia sinensis*) が中国変種 (var. *sinensis*) とアッサム変種 (var. *assamica*) の2つの変種からなるとした(以降は通常用いられることが多い名称で,それぞれを「中国種」と「アッサム種」とする).両種のおもな違いは表5.4のようにまとめられている.また葉の形は図5.6のように異なっている.

日本に古くからあるチャはすべて中国種である.日本にも葉が大きく表面が凸凹し葉厚が薄いチャがあり,そのようなものは「こうろ」と呼ばれ,var. *macrophylla* などとされたこともある.しかし,鳥屋尾[8]は,主要品種の'やぶきた'がこうろ発現の劣性遺伝子をヘテロにもつことを明らかにし,日本在来種の集団はこうろ型遺伝子

表5.4 中国種とアッサム種との違い

	アッサム種	中国種
樹型	半喬木	灌木
葉の大きさ	大	小
葉の先端	尖	鈍
カテキン含有率	多	少
カフェイン含有率	多	少
耐寒性	弱	強

図5.6 チャの成葉(左:アッサム種,中:こうろ,右:中国種)[口絵18参照]

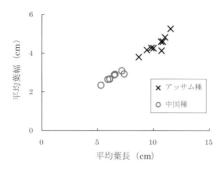

図5.7 導入された遺伝資源群ごとの成葉の形
（文献[9]より作成）

を一定の割合でもつと推定している．そのため「こうろ」は中国種であるとしている．

武田[9]は国内外の導入された遺伝資源の調査から，両種の違いを詳細に報告している．成葉の大きさはアッサム種が葉長7〜16 cm・葉幅3.5〜6.5 cmであるのに対し，中国種は葉長4〜8 cm・葉幅1.5〜3.5 cmである．導入した遺伝資源群ごとに平均すると，両種の間で明確な違いがある（図5.7）．個々の遺伝資源では成葉の大きさの分布は重なるが，葉長で8 cm，葉幅で3.5〜4 cmを境界として大きい方をアッサム種，小さい方を中国種とすることでおおむね分類ができる．新葉展開直後の毛茸は，中国種の多くが全面に分布し，長さは長く分布密度も高いが，アッサム種は無毛茸から全面分布まで，長さも短〜中，分布密度も低〜中が多く，両種の間で違いが認められる．

5.2.6 チャの変種とその新芽中化学成分の相違

武田（2002）[9]は形態だけでなく新芽中の化学成分についても，導入された遺伝資源を用いて中国種とアッサム種の間で違いがあることを報告している．カフェイン含有率は，アッサム種では2.67〜5.46%，海外から導入した中国種では1.64〜4.60%，日本在来の中国種では1.85〜3.87%であった．カフェイン含有率は両種の間で重なる部分もあるが，アッサム種が高く，中国種が低い．また，タンニン含有率（この値はカテキン含有率と関係が深い）は，アッサム種では11.69〜26.82%，海外から導入した中国種では11.32〜21.61%，日本在来の中国種では9.37〜20.00%であった．カフェイン含有率の場合と同様に，アッサム種が高く，中国種が低かった．遺伝資源導入群ごとのカフェインとタンニン含有率は図5.8のようになる．アッサム種のなかで1群だけタンニン含有率がやや低いが，この群は昭和4年（1929）にインド・アッサム地方から種子で導入されたもので，その際「アッサム種と他種との雑種なるがごとし」との記録があるので，純粋なアッサム種ではない可能性がある． 〔佐波哲次〕

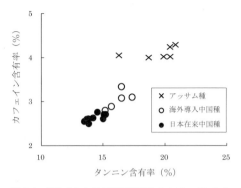

図5.8 導入された遺伝資源群ごとのカフェインおよびタンニン含有率（文献[9]より作成）

引用・参考文献

1) 中野敬之・大石准（1993）：茶研報，**77**：1-4.
2) 中山仰（1980）：茶業試験場研究報告，**16**：1-190.
3) 吉田正浩・佐波哲次・渡辺利通（1991）：茶研報，**74**(別)：38-39.
4) 高橋恒二・簗瀬好充（1958）：茶研報，**11**：9-17.
5) 讃井元・小沢啓次（1965）：埼玉茶研報，**3**：70-75.
6) 塘二郎・淵之上康元・淵之上弘子（1965）：埼玉茶研報，**3**：238-253.
7) J. R. Sealy（1958）：*A Revision of the Genus* Camellia, The Royal Horticulture Society.
8) 鳥屋尾忠之（1979）：茶技報，**57**：1-7.
9) 武田善行（2002）：野菜茶業研究所報告，**1**：97-180.

5.3 茶の成分

5.3.1 茶の一般成分

a. タンパク質

　茶葉中のタンパク質は炭水化物に次いで多く含まれる成分（24～30%）であるが，全タンパク質あたりの水溶性タンパク質（アルブミン）は3.5%と少量含まれているにすぎず，大部分（82%）はグルテリンと呼ばれる不溶性タンパク質である．グルテリンは多くの場合，類似タンパク質の混合物であり，構造が複雑なこともあり，これまで品質や機能性との関連についてはほとんど研究がなされていないが，興味ある知見として，抹茶不溶性タンパク質の主要成分が栄養価の高いルビスコ（植物に大量に含まれ，炭酸固定反応に関与する酵素で，地球上で最も多いタンパク質といわれる）である，との報告がなされている[1]．

一方，栄養源としての利用であるが，不溶性であるため抹茶のようにすべてを摂るのでなければ栄養源として利用されない．しかし，抹茶を1日に3杯飲んだときの，または緑茶10 gを食べたときの，茶タンパク質の1日あたりの摂取タンパク質全量（約80 g）に対する寄与率は3～5%ほどであり，茶をまるごと摂取したとしてもタンパク質栄養への寄与はわずかといってよい．

　品質や機能性との関連と同様に，茶タンパク質のアミノ酸組成をはじめとする構造解析やその利用法の開発に関しては，いまだ十分に検討されておらず今後の展開がまたれる．そのなかで，不溶性茶タンパク質のペプシン消化物より得られたペプチドの機能性に関する研究や[1]，生葉を熟成（適当な温度に長時間放置して化学変化を行わせること）することより，テアニンを除くほぼすべてのアミノ酸含量が増加することに着目し，茶の品質向上を図ろうとする研究[2]は興味深いが，その後の進展はみられていない．

b. 脂　質

　脂質は茶葉中乾物重量あたり約5%含まれているが，その構成は糖脂質が約51%，リン脂質が約31%，中性脂質が約18%である．個々の脂質についてみてみると，糖脂質中には多い順にジガラクトシルジグリセリド（DGDG），モノガラクトシルジグリセリド（MGDG），ステロールグリコシド（SG）が，同様に，リン脂質中にはホスファチジルコリン（PC），ホスファチジルエタノールアミン（PE），ホスファチジルグリセロール（PG）が，中性脂質にはトリグリセリド（TG），ジクリセリドがそれぞれ含まれている．茶葉中の脂肪酸組成であるが，約40%がリノレン酸で，次いで約25%がリノール酸およびパルミチン酸，約7%がオレイン酸であり，不飽和脂肪酸が約70%を占めている．中性脂質は飽和脂肪酸（特にパルミチン酸）が多いのに対し，糖脂質やリン脂質は不飽和脂肪酸（なかでもリノレン酸）が多い[3]．

　生育との関係では，生育に伴い全脂質含量が増加するなかで，糖脂質は増加，中性脂質はわずかに増加するが，リン脂質は減少する．個々の脂質では，DGDG, MGDG, TGは増加するが，PC, PE, PG, SGは減少する．茶期との関係では，一番茶と二番茶で全脂質量はほとんど変わらないなかで，糖脂質と中性脂質は増加し，リン脂質は減少する．個々の脂質では，リン脂質中のほとんどの脂質が減少する傾向にある．

　脂質と品質との相関については，これまで明確な言及がなされていないものの，上述したように生育に伴い全脂質含量が増加する点から，負の相関があるものと推察される．一方，脂質と品質との関係では，貯蔵中の貯蔵臭との観点から研究が進められており，脂肪酸，特に不飽和脂肪酸の自動酸化によって生成するアルデヒド，ケトンおよびアルコール類などの貯蔵臭への関与が示唆されている．25℃で6ヶ月貯蔵した場合，茶葉中の全脂質の1/4が消失することが，とりわけ糖脂質とリン脂質の消失の大きいことが知られており[4]，この消失と貯蔵臭との関連が容易に推察できる．脂肪

酸の自動酸化を防ぐうえでも，脱気して，遮光下で冷蔵あるいは冷凍保存することが必要であり，現在ではこのような保存法が広く実施されている．

c. 炭水化物

茶葉の成分中最も含量の多いのは炭水化物で，全成分の半分近くを占めるが，エネルギー源となるスクロース（ショ糖），グルコース（ブドウ糖），フルクトース（果糖）は合わせても 1～3.5%，デンプンは 1～4% 含まれるだけで，ほとんどがエネルギー源にならない食物繊維である．食物繊維のうち，水溶性は約 10%（3～4% はペクチン），不溶性は約 25～45%（セルロースが約 12%）である．茶特有の炭水化物として，アラビノシルイノシトールが 0.5～2.5% 程度含まれている．

炭水化物含量は摘採時期が遅くなるほど，すなわち茶芽の生育が進むほど増加することから，品質とは負の相関のあることが知られている．個々の成分についてみてみると，生育が進むにつれてスクロース，グルコース，フルクトースは増加するが，アラビノシルイノシトールは減少する[5]．また，不溶性食物繊維は増加するのに対し，水溶性食物繊維は減少する傾向にある[5]．スクロース，グルコース，フルクトース含量はいずれも閾値（いきち）（味を感じることのできる最小濃度）以下であり，甘味への関与は小さいとされている．

食物繊維には，肥満，大腸がん，動脈硬化といった生活習慣病の予防効果が期待されていることから，その摂取の重要性が強調されるようになり，わが国では成人 1 日あたりの目標摂取量は 20～25 g とされている．ちなみに，緑茶葉を 5 g 食べたとすると目標量の約 10% を摂取したことになる．

その他，水溶性ペクチンが「茶ののどごし」に関与していること[6]，温水抽出液に含まれる多糖類が緑茶の白濁形成に関与していること，および血糖値降下作用を有していること[7]等が報告されている．最近では，ガレート型カテキンの渋味は，ペクチンとの複合体形成により抑制され，その一方で，非ガレート型カテキンはペクチンとの複合体形成が困難であるため，その渋味はほとんど抑制されないこと[8]，また，釜炒り茶と煎茶の比較を通して，浸出液の渋味はカテキン含量が多いほど，水溶性ペクチン含量が少ないほど強くなること[9]等，興味ある知見が報告されている．

d. 微量成分

(1) ビタミン類

緑茶には各種ビタミン類が豊富に含まれている（次項 5.3.2 の表 5.5 参照）．水溶性のビタミン B_1，B_2，C，ニコチン酸，脂溶性のビタミン A，E などで，これらのビタミン類は，カテキン類とともに体内で活性ラジカルを捕捉・消去し，生体の酸化傷害を抑え，がんをはじめとするさまざまな疾病の発症を防ぐ機能が期待されている．これらのほかに，葉酸，パントテン酸，ビタミン K 等の含量も多い．

なお，茶のビタミン類の詳細については次項 5.3.2，および文献[10]を参照されたい．

(2) フラボノイド

緑茶のフラボノイドといえばフラバノール（カテキン類）に代表されるが，ここでは，そのほかの微量に含まれているフラボノイドについてふれることにする．

緑茶のフラボンとフラボノールは水色に関与する成分であることが知られている[11]．緑茶中のフラボノール含量は0.7%程度で，おもな成分として，多い順にケルセチン，ケンフェロール，ミリセチンがあげられる．これらの含量のバランスは，それぞれの緑茶の色調に関係していることが推定されている．茶芽の生育に伴いケンフェロールが減少し，ケルセチンとミリセチンが増加することが，また葉位の低い葉ほどフラボノール総量が多く，ケンフェロール含量が少なくなることなどが，これまでに明らかにされている[12]．

食品の生体調節機能に関する研究が進展するにつれて，フラボノイドが多様な生理的機能性を示すことが明らかになり，食品成分のなかでも最も注目される成分の1つになっている．そのような背景のもと，茶フラボノール（ケルセチン，ケンフェロール，ミリセチン）に免疫調節因子としての作用があるとの報告がなされるなど[13]，カテキン類だけではなく，緑茶に含まれる微量フラボノイド類の生理活性についての研究も進展することが期待される．

(3) クロロフィル類

緑茶葉中には乾物重100 g あたり 500〜1000 mg 程度のクロロフィル類（葉緑素）が含まれており，a 対 b の比は約 3:1 である．覆い下茶である抹茶や玉露には，普通煎茶よりも多くのクロロフィル類が含まれている．緑茶葉中には，製造過程でクロロフィルより生成したフェオフィチン（クロロフィルよりマグネシウム原子が水素置換したもの）がかなり含まれている．クロロフィルのフェオフィチンへの変化率は蒸熱時間と深く関連していることが知られており，蒸熱時間が長いほど変化率は高くなる[14]．クロロフィル含量は上級なものほど多く，反対に，フェオフィチン含量とクロロフィルのフェオフィチンへの変化率は下級なものほど増加することが明らかになり，これらの値は，緑茶の品質評価指標の1つとして用いられている．さらに，フェオフィチンは，クロロフィラーゼや酸により加水分解されてフィトール基が離脱するとフェオホルバイドとなるが，摘採後ただちに蒸熱によりブランチングされる緑茶中にはわずかしか含まれていない[15]．フェオホルバイドはヒトに対して光過敏毒性（光にあたると発疹ができて痒くなる）を示すことから，クロレラでは乾物重あたり100 g中100 mg という基準値が設けられているが，緑茶中に含まれる量はわずかであり，安全性という観点からは何ら問題ない．

その他，クロロフィル類の含量および組成と茶葉の外観の色との相関に関する研究や[16]，クロロフィル類のダイオキシン排泄促進作用等の新規機能性に関する研究が報告されている[17]．茶のクロロフィル類についてのより詳細な情報については，文献[18]

を参照されたい.

(4) サポニン

サポニン（抹茶をいれるときに生じる泡の成分）は茶葉とチャの実にも含まれ（双方の構造はわずかに異なっている），去痰作用や溶血作用，抗炎症作用などの生理作用を示すことが古くから知られていた．茶葉中に含まれているサポニンは，さまざまな生理活性（抗菌・抗ウイルス作用，抗アレルギー作用，血圧降下作用など）を示すことが知られているが[19]，乾物重あたりの含量が0.2〜0.3%程度と少なく，茶葉から取り出して精製することが厄介なこともあり，幅広い応用には至っていない．一方，チャ種子中には乾物重あたり品種によらず10〜13%程度のサポニンが含まれていることもあり，生理作用に基づいてミミズやジャンボタニシの駆除剤として利用されるなど，すでに一部が実用化されている．新しい生理活性としては，酵母類に対する抗菌作用（特に，耐塩性酵母であり醤油等に発生する白カビに対して生育阻害作用がある），植物に対する生育調節作用（1 ppm以下の濃度では生育を促進するが，10 ppm以上の濃度になると生育を阻害する），チャ炭疽病に対する防除効果（炭疽菌の付着器の形成を阻害する），などが見いだされている[20]が，いまだ幅広い応用には至っていない．

(5) ミネラル

茶葉中にはミネラルが5〜6%も含まれており，温湯での浸出率は個々のミネラルによって異なるが，20%くらいのものが多いようである．カリウム，カルシウム，リンが主成分で，カリウムとリンは若い葉ほど含量が多くなっている．一方，カルシウム，マンガン，アルミニウム，鉄などは硬化した下位の葉ほど多くなっている．したがって，煎茶では上級品にカリウム，リン酸含量が多く，番茶などの下級品は硬化した葉を原料とするので，マンガンやアルミニウム，鉄などの含量が多くなっている[21]．茶は，他の食品に比べて，マンガン，フッ素，アルミニウムが多いのが特徴であり，マンガン，カリウム，マグネシウム，亜鉛，銅，フッ素，セレンなどのミネラルの補給源として補助的な役割が期待されている．茶のミネラルのより詳細な情報については文献[10]を参照されたい． 〔木幡勝則〕

引用・参考文献

1) 吉川正明（2000）：第2回宇治茶健康フォーラム・市民公開講演会講演要旨集，55-67.
2) 澤井祐介（2006）：月刊「茶」，2006年6月号：12-15.
3) 阿南豊正ほか（1977）：日本食品工業学会誌，**24**：305-310.
4) 阿南豊正ほか（1982）：茶研報，**56**：65-68.
5) 山本（前田）万里ほか（1996）：日本食品工業学会誌，**43**：1309-1313.
6) 堀江秀樹・木幡勝則（1999）：日本味と匂学会誌，**6**：665-668.

7) 竹尾忠一ほか（1998）：日本食品工業学会誌，**45**：270-272.
8) N. Hayashi *et al.* (2006)：*Biosci. Biotechnol. Biochem.*, **69**：1306-1310.
9) 松尾啓史ほか（2012）：日本食品科学工学会，**59**：6-16.
10) 富田勲（2013）：新版 茶の機能－機能性成分（ビタミン，ビタミン様物質とミネラル）（衛藤英男ほか編），p.466-480，農山漁村文化協会．
11) 坂本裕（1970）：茶試研報，**6**：1-63.
12) 津志田藤二郎ほか（1986）：茶技研，**69**：45-50.
13) K. Asai *et al.* (2005)：JARQ, **39**：51-55.
14) 木幡勝則ほか（1999）：日本食品科学工学会，**46**：725-730.
15) 木幡勝則ほか（1999）：茶業研究報告，**87**：13-19.
16) 木幡勝則ほか（2001）：野菜茶試研報，**16**：9-18.
17) 森田邦正（2002）：茶の機能－環境汚染物質除去作用（村松敬一郎ほか編），p.294-304，学会出版センター．
18) 木幡勝則（2013）：新版茶の機能－香味（色）（衛藤英男ほか編），p.388-394，農山漁村文化協会．
19) 提坂裕子（2002）：茶の機能－茶サポニンの機能（村松敬一郎ほか編），p.364-374，学会出版センター．
20) 木幡勝則（2002）：茶の機能－茶サポニンの機能（村松敬一郎ほか編），p.374-378，学会出版センター．
21) 高柳博次・池谷賢次郎（1987）：茶技研発表会講演要旨集，123-124.

●5.3.2　茶のビタミン

　茶にはビタミンとして水溶性のビタミンB類およびC，脂溶性のビタミンA，E，Kなどが含まれる．各種茶におけるビタミンの含量を表5.5に示す．水溶性のビタミンは煎汁中に浸出されるが，脂溶性のビタミンは水に溶けないため普通に茶を浸出する方法では浸出液に出てこない．脂溶性のビタミンは，抹茶や粉末茶を飲用するか，茶を利用した菓子類や料理を食べることで摂取することができる．

表5.5　各種茶のビタミン含量（mg/乾物 100 g）

茶の種類	A (β-カロテン)	B_1	B_2	ナイアシン	B_6	パントテン酸	C	E
玉　露	21.0	0.30	1.16	6.0	0.69	4.10	110	18.0
抹　茶	29.0	0.60	1.35	4.0	0.96	3.70	60	28.1
煎　茶	13.0	0.36	1.43	4.1	0.46	3.10	260	78.6
釜炒り茶	13.0	0.35	1.80	7.0			200	
番　茶	14.0	0.25	1.40	5.4			150	
ほうじ茶	12.0	0.10	0.82	5.6			44	
ウーロン茶	15.0	0.13	0.86	5.7			8	
紅　茶	0.9	0.10	0.80	10.0	0.28	2.00	0	11.4

五訂増補日本食品標準成分表より引用．ただし，釜炒り茶，番茶，ほうじ茶，ウーロン茶は四訂日本食品標準成分表より引用．

a. ビタミン A

多くの植物に含まれているカロテン類のあるものは，動物体内に入ると変化を受けて夜盲症予防などの効果があるビタミンAの作用を現すため，これらはプロビタミンAと称されている．茶のビタミンAは茶葉の葉緑素，キサントフィルとともに存在するカロテンに基づくもので，20～30%はα-カロテン，他はβ-カロテンといわれており，クリプトキサンチンも少し含まれている．

緑茶のカロテン含量は生葉と大差ないが，紅茶では著しく少ないことから，発酵においてカロテンの減少が起こるものと思われる．なお，その際，β-カロテンが紅茶風味形成の前駆体になることや，水色向上に関与することが報告されている[1]．

b. ビタミン B 類

茶にはビタミンB類としてB$_1$（チアミン；脚気予防），B$_2$（リボフラビン；発育促進や口内炎予防），B$_6$（ピリドキシン；貧血や皮膚炎の予防），ナイアシン（ペラグラ予防），パントテン酸（血液や皮膚の障害予防），葉酸（抗貧血因子）などが含まれている．各種茶のビタミンB類の含量は表5.5に示すとおりであり，一般食品と比較しても豊富に含まれている．

c. ビタミン C

茶に含まれるビタミンのなかで，確実な実験成績によって存在を発表されたのはビタミンC（アスコルビン酸）が最初である．すなわち，1924～1926年にかけて動物実験により茶の浸出液中に抗壊血病性成分があることが証明され，その本体はビタミンCであることが明らかにされた．

各種茶のビタミンC含量は表5.5に示すとおりで，煎茶や釜炒り茶などの緑茶は，製造第一工程の蒸熱処理や釜炒りなどの加熱によって酸化酵素の活性が失われるため，ビタミンCの酸化が防止されて含量が多くなっている．それに対して，ウーロン茶は少し発酵させるためにビタミンCはきわめて少なく，紅茶は十分に発酵させるために分解してほとんど含まれていない．

煎茶に比べて玉露や抹茶で含量が少ないのは，覆い下栽培の茶葉はビタミンCの生成が少ないためである．煎茶の荒茶工程中や深蒸し製造などでは含量の変化は少ないという報告があるが[2]，焙じ茶製造では熱分解により著しく減少する．

緑茶の変質が起こりやすい条件下では，ビタミンCは酸化されて減少する．ビタミンCの残存率と茶の変質程度を表す官能評価値との間には高い相関関係があり，残存率が80%以上ならほとんど変質していないが，60%以下になると変質が目立つようになる．

なお，上～中級煎茶の第一煎の1カップからビタミンCを5～6 mg摂取できるため，上～中級煎茶の第一煎だけを1日に10杯飲めば，成人1日あたり60 mgのビタミンC必要量を摂取することができる．

d. ビタミンE

ビタミンEはネズミの不妊症を解消する成分として見出されα-トコフェロールと命名されたが,その後,数種の異性体が見つけられた.茶葉中には効力が最も強いα-トコフェロールが圧倒的に多く含まれている.

ビタミンE含量は覆い下栽培の茶葉を原料とした玉露や抹茶よりも露地栽培した煎茶に多く,蒸熱工程や乾燥工程で減少することや,煎茶に比べて発酵茶で減少すること,熟度の進行につれて増加すること[3]などが報告されている.

e. ビタミンK

脂溶性の抗出血因子で,煎茶や紅茶より玉露や抹茶にやや多く含まれる.

〔阿南豊正〕

引用・参考文献

1) 小幡弥太郎ほか(1976):日本農芸化学会誌,**50**:143-145.
2) 高柳博次・阿南豊正(1986):茶業研究報告,No.64:39-43.
3) 山本(前田)万里ほか(1996):日本食品科学工学会誌,**43**:1309-1313.
4) 静岡県茶業会議所編(1988):新茶業全書,静岡県茶業会議所.

5.3.3 茶の水色成分

煎茶や玉露には,黄色から緑色にかけての美しい水色(茶を入れたときの浸出液の色),ほのかでふくよかな香り,それに少し渋みがかったまろやかな味など,なんともいえない日本文化のようなものを感じる.また,紅茶では,他の食品にはみられない透明でかつ美しい赤紅色の水色,紅茶らしいほのかな甘い香り,力強い渋みなどが長い間人々に愛されてきた.現在までに,このような茶の品質に関係する成分が多くの科学者の努力により解明されている.

まずはじめに,緑茶,紅茶の水色にかかわる化学成分をまとめて表5.6に示した.緑茶で重要な成分はフラボノール配糖体,クロロフィル類,カテキン類の非酵素的褐

表5.6 緑茶,紅茶の水色に関与する成分

茶 種	水 色	化学成分
緑 茶 (茶ドリンクを含む)	黄色~緑色~ 茶褐色	・フラボノール配糖体 ・クロロフィルおよび分解物 ・カテキン類とアミノ酸などとの 　非酵素的褐変物質
紅 茶	橙赤色~赤紅色	・テアフラビン類 ・テアルビジン類 ・カテキン類と他成分との酵素的 　酸化重合物

変物質などであり,紅茶ではテアフラビン類,テアルビジン類,それにカテキン類の酵素的酸化重合物などである.なお,ペットボトルドリンクとして広く普及している緑茶ドリンクの水色成分は,原料茶が加熱されてできるカテキン類とアミノ酸などとの非酵素的褐変物質で,未解明なものが多い.また,この表では示されていない包種茶,ウーロン茶は半発酵茶なので,緑茶と紅茶の両方の成分が含まれているであろう.

a. 緑茶の水色成分[1〜7]

(1) フラボノール配糖体およびフラボン配糖体[1]

高級煎茶や玉露の浸出液の美しい黄色を示すのは,フラボノール配糖体およびC-グリコシルフラボン配糖体である.

フラボノール配糖体とは,図5.9に示すようなフラボノール骨格に糖が何分子か結合したものである.主要なものは,3糖類としてケンフェロール 3-ラムノジグルコシド(K-3RGG)やケルセチン 3-ラムノジグルコシド(Q-3RGG),2糖類としてケルセチン 3-ラムノグルコシド(Q-3RG,すなわちルチン),単糖類としてはケンフェロール 3-グルコシド(K-3G),ケルセチン 3-グルコシド(Q-3G),ミリセチン 3-グルコシド(M-3G)などがある.緑茶での含有量(純粋標品が得られていないために,フラボノール配糖体をルチンとして示したルチン相当量)は K-3RGG 5.150 mg/g 乾重から K-3G 0.525 mg/g 乾重の範囲であった[1].これらの含有量はカテキン類に比べると一桁少ないが,配糖体は水によく溶け美しい黄色を呈する色素で,煎茶の特に上級煎茶の黄金色の主体をなすとされる.

フラボン配糖体としては,フラボン骨格に C-C 結合している C-グリコシルフラボン類が存在している.8-C-グルコピラノシルアピゲニン(ビテキシン),6-C-グルコピラノシルアピゲニン(イソビテキシン),6,8-ジ-C-グルコピラノシルアピゲニンなどがあるが,茶に含まれるフラボン配糖体はフラボノール配糖体よりはるかに少ない.

茶葉中のフラボノール・フラボン色素は被覆栽培では露地栽培に比べて生成が抑制され,含有量が減る.かぶせ茶,玉露の水色が薄いのはこの理由によるとみられる.

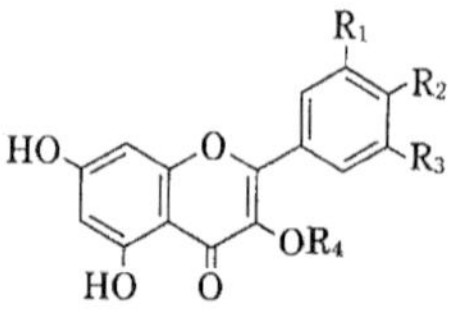

フラボノール配糖体	R_1	R_2	R_3	R_4
ケンフェロール 3-ラムノジグルコシド	H	OH	H	ラムノジグルコシド
ケルセチン 3-ラムノジグルコシド	OH	OH	H	ラムノジグルコシド

図 5.9 フラボノール配糖体の化学構造

(2) クロロフィルとその分解物[1,4]

蒸し時間の長い深蒸し煎茶では，透明な黄色でなく，緑色でとろりとした不透明な水色となる．深蒸し操作は蒸し時間が長いので茶葉組織が破壊され，茶の抽出液には緑色の茶葉組織片，細胞集合体のコロイド状のものが懸濁する．また，茶生葉細胞にはクロロフィル（葉緑素）を含むクロロプラスト（葉緑体）があり水には溶けないが，茶生葉を加熱乾燥して茶を製造すると，クロロフィルが変化してクロロフィリッド，フェオホルバイド，フェオフィチンなどとなり，水に溶けるようになる．これらが複合して緑色を呈すると考えられる．

(3) カテキン類とアミノ酸との着色物質[1,4,6,7]

荒茶の火入れ（90～120℃・20～30分），焙じ茶の焙じ処理（160～180℃・5～10分），缶ドリンク・ペットボトルの高温殺菌・超高温殺菌（120℃・7～10分，135℃・30秒）などでは，茶または茶浸出液は高温で処理される．この間の成分変化をみると，カテキン類，糖，でんぷん，ビタミンC，脂質，タンパク質，アミノ酸などが減少する．これらの物質は加熱により酸化され，また，各物質間の相互反応により，フレーバーや着色（褐色）物質などが形成される．

いろいろな物質を混合，加熱して調べる褐色物質の形成モデル実験では，カテキン類単独でも褐色色素の形成があるが，カテキン類（または糖）とアミノ酸の組合せで加熱すると，特徴的な物質ができる．この化学反応はメイラード反応といわれ，形成される物質はメラノイジンである．メラノイジンの化学構造はよくわかっていないが，茶に含まれる成分のモデル実験から，これらの色素について考察されている．

カテキン類とアミノ酸の色素形成では，(+)-カテキンとグリシン，アラニンなど各種のアミノ酸を170℃・10分以上加熱すると，アミノ酸の種類によって380～419 nmの可視部に最大吸収がある黄色～赤色の色素が形成された[4]．これらの着色物質は茶から見いだされたものではないが，茶の褐色色素の一部をなしていると考えられる．

また，アミノ酸-糖化合物であるテアニン-フルクトース，アスパラギン酸-フルクトース，スレオニン-フルクトースなどの組合せによるアマドリ化合物が見いだされたので[6,7]，これらを中間体とするメイラード反応によるメラノイジン色素が存在すると推察されている．

b. 紅茶の水色成分[4]

紅茶色素は新鮮茶生葉が萎凋・揉捻・発酵などの紅茶製造工程を経て形成される．その基本原理は，カテキン類が茶葉組織中の酸化酵素であるポリフェノールオキシダーゼ作用により，空気中の酸素で酸化され，「カテキン類＋酸素→キノン→→テアフラビン類（橙赤色色素），テアルビジン類（赤褐色色素）」へ進むものと考えられている．赤紅色で良質の紅茶をつくるには，カテキン類含有量が高く，ポリフェノー

ルオキシダーゼ活性の強いアッサム種が適しており，カテキン類含有量が低く，ポリフェノールオキシダーゼ活性も弱い緑茶用品種からは良い紅茶はできない．

(1) 紅茶の水色成分―溶媒による分離（1950年代の技術）

紅茶の浸出液は美しい赤紅色をしているが，その浸出液を①エーテル可溶性成分，②酢酸エチル可溶性成分，③残余水溶性成分に分けると，紅茶の色素成分や味成分はそれぞれの可溶性画分に分かれる．①は薄い黄色で，強い収斂味(渋味)のある画分（未酸化カテキン類），②は橙赤色で，収斂味のある画分（カテキン類の酸化物），③は暗褐色で，弱い収斂味のある画分（カテキン類の酸化重合物）などとなる．

(2) テアフラビン類，テアルビジン類―Robertsによる命名と定量[4,8〜12]

テアフラビン類，テアルビジン類の名称は1958年イギリスの化学者 E. A. H. Robertsによって命名され[8〜10]，定量法も提案された[11,12]．Robertsは紅茶の熱水抽出物を酢酸エチル可溶性成分と不溶性成分に分け，それぞれを2次元ペーパークロマトグラフィー（1次元：ブタノール-酢酸-水 (4:1:2.2)，2次元：2%酢酸）によって分離した．

酢酸エチル可溶性成分には1次元方向に展開する橙黄色のスポット X, Y があり，これをテアフラビン類と命名した．また，酢酸エチル可溶性成分で1次元方向に展開するがスポットにまとまらず橙褐色で帯状になる SI と，酢酸エチル不溶性（残余水溶性成分）で同様に展開して帯状になる SIa, SII を，テアルビジン類と命名した[8〜10]．

以上の定義をもとに，溶媒分別によりテアフラビン類，テアルビジン類の定量を次のように行った[11,12]．

・テアフラビン類：紅茶の熱水浸出液からメチルイソブチルケトンで抽出される色素（ただし酸性可溶性成分は除く）を380 nm または460 nm で測定．
・テアルビジン類：紅茶の熱水浸出液からテアフラビン類を除去した色素を380 nm または460 nm で測定．

テアフラビン類は化学構造が順次決められていったが，テアルビジン類は純粋に単離できない高分子化合物，かつ複雑な構造と考えられて，その実態は一向に解明されていかなかった．その後，テアルビジン類の名称はペーパークロマトグラム上のSI, SIa, SII のスポットという定義よりも，紅茶色素のうちテアフラビン類を除いた色素成分すべてを意味するようにあいまいに用いられている．

なお，テアフラビン類，テアルビジン類の諸性質の概要を表5.7に示した．

(3) 紅茶の水色成分―カラムクロマトグラフィーによる分類

ペーパークロマトグラフィーは視覚的にもわかりやすく，簡便でよい手段であったので，テアフラビン類・テアルビジン類もペーパークロマトグラフィーで定義されたが，その後分子篩（ふるい）のクロマトグラフィーが開発されると，紅茶色素の分離も試みら

表5.7 紅茶色素テアフラビン類およびテアルビジン類の諸性質

	色	性　質	含有量(%)	化学構造
テアフラビン類	橙色	熱水可溶，溶媒（酢酸エチルなど）可溶	0.3～2.0	ベンゾトロポロン環 カテキン類2量体 分子量：564～868
テアルビジン類	赤色～赤褐色	熱水可溶，大部分溶媒不溶	7～18	(詳細不明) ヘテロ高分子化合物 分子量[25]：700～2000 プロアントシアニジン類とアミノ酸，糖類，タンパク質が結合

れるようになった．

　紅茶水色成分をセファデックス LH-20 カラムで分離した例を図 5.10 に示した．

　実験例-1[13]では，紅茶の熱水抽出液を展開すると，フラクション I：酸化重合物，II：テアルビジン類（SII），III：テアルビジン類（SII, SIa），IV′：カテキン類，テアフラビン類，IV：テアフラビン類の 5 フラクションに分けられた．上級紅茶と普通紅茶を比較すると，上級紅茶にはフラクション II, III, IV′, IV が多く，フラクション I が少なかった．普通紅茶は逆であった．

　実験例-2[14]では，アッサム CTC 紅茶の 60% アセトン抽出物を 6 フラクションに分け，各フラクションの乾物重量，水色，味，化学物質を調べた．フラクション I，II はそれぞれ高分子テアルビジン類（TR-1），中分子テアルビジン類（TR-2）を含み，水色は淡褐色で，味は渋味を減少させるような灰様である．フラクション III は低分子テアルビジン類（TR-3）を含み，含有量も高く（重量は最も多い）水色は強い赤褐色を示すことから，紅茶の水色に最も重要な成分である．また，味に対しては好ましい柔らかさを与える．フラクション IV はクロロフィルと低分子テアルビジン（TR-3）を含む．フラクション V, VI はカテキン類やテアフラビン類を含み，水色は黄褐色で弱いが，紅茶の渋味を示し味に重要なフラクションである．この結果から，紅茶の抽出成分をカラムクロマトグラフィーによって分離することにより，主たる色素成分（III）と，渋味成分（V, VI）に分けることができることが示された．

（4）テアフラビン類の化学構造

　テアフラビン類は発色団である 7 員環のベンゾトロポロン核を有する化合物で，正確な構造決定は Takino らによってなされた[15～17]．おもなテアフラビン類はテアフラビン，テアフラビン 3-O-ガレート，テアフラビン 3′-O-ガレート，テアフラビン 3,3′-O-ジガレートなど 4 種類である（図 5.11）．その他の微量のテアフラビン類としては，イソテアフラビン，ネオテアフラビン，テアフラビン酸などが知られている．

（5）テアルビジン類の化学構造

　紅茶の赤色色素の大部分を占めるのはテアルビジン類である．Roberts が命名した

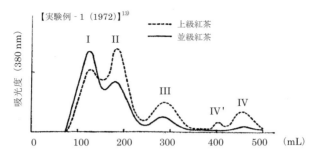

カラム：Sephadex LH-20（1×23 cm），溶出液：60%アセトン，検出：吸光度（380 nm），実線：上級紅茶の熱水抽出液，破線：並級紅茶の熱水抽出液．

フラクション	水 色	化学物質
I	褐色〜チョコレート色	酸化重合物
II	褐色〜チョコレート色	TR（SI）
III	黒味を帯びた紅赤色	TR（SII，SIa）
IV'	—	TF，Cat
IV	明るい橙赤色	TF

TR：テアルビジン，TF：テアフラビン類，Cat：カテキン類．

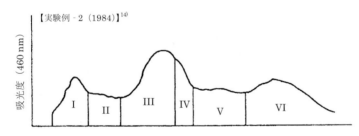

カラム：Sephadex LH-20（2.5×40 cm），溶出液：60%アセトン，検出：吸光度（460 nm），試料：アッサムCTC紅茶の60%アセトン抽出液．

フラクション	重量（mg）	水 色	味	化学物質
I	40	淡褐色	灰 様	TR-1（高分子），AA，CHA
II	20	淡褐色	灰 様	TR-2（中分子），AA，CHA
III	150	赤褐色	わずかに渋み	TR-3（低分子），AA，Caf，ほか
IV	40	暗褐色	焙煎コーヒー様	Chl，TR-3（低分子），ほか
V	40	黄褐色	渋 み	Cat，TF，ほか
VI	60	黄金色	渋 み	TF，TFGs，Cat，ほか

TR：テアルビジン，AA：アミノ酸，CHA：クロロゲン酸，Caf：カフェイン，Chl：クロロフィル，Cat：カテキン類，TF，TFGs：テアフラビン類．

図 5.10　紅茶抽出液のカラムクロマトグラフィー

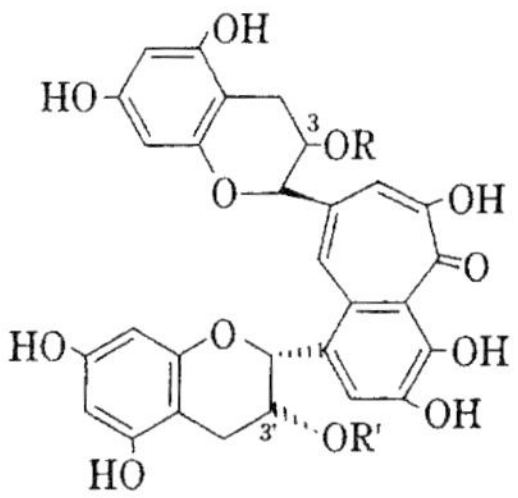

5.3 茶の成分

	R	R′
テアフラビン	H	H
テアフラビン 3-O-ガレート	ガレート	H
テアフラビン 3-O'-ガレート	H	ガレート
テアフラビン 3,3'-O-ジガレート	ガレート	ガレート

図 5.11 テアフラビンの化学構造

テアルビジン類は水溶性で一部溶媒可溶性のものもあるが，2 次元ペーパークロマトグラフィーを行うと SI, SIa, SII となって展開する．テアルビジン類は化学構造の違ういろいろな物質を含むヘテロ化合物で，紅茶には 7〜18% 程度含まれるとされている．

テアルビジン類は紅茶の水色成分のうちテアフラビン類を除いた色素成分とされるように，化学物質として明確な定義を欠いていた．Roberts 以来，数多くの論文が報告されているが，分子量，化学構造，性質，発色団などはっきりしていない．テアルビジン類についてのいくつかの論文を以下にあげる．

Brown ら[18,19]は，テアルビジン類の加水分解物からカテキン類，カテキンガレート類，アントシアニジン類，没食子酸が得られたことから，テアルビジン類はポリメリックなプロアントシアニジン類と考えた．

Bailey[20]は，紅茶浸出液からセルローズカラムクロマトグラフィー（Solka-Floc cellusose）により，褐色のテアルビジン類フラクションを分離し，テアフルビン（theafluvin）フラクションと命名した．タンパク質，カフェイン，フラボノール配糖体を含まず，フラバノールポリマーで，逆層分配 HPLC で上に凸の広いバンドを示した．

小澤ら[21,22]は，ブタノール可溶性のテアルビジン類をカラムクロマトグラフィーで分離した．その化学構造は，カテキン類およびカテキンガレート類からなる不安定なヘテロジナスポリマーで，分子内に B-リングと B-リング（C_6'-C_6'），C-リングと A-リング（C_4-C_8 または C_4-C_6）結合があり，ベンゾトロポロン環，O-キノン構造をもつと考察した．

田中隆ら[23,24]は,エピガロカテキンガレートが酵素酸化によりトリマー,テトラマーをつくることを示した.

Haslam[25]は,2003年にテアルビジン類についての総説を記し,テアルビジンの命名・分離,化学,化学構造について,現在までの研究の進展を総括している.

c. ウーロン茶の水色成分[4]

ウーロン茶,包種茶など半発酵茶は,萎凋・発酵などの処理条件に違いはあるものの,製造の基本原理はポリフェノールオキシダーゼによる酸化発酵で紅茶と同じである.カテキンが酸化されてテアフラビン類,テアルビジン類,酸化重合物などの赤褐色色素も形成されて,独特の風味となると考えられる.

煎茶,包種茶,ウーロン茶,紅茶のテアフラビン類含有量を調べた一例では,煎茶(静岡):0%,包種茶(台湾):trace,ウーロン茶(中国・鉄観音):0.09%,紅茶(インド・ダージリン):0.30%,ウーロン茶(台湾・東方美人茶):0.64%,紅茶(インド・アッサム):1.96%となった[26].テアフラビン類含有量が高いものほど発酵が進んでいるとすると,包種茶はわずかに発酵された茶であり日本の煎茶に近く,ウーロン茶でも中国の鉄観音はあまり発酵が進んでいないが,台湾の東方美人茶はよく発酵しており,水色も赤くテアフラビン類含有量はダージリン紅茶より多かった.アッサム紅茶(CTC紅茶)は美しい紅赤色の紅茶で,テアフラビン類含有量は最も高かった. 〔西條了康〕

引用・参考文献

1) 坂本裕(1970):茶業試験場研究報告,**6**:1-63.
2) 中川致之(1988):新 茶業全書(第8版)(静岡県茶業会議所編), p.481-484, 静岡県茶業会議所.
3) 山西貞(1992):お茶の科学, p.31-33, 裳華房.
4) 伊奈和夫ほか(2007):緑茶,中国茶,紅茶の化学と機能(伊奈和夫・坂田完三編), p.26-106, アイ・ケイコーポレーション.
5) 木幡勝則(2013):新版 茶の機能(衞藤英男ほか編), p.388-394, 農村漁村文化協会.
6) T. Anan (1979):*J. Sci. Food Agric.*, **30**:906-910.
7) 阿南豊正ほか(1981):日本食品工業学会誌, **28**:578-582.
8) E. A. H. Roberts *et al.* (1957):*J. Sci. Food Agric.*, **8**:72-80.
9) E. A. H. Roberts (1958):*J. Sci. Food Agric.*, **9**:212-216.
10) E. A. H. Roberts (1962):*The Chemistry of Flavonoid Compounds* (T. A. Geissman ed.), p.468-512, Pergamon Press.
11) E. A. H. Roberts, R. F. Smith (1961):*Analyst*, **86**:94-96.
12) E. A. H. Roberts, R. F. Smith (1963):*J. Sci. Food Agric.*, **14**:689-700.
13) 竹尾忠一・大沢キミコ(1972):日本食品工業学会誌, **19**:406-409.
14) M. Hazarika *et al.* (1984):*J. Sci. Food Agric.*, **53**:1208-1218.
15) Y. Takino, H. Imagawa (1963):*Agric. Biol. Chem.*, **27**:319-321.
16) Y. Takino *et al.* (1964):*Agric. Biol. Chem.*, **28**:64-71.

17) Y. Takino, H. Imagawa (1964)：*Agric. Biol. Chem.*, **28**：255-256.
18) A. G. Brown et al. (1969)：*Nature*, **221**：742-744.
19) A. G. Brown et al. (1969)：*Phytochemistry*, **8**：2333-2340.
20) R. G. Bailey et al. (1992)：*J. Sci. Food Agric.*, **59**：365-375.
21) T. Ozawa et al. (1996)：*Biosci. Biotech. Biochem.*, **60**：2023-2027.
22) T. Fujihara et al. (2007)：*Biosci. Biotech. Biochem.*, **71**：711-719.
23) R. Kusano et al. (2007)：*Chem. Pharm. Bull.*, **55**(12)：1768-1772.
24) 田中隆 (2008)：*YAKUGAKU ZASSHI*, **128**(8)：1119-1131.
25) E. Haslam (2003)：*Phytochemistry*, **64**(1)：61-73.
26) R. Saijo et al. (2001)：*Proceedings of 2001 International Conference on O-Cha (tea) Culture and Sciecnce, Session 2, Production, Oct. 5-8, Shizuoka, Japan*：268-271.

5.3.4　茶の香気成分

　茶の香気は，多数の微量揮発性成分からもたらされ，すでに 700 種以上の化合物が同定されている．茶は，茶樹の生葉を加工したものであるが，製法を変化させることで色，味，香りの異なる多様な製品をつくり出すことができる．この製造方法の違いから，茶は一般に不発酵茶の緑茶（蒸製緑茶，釜炒り製緑茶），半発酵の包種茶とウーロン茶，発酵茶の紅茶，微生物発酵茶の黒茶（漬物茶，堆積茶）に分類される．これらの茶の香気成分の多くは，茶生葉に含まれるそれぞれの植物固有のテルペン配糖体，カロテノイド，脂肪酸，アミノ酸，糖，カテキン類，リグニン類などの前駆体が加工中に変化して生成される．そのため，製造法の異なる茶では含まれる香気化合物には共通するものが多いが，その組成比には違いがみられ，それぞれの茶の嗜好特性となっている．茶の香りの研究は，1960 年代に開発されたガスクロマトグラフの登場で本格化し，1966 年までに 28 種の主要香気成分が同定された[1]．同時期，海外では紅茶の香気分析が行われている[2]．当初，香気分析は，試料の大量処理による化合物の分離同定[3,4]に重点が置かれたが，その後，連続蒸留法（SDE 法）により捕集した香気濃縮物を GC/MS 分析する手法が主流になり，少量の試料での香気分析が可能となった．しかし，加温による調製中にテルペン配糖体の加水分解，ラクトン環の開環などで分析結果（香気組成比）が大きく変わることが明らかにされ[5]，製品本来の香りが損なわれないよう成分変化が最小になる調製法を選ぶなどの注意が払われるようになった．そのため，浸出液抽出法（brewed extraction method）[5~7]や，これを改良した Porapack Q カラム吸着法[8]，Safe 濃縮器（solvent-assisted flavor evaporation）による濃縮物の調製法[9,10]などが開発され，今日に至っている．近年の SPME 法によるヘッドガス分析法は，製品への負荷を最小にし，再現性が高いことから，鼻腔を介して感じるオルトネーザル（orthonasal）や口腔を介して感じるレトロネーザル（retronesal）の香りを分析するのに適する．また，茶の含有成分の分析では，組成比を明らかにするとともに，ヒトがそれぞれの化合物を認知できる最小値，すなわち閾

値の検討も行われるようになった．そのため，香気濃縮物の濃度を徐々に薄めていき，GC 出口で分離された香りを嗅ぎ，最後まで感じられる化合物は寄与度が高いとする，におい嗅ぎ分析（GC/olfactometry）と AEDA 法（aroma extract dilution analysis）が開発された[11]．

a. 蒸し製緑茶

日本の煎茶や玉露のような蒸し製緑茶と，中国や日本の九州で製造されている釜炒り製緑茶では，殺青法の違いから香りが大きく異なる．蒸し製緑茶は高温の水蒸気により短時間で酵素を失活させるため，緑葉が有する「みどりの香り」[12]がほどよく保持され，爽やかなグリーン香と甘い焼海苔臭を特徴とする．蒸し製の殺青工程では酵素は完全には失活せず，それに続く揉捻工程で軟らかくなった葉組織に残存する加水分解酵素等が働き，配糖体からテルペンアルコールや芳香族アルコールの生成，みどりの香りの主体である (Z)-3-hexenol と酸の結合によるエステル化合物生成などが進むと考えられる（図 5.12）．さらに，加熱乾燥工程では，カロテノイド分解物による花香，アミノ酸加熱分解物，アミノ酸と還元糖のアミノ・カルボニル反応生成物による甘い香り，こうばしい香りが付加され，蒸し製緑茶の香りが生まれる．

(1) 新茶

日本人に好まれる新茶の香り（減圧蒸留法）の特徴成分は，(Z)-3-hexenyl hexanoate などの C_6 化合物エステルである[13]．新茶のヘッドガスには (Z)-3-hexenyl

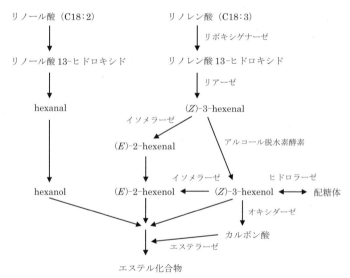

図 5.12　茶葉における C_6 化合物（みどりの香り）の生成（Hatanaka et al., 1973）

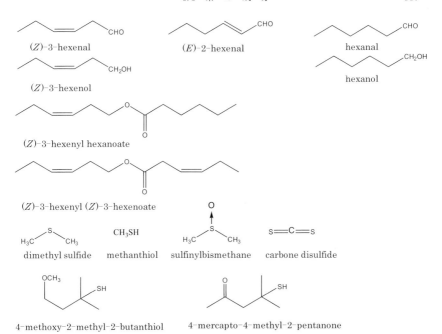

図 5.13 新茶の香りを特徴づける C_6 化合物と含硫化合物

hexanoate が多く含まれ（図 5.13），古茶にみられる propanal と 1-penten-3-ol がほとんど含まれない[14]．SPME 法によるヘッドガス分析では，(Z)-3-hexenol とそのエステルの (Z)-3-hexenyl hexanoate, (Z)-3-hexenyl (Z)-3-hexenoate が新茶グリーン香に重要であること，殺青により酵素作用を早期に止めてしまうため (Z)-3-hexenol から (E)-2-hexenol への転換が起こらず，発酵茶に含まれる (E)-2-hexenol とそのエステルを含まないこと[15]，また，dimethyl sulfide, methanthiol, carbone disulfide, sulfinylbismethane の含硫化合物が重要であること[16] が報告されている（図 5.14）．AEDA 法の探索では，におい閾値の低い 4-methoxy-2-methyl-2-butanthiol と 4-mercapto-4-methyl-2-pentanone の 2 種の含硫化合物が同定されている[17]．後者は火入れで生成し，新茶に含有量が高く新茶特有のグリーン香に寄与するという[18]．

(2) 覆い下茶

緑茶の最高級品である玉露やてん茶は，摘採前の遮光栽培により，芳しい花様，こうばしい焼海苔様の独特の香気「覆い香」をもつようになる．減圧蒸留法で調製した簡易被覆栽培のかぶせ茶の香りの分析では，β-ionone（9.4%），α-ionone（3.9%）などのヨノン系のカロテン分解物が大量含まれること，被覆生葉中にはその前駆体で

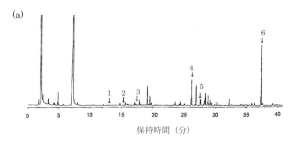

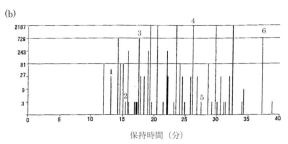

図5.14 緑茶のガスクロマトグラム (a) と, AEDA により得られたアロマグラム (b)（服部, 2006）
1:(Z)-3-hexenol, 2:decanal, 3:linalool, 4:geraniol, 5:β-ionone, 6:indole.

あるカロテンが露天生葉の1.5倍含まれ, 製茶工程で20～40%のカロテンが失われることから, カロテン分解物が覆い香の芳しい香りに寄与することが明らかにされ, 含有率の高い 2,6,6-trimethyl-2-hydroxycyclohexanone（14.3%）と 5,6-epoxy-β-ionone（7.7%）が緑茶の新規物質として同定されている[19,20]. さらにβ-カロテンを水中で90℃に加熱することで, カロテン分解物がほどよい配合で生成され, スミレやキンモクセイの花様の香りをもつことが確認されている[21]. 'やぶきた'種玉露の主要成分は, 2,6,6-trimethyl-2-hydroxycyclohexanone, linalool, geraniol, cis-jasmone, β-ionone, cyclohexanone, 5,6-epoxy-β-ionone, indole, caffeineであるとの報告もある[22]. 紅茶の製造工程でカロテノイドが光増感反応, 自動酸化, 酵素により分解することも報告されている[23～25]. また, 茶の製造中のカロテノイド分解物については総説[26]に詳しく述べられている. 茶生葉から単離されたカロテノイド分解酵素の最適温度は高温域（50℃以上）にあり, 緑茶製造工程中にも酵素活性が失われず, カロテノイド形成に寄与するとの報告もある[27].

玉露やてん茶をいれたときに感じられるトップノートの焼海苔臭は, S-メチルメチオニンスルフォニウム塩の分解により生成する dimethyl sulfide であることが早い段階で明らかにされている[28]. 同じく初期の研究で, 注射器にヘッドガスを採取し直

接 GC カラムに注入する方法により,てん茶,玉露,煎茶の順に,また上級茶,下級茶の順に香気量が減少すること[29],さらに Tenax GC trapping 法[30] により,dimethyl sulfide, 2-methylpropanal, 3-methylbutanal, pentanal, heptanal, α-ionone, β-ionone が被覆茶に多いことが確認されている[31]. Porapack Q カラム濃縮法による分析では,玉露とてん茶の蒸熱工程で heptanal, linalool oxide I, II, benzyl alcohol, 2-phenylethanol の増加と,(E)-2-hexenal, (Z)-3-hexenol, furfural, linalool, geraniol の減少が,またてん茶の乾燥工程で dimethyl sulfide の急増が確認されている[32].

最近の SPME 法を用いた京都のてん茶('さみどり'),玉露('さみどり','宇治みどり','宇治ひかり')のヘッドガス分析では,低沸点成分では dimethyl sulfide, acetaldehyde, propanal, 2-methylpropanal, 2-methylbutanal, 3-methylbutanal, hexanal が,また,中高沸点成分では (E),(Z)-3,5-octadienone, (E),(E)-3,5-octadienone, β-ionone, α-ionone, 2,6,6-trimethyl-2-hydroxycyclohexanone, β-cyclocitral, 5,6-epoxy-β-ionone, dihydroactinidiolide, 6-methyl-5-hepten-2-one, 6-methyl-(E)-5-heptadien-2-one, safranal, 3,3-dimethyl-2,7-octanedione のカロテノイド分解物が主要成分となっていること,玉露より高温の乾燥工程を経たてん茶では,焙焼香の 3-ethyl-2,5-dimethylpyrazine と 2,6-diethyl-3-methylpyrazine が 0.2% 前後含まれることが明らかにされている[33].

(3) 釜炒り茶

日本の釜炒り製緑茶(熊本産・青柳製)については,香気濃縮物をロータリーエバポレーターで減圧水蒸気蒸留して調製し,カラムで分画後,GC で分取して limonene, α-cubebene, α-terpineol, cubenol, epi-cubenol, nerolidol, α-cadinol, 10 員環化合物のゲルマクレンから誘導されるセスキテルペン化合物の α-copaene, trans-caryophyllene, γ-muurolene, farnesene (sesquiphellandrene), α-muurolene, γ-cadinene, δ-cadinene, calamenene, α-humulene のほか, heptanol, nonanol, decanol, 3,7-dimethyl-1,5,7-octatrien-3-ol, furfuryl alcohol, nonanal, 5-methylfurfural, 7,8-dihydro-α-ionone, 6-methyl-(E)-3,5-heptadien-2-one, (E)-3,(E)-5-octadine-2-one, 6,10,14-trimethylpentadecaonoe, (Z)-3-hexenyl hexanoate, (Z)-3-hexenyl benzoate, α-terpinyl acetate, coumarin, 4-ethylguaiacol, 4-vinylphenol, 1-ethyl-2-formylpyrrole, 2-acetylpyrrole, indole の計 36 化合物が同定されている[3,4]. 日本産釜炒り茶と中国龍井茶の香気濃縮物の GC/MS 分析では,それぞれ 100 以上のピークが検出され,中国の龍井茶の香気はピラジン類, linalool と linalool oxide 類, geraniol, 2-phenylethanol, ラクトン類,酸類の比率が高く,日本産釜炒り茶は,(Z)-3-hexenol, cis-jasmone, nerolidol, indole, benzyl cyanide が高いという結果が得られ,2,6,6-trimethylcyclohex-2-en-1,4-dione, cedrol, cadinol T, torreol, 3-methyl indole が茶の新規香気成分として同定され, safranal と methyl jasmonate も検出されている[34]。

浸出液抽出法による佐賀三根産のかぶせ釜炒り茶と露天釜炒り茶の分析では，methylpyrazine, 2,6-dimethylpyrazine, ethylpyrazine, 2,3-dimethylpyrazine, 2-ethyl-6-methylpyrazine, 2-ethyl-3,5-dimethylpyrazine, 2,6-diethyl-3-methylpyrazine, 6,7-dihydro-5H-cyclopentapyrazine, 2-methyl-6,7-dihydro-5H-cyclopentapyrazine の9種のピラジンを含む新規44物質が同定されている[35]。主要香気成分は，2-acetylpyrrole, maltol, furaneol, benzyl alcohol, indole, 4-vinylphenol, 1-ethyl-2-formylpyrrole, indole, dihydroactinidiolide, 1-ethyl-3,4-dehydropyrrolidone と，2,5-dimethypyrazine など12種のピラジン類であり，香気に占めるピラジン比率は露天釜炒り茶で9.1%，アミノ酸含量の高いかぶせ釜炒り茶では14.5% にのぼる。焙じ茶で見つかったL-テアニンとD-グルコース，D-キシロースのアミノ・カルボニル反応で生成する弱い焦げ臭物質[36] 1-ethyl-3,4-dehydropyrrolidone も，大きな幅広なピークとして検出している（図5.15）。AEDA法により，特徴成分は，2-acetyl-1-pyrrolidine, 2-acetyl-2-thiazole, 2-ethyl-3,5-dimethylpyrazine, 2,3-diethyl-5-methylpyrazine との報告もある[37]。

龍井茶浸出液の主要成分は，benzyl alcohol（11.2%），2-phenylethanol（10.9%），dihydroactinidiolide, hexanoic acid, nonanoic acid, maltol, 2-acetylpyrrole, geraniol, 2,6-dimethyl-3,7-octadiene-2,6-diol, 4-vinylphenol, theaspirone と数種のピラジン

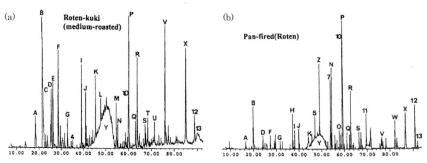

図5.15 釜炒り茶（a）と焙じ茶（b）の浸出液のガスクロマトグラム（川上，2000）
4：linalool, 5：linalool oxide, 7：benzyl alcohol, 10：maltol, 11：nonanoic acid, 12：indole, 13：coumarin, A：methylpyrazine, B：2,5-dimethypyrazine, C：2,6-dimethylpyrazine, D：2-ethyl-5-methylpyrazine, E：trimethylpyrazine, F：3-ethyl-2,5-dimethylpyrazine, G：2-acetylpyrazine, H：1-ethyl-2-formylpyrrole, I：5-methyl-6,7-dihydro-5H-cyclopentapyrazine, J：1-ethyl-2-acetylpyrrole＋4-butanolide, K：2-methyl-6,7-dihydro-5H-cyclopentapyrazine, L：1-ethyl-5-methyl-2-formylpyrrole, M：unknown（m/z：112), N：N-ethylsuccimide, O：2,6-dimethyl-3,7-octadiene-2,6-diol, P：2-acethylpyrrole, Q：2-formylpyrrole, R：furaneol, S：5-methyl-2-formylpyrrole, T：unknown（m/z：153), U：unknown（m/z：150), V：unknown（m/z：155), W：dihydroactinidiolide, X：4-vinylphenol, Y：1-ethyl-3,4-dehydropyrrolidone, Z：2-(2-butoxyethoxy)-ethanol.

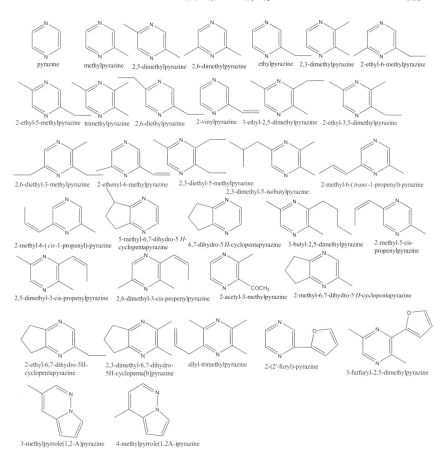

図 5.16 釜炒り茶,焙じ茶から検出された焙焼香成分・ピラジン化合物

であり,釜炒り香はアミノ酸と糖の加熱生成物のピラジン,ピロール,フラン,ピラン類によるとしている[38] (図 5.16).

(4) 焙じ茶

焙じ茶は,炒りの加減で焙焼香気成分の量が変わるため,嗜好に合わせ炒り加減を変えた緑焙じ茶,浅炒り,深炒り焙じ茶など多様な商品が販売されている.緑茶の火入れ香については,ピラジン,フラン,ピロール化合物がその原因物質であることが報告されている[39].減圧蒸留法による焙じ茶香気濃縮物からは 66 の化合物が同定され,その特有成分として 21 のピラジン化合物があげられている[40].また,火入れにより生成するモノテルペンアルコール 3,7-dimethyl-1,5,7-octatrien-3-ol が同定されている[41].緑焙じ茶の最適焙じ条件は,中級茶で 170℃・4 分,下級茶で 180℃・2 分,

番茶で190℃・3~4分,茎茶で200℃・2分との報告もある[42]．

　森田式自動連続焙じ茶機で強火入れ（100℃・15分），浅炒り（130℃・10分），中炒り（150℃・12分）の3条件で静岡産の露天荒茶と三重県産被覆荒茶から焙じ茶を作成し，浸出液抽出法で得られた香気から157の化合物が確認され，cyclotene (2-hydroxy-3-methyl-2-cyclopentenon), furfuryl acetate, maltol (3-hydroxy-2-methyl-4H-pyran-4-one), furaneol (4-hydroxy-2,5-dimethyl-3(2H)-furanone), 3-hydroxy-5-methyl-4H-pyran-4-one, 2,3-dihydro-3,5-dihydroxy-6-methyl-4H-pyran-4-one, 2-vinylpyrazine, 2-vinyl-6-methylpyrazine, 2,3-diethyl-5-methylpyrazine, 2,3-dimethyl-5-isobutylpyrazine, quinoxaline, 2-methylquinoxaline など,86成分が焙じ茶香気新規成分として同定されている[35]．浅炒りにより，焙じ香に寄与する pyrazine, methylpyrazine, 2,5-dimethylpyrazine, 2,6-dimethylpyrazine, 2-ethyl-5-methylpyrazine, trimethylpyrazine, 3-ethyl-2,5-dimethylpyrazine, 2-ethyl-3,5-dimethylpyrazine, 6,7-dihydro-5H-cyclopentapyrazine, 2-methyl-6,7-dihydro-5H-cyclopentapyrazine などのピラジン類が30種生成し，香気の23~40%を占めるようになること，深炒りではその比率が低下することから，浅炒りが焙じ条件に適するとしている．

　焙じ茶25成分の香りへの寄与度では，AEDAにより 2-ethyl-3,5-dimethylpyrazine のFDファクターが4096と高く，そのほか 2,3-diethyl-5-methylpyrazine (512) と tetramethylpyrazine (512~256) がこうばしさに強く影響するとしている[43]．Safe装置を用いた実験では，furfuryl mercaptane, 2-vinyl-3,5-dimethylpyrazine の2成分を新規同定し，2-ethyl-3,5-dimethylpyrazine および 4-hydroxy-2,5-dimethyl-3(2H)-furanone と次いで 2-acetyl-1-pyrroline, (Z)-1,5-octadien-3-one, furfuryl mercaptan, 2,3-diethyl-5-methylpyrazine, (E),(E)-2,4-nonadienal, β-damascone, β-damascenone が焙じ茶香気に重要であるとしている[44]．

b. ウーロン茶

　ウーロン茶（青茶）は中国と台湾で製造されている半発酵茶（発酵度15~70%）であるが，室内萎凋（indoor withering）に入る前の日光萎凋（solar withering）と，室内萎凋中に数回のターンオーバーを行い，釜で炒って乾燥する点が紅茶の製造と異なる．日光萎凋による太陽光エネルギーで励起状態がつくられ，一重項酸素による不飽和脂肪酸やカロテノイドの光増感酸化反応により過酸化物の生成が進むと考えられる．また，その後のターンオーバーにより茶葉酵素が働き，jasmine lactone などのラクトンや methyl jasmonate などのエステルが生成し，桃やココナッツミルクのような特有香が生まれる．カロテノイドの光増感反応では，芳しい花の香りをもつヨノン系化合物が生成する（図5.17）．

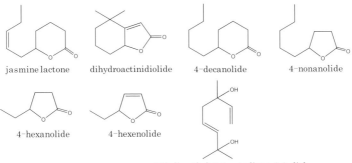

図 5.17 ウーロン茶に特徴的な香気成分

最適の日光萎凋時間とターンオーバー回数を検討した実験では，15 分の日光萎凋で benzyl alcohol, 2-phenylethanol, indole が増加すること，3〜5 回のターンオーバーで (Z)-3-hexenol のエステル類，hexanoic acid, α-farnesene, nerolidol, jasmine lactone が増加することが確認されている[45]．同条件のモデル実験では，ウーロン製法の特徴成分として，(Z)-3-hexenyl hexanoate, neroridol, jasmine lactone, indole, methyl jasmonate があげられている[46]．日光萎凋の代わりに白熱灯または遠赤外光による室内萎凋（40℃・2 時間）と通常の室内萎凋（室温・4 時間）に 30 分ごとのソフトハンド攪拌を組み合わせ，テルペンアルコール，benzyl alcohol, 2-phenylethanol, methyl salicylate, jasmine lactone, indole が増加することが確認されている[47]．

ウーロン茶は茶樹品種（武夷大葉種の'水仙'，小葉種の'鉄観音'，交雑種の'色種'，'青心烏龍'）や産地の違い，萎凋時間等の製法上の差異などにより，多様な製品がつくられている．

(1) 赤ウーロン

台湾の赤ウーロン（東方美人，香濱烏龍 Chan Pin Oolong）は，ウンカ（チャノミドリヒメヨコバイ；*Emposca flavescens* もしくは *Emposca onukii*）の加害を受けた茶芽を発酵度 70% に高めて加工したもので，独特のマスカット香を有する．浸出液抽出法により，2,6-dimethyl-3,5-otadiene-2,6-diol（18.4%，リンゴ香）およびその加熱脱水物[41]である 3,7-dimethyl-1,5,7-octatrien-3-ol（3.0%，マスカット香，グリーン香）が特有香として同定されている[7]．そのほか赤ウーロン茶には，発酵中の加水分解で前駆体の配糖体から生成する linalool oxide 類，geraniol, benzyl alcohol, 2-phenylethanol が主要香気成分として含まれている．2,6-dimethyl-3,5-heptadiene-2,6-diol は，1980 年に茶から同定されており[48]，linalool の光増感反応で生成するとの報告がある[49]．また，本物質は，加害を受けた茶芽が害虫ウンカの天敵を呼びよせるための他感作用物質（アロモン allomone）であることが後に明らかに

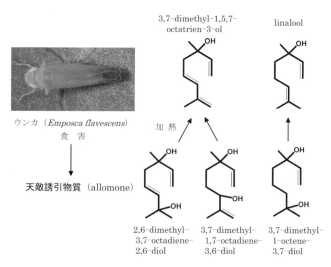

図5.18 赤ウーロン茶,ダージリン紅茶にみられるウンカ食害によるテルペンジオール化合物の生成と加工中の変化

されている[50,51]（図5.18）.ウンカの加害を受けた赤ウーロン茶の萎凋中の茶葉では,ストレス応答に関する数多くの遺伝子が発現しているとの報告もある[52]．

最高級の赤ウーロン茶の浸出液ヘッドガスの主要成分は,geraniol (16.4%), 3,7-dimethyl-1,5,7-octatrien-3-ol (15.5%), linalool (8.0%), linalool oxide I (4.7%), II (4.1%), methyl salicylate (%), 2-phenylethanol (2.3%) であった．本品の場合にはウンカ加害で増加する2,6-dimethyl-3,5-octadiene-2,6-diolは0.1%と少ないが,製造工程中の加熱で3,7-dimethyl-1,5,7-octatrien-3-olに変化したものと考えられる．閾値が低く爽やかなグリーン香をもつ3,7-dimethyl-1,5,7-octatrien-3-olへの変化は,嗜好性の向上,とりわけマスカテル（マスカット様の香り）の付加に寄与する．

(2) 黄金桂

黄金桂は,中国安渓で'黄棪'品種を使って製造され,桃と桂花の香りを有することから日本人に好まれる．黄金桂の香気分析で得られたガスクロマトグラムを図5.19に示した．香気の調製法の違いにより香気パターンが大きく異なることがわかる．香りの特徴成分は, jasmine lactone (26.4%), 2-phenylethanol (17.2%), indole (11.9%), methyl jasmonate (3.3%), 2-phenylethyl benzoate (2.29%), benzyl cyanide (3.6%) である[7]．ウーロン茶に特有のmethyl jasmonateは,閾値の低いシス型のepi体,すなわちmethyl epijasomonateであり,絶対構造は昆虫の性フェロモンと同じ (1R, 2S) であると予想されている[53]．

浸出液のヘッドガスの主要成分はウーロン茶に特徴的な成分のlinalool (9.6%),

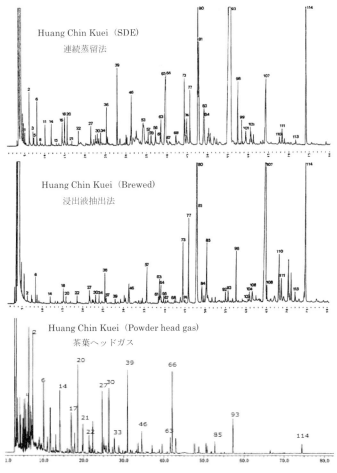

図5.19 黄金桂 (Huang Chin Kuei) 香気のガスクロマトグラム (抽出法の違いによる香気成分比較)

linalool oxide I (2.1%), II (2.1%), 3,7-dimethyl-1,5,7-octatrien-3-ol (3.1%), geraniol (2.6%), nerolidol (3.5%) のテルペンアルコールと 2-ethylhexanol (4.9%), hexanal (5.8%), heptanal (2.3%), nonanal (3.3%), 6-methyl-5-hepten-2-one (5.0%), indole (2.2%), jasmine lactone (0.4%), methyl jasomonate (0.1%) で, バランスよく含まれる[54]。

(3) 武夷単欉

武夷岩茶のなかでも若芽を原料にした中国最高級ウーロン茶の武夷単欉は, 甘い桃の香りのラクトンが特有香となっており, jasmine lactone (27.8%), dihydroactinidiolide (7.9%), 5-decanolide (2.61%), 4-hexenolide (0.2%), 4-hexanolide (1.9%), 4-nonanolide (0.1%) などを含有する[38]. 2,6-dimethyl-3,5-heptadiene-2,6-diol も 8.5% 含まれることから, ウンカの加害を受けていると考えられる.

(4) 鉄観音

中国福建省安渓の鉄観音と台湾文山の鉄観音では, 香りの組成が異なる. 安渓鉄観音の浸出液ヘッドガスの主成分は, linalool (7.7%), 6-methyl-5-hepten-2-one (5.8%), hexanal (5.6%), dimethyl sulfide (4.1%), nerolidol (3.7%), nonanal (2.7%), indole (2.1%), 3-methylbutanal (2.1%), β-cyclocitral (2.0%) で, カルボニル化合物の比率が高く, jasmine lactone は 0.7% である. 特有の桂花の香りはカロテノイド分解物による[54].

台湾文山の鉄観音は, 3,7-dimethyl-1,5,7-octatrien-3-ol (7.0%) の含有比が高く, ウンカ芽を原料としていると考えられる. また, hexanal (4.6%), 6-methyl-5-hepten-2-one (3.4%), 2-methylbutanal (3.3%), $(E)(E)$-2,4-heptadienal (2.3%) など鉄観音特有のカルボニル化合物が高いほか, furfural (3.8%), 1-ethyl-2-formylpyrrole (3.3%) などの火入れ香が認められ, 高品質のものがつくられている.

(5) 凍頂ウーロン

台湾を代表する凍頂ウーロンの浸出液のヘッドガスは, dimethyl sulfide (25.9%), 3,7-dimethyl-1,5,7-octatrien-3-ol (8.6%), indole (5.5%), linalool (5.2%), hexanal (4.3%), 6-methyl-5-hepten-2-one (2.6%), nerolidol (1.5%), β-ionone (1.1%) が主要成分で緑茶に近い組成となっており, ウーロン茶に特徴的な jasmine lactone は 0.7% と少ない. 3,7-dimethyl-1,5,7-octatrien-3-ol の値が高いことから, ウンカ芽が原料に使われていると考えられる.

c. 紅茶

紅茶は茶生葉の酸化酵素や加水分解酵素の作用を 100% 利用する発酵茶である. 産地・原料茶品種・摘採時期・等級により紅茶の香りは大きく異なる. 主要産地国はインド, スリランカ, 中国, ケニアであるが, ネパール, インドネシア, トルコなどでも製造される. 酵素活性の高い大葉系のアッサム種を原料とする地域が多いが, インド・ダージリンやネパール紅茶のように, 小葉系中国種や交雑種を原料とするものもある.

発酵過程で酸化・重合・加水分解など種々の反応が進むため, 香りを構成する成分も複雑で, 多数の化合物が同定されている[55]. 紅茶香気の重要な成分である (Z)-3-hexenol, linalool, linalool oxide 類, geraniol, benzyl alcohol, 2-phenylethanol, methyl salicylate については, その挙動について研究が進められた. その結果, 茶生葉中ではこれら主要なアルコール類は, β-primeveroside (6-O-β-D-

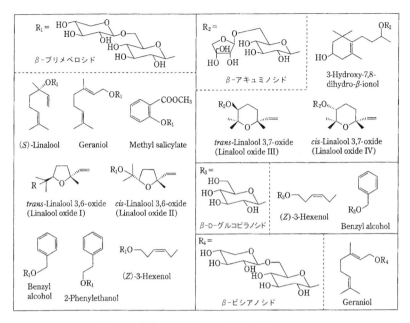

図 5.20 茶葉より単離された配糖体(坂田,2007)

xylopyranosyl-β-D-glucopyranoside),6-O-β-D-apiofuranosyl-β-glucopyranoside,β-glucopyranoside, β-vicianoside (6-O-α-L-arabinopyranosyl-β-D-glucopyranoside)などの糖と結合し,安定な配糖体の形で存在すること[56~60](図5.20),葉が傷害を受け,茶葉の加水分解酵素であるβ-primeverosidaseやdiglycosidase[61~63]が働くと,糖部がはずれて揮発性の香気成分となることなど,生成メカニズムが明らかにされた.なお,茶に配糖体が残存していれば,茶を煮沸するなど加熱操作でも加水分解が起き,これらのアルコール類は生成する[5].

(1) ダージリン

インドの西ベンガル,ダージリン(Darjeeling)地方で産出され,マスカット様(マスカテル)の特有香をもつ.この独特の香りは,台湾の赤ウーロン茶と同じようにウンカ芽を利用することでもたらされる.ダージリン紅茶の摘採は年4回(First flush,Second flush, Monsoon, Autumn)であるが,ウンカの飛来が活発なSecond flush(5月以降)でマスカテルが強くなる.特有香は,ウンカの加害が引き金になって,ウンカの天敵を誘引するために新芽が生成する2,6-dimethyl-3,7-octadiene-2,6-diol(リンゴ香)と,その脱水化合物である3,7-dimethyl-1,5,7-octatrien-3-ol(爽やかで新鮮なグリーン香)の2種の化合物によってもたらされる[7].前者は1 ppb~1 ppmでウンカを誘引する[50].

80以上ある茶園は標高500〜1500 mに分布し,香りパターンは多様である.35種のダージリン紅茶から浸出液抽出法で得られた香気の主要成分は,2種の鍵物質である 2,6-dimethyl-3,7-octadiene-2,6-diol (8.2%), 3,7-dimethyl-1,5,7-octatrien-3-ol (0.7%) のほか,linalool (3.1%), linalool oxide I (4.6%), II (10.8%), III (4.4%), IV (8.5%), geraniol (4.8%), methyl salicylate (3.2%), benzyl alcohol (10.9%), 2-phenylethanol (17.1%), dihydroactinidiolide (0.7%), trans-geranic acid (2.2%), hexanoic acid (3.0%), (Z)-3-hexenoic acid (1.1%), (E)-2-hexenoic acid (3.9%) の16種であるが,鍵物質の存在とそれぞれの成分のバランスが良否に重要である[55,64]．

また,12種のダージリン紅茶の浸出液のヘッドガスからは,(Z)-3-hexenol (2.1%), (E)-2-hexenol (0.3%), linalool (29.8%), linalool oxide I (4.1%), II (8.5%), III (0.2%), geraniol (18.9%), methyl salicylate (12.9%), benzyl alcohol (0.7%), 2-phenylethanol (1.1%) と,2種の 2,6-dimethyl-3,7-octadiene-2,6-diol (0.1%), 3,7-dimethyl-1,5,7-octatrien-3-ol (2.1%) の鍵物質が主要成分として検出されており,組成比だけでなく香気総量も紅茶の良否に影響を与えている[54,65,66] (図5.21). ダージリン紅茶は,アッサム種を原料とする紅茶に比べ geraniol の含有比が高く,中国種の特徴をもっている.同じヒマラヤの丘陵地帯で産するインドのシッキムやネパールの紅茶もダージリンに匹敵する高い品質のものとなっている (図5.22).

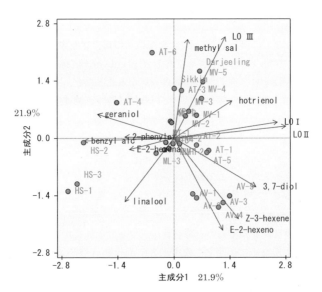

図5.21 30種のネパール紅茶の主要13成分による主成分分析(茶葉ヘッドガス)

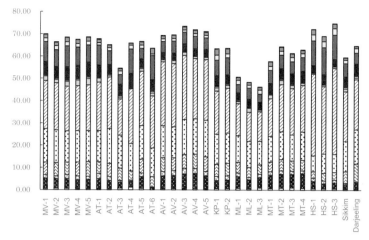

■ 2,6-dimethyl-3,7-octadiene-2,6-diol   ■ 2-phenylethanol   □ benzyl alcohol   ■ geraniol
■ methyl salicylate   □ linalool oxide III   ■ 3,7-dimethyl-1,5,7-octatrien-3-ol
☒ linalool   ▣ linalool oxide II   ▨ linalool oxide I   ⊠ (E)-2-hexenol
■ (Z)-3-hexeneol   □ (E)-2-hexenal

図 5.22　ネパール紅茶，インド・ダージリン紅茶，シッキム紅茶の主要成分比較

　AEDA 分析では，特に寄与度の高い成分として linalool, hexanoic acid, vanillin の 3 成分があげられ，次いで (Z)-3-hexenol, phenylacetaldehyde, methyl salicylate, geraniol, (Z)-3-hexenoic acid, heptanoic acid が重要とされている[67]. また，オート・フレークの香りを有する (E), (E), (Z)-2,4,6-nonatrienal が重要であるとの報告もある[68].

(2)　ウ　バ

　ウバ（Uva）はスリランカを代表する紅茶で，標高 1300 m の高地の東側で産出される．山を挟んで西側にはヌワラエリア（Nuwara Eliya）とディンブラ（Dimbula）がほぼ同緯度で並んでいる．スリランカの紅茶は，新鮮なスズラン香を特徴とするが，浸出液抽出法で得られたウバ香気（品種 'Clone-DT-1'）の主要成分は，benzyl alcohol (14.3%), linalool (7.4%) とその 3 種のオキシド linalool oxide I (3.4%), II (20.0%), IV (13.6%), indole (4.5%)，および methyl salicylate (2.4%) である．異なる品種 'Clone-2025' の香気は hexanoic acid (10.7%), linalool (9.6%) とオキシド II (9.0%), IV (5.4%), (Z)-3-hexenoic acid (9.4%), methyl salicylate (7.7%), indole (4.5%), dihydroactinidiolide (3.8%), (E)-2-hexenoic acid (3.5%), jasmine lactone (3.4%), (Z)-3-hexenol (2.9%) で，組成が異なる[7].

　浸出液ヘッドガスの主要香気成分は，methyl salicylate (40.8%), linalool (14.4%), linalool oxide II (2.4%), (E)-2-hexenal (7.4%), (Z)-3-hexenol (1.4%), (Z)-3-

hexenyl acetate (2.9%), (E), (E)-2,4-heptadienal (2.6%), 6-methyl-5-hepten-2-one (2.2%) で, 新鮮なグリーン香を有する (E)-2-hexenal とスズラン香を有する linalool が香気の鍵になっている. ミント香を有する methyl salicylate の含有量が浸出液抽出法に比べ著しく高いのは, methyl salicylate の付香が疑われる[55]．

ディンブラの浸出液ヘッドガスの主要香気成分は, linalool (26.1%), (E)-2-hexenal (13.2%), methyl salicylate (10.1%), linalool oxide II (5.7%), (Z)-3-hexenol (2.4%), geraniol (2.3%), 2-phenylacealdehyde (2.1%), linalool oxide I (1.9%) である[33].

標高400～600 m の中部地域キャンディ (Kandy) の浸出液ヘッドガスの主要香気成分は, (E)-2-hexenal (4.4%), (Z)-3-hexenol (3.9%), (E)-2-hexenol (2.9%), linalool (26.0%), linalool oxide (4.2%), methyl salicylate (12.1%), geraniol (3.5%), 2-phenylacetaldehyde (2.0%) で, 青葉アルデヒド, 青葉アルコールの爽やかな香気物質の比率が高い[33].

また, 最も標高の高い 1800～2000 km の高地, ヌワラエリアの茶葉もウバ茶に比べ linalool, linalool oxide II, (Z)-3-hexenol, (Z)-3-hexenyl acetate の含有比が高い[54].

ウバ茶の AEDA 分析では, linalool, vanillin, pentanoic acid, methyl salicylate が重要であるとしている. また, スリランカ紅茶の特徴的成分として *cis*-4,5-epoxy-(E)-2-decanal, および *trans*-4,5-epoxy-(E)-2-decanal が同定されている[69].

(3) 祁門

祁門紅茶 (Keemum) は, 中国系小葉種を原料にして中国安徽省祁門県で産する黒色の濃い紅茶で, 甘くスモーキーな香りをもつ. その浸出液は, 中国系茶葉の特徴である benzyl alcohol (14.8%), 2-phenylethanol (16.0%), geraniol (3.1%) の含有量が高く, linalool (1.0%), linalool oxide I (1.6%), II (3.8%), III (1.8%), IV (3.5%) が低い[7,31].

(4) 正山小種

正山小種 (Xiao-zhong-Souchong, ラプサンスーチョン) は, 中国福建省武夷で産出される, 紅茶のルーツといわれる歴史ある紅茶で, 松葉で燻蒸乾燥する工程をとる. そのため, フェノール化合物や松葉に含まれるテルペノイドが付香され, 強い燻し香をもつようになる. 浸出液の香気成分には, 松葉の香り成分, グリーン香の α-terpineol (2.1%), ナツメグ香の 4-terpineol, 松葉香の junipene (3.0%) が含まれるようになり, 茶葉本来の linalool (0.1%) や geraniol (0.2%) はごくわずかしか含まれない. その代わりに煙の成分である guaiacol (6.3%), phenol (5.6%), 4-methylguaiacol (5.4%), methylphenol (4.9%), 4-ethylguaiacol (3.7%) や, アミノカルボニル反応で生成する 2-hydroxy-3-methyl-2-cyclopentenone (3.8%),

5-methylfurfural（2.1%），2-formylpyrrole（1.9%），3-methyl-2-cyclopentenone（1.2%）などの甘い焙焼香が含まれる[31,70]．

(4) 後発酵茶

中国のプーアル（普洱）茶に代表される後発酵茶は，酵素を失活させた後に浸漬または堆積して微生物発酵させた茶である．樽に漬け込み嫌気的条件下で乳酸発酵や酢酸発酵させたものを漬物茶，堆積して好気的条件下でかび発酵させたものを堆積茶とよんでいる．漬物茶には，中国シーサンパンナ（西双版納）タイ（傣）族自治州のニイエン（niang），タイのミアン（miang），ミャンマーのラペソー（letpet），四国の碁石茶，石鎚黒茶，阿波晩茶（番茶）がある．堆積茶には中国のプーアル茶，富山黒茶がある．漬物茶では乳酸菌等がつくる酸臭が，堆積茶ではかびがつくるかび臭が香りの特徴となっている．初期の頃のSDE法による分析で，乳酸菌等のバクテリア発酵を経るミアン[71]，碁石，阿波晩茶から4-methylguaiacol, 4-ethylphenol などのフェノール化合物を[72]，かび発酵を経るプーアル磚茶[73]，富山黒茶[74]，碁石茶からは，これらフェノール化合物とともに2,6-dimethoxyphenol, 2,6-dimethoxy-4-methylphenol, 1,2-dimethoxybenzene, 1,2,3-trimethoxybenzene, 1,2-dimethoxy-4-methylbenzene, 1,2-dimethoxy-4-ethylbenzene, 1,2,3-trimethoxy-5-

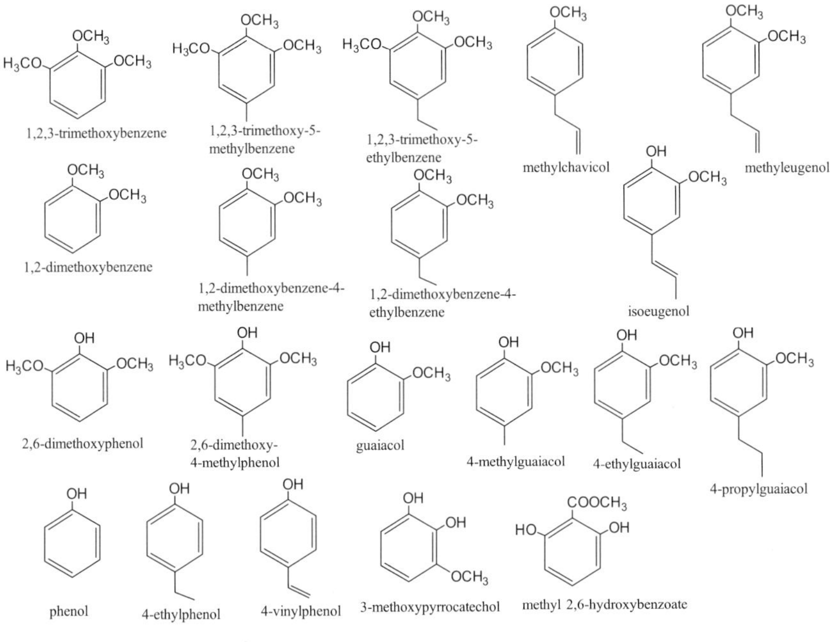

図 5.23　後発酵茶の特有成分（フェノール化合物）

methylbenzene, 1, 2, 3-trimethoxy-5-ethylbenzene などのメトキシベンゼン類が特有成分として同定されている[31,38]（図5.23）．これらの揮発性フェノール類は茶葉や茎に含まれるリグニンやポリフェノール化合物から微生物発酵で生成すると考えられる．特に，後者のメトキシベンゼン類は，かびの代謝系であるメチル化抱合（無毒化のための機構）で生成されると考えられ，かつお節などにも認められる．

最近の後発酵茶のヘッドガス分析では，酸化反応生成物のオキシド化合物を中心に33種の新規化合物が同定されている[75,76]．

(1) プーアル茶

プーアル（普洱）茶は，雲南省を発祥とする黒茶であったが，現在では，四川省，広西省，湖南省，台湾，香港でも生産されており，産地，製法，発酵度等の違いにより多様な製品が存在する．そのため，製品の香りにはそれぞれ大きな違いがみられる．現在の一般的な製法では，中国大葉系茶葉を炒製で茶葉温度80℃程度の低温で晒青後，よく揉捻して日光にさらし乾燥したものをプーアル茶の原料としている（晒青毛茶）．晒青毛茶を1つずつ袋に詰め，1分間蒸した後，袋の口を絞り重石をして上に乗って円盤状に成形し，乾燥棚で乾燥する（プーアル生茶）．その後，倉庫で熟成させると緑磚茶となる．

渥堆工程を入れて，かび発酵を積極的にさせた製品をプーアル熟茶と呼んでいる．渥堆は，原料の晒青毛茶を2m高さに積み，上から水分25～30%になるよう水を加え，1～1.5ヶ月置きかび発酵させる工程である．それを乾燥させると葉がバラバラの散茶となり，成形すると黒磚茶となる．プーアル茶香気の特徴は，かび発酵や酸化反応によるかび臭や古臭である．

発酵度の高いプーアル黒磚茶浸出液のヘッドガスからは300を超える化合物が認められ，2-ethylhexanol (10.7%), α-terpineol (2.9%), linalool oxide II (2.5%), linalool oxide I (1.8%) が高く，hexanal (15.3%), nonanal (6.2%), heptanal (2.0%), (E)-2-nonenal (1.1%), (E)-2-octenal (1.0%), pentanal (0.8%), octanal (0.7%), butanal (0.6%), $(E), (Z)$-2, 6-nonadienal (0.6%), (Z)-4-heptenal (0.4%), $(E), (E)$-2, 4-nonadienal (0.4%) などの不飽和脂肪酸分解物のアルデヒド，β-ionone (2.4%), safranal (1.6%), geranylacetone (1.1%), 6-methyl-5-hepten-2-one (1.0%), β-cyclocitral (1.0%), dihydroactinidiolide (1.0%), α-ionone (0.9%), 2, 2, 6-trimethyl-3-keto-6-vinyl-tetrahydropyran (0.9%) のカロテン分解物やエポキシ化合物が確認されている．また，1, 2, 3-trimethoxybenzene (6.7%), 1, 2-dimethoxybenzene (2.8%), 1, 2, 4-trimethoxybenzene (0.8%), 2-methoxy-4-ethyl-6-methylphenol (0.69%), 1-methyl-3, 4-dimethoxybenzene (0.4%), 1, 2, 3-trimethoxy-5-methylbenzene (0.4%) などメトキシベンゼン類が認められている[75,76]．

かび発酵度の低い黒色散茶のプーアル茶(浸出液ヘッドガス)では,linalool (43.1%), linalool oxide II (7.6%), linalool I (3.3%), (E)-2-hexenal (5.3%), (Z)-3-hexenol (2.7%), hexanal (2.4%), methyl salicylate (3.5%), geraniol (2.4%) の含有量が高く,メトキシフェノール化合物がほとんど認められないものもある[54]。

浸漬液抽出法によるプーアル茶からも,1,2,3-trimethoxybenzene (12.0%), 1,2,3-trimethoxy-4-ethylbenzene (1.3%), 1,2-dimethoxybenzene (1.7%), 2,6-dimethoxyphenol (0.8%), 1,2-dimethoxy-4-methylbenzene (0.4%), 1,2-dimethoxy-4-ethyl-benzene (0.4%) と 1,2,3-trimethoxy-4-benzyl alcohol (3.6%), 1-(3,4,5-trimethoxyphenyl)-ethanone, 7-methoxycoumarin の新規成分が認められている。そのほか,dihydroactinidiolide (10.3%), 3,7-dimethyl-1-octen-3,7-diol (6.3%), benzophenone (4.0%), hexanoic acid (8.1%), 2-formylpyrrole (2.1%), thaspirone (1.4%) も特徴ある成分として含まれている[38]。

(2) 碁石茶

碁石茶は,茶粥などに利用されてきた漬物茶で,酸臭のある梅干のような香りをもつ。在来の古葉を含めた30 cmの枝を刈り取り,蒸し桶で90分蒸した後,床に40 cmの厚さに堆積し1週間予備発酵させる。さらに,蒸し汁と一緒に木桶に入れ,重石をして10日間発酵させた後,3 cm角に切って天日乾燥したもので,かび発酵と乳酸発酵の2工程を経たものである。初期の時代のヘッドガスをTenaxに吸着させた分析では,酢酸が5.6%と高含量で検出された[31]が,最近のSPMEによる浸出液ヘッドガス分析[76]では,酢酸は0.41%と低く,2-methylpropanal (8.8%), methanethiol (7.5%), 4-ethylphenol (5.3%), 1-ethylformylpyrrole (4.2%) がきわめて高くなっている。茶葉中で配糖体として存在するlinalool (2.3%), linalool oxide I (1.9%), linalool oxide II (1.6%), benzyl alcohol (2.9%), 2-phenylethanol (1.1%), methyl salicylate (1.7%) の含有比も高めである。微生物発酵で生成されると考えられる3-methylbutanal (2.2%), benzyl acetate (0.6%), 2-propanol (0.5%), butyl acetate (0.4%), 3-hydroxy-2-pentanone (0.3%), 2-phenylethyl acetate (0.3%), 吉草酸 (0.2%), 3-methylbutanol (0.2%), ethyl lactate (0.2%) など2級アルコール,酸,エステルが含まれる。また,2,6,6-trimethylcyclohexanone (2.8%), geranylacetone (2.7%), β-cyclocitral (2.3%), safranal (2.1%), 6-methyl-5-hepten-2-one (2.0%), β-ionone (1.3%), α-ionone (1.2%), 3,5,5-trimethylcyclohexan-2-one (1.1%), dihydroactinidiolode (0.48%), 2,6,6-trimethyl-1-cyclohexen-acetaldehyde (0.12%) などカロテン分解物の含有比が高く,また,hexanal (1.2%), 1-octen-3-ol (0.9%), nonanal (0.9%), octanal (0.4%), decanal (0.4%), pentanal (0.4%) など不飽和脂肪酸分解物も認められ,天日乾燥が香気生成に関与している。

石鎚黒茶も碁石茶とほぼ同じ製法で製造され,香気組成は碁石茶に似るが,さ

らに発酵度が高いため，酢酸（1.6%）がやや高く，benzyl acetate（1.9%），3-methylbutyl acetate（1.1%），(Z)-3-hexenyl acetate（1.0%），2-phenethyl acetate（0.5%），(Z)-2-penten-1-yl acetate（0.4%）のエステルが認められる[76]．

(3) 阿波晩茶（番茶）

阿波晩茶浸出液のヘッドガスでは，配糖体の加水分解で生成する linalool（7.9%），linalool oxide I（2.9%），linalool oxide II（2.7%），benzyl alcohol（4.4%），methyl salicylate（1.9%），2-phenylethanol（1.2%）の含有比が高い[76]．阿波晩茶は，天日乾燥の影響が強いのが特徴で，β-cyclocitral（3.5%），6-methyl-5-hepten-2-one（3.4%），α-ionone（3.0%）などカロテン分解物が多数認められ，漬物茶の特徴である脂肪族アルコール，アルデヒド，エステルなど発酵生成物も認められる．

(4) 富山黒茶

堆積茶である富山黒茶浸出液のヘッドガスの特徴は，hexanal（13.0%），3-methylhexanal（2.1%），(E)-2-octenal（1.6%），nonanal（0.9%），octanal（0.9%）のアルデヒド，2-ethylhexanol（11.0%），octanol（2.8%），nonanol（0.8%）のアルコール，6-methyl-5-hepten-2-one（8.9%），geranylacetone（7.5%），α-ionone（2.9%），β-ionone（2.1%），6-methyl-(E)-3,5-heptadien-2-one（2.1%），5-ethyl-6-methyl-(E)-3-hepten-2-one（2.0%），β-cyclocitral（1.5%），2,2,6-trimethyl-3-keto-6-vinyltetrahydropyran（1.1%），(E),(Z)-3,5-octadien-2-one（0.7%），safranal（0.7%）のカロテン分解物，1,2-dimethoxybenzene，1,2,3-trimethoxybenzene（0.3%），methyl 2-methoxybenzoate（0.04%）のかび臭に寄与するメトキシベンゼン類である[76]．

(5) 香気成分の絶対構造

光学異性体の存在する香気化合物では，異性体で匂い自体や閾値が異なる場合が多いのでその絶対構造を分析し，(＋)体，(－)体のエナンチオマー含量比を明らかにすることが求められる．緑茶に含まれる linalool とその oixde 類は，S 体が大半を占める．ウーロン茶，紅茶と発酵が進むにつれ，R 体への転換が起こり R 体が増加する[77]．

dihydrobovolide（3,4-dimethyl-5-pentyl-2(5H)-furanone）は１物質で緑茶を想起させるラクトン化合物であるが（図5.24），(＋)体の閾値は 3.7 ppm でメタリックなスパイシーセロリ様の香りをもち，(－)体の閾値は 1.6 ppm でグリーン香のスパイシーなセロリ香をもつ．ダージリン紅茶，龍井茶，プーアル茶の（＋)体：（－）体の比は 59：41〜53：47 であった[78]．本物質は，前駆体の不飽和脂肪酸 10,13-epoxy-11,12-dimethyloctadeca-10,12-dienoic acid および 12,15-epoxy-13,14-dimethyleicosa-12,14-dienoic acid の光照射により生成する[79]．カロテン分解物で茶の香気に重要といわれる theaspirane の光学異性体比率は $2R, 5R : 2S, 5S =$

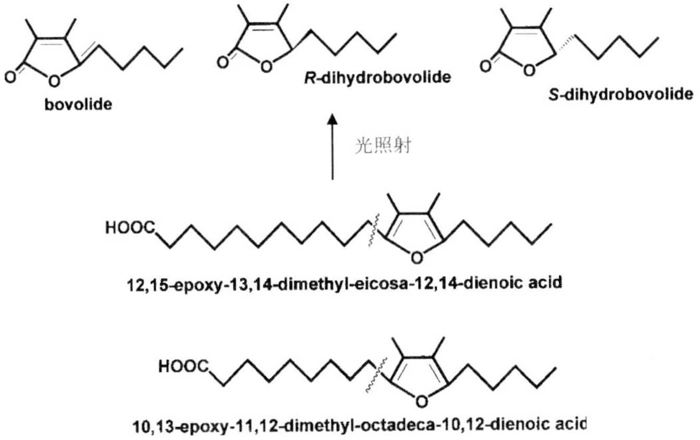

bovolide **R-dihydrobovolide** **S-dihydrobovolide**

光照射

HOOC
12,15-epoxy-13,14-dimethyl-eicosa-12,14-dienoic acid

HOOC
10,13-epoxy-11,12-dimethyl-octadeca-10,12-dienoic acid

図 5.24 茶の香気で重要なジヒドロボボライドの生成機構

14:86, 2S, 5R:2R, 5S=84:16, 紅茶の theaspirone はすべて 2S, 5S であると報告されている[80]. 〔川上美智子〕

引用・参考文献

1) T. Yamanishi et al. (1965):*Agric. Biol. Chem.*, **29**:300-306.
2) H. A. Bodarovich et al. (1967):*J. Agric. Food Chem.*, **15**:36-47.
3) T. Yamanishi et al. (1970):*Agric. Biol. Chem.*, **34**:599-608.
4) M. Nose (Kawakami) et al. (1971):*Agric. Biol. Chem.*, **35**:261-271.
5) M. Kawakami et al. (1993):*J. Agric. Food Chem.*, **41**:633-636.
6) M. Kawakami (1995):*Modern Methods of Plant Analysis*, **19**:211-229.
7) M. Kawakami et al. (1995):*J. Agric. Food Chem.*, **43**:200-207.
8) Y. Shigematsu et al. (1994):*Nippon Shokuhin Kogyo Gakkaishi*, **41**:768-777.
9) W. Engel et al. (1999):*Eur. Food Res. Technol.*, **209**:237-241.
10) 水上裕造ほか (2010):茶業研究報告, **110**:105-112.
11) P. Schieberle (1995):*Charcterization of Food:Emerging Methods*, p. 403-431.
12) 畑中顯和 (2005):緑葉の香り. 香りの百科辞典 (谷田貝光克ほか編), p. 864-871, 丸善出版.
13) Y. Takei (1976):*Agric. Biol. Chem.*, **40**:2151-2157.
14) 久保田悦郎ほか (1981):茶業技術研究, **60**:40-43.
15) 川上美智子 (2009):日本アロマ環境協会会誌, **44**:2-8.
16) M. Kawakami et al. (2007):国際 O-CHA 学術会議要旨集 (静岡):119.
17) K. Kumazawa et al. (1999):*J. Agric. Food Chem.*, **47**:5169-5172.
18) K. Kumazawa et al. (2005):*J. Agric. Food Chem.*, **53**:5390-5396.
19) 川上美智子 (1976):茨城キリスト教短期大学紀要, **16**:33-42.
20) 川上美智子ほか (1981):*Nippon Nogeikagaku Kaishi*, **55**:117-123.

21) 川上美智子 (1982)：*Nippon Nogeikagaku Kaishi*, **56**：917-921.
22) K. Yamaguchi et al. (1981)：*J. Agric. Food Chem.*, **29**：366-370.
23) A. S. L. Trimanna et al. (1955)：*Tea Q.*, **36**：115.
24) S. Isoe et al. (1969)：*Tetrahedron Lett.*, 279.
25) K. Ina et al. (1972)：*Agric. Biol. Chem.*, **36**：1091.
26) M. Kawakami et al. (2002)：*Carotenoid Derived Aroma Compounds in Tea, ACS Symposium Series*, p.145-159.
27) S. Baldermann et al. (2004)：国際 O-CHA 学術会議要旨集 (静岡)：121-123.
28) T. Kiribuchi (1963)：*Agric. Biol. Chem.*, **27**：56-59.
29) 川上美智子 (1975)：茨城キリスト教短期大学研究紀要, **15**：41-55.
30) T. Tsugita et al. (1979)：*Agric. Biol. Chem.*, **43**：1351-1354.
31) 川上美智子 (2000)：茶の香り研究ノート, 光生館.
32) 原口健司ほか (1998)：京都府立茶業研究所報告書.
33) 川上美智子 (2014)：(未発表)
34) M. Kawakami et al. (1983)：*Agric. Biol. Chem.*, **47**：2077-2083.
35) 川上美智子ほか (1999)：*Nippon Nogeikagaku Kaishi*, **73**：893-906.
36) 原利男 (1989)：野菜・茶業試験場研究報告, B(3)：9-54.
37) K. Kumazawa et al. (2002)：*J. Agric. Food Chem.*, **50**：5660-5663.
38) M. Kawakami et al. (2000)：茨城キリスト教大学紀要, **34**：89-99.
39) 原利男ほか (1973)：日食工誌, **20**：283-286.
40) T. Yamanishi et al. (1973)：*Agric. Biol. Chem.*, **37**：2147-2153.
41) 原利男 (1984)：*Nippon Nogeikagaku Kaishi*, **58**：25-30.
42) 森田貞夫ほか (1986)：埼玉県茶業試験場報告書, 1-32.
43) 水上裕造ほか (2008)：茶研報, **105**：43-46.
44) 水上裕造ほか (2012)：茶研報, **113**：55-62.
45) A. Kobayashi et al. (1985)：*Agric. Biol. Chem.*, **49**：1655-1660.
46) M. Kawakami et al. (1986)：*Agric. Biol. Chem.*, **50**：1895-1898.
47) T. Takeo (1984)：*Agric. Biol. Chem.*, **48**：1083-1085.
48) H. Etoh et al. (1980)：*Agric. Biol. Chem.*, **44**：2999-3000.
49) T. Matuura et al. (1968)：*Nipponkagaku Zasshi*, **89**：513.
50) Z. Chen et al. (2004)：国際 O-CHA 学術会議要旨集 (静岡)：90.
51) 川上美智子ほか (2012)：日本土壌肥料学会誌, **83**：351-357.
52) T. Kinoshita et al. (2004)：国際 O-CHA 学術会議要旨集 (静岡)：161.
53) A. Kobayashi et al. (1988)：*Agric. Biol. Chem.*, **52**：2299-2303.
54) 川上美智子 (2009)：*Venus*, **21**：19-32.
55) 川上美智子(2008)：紅茶の香気成分. 紅茶の保健機能と文化(佐野光昭ほか編), p.76-88；182-186, アイ・ケイコーポレーション.
56) M. Yano et al. (1990)：*Agric. Biol. Chem.*, **54**：1023-1028.
57) M. Yano et al. (1990)：*Agric. Biol. Chem.*, **55**：1205.
58) A. Kobayashi et al. (1994)：*Biosci. Biotech. Biochem.*, **58**：592.
59) 坂田完三 (1999)：化学と生物, **37**：20-27.
60) D. Wang et al. (2001)：*J. Agric. Food Chem.*, **49**：1900-1903.
61) W. Guo et al. (1996)：*Biosci. Biotech. Biochem.*, **60**：1810-1814.

62) K. Ogawa et al. (1997): *J. Agric. Food Chem.*, **45**: 877-882.
63) Y. Ijima et al. (1998): *J. Agric. Food Chem.*, **46**: 1712-1718.
64) M. Kawakami (2004): 国際 O-CHA 学術会議集（静岡）: 110.
65) M. Kawakami et al. (2011): *World Tea Science Congress, Tocklai*: 79.
66) 川上美智子 (2013): 香味と嗜好性. 新版 茶の機能 (衛藤英男ほか編), p.366-376, 農文協.
67) K. Kumazawa et al. (2009): 日食工誌, **45**: 728-735.
68) C. Schuh et al. (2006): *J. Agric. Food Chem.*, **54**: 916-924.
69) K. Kumazawa et al. (2006): *J. Agric. Food Chem.*, **54**: 4795-4801.
70) M. Kawakami (1994): シオン短期大学食生活学会, **4**: 1-11.
71) M. Kawakami et al. (1987): *Agric. Biol. Chem.*, **51**: 1683-1687.
72) 川上美智子ほか (1987): *Nippon Nogeikagaku Kaishi*, **61**: 345-352.
73) 川上美智子ほか (1987): *Nippon Nogeikagaku Kaishi*, **61**: 457-465.
74) 川上美智子ほか (1991): *Nippon Nogeikagaku Kaishi*, **61**: 1839-1847.
75) 川上美智子ほか (2013): 第67回日本栄養・食糧学会大会要旨集（静岡）.
76) 川上美智子ほか (2014): 香料, **261**: 21-29.
77) D. Wang et al. (2000): *J. Agric. Food Chem.*, **48**: 5411.
78) M. Kawakami et al. (2001): 国際 O-CHA 学術会議要旨集: 116-119.
79) I. A. Sigrist (2002): 博士論文 (Swiss Federal Institute of Technology Zurich).
80) G. Full et al. (1993): *H. R. C.*, **16**: 642-644.

5.3.5 茶の呈味成分

a. カフェイン

茶の化学的研究は1827年のカフェインの単離に始まったといってよいが，これはすでに1820年にコーヒーから発見されていた成分と同一であることが後になって判明したものである．

カフェインを含有する植物は数十種あるといわれており，コーヒーの実に1～2%，カカオの実に0.3%，コーラの実に1～2%，マテに0.2～2%含まれているが，なかでもチャの葉には2～4%と最も多く含まれている．これらはいずれも嗜好品に用いられ，茶がコーヒー，ココアと並んで世界を三分する非アルコール性の嗜好飲料として広く愛飲されるのもカフェインゆえと考えられる[1]．

茶にはカフェインのほかに類縁化合物としてテオブロミン，テオフィリン（図5.25）

カフェイン

テオブロミン

テオフィリン

図5.25　カフェインおよび同属体の化学構造式

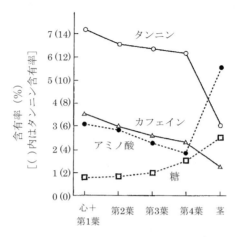

図 5.26 一番茶新芽の部位別成分含有率[2]

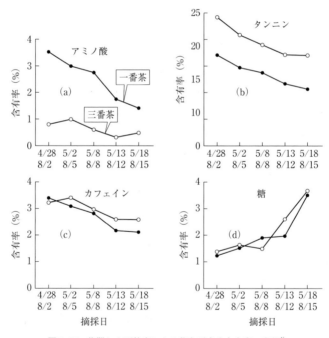

図 5.27 茶期および熟度による茶主要成分含有率の変化[4]

5.3 茶の成分

も含まれているが，その量はわずかである．一方カカオではテオブロミンがカフェインを上まわる量含まれている．

茶では，新芽の成長に従ってカフェインの含量は減少し，新梢においては下位にある葉ほど少ない（図5.26）[2]．したがって，初期の新芽を摘んでつくる上級茶ほど多く含まれている（表5.8, 5.9）[3]．しかし，茶期による含量の違いは少ない（図5.27）[4]．さらに，玉露や抹茶は，被覆栽培するため，煎茶よりも多くのカフェインが含まれる[3,5]．

カフェインはアルカロイドの一種であるが，麻薬の作用はなく，ヒトにおいては中

表5.8 市販緑茶の格付けと価格帯[3]

茶　種	級[a]	試料点数	価格帯[b]（円）
玉　露	上	4	1500〜5500
	下	4	1000〜1800
抹　茶	上	3	2000〜7500
	中	3	500〜5000
	下	3	400〜2500
煎　茶	上	9	1000〜3000
	中	9	400〜1200
	下	9	200〜600
番　茶		8	100〜375
焙じ茶		6	200〜500

a：購入先（お茶屋）の価格帯を3等分し，高い方から上級，中級，下級とした．
b：100gあたりの単価．ただし抹茶は20gあたり．

表5.9 市販緑茶の主要化学成分含有量（乾物重量あたり%）[3]

茶　種	級	全窒素	全遊離アミノ酸	タンニン	カフェイン	NDF*	ビタミンC
玉　露	上	6.33	4.77	10.74	3.48	19.63	0.17
	下	5.54	3.45	12.33	3.10	21.56	0.21
	（平均）	5.90	3.97	11.60	3.25	20.59	0.20
抹　茶	上	6.39	5.50	7.83	3.29	20.35	0.09
	中	5.98	4.21	9.81	3.28	21.07	0.12
	下	5.63	3.50	10.57	2.93	22.29	0.15
	（平均）	6.00	4.40	9.40	3.16	21.24	0.12
煎　茶	上	5.67	2.94	13.44	2.64	17.89	0.41
	中	5.17	2.25	13.66	2.58	20.16	0.38
	下	4.59	1.57	14.43	2.49	23.34	0.25
	（平均）	5.14	2.25	13.83	2.57	20.43	0.35
番　茶		3.75	1.06	11.73	1.55	28.70	0.23
焙じ茶		3.81	0.20	8.79	1.76	49.02	0.03

*：中性デタージェント繊維．

枢神経興奮，覚醒，利尿，脂肪代謝促進などの生理作用を示す．成人の場合，1日の摂取量が200〜300 mg程度であれば何ら体に有害な影響を及ぼさないが，8 mg/kg体重以上のカフェインを摂ると，めまい，吐き気，動悸，けいれんなどの急性の中毒症を起こす．しかし，この量は茶では十数杯以上にあたるので，通常問題になることはない．ただし，カフェインは肝臓で代謝されるので，肝臓疾患の人はカフェインが体内にとどまる時間が長くなり，影響を受けやすい．同じく妊婦や新生児も摂り過ぎには注意が必要である[5]．

茶は飲みたいが，カフェインは過剰に摂りたくないという消費者のために，加工工程でカフェインの含量を低下させた低カフェイン茶が開発されている．これは，摘んだ生の葉あるいは蒸した葉を熱湯浸漬することにより，他の成分よりもカフェインだけが特異的に溶出しやすい特性を利用している（図5.28）．実際には蒸した葉は85〜90℃の熱湯で2〜3分間浸漬された後に脱水され，煎茶と同じ工程を経て加工される．カフェインを完全に取り除くことはできないが，30%程度まで減少させた低カフェイン茶として市販されている[6]．

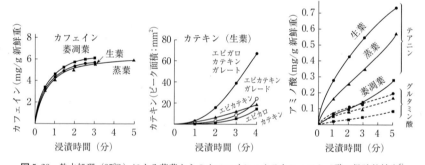

図5.28 熱水処理（85℃）による茶葉からのカフェイン・カテキン・アミノ酸の継時的抽出[6]

表5.10 茶に含まれる呈味成分の閾値 (mg/100 mL)[7]

テアニン	150
グルタミン酸	5
アスパラギン酸	3
アルギニン	10
グルタミン	250
アスパラギン	100
エピガロカテキンガレート	30
エピカテキンガレート	20
エピガロカテキン	35
エピカテキン	60
カフェイン	20

加工後の茶でも,カフェインは熱水に溶け出す.味覚閾値は 20 mg/100 mL であり,茶の苦みの原因成分である(表 5.10)[7].

b. カテキン類

カフェインの発見から遅れて,1950 年頃までには茶に含まれる主要なタンニン(カテキン類)が明らかにされている.

チャに含まれるカテキン類は,化学構造的にはフラバン-3-オール骨格をもつ物質の総称とされ,フラボノイドの一種に分類される.フラボノイドとは,狭義には,3環性で 4 位がオキソ構造をもつ化合物をさす.したがって,フラボン,フラボノール,フラバノン,フラバノノール,イソフラボンの 5 種の基本骨格に分類される化合物群が狭義のフラボノイドである.これに対しカテキン類は 3 環性であるが,4 位がオキソ構造をもたない骨格(フラバン骨格)であるため,広義のフラボノイドに分類される.同様に,1 位の酸素原子がオキソニウム構造であるアントシアニジンや,3,4 位に水酸基をもつロイコシアニジン,2 環性のカルコン類も広義のフラボノイドである(図 5.29)[8].カテキン類の化学構造は,heterocyclic ring(C 環)の 2,3 位に 2 個の不斉炭素原子をもつ光学活性体であり,そのため理論的には 4 種の立体配置を異にする光学異性体が存在するが,チャの葉にはこのうち(−)-エピ(epi)体と(+)-体が報告されているのみである[9].それ以外は高温で抽出した際に異性化し

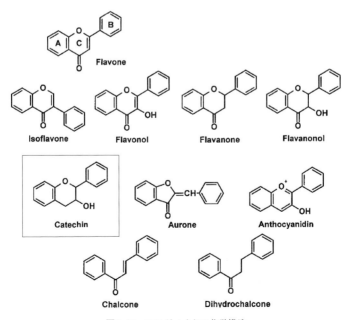

図 5.29 フラボノイドの化学構造

てできた可能性があるので留意すべきである．チャに含まれる主要なカテキン類はいずれも A 環の 3, 5, 7 位と B 環の 3′, 4′ 位に水酸基をもち，(−)-エピ体は (−)-エピカテキン (epicatechin：略号 EC)，(+)-体は (+)-カテキン (catechin：C) と呼ばれる．これに加え，B 環の 5′ 位にも水酸基をもつ (−)-エピ体を (−)-エピガロカテキン (epigallocatechin：EGC) と呼ぶ．また，(−)-エピカテキンと (−)-エピガロカテキンの 3 位の水酸基に没食子酸がエステル結合した (−)-エピカテキンガレート (epicatechingallate：ECg) と (−)-エピガロカテキンガレート (epigallocatechin gallate：EGCg) が存在する（図 5.30）．このうち (−)-EGC, (−)-ECg と (−)-EGCg は，チャ節植物にしか見いだされない特徴的な成分である（1 章の表 1.1 参照）[10]．

これら 4 種のカテキン類のうち最も多く含まれているのが (−)-EGCg であり，以下 (−)-EGC, (−)-ECg, (−)-EC と続く．そのほかに (+)-C などが微量に存在する[7]．茶の乾物中の 15〜30% がカテキン類にあたり，そのうち約半分が (−)-EGCg である[10]．茶の乾物中の 40% が可溶分といわれており[10]，そのうちカテキン類の占める割合がいかに高いかがわかる．

カテキン類は，春に摘む一番茶よりも，夏に摘む二・三番茶の方が多く含まれており[11]．また，同じ一番茶のなかでは，摘採時期が遅れるに従って，(−)-EGC と (−)-EC（遊離型カテキン類）の含量は増加するが，(−)-EGCg と (−)-ECg（エステル型カテキン類）は次第に減少し，カテキン類の総量としては漸減していくことになる（表 5.11）[12〜14]．

世界でつくられている茶の種類は，おもに不発酵茶と発酵茶の 2 種類に分けられ，

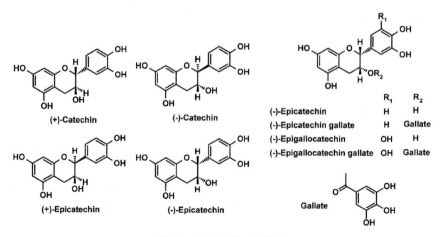

図 5.30　カテキン類の化学構造

5.3 茶 の 成 分

表 5.11 カテキン類の含量の変化（%）[14]

		EC	EGC	ECg	EGCg
一番茶	4月28日	0.88	2.65	2.14	9.28
	5月2日	1.08	3.56	2.02	9.01
	5月8日	1.06	4.68	1.87	8.38
	5月13日	1.27	5.56	1.59	7.65
	5月18日	0.97	5.18	1.46	6.91
三番茶	8月2日	1.02	3.39	3.52	12.15
	8月5日	0.85	3.98	2.30	11.65
	8月8日	0.75	4.59	1.88	9.65
	8月12日	0.84	5.14	1.57	8.48
	8月15日	0.90	4.84	1.62	7.91

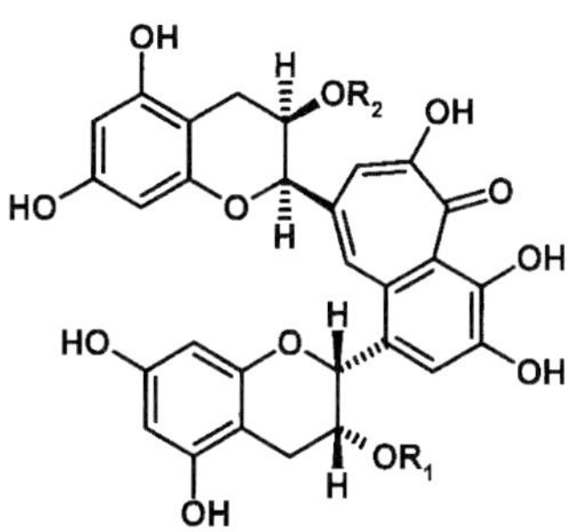

テアフラビン： $R_1=H$, $R_2=H$

テアフラビン-3-ガレートA：
　　　　$R_1=H$, $R_2=$ガロイル基

テアフラビン-3'-ガレートB：
　　　　$R_1=$ガロイル基, $R_2=H$

テアフラビン-3,3'-ジガレート：
　　　　$R_1=$ガロイル基, $R_2=$ガロイル基

図 5.31　テアフラビンの化学構造

どちらもチャ（*Camellia sinensis*）の葉からつくることができる．このうち緑茶などの不発酵茶は，摘んだチャの生の葉をすぐに加熱して酵素を失活させてから製造するため，上記のカテキン類は乾燥後もほぼその含量を維持している．これに対して，紅茶などの発酵茶は，摘んだ葉を萎凋後，加熱することなく揉んでいくため，葉内のポリフェノールオキシダーゼによりカテキン類は酵素反応を起こし，酸化重合されることになる．カテキン類の酸化重合により，紅茶にはテアフラビン類（図 5.31），テアルビジン類などが生成しており，これが紅茶の赤い色の原因成分となっている．世界の茶生産量約 500 万 t のうちでは，発酵茶である紅茶が約 70％ を占めている．日本で生産されるのはほぼすべて不発酵茶である緑茶（煎茶）であり，年間 8 万 t が生産されるが，不発酵茶を生産・消費する国は（生産量では中国が約 140 万 t と圧倒的に多いが）紅茶と比較して少ない．

　世界の産地で栽培されるチャは，耐寒性の強い中国種（var. *sinensis*）と耐寒性の弱いアッサム種（var. *assamica*）に大別することができる．アッサム種は全般に葉が大きく，インドやアフリカなどの熱帯・亜熱帯の日射量の多い地域での栽培に適している．またカテキン類の含量が高く，カテキン類を酸化重合させて鮮やかな赤色色素

を生じさせやすいため,紅茶の製造に用いられる.一方中国種は葉が小さく,中国・日本を中心に栽培され,おもに不発酵茶の製造に用いられている.

代表的な4種類のカテキン類の味覚閾値を表5.10（p.361）に示した.（−）-EGCgと（−）-ECg（エステル型カテキン類）は（−）-EGCと（−）-EC（遊離型カテキン類）よりも閾値が低く,渋味も強い.

カテキン類は,茶の成分のうち最もよく機能性に関する研究が行われてきており,近年になって,抗酸化,抗がん,動脈硬化抑制,血圧上昇抑制,脳卒中予防,進展抑制,心臓病予防,抗糖尿病,抗肥満,肝機能保護,抗アレルギー,さらには抗菌,抗ウイルス,環境汚染物質除去などの,きわめて多彩な薬理作用を示すことがわかってきている[15].

c. 遊離アミノ酸

酒戸弥二郎博士は1950年に茶葉からグルタミン酸のエチルアミドを単離し,テアニンと命名した（図5.32）.テアニンはチャ節植物にしか見いだされない特有成分であり（表1.1参照）,チャのアミノ酸のなかで際立って含量が高い.

茶葉にはテアニン以外にもアルギニン,グルタミン,グルタミン酸,アスパラギン酸など15種あまりの遊離アミノ酸が合計して平均で約3%含まれているが,テアニンの含量は全遊離アミノ酸量の約50%を占めている.

チャに含まれるアミノ酸は全般に,新芽の成長に従って減少し,新梢においては下位にある葉ほど少ない（図5.26参照）[2].また,一番茶の含量が高く,二・三番茶は少なく（図5.27参照）[4],この点はカテキン類とは逆である.したがって,渋味の強い二・三番茶はアミノ酸含量が少なく,カテキン類含量が多くなり,おいしい一番茶は逆にアミノ酸含量が多く,カテキン類含量は少ないといえる.一部のアミノ酸はうま味成分とされているため,このことから茶のうま味にもアミノ酸が不可欠と考えられている.さらに,玉露や抹茶は,被覆栽培するため,煎茶よりも多くのアミノ酸が含まれる（表5.9参照）[3].これは,遮光することにより,アミノ酸からカテキン類の生合成が妨げられるためで,このことから玉露は煎茶よりも強いうま味を有する.また,カテキン類やカフェインは,茶芽の茎にはあまり含まれないが,テアニンを筆頭にアミノ酸は葉よりも茎に多く含まれている（図5.26参照）.これは,テアニンが根で生合成されてから茎を通って葉に運ばれるためと考えられる.

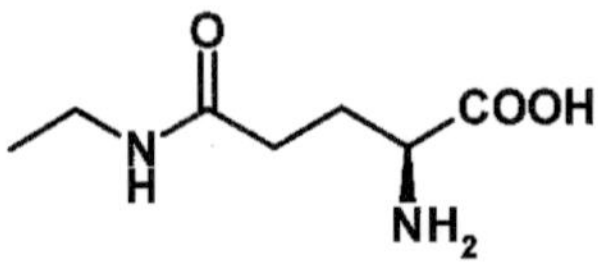

図5.32　テアニンの化学構造

カテキン類やカフェインは，比較的高温の熱湯で溶け出すが，アミノ酸は，アミノ基やカルボキシル基など親水基を有するため，より低温で溶け出しやすい（図5.33～5.35)[16]．この性質を利用することにより，アミノ酸を多く含む高級茶は，低温の湯でいれることにより，カテキン類やカフェインの浸出量を抑えて苦渋味を少なくし，アミノ酸の浸出比率を高めたうま味の強い茶をいれることができ，茶のいれ方の定石とされている．その代わり，アミノ酸は一煎目でかなり浸出してしまうため，二煎目以降は茶のうま味を味わうことはできない．

なお，従来，その含量の高さからテアニンが茶のうま味の本体といわれることが多かったが，表5.10によると，テアニンの味覚閾値は他の食品でうま味成分として認知されているグルタミン酸よりもずっと高く，テアニンだけで茶のうま味を説明する

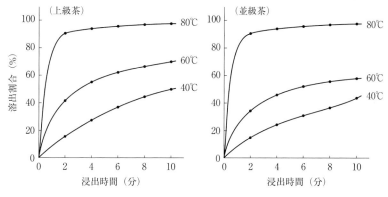

図 5.33 浸出条件によるカフェインの溶出割合
全カフェイン：上級茶 3.09%，並級茶 3.01%．

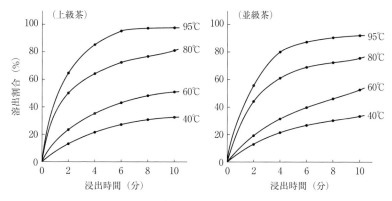

図 5.34 浸出条件によるタンニンの溶出割合
全タンニン：上級茶 13.11%，並級茶 14.63%．

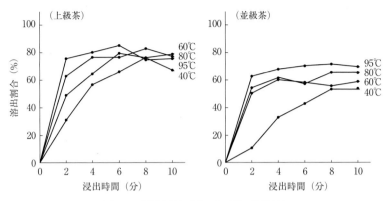

図 5.35 浸出条件によるアミノ酸の溶出割合
全アミノ酸：上級茶 1601 mg%, 並級茶 1445 mg%.

よりも，他のアミノ酸とのバランスで判断する必要があると思われる．　〔澤井祐典〕

引用・参考文献

1) 中林敏郎・伊奈和夫・坂田完三（1991）：緑茶・紅茶・烏龍茶の化学と機能，p.1，弘学出版．
2) 三輪悦夫・高柳博次・中川致之(1978)：葉位別にみた茶葉の化学成分含量．茶業研究報告，**47**：48-52．
3) 後藤哲久ほか（1994）：化学成分から見た市販緑茶の品質．茶業研究報告，**80**：23-28．
4) 阿南豊正・中川致之（1974）：茶葉の化学成分含量に及ぼす光の影響．日本農芸化学会誌，**48**：91-96．
5) 袴田勝弘（2003）：お茶の力，お茶の主要成分，p.48-49，化学工業日報社．
6) 津志田藤二郎・村井敏信（1985）：茶葉に存在するカフェインの熱湯による特異的溶出．日本農芸化学会誌，**59**：917-919．
7) 山西貞（1992）：お茶の科学，p.34，裳華房．
8) 仲川清隆・宮沢陽夫（2000）：カテキンの抗酸化作用．食の科学，**272**：44-51．
9) 伊奈和夫ほか（2002）：茶の化学成分と機能，弘学出版．
10) 岩浅潔（1994）：茶の栽培と利用加工，養賢堂．
11) 中川致之・鳥井秀一（1964）：茶のカテキンに関する研究（第3報）品種によるカテキン含量の差異．茶業研究報告，**22**：101-114．
12) 西條了康（1981）：茶葉の生育に伴うカテキン類の変動．茶業技術研究，**61**：28-30．
13) 吉田優子ほか（1996）：茶芽の生育に伴う化学成分含量の変化．茶業研究報告，**83**：9-16．
14) 阿南豊正ほか（1991）：茶芽の生育中及び緑茶製造中における成分変化．野菜・茶業試験場研究報告，B(4)：25-91．
15) 澤井祐典（2007）：NMR による茶成分の抗酸化機構の解析―安定ラジカルとポリフェノール類との反応．野菜茶業研究所研究報告，**6**：23-58．
16) 池田重美・中川致之・岩浅潔(1972)：煎茶の浸出条件と可溶成分との関係．茶業研究報告，**37**：69-78．

= Tea Break =

〈世界お茶めぐり〉**マレーシア**

　マレーシアの主要紅茶産地のキャメロンハイランド（Cameron Highlands）は，首都クアラルンプールから車で4時間ほど，標高約1500 mの高地に広がるリゾート地である．海外からの観光客も多く，近年は日本人のシニア層のロングステイ先としても人気を集めている．

　マレーシアでは，ボー・プランテーションズ社が紅茶生産のパイオニアであり，最大手だ．同社はキャメロンハイランドに，計4ヶ所の茶園を有している．また，インド系のキャメロン・バラット・プランテーションズ社の茶園もあり，キャメロン・バレー・ティーのブランド名で各種紅茶商品を販売している．

　キャメロンハイランドを訪れたのは，あいにく雨季で，しかもイスラム教の断食月（ラマダン）であった．雨季の高原は，しとしとと1日中雨が降り，ときに嫌というほど雨足が強くなる．それでも，紅茶の生産は続けられていた．紅茶園のマネージャークラスは，インド系マレーシア人や，インドからスカウトされてきた人が従事するケースが多いようだ．また茶摘みをしたり，製茶工場で働いているのは，周辺の国々からの契約労働者であるという．そのため紅茶園ではイスラム教の影響は少なく，ラマダンの期間中もほぼ普段通り稼働している．ただ，茶園労働者の確保は深刻な問題で，茶摘みの機械化，製茶工場の近代化など，できる限りの効率化で茶園の経営を存続させている．

　ボー社の茶園にも，バラット社の茶園にも，おしゃれなティールームと紅茶販売店が併設されている．茶畑のすぐ隣で紅茶を味わっていると，ときに茶畑を覆いつくす真っ白な霧も，動き出すのをためらうような断続的などしゃ降りの雨も，雨季の旅の一興という気がしてくる．　　　　〔中津川由美〕

写真1 キャメロン・バラット・プランテーションズ社のティールーム

5.4 茶の微生物

茶に関する微生物は,おもに後発酵茶に存在している.後発酵茶はその製法により,好気的かび付け茶と嫌気的バクテリア発酵茶,そしてこの両方を用いた2段階発酵茶に分類される(4.4.3項参照)[1].ここでは,後発酵茶に関係する微生物(表5.12)とそれらによる茶成分への影響について述べる.

5.4.1 後発酵茶中の微生物について

a. 好気的かび付け茶の微生物

好気的かび付け茶としては,富山の黒茶,中国雲南のプーアル(普洱)茶などがよく知られている.これらの製造工程をみると,もともと茶葉に存在(付着)していた微生物は,殺青の工程でほぼすべて死滅していると考えられる.堆積(殺青した茶葉をそのまま容器中に放置する操作)の工程を行うことにより,その環境に生育している微生物が繁殖し,発酵して黒茶独特の風味がかもし出される.堆積工程で働く微生物は,菌類のアスペルギルス属(*Aspergillus*, コウジカビ),ペニシリウム属(*Penicillium*, アオカビ)とカンディダ属(*Candida*)などである[2].

アスペルギルスは身のまわりでもよくみられるかびで,たとえば年末に餅をつき鏡餅として飾っておくと,ちょうど鏡開きの時期に餅の上に赤ん坊のうぶ毛のようなものが生えているように見える.それと同じものである(図5.36).

モンゴルなどでバター茶として使われることが多い茯磚茶にも特有のかびが存在している.茯磚茶は,熟成中に黄色い胞子の塊(「金花」と呼ばれる)が現れ,この状態を「発花」という(図5.37).これは他の好気的かび付け茶にはない.この発花が

表5.12 後発酵茶に存在する微生物

好気性バクテリア	嫌気性バクテリア
Bacillus subtilis	*Bifidobacterium* sp.
Bacillus circulans	*Streptococcus* sp.
Bacillus megaterium	*Clostridium* sp.
Bacillus cereus	Bacteroidoaceae sp.
Enterococcus faecium	Enterobacteriaceae sp.
Enterococcus avium	*Lactobacillus* sp.
Lactobacillus pentosus	
Lactobacillus plantarum	菌 類
Klebsiella oxytoca	*Aspergillus* sp.
Escherichia coli	*Penisilium* sp.
Pseudomonas aeruginosa	*Mucor* sp.
Pseudomonas cepacia	
Saccharomycess sp.	

図5.36 碁石茶の表面の走査電子顕微鏡写真（かびの胞子と菌糸：×430）

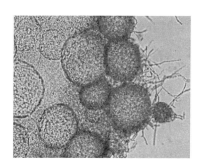

図5.37 ユウロチウム・クリストタムの子のう果

茯磚茶の特徴であり，良い製品のあかしとされる．黄色い胞子がどのようにして生成してくるかについては，呂ら[2]によって詳細に示されている．発花にあたっては水分と温度が重要な条件になっており，温度は28℃が最適条件のようである．高温になると雑菌が増えて茯磚茶特有の風味が損なわれる．また25℃以下になると菌が増殖しない．茶葉中の水分も重要であり，15%以下だと菌が生えないが，30%以上になると雑菌が増殖する．茎の水分量の18%前後が一番菌の増殖がよいとされている．この菌はユウロチウム・クリストタム（*Eurotium cristatum*）と同定されており，これが茯磚茶の特徴的な風味をもたらしている．

富山の黒茶では，カンディダなどの酵母はほとんど生育せず，黒や灰色の分生子を着生する糸状菌アスペルギルスが大部分である．またそのほかに，クロストリジウム（*Clostridium*）様の有胞子細菌が多く認められているという報告がある[3,4]．2段階発酵茶中の碁石茶からは，アスペルギルス以外にペニシリウムなどが見出されている[5]．碁石茶製造中に生じるかびは白い色のものが多く，オレンジ色のかびが生えることも

あるらしい．石鎚黒茶では，かび付けの桶の上部に白い羽毛のようなかびが生え，これはムコール属（*Mucor*，ケカビ）と同定されている．

b. 嫌気的バクテリア発酵茶の微生物

嫌気的バクテリア発酵茶としては，タイやラオスのミアン，ミャンマーのラペソー，中国の竹筒酸茶，日本の阿波晩茶（番茶）がある．これらに共通しているのは，茶葉を殺青した後，茶葉を嫌気的な状態に放置することである．嫌気状態を保つもの（容器）として，竹筒を使ったものに竹筒酸茶やラオスのミアン，木（桶）やコンクリートなどの桶状のものを使ったものにタイのミアン，ミャンマーのラペソー，阿波晩茶などがある．これらの茶は，桶漬け製造中に容器内を嫌気状態にすることにより，最終的に乳酸菌などのバクテリアが優先的に多く存在するように工夫している．嫌気的バクテリア発酵茶すべてに存在している乳酸菌は，ラクトバチルス属（*Lactobacillus*）である．そのなかでもラクトバチルス・プランタラム（*Lactobacillus plantarum*），ラクトバチルス・ペントウサス（*Lactobacillus pentosus*）が主要な微生物である．ほかに好気性微生物としてバチルス属（*Bacillus subtilis, Bacillus circulans* 等），エンテロコッカス属（*Enterococcus faecium, Enterococcus avium*）などが明らかとなっている．そのほかにもシュードモナス・セパシア（*Pseudomonas cepasia*）やシュードモナス・アエルギノッサ（*Pseudomonas aeruginosa*）などがある[5,6]．

5.4.2 茶成分への影響

a. 好気的かび付け茶の茶成分への影響

菌類には，セルロースを分解できるものが知られている．碁石茶においては桶付けの工程中，かびに存在する酵素セルラーゼにより茶葉中の繊維成分が分解される．そのため葉一枚ずつ形を保って乾燥させることができず，碁石のような形にして乾燥する．これが「碁石茶」の語源となったと考えられる．また将積ら[4]は，黒茶ではカテキンのうち（−）-EGCg（エピガロカテキンガレート）と（−）-EC（エピカテキン）が減少し，（−）-EGC（エピガロカテキン）は消滅し，没食子酸が増加していたと報告している．さらにカテキン分解産物として，多量のカテキン酸化重合物のみ検出されたとも報告している．富山黒茶では，通常の茶に多く含まれる（−）-EGCg などのカテキンは認められなかった[1]．アミノ酸含量は，富山黒茶は古葉を使用して製造するため，非常に少ない（表 5.13）．香気成分への影響については川上ら[7]によって明らかにされている．磚茶ではテルペンアルコールが香気の主要成分であったが，沱茶に比べてネロリドールの含量が高いのが特徴であったとされ，これが香気に重厚さを与えているといわれている．また茯磚茶は，テルペンアルコールの比率が比較的少なかった．ネロリドールの割合は非常に高かったが，リナロールやゲラニオールの割合が非常に少なかった．茯磚茶は，他の茶に比べてアルデヒドの含量が高く，鎖状ア

表5.13 後発酵茶中のカテキン含量（%）

	富山黒茶	阿波晩茶	碁石茶
(−)-EGC	−	1.01	0.87
(−)-EC	−	0.83	0.41
(−)-EGCg	trace	1.09	trace
(−)-ECg	−	0.58	trace
（総量）	trace	3.51	3.04

EGC：エピガロカテキン，EC：エピカテキン，EGCg：エピガロカテキンガレート，ECg：エピカテキンガレート．

ルコールが10.4%含まれていて，微生物発酵による影響が大きいと考えられている．特に1-オクテン-3-オールはかびにより生成し，微量で強いかび臭を発生するといわれている．

b. 嫌気的バクテリア発酵茶の茶成分への影響

嫌気的バクテリア発酵茶は，緑茶や紅茶・ウーロン茶に比べて特に風味に大きな影響がある．一番は，酸味や酸臭があることである．ミアンなどは食べたときに酸味を感じる．また阿波晩茶はいれるときまたは飲んだときにほのかな酸味を感じるものである．これらは製造中に増殖する微生物の影響が大きいと考えられる．代表的な乳酸菌は乳酸を生成する．この乳酸が生成することによりpHが低下する．pHの低下により有害な微生物の生成が困難になっているのである．また呈味成分として存在しているものとして，各種酸が分析結果から明らかとなっている．そのためにこれらの茶は，飲むとほのかに酸味を感じる．

カテキンの含量は，表5.13に示すように阿波晩茶には緑茶や紅茶に比較してカテキンの含有量が少ないのが特徴である．特に阿波晩茶は，使用する茶葉が新芽と古葉を使っているためと茹で時間が長いこと，桶付けすることにより，製造過程で減少している[1]．

またPseudomonas属細菌は，茶に存在しているカテキンを分解することが明らかとなっている．このことにより苦渋味があまり感じられなくなり，飲みやすい茶になっている．この過程では茶中に存在するカテキン（エピガロカテキンガレート）などを分解しエピカテキンやガロカテキンに変化させることが明らかとなっている[5]．

呈味成分のアミノ酸含量は，阿波晩茶は非常に少ない量であった（表5.14）．特にテアニンなど茶に多く含まれるアミノ酸は少なくなっていた．この原因は，カテキン含量と同じく古葉を使用しているためと考えられる．碁石茶は，アミノ酸含量が他の後発酵茶に比較して多い傾向がある．これは桶漬けの後，塊のまま乾燥するために多くなっているものと考えられる．

香気成分における特徴として，川上ら[8]の報告によると，漬物茶特有の香気特性と

表5.14 後発酵茶中のアミノ酸含量 (mg/100 g)

	富山黒茶	阿波晩茶	碁石茶
アスパラギン酸	2.6	30.2	169.0
スレオニン	0.6	1.3	93.5
セリン	1.1	2.1	138.2
テアニン	6.4	14.7	437.2
グルタミン酸	2.7	49.6	142.7

してエステル2種（乳酸メチル，11-ヘキセデセン酸メチル），アルコール5種（2-メチル-1-ペンテン-3-オール，2-ヘプタノール，3-オクタノール等），フェノール4種が認められた。ほかに特徴として，リナロールオキサイド，リナロール，サリチル酸メチル，ベンジルアルコール，2-フェニルエタノール，酢酸などが香気の基本であったと報告されている．

〔加藤みゆき〕

引用・参考文献

1) 宮川金二郎編（1994）：日本の後発酵茶—中国・東南アジアとの関連，さんえい出版．
2) 呂毅・郭雯飛・駱少君・坂田完三（2004）：微生物発酵茶—中国黒茶のすべて，幸書房．
3) 小崎道雄（1991）：東南アジアの伝統発酵食品に関する微生物学的研究．日本食品工業学会誌，**38**：651-661．
4) 将積祝子ほか（1984）：黒茶の製造過程における化学成分の変化．茶業研究報告，**59**：41-44．
5) 田村朝子ほか（1994）：後発酵茶に存在する微生物の特徴．日本家政学会誌，**45**：1095-1101．
6) 岡田早苗ほか（1996）：阿波晩茶の発酵に関する微生物．日本食品科学工学会誌，**43**：12-20．
7) 川上美智子ほか（1987）：堆積茶，中国産磚茶と黒茶の香気成分．農化，**61**：457-465．
8) 川上美智子ほか（1987）：漬物茶碁石茶と阿波晩茶の香気特性．農化，**61**：345-352．

第6章 茶 と 健 康

6.1 茶 と 身 体

6.1.1 茶成分の体内吸収と代謝

近年,茶に含まれる成分による,動脈硬化症予防や脂質代謝調節,がん細胞増殖抑制,抗炎症,抗酸化など,生体機能性の研究が盛んである.なかでもカテキンは,1杯の緑茶の飲用でヒトは数十 mg ものカテキンを摂取していると見積もられるため,健康志向の高まりとともに,その潜在的な生理作用の発見を含めて,大きな関心が寄せられている.それに伴い,食品成分として摂取された茶カテキンがヒトの体内で,どのように消化吸収され代謝を受けて,血液そして末梢の組織細胞にまで運ばれ,生理作用を示すのかについての研究が近年進展している.そこで本項ではカテキンを中心に,茶成分の体内吸収と代謝について述べる.

a. カテキンなどの食品ポリフェノールの吸収と代謝

図6.1に示すように,茶に多く含まれるカテキンは,いわゆるポリフェノール化合物(分子内に複数のフェノール性水酸基をもつ成分の総称)である.茶カテキンの吸収,体内動態,標的臓器への移行・分布,代謝物構造などを知るうえで,ポリフェノールの消化管からの吸収と体内循環に関する基本的なメカニズムの理解が重要であるため,はじめに概説する.

ヒトにおける食品ポリフェノールの消化管からの吸収とその後の体内循環は,食品の他の栄養成分のそれとあまり大きな差はないと考えられている.すなわち,経口摂取されたポリフェノールの大部分は,胃,小腸など消化管粘膜に分布する.ポリフェノールの構造によっては,消化管内で腸内細菌により分解を受ける場合もある.ただし,その多くは食事のたびに起きる消化管粘膜の脱離とともに糞中に排泄される.そのうちの一部が消化管から吸収され,おもに門脈を経て肝臓に運ばれる.ポリフェノールのイオン性や極性などの構造的な性質によっては,摂取されたうちの一部が胃から吸収されるものもあるといわれている.

肝臓でポリフェノールは,フェーズⅡ代謝と呼ばれるグルクロン酸や硫酸との抱合化反応とメチル化反応(メチル化抱合)を受ける.また,その構造によっては,フェーズⅠ代謝(水酸化反応など)を受ける場合もある.もともと親水性の高い構造をもつ

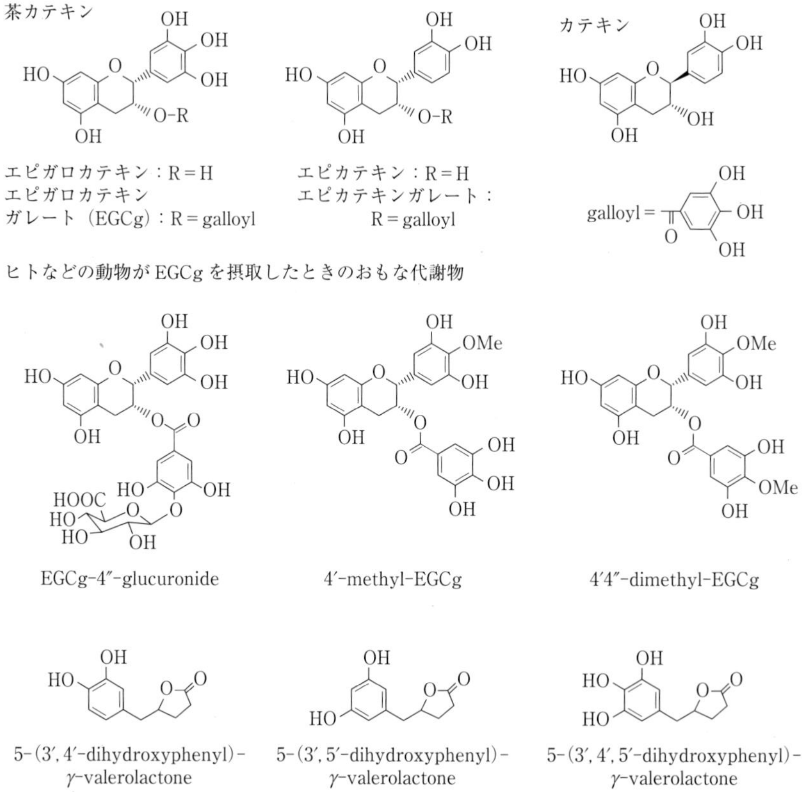

図 6.1 カテキン類と代謝物の化学構造

ようなポリフェノール（後述するように，茶カテキンのエピカテキンガレート）では，その一部が天然型（遊離型）として，肝臓でなんら修飾を受けずに血流に入る場合もある．なお，ポリフェノールの構造によっては，肝臓のほかに消化管粘膜細胞や腎臓などの末梢組織においても抱合化反応を受ける．肝臓で抱合化を受けたポリフェノールは，その後血流に入り，末梢組織に移行するが，最終的には腎臓を経て，比較的短時間のうちに尿中に排泄される場合が多い．一部は肝臓から分泌される胆汁液に含まれた形で十二指腸内に注入され，糞中に排泄される．また，ごく一部は腸肝循環をするといわれるが，これも最後には尿や糞中に排泄されることになる．なお，上記は参考論文[1,2]に新たな知見[3~7]も加えて内容を改変したものであり，これらの参考論文も参照いただきたい．

b. 茶カテキンの分析と体内動態の評価

ポリフェノールである茶カテキンには，エピガロカテキンガレート（EGCg），エ

ピガロカテキン（EGC），エピカテキンガレート（ECg），エピカテキン（EC）などがある（図6.1）．なかでもEGCgは緑茶カテキンのおよそ半分を占め，分子内にフェノール性水酸基を多くもつので，カテキンのなかでも抗酸化に基づく広域な生理活性が期待され，またその活性が最も強いことが知られている．こうした茶カテキンの体内動態を知るには，当然のことながら血中や組織での定量が必要である．従来，紫外可視検出器を備えたHPLC（HPLC-UV/VIS）が利用されてきたが，UV/VIS-HPLC法では，ベンゼン環由来の280 nm付近の吸収波長でカテキンの検出をせざるをえない．筆者らの経験では，UV/VIS-HPLCで分析を行うと，この吸収波長をもつさまざまな物質が血液などの生体試料に混在し，カテキンの検出は困難であった．そこでポリフェノールに特異的な化学発光系（Trautz-Schorigin反応）に着目し，これをHPLCのポストカラム部に応用して，カテキンなどのポリフェノールを特異的かつ高感度に検出定量できる化学発光検出-HPLC法を考案した．この化学発光検出-HPLC，加えてLC-MSやLC-MS/MSを活用して，分析化学に重点を置きつつ，ヒトやラットにおける茶カテキンの吸収と代謝の評価を進めてきた[8~14]．

筆者らの研究から，健常者が緑茶1杯ないし2杯程度のEGCg（100 mg程度）を経口的に摂取すると，1～2時間後に血漿の天然型（遊離型）EGCg濃度は最大で300～500 pmol/mLになり，その後漸減して，12時間後にはほとんどが血中から消失することがわかった[8,12]．このEGCgの血中最大濃度は，血液に含まれるカロテノイドなどの脂溶性抗酸化ビタミンの濃度に匹敵する量であった．EGCgの摂取量が増えると，その血中濃度も高まった[9]．血中の遊離型EGCg濃度の時間変化から計算すると，消化管からの体内へのEGCgの吸収量は摂取量の10％程度と見積もられた．したがって，カテキンの体内への吸収率は，他のポリフェノール化合物と同様にあまり高くないといえた．

ラットにEGCgを経口投与すると，EGCgはおもに小腸などの消化管の粘膜部位に分布して，次いで肝臓と血漿から検出され，ごく微量ながら脳からも検出された[10]．このようにカテキンが消化管粘膜に分布しやすいことは，そのおもな作用部位の1つが消化管組織であることを示唆している．EGCg（[^{3}H]EGCg）のマウスへの投与実験では，その放射活性が消化管や肝臓，肺，心臓，腎臓，脳などの幅広い組織から検出されている[15]．EGCgを経口摂取したヒトの臨床標本では，胃粘膜，大腸粘膜，門脈血，血液などへのEGCgの分布を確認できた[1]．門脈血は胃と門脈を結ぶ右胃大網静脈なので，ここからカテキンが検出されたことは，カテキンの一部が小腸上部のほかに胃からも吸収されている可能性を示唆した．このことは，カテキンを飲用してから血中濃度が極大値を示すまでの時間（1～2時間）が早いことの理由の1つと考えられた．カテキン以外にイソフラボンなどのポリフェノールも，胃から吸収される可能性が報告されている[16]．

c. 茶カテキンの吸収と代謝

上述の知見やこれまでの報告から[1~16]，茶カテキン（EGCg）の吸収と代謝は次のように考えられる（図6.2）．ヒトやラットなどの動物に摂取されたカテキンの大部分は消化管粘膜に分布して，その脱離とともに糞中に排泄される．摂取されたカテキンの10%程度は胃や小腸上部などの腸管から比較的短時間のうちに吸収され，その一部が吸収の際に粘膜上皮細胞で抱合化反応（グルクロン酸抱合や硫酸抱合，メチル化抱合）を受ける．門脈血を介して肝臓に運ばれたカテキンは，そこでさらに抱合化反応を受け，遊離型および抱合型として血流に入り，末梢組織に運ばれる．遊離型と抱合型の一部は，肝臓から分泌される胆汁液に含まれ，腸肝循環する可能性も示唆される．血流中のカテキンは腎臓でさらに抱合化反応を受け，最終的に尿中に排泄される．また，摂取されたカテキンが消化管で腸内細菌により代謝され，こうして生じた代謝物も体内に吸収され，その一部は抱合化反応を受けるといわれている．

具体的な代謝物構造については，ヒトやマウスにEGCgを与えると，体内からEGCg-4″-glucuronideが主要なグルクロン酸抱合体として検出される[17,18]．硫酸抱合体の構造や生じやすさは，ヒトやラット，マウスなどの動物種によって異なり，体内の硫酸プールに規定されるようである．メチル化抱合体としては，EGCg摂取マウスの小腸，肝臓，血漿，腎臓，尿などから4′-methyl-EGCgや4′,4″-dimethyl-EGCg

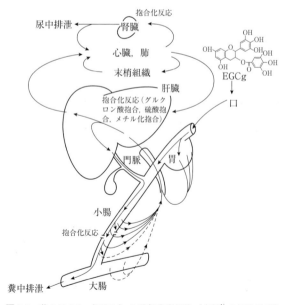

図6.2 茶カテキン（EGCg）の吸収代謝経路（文献[1]の図を改変）

が検出されている[17,19]．これらのメチル化抱合体は，さらにグルクロン酸や硫酸との抱合化を受ける場合もある．腸内細菌によるEGCg代謝物としては，5-(3′,4′-dihydroxyphenyl)-γ-valerolactone，5-(3′,5′-dihydroxyphenyl)-γ-valerolactone，5-(3′,4′,5′-trihydroxyphenyl)-γ-valerolactone が知られ，これら自体や，これらの抱合体（グルクロン酸抱合体および硫酸抱合体）も，EGCgを摂取したヒトの血液や尿から検出されている[19~21]．

d. 茶カテキンの摂取により認められる生理作用，体内で生理活性をもたらす機能構造

茶カテキンをヒトや動物に経口投与して，有益な生理作用が示された報告はこれまでに多く存在する[22]．たとえば，筆者らは茶カテキンの摂取が血中の過酸化脂質に与える影響を調べた．血中過酸化脂質の増加は，体内で種々の細胞障害の発生を反映し，動脈硬化などの疾病に結びつく場合が多い．血中で脂質は，リポタンパク質粒子の構成成分としてアポタンパク質とともに存在する．このリポタンパク質粒子の表面は，両親媒性のコリン型リン脂質の単分子層で覆われている．したがって，血中過酸化リン脂質の増加は酸化変性リポタンパク質の増大を意味し，体内循環における酸化ストレスの増加の指標になる．一般に，健常者の血漿の過酸化リン脂質量は30〜250 pmol/mLの範囲にある．EGCgを摂取すると，血中のEGCg濃度の増加とともに過酸化リン脂質は減少し，両者には逆相関が認められた[12]（図6.3）．すなわち，ヒ

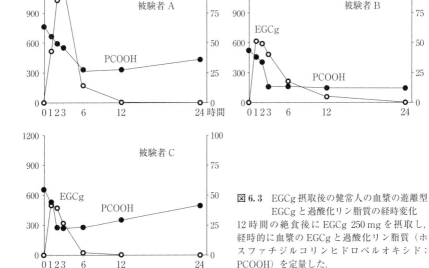

図6.3 EGCg摂取後の健常人の血漿の遊離型EGCgと過酸化リン脂質の経時変化
12時間の絶食後にEGCg 250 mgを摂取し，経時的に血漿のEGCgと過酸化リン脂質（ホスファチジルコリンヒドロペルオキシド；PCOOH）を定量した．

トにおいて，血中に移行したカテキンが，血漿リポタンパク質の抗酸化物質として機能できることが示唆される．日常的に緑茶を飲む習慣があれば，血漿のカテキン量は抗酸化能を発揮できる量に維持され，その結果として，動脈硬化の原因である血漿リポタンパク質の酸化変性の抑制に役立つと考えられた．抗酸化以外の作用としては，最近では，茶カテキンの摂取による脂質代謝調節作用などもヒト試験で明らかにされ，注目されている[22]．

このように茶カテキンを経口摂取することで確かに生理作用が現れると考えられる．一方で，上述してきたように，ヒトや動物に摂取された茶カテキンが，体内でどのように消化吸収され代謝を受けて，血液そして末梢の組織細胞にまで運ばれるのかについての研究が近年進んでいるものの，茶カテキンを摂取したときに認められる生理活性をもたらす機能構造が真に何であるのか（遊離型なのか，あるいは代謝物か，代謝物の場合どのような構造なのか）については，いまだほとんど明らかにされていない．また，茶カテキンの脳への移行と機能性発現の関係性にも興味がもたれるが，いまだ不明な点が多い[23]．今後，さらにこれらに関する研究の進展がまたれる．

e. 茶カテキンの健康機能を効果的に享受するために

茶カテキンの動脈硬化症予防や脂質代謝調節などの健康機能が明らかにされるにつれて，茶カテキンの摂取が浸透し，カテキン量を高めた特定保健用食品の茶飲料なども市場に流通するようになった．しかし，上述してきたように，ヒトや動物体内への茶カテキンの移行量はさほど高くはない．そこで，茶カテキンの健康機能を効果的に享受する目的で，筆者らは血中のEGCg濃度に影響を与える食品成分を検索してきた．その結果，緑茶に含まれるカフェイン（caffeine：CAF）が血中EGCg濃度に影響を及ぼす可能性を見いだした[14]．一定量のEGCgとともに異なる量のCAFを摂取したラットでは，CAFの摂取量に応じて，血漿の遊離型EGCg濃度が変動した．同様な傾向がヒトでも認められ（図6.4(A)(B)），緑茶中のEGCg/CAF比の最適化により，ヒト血中EGCg濃度を高められる可能性が示唆された．本現象のメカニズムとして，EGCgとCAFを同時摂取した場合，CAFがEGCgの抱合化を抑制し血中の遊離型EGCgが増加する．ただしCAFが多すぎるとEGCgの吸収自体が抑制されると考えられた（図6.4(C)）．

カテキンは渋味を呈するため，過剰量のカテキンは飲食品の風味を損なうおそれがある．そこで，最適EGCg/CAF比を用いることで，カテキンを効率よく体内に移行できるような高機能茶の開発につながると期待された．また，緑茶成分であるCAFを利用することで，飲食品の風味をあまり損なうことなく，広範囲の飲食品に適用できることもアドバンテージと思われた．なお，コショウに含まれるピペリンも，カテキン（EGCg）の抱合化を抑制でき，カテキンの生物学的利用率の向上につながると考えられている[24]．

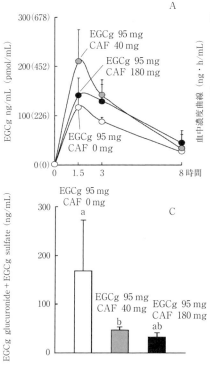
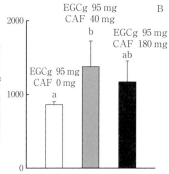

図 6.4 一定量の EGCg とともに種々の量の CAF を摂取した健常人の血漿の遊離型 EGCg の経時変化（A），血中濃度曲線下面積（B），および摂取 1.5 時間後の EGCg グルクロン酸抱合体と EGCg 硫酸抱合体の合計濃度（C）

12 時間の絶食後に，一定量の EGCg（95 mg）とともに種々の量の CAF（0，40，180 mg）を摂取し，経時的に血漿の EGCg を定量して，血中濃度曲線下面積を算出した．また，摂取 1.5 時間後の血漿を脱抱合化酵素（β-グルクロニターゼとサルファターゼ）で処理し，その後に EGCg を定量した．血漿を脱抱合化酵素で処理しなかった場合の EGCg 量と比較し，EGCg グルクロン酸抱合体と EGCg 硫酸抱合体の合計濃度を算出した．平均値 ±SD（$n=4$）．異なるアルファベット間で有意差あり（$p<0.05$）．

f. テアニンやその他茶成分の吸収と代謝

茶成分のなかで，カテキンと並ぶ機能性成分として，茶の旨味成分でありアミノ酸の一種であるテアニン（L-theanine）があげられる．ヒトや動物に摂取されたテアニンの一部は腸管から吸収され，肝臓や血液へ移行し，さらには血液脳関門を通過して脳内へ取り込まれるといわれている[25]．テアニンの脳への移行と，脳機能に与える影響や心身をリラックスさせる効果との関係性が近年特に注目されている．

紅茶にはテアフラビンが含まれており，テアフラビンのなかでもガロイル基を多くもつ theaflavindigallate（TFDG）の抗酸化作用が強い．筆者らは，TFDG をラットに経口投与したが，血中からはほとんど検出できなかった[1]．テアフラビンはカテキンに比べると動物体内には吸収されにくく，テアフラビンの比較的大きな分子量（TFDG は EGCg の約 2 倍の分子量）が吸収に影響していると思われる．

本項ではカテキンを中心に,茶成分の体内吸収と代謝について述べた.通常,カテキンなどの食品成分の機能性評価は,試験管試験で行われる場合が多い.ただし,試験管試験で生理作用が観察されても,その化学構造が生体内では代謝を受けて構造変化している場合がある.このため,食品成分の体内での機能評価では,常に体内における代謝と代謝型を考慮した考察が必要であろう.したがって,茶の活用にあたっては,茶成分の消化と吸収,そして代謝と代謝物の理解に基づいて,特定保健用食品などの機能性食品の開発が行われることが肝要と思われる. 〔仲川清隆・宮澤陽夫〕

引用・参考文献

1) 宮澤陽夫ほか(2000):化学と生物,**38**:104-114.
2) T. Miyazawa (2000):*Biofactors*, **13**:55-59.
3) J. P. Spencer (2003):*J. Nutr.*, **133**:3255S-3261S.
4) J. V. Higdon, B. Frei (2003):*Crit. Rev. Food Sci. Nutr.*, **43**:89-143.
5) W. Y. Feng (2006):*Curr. Drug Metab.*, **7**:755-809.
6) 宮澤陽夫・五十嵐脩(2010):新訂食品の機能化学, p. 72-84. アイ・ケイコーポレーション.
7) M. N. Clifford et al. (2013):*Am. J. Clin. Nutr.*, **98**:1619S-1630S.
8) K. Nakagawa, T. Miyazawa (1997):*Anal. Biochem.*, **248**:41-49.
9) K. Nakagawa et al. (1997):*Biosci. Biotechnol. Biochem.*, **61**:1981-1985.
10) K. Nakagawa, T. Miyazawa (1997):*J. Nutr. Sci. Vitaminol. (Tokyo)*, **43**:679-684.
11) T. Miyazawa, K. Nakagawa (1998):*Biosci. Biotechnol. Biochem.*, **62**:829-832.
12) K. Nakagawa et al. (1999):*J. Agric. Food Chem.*, **47**:3967-3973.
13) N. Nagaya et al. (2004):*Heart*, **90**:1485-1486.
14) K. Nakagawa et al. (2009):*Biosci. Biotechnol. Biochem.*, **73**:2014-2017.
15) M. Suganuma et al. (1998):*Carcinogenesis*, **19**:1771-1776.
16) M. K. Piskula et al. (1999):*FEBS Lett.*, **447**:287-291.
17) J. D. Lambert, C. S. Yang (2003):*Mutat. Res.*, **523-524**:201-208.
18) J. D. Lambert, C. S. Yang (2003):*J. Nutr.*, **133**:3262S-3267S.
19) X. Meng et al. (2002):*Chem. Res. Toxicol.*, **15**:1042-1050.
20) C. Li et al. (2000):*Chem. Res. Toxicol.*, **13**:177-184.
21) C. Li et al. (2001):*Chem. Res. Toxicol.*, **14**:702-707.
22) L. R. Juneja et al. (2013):*Green Tea Polyphenols*, p. 1-335, CRC Press.
23) S. Schaffer, B. Halliwell (2012):*Genes Nutr*, **7**:99-109.
24) J. D. Lambert et al. (2004):*J. Nutr.*, **134**:1948-1952.
25) T. Unno et al. (1999):*J. Agric. Food Chem.*, **47**:1593-1596.

●6.1.2 茶飲用の生体への効果

本項では,飲用緑茶の栄養的役割と緑茶飲用の効果を緑茶中成分含量の多いポリフェノール(カテキン類)とカフェインについて,ヒトを対象に行った疫学研究の成果を中心に述べる.

6.1 茶 と 身 体

a. 茶の栄養成分と緑茶飲用の栄養素等摂取量

緑茶や種々の茶には栄養成分として，カリウム，鉄，マグネシウム，カルシウム等のミネラルやビタミンC，B_2，B_6，葉酸等が多く含まれている．また特殊成分として，ポリフェノール（カテキン類），カフェイン，テアニン（アミノ酸），サポニンなどの成分を有する．

抹茶および種々の茶の浸出液100 gあたりのエネルギーおよびおもな栄養素量[1]を，表6.1に示す．

緑茶は他の茶に比べて1日の飲用頻度・飲用量も多い．国民1人1日あたりの平均茶摂取量は304 g[2]であり，これは普通の湯飲み茶碗3杯分に相当する．緑茶摂取

表6.1 茶に含まれるエネルギーおよびおもな栄養素量（抹茶は粉末，他は浸出液；100 gあたり）[1]

	抹茶	玉露	煎茶	釜炒茶	番茶	焙じ茶	玄米茶	ウーロン茶	紅茶
エネルギー（kcal）	324	5	2	0	0	0	0	0	1
水分（g）	5.0	97.8	99.4	99.7	99.8	99.8	99.9	99.8	99.7
タンパク質（g）	30.6	1.3	0.2	0.1	Tr	Tr	0	Tr	0.1
脂質（g）	5.3	0	0	0	0	0	0	0	0
炭水化物（g）	38.5	Tr	0.2	Tr	0.1	0.1	0.0	0.1	0.1
ミネラル（mg）									
カリウム	2700	340	27	29	32	24	7	13	8
カルシウム	420	4	3	4	5	2	2	2	1
マグネシウム	230	15	2	1	1	Tr	1	1	1
鉄	17	0.2	0.2	Tr	0.2	Tr	Tr	Tr	0.0
亜鉛	6.3	0.3	Tr	Tr	Tr	Tr	Tr	Tr	Tr
銅	0.6	0.02	0.01	Tr	0.01	0.01	0.01	Tr	0.01
ビタミン									
K（mg）	2900	Tr	Tr	0	Tr	0	0	0	6
ナイアシン（mg）	4	0.6	0.2	0.1	0.2	0.1	0.1	0.1	0.1
B2（mg）	1.35	0.11	0.05	0.04	0.03	0.02	0.01	0.03	0.01
B6（mg）	0.96	0.07	0.01	0.01	0.01	Tr	0.01	Tr	0.01
葉酸（μg）	1200	150	16	18	7	13	3	2	3
C（mg）	60	19	6	4	3	Tr	1	0	0

表6.2 緑茶浸出液の栄養量と栄養素等摂取量に占める割合

| | エネルギー（kcal） | タンパク質（g） | ミネラル（mg） | | | | ビタミン | | | |
			カリウム	カルシウム	マグネシウム	鉄	B_2（mg）	B_6（mg）	葉酸（μg）	C（mg）
A：緑茶浸出液300 gあたりの栄養量	6	0.6	81	9	6	0.6	0.15	0.03	48	18
B：栄養素等摂取量（1日あたり）	1920	71.5	2365	536	255	8.1	1.18	1.16	310	100
Bに対するAの割合（%）	0.3	0.8	3.4	1.7	2.4	7.4	12.7	2.6	15.0	18.0

300 g の場合の栄養素等摂取量と，国民1人1日あたりの栄養素等摂取量[2]，およびこれらに占める緑茶の栄養素等の割合を表6.2に示す．ミネラル・ビタミン類の給源として，特に葉酸，ビタミンC，ビタミンB_2 の栄養摂取量に占める役割が大きいことが特徴的である．

葉酸は，妊婦や高齢期において欠乏すると危険といわれている．加齢に伴い，血漿ホモシステイン濃度が上昇することが示されているが，葉酸はホモシステイン濃度の適正維持に重要と考えられ，動脈硬化抑制が期待できるビタミンである[3]．成人の必要量は，男女とも 200 μg（推奨量 240 μg）であり，緑茶約3杯で必要量の24%（推奨量の20%)[3] を摂取できる．

b. 緑茶飲用と濃さ

静岡県内の高齢者男女 604 人に，緑茶飲用を含む栄養摂取と健康に関して調査・分析を行った[4]．その結果，緑茶の1日の飲用杯数は夏季5.4杯（約490 mL），冬季5.2杯（約470 mL）であり，男女別にみると男性4.9杯（約440 mL），女性5.5杯（約500 mL）で，女性の摂取量が多かった．

また，湯の量に対して同一の茶葉を1%，2%，3%濃度とし，85℃の湯で1分間浸出して注ぎ出した3種の緑茶を用いて，普段飲む濃度と比較してもらい飲用緑茶の濃度の判定を行った．その結果，茶葉1%濃度の者は全体で11.9%，2%濃度は38.2%，3%濃度は49.9%で，3%の濃いめの緑茶飲用割合が高率であった．この3種のポリフェノール量（カテキン類量）の分析値は，100 mL 中，1%は40 mg (32 mg)，2%は83 mg (75 mg)，3%は138 mg (125 mg) である．

緑茶の濃さと飲用杯数の関連をみると，高濃度の緑茶飲用者ほど飲用量が多かった．また，緑茶摂取量の多い群は，少ない群に比べ，エネルギーその他の栄養素摂取量が多く，両群間に有意差が認められた．

緑茶摂取量と総コレステロール（T-chol），HDL コレステロール（HDL-chol），肝機能（GOT，GPT）とは望ましい関連がみられ，血色素量とは関連がなかった．緑茶の濃さについては，血糖と負の相関を示した．また，緑茶摂取量が多いほど望ましい日常の食品群別摂取状況がみられ，栄養素等摂取量を全般的に高める食生活を導きやすくすると考えられた．

c. 緑茶ポリフェノール（カテキン類）飲用の生活習慣病予防効果

(1) 体脂肪低減効果

中高年男女80名を対象としたカテキン類摂取による体脂肪低減作用[5] では，カテキン摂取群（カテキン類 588 mg/日）とコントロール群（126 mg/日）に12週間のサンプル摂取期間と12週間の回復期を設けた合計24週間のダブルブラインド試験を行った結果，カテキン摂取群において男性ではおもに内臓脂肪が，女性ではおもに皮下脂肪が減少することが確認された．

(2) 血清脂質への効用

49～55歳の約2000名を対象とした血清脂質と緑茶摂取量との関連の調査では[6]、緑茶摂取とT-chol、LDL-cholとは負の相関が、HDL-cholおよび中性脂肪（TG）とは正の相関が認められた．また、地域一般住民（40歳以上の男性、1300余名）対象の緑茶の飲用量と循環器疾患との関連における5年間の追跡調査[7]では、緑茶の飲用量の増加に伴い、T-chol、TG、LDL-chol、VLDL-cholが有意に低下し、HDL-cholは有意に増加した．

中高年男性30名の食事調査による脂質摂取量と緑茶飲用による血清脂質変化の検討[8]では、ポリフェノール420 mgの日常摂取量に450 mg追加飲用2ヶ月後、T-chol、LDL-cholが有意に減少し、緑茶追加飲用による血清コレステロールの低下作用が示唆された．

脂質エネルギー比率（F比）別に血清脂質の変化をみたところ、F比25.1%以上の高値群では、それ以下の群に比べ、LDL-cholが有意に低下、T-cholは低下傾向が確認された．

(3) 血圧値への影響

健康な中年事務職員男女64名（降圧剤非服用者）が、緑茶ティーパック5袋／日（カテキン類350 mg）を2ヶ月間追加飲用した場合、男性の収縮期血圧（SBP）、拡張期血圧（DBP）、女性のDBPが有意に低下し、血圧正常群の増加、高値正常・高血圧群の減少がみられた[9]．また、SBPはカテキン摂取量の増加した者ほど血圧変化も大きかった[9]．さらに、栄養素摂取量により調整した結果、カテキン類摂取量とSBPとの間の負の関連がより明確になった[9]．

(4) 糖尿病予防への効果

中年勤務者男性、糖尿病境界型（空腹時血糖110 mg/dL以上200 mg/dL未満、服薬者を除く）30名を対象に、調査用緑茶粉末1日3袋（ポリフェノール450 mg）の2ヶ月間追加飲用（食後30分以内に飲用）による身体・血液所見に及ぼす効果を検討した[10]．追加飲用後、体脂肪率、SBP、T-cholの低下および、BMI、DBP、血糖、ヘモグロビンA1c（HbA1c）の低下傾向が認められた．また、緑茶粉末飲用期間中の総ポリフェノール量との関連では、SBP、T-cholに負相関傾向がみられ、糖尿病予防のみでなく、循環器疾患予防への効用が示唆された．

(5) 糖尿病境界型・糖尿病者の緑茶追加飲用による介入効果

緑茶摂取量のインスリン抵抗性（HOMA指数）および高感度CRPへの影響を、糖尿病境界型および糖尿病者60名を対象に、ポリフェノール544 mg（カテキン類456 mg）／日追加飲用（食後30分以内に飲用）2ヶ月間の無作為化比較試験で調べた[11,12]．介入群のポリフェノール摂取量は747 mg、対照群469 mgで、介入群が多い摂取を示した．介入後は介入前に比べ、体重、BMI、SBP、DBP、血糖、HbA1c、イ

ンスリン,HOMA指数がともに減少した.ポリフェノール摂取量の変化量とBMI,血糖,HbAlcの変化量は負の関連傾向を示したが,インスリン,HOMA指数,高感度CRPの変化量は正の関連傾向を示した.またBMIの変化量と血糖,インスリンの変化量とは有意な正の相関が認められた[11].介入群の入れ替えにより,さらに2ヶ月間追加飲用後では,先行介入群,後行介入群ともに摂取ポリフェノール量が増加し(約700 mg),統計的に有意差が認められた.一方,HbAlcは両群とも介入後低下し,統計的に有意差が認められた[12].

先行介入群,後行介入群のベースライン,2ヶ月後,4ヶ月後の食事からの栄養素等摂取量の変化はなく,緑茶ポリフェノールの効果と考えられる.また,日常の食事への影響はみられず,栄養的な問題を生じない摂取量であったと考えられる.このことから,日常の生活のなかで平均的に1日ポリフェノール700 mg(カテキン類約630 mg)の摂取は,1杯100 mL,100 mgのポリフェノールとすると,約7杯分相当が一般的に無理なく飲める量であることがうかがわれた.

(6) 血糖高値者の緑茶追加飲用による緑茶濃度との関連

血糖高値の中高年男性36名を対象とした緑茶カテキン類760 mg/日の追加飲用2ヶ月間の介入効果の検討[13]では,緑茶カテキン濃度と血糖,HbAlcとでは負の相関が認められた.また,SBPが有意に低下し,$HbAl_c$の変化量と緑茶カテキン類濃度変化量との間に有意な負の関連が認められた.習慣的に濃いめの緑茶を飲用することが血糖に対しよい影響を及ぼすと考えられる.さらに,介入用緑茶を飲むタイミングによる検討では,「食後30分未満」の飲用群でDBPが有意に低下したことから,緑茶飲用のタイミングによる影響が示唆された.

d. 緑茶カフェイン飲用の糖尿病予防効果

40～65歳の男女1万7413名を対象とした,緑茶やコーヒーなどのカフェインと2型糖尿病リスクとの関係の5年間の追跡研究[14]によると,1日に6杯以上の緑茶飲用者や1日に3杯以上のコーヒー飲用者は,それぞれ1週間に1杯未満の飲用者に比べ,2型糖尿病へのリスクを減少させることが報告されている.またその要因はカフェインの消費にあり,カフェインの摂取量が多い人ほど発症リスクが減少していたことを明らかにしている.

〔吹野洋子〕

引用・参考文献

1) 科学技術庁資源調査会編(2007):五訂増補 日本食品標準成分表,大蔵省印刷局.
2) 健康・栄養情報研究会編(2010):厚生労働省 平成19年国民健康・栄養調査報告,第一出版.
3) 第一出版編集部編(2009):厚生労働省策定 日本人の食事摂取基準(2010年版),第一出版.

4) 吹野洋子ほか（1999）：厚生の指標, **46**：10-17.
5) 土田隆ほか（2002）：*Progress in Medicine*, **22**：127-141.
6) S. Kono *et al.*（1996）：*J. Epideminol.*, **6**：128-133.
7) K. Imai, K. Nakachi（1995）：*Br. Med. J.*, **310**：693-696.
8) 稲垣弘子ほか（2002）：第56回日本栄養・食糧学会大会講演要旨集, 195.
9) Y. Fukino, M. Nishioka（2004）：*Proceeding of 2004 International Conference on O-CHA（tea）Culture and Science*, 619-620.
10) 吹野洋子（2004）：静岡県立大学 平成11年度～15年度 茶先端生命科学研究総合報告書, p. 172-176.
11) Y. Fukino *et al.*（2005）：*J. Nutr. Sci. Vitaminol.*, **51**：335-342.
12) Y. Fukino *et al.*（2008）：*EJCN*, **62**：953-960.
13) K. Maruyama *et al.*（2009）：*JCBN*, **44**：41-45.
14) H. Iso *et al.*（2006）：*Ann. Intern. Med.*, **144**：554-562.

6.1.3 脳機能調節

わが国は急速に高齢化社会となり，2012年時点で認知症の高齢者が300万人を超えている．そのため認知症対策は緊急の課題となっている．

脳が正常に機能するためには，基本的にすべての栄養素が必要である．それゆえ，緑茶に含まれるビタミンやミネラルなどは，脳に対して影響を及ぼす．アルツハイマー病患者では，脳脊髄液中のビタミンCとEの濃度の低下が観察されていることから，これらビタミンの供給により，アルツハイマー病の進行を遅延することが期待される[1]．しかし，この項では，緑茶に比較的特有な成分で，脳神経系に作用すると考えられているカフェイン，カテキン，テアニンについて取り扱う．

a. カフェイン

カフェインはパーキンソン病に対して有効であると示唆されており，近年，その作用機序について明らかにされてきた．たとえば，カフェインの摂取とパーキンソン病との関連を6年間の疫学調査で調べた結果，カフェインはパーキンソン病の症状を軽減することが明らかにされた．このカフェインの作用は，他の栄養素の摂取や，喫煙には影響されないこともわかった[2]．カフェインやその他のアデノシンA受容体（A2A受容体）の拮抗薬は，MPTPv（N-methyl-4-phenyl-1, 2, 3, 6-tetrahydropyridine）によって引き起こされるパーキンソン病モデルの神経障害を抑制する．MPTPは酸化によりミトコンドリアに毒性を示すMPP（+）に代謝される．そこで，カフェインと類似構造であるA2A受容体の拮抗薬8-(3-chlorostyryl) caffeine（CSC）を用いて，MPTP代謝への影響を調べた．その結果，MPTP処理マウスにCSCを投与したところ，脳線条体のMPTP量は対照群に比べ増加し，一方，MPTPの代謝物であるMDPD（+）とMPP（+）は低下した．このことは，CSCが生体内でMPTPの代謝を抑制したことを示唆している．またこのとき，CSCは，MPTPの代謝酵素である

モノアミンオキシダーゼ（MAO）活性を抑制した．MAO には MAO-A と MAO-B があるが，カフェインなどの A2A 受容体には MAO-A 阻害効果しかないことが知られている．したがって，CSC は A2A 受容体に関連した MAO-A の活性を抑制すると同時に，A2A 受容体の阻害とは別の経路で MAO-B の活性を阻害し，パーキンソン病の進行を抑えると考えられる[3]．また，カフェインは，MPTP などの神経毒性によるドーパミン作動性神経の脱落を防ぐだけでなく，ドーパミン神経系の機能や構造にも影響を与える．PC-12 細胞と，脳線条体の培養細胞を用い，ドーパミン神経系への影響を観察した報告では，カフェイン，または，CSC の添加によりドーパミン受容体の遺伝子の転写が促進された．このことは，カフェインがドーパミン作動性神経の神経伝達効率を改善することを示唆している[4]．

b．カテキン

緑茶中の主要なポリフェノールであるエピガロカテキンガレート（EGCg）を，MPTP 投与によるパーキンソン病モデル動物に投与し，神経障害への影響を調べた研究がある[5]．緑茶粉末（0.5, 1 mg/kg 体重），または EGCg（2, 10 mg/kg 体重）を MPTP 投与前にマウスに与えておくと，MPTP によるドーパミン，チロシンヒドロキシラーゼ量の減少，黒質ドーパミン作動性神経の脱落が有意に抑制された．また，MPTP の投与により誘導される SOD（superoxide dismutase）やカタラーゼ活性の増加は，EGCg により顕著に抑制された．また，一酸化窒素（NO）の酸化ストレスに対する EGCg の効果を調べた研究では，ラットを 10 分間虚血にすると海馬神経細胞での NO の産生が促進されたが，EGCg の腹腔内投与により NO 濃度が減少した．また，NO 産生を誘起した培養細胞に EGCg を添加すると，濃度依存的に NO 産生が低下した．それゆえ，EGCg の虚血性脳神経細胞障害の軽減効果は，NO による酸化ストレスを軽減することによると考えられた[6]．EGCg の脳神経保護作用については，スナネズミの両頸動脈を閉塞して虚血状態にした後，速やかに EGCg を腹腔内投与した結果，EGCg の投与濃度依存的に虚血による神経細胞の障害が顕著に抑制された．このように，EGCg の NO に対する抗酸化作用は，NO 産生酵素の発現量を調節し，脳神経保護作用を示すことが明らかになった．

アルツハイマー型認知症は，脳内に β アミロイド（Aβ）と呼ばれるタンパク質が蓄積する．これが凝集してアミロイド線維を形成し，神経毒性を示す[7]．正常時には APP はまず α セクレターゼという分解酵素によって切断される．一方，病態時には APP は β セクレターゼと γ セクレターゼの 2 種類の分解酵素によって順次切断され，その結果 Aβ ができる．したがって，Aβ の産生を抑制することが，この病気の治療に役立つと考えられる．アルツハイマー型モデルマウスに EGCg を投与すると，α セクレターゼを活性化して，Aβ の蓄積が抑制される．一方，ヒトの疫学調査では，緑茶を週 3 杯以下の群と，1 日 2 杯以上飲用する群では認知症の有病率が半分となり，

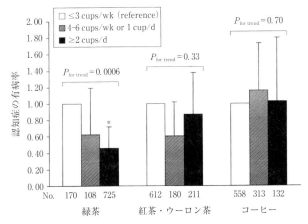

図6.5 緑茶・紅茶(ウーロン茶)・コーヒーの摂取と認知症の有病率[8]
緑茶を1日2杯以上摂取する群では,認知障害の有病率(オッズ比)が有意に低い.

緑茶摂取が認知症予防に役立つ可能性が示された(図6.5)[8]. また,55歳以上の中国人716人を対象とした研究でも,認知力,記憶力,実行力,情報処理能力において,茶飲料の摂取の方が優れていることが報告されている[9].

c. テアニン

ラットの大脳神経細胞を培養している培地に多量のグルタミン酸を添加すると,その神経毒性により約50%の細胞が細胞死を起こす.これに対し,テアニンを同時に添加すると,グルタミン酸による細胞死が有意に抑制される.また,スナネズミの側脳室にテアニンを注入し,その30分後に両頸動脈を微小動脈瘤クリップで3分間閉塞虚血状態にした.虚血7日後の海馬CA1領域の神経障害の程度を観察した結果,テアニン投与により,海馬の脳神経細胞死が有意に抑制された[10].脳卒中自然発症ラット(SHRSP)に,テアニン含有水を摂取させ飼育した結果,脳卒中による死亡時間のはっきりとした延長効果はみられなかったが,死亡時の脳細胞障害の程度が軽減された.またこのとき,テアニン含有水を摂取したラットでは摂食量が低下したので,摂食量を揃えた実験を行った結果,脳細胞障害が抑制されることが観察された(横越,未発表).テアニンには,脳内神経伝達物質の放出制御や神経細胞保護作用のあることが示唆された[11].

〔横越英彦〕

引用・参考文献

1) A. J. Perkins et al. (1999):*Am. J. Epidemiol.*, **150**:37-44.
2) G. W. Ross et al. (2000):*JAMA*, **283**:2674-2679.

3) J. F. Chen et al. (2002): *J. Biol. Chem*, **277**: 36040-36044.
4) A. H. Stonehouse et al. (2003): *Mol. Pharmacol.*: **64**, 1463-1473.
5) M. A. Rigoulot et al. (2003): *Epilepsia*, **44**: 529-535.
6) K. Nagai et al. (2002): *Brain. Res.*, **956**: 319-322.
7) D. M. Hartley et al. (1999): *J. Neurosci.*, **19**: 8876-8884.
8) S. Kuriyama (2006): *Am. J. Clin. Nutr.*, **83**: 355-361.
9) L. Feng et al. (2010): *J. Nutr. Health Aging*, **14**: 433-438.
10) T. Kakuda (2002): *Biol. Pharm. Bull.*, **25**: 1513-1518.
11) H. Yokogoshi et al. (1998): *Neurochem. Res.*, **23**: 667-673.

●6.1.4 老化制御

a. 老化の原因

生体は酸素を利用して効率よくエネルギーを産生しているが，その際に活性酸素種（ROS）が絶えず生じており，その発現と制御の破綻による酸化障害の蓄積は，老化の要因として重要であると考えられている．また，老化に影響を及ぼす要因として遺伝要因・環境因子なども重要であるが，それに加え，社会心理的ストレスの蓄積も重要であることが見いだされてきた．

b. 寿命に対する茶の効果

通常の寿命のマウスでは緑茶カテキン摂取による有意な寿命延長効果は認められていないが，ROSの発生量が高く老化が促進されている系統のマウス[1]では，有意な寿命延長効果が認められた（未発表データ）．マウスが摂取した緑茶カテキン量をヒトの場合に想定すると，煎茶として7〜8杯であると考えられることから，ヒトの場合でも緑茶の摂取が老化予防に寄与している可能性が示唆されている．

これまでに，埼玉県の40歳以上の住民を対象に1986年から13年間にわたって行われた疫学調査において，1日に飲む茶の量をもとに3群（3杯以下，4〜9杯，10杯以上）に分けて調べた結果，79歳以下において，緑茶の摂取量が多いほど平均死亡年齢が高いことが示された[2]．女性に関しては，3杯以下しか飲まない群に比べ，10杯以上飲む群の50%生存期間（平均寿命に相当）が約2年長いことが見いだされた．男性は喫煙者が多いため女性の場合ほど明確な差が得られていないが，似た傾向はみられている．

平成22年度における健康寿命（日常生活に制限のない期間）に関する厚生労働省の調査によると，緑茶の消費量の最も多い静岡県が女性第1位・男性第2位となっており，今後のさらなる解明が期待される．

c. 加齢に伴う生体機能低下に対する茶の効果

(1) 脳機能

わが国では急速に高齢者が増加しており，それに伴い認知症の患者も増加している．

認知症の予防において，「脳の老化予防」は認知症対策の重要な戦略である．60歳以上の男女490人を対象に認知症の発症率を調べたところ，緑茶を毎日飲む習慣がある人の発症率が，飲まない人に比べて有意に低下していることが最近報告された[3]．またこれまでに，緑茶を1日2杯以上飲んでいる高齢者では，認知症になりにくい傾向にあるとの報告もある[4]．これらのことから緑茶の摂取は，脳の老化抑制に寄与するものと考えられる．

脳機能の低下を早期に示す老化促進モデルマウスを用いた検討では，緑茶カテキンを摂取していた群において，脳の萎縮の抑制，学習・記憶能低下の抑制が見いだされている[5,6]（図6.6）．緑茶カテキンの摂取は，中高齢期に相当する時期からでも効果があったことから[7]，ヒトでの中高齢期からの脳の老化予防対策の1つとして期待できるものと考えられる．緑茶カテキンは強い抗酸化作用を示すことから，酸化ストレスを軽減し脳の老化を抑制しているものと考えられている[5,6]．

アルツハイマー病に対する効果も検討されており，緑茶に含まれるカテキンのなかで量的に最も多いEGCgについて，動物等を使った実験でその効果が明らかになっている．その一因としてαセクレターゼの経路を活性化することによるアミロイドβの産生抑制作用が報告されているが[8]，EGCgの作用はそれだけでなく，鉄に対するキレート作用，神経新生作用，ミトコンドリアに対する安定化作用などの多様な作用が関与している，との考えもあり[9]，作用機構についてはさらなる検討が必要である．

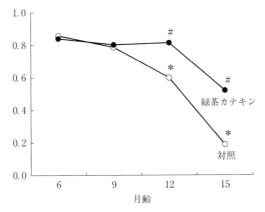

図6.6 記憶能の低下に対する緑茶カテキン摂取の効果
マウスが暗いところを好む性質を利用し，暗所に入ると弱い電気ショックを与えて暗室に入らないよう各月齢のマウスに学習させておく．1ヶ月後に同じテストを行い，マウスが「暗室に入らないこと」を憶えているかどうか調べた．老齢になると記憶能が低下したが，緑茶カテキン摂取群では低下が抑制された（$p<0.05$，＊：6月齢の対照マウスに対する有意差，＃：同月齢の対照マウスに対する有意差）．

(2) ストレス軽減による老化予防

現代は多くの人が何らかのストレスを抱えている．適度なストレスは良い効果を及ぼすが，長期にわたるストレスは「うつ」や心血管疾患の引き金となるだけでなく，老化にも促進的に作用すると考えられている．精神的なストレスをマウスに長期にわたり負荷した結果，寿命が顕著に短縮することが明らかとなった[10]．またこのとき，脳の萎縮や学習能の低下など，脳の老化も促進されたことから，精神的なストレスは老化を促進することが明らかとなった．しかし，紅茶や緑茶に含まれているテアニンというアミノ酸を摂取すると，ストレス下にあっても寿命の短縮や脳機能の低下が抑制された[10]．このことから，テアニンには社会心理的ストレスを軽減することにより，老化を抑制する作用があることが明らかとなった．

テアニンの摂取が長期にわたるストレスを軽減できることはヒトにおいても確かめられており[11]，高齢者の脳の老化予防手段として，緑茶成分のテアニンは重要であると考えられる．

〔海野けい子〕

引用・参考文献

1) T. Sasaki et al. (2008): *Ageing Cell*, **7**: 459-469.
2) K. Nakachi et al. (2003): *Ageing Res. Rev.*, **2**: 1-10.
3) M. Noguchi-Shinohara et al. (2014): *PLos One*, **9**: e96013.
4) S. Kuriyama et al. (2006): *Am. J. Clin. Nutr.*, **83**: 355-361.
5) K. Unno et al. (2004): *Exp. Gerontol.*, **39**: 1027-1034.
6) K. Unno et al. (2007): *Biogerontology*, **8**: 89-95.
7) K. Unno et al. (2008): *Biofactors*, **34**: 263-271.
8) K. Rezai-Zadeh et al. (2005): *J. Neurosci.*, **25**: 8807-8814.
9) S. A. Mandel et al. (2008): *CNS Neurosci Ther.*, **14**: 352-365.
10) K. Unno et al. (2011): *Free Radic Res.*, **45**: 966-974.
11) K. Unno et al. (2013): *Pharmacol. Biochem. Behav.*, **111**: 128-135.

6.1.5 茶カテキン摂取による整腸作用

ヒトの腸内には1000種，600兆個をはるかに超える細菌が生息し，腸内細菌叢（フローラ）の状態はヒトの健康や各種生活習慣病，老化，免疫などと密接にかかわっている．健康成人の糞便内の優勢菌はバクテロイデス，ユーバクテリウム，ペプトコッカス，クロストリジウム，ビフィズス菌などであるが，老化に伴いビフィズス菌が減少し悪臭を発する腸内球菌やウエルシュ菌（*Clostridium perfringens*）などが増加する．茶カテキンは食中毒細菌や悪臭菌に対しては抗菌的に働き，乳酸菌系の善玉菌には作用しないこと[1]から，茶カテキンの腸内菌叢や糞便臭など腸内環境への作用は大きな関心事である．

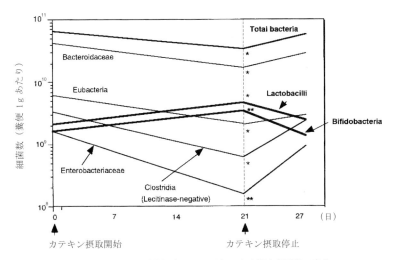

図 6.7 茶カテキン摂取（300 mg/日）による腸内細菌叢の変化
被験者 15 名. 3 週間摂取 + 1 週間無摂取.

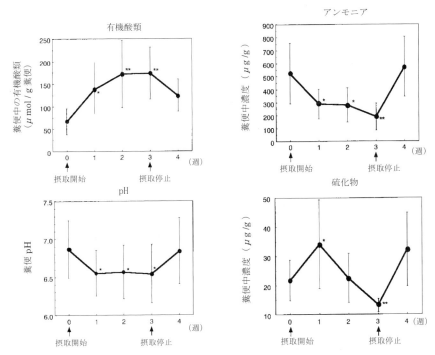

図 6.8 茶カテキン摂取による大腸内有機酸の増加と pH の低下

図 6.9 茶カテキン摂取による大腸内アンモニア，硫化物の減少

a. 動物実験

そこで，まず動物実験においてその効果を調べた．ニワトリ（ブロイラー）を茶カテキン混餌飼料で一定期間飼育後，盲腸内容を調べ，腸内環境の向上をみた[2]．さらにブタに茶カテキン混餌飼料を与え，その新鮮糞を分析し，同様な結果を得た[3]．

b. 臨床試験

以上をふまえ，茶カテキンの効果を厳密に一定栄養下にあるヒト集団において検証することを試みた．すなわち，ある介護施設において経管栄養下の寝たきり老人を対象とし，茶のカテキンが糞便臭軽減に果たす役割を検討した．15名の被験者は等しくエンシュア・リキッド（ダイナボット社製）を給与されるが，毎食分の液体栄養液に茶カテキンを100 mg 溶解し，1日3度与えた．すなわち1日分の茶カテキン給与量は300 mgであり，これは普通の煎茶5～6杯分のカテキン量に相当しよう．このような茶カテキン添加栄養液を被験者に3週間与え，給与前，給与7日目，14日目，21日目および終了7日後の5回にわたり糞便を採取分析した．その結果，以下に記すようきわめて良好な結果が得られた[4]．

・腸内善玉菌とされる乳酸桿菌，ビフィズス菌が茶カテキン給与中に増加し，悪玉菌とされるクロストリジウムほかの菌が減少した（図6.7）．
・その結果，糞便中の有機酸類が増加し，pHも低下した（図6.8）．

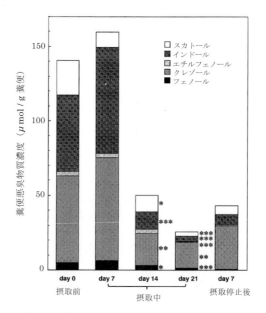

図6.10　茶カテキン摂取による糞便悪臭物質の減少

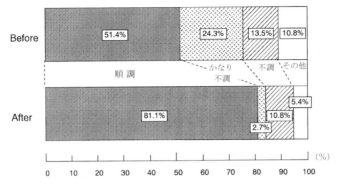

図6.11 茶カテキンカプセル摂取（500 mg/日，3ヶ月間）による排便の好調化
被験者37名．「順調」が51%から81%へ増加した．

- アンモニア，硫化物（図6.9）のほか，インドール，スカトールなど糞便悪臭（図6.10）が著減した．
- これらの効果は茶カテキン給与を止めることによりもとに戻る傾向を示した．
- 看護者の観察によれば，茶カテキン給与中明らかに糞便臭軽減が認められた．

以上の経過および結果をふまえ，同上施設では試験終了後も茶カテキン剤を継続使用いただいた結果，さらに経管栄養患者以外の給食者数十人を対象とし茶カテキン給与試験・糞便分析を続け，良好な結果を得つつある．また，健康な成人30名余に茶カテキンを毎日5カプセル（茶カテキン500 mg）摂取していただき，3ヶ月後の問診で著しい整腸作用，排便の好調化という結果（図6.11）が得られた． 〔原 征彦〕

引用・参考文献

1) Y. Hara (2001): *Green Tea: Health Benefits and Applications*, p.149-162, CRC Press.
2) A. Terada et al. (1993): *Microbial Ecologyin Healthand Disease*, **6**(1): 3-9.
3) H. Hara et al. (1995): *J. Vet. Med. Sci.*, **57**(1): 45-49.
4) K. Gotoet al. (1998): *Annals of Long Term Care*, **6**(2): 43-48.

●6.1.6 過剰摂取による障害

茶には，カテキン，カフェイン，ビタミン類など数多くの機能成分が含まれているが，本項では，含有量の多いカテキン類およびカフェインの害作用について述べる．

a. カテキン類の過剰摂取による障害

近年の研究で，緑茶やウーロン茶などの茶類やその主要成分であるカテキン類がさまざまな生理学的機能性を有することが報告されている．そして，日本では，それらの機能性のうち，特に脂質吸収抑制や脂質代謝改善作用を謳った特定保健用食品が開

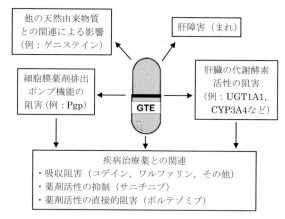

図 6.12 肝機能やその他の生理機能に対する緑茶抽出物（GTE）の潜在的な有害影響[4]

発され，一般の消費者にもその効果が理解されることで消費量が年々増加している．また，世界的にも，抗肥満作用や抗がん作用が注目され，臨床試験も進められており，欧米ではサプリメントとしての消費が拡大している．ヒトに対する投与量と健康への影響については，健康なボランティアにカフェインを含むカテキン類抽出物 700～800 mg を単回あるいは 3 ヶ月間投与しても，健康状態には特に影響がみられず[1,2]，また，EGCg を 1600 mg 単回投与しても特に影響はなかったことが報告されている[3]．しかし最近，緑茶抽出物やその主要成分であるカテキン類の過剰な摂取や，他の薬やサプリメントとの併用で起きる生理学的障害，特に肝臓の機能に対する影響が報告されている（図 6.12）[4]．これまでに，肝細胞株を用いた体外培養実験やラットやマウスを用いた投与試験で，緑茶抽出物や EGCg が肝臓障害を含めたさまざまな生理学的障害を生じる可能性を示唆する報告がなされており，ヒトへの投与による有害影響についても最近研究が進められている．1999 年から 2008 年までに報告されたヒトへの緑茶抽出物あるいは関連サプリメントを服用後に生じたとされる 216 件の症例研究を分析した結果，34 例に肝障害の報告が見つかり，そのうちの 27 件は緑茶抽出物が関連している症例と考えられ，残りの 7 件はその可能性が推測されることが報告されている[5,6]．34 件の症例は，男性が 6 例（27～45 歳），女性が 28 例（19～69 歳）で，そのうちの 15 例は緑茶抽出物のみの服用，残りの 19 例は他の成分との複合サプリメントによる症例だった[6]．また，すべてが体重増加抑制を目的としたサプリメントの服用によるもので，過剰摂取および他の併用成分や薬剤，飲酒などとの関連がその原因と考えられている．他方，イヌを用いた投与試験で，緑茶抽出物の投与による肝障害を含めた種々の生理学的障害が，食後の投与では弱く，空腹時の投与によってより

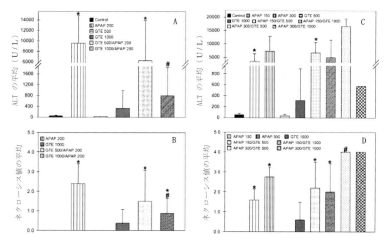

図 6.13 アセトアミノフェンによる肝臓障害に対する緑茶抽出物の影響[8]
A, B：APAP 投与 3 時間前に GTE を投与したときの肝障害の比較，C, D：APAP 投与 6 時間後に GTE を投与したときの肝障害の比較．
A, C：血中 ALT 量，B, D：肝組織の壊死の病理学的スコア．
*：コントロール群に対して有意差あり（$p<0.05$），#：APAP 単独投与群と GTP & APAP 併用群との間で有意差あり（$p<0.05$）．

悪化することが明らかとなり，その服用のタイミングも重要であることが示されている[7]．

一方，他の薬剤あるいはサプリメントとの併用による肝障害に関する報告もみられる．市販されている鎮痛解熱剤の 1 つであるアセトアミノフェンは過剰服用によって肝臓障害を起こすことが知られているが，この肝障害は，アセトアミノフェン服用前に緑茶抽出物を服用しておくと抑制される（図 6.13 の A, B）．しかし，アセトアミノフェン服用後に緑茶抽出物を服用すると，逆に，肝障害が増悪することが判明している（図 6.13 の C, D）[8]．また，植物由来のイソフラボンの 1 つであるゲニステインと EGCg を併用すると，肝臓がん細胞株に対する抗がん作用は両者の併用でより増強されるが，腸内腫瘍発症モデルマウスへの併用投与では，逆に小腸内の腫瘍の発生率および増殖率が大幅に増加することが明らかになっている[9]．

以上のように，緑茶成分の過剰摂取や他の物質との併用が，肝臓機能やその他の生理機能に影響することが判明している．緑茶抽出物やカテキン類のさまざまな生理機能に対する効用が一般にも認知され，サプリメントや飲料としての消費や肥満抑制剤や抗がん剤などの薬としての服用も拡大しており，むしろこのことが，結果的に他の薬剤やサプリメントとの併用による肝障害などの障害を引き起こしており，カテキン類の単独の影響ではないことを示唆する報告もなされている[10]．そのため，その適正

な摂取量や他の薬剤などとの併用についての，より詳細な検討が期待される．

b. カフェインの過剰摂取による障害

カフェインはアルカロイドの一種で，コーヒーや緑茶・紅茶などの茶類に多く存在し，緑茶には乾燥重量の2～4%程度含まれている．白色針状の結晶で昇華性があり，熱水によく溶け，苦みを呈する．茶類のカフェインは浸出液中でカテキン類と結合するために，その作用はコーヒーのカフェインと比べて緩やかである．多くの人が，コーヒーや緑茶・紅茶などのカフェイン飲料を日常的に摂取しているが，過剰な摂取が健康に悪い影響を与える事例が知られている．

(1) 急性毒性

カフェインのLD_{50}（半数致死量）は，約200 mg/kg体重で，成人の場合，10～12 g（普通の緑茶で250～300杯）以上の摂取で危険とされている[11,12]．一般的な成人の場合，個人差はあるが，その摂取が200～300 mgの範囲であれば，健康に悪い影響はないとされる[1,2]．これは，濃いめの緑茶5～8杯（1杯120 mL）に相当する量である．しかし，過剰なカフェインを摂取（一般に500 mg以上）すると，不眠，めまい，頭痛，耳鳴り，虚脱，悪心，心悸亢進，不整脈，瞳孔散大などの急性中毒症状を示すことがある（薬事法では，1回あたり500 mg以上のカフェインを含むものを劇薬に指定している）．これらの症状は多くの場合一過性で，6時間程度で回復することが多い[1]．カフェインの生物学的半減期は，約11時間である（サルの場合）[13]．

(2) 血清コレステロール上昇作用

ラットやマウスなどの実験動物でカフェインを投与すると，血清コレステロール濃度を上昇させることが観察されている．1963年に，コーヒー消費量と冠状動脈性心疾患の発症との間に正の相関[14]が報告されてから，コーヒー・茶を含むカフェイン飲料と心疾患との因果関係を調べるためにラットやマウスなどを用いた実験が行われ，カフェインが血清コレステロール濃度を上昇させ，その結果，心疾患が増加する可能性を示唆する報告がなされている[15～21]．

Naismithらは，コレステロールを含まない食餌にコーヒー・茶あるいはカフェインを添加してラットを54日間飼育し，血清脂質度に及ぼす影響を調べ，カフェインを含む飲料がその濃度に比例して血清コレステロール濃度を上昇させることを明らかにした[16]．このカフェインによる血清コレステロールの上昇は，生体異物としてPCBやDDTを投与した場合と同様に，肝ミクロソームの薬物代謝に関与する酵素系が誘導され，血清コレステロール合成が増加し，血清コレステロール濃度が上昇したと考えられる[19]．

(3) ミネラル排泄促進作用

カフェインの過剰摂取により，尿中へのカルシウム・マグネシウムなどのミネラル類の排泄が促進されることが観察されている．Whitingら[22]は，ラットにカフェイン

0.075%（低濃度）および0.15%（高濃度）を含む飼料を投与して3週間飼育し，尿中へのカルシウム排泄を調べ，対照群と比較して，低濃度カフェイン群では3倍，高濃度カフェイン群では4.5倍，有意に増加することを確認しており，コーヒー摂取によるカフェインの過剰摂取によって骨粗鬆症が発症する可能性を指摘している．また，カフェインは，c-AMPの分解酵素フォスホジエステラーゼ活性を阻害してアデノシンレセプターに対し拮抗阻害をすることから，その作用機序を探るために尿中のc-AMP量が測定されたが，尿中の量の変化は認められず，その機序は不明である．佐伯ら[23]は，ラットにカフェインを投与して尿中カルシウム排泄，大腿骨重量およびその強度に及ぼす影響を検討し，25%カゼイン飼料にカフェイン量が0.2%以上になると，尿中へのカルシウム排泄量が著しく増加し，より低い濃度のカルシウム添加でも，大腿骨の重量やその強度が低下することを観察した．ヒトでの調査研究でも，カフェイン摂取との相関関係については，尿中へのミネラル排泄量が促進され，骨密度が減少するという報告[24,25]がある一方，普通に摂取するコーヒーなどに含まれるカフェイン量ではほとんど影響が認められないとする報告もある[26,27]．そのほか，カフェイン摂取による障害として，睡眠障害，頭痛および利尿作用などが知られている．さらに，緑茶には，比較的多くのカリウムが含まれているので，腎症などでカリウムの摂取制限を受けている人は注意が必要である． 〔小國伊太郎・茶山和敏〕

引用・参考文献

1) C. S. Yang et al. (1998)：*Cancer Epidemiol. Biomarkers Prev.*, **7**：351-354.
2) J. Frank et al. (2009)：*J. Nutr.*, **139**：58-62.
3) U. Ullmann et al. (2003)：*J. Int. Med. Res.*, **31**：88-101.
4) A. H. Schonthal et al. (2011)：*Mol. Nutr. Food Res.*, **55**：874-885.
5) D. N. Sarma et al. (2008)：*Drug Saf.*, **31**：469-484.
6) G. Mazzanti et al. (2009)：*Eur. J. Clin. Pharmacol.*, **65**：331-341.
7) I. M. Kapetanovic et al. (2009)：*Toxicology*, **260**：28-36.
8) Y. Lu et al. (2013)：*Food Chem. Toxicol.*, **62**：707-721.
9) J. D. Lambert et al. (2008)：*Carcinogenesis*, **29**：2019-2024.
10) V. J. Navarro et al. (2013)：*Dig. Dis. Sci.*, **58**：2682-2690.
11) D. M. Graham (1978)：*Nutr. Rev.*, **36**：97-102.
12) P. B. Dews (1983)：*Ann. Rev. Nutr.*, **2**：323-341.
13) 第十三改正日本薬局方解説，C937-C945.
14) O. Paul et al. (1963)：*Circulation*, **28**：20-31.
15) P. A. Akinyanju et al. (1967)：*Nature*, **214**：426-427.
16) D. J. Naismith et al. (1969)：*J. Nutr.*, **97**：375-381.
17) H. Yokogoshi et al. (1983)：*Nutr. Rep. Int.*, **28**：805-814.
18) N. Kato et al. (1981)：*J. Nutr.*, **111**：123-133.
19) M. J. Shirlow et al. (1984)：*Int. J. Epidemiol.*, **13**：422-427.

20) D. E. Grobbee et al.（1990）：*New Engl. J. Med.,* **323**：1026-1032.
21) C. E. Lewis et al.（1993）：*Am. J. Epidemiol.,* **138**：502-507.
22) S. J. Whiting et al.（1987）：*J. Nutr.,* **117**：1224-1228.
23) 佐伯茂ほか（1992）：大豆たん白質栄養研究会誌，**13**：70-75.
24) T. Shochat et al.（1997）：*Am. J. Physiol.,* **273**：364-370.
25) C. Drake et al.（2013）：*J. Clin. Sleep Med.,* **15**：1195-1200.
26) J. V. Retey et al.（2007）：*Clin. Pharmacol. Therapeutics,* **81**：692-698.
27) I. Karacan et al.（1976）：*Clin. Pharmacol. Therapeutics,* **20**：682-689.

6.2 茶 と 疾 病

6.2.1 抗認知症

　老年期痴呆の大多数は，脳血管性痴呆かアルツハイマー病痴呆のいずれかであるが，分類するとアルツハイマー型痴呆 43.1%，脳血管性痴呆 30.1%，その他の痴呆 26.8% と報告されており，現在ではアルツハイマー病が老年期痴呆の最も多い原因となっている．アルツハイマー病は，現在多くの研究者が精力的に研究を行っているにもかかわらず，その発症原因が十分に解明されていないのが現状である．現在最も支持されている発症説は β アミロイド毒性説である．β アミロイドは，アルツハイマー病患者脳内に蓄積する老人斑を構成する主成分であり，アミロイド前駆タンパク質（APP）が特異的部位で切断されることにより生成される．1990 年ハーバード大の Yankner らにより，β アミロイドがラット胎児海馬神経細胞に対し，毒性を示すことが見いだされた[1]．1996 年東京大学分子細胞生物学研究所の瀬戸および新家は，ブラジル産植物のガラナ抽出物中のカテキンが，β アミロイド毒性よりラット海馬神経細胞神経を保護することを報告した[2]．その後，茶成分中のエピガロカテキンガレート（EGCg）をはじめとする各種カテキン類について，β アミロイド毒性抑制活性を検討し，EGCg が最も強力な β アミロイド毒性抑制効果を示すことを明らかにした．

a. 茶の抗認知症効果

　カテキン類が β アミロイド毒性を抑制することが見いだされた当時，非公式ながら茶の消費量の多い地方では，認知症発症例が少ないことが報告されていた．国内の正式な疫学調査として，東北大学の栗山の研究チームにより興味ある結果が報告され，2006 年に論文にまとめられた[3]．これは，2002 年に仙台市内の 70～96 歳の男女 1003 人を対象に，緑茶の摂取量をもとに全体を「週 3 杯以下」(16.9%)，「週 4～6 杯または 1 日 1 杯」(10.8%)，「1 日 2 杯以上」(72.3%) の 3 グループに分類し，生活習慣や認知能力などを面接調査したものであるが，「週 3 杯以下」のグループ群の認知障害をもった患者数を 100% として比較すると，「週 4～6 杯」群では 62% であり，「1 日 2 杯以上」群では 46% と，「週 3 杯以下」のグループ群と比較すると半分以下とい

う結果であり，緑茶がヒトの認知症に対し有効であることが初めて明らかになった．

b. 茶成分のアセチルコリンエステラーゼ阻害活性

　茶成分中の抗アルツハイマー病物質で最も重要なものは EGCg であると考えられる．現在，臨床薬としての抗アルツハイマー病治療薬として「アリセプト」（エーザイ株式会社）がある．アルツハイマー病患者では，血液中の神経伝達物質であるアセチルコリンの量が減少している．アセチルコリンは酵素のアセチルコリンエステラーゼ（AchE）によって分解される．したがって，AchE 阻害剤には抗認知症効果が期待でき，アリセプトは AchE 阻害薬である．それと同様に，茶抽出物も AchE 阻害活性を示すことが報告されている[4]．また，茶抽出液は AchE に加えて，最近新しい抗アルツハイマー病薬剤開発のターゲットとして注目を集めている酵素ブチリルコリンエステラーゼも阻害する．さらに同論文内では，β アミロイド産生酵素である β-セクレターゼを阻害することも示された．

c. EGCg のアミロイド産生抑制活性

　アルツハイマー病発症原因の最も有力な候補因子である β アミロイドペプチドは，前述したように APP から切り出され産生される．通常 APP は，正常切断部位で切り出された場合そのまま代謝されるが，何らかの異常が起きると正常切断部位以外の箇所で切り出される．この異常は，家族性アルツハイマー病患者では顕著である．サウスフロリダ大学の Tan らは，遺伝的変異をもった APP を用いた実験で，異常部位で切断されるはずの APP が，EGCg 投与により正常な部位で切断されることを報告した[5]．本報告で興味深いのは，(-)-カテキンおよび(-)-ガロカテキンが高濃度で β アミロイドペプチドの産生を促進する結果が得られたことである．これらの化合物は，EGCg の作用に対し拮抗的に働くことが示された．これは，茶成分中の EGCg を分離して摂取した方が効率的であることを示すものである．

　茶中の主成分であるカテキンおよびその類縁化合物が，細胞レベルで抗アルツハイマー病効果があることが示されてから，はや 20 年が過ぎようとしているが，その間に疫学調査によるヒトでの効果も示されるようになった．カテキン類は，強力な抗酸化活性によりさまざまな生理活性を発現するので，認知症に対する効果もその抗酸化活性に由来すると考えられてきた．しかし，詳細な活性発現メカニズムの解析により，次第にカテキン類が特異的な作用を有することが明らかになってきている．茶の効果は国内のみならず，諸外国でも注目されており，今後は世界レベルでの疫学調査，あるいは茶の摂取による認知症予防，進行遅延などが期待される．　　〔新家一男〕

引用・参考文献

1) B. A. Yankner et al. (1990)：*Science*, **250**：279-282.
2) 新家一男・瀬戸治男（1996）：バイオサイエンスとバイオインダストリー，**54**：29-30.
3) S. Kuriyama et al. (2006)：*Am. J. Clin. Nutr.*, **83**：355-361.
4) E. J. Okello et al. (2004)：*Phyother. Res.*, **18**：624-627.
5) K. Rezai-Zadeh et al. (2006)：*J. Neuroscience*, **25**：8807-8814.
6) S.-J. Hyung et al. (2013)：*Proc. Natl. Acad. Sci. USA*, **110**：3743-3748.
7) Y.-J. Lee et al. (2013)：*Nutr. Biochem.*, **24**：298-310.

6.2.2 抗がん

　近年，私たちが最も身近な飲み物として飲み継いできた緑茶が，単なる嗜好飲料から，生体調節機能をもつ機能性食品として見直され，世界的に注目されている．茶の機能に関する研究が進展し，緑茶の渋味成分であるカテキン類が，がんをはじめとする生活習慣病の予防に有効であることが明らかにされたからである．さらに，ビタミンCやクロロフィル，水溶性高分子画分などカテキン類以外の茶成分にも，がん予防に寄与する可能性が報告されている．本項では，おもに茶カテキン類の抗がん作用について述べ，最後に茶水溶性高分子画分について紹介する．

a. これまでの研究の概観

　緑茶のがん予防に関する研究は，1980年代半ばにOkudaら[1]やKadaら[2]によって，緑茶のカテキン類による微生物を用いた抗突然変異作用についての報告がなされ，さらにOguniら[3]が，厚生省（当時）の人口動態統計をもとに静岡県内の行政区ごとのがん標準化死亡比（SMR）を比較検討し，緑茶生産地ではがんによるSMRが著しく低値であることを明らかにした．これらの研究が端緒となり，茶成分・カテキン類と発がん抑制との関連を明らかにする研究が日本を中心に行われ，その後，世界的に行われるようになった．2000年代になってからは，毎年200件以上の研究成果が報告されている[4]．

　茶のがん予防に関する研究は，カテキン類を中心に，細胞の①発がん開始段階（突然変異）の抑制[1,2,4,5]，②発がん促進・進展段階の抑制[4~6]，③がん細胞のアポトーシス（細胞自死）[7]，④がん細胞の転移抑制作用[8]，⑤がん組織での血管新生抑制[9,10]などを中心に進められてきている．これらの研究は，おもにさまざまな細胞を使った実験，マウスやラットを用いた動物実験で進められ，動物実験では，化学発がん剤を投与した動物に茶カテキンを与え，その発がん率が抑制される成果が数多く報告されている[4,11~13]．

　さらに，ヒトの疫学研究（症例対照研究，コホート研究）では，緑茶摂取によるが

んリスクが抑制されるとする報告がある一方，その効果が認められないとする結果もあり，一致していない[4,14,15]．最近，茶カテキン類を用いたヒト介入試験がいくつか行われ，前立腺がん[16]や良性腫瘍（ある性器いぼ）[17]に有効であることが明らかになっている．

b. 茶カテキン類の試験管内発がん抑制試験の結果[18〜20]と発がん抑制メカニズム[4]

がんの成因は複雑で多岐にわたるが，お茶のがんに対する作用も多様である．特に緑茶カテキン類の作用は多面的である．

がんの成因の複雑さにもかかわらず，その発生・進行に関しては，正常細胞の発がん開始→発がん促進・進展→がん増殖・悪性化→がん転移，などの過程をたどるという共通の理解がある．茶成分のなかで特にカテキン類は，これらの各過程においてがん発生を抑制する作用をもつことが明らかにされてきた（図6.14）．

すなわち，①発がん開始段階（突然変異）の抑制，②発がん促進・進展段階の抑制，③がん細胞のアポトーシス（自己死滅）促進，④がん細胞の転移抑制，⑤がん組織での血管新生抑制，などである．がん化は，①〜⑤の各段階で起こる遺伝子変異が蓄積した結果として，細胞の正常な増殖制御が失われ（がん遺伝子の活性化，がん抑制遺伝子の不活化），無限増殖性のがん（悪性腫瘍）が発生すると考えられている．抑制のメカニズムも，活性酸素・フリーラジカルの消去という抗酸化作用だけでなく，受容体を介したいくつかの作用機序も提案され研究が進められているが，まだ十分な検証は得られていない．

(1) 突然変異抑制作用[19]

緑茶抽出物や緑茶カテキンが突然変異を抑制するという報告（1984, 1985年）[1,2]から，茶のがん予防とのかかわりが始まった．がん化の第1段階は，正常細胞の遺伝子突然変異がその出発点になるので，これを抑制することで発がんを入り口で抑えることができる．微生物から哺乳動物培養細胞，ヒト細胞，げっ歯類動物（マウス，ラット），ヒトに至るさまざまな系で，多数の有効事例が報告・蓄積されてきた．突然変異を起こすもの（変異原）には，化学物質だけでなく，紫外線（日光）や放射線もあ

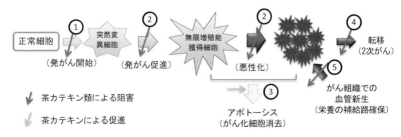

図6.14 茶カテキン類による発がん過程の抑制効果（中村原図）

るが，カテキン類は，いずれによる突然変異も抑制することができる．この突然変異抑制作用には複数の機序が含まれ，①変異原を吸着して働かなくする（食物繊維，活性炭，クロロフィル，包接化合物など），②変異原と直接反応して不活化する，③変異原の活性化を抑制する（以上3つを消変異原という），④傷害を受けたDNAの修復を促進する（生物学的抗変異原），などに分けることができる．

茶の不溶成分は①の作用を，カテキン類は②〜④の作用を示す．日本人に多い胃がんのリスク要因といわれるN-ニトロソアミンやN-ニトロソアミド類は，野菜や漬物に含まれる硝酸・亜硝酸塩と魚類に多い第2級アミンの反応から生成されるが，茶成分のアスコルビン酸（ビタミンC）やカテキン類はこの反応を抑制したり，生成物を不活化したりすることが知られている．また，カテキン類は発がん物質の活性化に関与するSYP酵素（シトクロムP450酵素）を阻害することで，ヘテロサイクリックアミン類（肉・魚の焼け焦げ成分）などの変異原性を抑制する（以上2つは②と③の例）．④の例としては，EGCgなどのカテキン類が細胞の除去修復系を活性化して，DNAの傷を治すことが報告されている[5,21]．そのほか，紅茶のテアフラビン類にも，微生物・培養細胞などの系で突然変異の抑制作用があることが確認されている．

(2) 抗酸化性[11]

茶はカテキン類などポリフェノールと呼ばれる抗酸化性物質を多量に含む．緑茶の場合，ポリフェノールはカテキン類が主体であるが，フラボノイドも存在する．また，紅茶・ウーロン茶の発酵茶では，発酵の程度に比例してカテキン類は減少して，酸化重合物のテアフラビン，テアシネシンなどに変わるが，それらもポリフェノールであるので抗酸化性は失われない．また，緑茶ではアスコルビン酸（還元型）も相当量含むので，抗酸化性に重要な役割を果たしている．

これらの抗酸化性と発がん抑制との接点は，活性酸素・フリーラジカルの消去，体内抗酸化システムの強化，発がん物質の代謝・不活化などがあげられ，結果的に抗がん的に働く．発がん物質は，CYP酵素による酸化的活性化（I相反応）と解毒反応（II相反応）を受けるが，カテキン類は前者を抑制し，後者を促進することで抗がん的に働くとする研究結果が多い．カテキン類は，DNAの抗酸化剤応答遺伝子配列（ARE領域）に働いてグルタチオン-S-トランスフェラーゼ（GST）の生成を促進し，解毒反応が進むことで抗がん作用を示すといわれる．体内抗酸化システムの強化は，発がん開始段階だけでなく，発がん促進・進展の段階でもそれらの進展を抑制する方向に働く．

(3) 抗発がんプロモーション作用

正常な細胞は，その増殖が精密に制御されている．突然変異を受けた細胞が，精密な制御から外れて勝手に増える状態（無限増殖性の獲得：前がん病変）になることを発がんプロモーション（促進）といい，さらに悪性化して本当のがん（塊）になるこ

とを発がんプログレッション（進展）という．促進過程は培養細胞系でも検出できるが，多くは動物実験で促進と進展が連続的に検出される．

促進段階を特異的に検出できるマウス表皮由来のJB6培養細胞系を用いた軟寒天コロニー形成試験（正常細胞は軟寒天中で増殖できないががん化すると増殖できるようになることを利用）において，茶熱湯抽出物や緑茶カテキン・テアフラビンなどが促進段階を顕著に抑制し，細胞の増殖にかかわる遺伝子発現を促進し，タンパク質リン酸化酵素を阻害することなどが明らかにされている．

この過程の指標として，活性酸素産生，タンパク質リン酸化酵素（プロテインキナーゼ）活性化，細胞間連絡（接着）消失，細胞増殖シグナル伝達にかかわる諸因子（MAPキナーゼ，AP-1，NFκB，TNFα，Cdksなど）の活性化，がん遺伝子（*c-jun*, *c-fos*, *c-myc*など）の過剰発現，がん抑制遺伝子（*p53*, *Rb*, *Bcl-2*など）の不活化などが利用される．緑茶カテキン類，特にEGCgは，これらの指標を抑制する作用を示すことが数多く報告されている[19,20]．

(4) アポトーシスの促進作用

茶の発がん抑制作用を説明する1つのメカニズムとしてアポトーシスの誘導があり，がん細胞やがん組織の消滅（退縮という）という形が発がん抑制の重要なルートになる．

Hibasamiら[7]は，カテキン類がヒトリンパ球様白血病細胞の増殖を抑制すること，また100 μMのEGCgで処理すると，DNAが断片化してDNAラダーが検出されることを示し，茶カテキンがアポトーシスを誘導し，がん細胞の増加を抑制することを初めて報告した．さらに，Hibasamiら[22]は茶カテキン類が胃がん細胞にもアポトーシス誘導させることを報告し，茶飲用による胃がん予防の可能性を示した．その後，茶カテキン類，特にEGCgが，がん細胞をアポトーシスに誘導することがいくつか報告されている．たとえば，EGCgはヒト繊維芽細胞WI38の正常株ではIC_{50}が120 μMであるが，がん化株ではIC_{50}は10 μMと，大きな濃度差をもってアポトーシスを誘導する[23]．JB6細胞において，EGCgは5 μg/mL（10.9 μM）の濃度以上では細胞死を伴うが，悪性腫瘍株ではより顕著に細胞毒性が現れる[24]．カテキン類によるアポトーシス誘導の詳細な機序は未解明であるが，活性酸素，細胞周期，遺伝子転写調節因子，シトクロムc，Fas経路などの関与が報告されている．また，HL-60（白血病細胞）にEGCgを作用させるとアポトーシスが強く誘導されるが，HL-60細胞を分化させるとその作用が減弱し選択性があること，分化の際67 kDaラミニンレセプターの遺伝子発現が減少することから，アポトーシスとの関連が示唆されている[25]．Kumazoeら[26]は，がん細胞に高発現する67 kDaラミニンレセプターにEGCgが低濃度で強く結合し，さらにPDE5（cGMP分解酵素の1つ）活性の抑制と共役することにより，がん細胞に特異的にアポトーシスに誘導することを明らかにし

た.

　細胞系だけでなく，ラットのアゾキシメタン誘導発がんの実験でも，EGCg投与により前がん病変が顕著に抑制されるという[27]．カテキン類以外に，紅茶テアフラビン，ウーロン茶テアシネシンDなどにもアポトーシス誘導が認められている．

　以上のことから，アポトーシスはがん予防のメカニズムとして，特に消化器がんの予防には期待が大きいが，機序の解明と当該の組織濃度がアポトーシスを誘導するのに必要な濃度に達しているか，ということが検討課題である．

（5）細胞周期の停止作用

　がん細胞は正常な増殖制御が失われているので，絶えず細胞は分裂を繰り返し，細胞周期は回り続けている．したがって，細胞周期を停止させることができれば，がんの増殖を止めることができる．緑茶カテキンには，Cdks（サイクリン依存性キナーゼ類）を介した細胞周期停止の報告が多い．

　EGCgは，ヒト上皮様細胞がん由来のA431細胞でG_0/G_1期停止を起こし，アポトーシスを誘導する[28]．またヒト肺がん細胞PC9でG_2/M停止により増殖が阻害される[29]こと，EGCがHL-60白血病細胞などでDNA複製阻害によるS期停止からアポトーシスを誘導する[30]ことなどが知られている．

（6）がん細胞の転移抑制作用

　がん（腫瘍）は，良性と悪性に分けられるが，転移は悪性腫瘍のみに起こる．転移して新しく形成された腫瘍を二次がんあるいは転移がんとよぶ．がんが恐れられるのは，この転移が起こることにあるといってもよい．動物の実験から，茶抽出物やカテキン類の投与が，がんの転移を抑制することが比較的早い時期から知られていた[8,31]．

　転移は，がん細胞がはじめにできた部位（原発巣）から離れ，血管やリンパ系を介して移動し，身体の他の部位に到達・定着するという一連の過程である．この過程には，がん細胞の原発巣からの脱離と標的組織への接着・浸潤（そのために，組織を取り囲んでいる細胞外マトリクスを分解する必要があり，コラーゲンとその分解酵素コラーゲナーゼが関与する）が含まれる．カテキン類はコラーゲナーゼであるMMP-2とMMP-9の阻害活性が強く，かつmRNA発現も抑制する（酵素量が減少）ことが，Suzukiら[13]により解説されている．また，テアフラビンにも浸潤やMMP酵素活性の阻害が報告されている．

（7）血管新生阻害作用

　がん転移の成立には，がん細胞が増殖し続けるための栄養補給が必須であり，がんは自ら補給路としての血管を作る（血管新生）．よって血管新生の阻害は，がんの兵糧攻めとなりうる．腫瘍組織（塊）での血管新生はがん細胞が回りの正常組織にシグナルを送ることから始まり，このシグナルが正常組織の特定の遺伝子の発現を促し，それによって新しい血管が作られる．

血管新生の阻害作用は，カテキン類の中でも EGCg についてさまざまな系で報告されている．ウシ血管内皮細胞の増殖が 21.8 μM (10 μg/mL) の EGCg により有意に抑制され，ニワトリ漿尿膜系で 2.18～218 μM で新生血管の増殖が阻害されるという報告 (1999) から始まり，現在までに，正常ヒト臍帯静脈内皮細胞 (HUVEC) などの細胞レベルから動物までの多数の報告がある．この阻害作用は，血管内皮細胞増殖因子 (VEGF) の阻害によると考えられている[32]が，詳細はわかっていない．

(8) EGCg の発がん抑制メカニズムと受容体等の関与

現在，緑茶カテキンの発がん抑制メカニズムはよくわかっているとはいえないが，いくつか候補があげられて研究が進められている．緑茶カテキン類の発がん抑制作用に関してはさまざまな考え方があるが，最小限の合意事項として，消化管内での作用は比較的高濃度の曝露が可能であることから必ずしも特異的な機序を必要としないが，吸収後の作用に関しては，血中濃度や組織濃度がかなり低濃度で発現するような機序を考える必要がある．藤木らが提唱している「カテキンのシーリング効果」は前者の作用を説明できるかもしれないし，後者の特異的な機序を想定するものとして受容体があり，いくつか候補となるものが提案されている．候補として，67 kDa ラミニンレセプター (67 LR)[33]，vimentin[34]，bcl-2[35]，fyn[36] などの報告があるが，複数の機序を考えるのが妥当であろう．

67 LR はメチル化カテキンの抗アレルギー作用の機序として見いだされたものである．非インテグリンラミニン受容体で，がん細胞に高発現していることが知られているタンパク質で，結合定数 (K_d) = 0.04 μM[37] で，提唱者の立花によれば吸収後に実現可能な濃度といい，研究が最も進んでいる有力候補である[38]．

Vimentin は骨格タンパク質の 1 種 (intermediate filament) で，EGCg とは K_d = 3.3 nM で結合するが，その後，研究は進展していない．

ミトコンドリア膜タンパクに存在する bcl-2 (25 kDa) は Bax とヘテロダイマーを形成して，これらの分子のバランスに依存してアポトーシスの活性にかかわる．EGCg の K_i 値は 0.04 μM であることが知られている

また，fyn というがん遺伝子前駆体は，チロシンタンパクキナーゼで，情報伝達系のインテグリン経路に存在し ras を活性化する．EGCg とは K_d = 0.37 μM であり，前三者よりやや高い K_d 値であるが，候補となり得る．

c. 動物実験における発がん抑制作用

2段階発がんモデルによる動物実験で初めて報告された有効事例は，1987 年[39] のことである．この報告で，DMBA／テレオシジン誘導の皮膚化学発がんを EGCg が有意に抑制することが見いだされ，お茶によるがん予防研究に弾みを付けた．最近までの動物による発がん試験の結果をまとめると表 6.3 のようになり，皮膚，肺，口腔，食道，胃，小腸，大腸，肝，膵，膀胱，前立腺，乳房，甲状腺などで，100 例以上の

表6.3 動物実験から得られた発がん抑制実験の効果（文献[14]を一部改変）

組織・臓器	研究報告数* 有効	研究報告数* 無効
皮　膚	24(1)	
肺	19(1)	2
口　腔	3	
食　道	4	
胃	7	
小　腸	6	1
大腸・回腸	7(2)	5
肝　臓	7	1
膵　臓	2(1)	
膀　胱	2(1)	
前立腺	2(4)	
乳　房	8(5)	4
胸　腺	1	
全部位	92(15)	13

*：( ) 内は腫瘍異種移植研究の数.

報告がある[14]. そのうち, 有効事例は88%に達している.

以上の結果だけをみれば特に問題は見当たらないが, 発がん試験の報告を精査すると, 多少の問題点がある. 抑制が用量依存性に乏しく, 逆に高用量で抑制作用が減弱したり, なかには, 発がんが促進されたりする[40]場合もあるので, 留意しておく必要がある.

d. 茶カテキンのピロリ菌に対する抑制効果

Helicobacter pylori（ピロリ菌, 以下 *H. pylori* と表記）は, Warren と Marchall[41]によって, 1983年に慢性胃炎の患者から分離されたグラム陰性のらせん菌である. その後, 慢性胃炎, 胃潰瘍などとの関連が検討され, 現在までに, *H. pylori* と消化器系疾患との関連が明らかされてきた[42,43].

H. pylori が胃粘膜に感染すると急性胃炎が惹起されるが, 感染が継続すると急性胃炎は慢性胃炎に移行し, 萎縮性胃炎が形成される. これらの胃病変は, 消化性潰瘍, 胃MALTリンパ腫（mucosa-associated lymphoid tissue lymphoma）, 胃がんなどの発生の母地となることから, 1994年に国際がん研究機関（International Agency for Research on Cancer：IARC）は, *H. pylori* 感染をグループIの definite carcinogen（確実ながん病原性因子）に分類した. 日本人の感染率はおよそ60%であり, 感染ルートは家族内感染が主（約80%）で, 日本人の胃がんの98%以上は *H. pylori* が原因であるという. また, WTO/IARC が2014年に胃がん予防に *H. pylori* 除菌による対策を推奨したことを受けて, 日本ヘリコバクター学会は2016年に「*H. pylori* 感染の診

断と治療のガイドライン」を改訂して，胃がん予防対策として H. pylori 除菌・除菌状態の継続に本腰を入れ始めた．

一方，日本では 2001 年からピロリ菌除菌治療に保険が適応されるようになり，抗生薬剤と胃酸分泌抑制剤などを組み合わせる多剤併用法による除菌治療が行われているが，副作用や H. pylori の薬剤耐性化による除菌率の低下が懸念されている[44,45]．このような状況下で，小國らは，緑茶カテキン類の抗菌作用[43]，抗炎症作用[43]，発がん抑制作用[43]，さらに，緑茶生産地での胃がん標準化死亡比が顕著に低いことに着目[3]し，緑茶カテキンの H. pylori に対する抗菌能について，実験的，疫学的および臨床的に検討した．その概要について述べる．

(1) 実験的検討
【培養試験】
緑茶より抽出精製した 4 種類のカテキン（EC, EGC, ECg および EGCg）について，H. pylori（標準株および臨床分離株）に対する増殖抑制試験を日本化学療法学会標準法に基づく寒天標準希釈法を用いて行い，最小発育阻止濃度（minimum inhibitory concentration：MIC）を求めた．その結果，EGC・ECg・EGCg が標準株に対して 50〜200 μg/mL（ppm），また EC・EGC・ECg・EGCg が臨床分離株に対して 50〜200 μg/mL の濃度で抗菌活性を示し，特に没食子酸がエステル結合した ECg, EGCg に非常に強い抗菌活性が認められた（表 6.4）．Mabe ら[46] および Matsubara ら[47] は，カテキン類の作用機序としてウレアーゼ活性阻害をあげている．ウレアーゼは，ピロリ菌が菌体外に分泌する酵素で，尿素を分解してアンモニアをつくり菌体周囲の酸性を弱める作用があり，H. pylori が酸性の胃内で生存するために必須な酵素である．われわれが飲むやや濃いめの緑茶に含まれるカテキンの濃度はおよそ 1000 μg/mL（ppm）であり，このうち EGCg の濃度は約 500 μg/mL である．これらの結果は，H. pylori に対する EGCg の効果は，われわれが普通に飲用する緑茶を 5〜10 倍に薄めても有効であることを示しているといえる．

表 6.4 カテキン類の最小発育阻止濃度（μg/mL）

	EC	EGC	ECg	EGCg
ATCC 43526	>200	200	50	50
ATCC 43629	>200	>200	50	50
ATCC 43579	>200	200	50	50
CAM (−)	200	200	50	50
CAM (＋)	>200	200	50	50

ヒトが飲む緑茶のカテキン濃度はおよそ 1000 μg/mL．
ATCC：標準株，CAM (−)：クラリスロマイシン耐性臨床分離株，CAM (＋)：クラリスロマイシン感受性臨床分離株．

【動物実験】

Mabeら[46]および，Matsubaraら[47]は，H. pylori感染スナネズミに緑茶カテキン類を混合した餌や水溶液を与えると胃粘膜症状が改善されることを報告しているが，十分な効果が得られるには至っていない．原因として，カテキン類の抗菌作用が酸性下では弱まること，胃内滞留時間が短時間であることなどをあげている．小國ら[48,49]は，緑茶カテキン類の胃内滞留時間延長の一策として，胃炎・胃潰瘍治療薬であるスクラルファートと緑茶カテキンの併用を検討した．スクラルファートは，ショ糖硫酸エステルアルミニウム塩であり，潰瘍底の基質タンパクと結合し，保護層を形成することで症状の緩和と治癒の促進をする．H. pyloriを感染させたスナネズミに10日間1日1回ゾンデによる経口投与を行ったところ，緑茶カテキン水溶液投与群では菌数低下はわずかであったが，同量の緑茶カテキンをスクラルファートに吸着して投与した場合には有意に菌数が低下した．

(2) 疫学的検討

小國ら[3]は，生物系特定技術研究推進機構の助成を受け，胃がんSMRが著しく低く緑茶消費量の多い静岡県中川根町（当時）の住民（40〜79歳，1502名）と，胃がんSMRが静岡県の平均に近い浜松市（40〜79歳，381名）の住民について，年代別に血清H. pylori抗体陽性率（感染率の指標）および血清ペプシノーゲンI/II比（胃粘膜萎縮度の指標）の測定を行い比較検討した．その結果，中川根町および浜松市の住民における血清ピロリ菌抗体陽性率は，各年代とも中川根町が有意に低値を示した．次に胃粘膜萎縮度の指標である血清ペプシノーゲンI/II比を比較すると，中川根町および浜松市の住民の値は，40歳代を除いて，中川根町の住民の方が有意に高値を示した．両地域で加齢とともにこの値が低下する傾向が認められたが，その低下の割合は中川根町の方が穏やかで，中川根町住民の胃粘膜萎縮度は浜松市に比して，10〜20歳程度若いと考えられた[49〜51]．

(3) 臨床的検討

次にカテキンをカプセル化し，カテキン類として1日700 mg（緑茶7杯分に相当）を4回に分けて，H. pylori感染者（胃粘膜細胞の培養で感染陽性と判断された者）34名に1ヶ月投与し，その前後で尿素呼気テスト法を用いて，その抗菌効果を検討した．

この方法を用いて検討したカテキンの抗H. pylori作用の結果は，カテキンカプセル内服後1ヶ月で半数以上の感染者にH. pyloriのウレアーゼ活性の低下が認められ，6名の胃内からはH. pyloriが除菌された[49〜51]．これらの結果は，カテキンに抗H. pylori作用のあることを示しており，かつ日常生活の中で飲用されている「お茶」のカテキン濃度以下で抗菌効果を発揮することを明らかにしている．

以上の知見と今までに動物実験で明らかにされた緑茶および茶カテキン類の発がん

抑制作用に関する数多くの研究成果などを考え合わせると，緑茶飲用が，*H. pylori* 感染や胃粘膜萎縮を抑制し，ひいては，胃がん予防に寄与していると考えられる[49〜51]．なお，詳細については，小國らの総説[43,49]を参考にされたい．

e. ヒトでの疫学研究

茶の飲用とがん予防に関する疫学研究は，おもに症例対象研究と前向きコホート研究で行われている．これらの疫学研究の結果を表6.5に示した[14]．緑茶の場合，症例対象研究で有効とする事例は50%であり，紅茶ではおよそ30%である．コホート研究では，緑茶で28%，紅茶で14%である．一方，影響なしとする事例と増加する事例を合わせると，症例対象研究で緑茶およそ50%，紅茶70%と高く，コホート研究では緑茶72%，紅茶86%となっており，一定の結果は得られていない．

緑茶の飲用とがん予防の国際的な評価は，The World Cancer Research Fund/American Institute for Cancer Researchによるものがあり，1997年の評価では「緑茶の飲用は胃がんを予防する可能性がある」としていたが，2007年には「十分な証

表6.5 茶の飲用と発がんリスクに関する疫学研究数（文献[14]を一部改変）

組織・臓器	コホート研究				症例対照研究			
	減少	影響なし	増加	(合計)	減少	影響なし	増加	(合計)
緑茶								
肺	0	2	0	2	2	3	1	6
食道	0	0	2	2	3	2	2	7
胃	3	6	1	10	7	7	1	15
大腸	1	4	0	5	4	2	1	7
膵臓	0	1	0	1	1	0	0	1
腎（膀胱）	0	1	0	1	0	1	2	3
前立腺	1	0	0	1	1	0	0	1
卵巣	1	0	0	1	1	0	0	1
乳房	2	4	0	6	3	0	0	3
その他	1	2	0	3	1	0	1	2
合計 (%)	9(28.1)	20(62.5)	3(9.4)	32	23(50.0)	15(32.6)	8(17.4)	46
紅茶								
肺	0	6	2	8	5	4	0	9
食道	0	1	0	1	2	1	0	3
胃	0	5	1	6	4	5	0	9
大腸	2	6	1	9	4	11	1	16
膵臓	0	4	0	4	1	3	0	4
腎（膀胱）	1	3	1	5	2	4	1	7
前立腺	1	2	0	3	1	3	0	4
卵巣	1	2	0	3	0	6	0	6
乳房	0	7	0	7	1	9	0	10
その他	2	3	0	5	1	2	0	3
合計 (%)	7(13.7)	39(76.5)	5(9.8)	51	21(29.6)	48(67.6)	2(2.8)	71

拠がないので評価しない」に変更している．日本では，国立がん研究センターのがん予防・検診センターが，疫学研究と生物学的メカニズムの両面から評価を行い，「日本人女性においては，緑茶の摂取が胃がんリスクを低下させる可能性があるが，男性に関しては緑茶と胃がんリスクの関連を示す十分な疫学的エビデンスは得られていない」と述べるにとどまっている．

疫学研究の場合，信頼性はコホート研究の方が高いので，緑茶でも28%という数値は，ヒトでがん予防の有効性を証明することの困難さを示しているが，いくつか問題点もある．この種の疫学研究の場合，茶の飲用量をいかに正確に把握するか，また，吸収後の作用を評価する場合は，体内濃度（血中濃度）を，何をもって測るかなどの問題があり，報告間の比較も容易ではない．カテキン類の場合，エステル結合の没食子酸は吸収時または吸収後速やかに加水分解を受け，エピカテキンまたはエピガロカテキンになるので，体内濃度はこれらを尿から測り，把握する必要があると考えられる．今後，カテキン量をより正確に把握した疫学研究で評価が行われることを期待したい．

f. ヒト臨床試験

ヒトの臨床介入試験が，今までにいくつかの研究において行われている[13,17,52,53]．臨床介入試験とは，茶抽出物あるいはカテキン類を錠剤やカプセル化してヒトに投与し，非投与群（プラセボ群）との比較を行って発がんの予防や治療に有効か否かを二重盲検法により検討する試験法である．今までに行われているなかで，茶カテキンが有効であるとする次の2例について述べる．

Bettuzziら[16]は，2006年に臨床介入試験で茶カテキンが前立腺がんの抑制に有効であることを明らかにした．前立腺がんの前駆症状をもつ被験者60名を投与群と非投与群の2群（1群30名）に分け，二重盲検法により，カテキン投与群には1日600 mg（200 mg含有カプセルを1日3回）・1年間投与し，非投与群と比較検討した．その結果，カテキン投与群で前立腺がんを発症した者は30名中1名（発がん率3.3%）であり，一方，非投与群では30名中9名が発症（発がん率30%）し，著しい抑制効果が認められた．この成果は，ヒトを対象とした小規模な試験ではあるが，茶カテキンカプセルを用いた初めての発がん予防効果であり，高く評価されている．

次に原らは，茶カテキンが抗ウイルス活性を有することから，茶カテキンのヒトパピローマウイルスが関与するいぼの発症予防について長年研究を続け，茶カテキンを含有する軟膏製剤を開発し，2006年に米国FDAによって認可されている．これは茶カテキン製剤として初めて認められた医薬品である．この製剤を用いた臨床試験では，ヒトパピローマウイルスが関与するコンジローマという陰部いぼ（良性腫瘍）に効果があることが明らかになっている[17]．

g. 水溶性高分子画分

(1) 製法[6,54]

緑茶（非発酵茶），ウーロン茶（半発酵茶），紅茶（発酵茶），および黒茶（後発酵茶）の4種茶葉の熱湯抽出物（茶葉 50 g/500 mL 熱湯・10 分間抽出）をクロロホルム，酢酸エチル，n-ブタノールで順次分画した残部（水溶性画分）を，分子量約 1 万 2000 の透析膜で透析し，その非透析性画分を凍結乾燥して得られる粉末を水溶性高分子画分（tea non-dialysates : TNDs）とする．緑茶，ウーロン茶，紅茶，黒茶の TNDs（それぞれ GTND，OTND，BTND，PTND と呼ぶ）は，各乾燥製茶から 0.42%，1.78%，2.01%，4.52% の収量で得られる．緑茶で最も少なく発酵度合いが進むにつれ収量が増加するので，製茶の発酵過程で収量が増加するものと推定される．TNDs は，たとえば，紅茶熱湯抽出物を直接透析膜で透析すると 2.9%，限外濾過装置を用いて大量処理することにより 6.1% の収量で得られ，化学的構成成分や機能性においてほぼ同等であることが確認されている（特許第 5891004 号，平成 28 年 2 月 26 日）．

(2) 化学的性質[8,54]

TNDs の化学構造は未解明であるが，元素分析，糖・フェノール性水酸基およびタンパク質の定性・定量試験から，TNDs は EGCg と類似の作用をもつ縮合型タンニン，フラボノールを含む加水分解型タンニン，および多糖類からなる水溶性高分子の混合物と推定される．TNDs は後述の抗がん性と抗酸化性を示すが，糖やポリフェノールの酵素的・化学的加水分解，$KMnO_4$ 酸化処理により活性が減弱・消失することから，活性発現には両者の構造が必要である．また，TNDs のトヨパール HW65 F カラムゲル濾過分画から，最初に溶出する多糖成分には生物活性が認められず，その後に分画・溶出される複合タンニンの混合物に活性が認められる．活性画分にはグルコース，ガラクトース，マンノース，アラビノース，ラムノースなどの糖成分と，ケンフェロール，ケルセチン，ミリセチン，没食子酸，キナ酸，カフェイン酸，およびカテコール骨格などのポリフェノール成分の含有が確認されている．TNDs の糖成分をグルコース，ポリフェノール成分を没食子酸として定量した場合，糖成分の含有は 20～30% で，残りはポリフェノール化合物で構成されている．

(3) 機能性[55]

これらの茶葉熱湯抽出物と分画物は,抗変異原性と発がんプロモーション抑制作用，抗酸化性，ピロリ菌感染ネズミの炎症改善効果を示す．特に，マウス表皮由来の JB6 細胞を用いた発がんプロモーション抑制作用は，詳細に検討されている．

【抗酸化性】

茶熱湯抽出物（TE）とその分画物の抗酸化性（ラット肝ホモジネート-t-ブチルヒドロペルオキシド酸化反応系：TBA 法）の検討から，紅茶熱湯抽出物（BTE）に緑茶とほぼ同等な抗酸化性があることが認められている[56]．BTE 中の抗酸化性成分

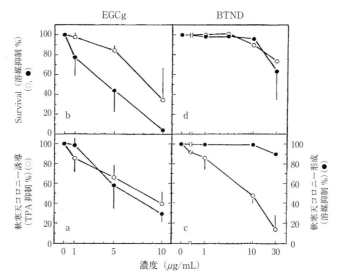

図 6.15 TNDs の JB6 細胞系における毒性と発がんプロモーション抑制作用
BTND および EGCg の JB6 発がんプロモーション感受性株における悪性腫瘍化(TPA誘導軟寒天コロニー形成)と細胞毒性,JB6悪性腫瘍株における軟寒天コロニー形成と細胞毒性を比較検討した結果を示す.BTND は TPA 誘導悪性腫瘍化を顕著に抑制するが,細胞毒性は低い.一方,EGCg は TPA 誘導悪性腫瘍化を濃度依存的に抑制するけれども同時に細胞毒性も強く,抑制には細胞毒性が大きく関与していることがわかる.
○:JB6 発がんプロモーション感受性株,●:JB6 悪性腫瘍株.

は EtOAc 画分の比活性が最も高いが,その含有量は緑茶と比べて少ないので,比活性が次に高い n-BuOH 画分と BTND の寄与が大きいと推定されている.これは酸化 $α$-リノレン酸の細胞毒性と変異活性(サルモネラ TA100 株)が BTND で効率よく抑制され,BTND が EGCg に匹敵する効果を示した[57]ことで支持される.
【発がんプロモーション抑制作用】
　TNDs は,マウス表皮由来 JB6 細胞の TPA(12-O-tetradecanoylphorbol-13-acetate)誘導発がんプロモーションを顕著に抑制する[30].TNDs のなかでは BTND の作用が最も強く,10 μg/mL で TPA 陽性対照の 40% 台に,30 μg/mL で 10% 台に抑制し,緑茶カテキン EGCg の強さに匹敵した(図 6.15a, c).しかし,EGCg の場合,5 μg/mL(10.9 μM)の濃度以上では細胞毒性を伴い(図 6.15b, c),10 μg/mL(21.8 μM)で軟寒天コロニー形成を約 40% に抑制する(図 6.15a, c)が,細胞毒性も同率で起こっている(図 6.15b, d).このことから,悪性腫瘍化の抑制には細胞死(アポトーシスと推定される)が大きくかかわっていると推定される.このことは,発がんプロモーション抑制において,EGCg の場合は細胞死が関与し,BTND の場合は細胞死ではなく発がんプロモーション過程そのものを何らかの機序で抑制することを

示唆している．事実，EGCgはヒト繊維芽細胞WI38の正常株ではIC$_{50}$=120 μM，がん化株ではIC$_{50}$=10 μMと，大きな濃度差をもってアポトーシスを誘導し[58]，ヒト胃がん細胞MKN-45において[59]，GTND，BTND，OTND，PTND，およびEGCgはそれぞれ，ID$_{50}$=0.32, 0.23, 0.51, 0.14 mg/mL，および53 μMでアポトーシスを誘導した．

JB6細胞の発がんプロモーションの進行には転写調節因子の1つであるAP-1の活性化が関与し，その活性化の抑制は発がんプロモーションを抑制する[60]．EGCgは5～20 μMの濃度でAP-1活性化を効率よく抑制し，また，TNDsのなかでもBTNDはEGCgに匹敵する抑制を示した．一方，TNDs中に含有が確認されているケルセチンなどのフラボノール類には，AP-1活性化の抑制作用はまったく認められなかったので，この作用は，カテキン様骨格由来の作用と考えられている．

TNDsは，TPAによって誘導されるJB6細胞の特異な形態的変化（悪性腫瘍化）を"正常化"する作用をもつ[55,60]．培養細胞の形態を制御・規定する膜の裏打ち構造物である細胞骨格（アクチンミクロフィラメント）と，細胞の接着性にかかわるフィブロネクチンなどの細胞外マトリックスは，がん化の進行に伴い構造が変化する（足場依存性の喪失）．BTNDは，TPA誘導の細胞形態変化を顕著に抑制する．EGCgにはこの細胞形態の変化を抑制する作用はまったく認められなかったが，BTNDに含有が認められるフラボノイド類にはこの作用が認められたことから，この作用はフラボノイド骨格由来と考えられている．

【マウス十二指腸発がん抑制作用】[61]

ENNG（N-ethyl-N'-nitro-N-nitrosoguanidine）誘発マウス十二指腸発がんモデルで，GTND（飲水投与）には腫瘍の形成や悪性化の遅延効果が認められた．0.05%群では，胆がんマウスの数，発生した腫瘍の総数，マウス1匹あたりの腫瘍数，腫瘍の大きさのいずれにも抑制がみられ，特に総腫瘍数の抑制（ENNG陽性対照の46%）は統計的に有意であった．0.005%群では，腫瘍発生率等の有意な抑制は認められなかったが，病理組織学的検索において腫瘍の初期病変像の比率が陽性対象より高くなり，がんの進行を遅らせる効果を示した．がん発生数，病理組織学的検索のいずれにおいても，EGCgよりもGTNDの方に優れた効果があると認められた．また，自然発がんモデル動物のAPC遺伝子ノックアウトマウスにおいても，GTNDの消化器がん抑制作用が，静岡理工科大と浜松医大の共同研究により確認されている（常吉ら，未発表）．以上の化学発がんと自然発がんの2つの動物実験から，GTNDの発がん予防効果はEGCgと比べやや緩和であるが，一次予防剤としてはむしろ好ましい効果が期待される．

【抗ピロリ菌作用】

BTNDは，ピロリ菌（$H. pylori$）感染スナネズミにおいて胃粘膜傷害の軽減作用

を示す[62]．感染ピロリ菌数は，対照群（CFU $3.30±2.17×10^4$/stomach）と比較してBTND群で有意な減少が認められ（0.65±0.2），しかも，有効性がすでに認められている緑茶カテキンの投与群（1.32±1.16）よりも良好な結果であった．また本実験では，TNDsは整腸作用や毛色・毛立ちにも好ましい影響を与えた．

(4) TNDsの利用について[55]

TNDsのがん予防効果として，JB6細胞発がんプロモーションの顕著な抑制と，2つの動物実験系で消化器の発がん抑制効果が確認されている．TNDsはがん予防には直接的な効果をもたない多糖類を"夾雑物"として含むが，少なくとも動物に与えた場合，ポリフェノール化合物がもつ刺激性や起炎性を緩和することに役立っているようであり，糖鎖そのものが活性に必須であることも好ましくない"side effect"を軽減していると考えられるので，未精製のまま利用するとよいだろう．

〔小國伊太郎・中村好志〕

引用・参考文献

1) T. Okuda et al. (1984)：*Chem. Pharm. Ball.*, **32**：3755-3758.
2) T. Kada et al. (1985)：*Mutat. Res.*, **150**：127-132.
3) I. Oguni et al. (1989)：*Jpn. J. Nutr.*, **47**：93-102.
4) Y. Nakamura (2010)：*Genes and Environ.*, **32**：67-74.
5) Y. Kuroda, Y. Hara (1999)：*Mutat. Res.*, **436**：69-97.
6) Y. Nakamura et al. (1997)：*Basic Life Sci.*, **66**：629-641.
7) H. Hibasami et al. (1996)：*Anticancer Res.*, **16**：1943-1946.
8) M. Sazuka et al. (1995)：*Cancer Lett.*, **98**：27-31.
9) Y. Cao et al. (1999)：*Nature*, **398**：381.
10) T. Kondo et al. (2002)：*Cancer Lett.*, **180**：139-144.
11) C. S. Yang et al. (2009)：*Arch. Toxicol.*, **83**：11-21.
12) A. M. Bode et al. (2009)：*Nat. Rev. Cancer*, **9**：508-516.
13) Y. Suzuki et al. (2012)：*Proc. Jpn. Acad. Ser. B Phys. Biol. Sci.*, **88**：81-101.
14) J. Ju et al. (2007)：*Semin. Cancer Biol.*, **17**：395-402.
15) C. S. Yang et al. (2009)：*Nat. Rev. Cancer*, **9**：429-439.
16) S. Bettuzzi et al. (2006)：*Cancer Res.*, **66**：1234-1240.
17) Y. Hara (2011)：*Pharmacol. Res.*, **64**：100-104.
18) 黒田行昭ほか（2002）：茶の機能―生体機能の新たな可能性（村松敬一郎ほか編），p.80-115，学会出版センター．
19) 中村好志ほか（2002）：茶の化学成分と機能（伊奈和夫ほか編），p.68-104，弘学出版．
20) 伊勢村護（2013）：新版茶の機能―ヒト試験から分かった新たな役割（衛藤英男ほか編），p.28-37，農山漁村文化協会．
21) K. Shimoi et al. (1986)：*Mutation Res.*, **173**：239-244.
22) H. Hibasami et al. (1998)：*Oncol. Rep.*, **5**：527-529.
23) Z. P. Chen et al. (1998)：*Cancer Lett.*, **129**：173-179.

24) 中村好志・冨田勲 (1995)：環境変異原研究, **17**：107-114.
25) N. Okada et al. (2009)：*Biomed. Res.*, **30**：201-206.
26) M. Kumazoe et al. (2013)：*J. Clin. Invest.*, **123**：787-799.
27) T. Ohishi et al. (2002)：*Cancer Lett.*, **177**：49-56.
28) N. Ahmad et al. (2000)：*Biochem. Biophys. Res. Commun.*, **275**：328-334.
29) H. Fujiki et al. (1998)：*Mutation Res.*, **402**：307-310.
30) D. M. Smith, Q. P. Dou (2001)：*Int. J. Mol. Med.*, **7**：645-652.
31) S. Taniguchi et al. (1992)：*Cancer Lett.*, **65**：51-54.
32) M. Shimizu et al. (2010)：*Chem. Biol. Interact.*, **185**：247-252.
33) H. Tachibana et al. (2004)：*Nat. Struct. Mol. Biol.*, **11**：380-381.
34) S. Elmakova et al. (2005)：*J. Biol. Chem.*, **280**：16882-16890.
35) M. Leone et al. (2003)：*Cancer Res.*, **63**：8118-8121.
36) Z. He et al. (2008)：*Mol. Carcinog.*, **47**：172-183.
37) D. Umeda et al. (2007)：*J. Biol. Chem.*, **283**：3050-3058.
38) 立花宏文 (2013)：新版茶の機能―ヒト試験から分かった新たな役割（衛藤英男ほか編），p. 59-67，農山漁村文化協会.
39) S. Yoshizawa et al. (1987)：*Phytother. Res.*, **1**：44-47.
40) M. Hirose et al. (2002)：*Cancer Lett.*, **188**：163-170.
41) J. R. Warren, B. J. Marshall (1983)：*Lancet*, **1**：1273-1275.
42) H. S. Youn et al. (1998)：*Helicobacter*, **3**：9-14.
43) 小國伊太郎・間部克裕・山田正美 (2002)：茶の機能（松村敬一郎ほか編），p. 105-111，学会出版センター.
44) S. Kato et al. (2002)：*J. Clin. Microbiol.*, **40**：649-653.
45) A. L. Prez et al. (2002)：*Helicobacter*, **7**：306-309.
46) K. Mabe et al. (1999)：*Antimicrob. Agents. Chemother.*, **43**：1788-1791.
47) S. Matsubara et al. (2003)：*Biochem. Biophys. Res. Commun.*, **310**：715-719.
48) F. Takabayashi et al. (2004)：*J. Gastroenterol*, **39**：61-63.
49) 小國伊太郎・髙林ふみ代 (2006)：*ILSI Japan*, **86**：16-23.
50) 小國伊太郎ほか (1996)：*News Lett. Jpn. Soc. Cancer Prevention*, **9**：6-8.
51) I. Oguni (2000)：*Proc. 4th Shizuoka Forum on Health and Longevity*, 142-146.
52) P. Davalli et al. (2012)：*Oxid. Med. Cell Longev.*, **2012**：1-18.
53) 原征彦 (2014)：新版茶の機能（衛藤英男ほか編），p. 68-73，農山漁村文化協会.
54) T. Noro et al. (1999)：*Basic Life Sci.*, **66**：665-673.
55) 中村好志・江崎秀男 (2005)：食品工業, 11月号：45-55.
56) 芳野恭士ほか (1999)：沼津高専研究報告, **33**：105-109.
57) 中村好志 (1999)：緑茶文化と日本人（熊倉功夫ほか編），p. 72-83，ぎょうせい.
58) Chen Z. P. et al. (1998)：*Cancer Lett.*, **129**：173-179.
59) Hayakawa S. et al. (2001)：*Biosci. Biotechnol. Biochem.*, **65**：459-462.
60) Nakamura Y. et al. (2003)：*Food Factors in Health Promotion and Disease Prevention* (F. Shahidi et al. eds.), p. 381-389, Amer. Chem. Soc.
61) Nakamura Y. et al. (1997)：*Food Factors for Cancer Prevention* (H. Ohigashi et al. eds.), p. 138-141, Springer-Verlag, Tokyo.
62) Takabayashi F. et al. (2004)：*Environ. Health Prev. Med.*, **9**：176-180.

= Tea Break =

〈世界お茶めぐり〉**パプアニューギニア**

　パプアニューギニアの高地，マウントハーゲン（Mount Hagen）でコーヒー・紅茶園を経営するWRカーペンターズ社のマネージャーと知り合ったことから，マウントハーゲンに行ってみることにした．オーストラリアのケアンズで乗り換えたが，乗ってきたカンタス航空機の隣に止まったニューギニア航空機は，あまりにも小さく見えた．ニューギニア航空の小型機は，フットワークも軽く，パプアニューギニアの各地を結んで飛び回っている．突然やってきた近代文明の象徴かもしれないが，コーヒー・紅茶のプランテーションも同様，それまでの現地の生活や文化とはまったく異質な存在のようだ．

　カーペンターズ社のコーヒー・紅茶園は，ワギ・バレー（Waghi Valley）と呼ばれる地方に広がっている．バレーといっても，日本語では谷というより，四方を山に囲まれた広大な盆地といった風景だ．コーヒー・紅茶園の開発はオーストラリア統治下の1960年代から始まり，湿地だったこの地方に整然としたプランテーションが出現した．パプアニューギニアでは，コーヒーの産地はいくつかあり，大農園のほか，個人の農家も栽培している．一方，紅茶生産はワギ・バレーに限られ，同社が全体の生産量の約8割を占めている．標高約1500mの高地特有の寒暖の差の大きさ，肥沃な土壌，豊富な雨量，日中の強烈な太陽と，自然条件には恵まれ，病虫害の発生も少ないという．

　紅茶は，日本製の機械で茶葉を刈り取り，インド製の機器類を装備してCTC製法で製茶されている．赤い色と，ほどよいこくをもつ飲みやすい紅茶で，おもにティーバッグ用のブレンド茶として使われている．　　　〔中津川由美〕

写真1　ワギ・バレーの上空からの眺め

写真2　ティープランテーションでの摘採

6.2.3 抗動脈硬化症

　欧米型の食生活への変化に伴い，コレステロールや糖分の摂り過ぎによる肥満や高脂血症の患者が増えている．私事で恐縮だが，かくいう筆者も健康診断でついに高脂血症と診断された．医者からはこのまま放置しておくと血管がつまって動脈硬化や心筋梗塞など，心臓や血管系に重篤な障害をきたすと脅かされた．メタボリックシンドロームなどが昨今話題になっているが，肥満や内臓脂肪の蓄積と並んで，高コレステロールが動脈硬化の危険因子となることはどうやら間違いのないところのようである．私としてもこれまで病気とは縁がなかっただけにたいへんなショックで，気のせいか妙に心臓が重苦しく感じられるようになった．

　さて，コレステロールそのものは細胞膜の構成成分として，また，各種ステロイドホルモンの生合成前駆体として，体にとってなくてはならないものであるが，高脂血症は具合が悪い．現在高脂血症の治療に広く使われている薬の1つは，コレステロールの原料となるメバロン酸という化合物を生成する酵素の働きを抑え，コレステロールの生産そのものをブロックしてしまおうというものである（HMGCoA 還元酵素阻害剤）．コレステロールは，メバロン酸を出発物質として二十数段階を経て生合成される．しかし，このメバロン酸は，コレステロール以外にも細胞内で重要な働きをしている物質の原料ともなるため，長期投与によって横紋筋融解症などの副作用も危惧される．できることならコレステロールの生産のみを選択的に抑えることが望ましい．こうした理由から，近年製薬企業や大学の研究室では，コレステロール生産のみにかかわる酵素を標的とした新しいタイプの高脂血症治療薬の開発が進んでいる[1,2]．

　昨今，抗がん作用で注目されている緑茶ポリフェノールの主成分は，エピガロカテキンガレート（EGCg）である．筆者らは，この EGCg にスクアレンエポキシダーゼというコレステロールの生産全体をコントロールする重要な酵素の1つを，選択的に強く阻害する作用があることをつきとめた[3]．コレステロールの生合成における最初の酸素添加反応を触媒するスクアレンエポキシダーゼは，膜結合性のフラビンを補酵素とする酸素添加酵素である．スクアレンエポキシダーゼは，上述したように，コレステロール生合成の律速段階を触媒する鍵酵素の1つと考えられており，その調節制御は医薬品開発の見地から重大な関心が寄せられている[2]．特にこの酵素の阻害剤は，細胞にとって重要なドリコールやユビキノンなどの生産を抑制することなく，コレステロール生合成のみを選択的に抑えることができるため，現在用いられているHMGCoA 還元酵素阻害剤に代わる，新しいタイプの高脂血症治療薬として期待されるからである．

　一般にポリフェノールには，活性酸素を捕捉する抗酸化作用という働きが知られている．緑茶のポリフェノール，なかでもガロイル基を有する EGCg は特にこの作用が強く，酵素反応に必要な活性酸素を取り除いてしまうことによって酵素阻害を起こ

すのであろう．一方，同じカテキンでもガロイル基をもたないものや，それから緑茶エキスのもう1つの主成分であるカフェイン，さらに，ビタミンCやビタミンEといった抗酸化剤はほとんど酵素阻害活性を示さない．また，コレステロールの生合成経路にはこれ以外にも活性酸素を必要とする酸化酵素反応が複数存在している．こうしたステップも同様にして阻害を受け，コレステロール生合成全体が強く抑えられる可能性も考えられる．

　実際すでにラットを使った実験で，緑茶ポリフェノールがコレステロールを低下させることが証明されている[4,5]．このような緑茶ポリフェノールに，実際にコレステロール生合成の律速酵素を強く阻害する作用があることが初めて明らかにされたことになる．日本古来の伝統的な飲み物として安全性が担保されており，しかもがんの予防効果なども期待できる緑茶に，こうしてコレステロール生合成阻害作用が認められたことは注目に値する．ちなみにわれわれが普通に飲む1杯の緑茶には，$0.1 \sim 0.15\,g$程度の粗カテキン（EGCgとして$0.05 \sim 0.075\,g$程度）が含まれており，また，最近の研究の結果，経口投与により摂取されたEGCgの一部は小腸より吸収されて血流にのることも実証されている．こうした緑茶ポリフェノールをリード化合物として，さらに強い活性を示すスクアレンエポキシダーゼ酵素阻害剤を開発する試みが進行中である[6]．

　一方，緑茶ポリフェノールによるコレステロール濃度上昇抑制機構として，小腸など消化管におけるコレステロール吸収阻害も提唱されている．小腸で吸収されるコレステロールは，肝臓で生合成されるコレステロールと同様に重要である．少なくともEGCgが，小腸でのコレステロール吸収を抑制することが動物実験で確かめられている[7]．しかしながら，小腸により吸収された緑茶ポリフェノールが脂質やコレステロール代謝などに実際にどの程度の影響を与えるかについては，現時点ではまだ十分に解明されておらず，今後の研究がまたれているのが実情である．　　〔阿部郁朗〕

引用・参考文献

1) I. Abe, G. D. Prestwich (1999)：*Comprehensive Natural Products Chemistry, Vol. 2* (D. H. R. Barton, K. Nakanishi eds.), p. 267-298, Elsevier.
2) I. Abe, G. D. Prestwich (1998)：*Drug Discovery Today*, **3**：389-390.
3) I. Abe *et al.* (2000)：*Biochem. Biophys. Res. Commun.*, **268**：767-771.
4) M. Fukuyo *et al.* (1986)：*J. Jpn. Soc. Nutr. Food Sci.*, **39**：495-500.
5) K. Nakagawa, T. Miyazawa (1997)：*J. Nutr. Sci. Vitaminol.*, **43**：679-684.
6) I. Abe *et al.* (2000)：*Biochem. Biophys. Res. Commun.*, **270**：137-140.
7) K. Muramatsu *et al.* (1986)：*J. Nutr. Sci. Vitaminol.*, **32**：613-618.

● 6.2.4 抗アレルギー作用

花粉症，アトピー性皮膚炎，喘息，鼻アレルギー，蕁麻疹などのアレルギー疾患は過度の免疫反応であり，アレルギーを発症させる原因物質をアレルゲンという．植物，動物，微生物，食物，薬物，化学物質などのアレルゲンが体内に侵入すると，免疫を担当している細胞である体内のマスト細胞，好塩基球，好酸球，Tリンパ球，Bリンパ球などが活性化される．活性化された免疫担当細胞から産生・放出されるヒスタミン等のケミカルメディエータ，生理活性物質，炎症性タンパク質によって，体内のさまざまな組織が傷害される現象がアレルギーである．アレルギーを予防・軽減するため，食品から抗アレルギー成分やアレルギー予防因子が探索されており，茶についても同様の検討がなされてきた．'やぶきた'茶葉抽出液（細胞実験）[1]，緑茶，ウーロン茶，紅茶（動物実験）[2]，ウーロン茎茶抽出液（細胞実験）[3,4]，フェノール性物質[5]，緑茶のカテキン（エピガロカテキンガレート（EGCg），エピカテキンガレート（ECg））[6,7]（細胞実験），カフェイン[8]，サポニン（動物実験）[9]などの報告がある．さらに，緑茶のカテキン類をマウス骨髄誘導マスト細胞に添加して抗アレルギー性の実験を行ったところ，エピカテキン-3-O-(3-O-メチル)ガレート＞ガロカテキン-3-O-(3-O-メチル)ガレート＞エピガロカテキン-3-O-(3-O-メチル)ガレート（EGCg 3″Me）＞ガロカテキンガレート＞カテキンガレート＞EGCg＞ECg の順に，強いヒスタミン遊離抑制活性を示すことがわかった[10]．また，'べにほまれ'，台湾系統に抗アレルギー作用を示す物質のあることがわかり分離・同定したところ，EGCg 3″Me やエピガロカテキン 3-O-(4-O-メチル)ガレート（EGCg 4″Me）（メチル化カテキン）であった[11〜13]．EGCg 3″Me は，薬物動態解析の結果から，EGCg に比べマウスやヒト血漿中での安定性が高く[14]，吸収後の血中からの消失が EGCg に比較して緩やかであり，経口投与による吸収率も有意に高値を示した（AUC で EGCg の 5.1 倍）[15]．メチル化カテキンの作用としては，マスト細胞内でのチロシンキナーゼ活性化阻害[16]，カテキン受容体 67LR を介した高親和性 IgE レセプターの発現抑制[17]やミオシン軽鎖脱リン酸化促進[18]を認めている．初期アレルギー反応において，マスト細胞にアレルゲン特異的 IgE 抗体が結合することが引き金になるが，緑茶中のストリクチニン（加水分解型タンニン）が B 細胞の IgE クラススイッチを抑制することが明らかになっている[20,21]．ストリクチニンの作用は，STAT6 のチロシンリン酸化を抑制することによる，インターロイキン-4 誘導クラススイッチ阻害と考えられている．

メチル化カテキンは，沖縄では一番茶の'べにふうき'に，鹿児島では二番茶・三番茶に，静岡では秋冬番茶に多く含まれ，紅茶にすると消失するので，緑茶・包種茶・ウーロン茶に製造しないと利用できず，葉位では若芽・茎に少なく下位の成熟葉に多く含まれるといったように，製品中の含量が大きく変動する[22,23]．'べにふうき'緑茶の効果と安全性を検証するため，ダニを主抗原とする通年性アレルギー性鼻炎有症

者75人を2試験群に無作為に振り分け，'べにふうき' 緑茶（1日あたりメチル化カテキンを34 mg含む），プラセボである 'やぶきた' 緑茶（メチル化カテキンを含まない）を12週間飲用させた．'べにふうき' 緑茶群では 'やぶきた' 緑茶群に比べ，鼻症状，目症状の症状スコアが低値で推移し，7～12週間の鼻症状，4～12週間の目症状において，有意に低い値を示した．自覚症状におけるくしゃみ発作，鼻汁，目のかゆみ，流涙スコアにおいて，'やぶきた' 緑茶摂取群に比べ 'べにふうき' 緑茶摂取群が有意に軽症で推移した．そのほか医師による問診，血液検査，理学検査，尿検査の結果から，両被験飲料の摂取に起因すると思われる有害事象は観察されなかった[24]．

スギ花粉症をもち，投薬などの治療をしていない未病者51人における，'べにふうき' 緑茶飲料（メチル化カテキン44 mg/日）の抗アレルギー効果を 'やぶきた' 緑茶飲料飲用群と花粉飛散時期に比較検討した（無作為割付群間比較試験）．花粉飛散ピーク時の症状スコアの血中濃度-時間曲線下面積 AUC（鼻水，目の痒み，流涙症状，目症状スコア（図6.16），鼻症状スコア，鼻薬剤症状スコア，目薬剤症状スコア）において，'べにふうき' 緑茶飲用群は，'やぶきた' 群に比べ，有意に低い値を示し，QOLも有意な改善が認められた[25]．

さらに，'べにふうき' 緑茶をスギ花粉飛散後に短期飲用した場合と比較して，花粉飛散1ヶ月以上前から長期飲用した場合の影響を明らかにするため，オープン無作

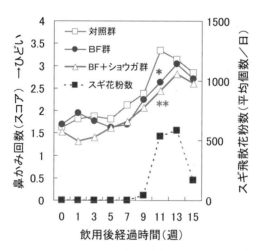

図6.16 スギ花粉症有症者への 'べにふうき' 緑茶投与の効果
対照群：'やぶきた' 緑茶飲用，BF群：'べにふうき' 緑茶飲用，BF＋ショウガ群：ショウガエキス添加 'べにふうき' 緑茶飲用．*：対照群に対して有意差あり（$p<0.05$），**：対照群に対して有意差あり（$p<0.01$）．

為群間比較試験で比較した．スギ花粉症有症者36人を2群に分け，'べにふうき'緑茶飲料（1本あたり EGCg 3″Me を 17 mg 含有）を1日2本ずつ飲用してもらった．長期飲用群では花粉飛散1ヶ月以上以前から飲用し，短期飲用群では花粉飛散が始まり症状が出始めてから飲用を開始した．平年より少ないスギ花粉の飛散条件においても，花粉の飛散に伴い各症状が悪化したが，鼻かみ回数，咽頭痛スコアにおいて，長期飲用群で短期飲用群に比べ，花粉飛散に伴う症状の悪化が有意に抑制された[26]．

また，アトピー性皮膚炎中等症の患者7人に'べにふうき'緑茶エキスを含む軟膏を8週間塗布してもらったところ，症状スコアが低下し，エキスの入っていない基剤に比べ，ステロイド剤とタクロリムス剤の使用量が有意に減少した[27]．また，マウスの試験では，10%'べにふうき'緑茶エキス塗布により，0%エキス塗布に比べ有意に掻破回数が減少したことが報告されている[28]．　　　　　　　　〔山本（前田）万里〕

引用・参考文献

1) 前田有美恵（1989）：日食衛誌，**30**：295-299.
2) K. Sugiyama (1995)：*Proceedings of 3rd International Symposium of Tea*, 59.
3) Y. Ohmori et al. (1995)：*Biol. Pharm. Bull.*, **18**：683-686.
4) 特開平 6-113791（1994）：ウーロン茎茶抽出物を配合した健康食品および医薬品．
5) 前田有美恵ほか（1990）：日食衛誌，**31**：233-237.
6) 大須博文ほか（1990）：*Fragrance J.*, **11**：50-53.
7) N. Matsuo et al. (1997)：*Allergy*, **52**：58-64.
8) 山崎正利（2001）：食の科学，**9**(238)：10-16.
9) M. Akagi et al. (1997)：*Biol. Pharm. Bull.*, **20**：565-567.
10) M. Maeda-Yamamoto et al. (2012)：*J. Agric Food Chem.* **60**：2165-2170.
11) M. Maeda-Yamamoto et al. (1998)：*Biosci. Biotech. Biochem.*, **62**：2277-2279.
12) M. Sano et al. (1999)：*J. Agric. Food Chem.*, **47**：1906-1910.
13) M. Suzuki et al. (2000)：*J. Agric. Food Chem.*, **48**：5649-5653.
14) 佐野満昭ほか（2000）：*Fragrance J.*, **28**：46-52.
15) M. Maeda-Yamamoto et al. (2007)：*Cytotechnology*, **55**：135-142.
16) M. Maeda-Yamamoto et al. (2004)：*J. Immunology*, **172**：4486-4492.
17) Y. Fujimura et al. (2002)：*J. Agric. Food Chem.*, **50**：5729-5734.
18) Y. Fujimura et al. (2007)：*Biochem. Biophys. Res. Commun.*, **364**：79-85.
20) H. Tachibana et al. (2001)：*Biochem. Biophys. Res. Commun.*, **280**：53-60.
21) D. Homma et al. (2010)：*J. SC Food Agric.*, **90**：168-174.
22) 山本（前田）万里ほか（2001）：日食工誌，**48**：64-68.
23) M. Maeda-Yamamoto et al. (2004)：*Food Science and Technology Research*, **10**：186-190.
24) 安江正明ほか（2005）：日本食品新素材研究会誌，**8**：65-80.
25) M. Masuda et al. (2014)：*Allergology International*, **63**：211-217.
26) M. Maeda-Yamamoto et al. (2009)：*Allergology International*, **58**：437-444.

27) 藤澤隆夫ほか（2005）：アレルギー，**54**：1022.
28) 木谷敏之ほか（2010）：*Fragrance J.*, **5**：64-69.

● 6.2.5　抗高血圧症

　血圧は一般に加齢とともに高くなる傾向がある．高血圧になると動脈硬化症が多くなり，動脈硬化症が多くなると脳卒中も増加する．

　従来は，最高血圧が 160 mmHg 以上になると，降圧剤の服用が勧められていた．しかし 1992 年に世界保健機関（WHO）と国際高血圧学会（ISH）により，高血圧の新しいガイドラインが発表された．すなわち，130～139 mmHg が正常高血圧値，140 mmHg 以上を高血圧として，降圧剤の服用が勧められるようになった．そしてこの高血圧のうち 140～159 mmHg を高血圧軽症，160～179 mmHg を中等症高血圧，180 mmHg 以上を重症高血圧症としている．

　血圧というものは，心臓の拍出量と末梢血管抵抗の関数として表すことができる．したがって血圧が高くなるということは，心拍出量が増加するか，末梢血管抵抗が上昇することに起因する．

　高血圧性疾患の予防としては，まず，食事や運動によるコントロールを心がけることが好ましい．日本における高血圧に由来する疾病はがんとともに大きな割合を占め，生活習慣病（成人病）の代表ともいうべきものとなっている．高血圧性疾患の予防・治療としては，減塩食を基本として，昆布，シイタケ，茶などのように，血圧上昇を抑制するといわれている食品を摂取することが有効であると考えられる[1～6]．

　日本の厚生労働省においても食塩摂取目標を 1 日あたり 10 g 以下と指導しているが，その実効性については，嗜好性も含め困難な状況となっている．ラットでは食塩の嗜好性と血圧は密接に関係するが，給餌内容によってその嗜好性も変化する[7]．

　摘採した茶葉を嫌気的条件下におくと，茶葉中に γ-アミノ酪酸（GABA）が多量に蓄積されること[8]や，この嫌気処理茶（ギャバロン茶）が本態性高血圧自然発症ラット（SHR）の血圧上昇を抑制することが明らかとなった[9]（4.3.5 項参照）．

　血圧上昇の要因は，本態性によるもののほかにレニン-アンジオテンシン系による腎性調圧異常，交換神経異常，内分泌系異常，血管性など多々考えられるが，なかでも腎臓はこの高血圧の代表的な標的臓器である．すなわち，腎臓は水分やナトリウムなどの電解質の排泄および保持に重要な役割を果たしており[10]，この面から血圧を調節しているものと考えられる．本項では，食塩を投与して血圧の上昇した SHR や食塩感受性ラット（Dahl (S)），脳卒中易発症性高血圧自然発症ラット（SHRSP）にギャバロン茶を同時投与すると，血圧上昇の抑制や腎臓機能障害が改善される効果がある[11,12]ことを紹介する．

表6.6 食塩負荷ラットの血圧に及ぼすギャバロン茶の効果（mmHg）

	対照区 (CE-2)	5%食塩負荷区	5%食塩負荷／緑茶区	5%塩負荷／ギャバロン茶区
最初 (9W)	167.3±6.4	167.8±7.7	167.4±5.1	168.6±5.4
4W 後 SHR	201.9±13.6	240.9±24.2	219.1±10.6*	217.1±18.7*
血圧の差 (mmHg/28days)	34.6±10.0	73.1±16.0	51.7±7.9*	48.5±6.7*
最初 (9W)	153.8±11.8	153.7±8.3	153.7±7.4	153.8±7.6
6W 後 Dahl (S)	165.4±3.5	191.4±16.0	177.8±3.1*	176.8±6.7*
血圧の差 (mmHg/42days)	11.6±7.7	37.7±7.2	24.1±5.3*	23.0±7.2*

*: 5%食塩負荷区との間に有意差あり（$p<0.05$）.

a. 食塩負荷 SHR および Dahl に対するギャバロン茶の血圧上昇抑制効果

表6.6に示したとおり，SHR および Dahl (S) の餌料摂取量は食塩負荷においてやや低くなるものの，有意な差は認められない．体重の変化については煎茶，ギャバロン茶とともに食塩を負荷した区においては，いずれのラットにおいても対照区のラットに比べ，平均値としては低くなるものの，有意差としては認められなかった．しかし，食塩を負荷して水を投与した区においては有意に上昇しているのが認められた．次に SHR および Dahl (S) に煎茶，ギャバロン茶とともに食塩を負荷して飼育した区の血圧を測定すると，SHR においては初期血圧が 167 mmHg であったものが，対照区では 4 週間後に 201 mmHg と，35 mmHg の上昇が認められ，これに5% 食塩を負荷させると 4 週間後には 241 mmHg と，3 mmHg の上昇が認められた（表6.6）．これに対し，食塩負荷とともに煎茶，ギャバロン茶を投与すると，4 週間後にはそれぞれ 219 mmHg, 217 mmHg となり，血圧上昇はそれぞれ 52 mmHg と 48 mmHg であった．食塩を負荷させた2群の血圧，240 mmHg（73 mmHg の上昇）に対し，煎茶およびギャバロン茶は有意に血圧上昇を抑制した．しかし，煎茶とギャバロン茶との間に有意差はなく，これらの現象は Dahl (S) を用いた実験においてもほぼ同様の結果であった．煎茶やギャバロン茶による食塩負荷ラットの血圧上昇抑制は，茶の摂取により食塩排出促進や反対に吸収抑制などが行われ，抑制されたものと考えられる．

茶やカテキン類が血圧上昇を抑制するとの報告もいくつかみられ[13]，また，その作用はレニン-アンジオテンシン系に作用することによる降圧効果であるとの報告もされている[14~16]．

b. SHRSP の生存率に及ぼす煎茶およびギャバロン茶の影響

SHRSP はストレスや食塩投与によって，脳卒中を起こすことが知られている．SHR の死亡曲線は食塩投与の対照群-2 では 9 週齢から 14 週齢にかけて脳卒中特有の症状を呈した後，次々に死亡した．これに対して通常の餌を投与した対照群-1 や 5%

表6.7 ラット腎臓における病理所見

ラット個体番号	1	2	3	4	5	6	7	腎臓損傷度／群
対照区（CE-2）	−	±	−	＋	−	−	−	2/7
5%食塩負荷区	−	＋＋	−	＋＋	＋＋	±	±	5/7
5%食塩負荷／緑茶区	±	±	−	−	±	−	＋	4/7
5%食塩負荷／ギャバロン茶区	−	±	−	−	−	−	＋	2/7

腎臓損傷度　−：変化なし，±：微損傷，＋：弱損傷，＋＋：強損傷．

食塩と一緒に緑茶，ギャバロン茶を投与した群においては，全実験期間を通して死亡は認められなかった．つまり脳卒中予防に茶は明らかに効果的である，ということが示された．

c. 食塩負荷による腎臓組織の損傷と煎茶およびギャバロン茶による改善効果

5%食塩含有飼料を摂取していた対照群-2では，対照群-1に比較して腎臓重量の体重比が有意に増加していた．また，糸球体においては対照区に比べて5%食塩投与区は腫大しており，硝子化・線維化がみられた．尿細管では尿細管の萎縮や，尿細管上皮の中に脱落した細胞が認められること，尿細管と尿細管との間にかなりの炎症がみられ，尿細管上皮の再生像なども認められた．このような変化が局所的にみられた程度を測定し，−を変化なし，±は少量の損傷，＋は中程度の損傷，＋＋は強い損傷として表した（表6.7）．

水を飲んでいた対照群-1は7匹中2匹のラットに軽い損傷がみられるだけであったが，5%食塩を負荷した対照群-2においては，7匹中5匹にかなり強い損傷がみられた．

同様に煎茶群では7匹中4匹，ギャバロン茶区では7匹中2匹に比較的軽い損傷がみられるのみであった．煎茶，ギャバロン茶を投与していた区の腎臓には，前に述べたような現象は多少みられたが，高食塩食を与えたにもかかわらず対照群-1とほとんど同じで，大きな変化は認められなかった．

食塩を投与することにより腎組織は確実に障害を起こしているが，茶の投与によりその障害がかなり軽減されることが明らかとなった．煎茶とギャバロン茶を比較すると，食塩による血圧上昇抑制効果はほぼ同様の結果であったが，腎組織損傷の軽減効果についてはギャバロン茶の方が優れている，との所見であった．しかし，これらの機構，特にギャバロン茶の効果の発現機構については，GABAとの関連において今後の課題である．

食塩と高血圧の関係は古くから指摘されていたことで，味噌や醤油，漬物や干物などを多用する日本の食卓には，高血圧を招きやすい要因が揃っていた．特に東北地方

などの雪国ではそれが顕著に表れており，疾病率の第1位ともなっている．今回の実験はラットでの実験であるため，ただちにヒトに置き換えて論じるわけにはいかないが，生理的に共通した点も多くあり，同様の効果を期待するのは的外れともいえないであろう．すなわち，減塩減塩と唱えて味の薄いメリハリのないものを毎日食べるのではなく，普通の味付けのものを皆で，同じものを，おいしく食べる．そして食中・食後にギャバロン茶を一杯…「同席同食」＝ヒトが人になる食文化．こんな生活をしながら健康な毎日を過ごし，そしてその日常生活のなかから健康を維持する科学が見いだされる．これぞ，人の食の原点であり，到達点ともいえるのではないだろうか．

〔大森正司〕

引用・参考文献

1) 藤田敏郎（1984）：医学のあゆみ，**130**：880-885.
2) 稗田蛍火舞ほか（2015）：日本薬理学雑誌，**146**：33-93.
3) 川崎晃一：臨床医，**8**：52-54.
4) R. H. Murray, F. C. Luft, R. Bloch（1978）：*Proc. Soc. Exp. Biol. Med.*, **159**：432-436.
5) G. Feuerstein, P. Boonyaviroj, Y. Gutman（1979）：*European J. Pharm.*, **54**：373-382.
6) 原征彦・外岡史子（1990）：栄食誌，**43**：345-348.
7) S. B. Peggy, L. Barbara, R. Q. Michael（1975）：*Proc. Soc. Exp. Biol. Med.*, **149**：915-920.
8) 津志田藤二郎ほか（1987）：農化，**61**：817-822.
9) 大森正司ほか（1987）：農化，**61**：1449-1451.
10) 河辺博史・猿田亨男（1992）：腎と透析，**32**：421-425.
11) 林　智ほか（2000）：家政誌，**51**：265-271.
12) 豊田和弘ほか（1987）：衛試報告，**105**：51-56.
13) Y. Abe *et al.*（1995）：*American J. Hypertension*, **8**：74-79.
14) 茶木辰治・伊藤貞嘉（2005）：呼吸と循環，**53**：809-813.
15) 原征彦・松崎妙子・鈴木建夫（1987）：農化，**61**：803-808.
16) 茶珍元彦ほか（2004）：日本薬理学雑誌，**124**：31-39.

6.2.6　脳卒中予防

厚生労働省の統計調査[1]では，脳卒中は1980年以前は日本人の死因のトップであったが，平成27年（2015）では悪性新生物（28.7％），心疾患（15.2％），肺炎（9.4％）についで第4位（8.7％）である．一方，脳卒中患者の平成26年医科診療医療費は，総額29.3兆円の6.1％で，これは悪性新生物（11.8％）の約半分である．また平成22年国民生活基礎調査によると，脳卒中は要介護になった原因の第1位（21.5％）で，特に要介護5では33.8％に達する．脳卒中は，脳梗塞，脳内出血，くも膜下出血，その他に分類される．平成27年の脳卒中による死因のうちわけは，脳梗塞57.6％,

脳内出血28.7%,くも膜下出血11.1%,その他2.6%である.このように脳卒中は社会的影響が大きな疾患であり,その予防と後遺症の軽減が重要である.

筆者らは,ヒト本態性高血圧患者のモデル動物で,早期に脳卒中を自然発症する悪性-脳卒中易発性高血圧自然発症ラット（M-SHRSP）を用いて,緑茶による脳卒中予防効果を検討した[2].M-SHRSPの体重・摂餌量・飲水量・尿量の測定と,神経症状の観察,テレメトリーシステムを用いた血圧・心拍数・行動量の変化から,脳卒中発症日を推定できる[3].生後5週齢のM-SHRSPを2群に分け,緑茶カテキン群として0.5%ポリフェノンE（EGCg 58.4%,EGC 11.7%,ECg 0.5%,EC 6.6%含有,東京フードテクノ）水溶液を,対照群として水を自由飲水で与えた.生後8週齢で手術を行い,テレメトリーシステムで血圧・心拍数・行動量の連続測定を行った.図6.17に,テレメトリーシステムによる血圧・心拍数・行動量の1時間の平均値と1日ごと

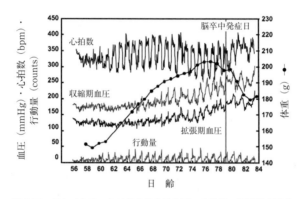

図6.17 テレメトリーシステムによる血圧・心拍数・行動量の変化と体重変化

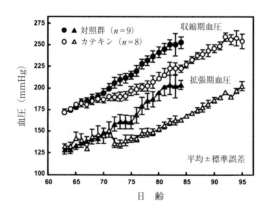

図6.18 緑茶カテキン類摂取による血圧上昇抑制作用

の体重変化を示した．生後79日に体重の減少と血圧，心拍数の日内リズムの消失が認められ，脳卒中発症日は生後79日と推定された．図6.18は，血圧の1日平均値の変化を対照群とカテキン群で比較したものである．生後9週齢では収縮期および拡張期血圧とも両群間に差異は認められなかったが，その後の血圧上昇がカテキン群で有意に抑制された．脳卒中発症日は対照群が平均79.7日であったのに対し，カテキン群では平均90.1日と有意に発症日が遅延した．M-SHRSPの平均寿命は生後約100日であることから，緑茶カテキン類の摂取により平均寿命の1割も脳卒中の発症が遅延したことになる．しかし脳卒中の発症は完全に抑制できなかった．またカテキン群の血漿EGCg濃度は，8週齢で平均378 nmol/Lであったが，脳卒中発症後は平均50 nmol/Lに低下した．おそらくEGCgが消費され，脳卒中が発症したと考えられる．以上のことから，緑茶カテキン類の摂取は脳卒中の発症を予防できることが示唆された．

田渕ら[4]は，5週齢の雄性M-SHRSPに純度94%のEGCg（TEAVIGOTM，DSM Nutritional Products）を0.3%水溶液として自由飲水で8週間与え，脳卒中予防効果を検討した．非観血式血圧測定による収縮期血圧は，生後9週齢までは両群で差異がなかったが，10週齢からEGCg群の血圧が対照群に比し有意に低下した．生後13週齢での脳卒中発症率は，対照群82%に対し，EGCg群では41%と有意に低下した．これらの結果より，緑茶中のEGCgが脳卒中予防に深く関与していることが示唆された．

ヒトにおいても緑茶の飲用が，脳卒中による死亡率，脳卒中の罹患率を低下させることが報告されている．大崎研究[5]では，40〜79歳の男女4万530名を対象に7年間の追跡調査を行った．その結果，緑茶を1日1杯未満しか飲まないヒトに比し，緑茶を飲用したヒトの脳卒中による死亡リスクは有意に低下し，1日5杯以上の飲用では37%低下した．脳卒中のうち脳梗塞による死亡リスクが緑茶の飲用により有意に低下し，1日5杯以上の飲用では51%も低下した．十日町-中里研究[6]では，40〜89歳の男女6358名を対象に5年間の追跡調査を行った．その結果，緑茶を週に数杯しか飲まないヒトに比し，緑茶を2〜3日で数杯以上飲用していたヒトの脳卒中発症リスクと脳梗塞の発症リスクが有意に低下し，1日5杯以上の飲用で脳卒中発症リスクは59%，脳梗塞発症リスクは65%も低下した．多目的コホート研究[7]では，45〜74歳の男女8万2369名を対象に13年間追跡調査を行った．その結果，緑茶をまったく飲まないヒトに比し，1日に2〜3杯以上飲むヒトの脳卒中発症リスクは有意に低下し，1日4杯以上の飲用で20%低下した．また緑茶の飲用で脳梗塞に加え脳出血の発症リスクも有意に低下し，1日4杯以上飲むヒトの脳梗塞発症リスクは14%，脳出血発症リスクは35%低下した．

このように動物実験の結果とヒトでの疫学調査の結果から，1日に数杯の緑茶を飲

用することは脳卒中，特に脳梗塞の予防につながると考えられる． 〔池田雅彦〕

引用・参考文献

1) 厚生労働省：平成 27 年 人口動態統計の概況，平成 26 年度 国民医療費の概要，平成 22 年 国民生活基礎調査の概要．
2) M. Ikeda et al.（2007）：*Med. Sci. Monit.*, **13**：BR40-45.
3) M. Tabuchi et al.（2001）：*J. J. Pharmacol.*, **85**：197-202.
4) 田渕正樹（2008）：*VIC Newsletter*, **112**.
5) S. Kuriyama et al.（2006）：*JAMA*, **13**：1255-1265.
6) N. Tanabe et al.（2008）：*Int. J. Epidemiol.*, **37**：1030-1040.
7) Y. Kokubo et al.（2013）：*Stroke*, **44**：1369-1374.

●6.2.7 抗糖尿病

　近年急速に増加している糖尿病患者のほとんどは 2 型糖尿病で，その原因は膵臓からのインスリン分泌不足とインスリン感受性低下による血糖コントロール不全である．発症には，遺伝的素因と食生活やストレスなどの環境因子が関与すること，肥満が関係することが明らかになってきた．高血糖は自覚症状がないため放置されることが多く，結果として重篤な合併症を併発するケースが多い．最近，セルフメディケーションの関心が高くなり，嗜好品として飲用する茶に血糖値コントロール作用を期待する人が多い．緑茶や健康食品として摂取した茶カテキンの糖尿病に対する改善作用について，動物実験，培養細胞を用いた実験および臨床研究が行われている．

a.　基礎研究
（1）　血糖降下作用

　緑茶あるいは茶カテキンの血糖降下作用は，1 型糖尿病に類似するストレプトゾトシン（STZ）誘発糖尿病動物[1,2]，2 型糖尿病に類似する糖尿病モデル動物である db/db マウス[2]，Zucker ラット[3]，あるいは高脂肪食[4]，高フルクトース食[5]で飼育して高血糖を誘発した動物などで示されている．その作用は，①消化管からの糖質の吸収阻害，②肝臓における糖新生阻害による糖放出の抑制，③膵ランゲルハンス島保護，④インスリン抵抗性改善，によるものである．

①消化管からの糖質の吸収阻害：　糖類分解酵素阻害薬は，消化管からのグルコースの吸収を遅延させ，食後の過血糖を改善する．茶カテキンは同様に，グルコース投与による血糖値の上昇は抑制しないが，ショ糖あるいはデンプンの投与による上昇は有意に抑制する．また，茶カテキンを直接アミラーゼおよびスクラーゼに作用させると，それらの酵素活性を抑制する[6]．したがって，茶カテキンが糖類分解酵素阻害作用により食後高血糖改善作用を示すと考えられる．

②肝臓からの糖放出の抑制：　肝臓の糖新生による糖放出量増加は，高血糖の要因の

1つである.インスリンは糖新生に関与する酵素を阻害し,糖の産生を抑制する.茶カテキンのエピガロカテキンガレート(EGCg)は,培養細胞およびマウスの肝臓における糖新生の律速酵素の mRNA 発現を抑制し,糖新生を抑制する[7,8].したがって,EGCg は糖新生を抑制することにより高血糖を改善すると考えられる.

③膵 β 細胞保護: 膵島に浸潤した免疫細胞から分泌されるサイトカインが β 細胞を破壊することが,1 型糖尿病の発症要因の 1 つである.EGCg は,膵由来細胞(RINm5F)においてインターロイキン-6 とインターフェロン-γ による誘導型一酸化窒素合成酵素(iNOS)の発現と細胞毒性を抑制する[9].また,エピカテキンは STZ による β 細胞の破壊を抑制する[10].これらの結果から,茶カテキンは抗酸化作用により β 細胞保護作用を示すと考えられる.

④インスリン抵抗性改善: ラットに緑茶粉末を摂取させると,空腹時血糖,血中インスリン,トリグリセリドおよび遊離脂肪酸の血中濃度が低下し,脂肪細胞へのインスリンの結合およびインスリンによるグルコースの取り込みが促進される[5].また,緑茶は高フルクトース食負荷による脂肪組織のグルコーストランスポーター(GLUT IV)発現量の減少を抑制し,高血糖,高インスリン血症を改善する[11].糖尿病では,脂肪組織におけるアディポネクチンの産生が抑制され,レジスチン,レプチンなどアディポサイトカインの産生が亢進し,これらの変動がインスリン抵抗性の原因となることが知られている.緑茶やカテキンはこれらのアディポサイトカインの変動を抑制する[3,12~14].したがって,緑茶およびカテキンが脂肪組織におけるアディポサイトカイン産生変動の改善を介して,インスリン抵抗性を改善する可能性が考えられる.

(2) 糖尿病合併症に対する作用

高血糖を長期間放置すると組織や生体成分の糖化が進行し,腎障害,網膜障害,神経系障害などの重篤な障害が発生する.STZ で糖尿病を誘起したラットに緑茶を飲ませたところ,赤血球還元型グルタチオンや血漿過酸化水素を減少させ,腎組織や眼の網膜やレンズの障害が抑制された.これは,糖尿病による腎臓や眼における合併症の進展を抑制する可能性を示唆するものである[15~17].

b. 臨床研究

ヒトでは,緑茶やコーヒーを摂取することにより 2 型糖尿病になるリスクが軽減されるという報告[18]と,2 型糖尿病患者で緑茶がインスリン抵抗性に影響を及ぼさなかったという報告[19]がある.Fukino ら[20]は,茶抽出物の粉末(ポリフェノールとして 544 mg/日)を 2ヶ月間投与したランダム化比較試験において,空腹時血糖値が 6.1 mmol/L のヒトでは空腹時血糖値に影響はみられなかったが,ヘモグロビン Alc の有意な低下を認めたと報告している.日常生活で飲用する茶では抗糖尿病の臨床効果は期待できないが,使用方法により効果発現は可能であろうという報告[21]もある.中国における横断研究で,1 週間に 16~30 杯の緑茶を摂取することにより,2 型糖尿

病の発症が有意に抑制されたことが報告されている[22]．今後，緑茶およびカテキンの投与方法・投与量・投与期間，対象患者など条件を一定にした臨床研究が行われ，抗糖尿病効果に必要な緑茶あるいはその成分の摂取量が提示されることが望まれる．

〔前田利男〕

引用・参考文献

1) J. A. Vinson, J. Zhang (2005)：*J. Agric. Food Science*, **53**：3710-3713.
2) H. Tsuneki et al. (2004)：*BMC Pharmacol.*, **4**：18-27.
3) Y. K. Kao et al. (2000)：*Endocrnology*, **141**：980-987.
4) Shirai et al. (2004)：*Ann. Nutr. Metab.*, **48**：95-102.
5) L. Y. Wu et al. (2004)：*Eur. J. Nutr.*, **43**：116-124.
6) 原征彦 (2002)：茶の機能（村松敬一郎編），p. 183-187, 学会出版センター．
7) M. E. Waltner-Law et al. (2002)：*J. Biol. Chem.*, **277**：34933-34940.
8) Y. Koyama et al. (2004)：*Planta Med.*, **70**：1100-1102.
9) M. K. Han (2003)：*Exp. Mol. Med.*, **35**：136-139.
10) M. J. Kim et al. (2003)：*Pancreas*, **26**：292-2999.
11) L. Y. Wu et al. (2004)：*J. Agric. Food Chem.*, **52**：643-648.
12) R. W. Li et al. (2006)：*J. Ethinopharmacol.*, **104**：24-31.
13) T. Murase et al. (2002)：*Int. J. Obes.*, **26**：1459-1464.
14) C. Y. H. Liu et al. (2006)：*Am. J. Physiol.*, **290**：E273-E281.
15) J. H. Choi et al. (2004)：*Ann. Nutr. Metab.*, **48**：151-155.
16) G. W. Mustata et al. (2005)：*Diabetes*, **54**：517-526.
17) C. K. Silva et al. (2013)：*Invest. Ophthalmol. Vis. Sci.*, **54**：1325-1336.
18) H. Iso et al. (2006)：*Ann. Intern. Med.*, **144**：554-562.
19) Y. Fukuno et al. (2008)：*Eur. J. Clin. Nutr.*, **62**：953-960.
20) O. H. Ryu et al. (2006)：*Diabetes Res. Clin. Pract.*, **71**：356-358.
21) C. L. Broadhurst et al. (2000)：*J. Agric. Food Chem.*, **48**：849-852.
22) H. Huang et al. (2013)：*Plos One*, **8**：1-7.

●6.2.8 抗肝障害

a. ガラクトサミン肝炎

ラットの腹腔内にガラクトサミンを注射すると，血中のアラニンアミノトランスフェラーゼなどの酵素活性が上昇し，24時間後には肝臓に壊死がみられる．これはヒトのウイルス性肝炎のモデルとして知られている．1992年，ラットに緑茶抽出物を投与するとガラクトサミンによる肝障害が有意に軽減することが示された．その後，緑茶中のフラボノイド配糖体や水溶性多糖体などにこの抑制効果があることがわかった[1,2]．

一方，緑茶カテキンも肝障害抑制に関係している．高濃度の茶カテキンを含む緑茶

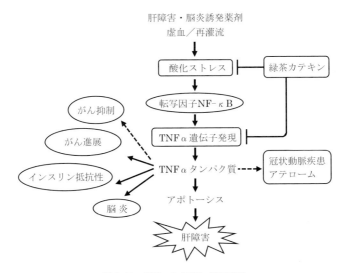

図 6.19 EGCg の TNFα 抑制作用
肝障害誘発剤（ガラクトサミン）などの外部からの刺激から発生する酸化ストレスが TNFα の遺伝子発現を促して TNFα タンパク質が増加し，肝細胞のアポトーシスによる肝炎やがん進展，インスリン抵抗性などを導く．EGCg などの緑茶カテキンは，その抗酸化作用やその他の作用で TNFα の遺伝子発現を抑制し，種々の疾病を抑制する．冠状動脈疾患などにも TNFα が関与していると考えられている．

ドリンクをラットに投与すると，ガラクトサミン肝障害が低減し，このとき，肝臓における腫瘍壊死因子 TNFα の mRNA のレベル上昇が抑えられること，また，ガラクトサミン投与によって上昇する血中 TNFα タンパク質の増加も抑制されることが明らかとなった[3]．ガラクトサミンが炎症性サイトカインである TNFα の遺伝子発現を上昇させることはよく知られていることである．TNFα は肝細胞のアポトーシスを誘導し，肝障害に深く関与している．茶カテキンの主成分である EGCg ががん細胞の TNFα 遺伝子発現を抑制し[4]，エンドトキシン（リポ多糖）で誘導したマウスの血中 TNFα 濃度の上昇を抑制する[5]．したがって，緑茶ドリンク中の茶カテキンが TNFα の遺伝子発現を抑え，その産生を抑制することによりアポトーシスを抑え，肝障害を軽減するといえる．

TNFα は種々の疾病に関与しており，EGCg の TNFα 抑制作用が緑茶の効能に深く関係していると考えられる（図 6.19）．

b. アルコール性肝障害

マウスにエタノールを投与するとアルコール性肝障害が起きるが，このとき緑茶抽出物を与えると，エタノールから酢酸への代謝が促進され，有害なアセトアルデヒド

の除去に役立つこと，また，カフェインにも同様の作用があることがわかっている[6]．ラットにエタノールを投与した場合，4週間緑茶を投与すると，肝細胞の壊死が抑制されたという報告もある[7]．この場合もアルコール投与によるTNFα上昇が緑茶投与によって抑制されており，ガラクトサミンによる肝障害の予防効果と類似している．

一方，テアニンは茶カテキンとは異なり，そのものには抗酸化作用はないが，グルタチオンレベルを上昇させることにより抗酸化作用をあらわし，アルコール性肝障害を抑制する[8]．

c. ウイルス性肝炎

ヒト肝がん細胞を使った実験により，EGCgを培地に加えると，C型肝炎ウイルス（HCV）の細胞への侵入が阻害され，ウイルス感染が抑えられることが明らかになっている[9,10]．これには，EGCgが細胞表面へのHCVの接着を阻害する作用[9]や，ウイルスRNAの複製を阻害する作用が関係している[10]．ただし，後者の作用については否定的な結果もある[9]．また，EGCgの存在下でHCV感染細胞を培養した場合，数回の継代培養によってHCVが消滅することがわかった[9,10]．したがって，EGCgは抗ウイルス作用を通して肝炎の予防や治療に役立つ可能性がある．

d. その他の肝障害モデル

四塩化炭素は酸化ストレスを介して肝障害を引き起こし，肝繊維化／肝硬変のモデル実験に用いられる．ラットを用いた $in\ vivo$ の実験では，緑茶抽出物を投与しても，四塩化炭素肝障害が抑制されなかったとの報告がある[11]．一方，風邪薬などに用いられているアセトアミノフェンの過剰投与による肝障害の場合は，カフェインが肝障害を抑制した[12]．

e. ヒトの場合への展望

以上のように，緑茶の肝障害予防効果のメカニズムについて，遺伝子発現レベルでの解析も進みつつある．動物実験ではカテキン類やテアニン，カフェイン等に肝障害予防作用があることが示され，それらの複合的な効果も期待される．これがヒトの場合にもあてはまるかどうかを明らかにするには臨床介入試験などが必要である．注目すべきは，C型肝炎治療においてインターフェロン・リバビリン併用療法に緑茶粉末の内服投与を加えることにより，9例中5例，56％の完治率が得られたという報告である[13]．

一方，緑茶サプリメント摂取が肝障害に関係していると考えられる症例に関していくつかの報告があり[14]，大量摂取には厳重注意が必要である．また，その使用量や安全性について詳細な研究が今後必要である．

〔伊勢村　護〕

引用・参考文献

1) K. Sugiyama et al. (1999) : *J. Nutr.*, **129** : 1361-1367.
2) S. Wada et al. (2000) : *Biosci. Biotechnol. Biochem.*, **64** : 2262-2265.
3) K. Abe et al. (2005) : *Biomed. Res.*, **26** : 187-192.
4) S. Okabe et al. (2001) : *Biol. Pharm. Bull.*, **24** : 883-886.
5) F. Yang et al. (1998) : *J. Nutr.*, **128** : 2334-2340.
6) T. Kakuda et al. (1996) : *Biosci. Biotechnol. Biochem.*, **60** : 1450-1454.
7) G. E. Arteel (2002) : *Biol. Chem.*, **383** : 663-670.
8) Y. Sadzuka et al. (2005) : *Biol. Pharm. Bull.*, **28** : 1702-1706.
9) N. Calland et al. (2012) : *Hepatology*, **55** : 720-729.
10) C. Chen et al. (2012) : *Arch. Virol.*, **157** : 1301-1312.
11) K. Sugiyama et al. (1998) : *Biosci. Biotechnol. Biochem.*, **62** : 609-611.
12) H. Kröger et al. (1996) : *Gen. Pharmacol.*, **27** : 167-170.
13) Y. Sameshima et al. (2008) : *Beneficial Health Effects of Green Tea* (M. Isemura ed.), p. 113-119, Research Signpost.
14) G. Mazzanti et al. (2015) : *Arch. Toxicol.*, **89** : 1175-1191.

●6.2.9 抗肥満

茶の抗肥満作用に関しては古くから記述があり，740年頃に記された『本草拾遺』に「茶を久しく食すれば，人をして痩せしめ，脂をさり，眠らざらしむ」とある[1]．

近年，茶成分の抗肥満作用に関する科学的研究が積極的に進められており，茶の健康維持・増進における役割が注目されつつある．

a. 茶の体脂肪低減効果

Murase ら[2]は，ヒトの食餌誘導性肥満モデル動物として広く用いられている

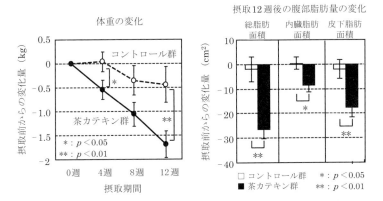

図6.20 ヒトにおける茶カテキン継続摂取の体重・腹部脂肪への影響[5]

C57 BL/6 J マウスを用いて,カフェインをほとんど含まない茶カテキンを 0.1~0.5%
飼料に添加すると,茶カテキン濃度依存的に有意な体重増加抑制,体脂肪重量増加抑
制が認められたことを報告している.また,Han ら[3]は,高脂肪食誘発肥満マウスを
用いて,ウーロン茶粉末の体重増加抑制,体脂肪重量増加抑制を示しており,有効成
分はウーロン茶中のカフェインであることを示唆している.

　ヒトにおける試験でも体脂肪低減効果が報告されている.長尾ら[4]は,正常から軽
度肥満の男性 35 名を対象として,茶カテキン 690 mg/340 mL を飲料の形で1日1本
12 週間継続摂取した結果,コントロール群(茶カテキン 22 mg/340 mL)に対して,
ウエスト周囲長,腹部脂肪量(CT 画像の腹部脂肪面積)が有意に低下したことを示
している.この報告では,血中酸化ストレス指標の低減から茶カテキンの抗酸化作用
と体脂肪低減効果との関係も示唆されている.また,土田ら[5]は,軽度肥満の健常男
女 80 名に対して,茶カテキン 588 mg/350 mL を1日1本緑茶飲料の形で 12 週間継
続摂取した結果,コントロール群(茶カテキン 126 mg/350 mL)と比較して,体重,
腹部脂肪量が有意に低下したことを示している(図 6.20).

b. 体脂肪低減効果の機構解析

　C57 BL/6 J マウスを用いた試験で,茶カテキンの継続摂取により,肝臓での脂肪
酸 β 酸化亢進,脂質燃焼量およびエネルギー消費量の増加が示されている[2,6].また,
習慣的な運動を付加すると,さらに骨格筋での脂肪酸 β 酸化亢進,脂質燃焼量およ
びエネルギー消費量のさらなる増加が認められている[6,7].

　ヒトにおける試験で,Harada ら[8]は,茶カテキン 593 mg/350 mL を緑茶飲料の形
で1日1本 12 週間継続摂取した結果,コントロール群(茶カテキン 77 mg/350 mL)
に対して,食事由来の脂質燃焼量および食後 8 時間のエネルギー消費量(食事誘導性
体熱産生量)が有意に増加したことを報告している.さらに,Ota ら[9]は,茶カテキ
ン 570 mg/500 mL を飲料の形で1日1本 8 週間継続摂取すると,コントロール群(茶

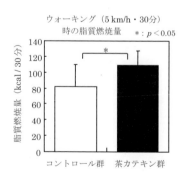

図 6.21　ヒトにおける茶カテキン継続
　　　　摂取による脂質燃焼量の変化[9]

カテキン0 mg/500 mL)に対して,軽運動時(30分間ウォーキング)の脂質燃焼量が有意に増加したことを報告している(図6.21).また,Rumplerらの報告[10]では,高濃度(7.5 g/300 mL)ウーロン茶摂取により,水摂取に比較してエネルギー消費量と脂質燃焼量が有意に増加し,それはウーロン茶中のカフェインの影響であることが示唆されている.

平成24年(2012)の厚生労働省国民健康・栄養調査結果によると,BMI 25以上の肥満者の割合は30歳以上の男性の約3割,50歳以上の女性の約2割にのぼり,特に内臓脂肪蓄積型肥満は,さまざまな生活習慣病を引き起こすといわれている.茶は日本人にとって,日常生活において無理なく継続して摂取できる飲料である.茶成分の抗肥満効果について,確かなエビデンスが蓄積されつつあることから,茶の摂取が生活習慣病の予防に役立つことが期待される. 〔時光一郎〕

引用・参考文献

1) 村松敬一郎ほか(2002):茶の機能,p.2,学会出版センター.
2) T. Murase *et al.*(2002):*Int. J. Obes.*, **26**:1459-1464.
3) L. K. Han *et al.*(1999):*Int. J. Obes. Relat. Metab. Disord.*, **23**:98-105.
4) T. Nagao *et al.*(2005):*Am. J. Clin. Nutr.*, **81**:122-129.
5) 土田隆ほか(2002):*Progress in Medicine*, **22**:2189-2203.
6) S. Shimotoyodome *et al.*(2005):*Med. Sci. Sports Exerc.*, **37**:1884-1892.
7) T. Murase *et al.*(2006):*Int. J. Obes.*, **30**:561-568.
8) U. Harada *et al.*(2005):*J. Health Sci.*, **51**:248-252.
9) N. Ota *et al.*(2005):*J. Health Sci.*, **51**:233-236.
10) W. Rumpler *et al.*(2001):*J. Nutr.*, **131**:2848-2852.

●6.2.10 抗骨粗鬆症

a. 社会の高齢化と向き合うわが国における骨粗鬆症対策の重要性

長寿をまっとうできる機会に恵まれた世界有数の国であるわが国では,近年,長期にわたって健やかに生活することに関心が向けられつつある.2013年の報告によれば,2010年のわが国における平均寿命は男性で79.55歳,女性で86.30歳である一方,介護の必要なく自立して生活できる期間として定義された「健康寿命」は,男性で70.42歳,女性で73.62歳であった[1].つまり,長寿である一方,男性で9.13年間,女性で12.68年間は何かしらの制限を受けて日常生活を送っていることになる.

生体の支持組織である骨の量は,骨芽細胞による骨の構築と破骨細胞による骨の溶解が厳密に調節されることによって,一般に20～30代までは増加を続け,その後は減少する.つまり,骨の脆弱化を特徴とする骨粗鬆症を患いやすい高齢者(特に高齢

女性）は，年をとるにつれて軽微な転倒によって骨折するリスクが高まり，寝たきりの状態に陥りやすくなる．したがって，65歳以上の約4人に1人（国民の約6%に相当する）が罹患していると見積もられている骨粗鬆症を予防・治療できる方法を検討し続けることは，社会の高齢化と向き合い，長期にわたって健やかに生活できる社会を実現するために重要である．

b. 骨の健康維持に対する茶の効果

(1) 疫学調査が示す茶の有効性

高齢女性（65〜76歳）を対象にした疫学調査が英国において実施され，紅茶を飲用する習慣をもつ高齢女性の骨量が，紅茶を飲用する習慣をもたない高齢女性よりも多いという結果が報告されている[2]．また，台湾で実施された疫学調査では，10年以上の長期にわたって飲茶（主としてウーロン茶）の習慣をもつ人の骨量が飲茶の習慣をもたない人よりも多いことが示されている[3]．一方，閉経後女性を対象にして実施された疫学調査では，1日あたり500 mgの緑茶ポリフェノールを1ヶ月間摂取することによって，骨の構築を正に制御する骨型アルカリホスファターゼの量が有意に上昇するという結果が得られている[4]．

(2) 動物実験が示す茶の有効性

卵巣や睾丸を摘出された動物では骨密度や骨量の低下が認められるが，0.1〜0.5%の濃度でカテキンを混ぜた水を飲ませ続けた場合には，卵巣や睾丸の摘出に伴う骨の脆弱化が抑えられることが報告されている[5〜7]．また，卵巣を摘出した場合には，50 mg/kgの（−）-エピガロカテキンガレート（EGCg）を投与し続けることによっても骨の脆弱化が抑えられることが報告されている[8]．

骨の溶解を促進する因子であるリポポリサッカライド（lipopolysaccharide：LPS）を歯肉組織に局所投与すると，顎骨のなかでも歯を支える部分にあたる歯槽骨において骨の破壊が認められるが，歯肉組織に10 μg/mLの緑茶抽出物を注射し続けた場合にはLPSによる歯槽骨の破壊が抑えられるという報告がある[9]．また，炎症性サイトカインであるインターロイキン（IL）-1を頭頂骨に局所投与した場合には，腹腔内に15 mg/kgのEGCgを投与し続けることによってIL-1誘発性の頭頂骨破壊が抑えられることが報告されている[10]．

c. 茶の成分カテキンが骨の健康を維持するメカニズム

(1) 骨芽細胞に対するカテキンの作用

1〜100 μMの（+）-カテキンや（−）-エピガロカテキン（EGC），EGCgの存在下で骨芽細胞を培養すると，骨型アルカリホスファターゼの発現量が増加することが複数のグループによって報告されている[11〜14]．また，甲状腺ホルモンの1つであるトリヨードチロニンを用いて骨芽細胞を刺激し，骨の構築を負に制御するオステオカルシン（osteocalcin）の発現を誘導する際，3〜30 μMのEGCgを培養液中に添加して

おくと,トリヨードチロニン誘導性のオステオカルシンの発現が抑制されることが報告されている[15]. 一方,エンドセリン (endothelin)-1 や血小板由来成長因子 PDGF-BB, FGF-2 を用いて骨芽細胞を刺激し,破骨細胞の発生および生存に不可欠であるサイトカイン receptor activator of NF-κB ligand (RANKL) の発現を正に制御するIL-6 の発現を誘導する際,10~100 μM の EGCg を培養液中に添加しておくと,エンドセリン-1 や PDGF-BB, FGF-2 による IL-6 の発現誘導が抑制されることが報告されている[16~18].

(2) 破骨細胞に対するカテキンの作用

10~100 μM の EGCg 存在下で破骨細胞の前駆細胞を培養すると,破骨細胞の発生および生存に不可欠である RANKL-RANK シグナル伝達経路の下流で機能する転写因子 NFATc1 および c-Fos の発現が抑制されるとともに,転写因子 NF-κB の核移行が抑制されることが報告されている[19~21]. また,10~100 μM の EGCg 存在下で最終分化した破骨細胞を培養すると,破骨細胞のアポトーシスが誘導されることが報告されている[22,23].

(3) 抗骨粗鬆症作用におけるカテキンの作用標的

カテキンの抗がん作用における標的分子として,細胞外マトリックスの1つであるラミニンの受容体が同定されているが,骨芽細胞や破骨細胞における同分子の発現については明らかにされていない. 一方,カテキンの抗酸化作用における標的分子の1つである遷移金属の Fe (III) にカテキンが作用して,破骨細胞のアポトーシスを誘導している可能性が見出されている[22,24].

d. 骨粗鬆症に対する茶の効用

上のような疫学的な解析結果と,茶の重要成分であるカテキン類の生理的な活性の検討結果から,茶の抗骨粗鬆症機能は有意のものであると考えられる.

〔中川　大・禹　済泰・永井和夫〕

引用・参考文献

1) 厚生科学審議会地域保健健康増進栄養部会・次期国民健康づくり運動プラン策定専門委員会 (2014):健康日本 21 (第二次) の推進に関する参考資料, p. 25.
2) V. M. Hagarty et al. (2000):*Am. J. Clin. Nutr.*, **71**:1003-1007.
3) C. H. Wu et al. (2002):*Arch. Intern. Med.*, **162**:1001-1006.
4) C. L. Shen et al. (2012):*Osteoporos. Int.*, **23**:1541-1552.
5) C. L. Shen et al. (2008):*Osteoporos. Int.*, **19**:979-990.
6) C. L. Shen et al. (2011):*Calcif. Tissue Int.*, **88**:455-463.
7) C. L. Shen et al. (2009):*Bone*, **44**:684-690.
8) S. H. Lee et al. (2012):*Calcif. Tissue Int.*, **90**:404-410.
9) H. Nakamura et al. (2010):*J. Periodontal Res.*, **45**:23-30.

10) J. H. Lee et al.（2010）:*Mol. Pharmacol.*, **77**:17-25.
11) E. M. Choi, J. K. Hwang（2003）:*Biol. Pharm. Bull.*, **26**:523-526.
12) C. H. Chen et al.（2005）:*Osteoporos. Int.*, **16**:2039-2045.
13) B. Vali et al.（2007）:*J. Nutr. Biochem.*, **18**:341-347.
14) C. H. Ko et al.（2009）:*J. Agric. Food Chem.*, **57**:7293-7297.
15) K. Kato et al.（2011）:*Mol. Med. Rep.*, **4**:297-300.
16) H. Tokuda et al.（2007）:*FEBS Lett.*, **581**:1311-1316.
17) S. Takai et al.（2008）:*Mediators. Inflamm.*, **2008**:291808.
18) H. Tokuda et al.（2008）:*Horm. Metab. Res.*, **40**:674-678.
19) A. Morinobu et al.（2008）:*Arthritis. Rheum.*, **58**:2012-2018.
20) J. H. Lee et al.（2010）:*Mol. Pharmacol.*, **77**:17-25.
21) R. W. Lin et al.（2009）:*Biochem. Biophys. Res. Commun.*, **379**:1033-1037.
22) H. Nakagawa et al.（2002）:*Biochem. Biophys. Res. Commun.*, **292**:94-101.
23) J. H. Yun et al.（2007）:*J. Periodontal. Res.*, **42**:212-218.
24) H. Nakagawa et al.（2007）:*Biochem. Pharmacol.*, **73**:34-43.

●6.2.11　自己免疫病発症抑制作用

　最近の研究で，緑茶あるいは緑茶の主要成分である茶カテキンは，アレルギーや自己免疫病などの免疫機能の異常によって生じる病気の発病抑制効果を有することが判明している．特に，自己免疫病は症状が重篤で，死に至る場合もあることから，その効果が注目されている．

　自己免疫病とは自分自身の体を形成しているタンパク質に対して異常な免疫反応が生じて，免疫細胞が自分自身を攻撃してしまい，その結果，全身性あるいは臓器特異的な種々の病気が発生してしまう難病で，日本では通常，膠原病と総称されている．患者数の多いリウマチも含めて，日本だけでも約50万人以上の患者が自己免疫病で苦しんでおり，多くの研究者によってその治療研究が進められている．これまでの研究で，自己免疫病はビタミンCやビタミンEなどの抗酸化物質の投与やカロリー摂取，特に脂肪摂取の制限によってその発症が抑制できることが判明している．一方，緑茶は強い抗酸化作用や脂肪蓄積抑制作用を有することがわかっている．そこで，自己免疫病発症に対する緑茶投与の有効性を確かめるために研究が行われた[1]．

　自己免疫病のなかでも，ヒト全身性エリテマトーデス（SLE）は多くの全身症状が生じる最も重篤な抗体介在性自己免疫疾患の1つで，日本でも約9000人の患者が存在する．研究では，SLEの疾患モデルマウスで，SLE様疾患が100%発病して8ヶ月以内にほぼすべてが死亡するMRL-*lpr*^{cg}マウスを使って実験が行われた．MRL-*lpr*^{cg}マウスに2%緑茶粉末混合飼料を生後1ヶ月目から3ヶ月間給与した結果，体重増加や自己免疫病の発症に伴って起きるリンパ節，脾臓および腎臓の腫脹に伴う各臓器重量の増加が顕著に抑制された．一方，自己免疫病の発症に伴って増加する抗DNA抗体や免疫複合体の産生も緑茶投与によって顕著に抑制されることが判明した．さらに，

6.2 茶 と 疾 病

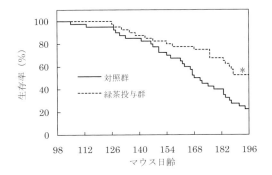

図 6.22 自己免疫病マウスの生存率に対する緑茶投与の効果
＊：2％緑茶混合飼料の投与によって，自己免疫病マウスの生存日数が有意に延長された（$p<0.05$）．

免疫複合体の沈着によって起きる腎炎および腎臓血管炎を調べたところ，緑茶投与群では腎臓への免疫複合体沈着が軽減され，それに伴って糸球体腎炎および腎臓血管炎発症が劇的に抑制され，血中尿素窒素量やタンパク尿症にも改善傾向がみられた．そして，緑茶投与によるこれらの症状の改善によって，自己免疫病マウスの生存日数が大幅に延長されることが判明した（図 6.22）．緑茶やその成分はその他の自己免疫病に対しても有効であることが示唆されており，その有効成分や作用機序についても多くの研究が行われている[2,3]．リウマチに関しては，アメリカでの疫学的研究で，種々の種類の茶を1日3杯以上飲んでいる女性のリウマチ発症率は茶をまったく飲んでいない女性よりも顕著に低いことが報告されている[4]．また，緑茶抽出物やEGCgの投与はTNFαやIFNなどの炎症関連サイトカインレベルを抑制し，リウマチの症状を緩和させることが判明している[5,6]．自己免疫性脳脊髄炎に対しては，そのモデルマウスへのEGCgの投与が脳脊髄炎の発症および悪性進展に対して抑制効果を示し，この抑制作用はT細胞増殖やTNFα産生の抑制によってもたらされていることが示唆されている[7]．さらに，シェーグレン症候群に対しても，その原因となる自己抗原遺伝子発現や抗酸化，アポトーシスなどの発症原因に対してEGCgが効果を示すことが明らかになっている[8,9]．一方，カテキン以外の成分として，緑茶にも含まれるカフェインがリンパ球の増殖抑制作用を有し，また脳脊髄炎の発症抑制作用があることが明らかになっている[10,11]．そのほか，自己免疫性甲状腺炎[12]や自己免疫性慢性炎症性腸疾患[13]，自己免疫性心筋炎[14]などにもカテキン類やEGCgが効果を示すことが報告されている．これらの研究成果から，緑茶は自己免疫病発症抑制作用を有し，この作用はカテキンやビタミン類などの抗酸化作用や抗肥満作用によるものだけでなく，抗炎症作用やその他の作用も含めた緑茶および緑茶成分の免疫機能に対する複合

的作用によってもたらされていると考えられており，さらに詳細な検討がなされている．緑茶の自己免疫病発症抑制効果の作用成分や作用機序も解明されていることから，最近では，自己免疫病の専門医師も強い関心をもっており，現在，ヒトの自己免疫病に対する緑茶の有効性を確かめるための臨床試験も進められているとのことで，ヒトの患者での効果が期待されている．

しかしながら，他方，カテキン類の摂取が自己免疫性肝炎の発症の引き金になる可能性を示唆する論文も出されていることから[15]，その服用に際しては摂取量に対する十分な注意と医師との連携が必要であることが考えられる． 〔茶山和敏〕

引用・参考文献

1) K. Sayama et al. (2003): *In Vivo*, **17**: 545-552.
2) M. Pae, D. Wu (2013): *Food Funct.*, **4**: 1287-1303.
3) D. Wu, J. Wang (2011): *Expert Rev. Clin. Immunol.*, **7**: 711-713.
4) T. R. Mikuls et al. (2002): *Arthritis Rheum.*, **46**: 83-91.
5) T. M. Haqqi et al. (1999): *Proc. Natl. Acad. Sci. USA*, **96**: 4524-4529.
6) S. Riegsecker et al. (2013): *Life Sci.*, **93**: 307-312.
7) O. Aktas et al. (2004): *J. Immunol.*, **173**: 5794-5800.
8) S. Hsu et al. (2005): *J. Pharmacol. Exp. Ther.*, **315**: 805-811.
9) S. Ohno et al. (2012): *Autoimmunity*, **45**: 540-546.
10) L. A. Rosenthal et al. (1992): *Immunopharmacol.*, **24**: 203-217.
11) G. Q. Chen et al. (2010): *Brain Res.*, **1309**: 116-125.
12) S. Hoshikawa et al. (2013): *Immunol. Invest.*, **42**: 235-246.
13) H. S. Oz et al. (2013): *Front. Immunol.*, **4**: 132-142.
14) J. Suzuki et al. (2013): *Eur. J. Heart Fail.*, **9**: 152-159.
15) E. Gallo et al. (2013): *Phytomedicine*, **20**: 1186-1189.

●6.2.12　抗ウイルス

インフルエンザウイルス[1～11]をはじめ，ポリオウイルス[12]，エンテロウイルス[13,14]，ロタウイルス[14,15]，ヒト免疫不全ウイルス（HIV）[16～22]，ヒトT細胞白血病ウイルス1型（HTLV-1）[23,24]，Epstein-Barr（EB）ウイルス[25,26]，ウシコロナウイルス[27]，単純ヘルペスウイルス[28]，アデノウイルス[29]，B型およびC型肝炎ウイルス[30～35]など，さまざまなウイルスの感染や増殖が，茶抽出物や茶成分により阻害されることが知られている．本項では，インフルエンザウイルス，HIV，HTLV-1，EBウイルスについて，茶抽出物や茶成分の抗ウイルス作用を概説する．

a.　抗インフルエンザウイルス作用

インフルエンザウイルスは，発熱，悪寒，頭痛，関節痛，筋肉痛を伴った重篤な急性呼吸器疾患の原因ウイルスである．茶抽出物や茶成分の抗ウイルス作用に関する研

究のなかで，インフルエンザウイルスについての報告は古く，1949年には茶抽出物やタンニンにインフルエンザウイルスの増殖を阻害する作用が見いだされている[1]．また，緑茶と紅茶の抽出物のいずれにもインフルエンザウイルス感染阻害作用があることが知られている[3]．緑茶カテキン類（図5.30参照）の抗インフルエンザウイルス作用は，(−)-エピガロカテキンガレート（EGCg），(−)-エピガロカテキン（EGC），(−)-エピカテキンガレート（ECg），(−)-エピカテキン（EC），(+)-カテキン（C）間で異なり，培養細胞におけるインフルエンザウイルス感染阻害作用は，EGCg，ECg，EGCの順に強く，ECとCにはほとんど認められない．また，EGCgとECgは，ウイルスの赤血球凝集やノイラミニダーゼ活性をEGCに比べて顕著に阻害するだけでなく，高濃度ではウイルスRNA合成も阻害することが報告されている．一方，同濃度のEGCにはRNA合成阻害作用は認められていない[9]．このため，カテキン骨格の3-位に結合したガロイル基が抗ウイルス作用に重要と思われる．また，カテキン骨格の2-位に結合したトリヒドロキシベンジル基の5'-位の水酸基は重要ではないことが推測される．また，チャ種子のサポニン[7]や茶ポリフェノールのストリクチニン[10]にも，インフルエンザウイルスの感染阻害作用が見出されている．

b. 抗HIV作用

HIVは，細胞障害性レトロウイルスの1種で，後天性免疫不全症候群（エイズ）の原因ウイルスである．EGCgは，ヒト免疫不全ウイルス1型（HIV-1）の逆転写酵素やプロテアーゼの活性を阻害する[16,18]．さらに，紅茶テアフラビン類や緑茶カテキン類は，HIV-1のスパイクを構成する糖タンパク質gp41に結合し，ウイルスの膜融合活性を阻害する[21]．さらに最近のコンピュータモデリングによる研究から，EGCgは細胞膜CD4に高い結合親和性（$\Delta G_{bind} = -5.5$ kcal/mol, $K_d = 94\ \mu M$）を示すことで，HIV-1感染初期過程でのウイルス糖タンパク質gp120とCD4の結合を阻害することが報告されている[20,22]．

c. 抗HTLV-1作用

HTLV-1はレトロウイルスの1種で，成人T細胞白血病（ATL），HTLV-1関連脊髄症（HTLV-associated myelopathy：HAM），熱帯性痙性麻痺（tropical spastic paraparesis：TSP）の原因ウイルスである．緑茶ポリフェノールは，HTLV-1感染T細胞や成人T細胞白血病細胞の増殖を阻害する[23]．さらに，無症候性のHTLV-1キャリアー83名を対象にした研究によると，1日あたり緑茶10杯分の摂取量に相当する緑茶抽出物含有カプセルを5ヶ月間摂取した結果，末梢血リンパ球から遊離するプロウイルス量が減少したことが報告されている[24]．

d. 抗EBウイルス

EGCgは，伝染性単核球症，Burkittリンパ腫，上咽頭がんを引き起こすEBウイルスの初期転写に関与するRta，Zta，EA-Dタンパク質発現を抑制することで，ま

た感染細胞の ERRK1/2 と Akt のリン酸化や活性化を抑制することで，EB ウイルスによる溶解サイクルを阻害する．一方，ウイルスの潜在的複製因子である EBNA-1 (EBV Nuclear Antigen-1) の発現は抑制しないことが報告されている[25,26]．

これまで述べてきたように，茶抽出物や茶成分は，多様な種類のウイルスに感染阻害作用を示す．緑茶成分のなかで，EGCg の抗ウイルス作用に関する研究が最も進んでいるが，感染阻害機構はウイルス種間で大きく異なっている．一方，がん細胞などの培養細胞を用いた研究から，EGCg は，上皮成長因子受容体ファミリー Her-2/neu のリン酸化を阻害することで phosphatidylinositol-3-kinase，Akt kinase，NFκB を介したシグナルを減少させることが報告されている．また，紅茶ポリフェノールは，細胞の分裂，分化，形質転換あるいはアポトーシスなどに関与するインスリン様増殖因子 (IGF) のレベルを減少させ，p38 MAPK を介して eNOS を活性化する[36〜38]．ウイルス増殖とこれら細胞内情報伝達系の関連が多数報告されていることから，今後，茶抽出物や茶成分の抗ウイルス作用機構に関する新たな展開が期待される．

〔鈴木　隆〕

引用・参考文献

1) R. H. Green (1949)：*Proc. Soc. Exp. Biol. Med.*, **71**：84-85.
2) M. Nakayama et al. (1993)：*Antiviral Res.*, **21**：289-299.
3) M. Nakayama et al. (1994)：*Kansenshogaku Zasshi*, **68**：824-829.
4) M. Nakayama et al. (1996)：*Kansenshogaku Zasshi*, **70**：1190-1192.
5) M. Iwata et al. (1997)：*Kansenshogaku Zasshi*, **71**：487-494.
6) M. Iwata et al. (1997)：*Kansenshogaku Zasshi*, **71**：1175-1177.
7) K. Hayashi et al. (2000)：*Biosci. Biotechnol Biochem.*, **64**：184-186.
8) N. Imanishi et al. (2002)：*Microbiol. Immunol.*, **46**：491-494.
9) J. M. Song et al. (2005)：*Antiviral Res.*, **68**：66-74.
10) K. R. Saha et al. (2010)：*Antiviral Res.*, **88**：10-18.
11) M. Kim et al. (2013)：*Antiviral Res.*, **100**：460-472.
12) J. Konowalchuk, J. I. Speirs (1978)：*Appl. Environ. Microbiol.*, **35**：1219-1220.
13) O. Zavate et al. (1982)：*Virologie*, **33**：231-236.
14) A. Mukoyama et al. (1991)：*Jpn. J. Med. Sci. Biol.*, **44**：181-186.
15) K. J. Clark et al. (1998)：*Vet. Microbiol.*, **63**：147-157.
16) H. Nakane, K. Ono (1989)：*Biochemistry*, **29**：2841-2845.
17) C. W. Chang et al. (1994)：*J. Biomed. Sci.*, **1**：163-166.
18) K. Yamaguchi et al. (2002)：*Antiviral Res.*, **53**：19-34.
19) G. Fassina et al. (2002)：*AIDS*, **16**：939-941.
20) K. Kawai et al. (2003)：*J. Allergy. Clin. Immunol.*, **112**：951-957.
21) S. Liu et al. (2005)：*Biochim. Biophys. Acta*, **1723**：270-281.

22) A. Hamza, C. G. Zhan (2006): *J. Phys. Chem. B*, **110**: 2910-2917.
23) H. C. Li *et al.* (2000): *Jpn. J. Cancer Res.*, **91**: 34-40.
24) J. Sonoda *et al.* (2004): *Cancer Sci.*, **95**: 596-601.
25) L. K. Chang *et al.* (2003): *Biochem. Biophys. Res. Commun.*, **301**: 1062-1068.
26) S. Liu *et al.* (2013): *Carcinogenesis*, **34**: 627-637.
27) K. J. Clark *et al.* (1998): *Vet. Microbiol.*, **63**: 147-157.
28) H. Y. Cheng *et al.* (2002): *Antivir. Chem. Chemother.*, **13**: 223-229.
29) J. M. Weber *et al.* (2003): *Antiviral Res.*, **58**: 167-173.
30) J. Xu *et al.* (2008): *Antiviral Res.*, **78**: 242-924.
31) S. Pei *et al.* (2011): *J. Agric. Food Chem.*, **59**: 9927-9934.
32) S. Ciesek *et al.* (2011): *Hepatology*, **54**: 1947-1955.
33) H. Fukuyama *et al.* (2012): *Biol Pharm Bull.*, **35**: 1320-1327.
34) N. Calland *et al.* (2012): *Hepatology*, **55**: 720-729.
35) Y. T. Lin *et al.* (2013): *PLoS One.*, **8**: e54466.
36) S. Pianetti *et al.* (2002): *Cancer Res.*, **62**: 652-655.
37) E. Anter *et al.* (2004): *J. Biol. Chem.*, **279**: 46637-46643.
38) N. Khan, H. Mukhtar (2013): *Biochem. Pharmacol.*, **85**: 667-672.

●6.2.13 抗　　菌

　茶の抗菌作用については，「ヨーロッパでは，戦士がチフスの予防のため茶を水筒に入れて持ち歩いた」，「寿司を食べるときの"あがり"は，生ものについた菌を除去する」，「お茶で手を洗うと手についた細菌が除かれる」といった民間の言い伝えがある．現在では，茶の成分に抗菌作用や抗毒素作用が存在し，その本体がカテキンやテアフラビン等の茶ポリフェノールであることが科学的に明らかにされている[1,2]．

a. 基礎的研究で示された茶ポリフェノールの抗菌および抗毒素作用

　茶ポリフェノールの抗菌および抗毒素作用が認められている．人体に影響を及ぼすおもな病原性細菌を表6.8に示す．

　消化管系病原菌では，腸管感染の原因菌であるチフス菌，赤痢菌，コレラ菌，カンピロバクター，溶血性尿毒症症候群を起こす腸管出血性大腸菌O157，さらに胃十二指腸潰瘍の原因菌であるヘリコバクター・ピロリ菌等において抗菌作用が認められている．食中毒を起こす腸炎ビブリオ，ボツリヌス菌，黄色ブドウ球菌，サルモネラにも抗菌作用を有する．一方，腸内細菌叢中のビフィズス菌や乳酸菌など，いわゆる善玉菌に対しては抗菌作用を示さない[2]．

　口腔内細菌では，虫菌（う蝕）の原因菌であるミュータンス連鎖球菌（*Streptococcus mutans*），歯周炎の原因菌である黒色色素産生グラム陰性嫌気性桿菌（ポルフィロモナス・ジンジバリス，プレボテラ・インターメディア）等において抗菌作用が認められている．気道系病原菌では，メチシリン感受性黄色ブドウ球菌，メチシリン耐性黄色ブドウ球菌（methicillin resistant *Staphylococcus aureus*：MRSA），百日咳菌，肺

表6.8 茶ポリフェノールの抗菌および抗毒素作用が認められる病原性細菌

抗菌作用	消化管系	サルモネラ（属）：チフス菌 赤痢菌 ビブリオ（属）：コレラ菌，腸炎ビブリオ カンピロバクター（属） 大腸菌： 腸管出血性大腸菌 O 157 ヘリコバクター・ピロリ菌 ボツリヌス菌 黄色ブドウ球菌 ウエルシュ菌 セレウス菌 アエロモナス菌 プレシオモナス菌
	口腔・気道系	ミュータンス連鎖球菌 黒色色素産生グラム陰性嫌気性桿菌 　ポルフィロモナス・ジンジバリス 　プレボテラ・インターメディア メチシリン感受性黄色ブドウ球菌 メチシリン耐性黄色ブドウ球菌（MRSA） ペニシリン耐性肺炎球菌 百日咳菌 肺炎マイコプラズマ レジオネラ菌
抗毒素作用		黄色ブドウ球菌 α 毒素 コレラ菌溶血毒素 腸炎ビブリオ耐熱性溶血毒素 腸管出血性大腸菌 O 157 ベロ毒素 百日咳毒素

炎マイコプラズマ，レジオネラ菌等において抗菌作用が認められる．MRSA に対しては，カテキン類，特にエピガロカテキンガレート（EGCg）に抗菌活性が強く，かつ抗菌薬との相乗効果を有することも示されている[3,4]．抗菌作用の目安である最小発育阻止濃度（minimum inhibitory concentration：MIC）はポリフェノール成分あるいは菌種ごとに異なり，たとえば EGCg の MRSA に対する MIC は 100 μg/mL 以下といわれる[1]．

　茶ポリフェノールは抗菌作用のほかに，細菌が出す毒素に対し抗毒素作用を表す．その作用機序は抗毒素抗体と同様の働きを示すと考えられており，黄色ブドウ球菌 α 毒素，コレラ菌溶血毒素，腸炎ビブリオ耐熱性溶血毒素，腸管出血性大腸菌 O 157 のベロ毒素，百日咳毒素等を解毒する．

b. 臨床試験で示されている茶の抗菌作用

　茶の抗菌作用に関する臨床試験は，口腔における抗う蝕作用や歯周炎抑制作用，気道における痰からの MRSA 減少作用との関連において報告されている．

(1) う蝕，歯周炎に対する作用

う蝕は，常在菌である S. mutans がショ糖(スクロース)を分解し，産生する酸によって歯のエナメル質が脱灰することによって起こる．エナメル質の脱灰には歯面に酸（おもに乳酸）が停留し，かつ菌が増殖しやすい環境すなわち歯垢（プラーク）の形成が重要である．S. mutans はショ糖と出会うとグルコシルトランスフェラーゼ（GTase）により，粘着性非水溶性グルカンを合成しプラークを形成し，う蝕を促進する．茶の抗う蝕作用は以前は茶に含まれるフッ素の影響と思われていたが，現在では，茶ポリフェノールの抗菌作用に加え，GTase 活性を阻害することにより非水溶性グルカンの合成を減少させ歯垢形成を阻害することが重要であると考えられている[1,2]．一方，歯周炎は歯周ポケット形成と歯槽骨吸収を特徴とする病態であり，黒色色素産生グラム陰性嫌気性桿菌が主要な役割を担う．茶ポリフェノールの歯周炎抑制作用は，抗菌作用に加え，歯周組織のコラーゲンを分解するコラゲナーゼ活性阻害が関与すると考えられている[1,2]．

(2) 抗 MRSA 作用

MRSA は，β-ラクタム系抗菌薬をはじめ多くの抗菌薬に抵抗性をもつ菌であり，免疫力の低下者あるいは高齢者等においては，肺炎・腸炎・敗血症等の生命を脅かす疾患を合併しやすくなる．さらに入院患者においては，病悩期間の延長や入院の長期化につながり，感染者や保菌者は院内感染の最も大きな原因となりうるため，その除菌対策は社会的にも重要な課題である．痰から MRSA が検出された高齢者に対するランダム化比較対照試験において，茶カテキン抽出物の吸入により，有意な MRSA の減少効果と入院期間の短縮が認められたことが報告されている[5,6]．

〔山田　浩〕

引用・参考文献

1) Y. Hara (2001)：*Green Tea : Health benefits and applications*, p. 48-77, Marcel Dekker.
2) Y. Kuroda, Y. Hara (2004)：*Health effects of tea and its catechins*, p. 63-73, Kluwer Academic/Plenum Publishers.
3) W. H. Zhao et al. (2001)：*Antimicrob. Agents Chemother.*, **45**：1737-1742.
4) Z. Q. Hu et al. (2001)：*J. Antimicrob. Chemother.*, **48**：361-364.
5) H. Yamada et al. (2006)：*J. Am. Med. Dir. Assoc.*, **7**：79-83.
6) H. Yamada et al. (2003)：*J. Hosp. Infect.*, **53**：229-231.

6.2.14　抗環境ホルモン

a.　環境ホルモンとは

ホルモンは，必要なときに内分泌器官から分泌され，血液等を介して作用すべき組

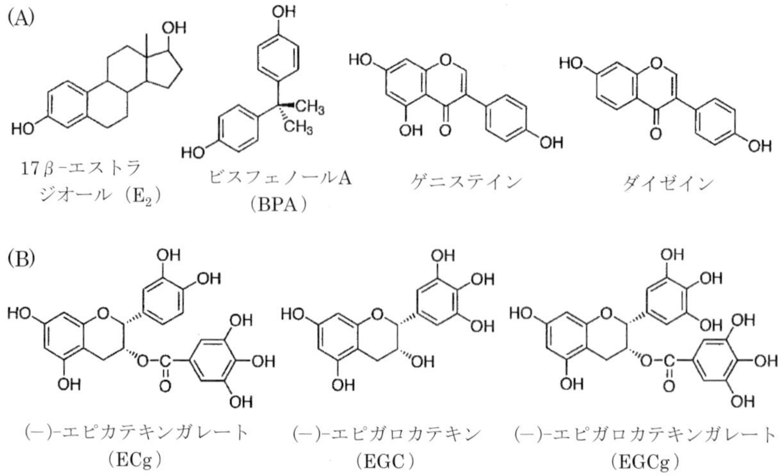

図 6.23 ER リガンド (A) と茶葉カテキン類 (B)

　織細胞に達し，特定の応答を引き起こす物質であり，役目を終えれば分解・消滅する．ところが，近年，身の回りにある化学物質が，ホルモンに似た作用を示したり，逆に阻害したりすることで，ホルモン作用を攪乱するということが指摘されてきた．このような化学物質は，外因性内分泌攪乱化学物質，いわゆる環境ホルモンと呼ばれ，「動物の生体内に取り込まれた場合に，本来その生体内で営まれている正常なホルモン作用に影響を与える外因性の物質」と定義された．なかでも，ビスフェノール A（BPA）やノニルフェノール（NP）など女性ホルモン（エストロジェン）様作用をもつ物質について，多くの研究がなされてきた．

　一方，われわれが食品として摂取している天然の植物由来の物質のなかにも，大豆中のゲニステインやダイゼインなどのイソフラボンをはじめ，エストロジェン様作用をもつものがある．これらは植物エストロジェンと呼ばれ，環境ホルモンに含める場合もある．緑茶の成分である茶葉カテキン類も，このイソフラボンと同じフラボノイドであり，類似した構造をもつ（図 6.23）．したがって，イソフラボンと同様にエストロジェン様活性をもつことも考えられた．また，カテキンが乳がん細胞の増殖や腫瘍成長を抑制することも報告され，抗エストロジェン活性を示すことも考えられた．

b. 茶葉カテキン類とエストロジェン

(1) エストロジェンの作用メカニズム

　エストロジェンは一般に，転写因子であるエストロジェンレセプター（ER）に結合し，これがさらに DNA 上のエストロジェン応答要素と結合し，その下流の遺伝子の発現を促進する．これにより標的タンパク質が生成され，エストロジェンの作用と

して現れる．したがって，この場合，エストロジェン様活性を示すにはERとの結合が必要となる．BPAやNP，ゲニステインやダイゼインもERと結合することが知られている．ERには，ERαとERβがあり，結合能に違いもみられる[1]．

(2) 茶葉カテキン類のエストロジェン作用に及ぼす影響

・エストロジェンレセプターとの結合能： ERとの結合能は，エストロジェンのうち最も活性が強い17β-エストラジオール（E_2）との競合実験により調べることができる．カテキン類のうち，エピガロカテキンガレート（EGCg），エピカテキンガレート（ECg），およびエピガロカテキン（EGC）について行われたERとの結合試験では，ガレート基をもつEGCg，ECgで結合能が認められたが，EGCでは結合能は認められなかった[2]．また，EGCgでは，ERαよりもERβに対する結合能が高かった．ただしこのEGCg，ECgでみられた結合能は，ゲニステインやダイゼインなどに比べるとはるかに弱いものであった．

・エストロジェン活性： ヒトの培養細胞にER遺伝子とレポーター遺伝子を導入すると，エストロジェンあるいはそれと類似の作用をもつ物質によりERを介してレポータータンパク質が産生され，その産生量をみることでエストロジェン様活性の有無を確認することができる．この方法で調べた結果では，カテキン（C），エピカテキン（EC），ECg，EGC，EGCgにエストロジェン様活性はみられなかった[3]．

・抗エストロジェン活性： 一方，エストロジェン（E_2）存在下ではどのような作用を及ぼすか，上記のレポータージーンアッセイを用いて調べたところ，高濃度の

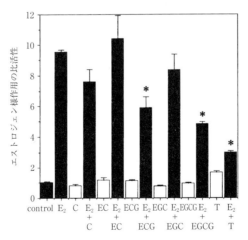

図6.24 ERαを介したE_2誘導に及ぼすカテキン類の影響
E_2：10^{-9} M，catechins：5×10^{-6} M，T：5×10^{-7} M．＊：E_2単独に対して有意差あり（$p<0.05$）．

EGCg, ECgなどでERαにおいてE$_2$の作用を抑制することが認められた（図6.24）[3,4]．しかしこの作用は，抗エストロジェン物質として知られるタモキシフェン（T）に比べると弱いものであった．また，逆に低濃度の場合やERβでは，エストロジェン活性を増強するという結果も得られた．これらについては，用いる細胞によって異なった結果が得られており，それぞれの細胞がもつ転写共役因子などの影響も受けていると考えられる[2]．

また，エストロジェン様作用を示すとされる環境ホルモンの1つであるBPAに対する，茶葉カテキン類の影響も調べてみた．その結果，高濃度のECgなどで抑制的作用が認められた．

・カテキン類の作用メカニズム： マウスを使った*in vivo*での動物実験では，EGCg, ECg投与により，E$_2$単独に比べて子宮重量の増加などのエストロジェン応答を増加させたという報告もある[2]．しかし，これは，ERとの直接の相互作用ではなく，エストロジェン自体の代謝・吸収に影響を与え，子宮中でのエストロジェン濃度を高めたのではないかと考えられている．また，EGCgは，低濃度でヒトの精子の運動や生存に対して活性を高める結果が得られているが，阻害剤でブロックされることから，ERを介した効果であると報告されている[5]．しかし，高濃度では，ERを介さずかつ反対の効果が表れている．一方，最近の研究では，*in vitro*のヒト乳がん細胞において，EGCgがERを介さずに，ERαの発現量を低下させることで，細胞増殖を阻害するという報告もある[6,7]．

カテキン類の作用メカニズムについては今後，さらに研究を重ねていく必要がある．

〔久留戸涼子〕

引用・参考文献

1) E. J. Routledge *et al.* (2000)：*J. Biol. Chem.*, **275**：35986-35993.
2) M. G. Goodin *et al.* (2002)：*Toxicol. Sci.*, **69**：354-361.
3) R. Kuruto-Niwa *et al.* (2000)：*J. Agric. Food Chem.*, **48**：6355-6361.
4) R. Kuruto-Niwa (2001)：*Res. Adv. in Agri. & Food Chem.*, **2**：19-26.
5) F. De Amicis *et al.* (2012)：*Mol. Nutr. Food Res.*, **56**：1655-1664.
6) F. De Amicis *et al.* (2013)：*Mol. Nutr. Food Res.*, **57**：840-853.
7) L. Zeng *et al.* (2014)：*Front. Endocrinol.*, **5**：61.

●6.2.15　抗環境汚染物質毒性

環境汚染物質は無機物から有機物まで多岐にわたるが，ヒトの健康や生態系に有害な悪影響をおよぼすことが懸念されており，かつ，環境中で分解されにくいことが特徴である．これら多くの環境汚染物質のうち，茶の飲用による防御の可能性が高いと

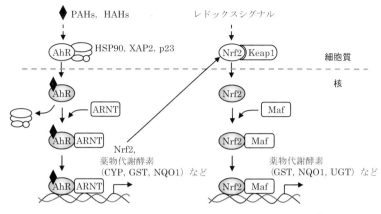

図 6.25 AhR および Nrf2 を介した薬物代謝酵素の発現機構[2]

され研究が進んでいるのは，多環芳香族炭化水素（PAHs）とハロゲン化芳香族炭化水素（HAHs）による毒性発現の抑制と，ヒ素やニッケルなどの一部の重金属による障害防御である．本項では特に前者に焦点を絞り，茶の抑制効果を紹介する．

ベンゾ(a)ピレン（B(a)P）や 3-メチルコランスレン（MC）などの PAHs やダイオキシン類に代表される HAHs は，ダイオキシン受容体とも呼ばれる aryl hydrocarbon receptor（AhR）に結合して毒性を発現することが知られている[1]．AhR は，HSP90, XAP2, p23 と複合体を形成して細胞質に存在しているが，この受容体は PAHs や HAHs などのリガンドが結合することで核内に移行して複合体形成タンパク質を解離し，AhR nuclear translocator（ARNT）とヘテロ二量体を形成することで転写因子として働く（図 6.25）[1]．この一連のイベントは，AhR の形質転換と呼ばれている．AhR/ARNT の標的遺伝子としては，薬物代謝酵素であるシトクロム P450（CYP），グルタチオン-S-トランスフェラーゼ（GST），NAD(P)H：quinone oxidoreductase（NQO1）などがあげられるが，このうち第 I 相酵素である CYP の過剰発現は，PAHs などの前駆発がん物質を究極発がん物質へと代謝活性化させる[1]．一方，GST や NQO1 などの第 II 相酵素は，発がん物質の解毒に広くかかわり，AhR/ARNT のみならずレドックス感受性転写因子である NF-E$_2$-related factor-2（Nrf2）による制御も受けている（図 6.25）[2]．また，Nrf2 の発現が AhR に制御されていることも明らかにされている[3]．以上のことから，PAHs および HAHs の毒性発現を抑制するためには，その初発段階である AhR の形質転換を抑えるか，あるいは下流のイベントである第 I 相酵素の抑制および第 II 相酵素の亢進が有効であると考えられている．

a. 茶成分がAhR形質転換におよぼす影響とその作用機構

　HAHsの代表であるダイオキシン類は，おもに食事を介してわれわれに曝露されることから，AhRの形質転換を抑制する食事成分の検索が広く行われている．これまでに，緑茶抽出物やカテキンが，ダイオキシンによって誘導されるAhRの形質転換[4〜6]，およびその下流のCYP 1A1の発現[5,6]を抑制することが報告されている．また，緑茶葉中の有効成分として，カテキン以外にルテインとクロロフィルa, bが単離・同定されている[7]．緑茶・ウーロン茶・紅茶のAhR形質転換抑制効果を比較検討したところ，緑茶＜ウーロン茶＜紅茶の順に効果が強くなり，紅茶中の有効成分はテアフラビンであることが見いだされた[8]．これらの有効成分による抑制機構は十分には解明されていないが，少なくとも（−）-エピガロカテキンガレート（EGCg）については，HSP90に結合することでAhRの形質転換を抑制することが示唆されている[9]．一方，緑茶抽出物は，ヒト舌がん細胞[10]や結腸腺がん細胞[11]においてmRNAレベルではCYPを発現させるが，酵素活性は抑制することや，第II相酵素の発現を誘導すること[6]が報告されている．これらのことから，緑茶成分はこれらの薬物代謝酵素の発現や活性を調節することで，動物個体レベルでもPAHsやHAHsによる毒性発現を抑制する可能性が高い．

b. 茶の摂取が薬物代謝酵素に及ぼす影響

　ラットに緑茶または紅茶をあらかじめ摂取させることで，MCが誘導する肝臓におけるAhRの形質転換とCYP 1A1の発現および酵素活性の上昇が抑制され，茶そのものによる誘導はみられなかった[12]．一方，ラットに茶を飲用させると第I相酵素であるCYP活性が上昇することや[13]，第II相酵素であるGST[13]やUDP-glucuronosyltransferase（UGT）の酵素活性が上昇すること[14,15]も報告されている．また，マウスに緑茶粉末を混餌で与えた場合，ダイオキシン類の一種であるコプラナーPCBが誘導するCYPの発現だけでなく，GSTやNQO1の発現も増加させることが報告されている[16]．したがって，これらの酵素に及ぼす影響は茶の摂取量や期間，動物の種類によって差異が生じる可能性がある．しかし，少なくとも茶による第I相酵素の発現誘導は，PAHsによるそれと比べると非常に弱いことから，緑茶そのものが発がん性を示す可能性は低いと考えてよいだろう．茶による第II相酵素の発現誘導はPAHsやHAHsなどの解毒促進につながるだけでなく，パラコートによる酸化障害[17]，あるいはヒ素による染色体異常[18]に対する防御にも寄与することが示唆されている．これは，Nrf2を介した第II相酵素の発現機構によるものと推定されており，茶成分の抗酸化作用とも関連する．さらに，これらの薬物代謝酵素を介さずに，緑茶は腸管内でダイオキシンの排泄促進作用を示すことも明らかとなっており，有効成分としてクロロフィルと食物繊維があげられている[19,20]．以上のことから，茶の飲用は，PAHsおよびHAHsのみならず多くの環境汚染物質による障害および毒性の防御に

つながる可能性が高い．　　　　　　　　　　　　　　　　〔福田伊津子・芦田　均〕

引用・参考文献

1) O. Hankinson (1995)：*Annu. Rev. Pharmacol. Toxicol.*, **35**：307-340.
2) R. K. Thimmulappa *et al.* (2002)：*Cancer Res.*, **62**：5196-5203.
3) W. Miao *et al.* (2005)：*J. Biol. Chem.*, **280**：20340-20348.
4) H. Ashida *et al.* (2000)：*FEBS Lett.*, **476**：213-217.
5) S. N. Williams *et al.* (2000)：*Chem. Biol. Interact.*, **128**：211-229.
6) S. G. Han *et al.* (2012)：*Toxicol. Appl. Pharmacol.*, **261**：181-188.
7) I. Fukuda *et al.* (2004)：*J. Agric. Food Chem.*, **52**：2499-2506.
8) I. Fukuda *et al.* (2005)：*Biosci. Biotech. Biochem.*, **69**：883-890.
9) C. M. Palermo *et al.* (2005)：*Biochemistry*, **44**：5041-5052.
10) S. P. Yang *et al.* (2005)：*Toxicol. Appl. Pharmacol.*, **202**：140-150.
11) M. I. Netsch *et al.* (2006)：*Planta Med.*, **72**：514-520.
12) I. Fukuda *et al.* (2015)：*Int. J. Food Sci. Nutr.*, **66**：300-307.
13) N. Niwattisaiwong *et al.* (2004)：*Drug Metabol. Drug Interact.*, **20**：43-56.
14) P. P. Maliakal *et al.* (2001)：*J. Pharm. Pharmacol.*, **53**：1323-1329.
15) P. P. Vidjaya *et al.* (2008)：*Oncol. Res.*, **17**：75-85.
16) B. J. Newsome *et al.* (2014)：*J. Nurt. Biochem.*, **25**：126-135.
17) 五十嵐喜治（2002）：茶の機能（村松敬一郎ほか編），p.298-304，学会出版センター．
18) D. Sinha *et al.* (2005)：*J. Environ. Pathol. Toxicol. Oncol.*, **24**：129-140.
19) 森田邦正ほか（1997）：福岡医誌，**88**：162-168.
20) K. Morita *et al.* (2001)：*Environ. Health Perspect.*, **109**：289-294.

第7章 茶の審査と評価・おいしいいれ方

7.1 茶 の 審 査

　茶の品質の特徴，優劣，製造上の適否などは審査によって迅速に明らかとなり，茶の生産改善の指針となる．茶の審査方法には，大別して「官能審査法」と「科学的審査法」があり，ここでは茶の官能審査法について述べる．これは官能（感覚）による茶の審査法であって，普通に広く用いられるので，普通審査法と茶業界では呼んでいる．

　茶の審査は，対象となる茶の産地・品種・生産時期・製造法によって品質特性が変わり，しかも嗜好性が伴う人間の五官によって品質を審査するので，限られた範囲での数値化はできても普遍性にはやや欠ける．

　近年は官能審査法に加え，近赤外分光法などにより茶の品質に関与する限られた成分を数値化したものが補助的データとして一部で利用されているが，茶の香気や滋味の審査は複雑で，参考にはなるがまだ十分とはいえない．

　したがって，茶の審査は鋭敏で熟練した審査員に依存している．

7.1.1 審 査 設 備

　茶を詳しく審査するためには茶を見やすい審査室の設備や審査器具が必要になるので述べる．

a. 審査室

　茶の審査には人間の官能が動員され，精度の高い結果が求められる．したがって，審査する場所は五官が快適に働くことができる環境でなければならない．

　このため審査室は空調が適度で心の落ち着く静かな場所であることと，審査員と補助員および審査点数などの規模に応じた余裕のある面積が必要である．また，茶の審査では視覚が重要であるので，採光や配光には特に注意し，長時間にわたって明るさ，射光の方位，光組成の変化ができるだけ少ないように設備する．

　このため，自然光を利用する場合には，東・西・南の三方向をふさぎ，光を北側上部から取り入れるよう軒に黒塗りの障光板を出してその両側を囲み，室内の明るさや色の変化をできるだけ少なくする．また室内の壁・天井・審査台も，茶の色沢や水色

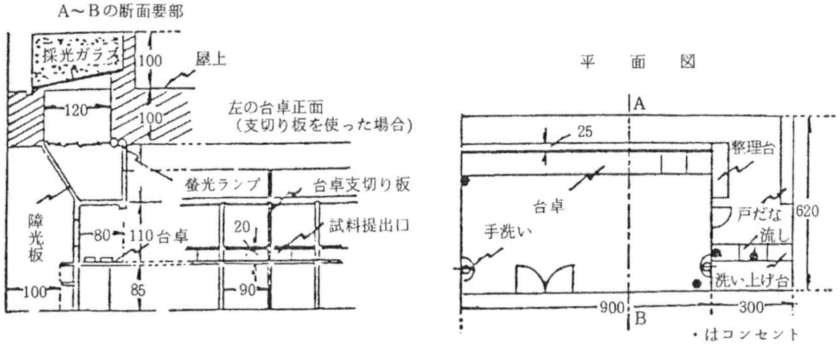

7.1 茶の審査

図7.1 審査室の断面図・平面図の一例[1]
寸法の数字は cm.

図7.2 審査室の様子（JA大井川中川根工場）

を見やすくするために黒色に塗るとよい．

自然光の利用では，晴雨・朝夕・四季によってどうしても照度に変化が起こるので，これをさけるため照度や色彩が安定した標準光源を利用した人工光源も利用される．

図7.1は自然光を利用した茶審査室の断面図および平面図，図7.2は審査室の様子である．

b. 審査台

自然光を利用した審査室の審査台は北側の安定した採光下で審査できるよう設置する．幅75～80 cm，高さ85 cmくらい，長さ4～5 mの審査台で，茶を30点前後審査することができる．審査台の表面は，内質審査で湯を使うので歪みが生じないよう

厚手の材質を用い，黒塗り・つや消しとする．

7.1.2 審査器具と審査要領
茶の審査器具や審査の要領は茶種により異なるので順を追って述べる．

a. 審査器具（図 7.3）

(1) 審査盆

茶の外観審査に用い，角型と円形があるが，角盆が多く用いられている．黒色のブリキ製で底の長さは 18〜20 cm の正方形，深さ 3 cm を基準に上縁を 23〜25 cm に開いている．

(2) はかり

従来上皿ばかりが使われてきたが，近年はデジタル式の電子ばかりが用いられるようになった．

(3) 審査茶碗と急須

茶の内質審査（香気，水色，滋味）に用い，米国式と英国式の茶碗がある（図 7.4）．緑茶の審査は米国式，紅茶は英国式の茶碗を使用する．

米国式茶碗の内径は 95 mm，深さ 48 mm，白色磁製で高台がなく，肉薄で厚さ約 2 mm，容積は 200 mL で，形や色を揃える必要がある．特に水色の審査は，窯によって茶碗に差異があるので注意する必要がある．

英国式急須は，円筒形で蓋の上部にはつまみがついており，肉厚にできている．口径と深さはともに 62 mm，容積は 140 mL である．

英国式の茶碗の口径は 83 mm，深さ 57 mm で，急須を上に乗せて浸出液をきるときにうまく縁にかかるよう肉厚にできており，容積は 180 mL である．

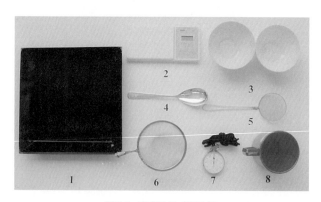

図 7.3 審査器具（米国式）
1：審査盆，2：はかり，3：審査茶碗（米国式），4：さじ，5：すくい網，
6：ネットカップ，7：時計，8：茶汁を捨てるカップ．

7.1 茶 の 審 査

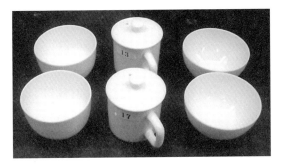

図7.4　英国式審査茶碗（左・中）と米国式審査茶碗（右）

図7.5　ネットカップ

(4)　さ　じ

銀製または洋銀製のさじは軽くて使いやすいが，一般的にはステンレス製のさじが用いられる．重さ30g内外で，浸出液が5〜10mLすくえる．

(5)　すくい網

水色や滋味の内質審査において茶殻をすくって除くのに用いる．丸型の枠径50mm大の浅底の金網製である．網の目開きは10号（3.3cmの中の網目数）程度の荒いものと，30号の細かいものがある．

(6)　ネットカップ

ステンレス製の茶こし網で，網の目開きは18メッシュ（1インチ中の網目数）に統一され，審査点数が多い茶品評会の審査などに用いられる（図7.5，7.6）．

(7)　時　計

茶の浸出時間を一定にするために使う．一定の浸出時間がきたらベルが鳴る戻し時計は審査点数が少ないときは便利である．しかし，審査点数が多い茶品評会などでは，湯を注ぎ一定時間が経過してから茶殻をネットカップであげることで，審査結果の精度が上がり必需品である．

(8)　茶汁を捨てるカップ

滋味の審査では，審査後，口に残った残液を捨てる容器が必要である．

図7.6 ネットカップで茶殻をあげる茶品評会審査風景

図7.7 茶殻入れ

(9) その他審査に必要な什器類

やかん,茶殻入れ(図7.7),さじやすくい網を湯に浸す容器が必要になる.

b. 審査の順序と要領

(1) 審査の順序

審査は,外観と内質に分けて行う.

外観は形状,色沢の2項目を,内質では香気,水色および滋味の3項目を評価するのが一般的である.茶品評会などでは,形状と色沢を同時に見ることが多い.

審査の順序は,外観→香気→水色→滋味の順に行うが,審査室の採光条件が色沢や水色の審査に最適な状態になる時間を考慮し,適宜審査項目の順序を変更することもある.

てん茶や紅茶はから色(茶殻の色)も茶の品質に関与する重要な審査項目で,色沢や水色と同様の採光条件が求められる.

また,仕上茶品評会の審査では,茶の水分含量を乾燥度として審査の項目に入れることもある.

(2) 審査の要領

審査項目別の審査要領は次のとおりである.

・外観(形状,色沢): 茶150gを盛った審査盆を審査台に向かって右側から左へ審査番号の若い順に並べる.外観の審査にあたっては,安定した採光を得るため,直

7.1 茶の審査

射日光の当たらない場所で形状や色沢が正確に見えることが望ましい．

形状の審査は，茶の肌の滑らかさや肌荒れの具合，茶を手に取り重量感で茶の締まりの良否を評価する．茶を手のひらにのせ指で広げ，茶の重なりを少なくすると形状が見やすくなる．また，茶をつかんだとき盆の底に沈んでいる心芽や粉の有無なども評価する．

色沢の審査は，茶葉の色とつやを評価する．色は色相，明度（明るさ），彩度（鮮やかさ）等の判定がポイントになる．普通煎茶の色相は，緑色で色付の度合いが濃く鮮やかで，つやがあり，全体として生き生きとし，揃っているものがよい．

繰り返し形状と色沢を総合的に審査し，優れるものは右側にあげ，欠点などがあり劣るものは左側へ配列する．また，品質に特徴があれば概評を必ず入れる．

・内質（香気，水色，滋味）： 煎茶や玉露などの内質審査は米国式審査法で行う．審査茶碗へ審査盆に盛った茶の代表的な部分 3g を量って 2 個の茶碗にとる．1 個は香気の審査用，他の 1 個は水色と滋味用とし，水色を速やかに判定後，滋味の審査を行う．なお，審査点数が多い場合（20〜30 点以上）は，水色と滋味を分けて評価した方が的確に審査することができる．また内質審査は，外観得点の高い順に並べると比較的審査がしやすく能率的である．

審査に水道水を用いる場合，できれば濾過装置を通し，使い込んだやかんで 5 分間沸騰させた湯を用いるとよい．

量った茶を入れた茶碗は審査台に並べ，2 個のうち 1 つに，端から熱湯を注ぎ香気を審査する．湯を注いで 1〜2 分経過し茶のよれが解けてからやけどをしないよう注意して，茶葉をさじまたはすくい網ですくい，鼻に近付け発する香気を何回か繰り返し審査する．いずれの茶種も，それなりの芳香，茶の爽快性の有無，その強弱を評価する．

香気の審査で大切なことは，比較的熱いときはもちろんのこと，冷めてからも評価することである．茶に付着している異臭や油臭・煙臭など茶以外のにおいは，熱いうちの方がはっきりするが，むれ臭や火香などは冷えたときの方が確認しやすい．

煎茶で好まれる香気は，若葉のもつ爽快な特徴ある芳香と，原料である茶芽の栄養状態が優れているところからくる深さである．芳香の系統としては，花香・果香・樹脂香に属するものの調和した香気であって，上級茶では気品のある爽かさを感ずるものである．

なお，それぞれ審査茶碗に香気をかぐために備え付けのすくい網があるときは移動してはならない．

水色と滋味の審査では，審査茶碗に熱湯を注ぎ一定時間浸出した後，茶殻をあげた浸出液で審査するので，個々の審査茶碗の浸出時間に差がないよう注意する．すくい網で茶殻をあげる場合の浸出時間は，荒茶の普通煎茶で 5 分，深蒸し煎茶および仕上

表7.1 ネットカップを使用した場合の茶種別浸出時間

茶　種	浸出時間 （分）	規格 （メッシュ）
普通煎茶	5	18
深蒸し煎茶	4	18
かぶせ茶	6	18
玉　露	6	18
てん茶	5	18
蒸し製玉緑茶	5	18
釜炒り製玉緑茶	5	18

図7.8　水色の審査［口絵19参照］

茶は3分である．なお，茶種別のネットカップを使ったときの浸出時間は表7.1のとおりである．

　水色と滋味を1つの審査茶碗で審査するときは，液温が冷めないうちに速やかに審査することが大事である．

　水色の審査では，色調，濃淡，濁り，沈渣（おり）の適否とその程度を評価する（図7.8）．沈渣が多いと評価しづらいので，さじを使って浸出液を碗周に沿って1～2回まわすと，審査茶碗の底の中央に沈渣が集まり見やすくなる．

　水色は，時間が経過し冷めると変化するので，温かい間（50℃）に判定する．煎茶は山吹色（黄緑色）で澄み，濃さを感じるものが優れている．上級煎茶の生産に化学繊維などで被覆した茶は，黄色の色付が減り，色調は多少青みを感ずる傾向にある．

　濁りは，どの茶種でも浸出直後の熱いときから濁るのは問題である．しかし，形の小さい茶種や，蒸し度を進めた深蒸し茶のように，製造法によって濁りが発生する場合もあるので，各茶種の特徴をよく理解し，審査に反映させなければならない．たとえば，深蒸し茶のように濁る茶も濁り方は一様ではなく，良品にはそれなりの美しさが感じられ，それが審査基準につながることになる．このことから，水色の審査は数多くの茶を見て訓練する必要がある．

　なお，水色は湯温が温かいうちに判定するが，カテキン類およびカフェインの含有量が多い場合に，冷めてから濁ってくることがある．茶種自体が濁りを起こしやすいケースもあるが，原葉に若芽を用いている茶で，このような濁りが生じることが多い．

図 7.9　紅茶の審査 [口絵 20 参照]

これとは別に，沸騰し過ぎた湯で茶を浸出すると水色が白濁（うす緑色）することがある．

沈渣を判定する場合，土砂などに基づくものか，その内容を明らかにする必要がある．

水色は，水質，湯の沸かし方，採光などが影響するので特に注意したい．

滋味の審査は，浸出液 5〜10 mL をさじですくい口に入れ，舌の全面に薄く広げるようにし，数回吸い上げるようにして味を判定する．1 回で結果が得られないときにはカップに吐き捨て，浸出液を替えて何回か反復する．

滋味は，あまり熱くてもはっきりしないが，冷め過ぎても判定しづらい．味を感ずるのは，舌にある味蕾と鼻腔からの香気などが重なり合った知覚であり，厳密には香味といえる．煎茶は，甘味・渋味・苦味・うま味が適当な濃さで調和し，舌にまろやかに柔らかく当たり，喉ごしが良く，「清涼感」のあるものがよい．苦味が強くて刺激的であったり，不快味（葉傷み味・むれ味・焦げ味・変質味など）のあるものはよくない．

紅茶の審査は英国式審査法で行い，急須と茶碗がセットになっている．紅茶の内質審査は，急須に茶を量り，これに熱湯を注いで蓋をして浸出する．水色と滋味は米国式と同様に審査茶碗により審査し，茶殻を急須の蓋にあけてから色を審査する（図 7.9）．

7.1.3 外観審査

茶の外観は形状と色沢の 2 項目であるが，茶品評会では出品点数が多いので形状と色沢を同時に審査することが多い．

a. 形　状

茶の大きさ，締まり，よれの状態，心芽の有無，粉や茎の多少，均一度（揃い），原料葉の硬軟度などを審査する．茶種別の形状審査の概要は次のとおりである．

　(1)　玉露・煎茶

荒茶は丸くよれ，隙間がなく手に取ると重く，堅く締まり，茶の表面が滑らかで，心芽があってよく揃い，やや中太の細い紡錘形がよい．粉や茎が多く目立つものはよくない．深蒸し茶は，細よれで締まり，葉切れが少なく，粉は多少あってよい．

　(2)　玉緑茶

丸くよれ，堅く締まっていて適度に曲がり，重量感があって，形の揃ったものがよい．

　(3)　ウーロン茶

細くよれ，形がそろい手に持って重みを感じるものがよい．包種茶は，形はやや大型で，締まりもウーロン茶より太めである．いずれも粉の多いもの，不揃いで締まりの悪いもの，茎の目立つものはよくない．

　(4)　紅　茶

形と大きさを異にする多くの茶種があるが，よくよれて締まっていて，重量感のあるものがよい．不揃いなもの，粉や木茎の多いものはよくない．

b. 色　沢

茶葉の色とつやを審査する．全体として生き生きとし，揃っているものがよい．茶種別の色沢審査のポイントは次のとおりである．

　(1)　玉露，煎茶

鮮やかな濃い緑色で，つやがあって生き生きとしたものがよい．深蒸し煎茶は，黄色の強い黄緑色で冴えのあるものがよい．いずれも赤みや赤黒みを帯びたもの，冴え不足のものはよくない．

　(2)　てん茶

冴えた濃緑色で色調が均一なもの，光を透過したとき赤みを認められないものがよい．

　(3)　玉緑茶

蒸し製は煎茶に準ずる．釜炒り製は黄緑色で若干くすんだつやのあるものがよい．

　(4)　ウーロン茶

黒褐色を帯び冴えのあるものがよい．包種茶は黄緑色を帯びたものがよい．

　(5)　紅　茶

明るい赤銅色の色調で，つやのあるものがよい．

●7.1.4 内質審査

a. 水　色

　色沢と同様に色に関する3つの規範的特性（色調，色の明るさ，濃淡）を見るとともに，濁りや茶碗の底に沈む沈渣の多少も審査の対象になる．茶種別の水色の特徴を示すと次のとおりである．

　（1）玉露，煎茶

　玉露はやや青みを帯びわずかに黄色のものがよい．煎茶は黄緑色で濃度感のあるものがよい．なお，深蒸し茶は浮遊物によって青みがわずかにあってもよい．

　（2）玉緑茶

　蒸し製は煎茶に準ずる．釜炒り製はやや黄橙色で澄んだものがよい．

　（3）てん茶

　淡い黄青色で赤みがなく，やや白濁して濃さを感ずるものがよい．

　（4）ウーロン茶

　濃い橙色で明るい色調のものがよい．包種茶はやや橙色を帯びた黄色がよい．いずれも色調に黒味が少なく，澄んでいるものがよい．

　（5）紅　茶

　鮮やかな橙赤色から赤紅色を呈し，透明なものがよい．「コロナ（金冠）」といって，茶碗の内面周縁に沿って黄金色のリングが現れるものがよい．水色の薄いもの，黒褐色を帯びるものはよくない．

b. 香　気

　茶の香気は，その原料である品種および製造方法の違いに基づく固有のものがある．したがって，茶種によって好まれる芳香の内容にはかなりの違いがある．

　（1）玉露，てん茶

　深みのある覆い香（被覆してつくった茶特有の青海苔様の香り）をもつものがよい．

　（2）煎　茶

　爽快な若葉の香（みる芽香）をもつもの，甘涼しく新鮮な香りがよい．また，茶葉を軽く萎凋することによって生ずる花香（萎凋香）は商品としては香りを引き立てるが，煎茶の品質審査ではマイナス要因となる．仕上茶では火入れによって生成する甘涼しい火香は評価するが，荒茶では減点する．深蒸し茶は，青臭が完全に抜け深みがあり甘涼しい芳香をもつものがよい．煎茶の荒茶では，葉傷み臭，こわ葉臭，青臭，むれ臭，移り香などは欠点である．

　（3）玉緑茶

　蒸し製は，煎茶に準ずる．釜炒り製は茶葉を炒るときに生ずる釜香（甘涼しい釜炒り茶特有の香気）をもつものがよい．

(4) ウーロン茶

ジャスミンあるいはクチナシの花様の香りを思わせる，高い芳香と樹脂様の香りに釜香が調和したものがよい．むれ臭や焦げ臭の強いものはよくない．

(5) 紅　茶

バラの花を思わせる芳香と爽快な若葉の香り（新鮮香）などが調和したものがよい．刺激的な青臭や過発酵によって生ずる酸臭や火香のあるものはよくない．

c. 滋　味

香気と同様に茶種によって求められる味に違いはあるが，爽快味・甘味・渋味・苦味・うま味など，その調和と濃度や欠点について審査する．茶種別の滋味の特徴は次のとおりである．

(1) 玉露，てん茶

深いうま味，甘味と軽い渋味が調和してまろやかでこくのあるものがよい．

(2) 煎　茶

甘味，渋味，苦味とうま味が調和し，こくがあり，後味に清涼感を与えるものがよい．深蒸し茶は，青臭味が完全に抜けて，濃厚なうま味と甘味があり後味のよいものがよい．煎茶の荒茶では，苦味，渋味，苦渋味，青臭味，葉傷み味，むれ味などは欠点になる．

(3) 玉緑茶

蒸し製は煎茶に準ずる．釜炒り製はこうばしさとともにうま味をもち，後味の爽快なものがよい．苦味や渋味が強いものはよくない．

(4) ウーロン茶

苦渋味がなく口に含むと芳醇な芳香を伴い甘涼しく，うま味を感じるものがよい．

(5) 紅　茶

こくがあり，芳香を伴った爽快味を感じるものがよい．味の薄いもの，収れん味や酸味の強いものはよくない．

d. から色

てん茶や紅茶では，煎出後の茶殻で，原葉の形質，茶葉の色調や斉一性を評価する．どの茶種でもから色を観察することにより，茶葉の熟度や原料になっている茶葉の摘採の精粗，栄養の状態，茶芽の熟度や病害虫による被害葉の有無などがはっきり判定できる．

てん茶は，から色が挽き上がりの製品の色に大きく関与する．また紅茶は，乾燥状態の外観でははっきりしない色沢や酸化（発酵）の状態が判定できる．

茶種別にから色を判定するポイントは次のとおりである．

(1) てん茶

濃い鮮緑色で色合にむらがなく，葉質の柔らかいものがよい．

(2) ウーロン茶

葉の周辺が赤銅色となり，中央部に緑色の残っているものがよい．

(3) 紅　茶

生き生きとした赤銅色をしていて，つやがあり，指で押さえて粘りのあるものがよい．黒味のあるものや不均一のものはよくない．　　　　　　　　　　〔増澤武雄〕

引用・参考文献

1) 静岡県茶業会議所（1966）：新茶業全書，静岡県茶業会議所．
2) 増澤武雄（2006）：日本茶インストラクター講座 III，p.69-75，日本茶インストラクター協会．

7.1.5　茶の審査の採点法と審査用語

　人間の五官を用いた茶の品質判定はすべて「茶の審査」と呼ばれている．茶の審査は人間の感覚に依存した方法のため，審査員の心理や生理が審査結果に及ぼす影響が考えられる．茶の審査の特性については次のように指摘されている．

　①個人差：感覚の質的な個人差，感覚の鋭敏さに関する個人差，判定基準の個人差．
　②特殊な効果：練習の効果，疲労の効果，順序の効果（正または負の順序効果），位置の効果．
　③試料のサイズ：温度，容器の形状，デザインなどによる影響，室温，湿度，雑音，照度などの影響．
　④判定の尺度：同じ種類の強さの刺激を受けてもそれを表現する言葉，方法が人によって異なる．

　現在の審査法は1912年静岡県茶業組合連合会議所が出版した『茶業要覧』に記載されたものが基本となり，その後試験研究機関および各種茶業団体などを中心に改良が加えられてきた．現在各地で行われる品評会では種々の評価法や採点法があるが，ここでは最も基本的な形状，色沢，香気，水色，滋味の各項目を20点満点とする採点法と，1970年代から従来の審査法に「茶の市場価格」を加味した審査が行われるようになり，その後完成された審査法として全国茶品評会で用いられている採点法について述べる．

　いずれの審査においてもその採点は1点の格差が等間隔であることが必要である．茶の審査員は特徴および欠点を適確に判別し，瞬時に採点を行い，その判別の尺度は全国的な評価基準と同じレベルであることが条件となるため，茶の審査員はかなりの熟練者が要求される．これとは別に試験研究，商品開発，市場調査などには順位法や一対比較などの統計的な手法も行われる．審査を行う際の注意事項として次のことがある．

表7.2 20点満点の場合の採点基準区分の一例

区　分	採点範囲	基　準
優	17.0以上	品評会で入賞するようないわゆるまれ物
良	16.5〜14.0	市場で上級品として扱う茶
普通	13.5〜11.0	市場で最も多い茶
やや劣る	10.5〜8.0	市場で下級品として扱う茶
劣る	7.5以下	煎茶ではあっても柳ないし番茶に近い物

新茶業会書（静岡県茶業会議所，1976）より．

①審査の厳正公平を期するために試料に暗号を使う．
②審査用水は無味無臭であり，硬度が2度以下であること，鉄，マンガンなどが溶存していないことなど水質の検査を行う．
③審査の湯は生煮えのもの，長時間沸騰したものは不可（沸騰後5分がよい）．
④水色，から色（茶殻）は時間の経過とともに変色する．香気は低温になると判別しにくい．滋味は湯温が少し低下したものが判別しやすい．

a. 100点満点法

　形状，色沢，香気，水色，滋味の各項目について審査を行い，理想に近いものには満点を与え，その合計点を100点とする採点法で，過去にはすべてこの方式で審査が行われた．現在は主として試験研究などで用いており，公式な研究発表などはすべてこの方法によっている．この方法の特徴は各項目の点数配分が同一であることで，栽培法や製茶法などの差異がどの項目に大きい影響を及ぼすかを検証するのには最も適した方法である．審査は通常，形状→色沢→香気→水色→滋味の順で行い，普通煎茶，深蒸し煎茶，かぶせ茶，玉露，蒸し製玉緑茶，釜炒り製玉緑茶および仕上茶（再製茶）は5項目のみ審査されるが，紅茶およびてん茶（抹茶原料）は，から色（茶殻）を10点として採点を行う．また内質審査の浸出時間は深蒸し煎茶4分，仕上茶3分，その他は5分である．表7.2に採点基準の一例を示す．

b. 200点満点法

　各地で行われる茶の品評会では採点方法に産地の事情が反映されるため，品評会の開催地などにより採点方法が異なることもある．しかしいずれの場合も飲料という商品の性格に配慮して，外観（形状，色沢）の配点を小さくし，内容（香気，水色，滋味）の配点を大きくした方法が多い．また品評会の審査は複数の審査員による合議で採点されることが多い．

（1）　全国品評会の採点法

　表7.3に全国茶品評会の採点法を示す．全国茶品評会は全国の主要茶生産地で毎年開催される最も権威のある品評会である．この審査の特徴は，玉露やてん茶のように外観（見かけの商品価値）を市場が要求するものに対しては，外観（形状，色沢）の

配点を大きくし，深蒸し煎茶のような内質（香気，滋味）を重視するものには内質の配点を大きくするなど流通市場に配慮した採点法である．試料の浸出時間については7.1.2項の表7.1のように定められている．

なお，審査結果については次のように決定される．結果の優劣は審査得点の合計により決定し，得点が同点のときは内質の得点が多いものを上位とする．内質の得点が同点のときは，香気と滋味の合計が多いものを上位として以下，滋味の得点が多いもの，香気の得点の多いもの，水色の得点の多いものの順とする．

(2) 全国手揉茶品評会の採点法

製茶機械が開発される以前の製茶法であった手揉茶は，現在伝統技術として復活し，品評会が各地で行われている．表7.4に全国手揉茶品評会の採点法を示す．手揉技術の優劣は形状に最も影響を及ぼすため，形状の配点が特に高い．内質審査の試料は3g，水色および滋味の浸出時間は5分間とし，ネットカップは用いない．

(3) 仕上茶品評会の採点法

仕上茶（再製茶）の審査は種々の方法で行われるが，その代表的なものとして，関東ブロック茶の共進会のものを表7.5に示す．内質審査の試料は3g，水色および滋

表7.3 全国茶品評会の採点基準等

茶 種	内 質				外 観	合 計
	香 気	水 色	滋 味	から色		
普通煎茶（30 kg）	75	30	75	—	20	200
普通煎茶（10 kg）	75	30	75	—	20	200
深蒸し煎茶	70	30	80	—	20	200
かぶせ茶	70	30	70	—	30	200
玉 露	65	30	65	—	40	200
てん茶	65	20	65	10	40	200
蒸し製玉緑茶	75	30	75	—	20	200
釜炒り製玉緑茶	75	30	75	—	20	200

第60回全国お茶まつり大会開催要項要領果より．

表7.4 全国手揉茶品評会の採点基準

形 状	色 沢	香 気	水 色	滋 味	合 計
50	30	40	40	40	200

（平成8年度全国手揉茶品評会実行委員会）

表7.5 仕上茶品評会の審査採点基準

部 類	茶 種	外 観	内 質			合 計
			香 気	水 色	滋 味	
仕上茶	普通煎茶	30	70	30	70	200

（第34回関東ブロック茶の共進会規程）

表 7.6　紅茶の採点法（例）

採点法	外観		香気	水色	滋味	から色
	形状	色沢				
100 点採点法	20	20	20	20	20	
110 点採点法	20	20	20	20	20	10
120 点採点法	20	20	20	20	20	20
200 点採点法	30		60	50	60	

試験　茶期　番茶　茶種　茶　製造　年　月　日
審査　年　月　日　審査員

番号＼項目	試験区	製造要項	形状	色沢	外観小計	香気	水色	滋味	内容小計	評価点	順位	備考

図 7.10　審査用紙の例

味の浸出時間は3分間，18メッシュのネットカップを用いることが規定されており，深蒸し煎茶も同様の方法で行われる．

(4)　紅茶の採点法

紅茶の採点法の例を表7.6に示す．紅茶はわが国で一時生産が途絶えた時期があり，そのためにいまだ統一された評価および採点法はない．

c.　審査の記録と審査用語

審査用紙の一例を図7.10に示す．結果の記入は，各審査項目の上段に採点を，下段に概評し採点理由を記入する．備考欄には審査結果の総評を記入する．過去から多くの審査用語が使われてきたが，現在不要なもの，ローカル色の強いものなどがあり，野菜茶業試験場（現 農業・食品産業技術総合研究機構 果樹茶業研究部門）が中心となって整理を行い，茶の科学技術用語として統一したものを表7.7に示す．審査を行う際には，概評としてこの用語の中から適応したものを記入する．　〔深津修一〕

引用・参考文献

1)　岩浅潔編（1994）：茶の栽培と利用加工，p. 363，養賢堂．
2)　竹尾忠一（1988）：新茶業全書，p. 393，静岡県茶業会議所．
3)　桑原穆夫（1976）：新茶業全書，p. 350，静岡県茶業会議所．

7.1 茶の審査

表 7.7 茶の審査用語

用語		煎茶	玉緑茶 蒸し製	玉緑茶 釜炒り製	玉露	かぶせ茶	てん茶	紅茶
形状								
細よれ	well twisted	○	○	○	○	○		○
丸よれ	curly, neat	○			○	○		
展開良好	open, bold						○	
チップ多し	tippy							○
大形	large	○	○	○	○	○		○
締まり不足	open, bold	○	○	○	○	○		
不揃い	uneven, mixed	○	○	○	○	○	○	○
茎多し	stalky	○	○	○	○	○	○	
黄葉多し	old leaf mixed	○	○	○	○	○	○	
こわ葉多し	poor, rough, old leaf mixed	○	○	○	○	○	○	
偏平	flat	○			○	○		
粉多し	dusty	○	○	○	○	○		○
浮葉多し	flaky	○	○	○	○	○		
小玉多し	grainy	○	○	○	○	○		
破砕	crushy, crinkly	○	○	○	○	○		
仕上げ風	refined	○	○		○	○	○	○
重なり葉多し	sticky						○	
縮み	shrinky, crinkly						○	
展開不足	curly						○	
折れ葉多し	fold						○	
色沢								
濃緑	thick green	○	○		○	○	○	
鮮緑	fresh green	○	○		○	○	○	
つやあり	bright, glossiness	○	○	○	○	○	○	
さえあり	bright	○	○		○	○	○	
橙黄チップ多し	golden							○
白色チップ多し	silver							○
赤み	red, reddish	○	○	○	○	○	○	○
黒み	black, blackish, dark	○	○	○	○	○	○	
赤黒み	red and black	○	○	○	○	○		
青黒み	dark green	○	○	○	○	○		○
黄色み	yellow, yellowish	○	○	○	○	○	○	
笹色	light green	○	○		○	○	○	
色浅し／浅色	pale	○	○	○	○	○		
飴色	amber	○			○			
茶褐色	brown							○
黒褐色	blackish							○
帯緑色	greenish							○
つや不足	dull	○	○	○	○	○	○	○
雑ぱく	mixed	○	○	○	○	○	○	○
白ずれ	whitish surface	○	○		○	○		
さえ不足	brightless	○	○		○	○	○	
肌荒れ	rough surface	○	○					
かぶせ風	gyokuro-like						○	
染まり不均一	uneven, mixed						○	

表7.7 続き

用語		煎茶	玉緑茶 蒸し製	玉緑茶 釜炒り製	玉露	かぶせ茶	てん茶	紅茶
香気								
新鮮香	fresh, brisk	○	○		○	○	○	○
みる芽香	young leaf like, bouquet, rich	○	○	○		○		
温 和	aroma, thin	○	○			○	○	○
良い香り	flavoury							○
釜 香	pan fired aroma			○				
火 香	burnt, roast	○	○	○	○	○	○	○
葉傷み臭	smearing	○	○		○	○	○	
むれ臭	stuffy	○	○		○	○	○	
茎 臭	woody, stalky	○	○		○	○	○	○
焦げ臭	burunt, scorched	○	○	○	○	○	○	○
こわ葉臭	poor, rough	○	○		○	○	○	○
青 臭	greenish, raw	○	○	○	○	○	○	
萎凋香	fermented, withered	○	○		○	○	○	
かぶせ風	gyokuro-like	○	○					
油 臭	oily	○	○	○	○	○		
煙 臭	smoky	○	○		○	○	○	
異 臭	taint, foreign	○	○	○	○	○	○	○
変質臭	stale	○	○	○	○	○	○	○
古茶臭	old	○	○	○	○	○	○	
湿り臭	musty	○	○		○	○		
夏茶臭	summer crop of tea	○	○	○				
覆い香不足	insufficient shaded aroma				○	○		
移り香	lingering scent	○			○	○	○	
煎茶風	sencha-like				○			
水色								
濃 厚	thick colour	○	○		○	○	○	○
濃金色	thick golden			○				
コロナあり	golden ring							○
赤 み	reddish	○	○	○	○	○	○	○
黒 み	black, blackish, dark	○	○	○	○	○	○	○
赤黒み	red and black	○	○	○	○	○	○	
青黒み	dark green	○	○	○	○	○	○	
濁 り	dull	○	○	○	○	○	○	○
沈渣多し	sediment	○	○	○	○	○	○	
薄 し	weak, thin	○	○	○	○	○	○	○
煎茶風	sencha-like			○	○	○		
黄色み	yellow	○					○	○
褐 色	brown							○

表7.7 続き

用語		煎茶	玉緑茶 蒸し製	玉緑茶 釜炒り製	玉露	かぶせ茶	てん茶	紅茶
滋味								
うま味	taste, good taste	○	○	○	○	○	○	
こく	body	○	○	○	○	○	○	○
濃厚	thick taste	○	○	○	○	○	○	
爽快味	brisk	○	○	○	○	○		○
収れん味	pungent							○
苦味	bitter	○	○	○	○	○	○	
渋味	astringent	○	○	○	○	○	○	
苦渋味	bitternesss and astringency	○	○	○	○	○	○	
青臭味	greenish	○	○	○	○	○	○	
こわ葉味	poor, rough	○	○	○	○	○	○	
葉傷み味	smearing	○	○	○	○	○	○	
むれ味	stuffy	○	○	○	○	○	○	
火入れ味	roast, toasty	○	○	○	○	○	○	○
焦げ味	burnt	○	○	○	○	○	○	○
淡泊	plain	○	○	○	○	○	○	
変質味	old, off flavor taste	○	○	○	○	○	○	
異味	taint	○	○	○	○	○	○	
茎味	woody, stalky	○	○	○	○	○	○	
夏茶味	summer crop of tea	○	○					
煙臭味	smoky	○		○	○	○	○	
湿り味	mushy	○	○			○	○	
発酵不足	harsh							○
発酵過度	fruity							○
覆い味不足	insufficient shade taste				○		○	
煎茶風	sencha-like					○		
油臭味	oily	○			○	○	○	
移り味	lingering taste	○			○	○		
から色								
鮮緑	fresh green						○	
鮮銅色	coppery							○
均一	uniformity						○	○
赤み	reddish						○	
黒み	black, blackish, dark						○	○
赤黒み	red and black						○	
青黒み	dark green						○	
不均一	uneven						○	○

= Tea Break =

 〈世界お茶めぐり〉**ケニア**

　アフリカを代表する紅茶生産国のケニア．初めて飲んだケニアの紅茶は，輸入業者の方が現地から持ち帰ったばかりのサンプル茶だった．あまり高級そうには見えないCTC茶であるし，大きな期待をしていれてみたわけではなかった．逆にそのせいか，カップに注いだとたんに広がった輝くような真っ赤な水色，グリーニッシュさを残した新鮮な香り，まろやかな喉ごしに圧倒された．「この紅茶の色は，きっと，アフリカの太陽の色だ」と思った瞬間，「よし，ケニアに行こう」と心に決めた．

　アフリカ大陸東部に位置するケニアは，国土の南北のほぼ中央に赤道が通り，また東西のほぼ真ん中に約4000 kmにわたるアフリカ大地溝帯が縦断している．紅茶産地は大地溝帯の西と東に広がっており，紅茶の生産方式では，西側が大規模農園系，東側が小規模農家系に大別される．

　西側の大産地であるケリチョー（Kericho）を訪ねるには，首都ナイロビからまず大地溝帯に沿って北上する．まさにガックンとずれた大陸の段差が延々と続き，崖の上を通る道路から下の平原を見下ろすと，あちこちでシマウマやシカなどが走り回っている．大地溝帯から西へそれてしばらく行くと，ケリチョーに着いたとひと目でわかるように，緑のカーペットのような茶畑がダーッと広がり始める．ほどなく到着するのが，その名も「ティーホテル」．もとはブルックボンド社のゲストハウスだった施設である．客室の備品として置かれていたティーホテルのロゴ入りの便箋を，記念に数枚持ち帰った．今でも見ると，「がんばってここまで行ったんだ」とふと胸が熱くなる思い出の一品である．

〔中津川由美〕

写真1　ケニアの大茶産地・ケリチョーでの茶摘み

7.1.6 感覚器官

a. 感覚器の一般的性質

　種々の感覚受容器は,体表面にある眼,耳,皮膚,舌,鼻の中にある（5つの感覚器）.この感覚器には受容器細胞があり,ここに発生した刺激（インパルス）が感覚神経を経て大脳の感覚中枢に至って,初めて感覚として意識される.それぞれの感覚器は視覚,聴覚,痛覚,味覚,嗅覚などを引き起こす刺激に反応する.さらに,味覚には塩味,甘味などがあるように,ある種類の感覚は,いくつかの異なった感覚に分けられる.

b. 感覚刺激の閾[1]

　感覚を起こす最小限度の刺激の強さを,感覚刺激の閾（threshold）という.これらの閾は疲労によって高まったり,あるいは弱まったりするなどいろいろと変化する.

　本項では茶の審査と評価にかかわる味覚と嗅覚について記載する.

c. 味覚の受容器と性質[2]

　食物や飲料の味は,口腔内,特に舌に分布している味細胞が,50個前後集まって味蕾という器官を形成して受容する.味覚は水溶性の化学物質が刺激となり起こる感覚である.味に対する感受性は,年齢,性,季節により異なり,また体調にも左右され,個人差も大きい.ヒトでは検知閾値（味刺激溶液と蒸留水を区別できる濃度）と認知閾値（初めて味質を感じ始めた濃度,たとえば「甘い」と感じ始めた濃度）が測定できる[3].種々の物質に対するヒトの味覚の閾値を表7.8に示す.

　5つの基本味を味細胞は別々に感知し,それが複雑に組み合わさることで,食品の味を感じる.これまでは,担当する味の種類は舌の部位ごとに決まり,分担されていると考えられていた.しかし,領域を支配する神経系の違いから,味の感受性には多少の差があるが,舌の部位や味蕾による分担はなく,1つの味蕾は5つの基本味のすべてに対応することが報告された[5].したがって,1つの味蕾が5つの基本味のすべてに対応している.味覚を感じる部位と味覚受容体発現部位を図7.11に示す.

　さらに,1つの味細胞は1種類の基本味の受容に特化しており,1種類の味の情報として脳に伝える.味細胞上端の細胞膜上には特定の味成分と結合する味覚受容体が存在し,酸味受容体をもつ味細胞は,甘味,酸味,うま味など,他の味に対する受容体をもたない.

表7.8 味覚の閾値[4]

物　質	味	閾値（mol/L）
ショ糖	甘	10^{-2}
塩化ナトリウム	塩	10^{-2}
塩　酸	酸	10^{-3}
硫酸キニーネ	苦	10^{-5}
サッカリン	甘	10^{-5}

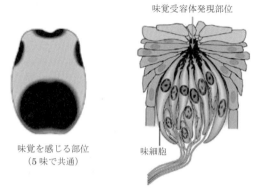

図 7.11 味覚を感じる部位と味覚受容体発現部位[5]

哺乳類において，味蕾は舌だけでなく，口腔内全体に広く分布し，存在部位により神経支配が異なる．なお，成人では約 1000 個の味蕾が存在し，そのうち約 2/3 は舌乳頭中に存在し，残りの約 1/3 は軟口蓋，咽頭，喉頭などの粘膜中に存在している．

d. 基本味

味覚受容器を興奮させる刺激は5つの基本味（甘味，酸味，塩味，苦味，うま味）がある．味覚の強さは物質の濃度，作用時間，刺激面の広さ，に左右される．味覚を起こす物質の物理化学的性質は次のように考えられている[3,4]．

・甘味：2つの分子からなる甘味受容体が存在する．甘味物質の結合により甘味受容体は活性化し，甘味物質の受容を細胞の興奮へと変換する．甘味の強弱はこの甘味細胞の興奮の強弱に変換されると考えられている．

・塩味：食塩のナトリウムイオン（Na^+）が味細胞内に流入し，直接に細胞の膜電位を変化させる．

・酸味：酸味刺激物質から遊離した水素イオン（H^+）がリガンドとして作動するイオンチャネルと，リガンドを必要としないチャネルに大別される．H^+作動性イオンチャネルは結合によりカリウムイオン（K^+）やカルシウムイオン（Ca^{2+}）のイオン透過性を変える．

・苦味：40〜80種類の一群のGタンパク質共役型受容体からなる．特定の物質に対する受容体タンパク質が個々の細胞に発現していると考えられているが，受容機構は一様ではない．

・うま味：代謝調節型グルタミン酸受容体，mGluR4 を介する系が示唆されており，この受容体の活性化は細胞内 cAMP 濃度の低下を引き起こす．

e. 味覚の性質[2]

舌の上に味覚を生ずる物質を乗せたとき，味覚のなくなるまでの時間を順応時間と

表 7.9　基本味の相互作用[2]

添加される味	甘	酸	塩	苦
ショ糖	—	弱める	無影響	弱める
クエン酸	強める	—	強める	強める
食塩	遮蔽	薄いと弱め，濃いと強める	—	無影響
カフェイン	無影響	強める	無影響	—

いう．順応時間は比較的早く，濃度によって1分以内のものから数分かかる味質まである．この順応の早さは，試験液の温度によっても異なり，温度の低い方が一般に順応が早い．

また味覚にも残像，対比，干渉などという現象がみられる．いわゆるあと味が残ることや，苦味に順応した後では，酸味，塩辛い味に対する感覚が増すという性質などがある．これらの味に対する相互作用は表7.9のとおりである．

f. 嗅覚の受容器とその性質[6]

ヒトの嗅覚の受容器である嗅細胞は，鼻腔の背側後部の嗅上皮（嗅粘膜）に存在する．通常の呼吸下では嗅上皮はあまり換気されないが，いわゆる「かぐ」行為（短い呼吸を繰り返す行為）をした場合には，外気が速やかに嗅上皮に達し，その機能が発揮される．

g. 嗅細胞[7]

嗅細胞が嗅覚の受容器で，双極型のニューロンである．嗅細胞は基底細胞の分裂によって30〜60日周期で入れ替わる．1個の嗅細胞には1種類の受容体タンパクしか発現していないと考えられている．遺伝子コードから算出すると，ヒトでは約200〜400種類の嗅細胞があることになる．

h. 匂いの性質[6]

匂いは6種類に大別される．①香辛料・薬味の匂い（コショウなど），②花の匂い（ジャスミンなど），③果物の匂い（柑橘類など），④樹脂の匂い（燻製など），⑤腐った匂い（硫化水素など），⑥こげた匂い（タールなど）などである．これらの匂いが種々の割合で混合されると，約50種類もの匂いを生ずるといわれる．

匂いにも順応があり，強い匂いでさえも刺激が持続した場合に起こる．嗅覚の順応には受容体に依存するものと神経によるものとがある．　　　　〔青江誠一郎〕

引用・参考文献

1) 中野昭一（1981）：図解生理学，p.481-485，医学書院．
2) 中野昭一（1981）：図解生理学，p.527-529，医学書院．
3) 山野善正編（2003）：おいしさの科学事典，p.22，朝倉書店．

4) 佐久間康夫監訳（2005）：よくわかる生理学の基礎，p.338，メディカル・サイエンス・インターナショナル．
5) J. Chandrashekar et al. (2006)：Nature, 444：288-294.
6) 中野昭一（1981）：図解生理学，p.531-533，医学書院．
7) 佐久間康夫監訳（2005）：よくわかる生理学の基礎，p.339，メディカル・サイエンス・インターナショナル．

●7.1.7 科学的審査法

1789年，イギリスのブリッス（A. W. Blyth）は，茶の化学分析に関する論説を発表し，その中で「茶業者が分析によって茶を購入する時代は，おそらく遠くないであろう」と予言した．現在，それ以降100年以上たつが，茶の品質の評価は，依然として官能検査に依存しているところが大きい．しかし，品質を科学的に証明する手法の開発は，品質管理などへの応用を着実に拡大しつつある．

品質の良い茶の方が，窒素やカフェインを多く含むことが，ブリッス以前から報告されていたが，中川ら[1]は，国産上・中・下級煎茶（1974年の市販価格別に100 g 600円・400円・200円のもの，現在では1000円・600円・300円程度と思われる），外国産煎茶など，約50点の煎茶の全窒素，タンニンを分析し統計処理をした結果，全窒素値により少なくとも上・下2階級程度には区分できることを報告した．

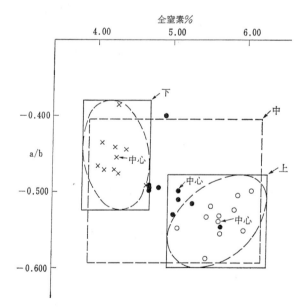

図7.12 煎茶の全窒素含量と測色値による品質区分[1]
上：600円，中：400円，下：200円．

また，久保田ら[2]は，約70点の煎茶を対象にして，色差計により色度と明度を測定した結果，これらの測色値（ハンターの色度測定値a, b）と官能検査による品質評点の間に高い相関があることを認め，さらに，窒素分析値を加えた2変量で図7.12に示すような管理図を作製すれば，上・下の2階級に区分できることを報告した．

ところで，近年，食品に含まれる化学成分の簡便・迅速な分析法として非破壊計測法が開発され広く使用されるようになってきた．茶の分野でも近赤外分光分析法が，約30年前，池ヶ谷ら，後藤らの研究によって導入され，煎茶の全窒素や全遊離アミノ酸が簡便・迅速に測定できるようになった．

その後，池ヶ谷ら[3]は，それらに加えてカフェイン，テアニン，タンニンの測定法も確立したことを報告した．

現在，煎茶の荒茶，仕上茶の粉砕試料については，水分，全窒素，全遊離アミノ酸，テアニン，中性デタージェント繊維，カフェイン，タンニン，ビタミンCの8成分の検量線がメーカーにより組み込まれた近赤外分析計も市販され，茶商や茶業団体などにおいて，緑茶の品質管理や評価のため広く使用されている．

後藤[4]は，近赤外法による茶成分の測定について，茶生葉の場合，乾燥・粉砕して行うだけでなく，そのままの状態のものを使用して全窒素と繊維の含有率を測定し，この2項目の測定値から，生葉の品質評価が可能であり，生葉の格付けの基準になることを報告した．また，荒茶の場合，粉砕せずにそのまま測定する方法と一般的に行われている粉砕処理して行う方法の精度などについて，詳しく報告した．

生葉そのものの2成分の測定による格付けは，現在，大規模の共同製茶工場において使用されている．

荒茶をそのままの状態で測定する方法は，文字どおりの非破壊分析で迅速であるが，荒茶の不均一な試料面によるばらつきを少なくするため，大形の試料セルが必要にな

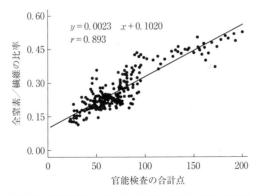

図7.13 官能検査の合計点と全窒素／繊維の比率との関係

表 7.10 仕上茶の主要成分バランス

価格（円/kg）	タンニン	カフェイン	アミノ酸
15000	68.6	15.7	15.7
10000	68.8	15.4	15.8
8000	69.2	15.2	15.6
6000	70.3	14.6	15.1
4000	72.0	14.2	13.8
3000	76.1	13.4	10.5
2000	78.8	13.8	7.4
1000	84.9	11.9	3.2

るため機種が限定される不利がある．

一般的には荒茶などを粉砕処理して測定する方法が多く行われるが，官能検査による品質評価点と高い正の相関がある全窒素値と高い負の相関がある繊維の測定値の比率から，図7.13に示すように品質を推定できることを報告した．これに準じるものとして，現在，全遊離アミノ酸値と繊維の測定値の比率からの品質の推定も広く行われている．

原[5]は，近赤外分光法の緑茶品質管理への利用のため，一・二番茶荒茶の摘採時期別試料や価格別仕上茶試料について，タンニン，カフェイン，アミノ酸の測定を行った結果，仕上茶では上記3成分の含有量のバランスに表7.10のような傾向があることを明らかにし，価格の推定に利用できることを報告した．

そのほか，茶の品質の個別の項目についても，科学的に評価する方法の開発が行われている．

まず，コンピュータによる画像解析を用いて煎茶の形状を評価する方法が開発されている．吉冨[6]は，個々の茶葉の形状評価と，葉，茎，粉の含有比率を求め，試料全体の形状評点を求めた．一方，入来ら[7]は茶試料を一葉ずつ評価するのではなく，集合体として写真撮影し，濃淡白黒画像の解析により評価を行った．

次に，茶の色や水色については，色彩色差計を用いて，色相・明度・彩度を測定し，得られた数値と官能検査による評点との関係を解析する研究により，測色値の処理による推定と実際の評点の相関が，茶の色の場合は，かなり高い水準に達している．

なお，水色に関しては，煎茶の浸出液をガラスセルに入れ，透過光により測色値を計測する方法が最初に行われ，水色評価の機械化がある程度可能と思われた．一方，濱﨑ら[8]は審査茶碗中の煎茶浸出液の写真を撮影し，画像解析により，水色評点と各種測色値の関係を究明した結果，測色値の体系化によって水色評価に活用できると考えた．

クロロフィル，および変質によってクロロフィルから生成するフェオフィチンを測定することによって，荒茶の色沢を評価できることも樋口ら[9]によって，また，市販

緑茶の品質評価の指標が得られることも木幡ら[10]によって報告されている．

さらに最近，新しい科学的審査法の1つとして味覚センサーの使用が注目されている．緑茶の渋味[11]やうま味[12]の強さをセンサーにより測定する方法が，林らによって報告された． 〔中川致之〕

引用・参考文献

1) 中川致之・天野いね（1974）：日食工誌，**21**：57-63.
2) 久保田悦郎ほか（1975）：日食工誌，**22**：22-27.
3) 池ヶ谷賢次郎ほか（1988）：野菜茶試研報B（金谷），**2**：47-90.
4) 後藤正（1992）：茶業研究報告，No.76：51-61.
5) 原利男（1996）：茶業研究報告，No.82：29-34.
6) 吉冨均（1990）：農業機械学会誌，**52**：49-56.
7) 入来浩幸ほか（1997）：茶業研究報告，No.85別冊：82-83.
8) 濱﨑正樹ほか（2003）：茶業研究報告，No.96別冊：128-129.
9) 樋口雅彦ほか（2004）：茶葉研究報告，No.97：17-25.
10) 木幡勝則ほか（1999）：茶葉研究報告，No.87：13-19.
11) N. Hayashi *et al.* (2006)：*Biosci. Biotech. Biochem.*, **70**：626-631.
12) N. Hayashi *et al.* (2008)：*J. Agric. Food Chem.*, **56**：7384-7387.

7.2　茶のおいしいいれ方

●7.2.1　水　　質

地球は「水の惑星」と呼称されるほど，水の豊富な星である．特にわが国には四季があり，山紫水明にして…というたとえにみられるように，古来から水には恵まれてきた．

そのためとも思われるが，飲食店に入ったときに唯一無料で出してくれるものといえば，お茶と水くらいのものである．日本人の場合，これらにお金を出して買うという意識をもっている人は少ないのではないだろうか．しかし現在，スーパーやコンビニエンスストアなどの飲料売り場を見回すと，ペットボトルに入った水が豊富に棚に陳列されている．つまり，お金を出して水を購入する時代へと変化してきている．さらに近年は，ペットボトル水が加温され，ホットの状態で商品として流通しているものまで出現してきた．

筆者らは，このような市販されている水を買い集め，これに蒸留水と水道水を加えて官能審査を実施した．すると，常温での番査ではいくつかのもので違いが判別されたものの，温度をすべて10℃に合わせて実施すると，これらの違いを識別することは困難となった．最も安価な水道水であっても，他の水に比べて有意な差がみられる

表 7.11 試料水の pH 値とミネラル含量

	pH		Ca (mg/100 mL)		濃縮乾固物 (mg/100 mL)
	ラベル表示値	実測値	ラベル表示値	実測値	
ミネラルウォーター A	7.4	7.4	46.80	45.17	256.1
ミネラルウォーター B	7.2	7.6	8.00	8.86	43.7
水道水	—	7.2	5.46	2.98	12.0
ミネラルウォーター C	7.0	7.6	1.15	1.74	19.0
ミネラルウォーター D	7.4	7.2	0.88	1.00	7.8
ミネラルウォーター E	—	7.4	0.64	0.72	17.0
ミネラルウォーター F	9.1	9.0	0.23	0.30	13.6
蒸留水	—	6.4	—	t	3.5

t:痕跡.

ことはなかった.

次に,これらの水を用いて茶をいれて審査を行ったところ,ある特定のミネラルウォーターでいれた茶が最もおいしい,との評価が得られた.水には軟水から硬水まで多種多様のものが存在する.ここでは,水の種類によって茶の味がどのように変化するかについて,著者らの最近の知見も交えて概説したい.

a. 水の種類と水質評価

A〜Fの6種の市販ミネラルウォーターと水道水,蒸留水の合計8種類の水を対象に,水質の検査と官能審査を行った.なお水道水は,東京都千代田区の大妻女子大学構内で採取したものを使用した.

用いた水の pH,カルシウム (Ca) 含量,濃縮乾固物含量を表 7.11 に示した.

これによると,pH の最も高いペットボトル水は F,最も低いものは蒸留水であった.Ca 含量では最も多いものは A で 45.17 mg/100 mL 含まれており,最も少ないものは蒸留水で痕跡程度であった.また,濃縮乾固物で最も含量の多いものは A で 256.1 mg/100 mL,最も少ないものは蒸留水であった.

A に含まれる Ca 含量と濃縮乾固物含量は他の水に比べて非常に多く,同じく硬水に分類される B との比較でも Ca 含量では 8〜9 倍,濃縮乾固物含量では 5 倍以上となっていた.

b. 水の味覚センサーによる味強度の評価

試料のペットボトル水を,それぞれ味覚センサーで測定してそのうま味強度を図 7.14 に示した.

味認識装置[1,2] (以下,味覚センサーと呼称) は,都甲ら[3] によって開発されたもので,人工脂質膜と味物質とが接触することにより生じる電位差を測定するものである.

味物質には電荷を有するものと有しないものが存在し,脂質膜との相互作用はイオン結合やイオンによる遮蔽効果であったり,また,イオン結合と疎水結合の両方

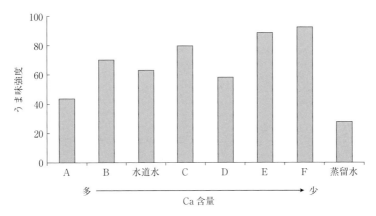

図 7.14 水単独のうま味強度の比較

が関与したりする．近年はこれら膜の選択性が飛躍的に向上してきた[4]．林らはこの味認識装置を用いて 80 種の茶系飲料を測定し，味覚センサーによる茶の味強度 EIT (estimated intensity of taste) は，うま味[5]についてはグルタミン酸ナトリウム (MSG)，渋味[6]についてはカテキン (EGCg, ECg, EGC, EC) を用いた官能的所見と相関性のあることを認め，茶の味の評価技術を開発・報告[7]している．

筆者はさまざまな茶について味覚センサーを用いて測定するとともに，いろいろな水の測定も試みた．

図 7.14 から，ペットボトル水そのものの測定値では，ミネラルウォーター F のうま味強度が最も高い値として示され，反対に，蒸留水は最もうま味強度が弱い値として示された．蒸留水が最もうま味強度が弱い値として示されたのは，蒸留水中に溶解している成分が非常に少なく，味覚センサーの測定膜への影響が小さかったためと考えられる．

c. 水の種類による茶の味の変化

試料の 8 種類の水を用いて茶を浸出し，そのうま味と渋味強度の結果を図 7.15 に示した．

これによると，最もうま味強度が強い値として示されたのはミネラルウォーター B の浸出茶であった．また，B よりもさらに硬度の高い A や，反対に Ca 含量が少なく，水単独で最もうま味強度が強いとして示された F では，茶をいれた場合には，うま味強度が強い値としては示されなかった．

従来，茶に適している水の硬度は日本の地下水程度のものが最もよい水として評価されていたが，本実験では硬度 304 mg/L 程度の B を用いた場合に，最もうま味強度が強く示された．硬度の高すぎる水は一般に茶の味としては不適切であるとされてい

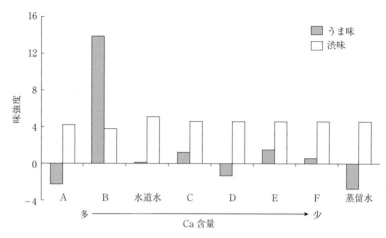

図 7.15 茶浸出液の呈味強度の比較

表 7.12 ミネラルウォーター B とミネラルウォーター F の水浸出液の官能評価

組合せ	三点識別試験			三点嗜好試験（識別試験正解者中）		
	パネル数	正解数	検定	B を選択	F を選択	検定
BBF	10	F を選択 6		6	0	
BFF	10	B を選択 6		6	0	
（合計）	20	12	*	12	0	***

*：$p<0.05$, ***：$p<0.001$.

るが，この硬度の高い B において，最もうま味強度が強く示されたことで，うま味強度と Ca 含量の間に相関性は認められないことが示された．

　市販ミネラルウォーター 6 種のなかで，B で浸出した茶のうま味強度がほかのものに比較して群を抜いて高い値を示し，2 位（E）以下の水との差は顕著であった．そこで，味覚センサーで得られたうま味強度の差を人の味覚で確認するため，B で浸出した茶と E で浸出した茶を用いて官能評価を行った．三点比較法で識別試験と嗜好試験を行った結果を表 7.12 に示す．B で浸出した茶は E で浸出したものと比べると，5% の危険率で有意に識別されていた．また，0.1% の危険率で有意に好まれるとの評価であり，味覚センサーにより得たうま味強度の差を官能評価においても確認できた．

　日本の水が緑茶には最も適しているとされてきた通説とは異なる結果となったことから，うま味強度には単に Ca の濃度のみではなく，Ca の形態も影響しているのではないかと考えられる．　　　　　　　　　　　　　　　　　〔内山裕美子〕

引用・参考文献

1) K. Toko (2000): *Biomimetic sensor technology*, p.113-180, Cambridge University Press.
2) Y. Kobayashi et al. (2010): *Sensors*, **10**: 3411-3443.
3) K. Toko et al. (1992): *Sens. Mater.*, **4**, 145-151.
4) 池崎秀和ほか (2000): 電気学会研究会資料, **45**: 19-24.
5) N. Hayashi et al. (2008): *J. Agric. Food Chem.*, **56**: 7384-7387.
6) 林宣之 (2010): 農業技術, **65**: 101-106.
7) N. Hayashi et al. (2006): *Biosci. Biotechnol. Biochem.*, **70**: 626-631.

7.2.2 水温による茶成分の溶出の違い

茶をおいしくいれるためには，茶に含まれている成分の浸出をいかに調節するかが鍵を握っている．そのため，味成分の溶出特性を把握して，溶出を抑えたり促進したりする条件の設定が行われている．

水温による茶成分の溶出の違いを調査した結果は，池田ら[1]，末松ら[2]，中川[3]，堀江ら[4]，坂本ら[5]などによって報告されている．

池田らは，上級煎茶と並級煎茶各6gに，40, 60, 80, 95℃の水，それぞれ180 mLを加え，浸出時間 2, 4, 6, 8, 10分における可溶性成分，可溶性窒素，カフェイン，タンニン，アミノ酸類（全アミノ酸，アルギニン，アスパラギン酸，セリン，グルタミン酸，テアニン），還元糖の溶出状況を測定した．

また，堀江らは，一番茶と二番茶の煎茶荒茶各3gを急須にいれ，20, 50, 70, 90℃の水，それぞれ200 mLを加え2分間浸出し，液中のテアニン，カフェイン，エピガロカテキン（EGC），エピカテキン（EC），エピガロカテキンガレート（EGCg），エピカテキンガレート（ECg）の濃度を測定した．そのとき，一番茶について得られた結果を表 7.13 に溶出率で示した．

それによると，各成分はいずれも水温の上昇に伴って溶出率が高くなるが，これらの成分中でテアニンは最も溶出されやすく20℃でも25%程度，70℃では60%溶

表 7.13 各温度で浸出した一番茶の成分溶出率（%）

温度	テアニン	カフェイン	EGC	EC	EGCg	ECg
20℃	24.9	10.4	11.5	10.5	1.6	2.6
50℃	41.1	25.7	24.1	20.4	8.1	6.8
70℃	60.6	51.8	42.5	37.7	19.3	17.3
90℃	70.0	70.7	52.9	47.6	29.5	26.7

EGC：エピガロカテキン，EC：エピカテキン，EGCg：エピガロカテキンガレート，ECg：エピカテキンガレート．

表7.14 温度を変えるいれ方による一～三煎液の成分濃度① (カテキン類, カフェイン, アミノ酸)

	EGC	EC	EGCg	ECg	Caff	Asp	Glu	Ser	Gln	Arg	Thea
一煎液	91.2 (19.1)	19.8 (21.1)	38.1 (5.5)	4.2 (3.8)	104.0 (35.8)	12.4 (49.4)	17.8 (48.0)	4.0 (43.5)	16.0 (46.1)	9.9 (27.7)	76.5 (43.3)
二煎液	121.0 (44.4)	25.4 (48.1)	75.5 (16.3)	10.7 (13.5)	60.0 (56.6)	8.1 (81.7)	11.6 (79.2)	2.5 (70.7)	10.1 (75.2)	8.1 (50.3)	51.3 (72.3)
三煎液	174.0 (80.8)	37.9 (88.4)	212.7 (46.9)	34.1 (44.5)	80.0 (84.3)	4.5 (99.6)	6.5 (96.8)	1.7 (88.0)	6.2 (93.1)	6.4 (68.2)	30.1 (89.3)
試 料	4.78	0.94	6.95	1.10	2.90	0.25	0.37	0.09	0.35	0.36	1.77

濃度は mg/100 mL, ただし試料は g/100 g. Caff：カフェイン, Asp：アスパラギン酸, Glu：グルタミン酸, Ser：セリン, Gln：グルタミン, Arg：アルギニン, Thea：テアニン. ( ) 内の数値はその煎液までの溶出率を示す.

出された．カフェインは20℃では10%しか溶出されないが，50℃で約25%，70℃で52%，90℃で70%と，水温が高くなると急激に溶出率が上昇した．EGCとECの溶出率は50℃まではカフェインと同程度であったが，高温ではカフェインより低かった．EGCgとECgは低温ではきわめて溶けにくく，20℃で1～2%，90℃でも30%程度で，他の成分よりはるかに溶けにくいことが示された．

堀江らはさらに，一番茶荒茶1gに，20，60，90℃の水500 mLを加え，保温・攪拌しながら30秒，1，2，5，20分ごとに，浸出液中の上記の成分の濃度を測定している．

池田らの結果は堀江らの結果とだいたい共通しているので詳しい説明を省くが，還元糖についてはアミノ酸類より少し低いものの溶けやすく，アミノ酸類のなかではアルギニンが他のアミノ酸より若干溶けにくいことが示されている．

次に坂本らは，上級深蒸し煎茶10 gを急須に入れ，5℃の冷水で10分，50℃の温水で1分，熱湯で1分と，順次水温を上げていく方法により (いずれも液量は100 mL) 浸出した一～三煎液のEGC, EC, EGCg, ECg, カフェイン, アスパラギン酸 (Asp), グルタミン酸 (Glu), セリン (Ser), グルタミン (Gln), アルギニン (Arg), テアニン (Thea) の濃度を測定した．

その結果は，表7.14に示すとおりである．アミノ酸類の濃度は，煎を重ねるに従って急激に減少し，二煎液で茶に含まれている70～80%が溶出された．ただし，アルギニンは，他のアミノ酸類よりかなり溶出率が低かった．カテキン類の濃度は，逆に煎を重ねるに従って上昇し，特にEGCgとECgは三煎液で急上昇した．三煎液までの溶出率は，EGCとECは80%を超えていたが，EGCgとECgは50%以下で，茶の成分のなかで最も溶けにくいことが認められた．カフェインについては，アミノ酸類よりは溶けにくく，EGCやECよりは若干溶けやすいという結果が得られた．

坂本らは，さらに上記の一～三煎液中のカリウム，カルシウム，マグネシウム，リン酸，ペクチンの濃度を測定した．その結果は表7.15に示すとおりで，カルシウム

表 7.15 温度を変えるいれ方による一〜三煎液の成分濃度② (ミネラルほか)

	カリウム	カルシウム	マグネシウム	リン酸	総ペクチン
一煎液	76.9	0.3	2.9	6.3	17.7
二煎液	64.8	0.3	2.1	5.0	10.7
三煎液	42.1	0.3	1.1	2.3	8.7

濃度は mg/100 mL.

は溶出率がきわめて低く,各煎液中の濃度も同程度であったが,他の成分は煎を重ねるに従って減少することが認められた.

茶のおいしいいれ方として,玉露や上級煎茶では,ぬるめの湯を使用するのが基本とされている.これは,うま味の強いことが尊重される高級緑茶では,ぬるめの湯を使用することにより,苦渋味成分のカテキン類などの溶出を抑えて,低温でもよく溶出されるアミノ酸類などのうま味,甘味を発揚させるためといわれるが,ここで紹介した実験結果からもその事実が裏書きされた.

しかし,もともとアミノ酸類の含有量が少なく,うま味は期待できない番茶や焙じ茶のような大衆緑茶では,熱湯を使用してあっさりだし,カテキンなどの爽快な渋味を生かす条件が採用されている.

なお,玉露などのうま味,甘味の強さに関しては,単にカテキン類とアミノ酸類のバランスだけでなく,ペクチンのように渋味を抑える成分,あるいは,その他の成分の影響があると推定されるが,不明な点が多く残されている. 〔中川致之〕

引用・参考文献

1) 池田重美ほか (1972):茶業研究報告,No.37:69-78.
2) 末松伸一ほか (1994):日食工誌,41:272-276.
3) 中川致之 (2000):緑茶の入れ方と味成分濃度 (茶道学大系 8),p.236,淡交社.
4) 堀江秀樹ほか (2001):茶業研究報告,No.91:29-33.
5) 坂本彬ほか (2002):茶業研究報告,No.94:45-55.

7.2.3 茶　　器

a. 日本茶器

日本人と茶器のかかわりは長く,固形茶・抹茶・葉茶など茶の形態の移り変わりに応じて使用する茶器類も変化を遂げてきた.日本の茶器は,歴史的にみて,その祖形を中国の唐時代以降の陶磁器類に見いだすことができる.およそ海外から日本へ舶来した「唐物」と称する物品に含まれる陶磁器類であった.喫茶に用いる茶器は,製茶法や喫茶法の変化を伴いながら,それらに適合するようなものを受容してきた.しかし,次第に茶の湯や煎茶文化の高揚,あるいは日本で独自に考案された蒸し製煎茶や

玉露など緑茶の広まりによって，お茶の色・味・香を引き立て，日本人の美的感性に呼応するような茶器作りが瀬戸などの窯業地帯から始まり，日本化することを繰り返してきた．日本での喫茶は，奈良興福寺一乗院下闕土から出土した8世紀の緑釉陶器釜や碗などから検証して，奈良時代頃から行われてきたと思われる．喫茶方法は，陸羽が『茶経』の中で述べているように，薬研で粉末にした団茶を煮立てた鍋の湯に投じて，湯の表面に茶の華ができた頃合いをみて，匙で茶碗にすくい取り飲む，というものである．その際の茶器は越州窯系・邢州窯系の口が広く開いた浅い碗で，茶の色がよく映える青磁碗などを推奨している．日本でも平安京跡から9世紀頃の形状を同じくする尾張窯系の緑釉陶器碗が出土していることから，陸羽が勧める喫茶法で飲んでいたと考えられる．ちなみに，『日本後紀』の弘仁6年（815）4月22日の条に記されている献茶の記事で，大僧都永忠が，韓埼（唐埼）へ行幸に向かう嵯峨天皇に献じた茶は，団茶を唐風の煎茶法でいれたものと考えられる．

中国の宋時代には，葉茶を粉末にしたものを茶碗に入れ，上から湯を注いでササラ状の茶筅でかき混ぜたものを飲用する点茶法が隆盛化していった．日本への点茶法の導入は，すでに明庵栄西の導入以前から行われていたことが，考古学的検証で明らかになりつつある．たとえば，12世紀前半の博多遺跡群からは点茶法による茶器として使用されたと考えられる，褐釉天目茶碗が数多く出土している．点茶法に用いる茶碗類は，日宋貿易や日明貿易などを通じて日本にもたらされるとともに，13世紀頃からは瀬戸窯業地帯で中国陶磁を手本にした和物茶器が生産されていった．この傾向は茶の湯の進展とともに15世紀中頃には美濃地方にも浸透して，天目茶碗，茶入れ，茶壺などの茶陶を焼き，桃山時代には志野，黄瀬戸，瀬戸黒などを創出していった．抹茶を用いた点茶法の喫茶は，人数も限定された私的空間（茶室）で行われることが多く，使用する茶器も本来の用途が異なるものを「見立てて」茶器に取り入れるなど，個人の意思を反映したものを使うことが頻繁に行われてきた．16世紀後半に「侘び（寂び）」の思想が確立すると，唐物嗜好から井戸茶碗に象徴されるような高麗物と楽・志野・織部などの和物を主体とする茶器へと一変していったのもその例証の1つである．

さて，日本では団茶・抹茶の喫茶以外に茶葉を日干し・蒸す・茹でるなどして製造した葉茶（番茶）で，煎じた（煮た）茶汁を飲んだり，丸型の大振りの茶碗を使い，ササラ状の茶筅で振って泡立てて飲む喫茶法が行われてきた．この方法は，平安時代頃から大人数の宗教儀礼，朝廷の年中行事（季御読経）などの大寄せ行事や庶民の大茶盛，桶茶，振り茶の簡便な喫茶方法として，日本各地で日常的に行われてきたのである．

江戸時代は，さまざまな製法で作られるお茶のすべてが出揃った時代である．特に葉茶の改良が一段と進み，色・味・香の際立つ高品質の蒸し製煎茶（緑茶）や玉露が

考案され，茶汁を製する方法も煎茶法から烹茶法，淹茶法へと推移していった．特にこの時代を特徴づける茶器は，素焼きの湯沸し（ボーブラ）を改良して完成させた茶漉しを装着した横手型の急須である．茶器は18世紀半ば以降，種類はもとより素材，形体，大きさ，加飾など多様なものに変化し，現代の喫茶用具にも引き継がれてきた．相対的に江戸時代以降，渡来陶磁器を手本にして京焼などの和物茶器の製造が煎茶文化の高揚とともに盛んとなり，日本人の嗜好に合致した茶器が続々と誕生した．

〔工藤　宏〕

b. 紅茶器

中国で生まれた白く美しい磁器は，15世紀の大航海時代を迎え次第にヨーロッパにもたらされるようになった．やがて1602年に発足したオランダ東インド会社を通して大量に運ばれるようになった磁器は，黄金と同じくらい貴重な宝として扱われ，またたく間に王侯貴族を魅了していった．これと時を同じくして，茶も東洋からヨーロッパに伝わり，喫茶の道具も時代とともに変化し普及していったのである．

(1) 喫茶の道具「エクゥアピージ」

喫茶が流行するに従い，上流家庭では「エクゥアピージ」と呼ばれる茶道具一式が揃えられるようになった．ヨーロッパで磁器の焼成が行われるようになるのは18世紀に入ってからであったため，18世紀中頃までは中国磁器の茶碗・受皿とともに，ヨーロッパの銀製の砂糖入れや，茶入れ，茶殻用ボウル，ティーケトル，スプーントレイなどをセットにして用いた例がみられる（図7.16）．ヨーロッパで作られた砂糖入れ，茶入れなど，喫茶に用いられる銀製の茶道具の形は，東洋の製品に倣って作られた．砂糖入れは，中国の蓋つき飯碗から着想を得た形で，17世紀に入る頃に使われるようになった．茶葉を入れて保管するための茶入れは，東インド会社が茶の輸送に用い

図7.16　「家族のお茶の時間」（伝リチャード・コリンズ画，1725年頃）

第7章 茶の審査と評価・おいしいいれ方

図7.17 「ガスコワーニュ家の人々」(フランシス・ハイマン画, 1740年)

図7.18 「ウィロウ・ド・ブローク卿とその家族」(ヨハン・ゾファニー画, 1776年)

た容器の形をもとにしている.茶がまだ高価だった18世紀はじめ頃の茶入れは小ぶりで,さらに茶入れを保管する錠つきの小箱までセットになっているものもあった.
　ティーポットは,茶がヨーロッパに輸入された当初,中国宜興窯の赤色炻器の急須などが用いられていた(図7.17).やがて宜興窯の急須をまねて小ぶりな銀製ティーポットがヨーロッパで作られるようになった.このほか中国の酒器をもとにした洋梨型のティーポットもあったが,17世紀以降リンゴ型になり,18世紀後半には新古典主義の形状を取り入れた寸胴の形状が主流となった.ティーポットに注ぐ湯を沸かす道具としては,1760年代まではティーケトルが使われていたが,次第に茶の消費が増加するに従い,大型の湯沸しであるティーアーンが用いられるようになった(図

7.2 茶のおいしいいれ方

図 7.19 ティーボウルとソーサー（マイセン，1725 年頃）
[口絵 21 参照]

7.18)．ティーアーンは大量のお湯を蓄えることができたため，お茶の時間も長くなっていった．

(2) 磁器のティーセット

喫茶の器としては当初，東インド会社を通して輸入された把手のない中国磁器の茶碗が用いられていたが，やがて紅茶器の需要に応えるべく中国磁器を手本にヨーロッパで陶器の紅茶器が作られるようになった．まず 17 世紀中頃からオランダのデルフトで，中国の磁器を模して白い錫釉をかけた陶器のティーポットやティーボウルが作られるようになった．このデルフト製の紅茶器の文様には，白地に藍色の絵付けを施した中国の青花磁器や，色鮮やかな絵文様を描いた色絵磁器などを写して装飾された．

ヨーロッパで初めて磁器が作られるようになったのは 1708 年，ドイツのマイセンであった．ザクセン選帝侯でポーランド国王のアウグスト 2 世（在位 1694-1733）のもと，ヨハン・フリードリヒ・ベトガー（1682-1719）が，カオリン（磁土）を含む白色の硬質磁器の焼成に成功する．ベトガーによるヨーロッパで最初期の磁器に，中国徳化窯の白磁を模した白色のカップおよびソーサーが残っている．マイセンで作られた紅茶の器も当初は中国や日本の茶碗をまねていたため把手がないティーボウルであったが（図 7.19），1730 年代には把手がついたティーカップも作られるようになった．こうしてマイセンで成功した磁器は，やがてオーストリア，フランス，イギリスとヨーロッパ全土に広まっていき，東洋風の図柄に加え，各窯の特色を出した色鮮やかな磁器のティーセットが作られるようになっていった．

18 世紀末になると，興隆してきた中産階級の人々の間にも喫茶が広まる．高まる磁器の需要に対しイギリスでは硬質磁器ではなく，磁器の原料に動物の骨灰を混ぜることにより硬度を強めたボーンチャイナ（骨灰磁器）が開発され大量に生産されるようになった．ボーンチャイナは硬質磁器に比べ，温かみのある白い磁器に仕上がると

いう特徴がある。19世紀に入ると茶がさらに幅広い層の人々の手に入るようになったことから、手ごろなティーセットや大ぶりなティーポットが登場し、さまざまな工房で生産されるようになっていった。こうして上流階級に限られた贅沢品であった紅茶器は、磁器の普及とあいまって幅広い階層の人々に広まっていったのである。

〔井上　瞳〕

c. 中国茶器

中国茶の種類は非常に多く、それぞれに固有の茶葉の姿、色と香り、味をもっている。したがって各種の茶葉の特質を十分に発揮できる器具が必要であり、これが中国の茶具を多彩にした。茶具は単純にお茶をいれる道具というだけではなく、中国の茶文化をかたちづくる不可欠な要素である。

茶具、または茶器は、狭義にはおもにカップ、ティーカップ、ティーポット、ティーボウル、ソーサー、トレーなどの飲茶用具を指し、広義には飲茶にかかわりのある用具すべてを指す。中国の茶具の種類は非常に多く、実用価値だけでなく美術的価値も有している。常用茶具は機能の違いから大きく以下の6種類に分けられ、お茶の特徴や個人の好みによって選択することが可能である。

（1）茶入れ用具

・蓋碗：　お茶をいれるのによく用いられる茶碗であり、上に蓋、下に托（台皿）がある（図7.20）。蓋は天を、托は地を、お碗本体は人を表し、「三才碗」、「三才杯」とも呼ばれている。蓋碗は便利で不吸味（味が染みたりせず）、散熱が早く、実用性が高いうえに、高雅で美しい等の利点があり、適用性が広い。

・ティーポット：　材質としては磁器（図7.21）、紫砂（図7.22）、ガラス（図7.23）が多い。紫砂は浸透性と保温性がよく、茶汁を吸収するなどの特性をもち、ウーロン茶やプーアル茶などによく使われる。

ティーポットは蓋と壺ボティー、壺底、圏足の4部分からなる。蓋には穴、つまみ、

図7.20　蓋碗（写真提供：株式会社　遊茶）
　　　　［口絵22参照］

図7.21　ティーポット（写真提供：株式会社　遊茶）
　　　　［口絵23参照］

図7.22 紫砂（写真提供：株式会社 遊茶）

図7.23 ガラスポット（写真提供：株式会社 遊茶）

図7.24 飄逸杯（写真提供：株式会社 遊茶）

図7.25 マグカップ（写真提供：株式会社 遊茶）

座など，ポットには口などの細かい部分がある．これら細かい部分が異なるため，ポットの基本形態は200近くに分けられる．

・飄逸杯：　現代の工業技術により製造される伝統のお茶入れ用具とは違う現代の茶具である（図7.24）．これ1つで茶葉とお茶を分離・濾過することができ，長くカップ内に浸かって苦味が出ることも防げ，同時にお茶をいれる過程も簡単化し，オフィス等で使うことに適している．

・カップ：　日常生活では，茶葉を直接1つの瓷杯やガラスコップに入れるのが普通である（図7.25）．こういう瓷杯やガラスコップは簡便だが，一番大きな欠点として茶葉とお茶を分離できないことがある．このいれ方で最初の方は大して問題はないが，十何分後はお茶が濃くなり，2回後はあまり味がしなくなるくらい薄くなる可能性がある．そのため，できれば飄逸杯または茶葉と水を分離できる用具を使用することが勧められる．

(2) 分茶用具

・公道杯：　また茶海，茶盅，公平杯とも呼ばれ，茶水をいったん注ぎ入れ，別の

図 7.26 品茗杯（写真提供：株式会社 遊茶）[口絵 24 参照]

図 7.27 茶荷（写真提供：株式会社 遊茶）

図 7.28 茶葉罐（写真提供：株式会社 遊茶）[口絵 25 参照]

図 7.29 スチールポット（写真提供：株式会社 遊茶）

茶杯に注ぎ分ける際に用いる器具である．公道杯の中で注がれた茶水の濃度・温度が均一となり，複数の茶杯に平等に注ぎ分けることができる．

　(3) 品茶用具
・品茗杯（ひんめいはい）： お茶の湯をいれて飲むために使用する器である（図 7.26）．紫砂や磁器，ガラスなどさまざまな材質のものがある．
・聞香杯（もんこうはい）： 背の高い杯で，杯の中の香りを嗅ぐための器である．この杯の容量は品茗杯と同じであるが，背が高いことで香りを集めやすい．品茗杯と一緒に使用されることが多く，一般にウーロン茶をいれるときに使用される．

　(4) 備茶用具
・茶荷（ちゃか）： 茶葉罐などから茶葉を移して取り分けるための器具であり，賞茶にも用いられている（図 7.27）．茶荷の形は引口の半球形が主流である．
・茶葉罐（ちゃかん）： 茶葉を保存するための器具である（図 7.28）．茶葉の変質を避け，お茶の香りや味を十分に発揮させる．材質は鉄や錫，陶磁器などである．

(5) 備水用具

備水用具にはさまざまなものがあり，よく見かけるのは随手泡や電気ポット，鉄壺などである．随手泡はお湯を沸かすのとお茶をいれる機能が一体となった，簡便な道具である．電気ポットは一般にお湯を沸かす道具であり，お茶をいれるときにも用いられる（図7.29）．鉄壺でお湯を沸かしお茶を煮る人もいる．

(6) 補助用品

・漉し網および置き棚： 漉し網または茶漉しともいい，公道杯の上に置き，おもに茶殻を濾すために用いられる（図7.30）．使わないときは置き棚に置く．

・茶道用具組合せ： 「茶道六君子」とも呼ばれていて，茶筒，茶針（ちゃしん），茶匙，茶則（ちゃそく），茶漏（ちゃろう），茶夾（ちゃぎょう）のことである．

茶筒は茶針，茶匙，茶漏，茶則そして茶夾等の器具を置くものである．茶針（図7.31）は壺の口から入れ，詰まった茶葉を取り除いて，茶が出やすいようにする道具で，竹

図7.30 漉し網（写真提供：株式会社 遊茶）

図7.31 茶針（写真提供：株式会社 遊茶）

図7.32 茶匙（写真提供：株式会社 遊茶）

図7.33 茶則（写真提供：株式会社 遊茶）

や木で作られている．茶匙（図 7.32）は茶葉を取ったりお茶の湯をかき混ぜたりするのに使用する道具である．茶則（図 7.33）は茶葉の量を正確に測るための道具である．これを使って茶葉罐から茶葉を壺や杯に入れる．竹木製が多い．茶漏（図 7.34）は円形の小さな漏斗で，小さい茶壺に茶葉を入れるときに壺の口に置き，茶葉がこぼれずに壺の中に入るようにする．茶夾（図 7.35）はピンセット状の道具で，茶具をはさんで取ったり，茶葉を壺から取り出したりする際に使用する．

図 7.34 茶漏（写真提供：株式会社 遊茶）

図 7.35 茶夾（写真提供：株式会社 遊茶）

図 7.36 杯托（写真提供：株式会社 遊茶）

図 7.37 ティータオル（写真提供：株式会社 遊茶）

図 7.38 茶盤（写真提供：株式会社 遊茶）

・杯　托：　品茗杯と聞香杯等を置くための台皿である（図7.36）．杯の中の茶水がテーブルを濡らす心配がなく，同時に衛生的な印象も与える．
・ティータオル：　茶具を拭くための綿織物である（図7.37）．
・茶　盤：　茶具を置いたりお茶をいれるための台である（図7.38）．竹や木，金属，陶磁，石等で作られ，形状もさまざまなものがある．

　茶具の種類は本当に多く，分類の仕方もさまざまである．ここではおもに機能別の分類を述べたが材質の違いで磁茶具や紫砂茶具，ガラス茶具のように分けることもできるし，日常用の茶具と工夫茶具ともいう視点で分類することもできる．美しい茶具が多く，実用的価値以外に芸術品としても高い価値をもつものもある．茶葉の特徴や個人の趣味でそれぞれに合った茶具を選び，お茶の特性を十分に引き出すと同時に，茶具の芸術美も楽しんでいただきたい．　　　　　　　　　　　　　　　〔王　亜雷〕

7.2.4　日本茶の淹れ方

（※本書中，他の箇所では「お茶をいれる」の「いれる」はひらがなで表記しているが，本項中では一貫して『淹れる』と表記する．これは，現在の日本茶（抹茶を除く）は，いずれも湯に葉茶を浮遊させて内容成分を浸出させる淹茶法であり，「煎れる」「入れる」など別の表記とまぎれる余地がないからである．）

　世界の茶の生産量は517万t（ITC統計2014）で，879万t（FAO統計2014）のコーヒーと並んで世界の二大嗜好飲料である．茶の生産量はこの10年でおよそ50%増加しており，茶のもつ健康効果の研究進行もあって消費は増加している．緑茶・紅茶など茶類を飲むにあたっての1杯あたり使用量は平均的に3gほどであるが，517万tをこの使用量で除すると1兆7200億杯分，コーヒーは1杯あたり10gとして同様の計算で8790億杯分となり，経済的，宗教的背景はあるものの，茶を飲んでいる人の方が多いといえる．

　わが国では「日常茶飯」という言葉があるように，米とお茶は生活必需品として昔から欠くべからざるものであった．しかし，第二次大戦後の高度経済成長による生活様式の変化，それに加え，多種多様な食品が市場にあふれるようになったことで，旧来型の食習慣は大きく様変わりし，米はもとより茶の消費も減少した．現在では「日常茶飯」なる言葉も危ういものとなっている．

　かつては，三世代（同居の大）家族が普通であり，どこの家庭でも，お婆ちゃん・お母さんなど決まってお茶を淹れてくれる人がいた．その淹れ方が，使用する茶の種類やグレードとあいまってその家庭のお茶の味となり，子供達も見様見真似からいつしかそれを継承してきた．ところが，核家族化・個食の時代になり，急須のない家庭も今では珍しくなくなり，日本茶にとってはその存在すら危機的な時代に入ったといえる．

これらの状況から，わが国における茶は，単に「茶を飲む」という生活必需品から，「茶を味わう」という単なる嗜好品に移行しつつあるのではないかと考えられ，日本茶にとって大きな転換期を迎えているといえる。

日本茶も嗜好品である以上，飲む人が最も満足するものでなければならないが，さまざまな種類がある日本茶には，その茶種の特徴を最大限に引き出す淹れ方があり，その基本を理解したうえで自分なりのお茶の淹れ方に応用・発展させ，日本茶に親しんでもらいたいものである。

a. 茶を選ぶ

日本茶は，浸出液に含まれるアミノ酸類を楽しむ茶であることが最大の特徴で，香りを重視する他の茶種と性格を異にする。多くの茶類やコーヒーは香りを引き立たせるため熱湯で淹れるのに対し，日本茶は茶種ごと，飲用場面ごとに浸出条件を変え，その茶の特徴を最大限引き出し，味とほのかな香りを楽しむものである。日本茶は，最高級の煎茶である玉露をはじめ，煎茶（普通煎茶，深蒸し煎茶），玉緑茶（釜炒り製玉緑茶，蒸し製玉緑茶），番茶，抹茶原料であるてん（碾）茶などが代表的である。また，再加工品の焙じ茶，玄米茶や，出物といわれる茎茶，粉茶などもよく飲まれている。そのほか，各地に残る地方番茶（足助番茶，京番茶，美作番茶など）や，日本では珍しい後発酵茶である碁石茶や阿波番茶などもある。日本茶はこれら茶種の違い以外に，摘採時期による区分（一番茶，二番茶，三番茶，四番茶，冬春秋番茶）とこれに伴うグレード，各茶種を支える126種類におよぶ登録品種があり，日本茶を楽しむうえで多様な選択肢が用意されている。

b. 標準的な淹れ方

このような多種多様な日本茶の存在に対して，当然，その茶の特徴を最大限に引き出すことができる理想的な淹れ方があるはずである。昭和47年（1972），国公立の茶業試験場研究者と茶業関係者による「茶の淹れ方研究会」が組織され，1年間にわたる試験・検討の結果，1973年に「緑茶の標準的な淹れ方」（表7.16）として発表された。

ここでいう「煎茶」は「普通（蒸し）煎茶」のことで，当時，深蒸し煎茶は普及の

表 7.16　緑茶の標準的な淹れ方（3人分淹れる場合)[4]

茶　種	急須の大きさ(mL)	茶碗の大きさ(mL)	茶量(g)	湯温(℃)	湯量(mL)	浸出時間(秒)	浸出液温(℃)	1人分浸出量(mL)
玉露（特）	90	40	10	50	60	150	33	12
玉露（並）	90	40	10	60	60	120	40	13
煎茶（上）	250	100	6	70	170	120	51	50
煎茶（並）	600	150	10	90	430	60	65	80
焙じ茶	800	240	15	熱湯	650	30	75	120
番　茶	800	240	15	熱湯	650	30	75	120

途に就いたばかりの時期であったことから，この表にはあげられていない．近年，緑色の煎液が健康的なイメージを与えるとして，流通・消費される煎茶の主流が深蒸し煎茶またはこれのブレンド品となっており，「煎茶」の浸出時間が実態に合っていないとの声も多い．しかし，茶は多分に嗜好性の強い飲料であり，「熱くて苦渋いお茶」を好む場合でも，これを基本として押さえたうえで，茶をよく観察して浸出時間等を決め，自分好みの茶を淹れるようにしたい．

c. 水を選ぶ

おいしくお茶を淹れたとき，その煎液中の溶出成分濃度はおよそ 0.3% くらいで，濃いと思うものでもせいぜい 0.35% である．このことは残りの約 99.7% は水ということで，微妙な香味を楽しむお茶にとって，使う水の品質の良否はきわめて重要な要素といえる．

(1) 硬度

水の硬度とは，水中のマグネシウムとカルシウムの量を，対応する炭酸カルシウム ($CaCO_3$)，または酸化カルシウム (CaO) の濃度で表した数値である．硬度の単位は国によって異なるが，日本ではアメリカ硬度が一般的で，硬度 1 度を $CaCO_3$ 濃度 1 mg/L としている．

WHO (世界保健機構) の飲料水水質ガイドラインは次のとおりである．

軟　水　　　：硬度 0〜60 mg/L 未満
中程度の軟水：硬度 60〜120 mg/L 未満
硬　水　　　：硬度 120〜180 mg/L 未満
非常な硬水　：硬度 180 mg/L 以上

日本ではわかりやすく，硬度 100 未満のものを軟水，100 以上を硬水と区分している．

カナダに在住する協会会員から，「どんなにいいお茶をていねいに淹れてもおいしくない」との相談を受けたことがあった．その後，カナダからの帰国時に持参してくれた現地の水道水を使って上級煎茶を淹れてみたところ，確かに味も素っ気もないお茶になってしまった．残念ながら分析する試料を確保できなかったが，現地で味噌汁を作るときにだしがとれないこと，日本から親戚が訪ねてくると 3 日くらいで便秘が解消することなどの情報から推察するに，明らかにマグネシウム系の硬水と思われ，それも市販されている超硬水並みの硬度と考えられた．

わが国の飲料水はほとんどが軟水で，茶はもちろんのこと，微妙な味を追求する和食も，日本の水質のうえに成り立っているといえるだろう．

「静岡県お茶と水研究会」による 100 種類以上の水を，硬度を中心にまとめた調査結果 (『お茶と水』p. 51；2001) によると，水色では硬度 70〜80 の水道水がよく，硬度約 300 の硬水の水色も好まれる．一方，味では硬度 70〜80 のものの評価が高く，硬度 300 の硬水は苦渋味が減り万人向きの味になるものの，うま味に乏しいとの評価

であった．全体に，硬度50～100のものは安定して良好な評価を得たと報告されている．また，NPO法人 日本茶インストラクター協会による水の比較審査では，硬度15の軟水では，上級煎茶は香気・水色・滋味ともきわめて高く評価されたのに対し，下級煎茶では苦渋味が強く感じられ，硬度の低い水では茶の良否がはっきり出やすいという結果であった．このことから，茶の審査鑑定には硬度があまり高くない軟水が適しているとしている．

近年，多くの浄水場でオゾン曝気等の高度処理が行われるなど水道水の品質向上がはかられており，硬度もお茶に適当とされる100未満であることから，日本国内ではおいしいお茶を楽しむことができる水を入手することは容易である．

(2) その他の成分

水道水は，水道法によって，大腸菌などの汚染を防ぐため蛇口から出た時点で0.1 mg/L以上の遊離残留塩素濃度を保持していることが義務づけられている．しかし，この水道水に含まれる塩素がいわゆるカルキ臭をもたらし，水のおいしさを損なう大きな要因となる．特に，夏期は塩素が過剰に添加される傾向があり，人が気にならない塩素濃度とされる0.4 mg/Lを超える場合が多い．塩素濃度は水を沸騰させることによって減少することから，水道水を茶に使用するには沸騰は欠かせない条件である．

海岸近くの井戸水などではたまに塩味を感ずることがあるが，塩化ナトリウムが水に200 mg/L以上含まれると茶の浸出液に塩味を感ずるようになり，渋味は減るものの茶の味は悪くなる．

また，地域によっては井戸水に鉄やマンガンが含まれることがある．鉄は0.4 mg/L以上，マンガンは0.5 mg/L以上含まれると浸出液が黒褐色となり，さらに濃度が高くなると黒褐紫色に変化する．

d. 湯を沸かす

中国の茶書『大観茶論』や王禎の『農書』には，湯の沸かし方について記されている．そこでは，沸いたときに発生する泡の状態を「魚の目」や「蟹の目」で表して，沸く段階を表現している．また，『茶経』にも，沸騰しない湯で茶を淹れると茶の葉に泡が発生することが記されている．このように，古くから湯の沸かし方はおいしいお茶を淹れるうえでの大切な条件と認識されている．

沸騰しない湯で茶を淹れると，前記のように泡が発生したり，浸出液は何となく水っぽく感じ，本来のしっかりした香味にならない．その機作は不明だが，沸騰させることにより，水に溶存するガス類が揮散すること，ミネラル分の分子化，揮発性成分の揮散，等々が関与していると考えられる．特に，家庭で使用する水は水道水が主体であるが，先にも述べたとおり水道水には塩素（次亜塩素酸ソーダ）が水道法により一定量入っている．水道水を使用する場合は，この塩素＝「カルキ臭」を抜くことがポ

イントとなる．方法としては，沸騰し始めたらやかんの蓋を外すかずらし，沸騰状態を3〜5分間続けることでカルキ臭はほぼ抜くことができる．このほか，塩素と水中に含まれる有機物との反応で生じ，発がん性を疑われているトリハロメタン（水道法で定められている飲用水質基準では，総トリハロメタンは0.1 mg/L以下と定められている）についても，3分間以上の沸騰により半減させることができる．

茶を淹れるときには，その茶が湯冷ましを必要とする場合であっても，必ず一度沸騰させた湯を目的の温度まで冷まして使用することが，おいしいお茶を飲むための重要なポイントである．

e. お茶の味成分

日本茶の代表である煎茶を例にとると，煎茶の味が良いためには，渋味，苦味，うま味の調和がとれ，後味に清涼感があることが必要とされている．

お茶は，茶を淹れて湯中に溶出した成分を味わうことであるが，主要な可溶性成分とその味質は表7.17のとおりである．

緑茶の味のベースは苦渋味であるが，これは最も溶出量の多いカテキン類によるものと考えられている．遊離型カテキンであるエピカテキン，エピガロカテキンは渋味は弱く苦味があり，エステル型カテキンのエピカテキンガレートとエピガロカテキンガレートは爽やかな苦渋味がある．

アミノ酸類は日本茶の醍醐味といわれる成分で，茶には20種類程度含まれるが，

表7.17 煎茶中の主要可溶成分の量と味質（単位%）[5]

成　分	上級	中級	下級	味
カテキン類	14.5	14.6	14.6	
エピカテキン	0.8	0.9	0.9	苦味
エピガロカテキン	3.4	3.8	3.7	苦味
エピカテキンガレート	2.1	2.2	2.2	渋味，苦味
エピガロカテキンガレート	8.2	7.8	7.8	渋味，苦味
アミノ酸類	2.9	1.5	1.0	
テアニン	1.9	1.0	0.6	甘味，うま味
グルタミン酸	0.2	0.1	0.1	酸味，うま味
アスパラギン酸	0.2	0.1	0.1	酸味
アルギニン	0.3	0.1	0.0	苦味
その他	0.3	0.2	0.2	うま味，甘味，苦味
カフェイン	3.0	2.6	2.4	苦味
遊離還元糖	2.7	4.0	4.4	甘味
アルコール沈殿高分子物	4.9	4.5	5.1	無
水溶性ペクチン	0.5	0.4	0.4	無
（以上計）	28.0	27.2	27.5	
全可溶成分	40.5	39.0	37.5	

アミノ酸量の約半分がテアニンで占められている．テアニンは上級茶ほど含有率は高く，上品な甘味，うま味があるが味は弱い．グルタミン酸は酸味とうま味があり，お茶のうま味はグルタミン酸が決めるといわれるように味は強い．しかしながら，このように個々の成分の味はあるものの，茶に限らず，食品の味はさまざまな成分の味要素が複合してつくられているといえる．

カフェインは軽やかな苦味を，中・下級茶に多い遊離糖は甘味を，水溶性ペクチンや高分子物は味はないものの，渋味を抑えたり浸出液に粘度をつけて「こく」を与えると考えられる．

このように，お茶の味はカテキン類，アミノ酸類，カフェインの主要3成分のほか，さまざまな成分によってつくられているといえる．

f. おいしい茶を淹れる化学的背景

茶の淹れ方は，対象とする茶の持ち味を発揮させることが大切である．したがって，紅茶，ウーロン茶，焙じ茶など芳香を優先する茶では，香りの発揚のため熱湯で淹れるのが原則である．一方，玉露や上級煎茶をぬるめの湯で淹れるのは，うま味を引き立てることを目的としているからである．

茶葉中に含まれ味に関係している成分には，湯（水）に対して溶けやすいものと，比較的溶けにくいものとがある．うま味成分と考えられるアミノ酸類は一般に水に溶けやすく，ぬるめの湯温でもよく溶出するが，苦渋味成分のタンニン（カテキン類）は溶けにくく，80℃以上の湯温でないとなかなか溶出されない．また，カフェインは湯温が高いと容易に溶け出すが，低いとやや溶けにくい傾向がある．

図7.39は，茶葉中の3成分について，それぞれ低温の50℃，中温の70℃，高温の90℃の湯で2分間浸出した結果である．これを見ると，アミノ酸類は，湯の温度にあ

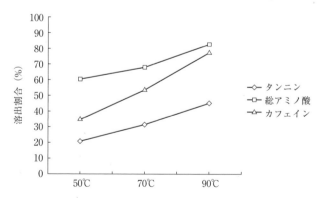

図7.39 茶葉を低温（50℃），中温（70℃），高温（90℃）の湯で2分間浸出した場合の成分溶出割合（NPO日本茶インストラクター協会）

まり関係なく各温度で高い溶出率であったが，タンニン（カテキン類）は溶出しにくく，高温でなければ溶出されない．また，カフェインは低温ではやや溶出しにくいが，湯温が高いと容易に溶出する．

これらのことから，おいしいお茶を淹れるテクニックが見えてくる．

玉露のように濃厚なうま味を楽しむ茶は，苦渋味成分であるタンニンやカフェインが溶出しにくい低温の湯で淹れ，上級煎茶のようにうま味と適度な苦渋味で清涼感のあるバランスのとれた香味を味わうには中温で，番茶のようにさっぱりとした爽快なお茶を味わうには高温でと，それぞれお茶に合った湯温で淹れることがポイントである．

g. 日本茶を淹れるポイント

以上のことから，日本茶をおいしく入れるポイントは次のようにまとめられる．

① 淹れるお茶が玉露なのか普通煎茶か，または深蒸し煎茶なのか，品質は上級か，中・下級か，など茶の特徴をよく理解しておく．
② 水道水はもちろん，さまざまな水が流通しているが，日本茶に合った水を選択する．
③ 湯は必ず沸騰させたものを使用する．
④ 茶の種類と淹れる人数により，「茶の量」「湯の量」「湯の温度」「浸出時間」を決める．（b.「標準的な淹れ方」参照）
⑤ 各茶碗の濃度，煎液の量が同じになるように「廻し注ぎ」により注ぎ分ける．
⑥ 急須に湯が残ると抽出が続いて二煎目に影響するため，最後の一滴まで注ぎきる．

h. 日本茶の淹れ方の実際

前項のポイントを実際の場面で確認する．

(1) 茶器の用意

選んだ茶種，淹れる人数，お茶を出す相手，場面，季節に合った茶器を用意する．一般に上級茶は小振りの茶碗，中級茶や番茶等はたっぷり飲める大振りの湯飲みが適当である．また，季節によっても，冬は厚手の陶器製のもの，夏は薄手の磁器製のものや，冷茶をガラス製の茶碗で出すなど，器の選択によっていっそうお茶の楽しみが得られる．

(2) 湯を沸かす

必ず沸騰した湯を用意する．

(3) 茶の量

急須に入れる茶の量は少なくても多すぎてもおいしくない．「茶匙」（ティースプーン）や「大匙」を使って計量すると簡便である．煎茶の場合は，茶匙に軽く山盛りで約2g，山盛りで約3g，大匙擦り切れで5～6g，山盛りで約10gである．ただし，茶の葉の大きさによって比重が異なるので（上級茶は比重が大きく，手で持つと重量

感があるが，番茶など下級茶は比重が小さく，かさはあるが軽く感じる)．番茶や焙じ茶のような大型の茶は，匙一杯の重さを事前に確認しておくと便利である．

茶の量は，上・中級煎茶の場合，1人分は2～3gである．ただし，1人だけで飲む場合は少し多めの約5gがおいしく飲める．また，5人の場合，計算上では15gになるが，実際には10g程度でおいしく飲むことができる．多人数の場合には1人分2gを目安に茶を用意する．

(4) 湯の量

急須に入れる湯は，量が少なければ濃いお茶が少量になってしまい，多過ぎれば薄いお茶が茶碗に注ぎ切れなくなってしまう．このようなトラブルを避けるには，たとえば3人分淹れる場合，これから使う茶碗3客を使って湯冷ましを兼ねて計量する．茶碗への湯の量は八分目程度が目安である．

茶は使用した重量の4倍ほどの湯を吸収するので，煎液がそれだけ減ることを見込んで湯量を調整する．

(5) 湯の温度

湯の温度は b.「標準的な淹れ方」を基本にし，湯冷ましをして温度設定をする．湯温を茶種に適した温度まで湯冷ましするには，専用茶器の「湯冷まし」もあるが，これから使う茶碗を使用するのが簡便で，①湯温の調整，②湯量の計量，③茶碗をあらかじめ温めておく，という3つの役割を一度にこなすことができる．

湯温の目安としては，90℃くらいのポットの湯を茶碗に入れ，茶碗が温まると80℃くらい，これを急須に入れると70℃くらいになる．季節や茶器の材質によって多少の違いはあるが，1回茶器を移すことによって5～10℃の湯冷ましができる．

(6) 浸出時間

茶の種類や好みにもよるが，上・中級の普通煎茶の場合，浸出時間は1分～1分半が目安である．

深蒸し煎茶は茶の粒子が細かく成分が溶出しやすいため，この半分くらいの時間が適当である．市販のお茶は，ブレンドなど，仕上加工したそれぞれの茶商によって特徴があり，急須に湯を入れたら蓋をせずに茶の葉の開き具合を観察して浸出時間を知ることも，以後そのお茶を楽しむために大切なことである．

(7) 注ぎ方

茶碗に注ぎ分けるとき，各茶碗の煎液の濃さと量が同じになるように注ぎ分けることが大切である．そのためには，各茶碗に少しずつ，数回に分けて注ぎ分ける．これを「廻し注ぎ」といい，茶碗3客の場合，1-2-3と注いだら3-2-1と戻り，これを繰り返しながら注ぎきる．

急須に湯が残っていると二煎目を淹れるまで浸出が続くことから，「最後の1滴」まで出しきることが大切である．

(8) 二煎目

茶は，湯の温度条件にもよるが，一煎目でおよそ 40% の成分が溶出してしまうことから，二煎目は残った成分が出やすいように，一煎目よりやや高い湯温で，浸出時間は一煎目の半分くらいで淹れる．湯の計量には，茶碗を余分に1客用意しておく．

i. **何煎目まで飲めるか**

通常，茶は一煎だけではなく，経済性も含めて同じ葉で何煎も淹れるが，煎を重ねるごとにお茶の味が薄くなるのは当然のことである．上級茶に区分される 100 g 1000 円のお茶を1人で飲んだ場合，3 g の茶を使うと，一煎だけの場合は1杯30円のお茶であるが，二煎目は15円，三煎目は10円と，煎を重ねるごとに1杯の単価は安くなる道理である．たとえばコーヒーの場合，昔は「二番出し」まであったが，現在では一煎だけでコーヒーを入れ替えていくから，100 g 300 円のブレンドコーヒーの場

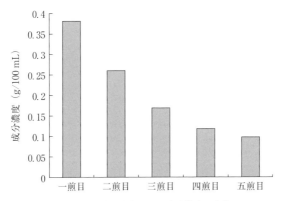

図 7.40 複数回煎出による成分濃度の変化

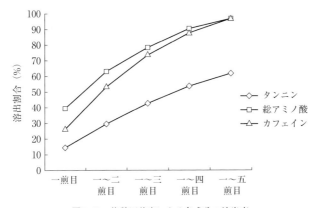

図 7.41 複数回煎出による各成分の溶出率

合．1人前10gの使用で1杯30円である．日常的に何杯でも飲む飲料の場合，茶はコストの面でも有利な飲み物といえるが，残念ながら何煎も同じ味が続くわけではない．それではお茶は何煎目まで飲めるだろうか．日本茶インストラクター協会で行った試験から推察してみる．

【サンプル】1000円／100gの普通（蒸し）煎茶
【浸出条件】サンプル煎茶6g
　　　　　湯温　一煎目70℃，二煎目以降90℃
　　　　　湯量　各煎170 mL
　　　　　浸出時間　一煎目90秒間，二煎目以降10秒間
　　　　　※5煎目までの成分溶出量　1.03 g/100 mL

　図7.40から，一煎目で37%，二煎目で25%，三煎目で17%と，三煎目までで計79%の成分が溶出している．また，図7.41から，アミノ酸類，カフェインは三煎目まででおよそ80%が溶出されているのに対し，タンニンは，煎を重ねても溶出率はあまり上がらず，五煎目でも，他の成分はほぼ溶出しきっているにもかかわらず，およそ40%が茶殻に残っている．また，三煎目を過ぎると，うま味成分のアミノ酸類は溶出してしまい，それより味の強いタンニン（カテキン類）が煎液の中心となるため，苦渋味が前に出る滋味となることが推測できる．このことから，普通煎茶をおいしく飲むには三煎目までであろう．

j. 水出し煎茶

　日本の夏はお茶の需要が落ち込む時期であるが，近年，夏でもおいしく飲める「水出し煎茶」の需要が増えている．これは，ポットにティーバッグを入れ，水を注いで冷蔵庫で抽出するだけという簡便さと，日本茶の保健効果があいまって主婦層に受け入れられた結果と考えられる．水で抽出するため，甘味，うま味のアミノ酸類が溶出する半面，苦渋味成分のカテキン類の溶出がおさえられるため，子供でも飲みやすい夏場の飲料として期待される．

k. 茶のT.P.O

　茶の選定には，その茶を飲む目的，場面を考慮して選ばねばならない．
　たとえば，大切な客が来たからといって，食事の後に濃厚なうま味のある玉露は適さないように，T.P.Oに合わせて茶を選ぶことが大切である．

（1）食事の前（空腹時）

　早朝に行われる新茶の取引などでは，購入する多くの茶を審査するため，少量ずつであっても試飲を続けることによって食欲が抑えられることがある．このように，空腹時に濃い茶を飲むと食欲が抑えられたり，胃弱の人は胃を痛めることがあるので，タンニン量の多い濃い茶や，玉露などの成分濃度の高い茶は，食前には適していないといえる．

(2) 食事中

食事中の飲茶で代表的なものは，渋茶を飲みながら食べる寿司であろう．

比較的味が淡白な魚介類が主体のネタでは，異なったネタを食べるときに前に食べたものの味，香りが残らないことが新たなネタの味わいを増す．その点，茶は都度の口中のすすぎには最適であるうえに，ネタは生ものが多いだけにカテキンによる食中毒予防効果も期待できる．また，酢飯は他の米飯に比べて塩分が多く，塩分排泄のためにも水分の補充が必要である．一般には，成分の溶出しやすい粉茶が使われる．なお，食事には適度な水分が必要であるが，それには香ばしさのある玄米茶や中級煎茶を，またてんぷらなどの脂っこい食事には口中をさっぱりさせる焙じ茶が適当である．

(3) 食後の茶

食後の茶は，水分の補給とともに口中のすすぎの役割をもつ．抗食中毒，抗虫歯，口中消臭効果も期待して，カテキン含有量の多い中級煎茶を高めの湯温で淹れるとよい．

(4) 長時間の会議

緊張を強いられる長時間の会議はつらいものであるが，眠気に襲われるのもまたつらいものである．このようなときには，上級煎茶をやや高温の湯で淹れ，カフェインによる覚醒効果とテアニンによるリラックス効果で対抗したい．成分による効果のほか，熱い湯と苦渋味を伴った濃厚な味による味覚への刺激は活発な会議を演出できる．

(5) スポーツの前後

旭化成のマラソンチームのスペシャルドリンクが，地元宮崎茶をベースに作られていることは有名な話であるが，運動や激しい力仕事の前には，疲労回復や運動機能を高める作用のあるカフェイン摂取を目的に，カフェイン含有量の多い玉露や上級煎茶を高めの湯で淹れたものを飲むとよい．また，活動中には水分補給も兼ね，よく冷やしたものを準備するとよい．なお，カフェインは現在 WADA（世界アンチドーピング機関）による禁止物質とはなっていないが，濫用の動向を把握する目的で調査対象とする「監視プログラム」に含まれており，競技アスリートの場合にはこれら規制の動向に注意を払う必要がある．

運動の後には，喉の渇きや汗で失われた水分を補給するために，さらっとしてがぶ飲みできる番茶や釜炒り製玉緑茶，焙じ茶などを冷ましたものが適当である．

(6) 二日酔いや眠気を覚ます

1214年，栄西禅師（ようさい（えいさい））が著書『喫茶養生記』を将軍源実朝（さねとも）に献上したとき，実朝はひどい二日酔いで，栄西禅師が茶を点じてこれを治したとされるように，茶のカフェインは，二日酔いの早期回復や眠気覚ましに効果がある．これには，カフェインを多く含む玉露や上級煎茶を，カフェインが溶出しやすい 90℃ くらいの湯で淹れるのがよい．

(7) 老人，幼児，病人など

カフェインの多いものは避けた方がよい．嗜好性は落ちるが，カフェイン溶出後の二煎目以降の茶や，カフェイン含有量の少ない番茶や焙じ茶をさらっと淹れたものが適当である．なお，乳幼児の水分補給には出がらしを人肌に冷ましたものがよい．

〔杉本充俊〕

引用・参考文献

1) 日本茶インストラクター協会編（2016）：日本茶インストラクター講座 II，日本茶インストラクター協会．
2) 小泊重洋（2001）：お茶に合う水．お茶と水，静岡県お茶と水研究会事務局．
3) 日本茶業中央会編（2014）：茶関係資料，日本茶業中央会．
4) 茶のいれ方研究会（1973）：茶業研究報告．
5) 中川仰ほか（1972）：茶業研究報告，No. 37.

● 7.2.5 紅茶のいれ方
a. リーフティーのおいしいいれ方

おいしい紅茶とはどのようなものであるかは，季節により，人により，気分により，その他さまざまな要因により異なるであろう．しかし，一般的には次のような条件を満たしているものがおいしい紅茶といえる．
- カップに注がれた茶液の色（カップ水色）が明るく透明感があること
- 茶液を口に含んだときに優雅な香りがすること
- 渋味は強いが，爽快感があること
- 味にこく（深み）があること
- 喉ごしが良いこと

このような条件を満たしている紅茶をいれるためには，どのようにすればよいか．紅茶のいれ方にはさまざまな方法があるが，英国の最もポピュラーで，正統的ないれ方の"ゴールデンルール"に基づいた方法を紹介する．
① ポット（必ず蓋のついたものを使用）とカップに湯を注ぎ温める．
② ポットの湯を捨て，カップ杯数分の茶葉を量り入れる．茶葉の分量は，茶葉のサイズによって異なる．ブロークンタイプの細かい茶葉はカップ1杯あたり約 2.5～3 g（ティースプーン中山1杯），リーフタイプの大きな茶葉は約 3～4 g.
③ 汲みたての新鮮な水（基本的に水道水でよい）を強火で沸かし，5円玉くらいの大きな泡がボコボコ出るくらいまで完全に沸騰させる．
④ ポットをやかんのそばに近づけ（take the teapot to the kettle；逆は不可），杯数分の沸騰した熱湯を手早く注ぎ，すぐに蓋をする（カップ1杯あたりのお湯の

量は，約 150〜160 mL）．
⑤ポットをティーマットなどの上にのせて，茶葉をじっくりと蒸らす．蒸らす時間は，ブロークンタイプの茶葉は 2 分半〜3 分，リーフタイプの茶葉は 3〜4 分を目安にする．ミルクティーの場合にはやや長めに蒸らす．熱を逃がさないためティーコージーを使用するとよい．
⑥時間がたったら葉をおこすようにポットの茶液をスプーンで軽くひとかきする．
⑦あらかじめ温めておいた別のポットに，茶こしを使って茶液を移しかえる．このとき，ベストドロップあるいはゴールデンドロップと呼ばれ特においしいとされる，最後の一滴まで注ぎきる．1 つのポットでいれる場合は，茶こしを使って，濃さが均一になるようにカップに廻し注ぎする．

b. ティーバッグのおいしいいれかた
手軽に速くいれられるティーバッグの利用範囲は広い．次に紹介する方法で，香りや味をしっかり出しきって，おいしくいれることができる．
①ポットとカップに湯を注ぎ温める．
②温めたポットの中にティーバッグを入れ，杯数分の沸騰した熱湯を注ぎ，蓋をして蒸らす（カップ 1 杯分あたりティーバッグ 1 袋）．蒸らし時間は，ティーバッグの中に詰められている茶葉の種類によって異なる．CTC 製法の茶葉の場合は 40 秒〜1 分，カットしたリーフティーの場合は 1 分半〜2 分程度．
③ティーバッグを軽くふって，静かに取り出す．

c. アイスティーのおいしいいれ方（オンザロック形式）
①温めたポットの中に杯数分の茶葉（ティーバッグ）を入れる．
②半分量の沸騰した熱湯を注ぎ，蓋をして約 2 分蒸らす（2 倍の濃さの紅茶をいれる）．
③できあがった 2 倍の濃さの茶液を軽くひとかきし，茶漉しを使って別のポットに移しかえる．甘味をつける場合は，グラニュー糖（ホットのときの 1.5 倍程度）を加え混ぜる．後からシュガーシロップを加えてもよい．
④グラスに細かく砕いた氷をたっぷり入れ，③の茶液を上から注ぎ，急激に冷やす．

〔清水　元〕

7.2.6　中国茶のいれ方
a. いれ方のポイント
中国茶の風味と水色を左右するポイントを 4 点あげる．
（1）お湯の温度
中国緑茶・白茶・黄茶は 80〜95℃，ウーロン茶（青茶）・黒茶はより高温の 95〜100℃でいれる．

(2) 茶葉の量と湯水の量の割合
・茶葉の量： 厳密に何gとは計量せず，使う茶器といれる茶葉の形状に合わせて使用量を決める．
・お湯の量： 茶壺の場合にはあふれる程度，蓋碗の場合には蓋に触れる程度とする．
(3) 浸出時間
ウーロン茶の場合，一煎目では約1分間前後が適切である．二煎目の浸出時間は一煎目とほぼ同じ，三煎目以後は煎を重ねるごとに浸出時間を延ばす．
(4) 茶器の種類

b. 温潤泡と洗茶

「温潤泡」と「洗茶」は，いずれも一煎目の茶水は飲まずに捨て，二煎目以降から口にするいれ方である．その目的と方法は以下のとおりである．

(1) 目 的

温潤泡は主としてウーロン茶で用いられ，特に下記のような茶葉を対象としている．
・揉捻の強いウーロン茶： 球形や半球形に仕上げられる強く揉捻された茶葉においては，葉が開いて成分が抽出されるまでに一定時間を要する一方，茶葉や茶器が十分に温まっていない状態で注がれた一煎目の湯は冷めやすい．したがって，この一煎目の湯は茶葉を温めて揉捻を緩ませることを目的として短時間で注ぎ出し，二煎目の湯で素早く茶葉から成分と香りを引き出すことで，風味豊かな茶水を熱い状態のまま飲むことができる．
・表面積が広く酸化（発酵）度高めのウーロン茶： 縦に揉捻された茶葉は空気との接触面が大きく，表面部分における変化が雑味となって抽出されがちで，酸化度が高く風味の輪郭が明確な茶葉ほどこの現象を顕著に感じる傾向がある．したがって，一煎目に注いだ湯で茶葉表面の雑味を取り去ることにより，二煎目以降の茶水をすっきりとクリアな風味で飲むことができる．

一方洗茶は，主として黒茶や保存期間の長い茶葉において採用される方法である．微生物による発酵工程を経る黒茶は，製造期間ならびに販売までの保存期間が長く，茶葉の表面に埃や包装紙の繊維をはじめとした異物が付着している場合が少なくない．したがって，これらを洗い流し清浄な状態で茶を飲むために行う．

(2) 方 法

温潤泡はきわめて素早く行い，基本的には一煎目の湯のみとする．洗茶は少々時間をかけてもよく，茶葉の状態により2〜3回行う場合もある．

c. 茶壺を使ったいれ方

(1) 準備するもの
・茶壺

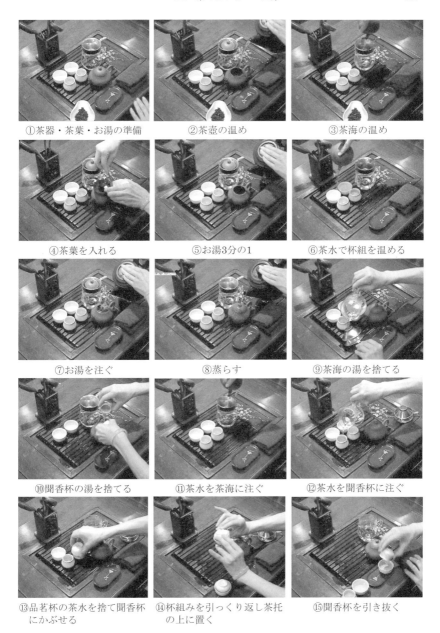

図 7.42　茶壺を使ったいれ方（写真提供：株式会社 遊茶）

・茶海，杯組（聞香杯と品茗杯），茶盤，茶漉し，茶荷，茶巾，茶托
・茶道具（茶匙，茶則，茶針，茶挟，茶漏斗）
（※ 個々の茶具の説明については7.2.3項c.参照）

　(2)　適している茶

　ウーロン茶，黒茶など湯温100℃でいれる茶．

　(3)　いれる順番（図7.42）

　①茶葉，茶器，お湯の準備：　茶盤の上に，茶壺，茶海，茶漉し，杯組，茶托，茶巾，茶荷，茶道具をセットする．茶葉は茶荷に入れて準備しておく．（写真では鉄観音を使用）

　②茶壺の温め：　茶壺の蓋を開け，開口部の外側を熱湯をかけながら1周し，その後茶壺の中に注ぎ入れる．湯量の目安は茶壺の3分の1～3分の2程度．

　③茶海の温め：　茶壺の中の湯を茶海に注ぎ温める．

　④茶葉を入れる：　茶壺の蓋を開け，茶漏斗を置き，茶匙を使って適切量の茶葉を入れる．

　⑤（温潤泡のための）湯を注ぐ：　沸騰した湯を茶壺の3分の1程度まで注ぐ．

　⑥杯組の温め：　茶壺の茶水を聞香杯・品茗杯に注ぐ．（杯組に香りつけもできる）

　⑦（飲むための）湯を注ぐ：　沸騰した湯を勢いよく開口部から少しあふれる程度に注ぐ．

　⑧蒸らす：　蓋を閉める．このとき，泡が出ているならば蓋で取り去り，適切時間蒸らす．茶壺の上から熱湯をかけることによって保温性が高まる．

　⑨茶海の湯を捨てる：　蒸らしている間に茶海の湯を捨てておく．このとき，捨てる湯を利用して茶漉しを温める．茶漉しは残った水分を軽く切り，茶海の上に置いておく．

　⑩聞香杯に入っている茶水を捨てる：　聞香杯に入っている茶水を茶壺にかけ捨てる．（品茗杯に入っている茶水はまだ捨てない）

　⑪茶水を茶海に注ぐ：　適切時間蒸らした茶水を茶海に注ぐ．このとき，最後の1滴まで注ぎきるようにする．

　⑫茶水を聞香杯に注ぐ：　茶海に入っている茶水を聞香杯に注ぐ．

　⑬品茗杯の茶水を捨て，聞香杯にかぶせる．

　⑭杯組みを引っくり返す：　⑬で上が品茗杯，下が聞香杯になっている状態を引っくり返し，上が聞香杯，下が品茗杯となるようにし，茶托の上に置く．

　⑮味わう：　聞香杯を引き抜き，茶の香りを聞く．品茗杯で飲む．二煎目の浸出時間は一煎目と同じ，三煎目以降は煎を重ねるごとに浸出時間を延ばす．

7.2 茶のおいしいいれ方

d. 蓋碗を使ったいれ方

(1) 準備するもの
・蓋碗
・茶海，飲杯，茶盤，茶漉し，茶荷，茶巾，茶托
・茶道具（茶匙，茶則，茶針，茶挟，茶漏斗）

(2) 適している茶
ウーロン茶，黒茶など湯温100℃でいれる茶．

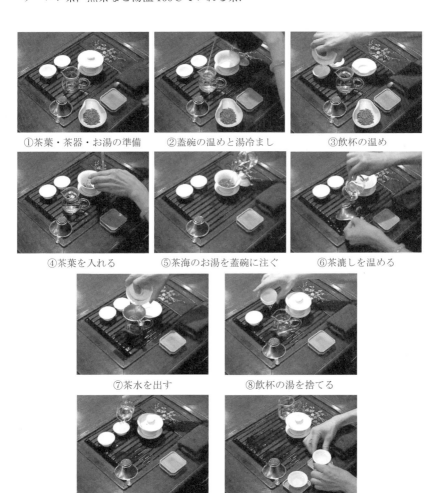

図 7.43　蓋碗を使ったいれ方（写真提供：株式会社 遊茶）

(3) いれる順番（図7.43）

①茶葉，茶器，お湯の準備：　茶盤の上に，蓋碗，茶海，茶漉し，飲杯，茶托，茶巾，茶荷，茶道具をセットする．茶葉は茶荷に入れて準備しておく．

②蓋碗の温めと湯冷まし：　蓋碗の蓋を開け，沸騰した湯を蓋碗には3分の1，茶海には9分目まで注ぐ．（茶海に注いだ湯は⑤で使う）

③飲杯の温め：　蓋碗の湯で飲杯を温める．

④茶葉を入れる：　蓋碗に茶匙を使って適切量の茶葉を入れる．

⑤お湯を注ぐ：　②で茶海に注いで冷ましていた湯を蓋碗の8分目まで入れる．茶葉が浮く場合は，蓋の縁で静かに押して沈める．蓋をして適切時間蒸らす．

⑥茶漉しの温め：　茶海に残った湯を捨てる．このとき，捨てる湯を利用して茶漉しを温める．茶漉しは残った水分を軽く切り，茶海の上に置いておく．

⑦茶水を出す：　茶水を茶海に注ぐ．このとき，最後の1滴まで注ぎきるようにする．

⑧飲杯の湯を捨てる

⑨茶水を飲杯に注ぐ

⑩味わう：　飲杯を茶托に置く．このいれ方では聞香杯を使用していないので，蓋碗の蓋や茶海の底で香りを聞くとよい．二煎目の浸出時間は一煎目と同じ，三煎目以降は煎を重ねるごとに浸出時間を延ばす．　　　　　　　　　　〔王　亜雷〕

7.2.7　抹茶のいれ方

「抹茶」と「粉体緑茶」とでは，その元となる緑茶を異にする．粉体緑茶が玉露・煎茶を粉末にしたものであるのに対し，抹茶はてん(碾)茶を石臼で挽いたものである．

てん茶とは茶樹に覆いをして日照を調整し，含有する苦味・渋味の成分を減らし，うま味・甘味の成分を増やした葉を蒸し，それを乾燥工程（他の緑茶とは違う方法）において茎・葉脈等の繊維質を除去したものである．これを低温貯蔵し，用に応じて合組（ブレンド）し石臼にて粉末にしたものが，今日一般に売られている抹茶である．

このてん茶を茶壺に詰める形で製茶業者から取り寄せて自分で石臼を用いて挽くことは昔から行われてきたことであり，今日でも可能である．また，てん茶のみを取り寄せることも可能である．

茶壺に詰めたてん茶葉は，「新茶口切り」もしくは秋になってのいわゆる「口切り」として，壺の口に施された封印を切り解き，取り出して石臼にかける．

人力により石臼を長時間挽き回す場合，回転速度にばらつきが生じる．それは挽き上げた物の粒度分布に影響を与え，味の出方，舌触り，喉ごし等に違いをもたらす．また，挽き手のメンタルな面の影響があり，それをも「もてなしの味わい」として愉しむ見方がある．

粒度分布による味の出方の違いとは，たとえば細かく均一な粒状の場合，水への成

分の溶け出し方も均一となるために，ばらつきのあるそれと比べ溶け出し方にタイムラグのない分，華やかではあるが扁平で深みを感じさせないものとなる，といったことである．粒度分布と濃さ，味の関係については科学的な検証も進んでおり，現在では機械挽きにおいても手挽きのような粒度・粒状の多様性を再現することが可能となっている．

臼を挽くにあたっては，「挽きたての香と口当たりの軽さを好む」場合と，「前日までに挽き置いて落ち着かせたもの好む」という2通りの見解がある．

抹茶は粉末の茶と湯をゲル状，もしくはコロイド状に攪拌して服用するものであり，濃茶と薄茶（淡茶）に大別することができる．

薄茶とは，比較的薄目のコロイド状であり，いわゆる「泡を立てた入れ方」である．しかし，泡を深くし過ぎる（攪拌を多くする）と粘りが強く，香が薄くなるともいわれ，あまり泡を好まない向きもある．振り足りないと口当たりがざらつくので，その振り加減（攪拌の程度）は，湯の温度・湯と抹茶の比率（濃さ）とにより調節する．

通常，茶筅（竹製攪拌器具）には薄茶用に数穂（75本）・八十本・百本とがある．濃茶用には荒穂・中荒穂とがあり，その穂先の本数と太さを茶の濃さに合わせて撰び使用する．茶筅の形状および素材には好みのものがあるが，機能・目的において大きな違いはない．

市販されている抹茶には濃茶もしくは薄茶向きと区別していることがあるが，それは，苦味・渋味成分・うま味成分等の多少によるものであり，各人の好みにより区別における明確な境（基準）はない．また，価格は生産コスト等による設定なので，目安にはなっても基準たり得ない．

a. いれ方

抹茶を使用するにあたり，篩（ふるい）にかけることを薦める．これは，ダマ（茶の団子状に固まったもの）になりにくくするために行う．使用する篩は必ずしも抹茶用のものである必要はなく，紅茶用等の細かい網状の茶漉しで代用してもよい．ただし，緑茶は他の香りの影響を受けやすいので，他と区別して併用しないこと，使用後はよく洗うことが望ましい．

濃茶の場合，十分に温めた器に1人あたり抹茶を4g，湯を15 mL程度を基準と考え，その人数分と器に付着する分として4〜5gを加える．使用する抹茶と湯1人分の量を増減することは好みであるが，濃いめに（粥のように）した方が甘味，うま味を強く感じることができる．

使用する湯温は65〜80℃程度を目安とし，茶に直接かからぬよう，器を伝うようにして注ぎ込むことが望ましい．高温の湯が苦味・渋味の成分をより多く溶かし出してしまうのは，緑茶全般にいえることである．

薄茶の場合の基準は抹茶2〜3gに対し湯80 mL程度である．湯温は濃茶よりもや

や高めでもよい．

　また，夏場には冷水で点(た)てることもあるが，香りが立ちにくいので，湯で濃いめに点てた後に氷で急冷する方法をお薦めする．

　抹茶を含めおよそ緑茶の保存に留意する点は，
①酸化：なるべく空気に触れないようにする．
②湿度：乾燥剤等の利用．
③温度：基本冷蔵庫保管であるが，長期になる場合は冷凍庫に保管する．しかし，－20℃以下の密封状態においても変質（後熱）は進むので，速やかに消費することを薦める．

　以上が技術的な事柄であるが，茶を美しく，おいしく感じさせるには，見た目とともに唇や掌などの触感を含めた「器」の選択ということも大切な要素といえる．

　「おいしくいれる」とともに「おいしく飲む」ということも考えるべきである．

　まず，「味わう」という行為は「味覚＝味を官能的に評価する」行為である．では飲むにあたりいかように評価をしているのか．「味わう」という視点に立つと，舌にある味蕾(みらい)による感覚のみではないのであり，味わう過程を次のように分けることができる．

　　①見た目（香・色）　②口に含んで　③喉ごし　④余韻（残香等）

　これらの感覚は物理的・化学的刺激によるほかに，飲み手の生理的・心理的状況および飲む環境等により左右されるものでもあり，絶対的な味覚というものは存在しないといえる．したがって飲ませる方も，また飲む方もそれをコントロールすることを考えるのは必然である．いわゆる「茶の湯」というものは，数世紀にわたるその工夫の積み重ねといえる．

　具体的には，「茶」を喫する空間として［心理的状況管理を目的とする環境設定］の茶室と，その場への導入である露地の工夫，道具組という室礼，生理的環境条件を整えるための点心（懐石）といったことであり，それらを含めた「茶の味」を味わうわけで，精神性・芸術性が加味されて展開された文化が，「茶の湯」であるとみることができる．

〔石山宗幽〕

●7.2.8　黒茶のいれ方

　黒茶のいれ方については，特に中国の黒茶としてプーアル（普洱）茶と，富山の黒茶および石鎚黒茶について特徴を述べる．

a.　プーアル茶のいれ方

　黒茶の良いものとしては，まず外観の審査を行う．黒茶には散茶と緊圧茶がある．緊圧茶は厚さが均一で，表面の模様がはっきりとし，表面に割れ目や葉枯れがないもの，また茶の茎の混入が少なく，隅がきっちりしているものがよいとされている．硬

図 7.44 プーアル茶（雲南省農業科学院茶葉研究所にて撮影）

図 7.45 富山のバタバタ茶［口絵 26 参照］

さは硬く表面がなめらかなものがよい．また貯蔵年数が経過したものは，さらに風味がよいとされる．黒茶の1つの茯磚茶は，「発花」(ふくせん)のあるものが良い茶とされている（4.4.3項，5.4節参照）．浸出条件は，中国の官能検査に用いられている方法は黒茶の種類によって異なるが，茶葉の量は3～5gで湯量150～250mLくらいがよい（図7.44）．浸出の回数は，日本の茶と異なり2～3回ほど浸出して飲用する．評価としては，各黒茶特有の浸出液の色で褐色のものがよく，香りとしてもプーアル茶特有の香気や菌花香や松燻煙香をもつものがよく，かび臭のあるものは評価として低い．味は，まろやかなものがよく，淡白な味は評価が悪い．

b. 富山黒茶・石鎚黒茶のいれ方

日本の黒茶の場合，富山の黒茶の飲み方が特に独特である．

まず黒茶を適量木綿の茶袋に入れ，沸騰しているやかんの中に入れてかなりの時間煮出す．夫婦茶筅（長さ20cm，直径2cmほどの細い竹で，穂先5cmほどは竹の皮のみを残して作られた柔らかい茶筅）と五郎八茶碗を使って，茶杓で煮出した黒茶を

茶碗に入れて，茶筅を左右に倒すように振ると茶碗の淵に茶筅が当たりかちゃかちゃと音がする．しばらく振っていると泡が立ってくる．用意された山菜の煮物や漬物を食べながら茶を飲む．茶筅を振るときにばたばたという音をたてることにより「バタバタ茶」と呼ばれることがある（図7.45）．この茶は，あまり値段も高くなく，泡が立てばよい茶である．

　石鎚黒茶は，木綿の茶袋に茶をひとつかみ入れて，沸騰した釜かやかんに入れる．煮出す時間は，飲んだときにほのかに酸味を感じるくらいが一番飲み頃である．茶の風味として，香気は酸臭をほのかに感じ，茶の色は黒光りをしているものが良い茶とされている．なお現在この製造方法を継承している曽我部さんのところでは，冬場囲炉裏に鉄瓶をさげてゆっくり浸出させている．雰囲気といい，黒茶を味わうにはとてもよい環境にある．

〔加藤みゆき〕

7.2.9　茶の保存

　茶は乾燥品であるため他の食品に比べ保存性に優れているが，間違った保存をしていると変質し風味が劣化してしまう．購入の際には製造年月日を確認し，できるだけ新しいものを購入して，なるべく早くいただきたいものである．しかし，茶は少量ずつ飲むものだけに，残った分の保存には十分注意を払う必要がある．

a.　保存中の変質

　茶の変質に関係する環境的な条件は，湿度，温度，酸素，光線（紫外線），臭気（におい）である．茶を安定した状態で保存するには，この5つの条件に注意しなければならない．

　新鮮な煎茶の表面には光沢があり，きれいな緑色をしている．この緑色を構成する主成分のクロロフィルは，フェオフィチンに変化することで褐変が起こる[1]．この変化は，保存時の茶の水分量と温度が高いほど起こりやすい[2]．

　上質の煎茶の浸出液は鮮やかな緑色をしており，新鮮な香味がある．しかし保存状態が悪いと次第に水色は褐変し，変質臭を生じて味も悪くなる．この変化は，茶に含まれるアスコルビン酸（ビタミンC）および糖脂質の減少と相関がある．アスコルビン酸の減少は保存時の茶の水分量と温度が高いこと，また酸素の影響を受けることで起こりやすい[2,3]．糖脂質は，保存時の温度が高く，保存期間が長くなり飲用に向かない香味となるまで減少する[4]．抹茶の場合，保存時の温度が高く，保存容器内の残存酸素が多いほどアスコルビン酸は減少し[5]，また保存する温度が高く，保存期間が長くなるほど抹茶の泡立ちがよくなるが，これは糖脂質の減少によるものと考えられている[6]．また，茶に光線が当たることによって変質臭と変質味が生じたり[7]，他の食品や洗剤などのにおいを吸収し変質することがある．一方，茶の主成分であるカテキン，カフェイン，アミノ酸は，温度や茶の水分量，酸素といった保存条件の影響を

ほとんど受けず，1年間保存した後にも変化はない[8]．

　日本で茶畑から茶葉が摘まれ製茶されるのは4月半ば〜8月という高温・多湿の時期であり，製茶会社は貯蔵管理技術の向上や品質を保てる包装容器の開発を迫られてきた．そうした努力の結果，現在では製茶されてから店頭に並ぶまでの品質はきちんと保たれるようになり，一年中安定した品質のお茶を手に入れることができるようになっている．そのため，よりおいしい茶をいれるためには，消費者が茶を購入後，保存方法に留意しなければならない．

b. 家庭での茶の保存法

　家庭で茶を保存する場合，香味を損なわないための注意が必要である．茶にとっての大敵は湿気，高温，酸素，光，臭気（におい）である．これらを避けて保存することが茶の味，香り，色を落とさないための上手な保存方法である．特に注意したいのは，保存容器と保存場所である．

　日本茶は，開封後すぐに密閉できる茶筒や袋などに入れ，なるべく早く使い切ったほうがよい．夏季は半月以内，冬季は1ヶ月くらいで使い切るのが目安である．保存する容器は，ステンレス製や木製の茶筒で内蓋のついているものが適している．茶葉の量に合わせて茶筒の大きさを選び，なるべく茶葉が空気に触れないようにする．また，10日間分程度の量を目安に小分けし，密閉容器に保存するのもよい．茶筒がない場合には，ジッパーつきの密閉できる袋を利用してもよい．茶の変質を防ぐためには冷蔵庫での保存が適しているが，扉の内側のように開け閉めによる温度の影響を受けやすい場所は避け，温度差の少ない場所に保管することが大切である．また，他の食品のにおいが移らないように茶筒をテープで密閉した後に，さらにビニール袋に入れるなど，完全に密閉する必要がある．茶葉を冷蔵庫から取り出すと，急激な温度変化によって容器の表面に水滴がつくため，すぐ容器を開けずに，30分以上置いて常温に戻してから開封することも大切である．焙じ茶は，室温で保存しても劣化することはあまりないが，抹茶は重量あたりの表面積が煎茶に比べて大きいため，高温による変質や酸化には十分気をつけて保存したい．

　紅茶は未開封の場合，緑茶に比べ長期保存が可能であるが，開封したものは1ヶ月以内に飲みきった方がよい．直射日光が当たると茶葉が劣化し，空気に触れると酸化して香味が落ちるので，紅茶缶よりも密閉チャックがついた遮光性のあるアルミパックで保存したほうがよい．ティーバッグの紅茶は手軽で人気があるが，ひとつひとつ紙に包まれたものが多く空気に触れている面が多いので，賞味期限が短く長期保存には向かない．よって，なるべく早く飲みきった方がよい．保存場所は湿気が少なく光の当たらない戸棚や引き出し，冷蔵庫や冷凍庫でもよい．まわりににおいの強いものがないか確認し，冷蔵庫や冷凍庫から取り出した際には，日本茶と同様に室温に戻してから開封することが大切である．

中国茶にはさまざまな種類があるが，なかでも餅茶などの圧縮された固形茶（たとえばプーアル茶）は，古いほど良いとされ，ヴィンテージものはとても高価である．紙やラップで包んで売られているものは一度開封し，乾燥している別の紙で包み直し，陶器や素焼きの容器に入れて，湿気や光，高温を避けて保存するとよい．

〔築舘香澄〕

引用・参考文献

1) 田中信三・原利男（1972）：茶業技術研究，**44**：25-29.
2) 深津修一・原利男（1969）：日本食品工業学会誌，**16**：247-251.
3) 古谷弘三・原利男・久保田悦郎（1960）：農産加工技術研究会誌，**7**：210-212.
4) 阿南豊正ほか（1982）：茶業研究報告，**56**：65-68.
5) 原口康弘ほか（2002）：茶業研究報告，**93**：1-8.
6) 池田博子・園田純子・沢村信一（2012）：日本調理科学会誌，**45**：302-306.
7) 増沢武雄（1974）：茶業研究報告，**41**：54-58.
8) 水上裕造・山口優一（2013）：茶業研究報告，**116**：23-32.

7.3　茶をおいしく味わうために

7.3.1　テーブルコーディネート

a.　テーブルコーディネートとは

　テーブルコーディネートとは，テーブルにかかわる食空間を，より心地よく楽しく過ごすことができるように演出することである．食空間とは，人間，空間，時間の「三間」によって構成され，この3つの要素が相互に作用し合い，テーブルは豊かな広がりをみせることになる．テーブルにおいしい料理を並べるだけでは，心豊かな食卓とはいえない．図7.46にあるように，テーブルには料理にあわせて，クロス，食器，カト

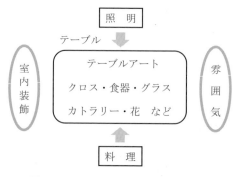

図7.46　テーブルコーディネートの模式図

ラリー,グラス,花などがセットされ,室内装飾(インテリア)や部屋全体の雰囲気,照明などが整って,はじめてテーブルの上の料理が引き立つのである.そして,そこに集う人達が楽しく,心地よく時間と空間を共有するため大切なことは,もてなしの心と細やかな心遣いである.華やかさも大切ではあるが,ささやかでも心のこもったコーディネートは,人に安らぎと喜びを与えるものである.

b. 茶を楽しむためのテーブルコーディネート

1杯のお茶を飲むとき,人はホッとした気持ちになる.それは日々の暮らしのささやかな贅沢であり,心の安らぎでもある.さらにもっとおいしいお茶を飲みたい,できれば上手にお茶をいれたい,家族や友人とともに語りながらティータイムを楽しみたい,…と思うとき,テーブルコーディネートを取り入れるとよい.図7.46の模式図の「料理」を「お茶」に変え,お茶のもつ安らぎをテーマに,心なごむコーディネートを心がけることである.テーブルアートとしてのクロスやカトラリー,茶器は,お茶の味と香りを楽しめるものがよい.特に茶器は,それぞれのお茶にふさわしいものを選ぶことが大切であり,ティータイムの演出には欠かせないものである.思い入れのあるもの,大切にしているもの,話題性のあるもの等を使うと,センスの光るコーディネートが演出できる.テーブルの中央には,センターピースとして花のアレンジが置かれる場合が多いが,香りがもてなしのお茶を楽しむコーディネートには,香りの強い花のアレンジは避けたほうがよい.

c. お茶でしあわせティータイム

(1) 日本茶のテーブルコーディネート

何よりも香りがもてなしの日本茶は,玉露,煎茶,番茶など,それぞれのお茶にあっ

図7.47 「春一番のお茶会」コーディネート例 [口絵27参照]
ティー:桜ティー
ティーフーズ:緑茶あん入り桜餅,抹茶ワッフル,桜ティーゼリー

た急須や湯呑みを用意して，雰囲気のあるコーディネートを行うとよい．煎茶の場合は，水色が美しく見えるように，白磁の薄手の器がふさわしい．香ばしい香りの焙じ茶には，大ぶりの厚手の陶器の器を使って，ぬくもりのある演出をするとよい．番茶や焙じ茶のような気軽に楽しむお茶は，コーディネートにも遊び心を加えて，オリジナリティーあるコーディネートをするのも楽しいものである．テーブルのセンターに帯を流したり，重箱やお盆を上手に組み合わせて，日本茶が香るような心が和むコーディネートを行う．

今，ヘルシーな和食ブームとともに，日本茶の人気が高まっている．日本茶のカフェも広がりをみせ，健康ブームの流れのなかで，お茶を使った料理やスイーツが注目されている．特に美しい色を生かした抹茶を使ったスイーツやドリンクは，テーブルに彩りを添えるもので，ぜひ取り入れてほしい．

四季の美しい日本では，日本茶のコーディネートをするとき，季節を盛り込むとうまくいく．親しい友人を招いてのお茶会にはもちろんのこと，ティーインストラクターがセミナーを行うときにも，会場の雰囲気作りにたいへん役に立つ．同じおいしいお茶のいれ方を指導する場合でも，たとえば春には桜をイメージして淡いピンク色をテーマカラーに演出したり（図 7.47），夏は涼やかなガラスの器に涼やかな冷茶を入れたり，秋は稲穂をセンターに飾り，暖かみのある枯葉色にコーディネートする（図 7.48）など，工夫するとよい．

また，日本には古くから受け継がれている年中行事がある（表 7.18）．日本茶のコーディネートにこの行事をうまく利用すると効果的である（図 7.49）．

図 7.48　「五穀豊穣・秋のお茶会」コーディネート例［口絵 28 参照］
　　ティー：京番茶，焙じ茶
　　ティーフーズ：黒豆と焙じ茶のおむすび，あったか芋茶粥，抹茶と黒ごまのガレット

表7.18 年中行事と行事食の例

行事名	月・日	代表的な行事食
正 月	1/1～3	鏡餅, おせち
小正月	1/15	小豆粥
節 分	2/3	炒り豆, 豆茶, いわし
雛祭り	3/3	白酒, 菱餅
花祭り	4/8	甘 茶
端午の節句	5/5	柏餅, ちまき
七 夕	7/7	そうめん
仲秋の月見	9/13	月見団子, 栗
冬 至	12/22	かぼちゃ

図7.49 「かぐや姫のお茶会」コーディネート例 [口絵29参照]
ティー：氷出し玉露, 抹茶カクテル
ティーフーズ：小豆入り抹茶ブレッド, 緑茶のふるふるわらび餅

　古い物を大切にする心のこもったコーディネートには，祖父母から受け継いだ茶器や，大切なアンティークを使ったセッティングがぴったりである．
(2) 紅茶のテーブルコーディネート
　アフタヌーンティーに代表される紅茶を楽しむコーディネートは，優雅で美しく，華やかさを演出するとよい．クロスは，ディナーと区別するため，厚手のものは使用せず，軽い感じのオーガンジーやレースなど薄手の物を使い，その下に季節に合わせ，淡いピンクやブルー，グリーンなどのクロスと重ねると，優雅な雰囲気を高める．ナプキンもティー用の小型のもの(25 cm角)を用意する．テーブルには，人数分のティーカップやケーキ皿を並べ，カトラリーとしてティー用の小型のナイフ，フォークを置く．ティースプーンは，ティーカップに添える．カップやケーキ皿は，クロスやナプキンに色や雰囲気をあわせると，より優雅さが増す．ティーフーズとしては，小型のサンドイッチやスコーン，クッキーなどを用意しておき，シュガーポット，ミルクポット，ジャム，クリーム類を配置しておく．三段トレーなどを使うと，ティーパーティー

のムードは盛り上がる（図7.50）．

　イギリスでは，銀のティーセットが代々受け継がれ，コーディネートに優雅な輝きを与えている．銀器をコーディネートに取り入れると，より上質な演出ができる．くつろぎのひとときに飲む1杯の紅茶は，至福の世界へと私たちを誘う．まずはとびきりのストレートで，そしてクリームやフルーツをプラスして．夏にはテーブルを庭に

図7.50　「ハッピーウェディング」コーディネート例［口絵30参照］
ティー：ダージリン・ファーストフラッシュ，マリアージュ・フレールの"Wedding Tea"
ティーフーズ：アイシングのウェディングケーキ，ベリーのリッチスコーン，ピンクのマカロン，シャンパン・ムース

図7.51　「サマータイム・ティーパーティー」コーディネート例［口絵31参照］
ティー：アイスティー・ロイヤル，フルーツ・セパレート・ティー，フルーツ・ティー・パンチ，アイスド・ミント・ティー
ティーフーズ：トマトとバジルのティーサンド，ローズマリー・スコーン

図 7.52 「中国茶でタイム・トリップ」コーディネート例［口絵 32 参照］
ティー：錦上添花（緑茶），凍頂ウーロン茶（青茶），ジャスミン茶（花茶）
ティーフーズ：ウーロン茶のさっくりドーナツ，ジャスミンティーゼリー，
バナナのスリム春巻き

出し，アイスティーのバリエーションも楽しみの 1 つである（図 7.51）．

(3) 中国茶のテーブルコーディネート

長い歴史にはぐくまれ，色，味，香りも多彩な中国茶は，特徴やいれ方をマスターし，豊かなティータイムを楽しみたい．香り高い青茶は，工夫茶器を使ってテーブルをコーディネートするとよい．小さな茶道具を使い，ていねいにお茶をいれると，心までもが癒される．ガラスの急須に湯を注ぐと花が開く緑茶（錦上添花）は，テーブルの演出に効果的である（図 7.52）．友人を招いての午後のひとときは，中国茶でのアフタヌーンティーを楽しむとよい．バラエティー豊かな中国茶と点心の数々がティータイムをひときわ華やかにする．

今，心の時代といわれている．日々の暮らしに忙しい人々が，心の安らぎと癒しを求めている．花や果実にたとえられる高い香りと深い味，不思議な魅力をもつ中国茶は，親しい友との語らいのテーブルに，心の豊かさと安らぎを与えてくれる．

〔須永恵子〕

●7.3.2 日本茶のプレゼンテーション

日本茶の淹れ方は茶を見ることから始まる．

日本茶はその製造方法や淹れ方により大きく滋味が変化する．現在流通している茶も各個店（販売店）ごとに違う仕上げがなされているといっていいほど，多種多様な茶が流通している．たとえば，「100 g ○○円の煎茶で静岡県の△△産煎茶」といっても異なる販売店で購入すれば，条件の同じまったく違う茶（深蒸し茶と煎茶等）が

出てくる．これを同じ淹れ方で淹れられるはずがない．
　ここでは代表的（標準的）な淹れ方からみていく．

a. 基本的な日本茶の淹れ方

　日本茶のおいしさを引き出すためには軟水（ミネラル分の少ない水）を使用し，それぞれの茶にあった温度で茶を淹れる場合でも必ずよく沸騰（カルキ臭をとばす等の効果がある）させ，その湯温をその茶の適温まで下げることから始める．

【淹れ方の手順（基本）】
　①茶碗を温める．
　②湯を冷ます．
　③茶葉の適量を急須に入れる．
　④適温になった湯を急須に適量を入れる
　⑤茶にあった浸出時間まで急須を置く．
　⑥茶碗に少しずつ均等に何往復しながら順番に注いでゆく．
　⑦急須に湯が残らないように，最後の1滴まで注ぎきる．

（適温・適量等は表7.19参照）

・玉　露：　濃厚な茶の旨味が少量の中に凝縮している．
・煎茶・茎茶：　煎茶は日本茶のなかで最も流通量が多く一般的になじみの深いお茶である．うま味の多い上級のものから苦味渋みの多い下級品まであるので，さまざまな湯温で淹れてみるのも一興である．茎茶は基本的に煎茶と同じ淹れ方でよいが，湯温を高めにすることにより香りがより強調される．
・深蒸し煎茶・粉茶：　深く蒸されたことにより茶葉が柔らかく細かく作られているため，抽出しやすい．浸出時間は短めに淹れる．粉茶の場合も同様．抽出液（茶液）が濃くなる．
・番茶・焙じ茶：　基本的に原料となる茶の摘採時期が遅いことや，焙じて（炒って）いるためにうま味成分は期待できない．したがって湯は熱湯を使用し，自身のもっている成分を効果的に抽出する．

　近年では製造段階で煎茶と深蒸し煎茶の中間の蒸し方「中蒸し煎茶」が多くみられ

表7.19　日本茶の種類と淹れ方（3人分淹れる場合）

茶　種	茶量(g)	湯量(mL)	湯温(℃)	一煎目の浸出時間(秒)
玉　露	10	60	50〜60	150
煎茶・茎茶	6	170	70〜80	70
深蒸し煎茶・粉茶	6	170	70〜80	20
番茶・焙じ茶	10	450	熱湯	10

る．淹れ方としては浸出時間を煎茶と深蒸し煎茶の中間にする．

b. 新しい茶の淹れ方提案

（1） 大妻女子大学お茶大学提案の淹れ方

前述の基本の淹れ方の④までは同じ．茶の種類や製造方法により浸出時間が異なるが，目前の茶の内容がわからないとき，茶を淹れることを大きく失敗しないために，⑤からを変更する．

⑤急須に湯を入れたらすぐに，ごく少量ずつ注ぎ始める．

⑥茶の抽出液の様子を見ながら，次ぐ速度を変えてゆく．水色が薄ければゆっくりと注ぎ，濃くなれば速く注ぐ．前述の基本⑥以降は変えない．

ただしここで，抽出された茶液が濃くなるもの（深蒸し煎茶等）か澄んだものかをあらかじめ判断しておく必要がある．大まかなところで外観（茶の見た目）が大きいか細かいかを判断し，大きければ抽出茶液は澄んでいる傾向にあり，細かければ濃い傾向にある（図 7.53, 7.54）．

（2） 平成 25 年度茶需要拡大技術確立推進協議会提案

新たな日本型茶芸館の展開をめざし，日本茶喫茶店での日本茶の淹れ方として提案された方法である．日本茶喫茶店で本格的で自分の好みに合った茶を自由に作れ，体感できる．そこで体験した茶の滋味を家庭内へ急須で淹れる茶へとつなげる．急須を使った新たな試みの淹れ方である．

【Tea for Two】（ティーコンチェルト抽出方法）

・使用道具構成（1 セット 2 名分）： 小ぶりの急須を 2 個，湯冷まし用のカップを 2 個，ブレンド用サーバーを 1 個，湯のみ（エスプレッソタイプ）を 2 客，熱湯用ポット 1 台，冷水用ポット 1 個，これらを 1 つにするトレー（茶盤等）

・煎出方法：

①茶を選ぶ（茶の選択種類を茶種別・品種別・産地別等分類化することにより，ビギナーからプロフェッショナルまでさまざまな人に対応可能）．ここではあらか

図 7.53 煎茶・茎茶の抽出茶液
[口絵 33 参照]

図 7.54 深蒸し煎茶・粉茶の抽出茶液
[口絵 34 参照]

じめ茶の量は急須ごとに一煎パック等で計量しておく必要がある．
②1つめの急須で湯冷まし用のカップに茶を熱湯で淹れる．
③2つめの急須で湯冷まし用のカップに茶を冷水で淹れる．このとき浸出時間は熱湯であればすぐに，冷水であればゆっくりと，浸出時間に気を使わない．
④上記②，③でそれぞれに淹れた茶（茶液）を，ブレンド用サーバーにさまざまな割合でブレンドをする．
・賞味方法：　熱湯で淹れた茶の味と冷水で淹れた茶の味の違いでさまざまな趣向に対応でき，簡単な賞味方法手引きを作ることにより誰でも簡単に本格的な茶の味が愉しめる．

　日本茶の淹れ方の根底には相手を思いやる心がある．それが一番おいしく「お茶をいただく」コツである．　　　　　　　　　　　　　　　　　　　　　　〔奥村静二〕

●7.3.3　紅茶のプレゼンテーション

a.　日本の紅茶消費実態

　日本の紅茶輸入量は1980年代で6000～7000 t，1990年代に入ると1万2000～1万6000 tへとほぼ倍増する．しかしこの増加分はボトル入り液体紅茶（RTD）などの原料茶として使用されるもので，2000年以降も各年次輸入量は1万6000～1万9000 tの間で推移し，60%近くが原料茶である．包装品として使用される量は7000～8000 t程度と推測され，1980年代に比べれば増加しているものの，ここ10年は横ばいから微減傾向にある．日本人1人あたりの年間紅茶消費量についても，包装品の推移を反映し，過去10年130～140 gを上下している．包装製品の種類別ではリーフ製品2割，ティーバッグ製品8割で推移し，大きな変化はない．

b.　日本の紅茶飲用史

　紅茶が日本に入ったのは幕末から明治維新にかけてと考えられ，統計的には明治20年（1887）に最初の輸入紅茶が東京で販売されている．日本人にとって，鹿鳴館時代の華やかで高貴な飲み物としての紅茶は，その後長らく人々に「紅茶とは高級なもの」「人前に出しても恥ずかしくないもの」とのイメージをもたらし，特別なときに喫するものであり続けた．その後時代の変遷とともにティーバッグの出現や，紅茶輸入自由化（1971年），食の洋風化などを経て徐々に大衆化されるが，依然として高貴なイメージは払しょくされず，高度成長期にはギフト商品拡大にもつながった．1980～1990年代にかけてのバブル経済期には，多くの人々が海外の紅茶消費地で本場のティーを体現し，その文化にふれる機会が増えるとともに，国内には紅茶に関連した文化教室等も増え，一時的に紅茶と紅茶文化が異様な高まりをみせた．
　バブル崩壊後から今日までの経済停滞は，紅茶市場全体の構図にも影響を与えるこ

ととなった．ノンブランドの格安な紅茶製品が登場し，高額品との二極化はいっそう鮮明となった．一方で，手軽に飲むことのできる液体紅茶製品は，液体飲料市場のなかで，一定の地位を築くに至った．

c. 過去から現在に至るまでの紅茶プレゼンテーションのながれ

日本紅茶協会では1980年代，紅茶の普及促進のために，「紅茶の日」（毎年11月1日：Tea Break 参照）の創設，紅茶セミナーの実施，おいしい紅茶の店認定制度など，いくつかの施策を実行し，多くは少しずつ姿をかえながらも継続している．主旨は紅茶のいれ方訴求により，より多くの消費者に紅茶の魅力を訴えることにある．

d. これからの紅茶プレゼンテーション

紅茶の需要者はどのくらいいるのか．同じ嗜好飲料のコーヒー，緑茶との売上量比較から推測すると，紅茶はコーヒーの10～20％，緑茶の20～30％程度（首都圏の某チェーンスーパーストアの年間販売数量からの推計，インスタントティー・RTDを除く）であり，これをもとに飲用者数を推測すると，ヘビーユーザー（ほぼ毎日複数杯飲む）10％，ミドルユーザー（週3～4回）40％，ライトユーザー（月2～3回）40％，ノンユーザー（ほとんど，まったく飲まない）10％と見積もられる．すべてのユーザー，とりわけミドル・ライトユーザーに向けて，ベーシックないれ方訴求と，具体性をもった紅茶の魅力を訴えることが必要と考える．

(1) おいしさを認識させる，いれ方のアピール

紅茶のいれ方は理解されているようで，まだまだ認知度が低いといわざるを得ない．紅茶セミナーにおいて理想的な紅茶のいれ方を説明することはもちろん重要なことではあるが，もっと気軽にいれる方法もアピールする必要がある．家にポットがない場合，煎茶用急須を利用すればよいし，急須もなければ鍋でも，マグカップだけでもリーフティーをいれることが可能であること，何よりもいれ方手順は煎茶と基本的には同じであると説き，決定的違いは湯温にあるとすれば，紅茶をより身近に実感できるのではないだろうか．

実用度の高いティーバッグは，カップを使用しても蓋をして1～2分待てば香味は一変する．カップ麺で待つ習慣を身につけている人は多いはずで，「ティーバッグは蓋をして1分」は受け入れられるはずである．業界上げてキャンペーンを展開してはどうだろう．陶磁器メーカーともタイアップし，オリジナルの蓋つきマグカップを配布するのもよい．

(2) 紅茶のもつ優れた魅力のアピール

かつてコーヒーとの比較で，紅茶の特性を言い表した言葉がある．「静的」「受動的」「女性的」などで，当時はネガティブなイメージで語られたものである．時代変化は人の志向を物質から精神性へといざない，今さらながら紅茶だけがもつ特性アピールにはタイムリーな時期とはいえないだろうか．紅茶とは心にはたらく優しい飲物であ

るという訴求点が見いだされ，そこに着目したい．

・ゴージャスなティーの訴求：　アフタヌーンティーの絢爛豪華なティーが，近年ホテルで盛んである．ティーパーティーは親しい友人や近所の人を招待して手軽に行うこともできる．そこではティーとティーフーズと人への気遣いこそが主役である．豪華なテーブルセッティングだけではなく，簡素にできるさまざまなティーパーティーの仕方を広める必要があろう．

・1人だけのティーの勧め：　多忙な生活を抱える現代人であってみれば，1日のうちでたった5分でも10分でもいい，1人でティーをいれて，時を止めてみてはどうだろうか．立ち昇る紅茶の香気がヒーリング効果を生み，心をリフレッシュさせる．オンリーティータイムの勧めは，ティーバッグと蓋つきマグカップを伴って訴求してはどうか．

・団欒のティーと和菓子：　核家族化が進み，サザエさんのような家族構成は少なくなっている．しかし，ここでも複数人集まれば，団欒は成り立つ．ケーキや和菓子など何らかのフーズがあれば，ティーをいれて，静かに会話は深まるはずである．ストレートティーと和菓子の相性は意外とよく，産地別紅茶に適した和菓子の組合せキャンペーンもよい．

・母子のティーとフーズ作り：　何かと会話の機会の少ない母子で，スコーンやショートブレッドなどのティーフーズを一緒に作り，ティータイムを過ごしてはどうだろう．ティーとスコーン，スコーンに塗るクロテッドクリームとジャムが揃うと，クリームティーと呼ばれる．紅茶には欠かせぬスコーンの作り方やクリームティーを紹介することで，紅茶の魅力が増すはずである．　　　　　　　　　　　〔野中嘉人〕

Tea Break

「紅茶の日」と大黒屋光太夫

　今からおよそ230年前の寛政3年(1791)11月1日，伊勢の国の沖船頭であった大黒屋光太夫は，日本人として始めて外国で正式に供された本格的な紅茶を飲んだとされる．それにちなみ，日本紅茶協会ではこの11月1日を「紅茶の日」と定め，毎年記念のイベントなどを開催している．

　天明2年(1782)年12月，伊勢の国・神昌丸の沖船頭だった大黒屋光太夫ら一行16名は，紀州藩の米などを積んで江戸に向けて白子港(現 三重県鈴鹿市)を出帆したが，途中遠州灘で暴風雨に遭遇し，当時ロシア領だったアリューシャン列島のアムチトカ島に漂着する．この頃日本は鎖国中で，日露間に国交がないため帰国がならず，時の女帝エカテリーナ2世に再三帰国願いを出

すも途中届かなかったので，ロシア人の助けを得ながら9年の歳月をかけて1791年2月に帝都サンクトペテルブルクにたどり着いた．同年6月28日，ようやくにして女帝に拝謁の機会を得る．その後，数回の拝謁を経て9月29日に帰国の許可を得た後，11月26日にイルクーツクへ移動するまでの間，ロシア皇太子の茶会に招待されたり，貴族や政府高官の邸宅に招かれたりの厚遇を受け，ついには11月1日，女帝エカテリーナのお茶会にも招かれたと考えられている．帰国後光太夫は江戸城で将軍家斉に謁見し，そこで報告した経験談を蘭学者・桂川甫周がまとめたものが，有名な『北槎聞略』(1794)である．これによれば，光太夫が日本人として外国の宮廷で賞味した本格的な紅茶は，当時のロシアにも伝えられていた「ティー・ウイズ・ミルク」(ミルクティー)であった．

〔荒木安正〕

第8章 茶の利用と応用

8.1 茶の利用と応用のために

8.1.1 茶の機能性とおいしさ研究から

植物としてのチャ（学名 *Camellia sinensis*）は，大きく中国種（*Camellia sinensis* var. *sinensis*）とアッサム種（*Camellia sinensis* var. *assamica*）という2つのグループに分けられる．気候風土に適応して変化したものと考えられるが，この両者の形態は大きく異なり，アッサム種の葉の大きさは中国種の数倍にも達する．一見まったく別の植物のように見えるが，化学成分は類似しているし，また自然交配も起こることから，遺伝的に近い関係であることがわかる．これらチャに特異的に存在する化学成分，それは渋味のもとのタンニン（カテキン類），苦味のもとのカフェイン，うま味のもとのアミノ酸（テアニン），そして香りのもとのテルペン類である．

最近の子供達は体格も大きくなり，肥満児も目につくようになったが，体力は落ち，口を開けば虫歯だらけ，という状態にある．軟らかいものばかりを食べるために噛めない子供が多くなり，ますます顎の発達が遅れ，虫歯も誘発するようになる．さらに甘いジュースやチョコレート，アイスクリームなどばかりを食していれば，当然の帰結と思われる．

虫歯（う蝕）は口腔内細菌 *Streptococcus mutans* などによる感染症といわれる．虫歯菌の数も数百種類にのぼるといわれているが，これら虫歯菌は飲食物中の砂糖を原料として，グルコシルトランスフェラーゼの作用により，粘着性の多糖（グルカン）を生成する．このグルカンの中で虫歯菌は増殖し，歯垢を形成，さらに乳酸などの有機酸を生成し，歯表面のエナメル層が侵食され，虫歯となる．お茶は口中を洗い流して歯垢を形成しにくくするとともに，含有するカテキン類の抗菌作用，フッ素の効果などで虫歯を防止する効果がある．

また茶は口臭防除にも効果的である．以前に筆者の研究室で実験した結果であるが，まずニンニクの炒めものを作る．これを5g採取して学生に30回咀嚼してから食べてもらった．そして1人の学生には水を，他方の学生には茶を飲んでもらい，その後の吐息の臭気について比較する．すると，非常に高い確率で茶を飲用した方の臭気が減少していることが示された．これもおもに茶に含まれるカテキン類の効果である．

これらの茶の機能性成分が，うまくバランスして浸出されたとき，それは「おいしい茶」として表現される．平成25年（2013）12月4日，和食がユネスコの世界文化遺産に登録されたが，和食の神髄はうま味にある．日本人はうま味がわかるといわれている．何をもってうまい・まずいの区別をするかは人さまざまであるが，食べる人の側からみれば，その人の今までの食生活のあり方が多分に影響している．感覚というものは非常に保守的なものであるため，子供の頃から食べているものに愛着を感じ，それをうまいと思っている場合が少なからずある．いわゆる食わず嫌いなどもそれである．

食事をする場所，空腹状態，健康状態などによってもうまい・まずいの感じ方はおおいに異なるが，一般的に食品の側からみれば，色素成分，香気成分，呈味成分，そして，テクスチュアとして総称される物理的性質がうまく調和されて，これらがハーモニーとして人間の感覚を刺激するとき，それは「うまい食品」として感じられる．

日本人がうまい，としてあげる食品中には，いずれもグルタミン酸が多く含まれ，これには日本料理の味付けの中心である味噌・醤油中のグルタミン酸が大きく寄与している．すなわち，これら調味料に含まれるグルタミン酸含量は，次位のアミノ酸含量の2倍にも達している．また，調味料とともに使用されている「だし」も同様で，昆布だしのうま味はグルタミン酸そのものであるといっても過言ではない．このように，アミノ酸の味の生かされた食品は非常に多いが，緑茶はその代表的なものといってよい．ただし同じ緑茶でも，番茶・焙じ茶はその含量が少なく，玉露・煎茶では多い．したがって，寄り合いの席で漬物を茶受けに話題を交わしたり食事するときには番茶・焙じ茶が適しており，じっくりとその味を楽しむときには玉露や煎茶が適している．日本の緑茶の消費形態をみても，中級煎茶から番茶が多く，これは「日常茶飯時」といわれるように，通常の食事で飯とともにこれらの茶が中心に飲まれてきたことを反映している．

●8.1.2　茶を食べる－お茶料理の研究
a.　「ベジ茶」と「茶ベジ」

「ベジ茶」という言葉が，巷でよく言われるようになってきた．これは干した野菜を，茶のように煎じて飲用するもので，いろいろな野菜を利用することができ，刺激もなくてノンカフェインの飲みやすい飲料である．一方，このベジ茶とは逆に，茶殻を含めて茶葉を野菜として利用することを，「茶ベジ」と呼んでみたい．

ゴボウやニンジンなど，おなじみの野菜を天日で乾燥させ，軽く炒って香ばしさを加え，煎じて飲用する．こうしてひと手間かけて作ったベジ茶を飲めば，サラダやお惣菜などの，生の野菜とはまた異なった魅力に出会うことができる．飲んで手軽に野菜の栄養を摂れるのもベジ茶のメリットである．野菜にはビタミンやミネラル，食物

繊維，そしてポリフェノールに代表されるフィトケミカルがたくさん含まれている．フィトケミカルは野菜の色素や香り辛みなどの成分で，強い抗酸化作用をもつことが知られている．

　脂肪の多い食事，紫外線，ストレスなどの影響で，身体の中には日々，活性酸素が発生している．活性酸素は正常な細胞にダメージを与え，生活習慣病や細胞の老化を引き起こす原因の1つといわれている．そこで野菜の抗酸化性部分の力を借りて，活性酸素を無害化（除去）することは有効な手段となる．ビタミンCやポリフェノールといった抗酸化成分は，ベジ茶に加工すれば多少減少はするが，熱湯で短時間抽出し，すぐに飲用とするくらいであれば，十分に効果は期待できる．

　一方，「ベジ茶」の利用法としては，1日の中でもちょこちょこと食べることをお勧めしたい．ポリフェノールは抗酸化性があり，健康には非常に優れた物質．しかし，食べたり飲用したりしても，それもたとえたくさん食べたとしても，腸から吸収される量はほんのわずかである．さらに，ポリフェノールはもともと身体を構成する物質ではないので，生体側からすれば異物として認識され，結果的にはグルクロン酸などと抱合されて，急速に排出される．わずかに吸収されたポリフェノールにしてもこのようにして排出されてしまうため，高単位のポリフェノールを一度に大量に摂取しても，そのほとんどはそのまま消化管を素通りして排出されてしまうことになる．したがって，こまめにベジ茶を飲み，茶殻に相当する残渣は，適宜味つけをして食べる．茶ベジも，茶をこまめに飲用して，残った茶殻も野菜（ベジタブル）として食べる．

　こうすることにより，日本人の健康寿命はより長くなるものと考えられる．日本の医療費はこのままでは今世紀の中頃には今の国家予算に匹敵するほどに増大すると危惧されている．そこで，「未病」の日本をどう構築するか，それは今の日本からは消えてしまった「茶の間」を心にしっかりと刻み，野菜を調理して，家族で，職場で，友人で同席同食することではないか．世界文化遺産となった和食の原点はまさにここにあると感じる．

b. 茶を食べる，飲む，そしてまた食べる

　チャの利用法は数千年の間にいろいろと変遷し，生活に密着してきた．しかし，茶を浸出した後の茶殻については，一般にごみとして認識され，その利用についてはこれまであまり関心が払われてこなかった．

　茶を通常のいれ方で浸出すると，茶成分の約60％が一煎目で浸出され，二煎目では80％まで浸出される．茶好きの人では一煎目しか飲まないから，じつに約40％の可溶性有効成分が捨てられることになる．これを食用にすれば，この捨てられる40％を含めて丸ごと摂取できるから，栄養上非常に効果的になる．加えて浸出する場合には繊維や脂溶性ビタミン，不溶性タンパク，でんぷん，結合型無機質などは溶け出さないが，茶葉を丸ごと食用ということになれば，これらもすべて摂取できるようにな

り，栄養上はたいへん好ましい食品ということになる．家庭で茶殻を利用する場合，まず第一には浸出して飲用した後の茶殻を冷凍して保存しておくこと，第二には乾燥して粉砕し，適宜料理に用いるとよい（8.2.9項参照）．乾燥法としては電子レンジを用いると，茶殻の色も損ねることなく好ましい．佃煮，ハンバーグ，カップケーキ，つみれ，天ぷらなどさまざまなアイデアを生かし，茶料理として活用したい．

また，現代風のよりスマートな茶の利用法として，緑のスムージーとして活用することもお勧めしたい．これは，茶殻を10〜30 g，これに豆乳を1パック（200 mL）と，同量のリンゴジュースを加え，ミキサーで30〜60秒間混合する．栄養満点でおいしい，手軽なドリンクとして活用できるものである．　　　　　　　　　　〔大森正司〕

8.2 食用としての利用

8.2.1 茶懐石料理

茶懐石料理は，安土桃山時代に千利休によってその形式がほぼ完成した茶の湯のなかで，茶事を催す際，茶をふるまう前に供する食事のことをいう．主催者である亭主の手料理であり，給仕も亭主が行うのが原則．千利休が唱えた佗び茶の精神によれば，あくまでもお茶を飲むことが目的であるため，料理は素朴で旬の食材を吟味して使う．これは昔，禅寺で寒中に温石を懐（ふところ）に入れて寒さや飢えをしのぐ習慣があったので，茶の湯の食事は贅沢をいましめ，量においても「温石で空腹をふせぐ程度にてよし」

図8.1　懐石料理「一汁三菜」基本の献立[4]
基本の献立（左）は，①の飯に対して，②の汁と③向附，④椀盛，⑤焼物の料理が三菜つく．追加する場合（右）は，⑥強肴（1〜2品）が出て，⑦箸洗，⑧八寸，⑨香物の順となる．

という意味から，懐石という呼び名が付けられた．質素ななかに旬の物を使用し，食品の持ち味を生かし，色調の調和が重んじられる．

献立の基本は一汁二～三菜で，向附(むこうづけ)（刺身）と椀盛(わんもり)である（図8.1）．最初に折敷(おしき)（30 cm四方くらいの小型の足のない平膳）に飯，汁，向附をめいめいに出す．次に椀盛を出す．飯びつ，焼物(やきもの)，強肴(しいざかな)，湯桶(ゆとう)，香物(こうのもの)はすべて取り回しにする．八寸(はっすん)は亭主が取り分ける．箸洗(はしあらい)はめいめいに出す．ご飯と味噌汁はおかわり自由にできる．懐石料理をいただいた後に，仲立ちしてお庭を拝見し，茶室でお茶をいただく．今日のわが国の家庭料理の基本がここにみられる．日常の日本料理の献立を「一汁二～三菜」というのは，この茶懐石の言葉である．

懐石は風炉(ふうろ)(ふろ)（夏／5～10月）と炉（冬／11～4月）の二部に分かれている．この料理の原則としては，次の作法がある．

a. 五　味

これは甘味，塩辛味，酒辛味，苦味，酸味の5つであって，それらに酸はいくつ重なってもよいが，味噌はあまり重なってはいけない．万一，2つの味噌を用いる場合には，1つが赤味噌で他は白味噌，というふうにする．

b. 一汁三菜

三汁とは味噌汁，煮物，吸い物を指す．そして味噌汁は昆布だしを原則とし，煮物(椀盛)はかつおだし，吸い物（箸洗）は無だしまたはかくしだしとする．ただし現在は調理上，昆布・かつおだしを適当に用いることが多いようである．

三菜というのは向附，椀盛，焼物のことで，これは川魚でも海魚でも鳥類でもよく，野菜類は季節に少し先立った旬の物がよい．

図8.2　八寸・香物と青竹の取り箸[4]

焼物はめいめい1人ずつ皿に出す場合もあり，大鉢に盛って一緒に出す場合もあるが，後者のときは青竹の中節の箸をつけて出す．

八寸は海山の2種を八寸角の杉に盛ってお酒と一緒に出す．これには青竹の両細や中節の取り箸をつけて出す（図8.2）．これは取るときに，生ぐさと精進を使い分けるためである（裏千家では現在は中節を使っている）．

c. 香物（漬物）

最後に湯桶とともに漬物を出すのであるが，必ずたくあんを使う．これは懐石中でも相当大事な役割をするもので，主人心いれの季節の新漬けを1種か2種，たとえば春なら菜の花漬けとか，冬ならべったら等．それに味噌漬けまたは奈良漬け等の類を合わせて，客の人数だけを漬物鉢に盛って出す．箸は同じく青竹の止め節を用いる（図8.2参照）．青竹の取り箸には天節，中節，両細の3種類あって，各家元で用い方は違う．

d. 湯桶

釜の底の自然にこげたご飯に，薄塩の味をつけて熱湯を注ぎ，湯桶器に入れて湯の子すくいをつけて出す．

e. 酒三献

懐石中，三度酒を出すのであるが，最初に出すときは冷酒で，これを銚子に入れて出す．次に焼物について燗酒を徳利で出す．最後には八寸とともに，再び銚子で冷酒が出るのである．ただし強肴が出る場合は，それとともに再度の酒を出すことがある．

f. 強肴

三菜のほかに例外として特に珍しいものがあって，ぜひとも馳走したい場合に，強肴として1種または2種類の品を酒とともに出すことがある．海のものでも，山のものでもどちらでもよいが，順序としては八寸を出す直前に出すのがきまりとなっている．

g. 懐石の種類

(1) 朝茶

一名「朝顔の懐石」とも，また「あかつきの茶」ともいう．夏の朝に朝露を踏んでの席入りで，涼しい通風の席に松風を聞きながらの朝の食事である．味噌汁にはシジミ等を用いるが，主として精進料理である．また朝粥等の懐石も好ましく洒落たものである．

(2) 正午の懐石

これは四季を通じて行われる一番正式の食事で，料理の順序も正しく，約束どおりに出される．今日一般に行われている懐石は，主としてこの正午の食事である．

(3) 飯後の懐石

3時のおやつの時刻に行われるもので，その時々，たとえばお餅類，お赤飯，おすし，まつたけご飯，たけのこご飯，またはおそば等でもよく，膳や器の類も，それぞれに

調和のとれたものを用いればよい．

　(4)　夜咄（よばなし）の懐石

　冬の夜長を6時頃から，ゆっくりと食事をし茶を楽しむという茶事で，雪などの降る夜は特に趣ふかく悦ばれるもので，なるべく温かい料理を用いることが肝心である．

　(5)　夜ごめの懐石

　現在はほとんど行われていないようであるが夜籠りをするもので，一例をいえば除夜釜をかけて夜食をし，鐘を聞きながら，行く年の名残りと新年のよろこびをわかつ等がそれである．

　(6)　その他

　跡見（あとみ）の茶会（有名人を招待した茶会の翌日等に，そのままの道具で跡を見せる），雪見の茶会，月見の茶会，祝の茶会など，その目的によってそれに合った季節の料理を趣向して，その主旨にふさわしい献立をする（たとえば祝いの懐石なら，小豆を味噌汁か吸物の中へ入れる等）．

h.　茶懐石の思想

①一汁三菜を基本に食材を大切にし，必要以上の量や品数は不要だが，一品一品は心を込めて材料を吟味し，清潔に食べやすい形で，しかも材料を無駄なく用いる．
②素材や取り合わせを大切にして，美しく，素材の味を損なわないようにする．そして材料の取り合わせ，味や器のバランスを考え，美意識をもって料理全体を表現する．
③お招きの心を大切に．相手をよく知り，自分ができる限りの知恵と心配りをもってお招きする．

　『美味礼讃』を著したフランスの食通ブリア＝サバラン（J. A. Brillat-Savarin, 1755-1826）は，「誰かを食事に招くということは，その人が自分の家にいる間中の幸福を引き受けることである」と述べている．洋の東西・時代を問わず共通するもてなしの心得であろう．

i.　現代の生活に活かした懐石の知恵

　(1)　一汁三菜

　食事に無駄なものや華美なものを廃し，「一汁三菜」で十分という考え．主食，主菜，副菜，栄養のバランスがとれるということ．

　(2)　残すことを前提としない献立作り

　現在，生産された食糧の1/3もの量が廃棄され，そのうち14％は手つかずという状態である．食糧問題はゴミや生活排水といった環境問題と直結している．「無駄をしない」というのが懐石の心．貝原益軒も『養生訓』の中で「腹八分目，満足するまで食べてはならない」と諭している．

(3) ご飯を中心とする日本型食生活―長寿との関係

「日本型食生活」は，ご飯を中心として魚，野菜，豆を副食とするもので，わが国が世界一の長寿国となるのに大きく貢献したといわれ，今世界中で注目を浴びている．しかしながら，皮肉にも現在，足元の日本ではこの素晴らしい食文化が崩れつつある．よき食生活の具体的な教材として，今こそ「懐石」の知恵を活用するときであろう．

〔福司山エツ子〕

引用・参考文献

1) 辻嘉一（1979）：茶懐石，婦人画報社．
2) 熊倉功夫（2002）：日本料理文化史―懐石を中心に，人文書院．
3) 玉川和子（2003）：茶懐石と健康――一汁三菜の知恵，淡交社．
4) 後藤紘一良（2002）：やさしい懐石料理―弁当・点心，旭屋出版．

8.2.2 普茶料理

a. 日本における料理の形態と普茶料理の位置づけ

日本における料理の形態は，①精進料理，②本膳料理，③懐石料理，④会席料理，⑤普茶料理，⑥卓袱料理に分けられる．

中国から伝来した料理には2つの様式があった．1つは鳥獣魚肉を用いた葷菜，すなわち生臭料理，一般に「卓袱料理」と呼ばれるものである．他の1つが「普茶料理」で1661年，京都黄檗宗萬福寺で中国の僧，隠元禅師がもたらした中国風精進料理である．おもに黄檗宗で用いられた素菜，すなわち精進料理である．また単に「普茶」とも呼ばれる．卓袱とは食卓の意味であり，普茶料理は精進の卓袱である．

b. 普茶料理の特徴と心

普茶という言葉は，「普く大衆に茶を施す」という意味の禅門の用語から出たといわれる．また茶礼に赴くという「赴茶」という言葉から普茶となったという説もある．茶礼とは，大法要・大行事の前に，全山の僧侶が一堂に会して，茶を喫しながら，打ち合わせをする礼式である．行事が終わるとまた茶礼があり，その後で謝礼となる．その茶礼の後にねぎらいの意を込めてふるまったのが茶であり，「普茶料理」である．

仏前に供えられるもの，これを上供というが，それには四季それぞれに山海の新鮮なものが選ばれる．上供を下げてただちに料理して役位の隔てなく，衆僧が一皿一椀の菜を分かち合って和気藹々のなかに喫する．これこそが普茶の趣旨である．

寺でふるまう料理だから材料は山野に生まれた自然の産物を中心としており，その各々の持ち味を失わないよう心がけて調理される．植物油を活用し，高タンパクで栄養バランスのとれた献立に仕上がっているのも特徴で，まさに普茶料理は滋味あふれる栄養食であるといえる．

素材・栄養価・盛り付けなど細部まで心配りがなされている普茶料理であるが，最も大事なのは調理する人と食する人の心がつなぎあうことである．食する人の心が和むよう，調理にはたくさんの工夫が施されている．

味には甘，酸，鹹（塩辛さ），苦，辛のすべてを盛り込み，色は青，黄，赤，白，黒，と彩り，見た目にも楽しめるようにする「五味五色」の考えを重んじている．

また特徴的な料理として「擬き料理」がある．これは精進の材料を用いて肉や魚などに似せて作る料理で，萬福寺では代表的なものとして「うなぎ擬き」がある．うなぎの皮に見立てた海苔の上に裏ごしした豆腐を塗って形を作り，揚げ，たれをつけながら炙り，焦げ目をつけ，うなぎの蒲焼そっくりに仕上げる．精進の席で出されれば驚かれるであろうが，その場を和ませるために典座和尚（典座とは台所の意味で，僧衆の食に関するいっさいをつかさどる重要な役職のことを指す）が心を尽くした一品といえる．

普茶の席には高下の隔てはなく，一卓は4名となっている．めいめいの箸で自由に取って食べ，汁は湯瓢（ちりれんげ）ですくって飲む．

c. 普茶料理の献立構成

【菜単（普茶料理献立表）の例】

　大菜（大皿）
　　笋羹（シュンカン）　　野菜煮の盛り合せ
　　油炸（ユジャ）　　　　味つき揚げ物
　小菜（中皿）
　　麻腐（マフ）　　　　　胡麻豆腐
　　雲片（ウンペン）　　　野菜の葛煮
　　冷拌（ロンバン）　　　浸し物
　　醃菜（エンツァイ）　　漬物
　　水果（スイゴ）　　　　果物
　汁（鉢物）
　　清湯（チンタン）　　　すめ（唐揚げ汁）
　　醬湯（チャンタン）　　味噌煮または巻繊汁
　飯子
　　ご飯

（図8.3参照）

　(1)　大菜（大皿）
・笋羹：　野菜煮の盛り合せ．普茶料理のなかの華．旬の根菜や乾物などを大皿に盛り合わせる．吟味された材料で味付け，切り方から盛り付けまで，心を配った一皿．品数が多ければ別皿に盛り，さらに豪華な一卓にする．うなぎの蒲焼擬きは場を和ま

8.2 食用としての利用

「筍羹」：季節の野菜煮の盛り合わせ　　「筍羹」別皿：うなぎの蒲焼擬き

「油炸」：精進揚げ　　「冷拌」：雪笹，山アスパラの浸し物

「清湯」：すめ（サマツ竹のすまし汁）　　「麻腐」：胡麻豆腐

「雲片」：野菜の葛煮の春巻き　　「行堂（ヒンタン）」：梅ごはん

図8.3　普茶料理の献立例（「銀杏庵」6月の菜単より）

せる心配りの一品である.
・油炸(ユジャ)： 味つき揚げ物．普茶料理独特の精進揚げである．

(2) 小菜（中皿）
・麻腐(マフ)： 胡麻豆腐の元祖である．普茶のなかで王座を占めるもので，四季を問わず必要なもの．
・雲片(ウンペン)：野菜の葛煮．調理の際に出た食材を余すことなく使い切るために，雲のかけらのごとく細切りにし食材のすべてをいただくという，仏道のきわみともいえる一品である．
・冷拌(ロンパン)： 浸し物．浸菜ともいい，季節感のある爽やかな味と淡味の役目を果たす．
・醃菜(エンツァイ)： 漬物．
・水果(スイゴ)： 果物．

(3) 汁（鉢物）
・清湯(チンタン)： すめ（唐揚げ汁）．
・醤湯(チャンタン)： 味噌煮または巻繊(けんちん)汁．巻繊は季節の野菜・乾物を煮物風に調理し，揚げ物や蒸し物にあんをかけた料理で，煮汁とともに味わう．

(4) 飯 子
・ご飯： ご飯は普通の米飯や季節の野菜を炊き込んだご飯であるが，特に新茶の出る頃は茶飯が多い．使われるお茶は，黄檗山が銘茶の産地宇治に位置しているので，その宇治茶を使っての茶飯である．お茶は「薄葉」といって抹茶に挽く前の茶の葉，すなわちてん茶(ヒンタン)を用いる．ご飯を行堂に移すとき，食塩をふりかけると同時に「薄葉」もふりかける．よく混ぜ合わせて蓋をし，香気が逃げないよう気をつける．

〔徳永睦子〕

引用・参考文献

1) 田谷良忠（1966）：普茶春秋，萬福寺．
2) 黄檗山万福寺監修，田谷昌弘著（2004）：万福寺の普茶料理，学習研究社．
3) 永田泰嶺（1978）：普茶料理の歴史，永田泰嶺．

●8.2.3 茶 粥

茶粥(ちゃがゆ)とは，煎じた茶汁で米または飯を煮た粥のことである．江戸時代の寛永20年（1643）に書かれた『料理物語』には「奈良茶」の記載がある．奈良茶は元禄時代（1688～1704）から奈良茶飯ともいわれ，『松屋（久重）会記』の寛永12年（1635）4月10日晩の献立にもみられる．これは煎じた茶汁で米を煮た茶飯である．

『本朝食鑑(ほんちょうしょっかん)』（1695）によると「奈良茶飯はもともと南都の東大寺・興福寺の両寺の僧舎でつくられた」のが始まりで，「炒大豆・炒黒豆・焼栗などをまぜ合わせても好い」

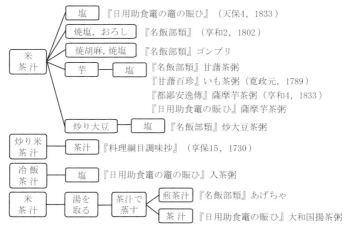

図 8.4 茶粥の作り方

「感冒・頭痛・気鬱などの症を能く治す」とある．寛永 20 年頃は冷害凶作のため大飢饉となり，食料不足から奢侈を禁じ，農民には米の常食を禁じた年でもあった．

『料理物語』の 25 年後に刊行された『料理塩梅集』(1668) にも奈良茶が記載されている．茶粥が料理本にみえるのは享保 15 年（1730），庶民向けに作成された調理技術書『料理綱目調味抄』の中に，茶粥と奈良茶飯の記述がある．その後，『甘藷百珍』(1789) に「いも茶粥」，『名飯部類』(1802) に「茶粥」「甘薯茶粥」「豆茶粥」「あげちゃ」などがみえる．また，『都鄙安逸傳』(1833) には「薩摩芋茶粥」，『日用助食竈の賑ひ』(1833) には「茶粥」「大和国揚茶粥」「入茶粥」「薩摩芋茶粥」などと，救荒食的要素が大で食料を増量するための食品が加わってくる（図 8.4）．

随筆『守貞漫稿』(1853) には，「京坂は（略）宿茶に塩を加え冷飯を再炊し粥となして専らこれを食す．号して茶がゆと云．あるひはこれに，さつま芋を加ふるもあり」の記述がある．茶粥はハレの食事ではなく，日常食における節米を目的とした位置づけを担っていた．

a. 茶粥の作り方

関西以西に茶粥の風習が多くみられるのは，飯を昼に炊く関西地方の風習が関係しており，冬の朝などに冷飯を温かく食する方法として普及した一面もある．

(1) 生米から作る場合

煎茶または番茶を茶袋に入れ 10〜20 分煎じ出し，米の 8〜10 倍の茶汁を準備する．沸騰した茶汁に米（通常洗米だが，そうでない場合もある）を入れ，強火で 20〜25 分間煮沸を続ける．これにより，米のデンプンが α 化（糊化）し，茶の色・香りをもった粥となる．

(2) 入れ茶粥

煮かえした茶汁の沸騰した中に冷飯を入れ，杓子でよく塊をほぐし，釜蓋をして沸き上がってきたら火から下ろし，すぐ椀に盛って塩を加え食べる．

(3) 揚げ茶粥

米が芯のない程度に煮えたとき，別の桶にざるをのせて打ち上げ，湯だけ元のなべに戻して沸騰させ，ざるに取った飯を椀に盛って上から熱い茶をかける．飯が煮え過ぎて糊のように粘らないよう，サラサラとしたところが最良のできあがりである．最後に塩を少量加え，味加減をする．

b. 各地の茶粥

奈良県では「青そら豆入り茶粥」「あも入り茶粥」「いもがい」「かきもち入り茶粥」「かしの実のおかいさん」「かぼちゃの茶粥」「きりこの茶粥」「具入り茶粥」「小米だんご入り茶粥」「さつまいも入り茶粥」「ただいも入り茶粥」「だんごぼり入り茶粥」「茶粥のはったい粉かけ」「とうきび粥」「よもぎだんご入り茶粥」など，変化に富んだ茶粥類が現在も作られている．

和歌山県ではオーソドックスな「茶粥」のほか，「いも茶粥」「だんご茶粥」「ぼうず茶がえ」「豆茶粥」「むかご茶粥」「焼餅茶粥」が，また山口県では「茶粥」「小豆茶粥」「いもじゃ」「いも茶粥」などがある．そのほか，三重県，滋賀県，愛媛県，香川県，島根県などにも，シンプルな米と茶汁と塩だけの茶粥に豆類（ササゲやエンドウ）・さつまいもなどを入れて食べる習慣が残っている．

茶粥そのものではないが，島根県松江・出雲地方の「ボテボテ茶」，富山県下新川郡朝日町・入善町および糸魚川の「バタバタ茶」，愛媛県松山市の「ボテ茶」，沖縄の「ブクブク茶」，鹿児島県徳之島の「フイ茶」などは，類似した伝統食文化である．いずれの場合も番茶を使用し，茶を煮出して抹茶茶碗に入れ，茶筅の先に塩をつけて泡立てる（そのときの音がボテボテ，バタバタ，ブクブクなどといった地方色豊かな呼び名のもとになっている）．その茶碗の中に，飯，香の物（漬物），煮染，黒豆，佃煮など，その土地や地方にある食品材料を入れて食べる．愛知県三河の山間地，設楽地方にもボテボテ茶と同じような桶茶があったが，現在ではほとんどみられない．

茶を泡立てたりしないが，食べ方のよく似たものに徳島県の『木頭村志』にみえる「投げ込み式」「尻振り茶」がある．これは料理というよりは食事法の1つで，「投げ込み式は箸を用いずに口の中に投入するが如くする．尻振り茶は適度に茶碗に飯を盛って茶湯を容れ，二・三度碗尻を動かし勢副はるを見計い，口に投込むなり」とある．この食法は「礼式の一部の如し」とあり，来客時のごちそうであったらしい．右手の甲にもろみ，味噌などをのせ，これらをなめながら箸を用いずに飯を喉に振り込むのである．いかに要領よく，そして上品に食べるかによって，その人の嗜み加減がうかがえるといわれた．

このように箸を用いず口の中に投入するような食法は，かつて日本各地でみられた作法であった．このような間食は，かつての朝食前の食べ物「アサチャ」と称していたものを源流とし，時代の移り変わりとともに生活の楽しみの一部として受け継がれてきたものである．米と茶の相性は時代がたっても不変なもの，ただし副材料は時代にあった食材を取り込みながら少しずつ工夫され，人と人の交流をはかり，食文化の伝承に益々役立ってほしいと思われる． 〔南　廣子〕

引用・参考文献

1) 南廣子（1990）：茶茶茶，p.14-30，淡交社．
2) 小学館国語辞典編集部（2000）：日本国語大辞典（第二版），p.1399，小学館．
3) 川上行蔵・西村元三郎監修（1990）：日本料理由来事典，p.123，同朋舎．
4) 農文協編（1993）：日本の食事事典－つくり方・食べ物別食べ方編（日本の食生活全集50），p.26，農文協．
5) 橋本実編著（1975）：地方茶の研究，p.71，愛知県郷土資料刊行会．

●8.2.4　お茶漬け

　お茶漬けは飯に熱い茶をかけた飯である．『臨時客応接』(1820)には「茶漬の献立手近に有合の品にて早く手軽仕組べし」とあり，ありあわせの材料で手早く作り，しかも客にさしあげても恥ずかしくないと記している．現在では，白飯に具材をのせてお茶をかけて食べる日常的な食べ物となっている[1]．

　『今昔物語』によると，冬に氷を切り出し，山につくった横穴の室（氷室）に囲って，6月に開くのがしきたりだった．これを包丁で削って氷水をつくり，飯にかけて食べていたのが「水漬け」というもので，一部の公家達の嗜好的な食べ方であった．水漬けは，また水飯ともいい，『源氏物語』の常夏の巻にも出てくる．この平安時代の貴族が食べていた水漬け（水飯）が鎌倉時代に入って「湯漬け」となった．湯漬けとは，飯に湯をかけて食べるもので，戦国時代を制した織田信長の好物でもあった．おそらく冷えた飯，あるいは干し飯（糒）を用いたのであろう．豊臣秀吉も懐石に湯漬けを用いている．炊き立ての飯に湯をかけて，漬物をあてに食べたとされる．

　室町時代にはすでにチャの栽培がされていたと考えられるが，この時代に「茶漬け」の記載はなく，江戸時代に入って煎茶が普及し，これに伴いお茶漬けが普及したともいわれる．江戸時代中期の日記『鸚鵡籠中記』(1691～1718)には茶漬けの記載があり，庶民のものよりは客人をもてなすご馳走であったと記され，この書には湯漬け飯の記載もあるが詳細は不明である[2]．

　それまで水漬け，湯漬けとして食されていたものが，永谷宗七郎（後の宗円）が元文3年(1738)，露地栽培の新茶の芽を摘んですぐに蒸して揉み込んで乾燥させた煎

茶を発明したことや，茶道が発達したことに伴い，江戸時代に入ってから一般化し，今でいうお茶漬けが普及したと考えられる[3]．

ただし，江戸時代はムギやヒエが主食であったが，これらは湯漬け・茶漬けにしてもあまりおいしくなかったので，煎茶の普及に加えて白米が一般的になった昭和になってからお茶漬けが広まったという考え方もある．

a. お茶漬けの材料－茶

水漬け・湯漬けとして利用されていたご飯もお茶（煎茶）が登場することにより，茶漬けとして一段と風味も向上した．古来より日本にあり，主食として利用されてきた米と茶の相性は非常によい．使用する茶の種類は，煎茶が日本茶の全生産量の約80％を占めることから煎茶が一般的と考えられる．そして，具材が少しで淡白な味のときは煎茶，反対に具材に特徴があって量が多いときには番茶や焙じ茶，玄米茶も味わい深い．濃さとしては，しっかりと濃い目にいれたものが合う．通常煎茶においては，約2～3 gの茶葉に湯を約150 mL入れ，約1～2分浸出する．お茶好きの人であれば，少し多めの茶葉で浸出すると茶の香りと味の際立つお茶漬けとなる．焙じ茶の特徴は香りで，いろいろな具材に合い，玄米茶は番茶に炒った米を混ぜたもので，こうばしいお焦げ飯とお茶の香りがして食欲をそそる．煎茶の場合は特にビタミンCも補充されて一石二鳥である．また，お茶にだし汁を加えることもある．

b. お茶漬けの材料－米

おいしくお茶漬けを食べるには，ご飯も炊きたてで，少しかために炊き上げたものに，しっかり濃い目のお茶をたっぷりかけるのがよい．本来のお茶漬けは，冷や飯をおいしく食べるために考案されたものであることから，炊き立てのご飯をお茶漬けにするのは贅沢な食べ方である．ご飯がやわらかいとお茶をかけただけで汁が濁ってしまう．また，お茶の量が少ないとご飯がお茶を吸ってしまい風味が損なわれる．

c. お茶漬けの材料－具材

代表的なお茶漬けの具材として塩鮭，海苔，梅干しなどがあげられる．ほかに生魚，

図8.5　鯛茶漬け（左）とうなぎ茶漬け（右）[4]

塩分の強めな魚介類加工品, 干物 (魚, 野菜), 漬物などがあり, 用いる薬味などによって多種多様なバリエーションを楽しめる (図8.5)[4]. メインの具材を工夫することで, 時間のないときにさっと食べられる日常的なものから, 接客にも使えるおもてなし料理としても作ることが可能である[2].
〔鳥越美希〕

引用・参考文献

1) 川上行蔵・西村元三朗 (1990):日本料理由来事典 (中), p.125, 同朋舎出版.
2) 大森正司監修, お茶料理研究会編 (1998):お茶漬け一杯の奥義, p.94-104, 創森社.
3) 奥村彪生 (2006):ごはん道楽!―古今東西おいしい米料理, p.67-71, 農山漁村文化協会.
4) 志の島忠 (1978):秋の一品とご飯もの (原色日本料理 第5巻), p.172-174, グラフ社.

8.2.5 茶と菓子

洋の東西を問わず, 茶とは切っても切れない関係にある菓子. その本来的な定義とは, 素材である植物が原形をとどめない形にされ造形されたものである. 菓子作りに茶を使うメリットといえば, 美しいグリーン, 爽やかな香り, お茶独特の苦味・渋味といった風味だろう. そのすべてを兼ね備えた抹茶が和菓子, 洋菓子ともによく使われている. 紅茶は浸出液または茶葉を細かくして使われることが多い. この数年, 茶への人々の関心は, 世の健康志向ともあいまって増加しつつあり, 専門家によるお茶料理やお菓子の本も多数出版されている. 1995年に発足した『お茶料理研究会』が毎年行っている「お茶料理, 菓子コンテスト」への応募数も年を追って増え続け, 作品のレベルも上昇, ユニークな作品は審査員たちを楽しませている (図8.6). 今後が期待できる分野である.

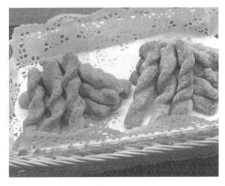

図8.6 「抹茶&焙じ茶香るティーな粉あめ」(お茶料理, 菓子コンテスト2012年・菓子デザート部門優秀賞)

a. 菓子の材料

(1) 穀 類

・小麦粉: コムギの胚乳を粉に引いたもので,タンパク質の含有量が多いものが強力粉,少ないものが薄力粉と分類される.薄力粉は粘り気が少なく,洋菓子作りに最適とされる.

・米: 含まれるデンプンの種類により,もち米とうるち米に分類される.生または加熱して粉砕され,もち米から餅粉,白玉粉,道明寺粉など,うるち米から上新粉,パウダーライスなどが作られる.

・豆類: タンパク質・脂肪含量など,各々の性質に応じて加工される.インゲンマメ,ダイズ(きなこ),アズキなど.

(2) 砂 糖

甘味をつけるだけでなく,膨らませる,日持ちをよくする,水溶性によって他の材料と合わせやすくする,焼き色をつける,などのはたらきをする.

(3) 卵

卵黄の乳化で材料を混ぜやすくし,卵白の起泡性でお菓子を膨らませる,といった重要な役目がある.

(4) 乳製品

乳脂肪(バター)はお菓子の風味を豊かにし,しっとりさせる.製菓用には塩分無添加のものがよい.

(5) 凝固剤

ゼラチンおよび寒天は水分をゲル状にするため,菓子をまとめるはたらきがある.

b. 茶を使ったお菓子の製作例

(1) 「茶畑讃菓」(図 8.7)

初めて茶畑を訪ねた日の印象を,抹茶の鮮やかな緑と,茶摘み女をイメージした可

図 8.7 「茶畑讃菓」
右写真は切り分けた断面.

8.2 食用としての利用

憐なウサギのデコレーションで表現した.

【材　料】
　抹茶風味スポンジケーキ（28×24 cm＝天板1枚分）…卵 3個, グラニュー糖 70 g,
　　小麦粉 40 g, コーンスターチ 30 g, 抹茶 4～6 g（粉類の8％まで使用可能）
　小倉あずき 小1缶, ゼラチン 4 g, 水 大さじ2, 生クリーム 100 cc,
　マジパンまたは白餡 適宜

【作り方】
　① ゼラチンを水で15分以上ふやかしておく.
　② ボールに卵と砂糖を入れ, 充分泡立てる（持ち上げた生地がリボン状に落ちるくらいまで）.
　③ 粉類を合わせて②に篩い入れ, 混ぜ合わせる.
　④ 天板を2枚重ね, 紙を敷き③の生地種を流し込む. 180℃のオーブンで約10分焼く. 網にとり, 天板を被せて蒸らす.
　⑤ 湯煎で溶かしたゼラチンを, あずき缶の中に入れ水分を固める.
　⑥ 冷めたスポンジを2枚に切り（14×24 cm）, それぞれに生クリームとあずきを隅々まで塗り合わせる.
　⑦ 表面に抹茶をふりかけ, 茶畑に見立てて, マジパンや餡で作ったウサギを飾る.

(2)　「茶歌舞伎ゼリー」（図 8.8）

茶の浸出液を使ってゼリーを作り, お茶愛好家の集いを楽しく演出する.

【材　料】（8～10人分）
　ゼラチン 15 g, 水 120 cc, 茶（アールグレイ, 焙じ茶, 煎茶, ジャスミン茶など）
　普通よりやや濃い目にいれて各 150 cc, シロップ 300 cc（砂糖1：水3）, レモン,
　ミント, フルーツなど適宜.

【作り方】
　① ゼラチンは水で15分以上ふやかし湯煎で溶かしておく.

図 8.8　「茶歌舞伎ゼリー」

図 8.9　マドレーヌ

②各お茶に溶かしたゼラチンを大さじ2ずつ加え，とろみをつけ冷やし固める．
③各器にカットした各ゼリーを分け入れ，シロップを注ぎ，レモンの小片やミントを浮かべる．

(3)　マドレーヌ（図 8.9）
紅茶に合う焼き菓子のなかでも筆頭格といえる「マドレーヌ」の作り方を紹介する．
【材　料】（マドレーヌ型 15 個分）
薄力粉，バター，グラニュー糖 各 100 g，卵 2 個，型用のバターと小麦粉少々
【作り方】
①マドレーヌ型に溶かしバターを塗り，小麦粉をふり，余分な粉は落としておく．
②バターは室温に戻し，ボールに入れ泡立て器でクリーム状にする．
③砂糖を加え空気を取り込みながら充分に泡立てる．
④卵を1個ずつ加えて手早く混合する．
⑤粉を篩いながら加え，ゴムべらでよく混ぜ合わせる．
⑥直径1cmの口金をつけた絞り袋に⑤の種を入れ，型の8分目まで絞り出す．
⑦160〜170℃のオーブンで約10分焼き，熱いうちに型から外し網上で冷ます．

c.　好まれるお茶うけ
筆者らが多数の日本人を対象に「あなたの好きなお茶うけはなんですか？」というアンケートを行ったところ，玉露・上級煎茶では上生菓子（煉り切りが人気），普段使いの煎茶・焙じ茶にはせんべい，かりんとう，大福など，また紅茶では焼き菓子が100％で，クッキー，スコーンも人気があった．
本来，茶と菓子はどちらも嗜好品なので，もっといろいろなお菓子が登場すると思われたが，アンケートの対象者が不特定多数（茶業関係者，料理・お菓子教室生徒，主婦，学生など）にもかかわらず，ほとんど全員が共通の菓子を即答，それも皆さん嬉しそうに，楽しそうに話してくれた．やはり「茶」と「菓子」は切っても切れない，

一体となった文化として時間をかけて培われてきたものなのだと実感する.

高齢化社会・高ストレス社会といわれる今日,安らぎのひとときをもたらす「お茶の時間」は,円満な社会生活を維持するうえでますます重要性を増していくことだろう.

〔仁位京子〕

●8.2.6　茶と魚料理

茶汁を利用した魚料理として,茶漬け(8.2.4項),甘露煮,茶振りなまこ,タコのやわらか煮などがあげられ,魚の下処理や塩抜きにも茶汁が用いられることがある[1].また,茶葉そのものを食する魚料理として,抹茶を混ぜた魚そうめん,かまぼこなどがある.茶を魚料理に用いる目的は,肉肉の臭み消し,料理に茶の香りや色をつける,魚肉を軟らかくする,などである.

a. 抹茶を利用した魚料理

抹茶は微粉末なので,混ざりやすく使用範囲が広い.緑色を付与して美しい色彩と同様に高級感や和食感を与える.揚げ衣,和え衣などにも混ぜて使用すれば,色だけでなく,茶の香りとほのかなほろ苦さを与え,魚料理に新しい感覚とおいしさのひろがりを生むことになる.白身魚の刺身にまぶすことも紹介されている[1].イカとタケノコの木の芽和えは,春の季節感豊かな料理であるが,木の芽(サンショウの若葉)のすりつぶしやホウレンソウから青寄せを調理するなどの手間がかかる.これらの代用として,抹茶が使える.黄身和えやマヨネーズ焼きなどにも抹茶を利用できる.酢の使用は色を悪くするので,色と香りを重視するなら,短時間加熱で,あるいは食べる直前に使用する.マヨネーズに緑茶を混ぜてグリルで短時間加熱したものを測色色差計で測定すると,L^*値は低くなるが,a^*b^*値は高くなり,濃く鮮やかな緑色になる.このことから,オマールエビのオランディーズソース焼きなど,欧風料理への応用も考えられる.

b. 煎茶・番茶を利用した魚料理

茶汁が魚肉の臭みを消す効果を調べるために,メルルーサを用い,1%茶汁で浸漬10分の下処理を行い,焼いた魚のにおいをにおい識別装置(島津製作所FF-1)で測定してみた.その結果,緑茶(煎茶)液を下処理に用いた魚では,無処理の焼き魚より硫黄系,有機酸系,アルデヒド系,芳香族系のにおいが低下傾向で,トリメチルアミンの臭気寄与および臭気指数相当値は有意に低く,魚臭抑制の効果が認められた.また同様に魚臭抑制効果がみられた昆布水,牛乳,酢水などより,分析型官能評価において,味や食感への影響が少なく,おいしいことが認められている(表8.1)[2].なお,ウーロン茶の茶汁でもにおい抑制の効果があったが,味に対する評価は低かった.

丸ごと煮物にするアユ,ワカサギ,ハゼ,能登のゴリなどの川魚や小アジなどの甘露煮には,番茶および焙じ茶が使用される.茶汁には,生臭い魚のにおいを消すマ

表8.1 浸漬した食材の違いによる焼き魚の魚臭抑制効果と官能評価

試料	におい識別装置[a]		官能評価[b]	
	トリメチルアミン臭気寄与	臭気指数相当値	抑制効果	味
(処理なし)	13.1	21.2	—	—
蒸留水	9.2	20.9	+2.0	×
1%昆布水	0.0	22.0	+2.0	○
1%緑茶液	4.0	19.8	+2.1	◎
普通牛乳	9.3	21.7	+3.0	◎
トマト果汁	9.0	19.6	+0.3	△
10%酢水	14.4	21.0	+1.8	×

a:メルルーサを各々の試料に10分間浸漬後,焼いたもののにおいを,におい識別装置(島津製作所FF-1)により測定.
b:官能評価に慣れた2〜5名で実施.魚臭抑制効果は+3(たいへん抑制されている)〜-3(たいへん抑制されていない)の間で評価した平均値.味は◎(たいへんおいしい),○(おいしい),△(どちらでもない),×(おいしくない)の4段階で評価.

スキング効果のほか,骨を軟らかくする[3],色を付ける[4]といった効果が期待される.4%の番茶を用いたフナの甘露煮は,番茶の味がついてよい味で,生臭さがなく,骨は軟らかく,できあがりの色つや・形もきれいであった[5].ただし,砂糖や醤油を加えた後で番茶を使用するとその効果は少なく,イワシを煮た場合には効果がみられなかったという[6].

茶汁の中のカテキンはアミン類を不揮発物質に変化させ,生臭いにおいの抑制に寄与するほか,骨の軟化にも関与している[7].骨の硬さに与える影響では,酢水が効果的で,番茶と水ではあまり違いがないという報告[8]もあり,番茶使用では,硬さへの影響より魚骨が砕けやすい[7]としている.

茶振りなまこは,生ナマコに塩を振った後,熱い番茶に入れて塩を抜く方法である.温度が重要視され,75〜80℃が推奨されることが多い.石川県の特産品である加賀番茶と,同じく石川県の名物であるナマコの組合せが有名である.番茶に限らず,焙じ茶を用いる方法も知られている[9].番茶(焙じ茶)を用いることの効果として,茶に含まれるタンニンによりナマコの渋みが取り除かれる,あるいはナマコが軟らかくなる,といったことがいわれている.確かに茶振りなまこは,生ナマコ独特のこりこりした歯ごたえでなく,ねっとりとした食感をもつようになる.ただし,中国でスープや炒め煮に用いる干しなまこ(キンコ)は通常水で戻すが,これを番茶で戻した場合,より硬くなると報告されている[10].

番茶(焙じ茶)はタコの調理でも用いられ,同様に軟らかく煮上げる効果があるとされる.ただし,現代の料理書で「タコのやわらか煮」のページをみると,おもに重

8.2 食用としての利用

図 8.10 龍井蝦仁(ロンチンシャーレン)

曹や炭酸水を用いる方法や,圧力鍋で煮るレシピが紹介されているようだ.
身欠きにしんの戻し液としても番茶および焙じ茶が使用される.これも茶汁のマスキング効果の活用と考えられる.

c. 中国茶を利用した魚料理

中国茶を用いた魚料理では,杭州料理名物の「龍井蝦仁」[1](ロンチンシャーレン)があげられる(図8.10).この料理は,この地区の産で中国緑茶を代表する銘茶である西湖龍井茶の茶汁と出がらしの茶葉を用い,これも杭州市近辺でとれる川エビを合わせた炒菜の一品で,繊細な味と香りをもつ,龍井茶の緑色の色彩が美しい料理である.清明節(毎年4月5日)前後に摘んだ新茶を使った,春の料理とされる.川エビをわが国で手に入りやすい冷凍小エビに変えて作り方を紹介すると,①むいたエビ,塩,酒,卵白を混ぜて下処理し,冷蔵庫で寝かせる.②フライパンか中華鍋に油を入れて加熱し,香味野菜(ショウガ,長ネギ)を炒める.③①のエビを油通しして②の鍋に加える.④出がらしの茶と茶汁を入れて酒・塩で味をつけ,水溶き片栗粉でとろみをつける.分量は2人前分でむきエビ100 g,ウーロン茶0.3 g(30 ccの湯で1%茶汁とする)である.茶の渋味があり,後味爽やかな,香りのよい料理となる.茶として弱発酵茶(白茶)の白毫銀針茶(バイハオインチェン)を用い,同様の1%茶汁使用の方法で調理してみると,渋味が抑えられ,エビの甘味・うま味が強く引き出されて,香りの高いたいへんおいしい料理ができあがった.白茶特有の白っぽい緑色もエビとの取り合わせに映える.同様に後発酵茶(黒茶)のプーアル茶や半発酵茶(青茶)のウーロン茶でも茶汁だけを使用して調理してみたが,龍井や白毫銀針茶と比較して香りが悪く,葉が加わっていないので色合いも落ちる.特にプーアル茶では,カテキンが少なく渋味が弱いせいか,後味がさっぱりしない料理となってしまうようだ.カテキンに加え,茶葉に含まれるアミノ酸も風味に影響していると思われる.白毫銀針茶は茶樹の芽芯だけを原料とする芽茶であり,全遊離ア

図 8.11 凍頂ウーロン茶を用いたアサリのスープ［口絵 35 参照］

ミノ酸およびテアニンとカテキンが多い．また龍井茶，特に新茶では全遊離アミノ酸およびテアニンが多い．葉自身も加える調理法は，それらを最大限に引き出すのに有効なのかもしれない．

また，凍頂ウーロン茶の茶汁にアサリを入れて作る台湾料理のスープも有名である．1％茶汁 400 cc に殻つきアサリを 10 粒（約 145 g）入れて加熱し，酒 10 cc，塩 2.0 g で調味し，白髪ネギを添える（図 8.11）．凍頂ウーロン茶独特の青臭い香りが残る，色の澄んだスープとなる．同様に，緑茶とプーアル茶 1％茶汁を用いて調理したところ，緑茶では香りが柔らかで色が澄み，淡白な風味の夏向きのスープが，またはプーアル茶では，茶汁の色が濃く，うま味が濃厚でまろやかに感じるスープができた．アサリのうま味成分といわれるコハク酸は，アワビ・カキ・サザエの 5〜10 倍含まれるが，うま味を補強する核酸関連物質が少ないので，あっさりした味に感じる．これに茶汁を加えると，茶のテアニンとアサリのコハク酸，あるいはグルタミン酸・イノシン酸などの相乗効果が生まれ，またカテキンが後味に影響を与えて，茶種ごとそれぞれにおいしいスープが得られるものと思われる．茶汁の効果がみごとに発揮された料理といえる．

〔峯木眞知子〕

引用・参考文献

1) 南廣子（1991）：茶の科学（村松敬一郎編），p. 79-80，朝倉書店．
2) 城田直子・峯木眞知子（2014）：第 66 回家政学会研究発表要旨集，p. 47.
3) 畑江敬子ほか（1980）：家政学会誌，**31**：88-93.
4) 成瀬宇平（2014）：魚料理のサイエンス，p. 184，新潮社．
5) 服部和子（1961）：大阪女子学園短期大学紀要，**5**：7-17.
6) 服部和子・木村佳世子・北山智世（1960）：大阪女子学園短期大学紀要，**4**：65-73.
7) 畑江敬子（1994）：魚の科学（鴻巣章二監修），p. 144，朝倉書店．

8) 下坂智恵ほか (1999)：日本家政学会, **50**：1021-1028.
9) 野崎洋光 (2009)：日本料理材料別献立便利帳, p.185, 柴田書店.
10) T. Fukunaga *et al.* (2004)：*Journal of Fisheries Sci.*, **70**：319-325.

8.2.7 茶と肉料理

茶を肉料理に用いる目的は、肉の臭みを消す、肉料理に茶の香りをつけるなど、香気に関するものが多いようである。肉の臭みを消す方法としては、濃い茶浸出液に漬ける、煮込む、またはできあがった料理に最後に茶葉を加える、などの方法がとられる。肉の臭みがとれる理由は、おもに茶カテキンの吸着効果によるものである。

茶で煮込むことで肉が軟らかくなるということもいわれている。その理由として茶葉の酵素がはたらくためと述べられることがあるが、紅茶やウーロン茶の茶葉の酵素は製造工程で失活している可能性が高く、それだけで単純に説明することはできない。しかし、煮込んでいるうちに、何らかの効果で軟らかく、あっさりとおいしくなるようである。

a. 茶カテキンの脂質酸化防止作用

豚肉のラードに対する茶カテキンの酸化防止作用を調べた報告がある[1]。それによると、茶カテキンのなかでも水酸基をもつエピガロカテキン（EGC）やエピガロカテキンガレート（EGCg）の方が、エピカテキン（EC）やエピカテキンガレート（ECg）に比べ抗酸化性が強い傾向がある。また、ラードに茶カテキン（ECGg）とともにアミノ酸を添加すると、茶カテキンのみ加えたものより抗酸化作用が高くなることが報告されている。このことは、ラードに対する抗酸化作用は、茶カテキンとアミノ酸との相乗作用によって発揮されるものであることを示している。これら報告の実験条件と実際の調理環境とは異なっているので安易に結びつけることはできないが、脂質（ラード）とアミノ酸（タンパク質）を豊富に含む豚肉に対し、茶あるいは茶カテキンが脂質酸化を防止して保存性を高めるポテンシャルを有していることが推察される。

鶏肉についても同様に、茶カテキンを鶏肉製造工程等に用いることで脂質酸化が抑制される[2]、その抗酸化作用のメカニズムは茶カテキンのもつ強いフリーラジカル除去作用による[3]、などの報告がなされている。

こうした知見から、茶カテキンには肉の保存性を高める効果が期待される。

b. 肉加熱中の変異物質の抑制

肉を加熱調理（特に揚物や煮物）すると、一般に突然変異活性が高くなることが知られており、複素環式芳香族アミン類（heterocyclic aromatic amines：HCAs）等の多くの変異物質が見いだされている。肉の調理中に発生する突然変異物質を抑制するため、緑茶や紅茶のポリフェノールを利用し、効果があがったという報告がある[4]。

わが国でも肉食中心の洋風食生活が主流となっている現在，肉料理を行う際に茶を活用することを推奨したい．

c. 薬膳料理として

1988年にまとめられた中国料理の薬膳料理書『家庭で作る薬膳』[5] の中に，茶を肉料理に利用することを見いだすことはできない．しかし現在，インターネットなどでは，茶を用いた創作薬膳料理が数多く紹介されている．　　　　〔柳内志織〕

引用・参考文献

1) 村松敬一郎編（1991）：茶の科学，朝倉書店．
2) S. Z. Tang et al.（2000）：*Meat Science*, **56**：285-290．
3) S. Z. Tang et al.（2002）：*Food Chemistry*, **76**：45-51．
4) J. H. Weisburger et al.（2002）：*Mutation Research*, **516**：19-22．
5) 難波恒雄（1988）：家庭で作る薬膳，主婦と生活社．

●8.2.8　食べるお茶

a.　茶葉そのものを食べる習慣

古来より茶は，飲用と食用の両方に用いられてきた．茶を食用に用いる場合，茶の浸出液，もしくは茶を粉末にしたものなどを調理の素材の一部に用いる方法[1] のほか，茶葉そのものを（その形のまま）食べる方法がある．茶葉そのものを食べる方法には次のようなものがある．①生茶葉をそのまま口に含み食べる，②生茶葉を料理の素材に用いて食べる，③生茶葉を殺青後，容器に詰め込み漬物として食べる．

生茶葉をそのまま口に含むことは，喉の渇きを癒したり，口寂しさを和らげたりする程度の意味はあると考えられる．料理の素材に用いる例には，中国雲南省シーサンパンナ（西双版納）タイ（傣）族自治州 景洪市基諾郷のチノー（基諾）族の作る涼拌茶（りょうばん）という茶葉を用いたサラダがある．しかし若い人にはまったく人気がないといわれている[2,3]．

茶葉を蒸すもしくは煮てから漬け込み，発酵させた漬物茶を食べる習慣は，ミャンマー東部，タイ北部，ラオス北部および中国雲南省の南西部に至る標高1000 m前後の高原地帯にみられる．漬物茶は各地ともほぼ同じ方法で作られており，ほとんど地元の人々によって消費されるが，ミャンマーではほぼ全土において愛好されている．なぜチャの漬物があるのかと考えるならば，東南アジアにみられる多様な発酵食品の1つに，チャの漬物が含まれているとみるのが妥当である[4]．

b.　漬物茶

ミャンマーには，ラペソー（La Phet Soe）という漬物茶がある．ラペソーはおもにミャンマー東部のシャン州にて生産されている．南シャン州を拠点とするダヌ族は

茶葉を煮てから，北シャン州を拠点とするパラウン族は茶葉を蒸してから漬物茶を作る．特に北シャン州にあるナムサン町はミャンマー随一の茶産地である．南シャン州ダヌ族の村でみられたラペソーの製造方法は次のとおりである．まず茶葉を煮る．次に編んだ竹のマットの上で茶葉を揉む．冷めたら甕(かめ)の中に穀物を搗(つ)く杵を用いて茶葉を詰め込む．そしてビニールを敷いた上に甕をひっくり返しておく．籠(かご)を使う場合はビニール袋に詰めて空気を遮断する．

一方，ラペチャウ（La Phet Chau）という飲用の茶も作られている．茶葉の摘採は4月から9月頃まで行われるが，ラペチャウは雨季前の4～5月に作られ，雨が多い時期はラペソーが作られる．また，ラペソーを干して茶葉にしたものはラペンチャウ（La Phet chin Chau）と呼ばれている[4]．

ミャンマーの人々は独特のにおいとやや酸味を帯びたこの漬物茶を非常によく好む．豆類を主体にした各種の具を加え，塩と油であえたものをラペトー（La Phet Thot）といい，来客時やお茶うけ，お弁当のおかずとしても用いている[5]．

タイ北部の標高500～600m以上の高地ではミアン（MIANG，ミヤンまたはミエンと書かれることもある）という漬物茶が作られている．バンフサイ村でみられたミアンの製造方法は次のとおりである．茶葉を摘採する際は，桑爪のような手製の採取器で1枚ずつ茶葉の下3分の1程度残して切り取る．茶葉を左手に持ち替えほどよくひとつかみの大きさになったら，竹の細い紐で小さな束にする．これをカムといい，その後の製造工程を通じてそのままの形を保ち，計量や販売の単位とされる．そして木をくり抜いて作った甑(こしき)にカムを詰めて2時間ほど蒸す．冷ました後，この塊のまま地中に作ったコンクリート製の穴にきっちり詰め込み，バナナの葉などを用いて空気を遮断し，重しを載せて数ヶ月間放置する．

タイ国内で生産されるミアンには，未発酵のものと発酵させたものがあるが，ともにミアンと呼ばれている．摘採は3月半ばに始まり，11月末まで行われるが，6月10日から7月末までに製造されるミアン・クラン・ペエと呼ばれるものが全体の45%を占める．

チェンライ郊外の市場では，甘く煮たショウガの千切りをミアンに載せて一緒に食べるミアン・ワン（MIANG HWAN）や，砕いた岩塩と一緒に食べるミアン・ケン（MIANG KEN）がみられた．チェンマイの露店では，ミアンを小さなサイコロ状に固め，甘くしたココナッツと一緒にバナナの葉に包んだものもみられた．しかし現在，ミアンは若者に敬遠されつつあるといわれている．

ラオス北部のラオ族は，蒸した茶葉を軽く水で洗い，天日に1時間ほどさらしてから束ね，水と一緒に竹筒に詰め，3日から1年おいて食べる．ラオスのミアンもタイと同様に，茶葉を束にするという特徴がある[6,7]．

中国雲南省シーサンパンナのプーラン（布朗）族は，蒸した茶葉を竹筒に詰め，密

栓して地中に埋め，数ヶ月後に掘り出しタバコを吸いながら食べる．この漬物茶はミアン（中国語文献では竹筒酸茶）と呼ばれている[4]．

c. 日本での食茶の習慣

東南アジアに伝わる漬物茶と同様に，嫌気的バクテリア発酵をさせた茶として，日本にも阿波晩茶や碁石茶，石槌黒茶がある．しかしこれらは飲用もしくは浸出液を調理に用いるのみで，茶葉そのものを食べるわけではない[8]．日本では，茶といえば飲むものと思われがちであるが，抹茶のように茶葉そのものを摂取すれば，食べるお茶ととらえることもできるだろう[9]．

〔木下朋美〕

引用・参考文献

1) 尾上とし子：飲むだけじゃもったいないお茶クッキング（お茶料理研究会編），p.105-125，窓社（2000）
2) 中村羊一郎（2005）：第14回お茶料理研究会シンポジウム講演要旨集，p.6-8.
3) 中村羊一郎（2006）：茶の世界，**9**：13-14.
4) 中村羊一郎（2000）：東洋の茶（高橋忠彦編），p.230-245，淡交社．
5) 中村羊一郎（2004）：生き物文化誌ビオストーリー第2号（『ビオストーリー』編集委員会編），p.60-63，昭和堂．
6) 大森正司（1998）：日本食品科学工学会誌，**45**：6.
7) 大森正司（2003）：*Vesta*, **51**：37-41.
8) 宮川金二郎（2004）：緑茶通信，**9**：27-34.
9) 守屋毅（1981）：お茶のきた道，p.5，日本放送出版協会．

●8.2.9 茶殻の利用（食用として）

a. 喫茶の変遷と成分

今日ではさまざまな茶抽出飲料や茶葉が販売されるようになり，その入手もまた容易なものとなった．これらの要因の1つとして，いわゆる「一服」としての喫茶から，茶の機能性の立証とともにその生理効果を期待した摂取へと，消費者の意識そのものが変化してきたことがあげられる[1]．

現在明らかとなっている茶の成分には，カテキン類（タンニン），カフェイン，アミノ酸類，ビタミン類，食物繊維などがある．なかでもカテキン類は，抗菌から抗がん作用までその機能性は多岐にわたる．すなわち，カテキン類をはじめとしたこれら有効成分の摂取こそが，喫茶の目的となってきている．

通常喫茶用として緑茶を浸出したときに液中に溶出する成分量は一煎目でおよそ60％，二煎目で80％であり[2]，20～40％が茶殻に残るとされる．加藤ら[3]によると，煎茶5gに対し90℃の湯100 mLを加えて1分間浸出した場合，茶殻中の成分はカフェインが約30％，カテキン類は約50％，アミノ酸類は約20％まで減少はするが，これ

8.2 食用としての利用

表8.2 茶殻中の成分[3]

	煎 茶	茶 殻
カフェイン (g/100g)	3.01	0.90
ポリフェノール (g/100g)	14.50	7.20
カテキン類 (g/100g)	13.01	7.59
アミノ酸類 (mg/100g)	2418.80	429.00

ら機能性成分は十分残存しているといえる（表8.2）．

また，不溶性の食物繊維やβ-カロテン・ビタミンEなどの脂溶性成分については，茶浸出液からの摂取は不可能であり，これらを含めて茶葉の成分を余すところなく摂取するには，茶殻の有効利用が必要となってくる．

b. 茶殻利用の現状

かつて，日常の家庭内で行われていた家事のなかで，茶殻を活用するテクニックがあった．掃除をするときに水分の残った茶殻をふりまき，ごみを茶殻ごと箒で掃き取るというものである．しかしいつしか箒は掃除機にとってかわられ，同時に茶殻を掃除に用いることもなくなった．

現在では，健康志向の高まりから茶の機能性を求める消費者が増加し，それに伴い新しい形での茶専門店が増え，たくさんの種類の茶葉が豊富に店頭に並ぶようになった．茶殻の利用に関しても，生活臭の消臭および抗菌など，明らかに茶の機能性を応用したものとなっている．茶を用いた清涼飲料水の製造メーカーにおいては，排出される大量の茶殻に含まれる有効成分の再利用として，消臭や抗菌作用を生かしたリサイクル製品の開発を行っている．

c. 茶殻の食への有効利用

茶殻は，茶葉と比較して苦さや渋さが半減しているため食べやすくなっている．そこで茶殻の調理法としては，お浸しとしていただくという最も簡単な方法から，佃煮や白和えに混ぜるといった手の込んだ方法まで，いろいろと考えられている．しかし，茶殻は水分が多くそのままでは保存性が悪いので，それが用途と使用場面の制限要因になっていた．そこで，茶殻が発生した都度，何らかの方法で保存しておき，必要なときにいつでも利用できるようにする方法を考案した．

茶殻の保存法としては，そのままの状態で保存する方法と乾燥させて保存する方法がある．そのままの状態で保存する場合は，手早く冷ました茶殻の水分をよく絞った後，ラップに包んで冷凍庫内で保存する．その際ラップ内の茶殻は，なるべく薄く平らになるように包み込む方が，凍結や解凍に要する時間を短くすることができる．一方，乾燥させて保存する場合は，手早く冷まし，茶殻の水分をよく絞り，ざるになるべく薄くなるように置き天日で乾燥させる．ただしこの方法では天候に左右される，時間がかかる，衛生的ではない，乾燥スペースが必要等の問題があるため，一般家庭

では電子レンジを使用するのがよい．家庭用電子レンジ（500～700 W）の場合，水分を絞った茶殻を皿の上に薄く置きラップをかけずに約3分加熱する．取り出してよく攪拌した後，同様に2分加熱し攪拌，その後1分加熱し攪拌，という作業を，完全に乾燥するまで繰り返し行う．最初の加熱で茶殻が皿に付着するので，これを防ぐためにクッキングシートを敷くとよい．また，茶殻の量が多いからといって最初の加熱を長く行うと，茶殻の表面だけが乾燥して硬くなり，攪拌の操作が困難になるので注意する．乾燥が終了したら密閉容器に入れて保存する．いずれの方法にしろ，茶殻ができてから長時間放置したものは衛生上好ましくないので利用しない．

茶殻はそのまま和え物などに利用するのもよいが，肉や魚をアルミ箔に包んで，あるいは皿に乗せて蒸し焼きにする際，アルミや皿へのくっつき防止のため茶殻を敷いてから乗せる，というような使い方もある．これにより，魚の臭み取りや香り付け等の効果も得られ，しかも茶殻はそのまま一緒に食すことができる．食材や茶殻の種類・味付け方法によって，和・洋・中と変化をもたらすことも可能である．

乾燥させた茶殻は，そのまま燻製の燻煙材としたり，フライパンや鍋で軽く煎り焙じ茶のようにして飲む利用法がある．しかし茶殻ごと摂取するために，乾燥または煎っ

図 8.12　乾燥させた茶殻

図 8.13　茶殻ふりかけ［口絵 36 参照］

図 8.14　茶殻うどん［口絵 37 参照］

たものをミルミキサー等で粉末にして保存すれば，その利用性はいっそう増す（図8.12）．たとえば香辛料として挽き肉の臭い消しに，ゴマやしらす干し・乾燥ワカメ等と混合しふりかけ（図8.13）に，トッピングや抹茶塩の代わりとして，または天ぷらの衣に混ぜたり，うどんの生地に練り込んでも（図8.14）利用することができる．このほか，乾燥させた茶殻は，通常の茶葉を用いて作る料理やお菓子に対するのと同様に使用することが可能である． 〔村元美代〕

引用・参考文献

1) 農林水産省消費・安全局 消費・安全政策課（2006）：平成17年度食料品消費モニター第2回定期調査結果 1.緑茶の消費実態について．
2) 大森正司（1996）：実用緑茶健康法，p.64-66，三心堂出版社．
3) 加藤みゆきほか（1997）：調理科学，30：248-252．

● 8.2.10 茶 と 乳

茶に乳製品を組み合わせて飲食する習慣は，磚茶（せんちゃ）と呼ばれる緑茶，紅茶，黒茶などを発酵させてブロック状に固めたお茶を茶葉としているチベットとモンゴルや，東洋から伝わった茶のなかでも「紅茶」にこだわりをもつイギリスが代表的である．

a. チベットのバター茶

バター茶は，磚茶を砕き，鍋で煮込み，十分に煮出したお茶に少量の塩とバターを入れて「ドンモ」という攪拌器を用いて攪拌して作る．現在では電気ミキサーも用いられているが，このときの分散状態が味に影響を与えるといわれ，お茶とバターが十分溶け合ったものは，時間がたってもおいしいといわれている．

また，中央チベットのウー・ツァン地方で「茶」といえばバター茶を指す．しかし，アムドやカム地方では，風土が異なるためか，日常的にバター茶を飲むことはあまりなく，彼らが「茶」という場合，多くはバターを加える前のお茶「チャタン」を指す．椀にお茶，そこに山盛りのツァムパ（後述）とバターと乾燥粉チーズを入れてこねる．

チベット人の主食は大麦の一種を炒って挽き，粉にしたツァムパというものであるが，これも，バター茶でこねて丸めて食べたり，粉のままをスプーンや指先でつまんで食べたり，椀に入れて少しずつバター茶を注いで食べたりする．

このようにチベットのお茶としてはバター茶がよく知られているが，アムドやモンゴルで飲まれているスーティ・チャイ（乳茶，ミルク茶）もあり，東チベットでは黒茶が飲まれている．いずれも塩で味をつける．どの地域も茶葉は磚茶を用い，それを削って煮出すのは同じで，その後，バター茶はバターと塩を加え，スーティ・チャイはミルクと塩をいれて攪拌したものである．また，黒茶は塩とバターを少し入れるだけで攪拌はしない．

ほかに，中国雲南省大理ペー（白）族自治州のペー族では烤茶(カオツア)という茶が飲まれており，これに，乳扇(ルーシャン)という乳加工品を入れる場合もある．この乳扇は日常の料理にも用いられており，ペー族の食文化には隣接するチベット族などの影響があるといわれている．

b. モンゴルのスーティ・チャイ

モンゴルでは乳製品は「白い食べ物（ツァガーン・イデー）」と称されており，数種の家畜（ヒツジ，ヤギ，ウシ，ウマ，ラクダなど）を地域の植物や気候に応じて飼って搾乳し，乳を有効に利用して作られてきた．これには，生乳，クリーム，バター，チーズ，ヨーグルト，乳酒などが含まれ，それぞれにいくつもの種類がある．

「白い食べ物」の代表的なものとして，スーティ・チャイ（乳茶）があげられる．モンゴル人たちは乳をもっぱら加工して「食べる」が，一般に生乳として「飲む」ことは少ない．飲んですぐに消費してしまうよりも，加工して保存のできる状態にして利用するというのが，気候の厳しい土地で生活していくうえでの工夫である．遊牧民族は，生水を飲まない代わりに大量のスーティ・チャイを飲んでおり，一般に塩を入れて味をつけているが，乳の量と塩加減は地域によって異なるといわれている．

モンゴルでも，スーティ・チャイは磚茶を砕いて煮立てて，塩とミルクを入れて作られる．シャルトスというバターのようなものを浮かべて飲む場合もあるが，いわゆるバター茶とは異なるようである．磚茶は保存や携帯に便利であり，さらにスーティ・チャイは嗜好品にとどまらず，煎り粟・肉・乾燥チーズ・穀類などを入れてスープのように食すことがある．

モンゴルでは，家に招かれたとき席に着くと，まずスーティ・チャイの入ったポットが運ばれてきて，スーティ・チャイがお椀になみなみとついで手渡される．全部飲めない場合は残してもよいが，空になった器はすぐにスーティ・チャイが満たされる．また，残しておいてしばらくして冷めたものは捨てられて，新たに温かいスーティ・チャイが注がれる．そのときの飲み方は，スーティ・チャイの入ったお椀は右手で受け取るのが正しく美しいとされ，両手では受け取らない．おもてなしのスーティ・チャイのあとにはオードブルが続き，客をもてなす食事が続いて出されていく．

c. 紅 茶

東洋から伝わった茶のなかでも特に「紅茶」を愛し，いれ方にもこだわりをもつ国がイギリスである．ヨーロッパに茶が輸入されるようになったのは17世紀のはじめ頃であるが（2.3節参照），当初は緑茶の方が主流であった．しかしいつしか紅茶が好まれるようになり，そこにミルクを入れる「ミルクティー」という飲み方が生み出された（図8.15）．このミルクティーの「正しい」いれ方には興味深い議論があり，イギリスの家庭はミルクを先に入れたカップに紅茶を注ぐか（milk in first：MIF），紅茶にミルクを注ぐか（milk in after：MIA），という2通りに分かれ，紅茶のいれ方

図 8.15　ミルクティー

を議論するのが楽しみの 1 つであるという．そして，英国王立化学協会がまとめた "How to Make a Perfect Cup of Tea" では 10 ヶ条からなるいれ方が記述されており，「ミルクが先」という結論が記載されている[1]．

イギリスでは，牛乳の質にもこだわり，低温殺菌牛乳や，ノンホモジナイズドで脂肪分が不均質のままの牛乳が喜ばれているということである．　〔阿久澤さゆり〕

引用・参考文献

1) 磯淵猛（2005）：一杯の紅茶の世界史，p. 184-191，文藝春秋．

● 8.2.11　お茶とドリンク

　この地球上での最初の生物は海の中，つまり水中で原始生命として発生し，これが進化して陸上に上がり，今にみる哺乳類，人類の出現となった．この間，最初に発生した 1 個の原始生命から，進化の過程を経て人類の誕生まで，約 40 億年もの歳月を要したといわれている．ヒトは受精してから十月十日母胎内で成長するが，この成長過程では系統発生を繰り返すといわれる．単細胞として受精した細胞はこの後，細胞分裂を繰り返して，あたかも進化の過程を経由したかのように変化して，ヒトという生物までに成長する．この過程，特に初期段階では母胎の羊水に守られて，変異ではなく大きく成長する．

　生物の体はその進化の来歴を反映し，高い割合で水分を含んでいる．たとえば，植物である野菜類では約 90%，私たちと同じ脊椎動物の魚類では 75% が水分である．人間の体内の水分含量は，新生児では体重の約 75%，子どもは約 70%，成人は約 60%，老人では約 50% といわれている．また，性別によっても水分含量が異なり，成人男性では約 60% だが，女性では 50% ほどとなっている．女性の方の水分含量が

少ないのは脂肪の量と密接な関係がある．女性の体は一般的に母体保護のために脂肪組織の割合が高くなっているが，臓器や筋肉の水分含量が 70～80% であるのに対して，脂肪組織は 10～30% と低いことから，体全体の水分含量は男性よりも低くなる．

それでも体の半分以上が水分で占められているのであり，そうした生物にとって水分の摂取は体を維持し，生命活動を営むうえで欠かせないことである．

ヒトが 1 日あたりに必要な水分量は，夏と冬によっても多少異なるが，2 L ほどといわれている．この水分の摂取法はご飯やみそ汁，野菜，肉，魚，牛乳等の食品のほか，現在では茶をはじめとしたさまざまなドリンク類からも摂取が可能である．ライフスタイルが多様化するなか，適した（好きな）ドリンクを選択し，生活を楽しみながら健康に生きることは素晴らしいことと考える．

ドリンクは手軽に利用ができるようになってきただけに，「生活の質を高めて健康に」という命題のもと，水中から誕生した生命の起源をたどりながら，健康を維持するための水の役割，ドリンクの利用について概説したい．

a. ドリンクの種類と生産・消費量

液体として飲料に供するものを，広義の意味ではドリンク類と称し，アルコール飲料，乳飲料，清涼飲料に大別される．ここではアルコール飲料と乳飲料は他の成書に譲ることとして，おもに清涼飲料について解説したい．

清涼飲料水とは全国清涼飲料工業会の資料（2014 年）によると，酒精分（エチルアルコール分）含量が 1% 未満の飲料とされ，野菜・果実飲料，コーラ炭酸飲料，コーヒー飲料，茶系飲料，ミネラルウォーター類，スポーツ・機能性飲料などを指す．ドリンク類の生産量は 2012 年ころから横ばいで，約 2000 万 t である．容器別でみるとペットボトル飲料が約 70% を占め，缶ドリンクは 17%，紙容器飲料は 8.9%，ビン容器飲料は 1.5% となっている．また，ドリンクの種類では炭酸飲料が最も多くて 370 万 t，次いでコーヒー飲料とミネラルウォーターがそれぞれ 300 万 t，緑茶飲料 250 万 t，果汁飲料 200 万 t，スポーツ飲料 150 万 t，そして紅茶飲料は 100 万 t である．一方消費量は，1 人あたり年間 150～160 L となっている．水分摂取量は 1 人あたり 1 日で 1.5～2.0 L の必要量となるので，年間にしてみると約 700 L，つまり，必要な水分摂取量のうち 20～25% はドリンク類から摂取している計算になる．

かつての中国では，インスタントコーヒーの空き瓶のような容器に茶葉を入れ，これに湯を入れて，どこでも持ち歩いては飲用している姿がみられた．湯がなくなるとどこでも補充してくれたし，茶が薄くなるとどこでも茶葉を補給してくれて，常にこれをもっては口にしていた．しかし近年の著しい経済発展のなかでこのようなスタイルは消え，代わりにペットボトルが増加している．あれほどプレーンな茶を嗜好品として好んでいた中国においてペットボトルが…，それも砂糖で甘く味付けしたものが普及してきた．

本来，冷たいものはあまり口にしない中国の人たちも，ペットボトルは冷やしたものを好んで飲用する．冷たい飲み物では甘味に関する感度は低下するので，このペットボトルの糖濃度を測定してみると，10%以上も含有されていた．それを，1日に1～2本は飲用している姿が随所に見られた．

あれほどまでにプレーンな茶を好んでいたにもかかわらず，なぜ中国で砂糖入りのペットボトルが好まれるようになったのか．その理由は定かではないが，ペットボトル1本は約500 mL，これに少なくとも10%の糖分が含まれているとすると，1本あたり50 gとなる．これを1日に2本飲用すると，100 gの糖分を摂取することになる．筆者は上海・北京を中継地として，中国の田舎に調査でよく出かける．地方に行けば公衆トイレもあることはあるが，入ってみればそこにはアリの大群．これは非常にゆゆしき問題であると筆者は直感した．茶は嗜好品であるから，どのような飲み方でもおいしく工夫することは大切なことと考える．しかし，科学技術研究の結果として製造したドリンク類，これを多用することによるこれらの実態は，科学研究の結果を提供し利用するという相互の信頼，そして確かな明日の健康というものを共有することの科学的啓蒙ということの，重要な意味を示唆されるものであった．

b. ドリンクに含まれる成分の特徴と機能性

ドリンクの中で最も多い成分は，いうまでもないが水分である．この水の中に，①糖類（砂糖，異性化糖，ブドウ糖，果糖，等），②有機酸類（酢酸，炭酸，クエン酸，アスコルビン酸，等），③ミネラル類（食塩，カルシウム，等），またドリンクの種類によっては④ビタミン類，ポリフェノール，テオブロミン等が含まれる．そしてスポーツ・機能性飲料にはカフェイン，アミノ酸類を強化してあるものもある．これらは冷やして飲用するケースが多いが，冷やすと甘味感度も低下するため，糖類の過剰摂取には注意したい．

（1）茶系飲料の成分とおいしさ

茶系飲料の消費量は近年増加しており，そして，日本ではその多くが無糖飲料となっている．古来より嗜好飲料として飲用されてきた茶が，「なぜ好まれてきたのか」を考えたとき，喫茶の起源以来，カフェインの役割が大きかったことは容易に考えられるところである．

紅茶，ウーロン茶は香り高いことが特徴で，緑茶は味のすばらしさが強調される．緑茶の味の中心はうま味・渋味・苦味に例えられ，このバランスのとれたものが「おいしい茶」ということになる．茶のうま味はテアニンに代表されるアミノ酸，渋味はポリフェノールの一種であるカテキン，そして苦味はカフェインに代表される．

日本において飲まれている茶の7～8割は煎茶であるが，上級煎茶ほどアミノ酸含量が高く，カテキン含量は反対に少なくなる．緑茶の粋は玉露であるが，これについてはアミノ酸が茶葉100 gに5～6 g（乾物あたり）も含有されるようになる．それほ

どまでに緑茶のうま味にはアミノ酸が不可欠で，茶を飲用するとホッとする，という日本人の心に，このアミノ酸の味の寄与率はたいへん大きい．

　また，新米と古米と同様に，日本人は新茶と古茶の違いを明確に識別するが，それは新茶特有の香りによるものである．日本の緑茶は中国の緑茶（龍井茶(ロンチン)など）のように芳香を有しない．それは製法において，摘採後すみやかに蒸煮されて萎凋香(いちょう)（花のような香り）がつくことを極力抑制して製造されることに起因する．しかしながら，緑茶には何とも表現のしようがない，静かな緑の香りともいうべきものが感じられる．これはジメチルスルフィドやシス-3-ヘキセノールなどの青葉アルコールと呼称される一群の化合物で，青海苔のような香りとも例えられる．

(2) カテキンおよびテアニンの機能性

　カテキンはポリフェノールの一種であり，茶に多く含まれているのは4種類である．すなわち，エピカテキン（EC），エピカテキンガレート（ECg），エピガロカテキン（EGC），エピガロカテキンガレート（EGCg）で，これらは茶葉中に13〜15%も含まれ，なかでもEGCgはその約半数を占める．これらのカテキン以外にも，緑茶にはエピアフゼキンやエピガロカテキン-メチル-ガレートなど，さまざまな構造のものが見いだされており，数十種類にも達する．さらに紅茶やウーロン茶にはテアフラビンやテアフラビン-3-ガレート，テアシネンシンなどが見いだされ，優に100を超えるカテキン類が存在している．

　カテキンの効果は大きく2つに集約される．1つは吸着性であり，もう1つは抗酸化性である．茶，特に紅茶などは白い布にこぼすとその色は洗っても落ちなくなるが，これはカテキンの吸着性の効果によるものである．この吸着性があるがゆえに，カテキンの抗菌性や口臭・体臭予防効果などが発現される．

　抗酸化性とは生体酸化を防止する作用のことである．ヒトを含む動物はすべて呼吸によって酸素を取り入れ，高分子物質を分解（酸化）しながらエネルギーを得て生活しているが，過剰な酸化反応は生体に有害な作用をもたらす．近年の日本の食生活においては，糖質エネルギーの摂取比率が年々減少し，反対に，脂質エネルギー比が増加してきた．これは日本型食生活から，食の洋風化，嗜好性の変化などによってもたらされた結果であるが，脂質を多く摂取すればするほど不飽和脂肪酸の摂取比も高くなり，それに伴って脂質ラジカルや脂質ペルオキシラジカルなど有害な過酸化物質も増加し，さまざまな健康障害の要因となっている．カテキン類にはこれら生体のラジカルを消去する作用のあることが知られており，なかでもEGCgはEGCやECgよりも強いラジカル消去能を有することが知られている．このほか，抗がん作用についての疫学調査や臨床試験，血漿コレステロール上昇抑制作用，血圧上昇抑制作用，抗糖尿病作用，抗アレルギー作用，抗菌作用など多くの作用が明らかにされている．

　一方，お茶に最も多く含まれるアミノ酸であるテアニンを投与すると，脳のα波

の出現がその投与量に比例して高くなり,リラックス状態への寄与の大きいことが示されている.さらに抗腫瘍剤であるドキソルビシン(DOX)を投与したときの抗腫瘍作用は,テアニンを併用することにより,その効果が有意に改善されることが報告されている.

テアニンは摂取された後に,グルタミン酸を経由してγ-アミノ酪酸(GABA)に転換されることも知られ,GABAの利用研究も行われるようになった.GABAの効果についてはStantonらの研究により,当初は血圧上昇抑制効果が,また近年はリラックス効果,抗ストレス効果なども明らかとされるようになった.GABA利用食品・食材なども現在では多数市中に出回っている.

c. ドリンクの将来性

ドリンク類の利点は,手軽にいつでも入手でき,水分をはじめとして目的の成分(機能性成分を含む)を摂取できるところにある.消費者の生活様式が多様化し,生活時間帯や食事形態も変化してきているなか,家庭での食事をすべて母親が管理実行していた時代からは大きく変貌し,水分補給のあり方も,ある人は水で,ある人は炭酸飲料で,ある人は茶系飲料で…と,その摂取法も多様化してきた.

茶系ペットボトル飲料が登場してから二十数年になるが,この間に茶のイメージも大きく変容した.ドリンクとしての茶がまだ登場していない頃の茶のイメージを聞けば,「縁側で祖父母が近所の方たちと,漬物を食べながら飲んでいる」,こんな姿が一般的であった.しかし,ドリンクとしての茶系飲料が登場してからはそのイメージは一変し,スキー・スノボ(スノーボード),テニス,ゴルフなど,スポーティーな,あるいは都会的な用語とともに語られるようになった.これは今まで室内でだけ飲用されていた茶が,ドリンクという形で携帯されて広く持ち出され,戸外や人の集まる場所で飲まれていることに起因する.

このように茶系ペットボトル飲料の登場・普及は日本茶の広がりを大きく変えることになったが,伝統的な日本茶のリーフ業界においてはこれを疎んじる向きもあった.

ペットボトル飲料は完成品として直接口にされるところから,その味は万人受けするように調整されている.一方,リーフティーは2～5gの茶葉を60～80℃の湯,100～150 mLで1～3分浸出するとおいしくいれられるが,普段からあまり茶を飲用していない人たちに茶をいれてもらうと,白湯のような茶をいれる.この人たちに茶の面白さを説明し,以後,毎日テスティングを行っていろんな茶種の2種以上を同時にいれてその違いを官能的に評価する.このようなテスティングを繰り返し,反復し練習した後でまたテスティングすると,1～2ヶ月でほとんどの人たちはその茶種を明確に識別ができるようになる.ここまで練習すると,この人たちは「しっかりいれた方の茶が好き」と変化した.

茶の味は後天的に学習の結果として獲得されるものである.海や山で,ハイキング

に、ペットボトルを手にして出かけるということは、茶の奥深い味を知る入り口がそれだけ増えた、ということだ。ペットボトル飲料は誰でも、どこでもいつでも飲むことができる。万人受けし、おいしくて、便利なペットボトル飲料…、普段あまり茶を口にしない人たちが、茶飲料を口にし始めたことは、茶文化にとってたいへん幸運なことと考える。

かくして普及した茶系飲料も登場から20年を経過し、リーフ茶ではできなかった茶の広がりというものを実現した。このような一般受けする茶の味が広まり、茶を口にすることが日常的となると、次はよりしっかりした嗜好性・機能性が求められるようになる。10年ほど前に発売されたカテキンリッチの、かなり（渋）味が強いペットボトル飲料は、特定保健用食品の認定を受けての登場となったこともあいまって、一躍緑茶業界を活気づかせた。以来濃い味の茶飲料が各社から発売され、今に至っている。また、ワインボトルに入った1本数千円～数十万円の「超」高級茶が売り出され、話題を集めている。

わが国の茶の生産量は8万tそこそこで、これがすべて製品となり完売したとしても、自動車・電機などの業界に比べれば金額的には微々たる産業である。しかし、そうした現代の経済的地位にはかかわりなく、古くから日本の伝流と文化に織り込まれてきた茶が、私たちの生活のなかで重要な位置を占めるという認識は揺らいでいないように思える。

茶という「モノ」だけではなく、「質」「心」も含めて科学し、より広い視点をもって理解を深めることで、伝統の継承と建設的な破壊をバランスよくミックスすることが可能となり、経済的にも明るい展望がひらかれるのではないか。なんといっても茶は、高齢化社会を前に人々の未病としての生活に寄与できる、まさに今日の日本でこそ出番の待たれている食材なのである。　　　　　　　　　　　　　　　〔大森正司〕

●8.2.12　茶と砂糖

茶は健康飲料、ダイエットに効果的、とのイメージで定着している一方、砂糖（ショ糖、スクロース）は健康に害があるというイメージで（実際には、過剰摂取しない限りそんなことはないが）、敬遠されがちである。

この2つの食品の出会いは、どのようなものであったのだろうか。

a. 砂糖と紅茶の出会い[1]

茶に砂糖を入れるという仰天の発明は、アジアや南北アメリカなどヨーロッパ外世界との取り引きを一挙に拡大して、東の果ての中国からは茶を、西の果てのカリブ海からは砂糖を大量に供給できるようになった17世紀のイギリス人にして、初めて可能になったことである。そして、イギリス国内で砂糖入り紅茶を圧倒的に普及させたのは、17世紀中頃からおよそ1世紀間、ロンドンなどの大都会で繁栄した「コーヒー

ハウス」であった．

　コーヒーハウスは今の日本の喫茶店に似たもので，もともとその名のとおりコーヒーを提供したが，間もなく茶やチョコレート（現在のココア）も供するようなった．そもそもコーヒーハウスは，清教徒革命のさなか，王党派インテリの集合場所として成立したので，何やらわけありげなところが魅力となっており，これら3種類のいずれもエキゾチックな飲料は，その雰囲気にぴったりだったのである．

　薬局で売られる「薬」であった砂糖と茶は，こうしてコーヒーハウスから急速に普及していったが，庶民には高価な贅沢品，いわゆるステイタス・シンボルであった．しかし逆に，そのステイタス・シンボルという高級感が驚くほど消費意欲をかきたてる原因になり，ますます世に広まっていった．

　18世紀中頃には，1人あたりでいうと，イギリス人はフランス人の8ないし9倍の砂糖を消費する砂糖消費大国となった．ワインが産出したうえ，植民地からコーヒーを入手できたフランスでは，イギリスのようには紅茶の消費が進まなかったからである．反対にいうと，ブドウが栽培できなかったイギリスでは，東インド会社が茶の輸入に熱心であったうえ，市民の社交と文化の中心としてコーヒーハウスが大繁栄したことが，砂糖を急速に彼らの生活にとって身近なものにしたのである．

b. ティー・ブレイクとアフタヌーン・ティー[2]

　18世紀頃，イギリスの工場の経営者にとって，労働者が就業時間を守らないことは悩みの種であったが，工業化以前の労働者には時間を守るということは非常に難しいことであった．農民は，「晴耕雨読」というほど気楽ではなくても，気候条件や日の出や日暮れによって労働時間を左右されるだけでなく，たとえ貧しくとも，多少は労働時間を自ら決める自由をもっていた．職人の間では，週末に飲んだくれて，月曜日は職場に出てこないという「聖月曜日」の習慣が，慣習的な権利として社会的に承認されていた．これに対して，工場の労働では，労働者自身には時間の使い方にいっさいの選択権がなく，機械時計の示す時刻に合わせて行動することだけを要求されたのである．

　ここで，圧倒的に大きな役割を果たしたのが，砂糖入りの紅茶であった．工業化前の職人や農民の生活では，朝からエール（伝統的なアルコール飲料で，いわばホップ抜きのビール）を飲んで，酔っぱらいながら出勤するということも少なくなかった．19世紀中頃になっても「聖月曜日」の習慣が残っていたのは，その証拠でもある．

　産業革命時代，かつてステイタス・シンボルであった砂糖入り紅茶が，労働者の朝食に取り入れられるほど安価になり，砂糖入り紅茶を軸とする「イギリス風朝食」（イングリッシュ・ブレックファースト）が，労働者の朝食として成立したのである．エールと違い，砂糖入り紅茶は高いカロリーとカフェインを含んでおり，時間にルーズな，酔いどれの労働者にかわって，朝からしゃきっとした，勤勉な，時間を正確に守る労

働者が出現するようになった.「大陸風朝食」(コンティネンタル・ブレックファースト)との対比で「イギリス朝食」といえば,いまでもベーコン・エッグもついて「ヘヴィ」なことで知られているが,それこそ肉体労働をせざるをえない労働者のための朝食だったのである.農村の住民とは違って,工場労働者は,ほとんどキッチンというほどの設備のない住宅に住んでおり,手の込んだ朝食は用意できるはずもなく,お湯だけでつくれる「温かい食事」という意味でも,砂糖入り紅茶は,イギリス労働者にとって恵みであった.

しかし,産業革命時代の終わり頃までには,イギリスの労働者の間では,砂糖入り紅茶は朝食で用いられるだけでなくなった.仕事の中休みとしての「ティー・ブレイク」の習慣も広がった.労働者の「ティー・ブレイク」には,中・上流階級の「アフタヌーン・ティー」とはまったく異なる,肉体労働者のシンボルという意味が含意されたのである.イギリス人にとって,砂糖は贅沢品ではなくなり,重要なカロリー源となった.時期によっては,平均的なイギリス人のカロリー摂取の20%近くが,砂糖によっていたという.こうして,もともと王族や貴族・ジェントルマンのステイタス・シンボルであった砂糖入り紅茶は,労働者階級のシンボルとなったのである.

当時の栄養学者いわく,砂糖入り紅茶よりジャガイモのほうが安上がりで,栄養学的にも望ましく,実際,同じ値段で買い取れるカロリーを比較すると,ジャガイモは砂糖の5倍にはなった.しかし,はじめから下層民の食べ物として導入されたジャガイモとは違って,紅茶と砂糖は,もともと上流階級のステイタス・シンボルであったから,庶民といえども,砂糖入り紅茶への執着は強く,イギリス庶民の生活のなかにすっかり定着した.

現代のイギリスでは,オフィスでも大学でも,午後に「お茶の休み」がある.しかし,そのルーツは,貴婦人のサロンに始まった「アフタヌーン・ティー」と,工場労働者の「ティー・ブレイク」という,まったく逆の2つの方向からきたものを合わせたものである.

c. 現在の飲料にみる茶と砂糖

では,現在の日本における飲料では,茶と砂糖の関係はどうであろうか.

清涼飲料の品目別生産量の推移(図8.16)をみると,2000年代半ばまで急速に伸びているのが緑茶飲料で,砂糖(甘味料)を必要としていない.また紅茶飲料は,すべてが無糖ではないが,砂糖(甘味料)の使われていないものが多い.図から,かつて多く売られていたコーヒー飲料,果実飲料等甘味のある飲料の需要が伸び悩んでいるのは,一目瞭然である.

甘味に飢えていた時代,戦前にはなかったといわれるあんみつの出現のように,甘ければ甘いほどうまいと感じたような時代は過ぎ去り,無糖茶やミネラルウォーターが増大し,コーヒー飲料においても,ブラックや微糖といったような,あまり甘くな

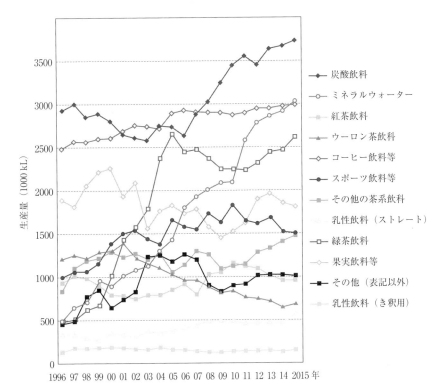

図 8.16 清涼飲料品目別生産量推移（1994〜2015：全国清涼飲料工業会・ソフトドリンク統計 [http://www.j-sda.or.jp/statistically-information/stati04.php] より）
自社ブランド品の生産量．「炭酸飲料」は 2009〜2011 年ビールテイスト炭酸飲料を含み，2012 年から統計上の取り扱い変更に伴い除外．

くてもおいしい，というようなコンセプトのものがもてはやされている．

　甘味への欲求を満たしたいときにはデザートやスイーツで満たせばよい，ということになれば，砂糖入り飲料の需要は期待できない．となると，甘味に合わせて飲むのは，コーヒーまたは茶系飲料であることはいうまでもなく，緑茶・紅茶・ウーロン茶等の茶系飲料の生産量の合計は，他の品目に比べ最も高くなっている．　　〔塩田淳子〕

引用・参考文献

1) 川北稔（2005）：砂糖類情報誌，**2005.4**：34-36.
2) 川北稔（2005）：砂糖類情報誌，**2005.5**：58-60.
3) 芳田誠一（2004）：砂糖類情報誌，**2004.9**：1-10.

8.3 生活への利用

8.3.1 茶の草木染め

a. 茶染め

草木染めは，アイ（藍），ウコン，ベニバナ（紅花）など植物の葉や花，樹皮や幹を使った染色のことである．「草木染め」という言葉は，昭和になってからの造語[1]で，合成染料による染色と区別するために用いられるようになった．藍染めや紅花染めに代表される草木染めは，合成染料では出せない独特の色合いによって珍重されている．茶葉を煮出した煎出液を用いる茶染めも草木染めの一種である．緑茶を使った茶染めは，室町時代から京都周辺で行われてきた伝統的な手法であり，現在では埼玉県や静岡県などの茶産地で行われている．埼玉県入間市の特産である「村山大島つむぎ」にも茶染めが使われており，これを用いたネクタイや小物類が市販されている．しかし，茶染め商品は一般化しているとはいえず，これらが数少ない例といえよう．

茶葉は年2回，春と夏に収穫し，一番茶・二番茶として飲料用に用いられている．茶染めには，飲料用茶葉の収穫前に刈り落とし約1週間乾燥した茶葉が用いられる．染液には，茶葉 50 g に水 1 L の割合で約 30〜60 分間煮沸し，濾過した煎出液が用いられる．この染液に布を浸漬し，約 30〜60 分間煮沸して染色する．構成する繊維の構造によって布の染まりやすさが決まる．茶染めでは，羊毛や絹のようなタンパク質繊維は染色しやすく，綿や麻のようなセルロース繊維は染色しにくい．染色しにくい繊維は，あらかじめ牛乳，または豆汁などで処理（カチオン化処理）して染色すると染まりやすい．

茶染めには，通常媒染剤が用いられる．媒染剤とは，染料と繊維との間で化学的に作用し，両者の親和性を向上させ，色素を繊維に染着・固定させるようなはたらきをする物質である．おもに，鉄・銅・錫・アルミニウムなどの金属イオンを含む媒染剤が用いられる．媒染剤の使い方には，染色する前に媒染剤で染色布を処理する先媒染，染色中に処理する同浴媒染，染色後に処理する後媒染の3種類の方法がある．茶染めには，染色後室温で約 30 分間，15〜20% 金属イオン媒染剤溶液に浸漬処理する後媒染法が使われることが多い．媒染剤の種類によって，茶染めの色相を変えることができる．異なった種類の媒染剤を用いて染色した結果を図 8.17 に示す（巻頭口絵にもカラーで掲載）．

染液となる煎出液には，タンニンなどのカテキン類，タンパク質，アミノ酸類などが含まれ[2]，図のように茶葉のみで染色した綿布は，うすい黄茶色に染まる．これはタンニンによる発色といえる．また，銅媒染では茶色，鉄媒染では黒色系に染まっている．いずれも媒染剤の金属イオンが繊維分子と配位結合することによって色素が固

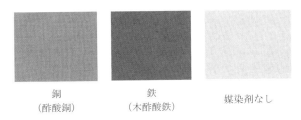

図 8.17 茶染め綿布と異なる媒染剤による色彩の違い ［口絵 38 参照］

定され,色調が深色側に変化する[3]．緑茶以外に,紅茶やハーブティーとして親しまれているカモミールやラベンダーなども,茶染めの茶葉として使われている．これらも媒染剤の効果でさまざまな色目を楽しむことができる．

b. 茶染めとその効果

　繊維製品は,日光（紫外線）にさらされるし,汗や泥のような汚れを落とすための洗濯もしなければならない．染色物を実用的な繊維製品にするためには,染色堅牢度は重要な要件である．茶染めの場合は,特に日光堅牢度と洗濯堅牢度が問題となるが,適当な媒染剤を用いることによってこれら堅牢度を向上させることができる．

　茶葉に多く含まれているカテキン類は,近年がん予防や高血圧などの成人病予防などに効果があると注目されている．清潔感が重視される衣料の分野でも,カテキンの抗菌性や消臭性が着目されるようになった．周知のように,抗菌性とは菌の増殖を抑制する性質である．筆者らの研究でも,銅媒染剤を用いた緑茶染色綿布には抗菌性があることが実証されている．

　緑茶で染色した靴下やストッキングには,明らかな消臭効果がみられる．カテキンにより汗中の成分をアンモニアのような臭気物質に分解する菌の増殖が抑制されること,またカテキンが臭気物質自体も吸着することなどによると考えられる．消臭効果には,いやなにおいを単に香料でカムフラージュするような手法もあるが,カテキンによる消臭はにおい物質の発生を抑制する点で,本質的な消臭作用であるといえる．緑茶染色綿布は,今後カテキンの固定化が改善され,洗濯耐久性がさらに向上すれば,衣料分野でも汗臭や加齢臭などに対する消臭性素材として期待できそうである．

　緑茶染色布は,微妙な天然の色調と同時に生理機能性をもつ素材として,人間の感性と生活環境の調和が重要視されるなかで大きな可能性を秘めているように思われる． 〔水谷千代美〕

引用・参考文献

1)　大石貞男・林栄一（1988）：日本のお茶（角山榮編），p.172，ぎょうせい．

2) 池ヶ谷賢次郎（2006）：茶の科学（村松敬一郎編），p.85，朝倉書店．
3) 木村光雄（1999）：繊維学会誌，**55**：16．

●8.3.2 茶の脱臭効果

茶のもつ脱臭効果は昔から生活の知恵として広く知られ，日常生活に利用されてきた．体にも環境にも優しい自然の素材を利用した茶の脱臭効果は，近年も医療・衛生・居住・食品分野などにおいて注目されている．特に緑茶にはさまざまな機能性成分が知られているが，そのなかでも水溶性成分のカテキン類・フラボノイド類や水不溶性成分であるクロロフィル（葉緑素）にはかなり強い脱臭効果が認められていることから，それらを利用した製品が多く開発されている．

a. 日常生活における活用

生活の知恵としての茶の脱臭効果の利用例は，古くなった茶をたんすや下駄箱のにおい消しに利用したり，茶香炉で茶を加熱して部屋を消臭するといったことなどがあげられる．魚を焼いた後のにおいが部屋にこもったときなどには，乾燥させた茶殻を燃やすとにおいが消えるといった効果や，冷蔵庫や食器棚のにおいが気になるときは乾燥させた茶殻をティーバッグに入れたものを置いておくと脱臭されるということもよく知られている．茶や乾燥した茶殻は揮発性の有機物を吸着しやすいので，不快なにおい成分を吸着して脱臭することができるのである．なお，紅茶やウーロン茶においてはカテキンが縮合してテアフラビンやテアフラビジンに変化しているため，緑茶ほど効果は高くないが，家畜舎などの脱臭に用いられている例もある．

料理においては，魚を調理する際に茶を用いることで，魚特有の臭み（トリメチルアミン N-オキシドやアンモニアなど）を取り除く効果も知られている（8.2.6項参照）．魚を茶の浸出液で下洗いしたり，魚を煮るときに茶葉や茶の粉末を少量入れるといったことだけでも，十分な脱臭効果が得られ，おいしい魚料理を作ることができる．また，魚料理だけでなく，燻し卵である樟茶鴨子（チャンチャカオズ）や熏蛋（シュンタン）のように，材料への香りづけや臭みを消すためにいぶした茶葉を用いているものもある[1]．

b. 口腔ケアにおける活用

寿司屋の「あがり」に代表されるように，日本では昔から食後に茶を飲む習慣がある．これは虫歯の予防だけではなく，食べたもののにおいを消し，口の中をさわやかにする効果がある．つまりこれも立派な脱臭効果といえよう．口臭の原因はさまざまであるが，その原因の8割以上は口腔内にあるといわれている．茶に含まれているカテキン類は虫歯の原因となる細菌ミュータンス連鎖球菌（*Streptococcus mutans*）に対して強い殺菌効果を示し，歯垢（プラーク）の形成を阻害するため，虫歯を予防することで，虫歯からのにおいを抑えるはたらきがある．また茶に多量に含まれるフッ素は歯質を強化し，口臭の原因となる虫歯を予防する作用がある[2]．クロロフィルは防臭

効果が強く，口臭抑制製品やガムなどに添加されている[3]．口臭の予防のためにはていねいな歯磨きも必要であるが，食後に飲む1杯の茶の効果も大きいことがわかる．

c. 脱臭効果を利用した商品

昔ながらの生活の知恵を利用した茶の脱臭効果は，さまざまな製品に応用されている．家庭用のルームエアコンやカーエアコン，空気清浄機のフィルター（化学繊維の不織布）にカテキンを付着させたものがある（図8.18）．従来のフィルターは花粉やほこりをとらえるだけで，揮発性のにおい成分分子をとらえることができなかった．しかし，フィルターにカテキンを付着させることによって，におい成分をとらえることができるようになった．カテキンのフェノール性水酸基の部分ににおい成分分子の官能基が吸着または包接することによって，不快臭が取り除かれているものと推定されている[4,5]．

また，脱臭効果のある緑茶エキス入りの住空間の消臭剤や体臭予防用のデオドラントケア用品も商品化されている（図8.19）．緑茶乾留エキス（緑茶乾燥葉を減圧下で加熱して有効成分を抽出）をアルコールに溶かしてスプレー製品にしているものである．カテキンを主とした緑茶乾留エキスには独特の香りと色（茶色）があり，消臭剤やデオドラントケア用のスプレー製品の商品化にあたっては無臭・無着色にする技術が必要であった．デオドラントケア用品に緑茶乾留エキスが入れられるようになったのは1994年のことである．緑茶乾留エキスの脱臭作用は包接・吸着などの物理的消臭と，中和・付加などの化学的消臭の複合作用によるものと考えられるが，おもな作用はカテキンの包接・吸着によるものと考えられている．カテキンがにおいの原因となる雑菌を死滅させる殺菌作用もあわせた，複合的な消臭を実現している．

図8.18 エアコン用のカテキンフィルター商品（宇部マテリアルズ株式会社）

図8.19 緑茶エキス入りのデオドラントケア商品（花王株式会社）

カテキンを固定した弾力性のシートも開発されている．このシートは，室温（25℃）においてシックハウス症候群の原因物質であるホルムアルデヒドと高い吸着反応を示すことが発見されたことから開発された．このシートをキッチンの棚の底面に利用したり，畳の内部に敷き込んだり，家具の搬送用梱包財として利用することで，ホルムアルデヒドの低減化に効果があると考えられている．カテキン類の化学的付加反応により，アセトアルデヒド，アンモニア，トリメチルアミン，メチルメルカプタン，硫化水素などの脱臭にも効果があるため，屋内の環境改善素材として注目されている[5]．

以上のように茶の脱臭効果はさまざまな場所で活用されている．しかし，茶の抽出物やカテキンは紫外線や熱によって劣化するので，今後はカテキン類の脱臭能力をより長く持続させる，といった方向の研究・開発も望まれる． 〔岡本由希〕

引用・参考文献

1) 村松敬一郎編（1991）：茶の科学，p.82, 朝倉書店．
2) 村松敬一郎編（1991）：茶の科学，p.164, 朝倉書店．
3) 安田英之・森山貴史・角田正健（1995）：日本歯周病学会誌，**37**：141-148．
4) 世界緑茶協会（2002）：緑茶通信4号，p.37-38, 世界緑茶協会．
5) 世界緑茶協会（2002）：緑茶通信5号，p.42, 53, 世界緑茶協会．

● 8.3.3 茶とうがい

茶は元来煎じて飲むものであるが，現在では生活のさまざまな場面で利用されている．その1つが「うがい」である．茶でうがいをするとどのような効果があるのか，みていくことにする．

a. うがいの目的と効果

うがいの目的は，口中の洗浄とのどの洗浄の2つがある．

口中の洗浄は，「ブクブクうがい」ともいわれ，水を含んで口を閉じ，頬を膨らませたり元に戻したりを交互に素早く行ってすすぐ方法である．のどの洗浄は，「ガラガラうがい」ともいわれ，水を含んで口を開け，上を向いて息を吐く方法である．

ブクブクうがいは口の中をきれいにするためのうがいである．口中の食べ物のかすや雑菌を除去することができ，虫歯予防・口臭予防に効果がある．

一方，ガラガラうがいは，のどを洗浄する効果がある．毎年必ずといってもよいほど話題になるインフルエンザ．低温で乾燥した気候は，ウイルスの拡散には絶好の環境である．そのため，冬はウイルスが空気中にたくさん浮遊している．かぜ症候群の部分症として起こるのどの痛み（急性咽頭炎）は，このウイルス感染などが主で，これに二次的に細菌感染が起こり悪化する．症状は，乾燥感・咽頭痛・嚥下痛があり，発熱，咽頭の発赤腫脹がみられる[1]．

こうしたウイルスに感染しないためには，ウイルスとの接触を避ける（例：人ごみには出かけない，マスクをして出かける，等）ことが大事である．とはいえ，社会生活を送るうえでは，職場，学校，買い物と外出し，人ごみに出かけて行くことは避けられない．ゆえに，付着してしまったウイルスをできるだけ早く洗い流すことが重要である．特にウイルスが付着しやすい場所は，物に触れる手と，空気を体内に通すのどである．手洗いと「うがい」が感染症予防の基本とされるのは，そのためである．

うがいの効果は，外部から体内に侵入しようとした塵やほこりなどの約 90% が鼻を通る間に粘膜に捕らえられ，そのままのどに落ちて痰として体外に出るしくみに起因する．ウイルスの大部分も鼻で捕らえられてのどに向かい，そのときに，のどの粘膜の細胞に入り込んでウイルスが増殖する可能性がある．ウイルスが増殖すると，粘膜から血管に入り込み，その数が多ければ感染ということになる．

ウイルスがのどの粘膜で増殖するためにはある程度時間が必要である．そこで，約 3 時間おきにうがいをすることにより，この増殖を抑えることができる．仮に 1 日 18 時間起きているとすると，1 日 7 回のうがいをすることが必要になる．寝ている間は体内の免疫が活発なので多少の増殖にも耐えることが可能である．ただしうがいはあくまでも予防であって，感染が成立してウイルスが体内に入ってしまったら，うがいをしても効力はない．感染する前に 1 日 7 回のうがいをするのが，最も効果的といえる．

b. 茶の効果

茶に含まれるポリフェノールは化学的にはカテキン（類）と呼ばれ，茶の乾物あたり 10～20% 含まれている．このカテキンは緑茶よりも紅茶に，一番茶よりも二・三番茶に多く含まれる．これが茶の風味，薬効発現の中心となっている．茶を飲んだときに感じる爽快な渋味（人によっては渋いといって嫌がられるが，茶好きの人にはおいしいと感じられる味）のもとであり，また年季の入った急須や湯呑みに「茶渋」が着いているのを見かけるが，これもカテキンによるものである[2]．

岩田・島村ら[3] によると，このカテキンはインフルエンザウイルスの感染を防ぐ効果があるという．実験方法は，同じ職場の 300 人を 2 グループに分け，片方のグループには毎日 2 回，紅茶でうがいしてもらう．5 ヶ月間調べた結果，うがいをしたグループのインフルエンザ感染率は低かった．

また，紅茶をいれたときの紅い水色は，テアフラビンといわれるものによる．これは，カテキン類が酸化重合したもので，その生理活性はカテキンに準じ，抗菌作用をもつことから，風邪のウイルスを抑制するといわれている．

さらに，茶にはフッ素が含まれる．茶葉はほかの植物に比べフッ素含量が高く，玉露で 29～120 ppm，煎茶で 20～240 ppm，番茶では，90～350 ppm 含まれる．一般に古葉に多く，500～1000 ppm に達することもある．茶葉中のフッ素は熱湯で 60～70% 溶出し，虫歯の予防に効果があるといわれている．

c. 茶＋うがい

　茶でうがいをすると，風邪やインフルエンザのウイルスにも効果がある．カテキンやテアフラビンは水溶性で，熱湯で緑茶や紅茶をいれるとよく抽出される（渋くなる）ので，紅茶や緑茶を濃いめに煮出しておき，熱いうちには水で，冷たくなったらお湯で2～4倍に薄め，人肌の温度にしてうがいに用いることによって，健康の維持に役立てたい．ただし，茶カテキンのこの作用もうがいと同様あくまで予防効果であり，すでに感染した細胞に茶を接触させても抗ウイルス効果は期待できない．

　また，茶に含まれるカテキン類，フラボノイド，フッ素は，虫歯菌増殖を阻止し虫歯予防に効果があるので，歯磨き粉やガムに配合されることもある．脱臭作用（口臭の原因物質メチルメルカプタンの除去効果）もあるので，口臭予防にも効果が期待できる．食中・食後にお茶を飲むようにし，虫歯にならないよう心掛けたいものである．ただし，熱い茶でのうがいは，口中やのどの火傷の原因になるので，注意が必要である．

〔塩田淳子〕

引用・参考文献

1) 斎藤洋三・菊池恭三 (1989)：歯科学生のための耳鼻咽喉科・頭頸部外科学, p.117, 南江堂.
2) 松島綱治ほか (2005)：予防医学事典, p.163, 朝倉書店.
3) 岩田雅史・島村忠勝ほか (1997)：感染症学雑誌, **71**(6)：487-494.

8.3.4　お茶風呂

　本来，「風呂」とは湯気で満たされた部屋のことで，サウナのような蒸風呂のことを指していた．現在多くの家庭で見られる風呂＝湯につかる入浴スタイルのものは，「湯」といっていた（確かに，銭湯は銭風呂ではない）．いったいいつ頃から「風呂」と「湯」が混同されたのかさだかでないが，多くの家庭でみられる湯につかるスタイルのものを，ここでは「風呂」としておく．

　風呂に入ると体が清潔になるとともに温まり，気分がすっきりして心身ともに気持ちがよい．健康の維持増進にもたらす風呂の効果が期待され，古くからさまざまな入浴方法がある．端午の節句の菖蒲湯や冬至の柚子湯などもその1つであり，鎌倉時代以前からそうした入浴方法がみられたそうである．このように入浴による効果と植物などによる薬効をあわせた入浴方法は「薬湯」として日本でも古くから親しまれていた[1,2]．鎌倉時代前後の薬湯に用いられていたのはモモ，ヤナギ，クワ，ヨモギ，ネギなどであった．いつ頃から茶も薬湯に用いられるようになったのかは不明であるが，元来，茶は薬用として用いられていたのだから，その普及とともに薬湯に用いられていったのではないだろうか．

　お茶風呂は，家庭でも簡単に楽しむことができる．薬湯には一度煮出した煮汁を湯

に加える方法もあるが、木綿の袋に詰めて湯に浮かべるという方法が家庭ではやりやすいであろう。木綿の袋にこだわらず、ティーバッグやストッキングなどで作った袋でも十分で、この袋に茶殻や古くなった茶を詰め、そのまま風呂に浮かべるだけでよい。

茶に含まれるカテキン（類）やビタミンCなどには、紫外線やタバコ、ストレスなどで増加した肌の老化を進める活性酸素を除去する抗酸化作用があり、肌へのダメージを和らげてしみやそばかすができるのを防ぐ。茶の代表的な成分であるカテキンにはこのほかにも抗菌作用や抗アレルギー作用などたくさんの効能が知られていて、アトピー性皮膚炎やにきび、水虫などの改善に役立ち、汗や体のにおいを抑えるのにも効果がある。さらに、肌のデリケートな赤ちゃんはあせもやおむつかぶれができやすいが、そんなときには、いつものお風呂をお茶風呂に変えてみたり、おむつ交換のときに薄めの茶を含ませたタオルやガーゼでふいてあげたりするとよい。これは寝たきりの方のケアの場面でも喜ばれる。また、お茶の香りにはリラックス効果もあり、ストレスを緩和させて気持ちをやわらげる。

髪を洗うときにお湯ではなく茶を使うと、髪を作る細胞にはたらきかける効果もある[3]。

お茶風呂の残り湯は洗濯には使えないが、拭き掃除には使える。お茶の色で風呂の汚れが見やすくなり掃除しやすいが、そのままにしておくとバスタブが変色してしまうこともあるので注意する。

〔山下まゆ美〕

引用・参考文献

1) 武田勝蔵（1967）：風呂と湯の話，p.10-11；140-150，塙書房．
2) 河上利勝（1977）：風呂と人間，p.28-30；96-100，メヂカルフレンド社．
3) 鈴木平光・五十嵐脩・大森正司監修，日本茶と和食に親しむ女性の会編（2005）：ヘルシーライフはCHA＊茶＊CHA，p.88-89，国立印刷局．

= Tea Break =

お茶風呂体験

茶はもちろん毎日飲み、たまに料理に使って食していたが、風呂で使うということはこれまでなかった。初めてお風呂という空間で茶を楽しんだのは、「お茶料理研究会」主催の第5回国内茶産地視察ツアー「お茶のふるさと　嬉野〜八女を行く」で、九州を訪れたときである。九州は静岡に次ぐ茶の生産地で、嬉野や八女などの茶産地がある。

> ツアー初日に佐賀県茶業試験場で嬉野茶の特徴や製造法についてお話をうかがうとともに，嬉野大茶樹や釜炒り茶を製造しているという農家を見学した．茶で満たされた私達には，嬉野温泉街にある和楽園（佐賀県藤津郡嬉野町）がその日の宿として用意されていた．
> 　旅館にはお茶を使った風呂があると聞いたので，さっそく皆で汗を流しに行ってみた．大浴場を抜けた先に露天風呂があり，扉を開けるとほのかに香りがもれてきた．茶＝緑色のお風呂と思って湯のほうへ近づいてみると，なんと茶色いではないか．茶は茶でもほうじ茶だったのかと勘違いして少し一人で落ち込んでいたら，大きな石でできた急須からお湯の注がれているのが目に入った．茶が注がれるお風呂かとちょっと不思議な気分に浸っていたら，その横に立て看板のようなものが置かれていた．茶風呂についての説明書きで，その横にはお茶パックが添えられていた．急須にはここ嬉野でとれた茶が詰まっていて，そこからこのお茶風呂に茶が注がれており，さらにお茶パックを使えば茶と温泉とパックのトリプル効果で肌がすべすべになるというではないか．たしかに，急須から出ている茶は緑色である．さっそく友人たちと試してみた．パックを湯につけて湿らすとさらに茶の香りが楽しめた．いつもの温泉とは違ったこのお茶風呂で，私は身も心もすべすべになった気がした．この宿は「茶心の宿和楽園」といい，お風呂から食事から布団に至るまで，まさにすべてが茶尽くしであった．
> 〔山下まゆ美〕

●8.3.5　茶と香粧品

　元来，香粧品の主成分は，天然の動植物の成分を原料として組み立てられたものであった．その後，技術の発達とともに化学合成品を使用した香粧品も多種類にわたり開発されてきたが，安全性や自然志向を求める消費者ニーズの増加により，植物由来成分の香粧品の開発，有効利用が年々活発化している．

　おもに嗜好飲料として親しまれている茶を，化粧品として肌に使用する利用法は古くからあったのであろうか．大正時代の『薬用植物誌』という本を探ってみると，「引き茶を水蟲又は股のすれたるときにつけて効あり」といった記述がみられる[1]．

　近年，茶の消臭効果，殺菌効果をはじめ，収斂作用，抗う蝕作用，さらには揮発性芳香成分の癒しの効果についての多くの報告がみられ，香粧品として茶を利用した商品が出回るようにもなった．今や茶は飲むだけのものではないといえるだろう．本項では，茶の香粧品への利用，およびその効果について述べる．

a．茶抽出エキスの香粧品への利用

　茶を用いた香粧品は数多い．緑茶石鹸，フェイスパック，ボディソープ，シャンプー，

化粧水，保湿クリーム，クレンジング，発毛促進剤に至るまで，さまざまなメーカーが製造している．茶を利用した商品には，「緑茶エキス入り」や「玉露入り」，「茶の実油配合」といったもののほか，「カテキン入り」や「緑茶ポリフェノール入り」といったように，茶の成分を加えてその効果をうたった製品もある．

チャ由来の原料としては，茶葉から抽出して得られるエキス以外に，茶乾留液，茶実エキス，茶実油がある．茶エキスの主成分はカテキン類であり，チャの実にはサポニン類が多く含まれている．

茶の抽出エキスを香粧品に用いる場合，色の変化，香りの変化，沈殿の生成が起こりやすく，長期間保存することの多い化粧品の原料として用いる際には，処方の検討が必要となる．

茶に多く含まれるカテキン類やその他のポリフェノール類は，空気に触れたり加熱されたりすることで酸化重合が進み，その構造を変化させる性質がある．茶エキスはこの変化に伴って，本来の緑色から褐変して茶色に，さらには黒色となる．たとえば，製造工程で酸化や重合したポリフェノールが含まれる紅茶や後発酵茶を鍋に入れて煮詰めると，濃茶色で粘性のあるクリーム状の液体ができあがる．これをもとに，天然の染毛剤としての利用が可能ではないかと筆者らは考えている．飲料として抽出した後の茶殻をさらに煮詰めて製造することも可能であることから，資源の有効利用といった点でも今後の研究が期待される．

b. 茶香粧品の効果について

江戸時代の食品の百科事典『本朝食鑑』(1697) には，当時実際に行われていた茶の利用法がたくさんあげられている．そのなかには宿酔（二日酔い）や感冒・下痢に効用があるなどとしたほか，外用として火傷にヒキ茶をオハグロでねりつける，子供の股のただれにヒキ茶の粉をつける，などといった用法がみられる[2]．皮膚の炎症を抑える薬としても昔からよく用いられていたようであり，現在でも高齢者福祉施設や保育所などで，汗疹の炎症抑制に使用する事例がみられる．

茶の香粧品としての利用価値は現在もなお注目されている．特に皮膚への薬理効果をみとめる多くの研究が報告されており，抗炎症作用，抗菌作用，収斂作用，皮脂の分泌調整作用などが知られる．また，茶の香気成分には精神抑制作用や癒しの効果があるとされ，茶の香りを利用した香粧品もみられる．これはアロマテラピーという新しい分野での利用である．また，カテキン類等の消臭作用を利用して，消臭スプレーや汗拭きシートなどとしても用いられている．

欧米において green tea extract はハーブと同類に扱われ，シャンプーやボディソープに用いている商品がみられる．また紫外線によるダメージ抑制作用や美肌効果についての研究報告もあり[3]，茶は世界でも注目されているスキンケア植物であるといえる．

新しい研究分野としては発毛促進・抜け毛予防への利用法がある．茶ポリフェノールは抗菌作用や血行促進作用をもち，さらに髪の母細胞や毛髪神経にも作用することから，頭皮を清潔に保って発毛促進するヘアトニックやヘアパックへの利用が考えられている．茶抽出液を利用した簡単なヘアトニックの処方は，沸騰したお湯で煮出した茶抽出液75%，アルコール20%，グリセリン5%を混合して頭に塗布してマッサージするというもので，血行が促進されすっきりする．

　茶を利用した香粧品は，市販されているものだけではなく，家庭でも手軽に作ることができる．しかも，洗顔に茶を使用する，茶殻をティーバッグに入れてお風呂に入れる，肌や頭皮をパックするなど，手軽に利用できるものである．自分で作れば化学合成品を加える必要もなく，より自然な化粧品であり，茶殻の有効利用といった点においても効率的な利用法であろう．

　茶には「健康的」「癒し」などのイメージがあり，植物成分であることから自然志向にも合致し，さらにさまざまな効能効果も期待できる．今後も新たな研究が進められ，ヘアトニックや茶を利用した染色剤等，新しい利用法がみられるようになるかもしれない．人間の心身を健やかに保つ茶の利用は，飲むだけにとどまらず，化粧品を含めてさまざまな利用法が広がっていくことが予想される．　　　　　〔久保田佑佳〕

引用・参考文献

1) 梅村甚太郎（1924）：民間薬用植物，p.369，三盆社．
2) 小林正夫（1987）：精解日本の薬用植物，p.164，農文協．
3) A. Mehling, S. Buchwald-Werner（2004）：*SÖFW-Journal*, **130**(3)：28-32.

索　引

欧　文

100 点満点法　464

200 点満点法　464

67 kDa ラミニンレセプター
　（67 LR）　403, 405

AEDA 法　336
AhR　449, 450
ARE 領域　402

CTC 製法　78, 130, 131, 134,
　135, 279, 313

DNA マーカー　232

EB ウイルス　441

GABA　268, 270, 422, 563
GST　402, 449

HAHs　449, 450
HIV　441
HTLV-1　441

IPM　249

JTA　147, 150

MRSA　443, 445

NAFLD　307

O 157　443

PAHs　449
PAL　10

TNDs　411
TNFα　431

あ

α-カロテン　326
α-トコフェロール　327
β アミロイド　386, 398
β-カロテン　326, 338
β 酸化　305
γ-アミノ酪酸　268, 270, 422,
　563

あ

アイスティー　505
アウグスト 2 世　207, 487
アオカビ　368
青木木米　176, 190
赤ウーロン　343
赤焼病　246
秋挿し　235
亜硝酸態窒素　243
アスコルビン酸　296, 326, 402,
　514
アスパラギン酸　270
アスペルギルス（コウジカビ）
　368
アセチルコリンエステラーゼ
　399
アセチルコリンエステラーゼ阻
　害酵素　399
アセトアミノフェン　395, 432
アッサム　66, 68, 69, 70, 119,
　130
アッサム・カンパニー　121,
　130
アッサム種　1, 4, 110, 116, 119,
　128, 130, 291, 318, 330, 363,
　528
アッツアイ　215
アディポサイトカイン　429
アトピー性皮膚炎　419, 421
アフタヌーン・ティー　202,
　519, 565
アフリカ　77, 133

アヘン戦争　116
アポトーシス　403, 412, 431,
　437
アマドリ化合物　329
甘味　462, 472
アミノ酸　364, 371, 482, 497,
　561
『嵐が丘』　212
荒茶　142, 258, 262, 263, 457,
　461
アラニン　270
アラビノシルイノシトール
　322
阿里山　96, 288
アルカリホスファターゼ　436
アルカロイド　359, 396
アルギニン　482
アール・グレイ　202
アルコール性肝障害　431
アルジェリア　217
アルゼンチン　275
アルツハイマー型認知症　385,
　386, 389, 398
アルナチャール・プラディッ
　シュ州　67, 68
アルミパック　515
アレルギー　419
アロマテラピー　577
アロモン　343
阿波晩茶　66, 289, 290, 292,
　294, 314, 351, 354, 370, 371
アンオーソドックス製法　276
安渓　28, 30, 31, 86, 96, 346
アントシアニン　220, 225, 228
アンモニア態窒素　244

い

井伊直弼　166, 167
胃炎　406
胃潰瘍　406
胃がん　406
閾値　471

索引

い

イギリス　100, 109, 112, 200, 201, 487, 558
イギリス東インド会社　70, 109, 112, 122
いけ花　184
石臼　510
石鎚黒茶　289, 290, 293, 294, 351, 353, 370, 513
イースト・インディアマン　122
イソフラボン　361, 395, 446
一期一会　166, 167
一汁三菜　532, 534
一番茶　241, 261, 316, 321, 362, 364, 481
萎凋　134, 276, 284, 313, 342
一酸化窒素　386
一酸化二窒素　243, 244
一芯二葉　134
一服一銭　164, 173
遺伝子組換え作物　229, 231
遺伝子中心地　7
伊藤若冲　175
炒り葉　257, 285
色絵磁器　487
隠元　171, 180, 535
インスリン　383
インスリン抵抗性　429
インド　66, 110, 112, 116, 130, 275
インドシナ半島　64
インドネシア　71, 132, 253, 275
インドール　343, 349
インフルエンザウイルス　440, 573

う

ウイルス性肝炎　432
上田秋成　175, 180
ウエルシュ菌　390
うがい　572
ウガンダ　77, 133
宇治製法　45
宇治茶　42, 167
う蝕　443, 445, 528
薄茶　511
内モンゴル　195
ウバ　349

うま味　364, 462, 472, 497, 529
ウレアーゼ　407
ウーロン茶　28, 94, 96, 140, 154, 160, 162, 163, 281, 286, 312, 313, 334, 342, 460, 461, 462, 505, 508, 509
ウーロン茶製造　281
ウーロン茶用品種　281, 282
ウンカ　287, 288, 343, 346, 347
雲脚　23, 156, 164
雲南省　194, 558

え

英国紅茶論争　105
英国式急須　454
栄養繁殖　3, 221, 234
腋芽　314
腋芽培養　229
エクァビージ　485
エジプト　217
エステート　69, 78, 129
エストロジェン　446
エピカテキン　300, 362, 375, 429, 562
エピカテキンガレート　4, 300, 362, 375, 441, 447, 562
エピガロカテキン　300, 362, 374, 441, 447, 551, 562
エピガロカテキンガレート　4, 52, 300, 362, 374, 386, 417, 429, 432, 436, 441, 444, 447, 450, 551, 562
淹茶法　190, 485, 493

お

オーヴィントン、J.　104
黄金桂　287, 344
黄色ブドウ球菌　443, 444
欧米の茶文化　198
覆い香　259, 461, 337
覆い下茶　313
覆い下茶園　262
大口樵翁　168, 181
オオムギ　309
岡倉天心　151
小川可進　166, 178, 180
オーキシン　231
折敷　532
押田幹太　221

オステオカルシン　436
オーストラリア　80
オーソドックス製法　130, 131, 134, 276, 313
お茶うけ　546
御茶壺道中　42, 167
お茶の振興に関する法律　145
お茶風呂　574
オランダ　110
オランダ東インド会社　98, 109, 110, 122, 485
オールインワン製茶機　268
オルトネーザル　335
温潤泡　506, 508

か

開花期　316
外観審査　456, 459
懐石料理　531
海南島　96
蓋碗　163, 488, 509
ガウム、ベーサ　66, 130
花芽　316
カカオ　359
科学的審査法　452, 474
化学発光検出-HPLC法　375
柿右衛門　207
榷茶　92
花香　461
過酸化脂質　377, 562
果実　317
過剰摂取　393
カチオン化処理　568
活性酸素　388, 402, 417, 530
カティーサーク　123, 126
カテキン　4, 6, 10, 52, 296, 299, 300, 319, 322, 323, 329, 361, 370, 371, 373, 376, 382, 386, 388, 390, 398, 402, 405, 407, 436, 439, 441, 450, 482, 497, 528, 548, 561, 562, 570, 573, 577
カテキンガレート　300
金沢貞顕　39, 164
可搬型摘採機　250
かび臭　351, 354, 371, 513
かび付け　290, 368
カフヴェ　75
カフェイン　4, 6, 319, 357, 378,

384, 385, 396, 432, 439, 475, 482, 498, 503, 561
かぶせ茶　254, 313, 337
カブリダニ　248
花粉症　419, 420
釜炒り製　26, 254, 336, 339, 461, 462
釜炒り茶　27, 44, 46, 224, 233, 254, 257, 313, 326, 339
釜香　257, 461
噛み料　15
カム　291, 553
カメリア属　3, 5, 6
カメロアグヌス　101
伽耶　54
から色　462
ガラクトサミン　430
ガラス化法　229
唐物　164, 165, 187, 189, 483
カリウム　397
カルキ臭　496, 522
カルシウム　397, 478, 482
カルス培養　231
花郎　56
ガロカテキン　300
ガロカテキンガレート　300
カロテノイド　338
カロテン　326, 337
環境汚染物質　448
環境ホルモン　445
関公巡城　162
カンザワハダニ　248
漢詩　155
肝障害　395, 430
韓信点兵　162
乾燥　257, 261, 264, 265, 278, 286
カンディダ　368
がん転移抑制　404
広東省　287
官能審査法　452
カンボジア　64
甘露煮　547

き

器官培養　229
キサントフィル　326
魏志倭人伝　18
徽宗　90

基礎代謝　303
北アフリカ　215
北インド　130
喫茶店　215
喫茶養生記　37, 51, 503
季御読経　36, 164, 484
基本味　472
──の相互作用　473
祁門（キーモン／キームン／キーマン）　32, 96, 350
ギャバロン茶　268, 422, 423
キャメロンハイランド　367
キャンディ　350
嗅覚　473
嗅細胞　473
休眠　314
玉露　180, 224, 254, 259, 313, 328, 337, 359, 364, 460, 461, 462, 483, 494, 499, 522, 529
緊圧茶　88, 289, 512
金花　290, 368
金瓜貢茶　92
近赤外分光分析法　475

く

茎茶　313, 494, 522
草木染め　568
草間直方　180
百済　54
口切り　510
口切茶会　42
くも膜下出血　425
ぐり茶　313
クリッパーレース　124, 126
グルクロン酸抱合体　376
グルタチオン-S-トランスフェラーゼ　402, 449
グルタミン　270
グルタミン酸　269, 365, 387, 529
グルタミン酸脱炭酸酵素　270
グルテリン　320
クローゼット　205
黒茶　289, 368, 512
クロツヤテントウ　249
クロロフィル　323, 329, 450, 476, 514, 570
クワシロカイガラムシ　248

け

茎頂培養　229
系統適応性検定試験　227
ケカビ　370
血圧降下作用　269
血管新生　404
血漿リポタンパク質　378
ケニア　77, 133, 275, 470
ケニア紅茶　79
ゲニステイン　395, 446
ゲラニオール　10, 339, 343, 348, 350, 370
ケリチョー　133, 470
ケルセチン　323
嫌気処理　269
健康寿命　388
建盞　23
検知閾値　471
建茶　23
献茶儀式　57
けんちん汁　538
ケンフェロール　323
ケンペル，エンゲルベルト　102
玄米茶　313, 494, 542
乾隆帝　90, 117

こ

碁石茶　66, 289, 290, 293, 294, 314, 351, 353, 369, 370, 371
濃茶　511
抗ウイルス作用　440
高温殺菌　329
光学異性体　354
抗がん作用　400
香気成分　297, 335
康熙帝　90
抗菌作用　443
口腔内細菌　443, 528, 570
高句麗　53
工芸茶　163
高血圧　383, 422
膠原病　438
交雑育種　220, 226
抗酸化剤応答遺伝子配列　402
抗酸化作用　389, 402, 411, 530, 551, 562
コウジカビ　368

高脂血症　417
江心坡地方　67, 68
硬水　478, 495
広西チワン（壯）族自治区
　　193
康磚茶　88
紅茶　31, 94, 113, 134, 200, 312,
　　313, 327, 329, 346, 363, 459,
　　460, 461, 462, 504
　――の生産量［世界，日本］
　　275
　――のテーブルコーディネー
　　ト　519
　――の等級区分　279
　――のプレゼンテーション
　　524
　――の輸入　137, 524
　――の流通形態　135
黄茶　140, 313, 505
紅茶インストラクター　147
紅茶飲料　137
紅茶器　485
紅茶製造　276
「紅茶の日」　525, 526
紅茶輸入量　139, 524
紅茶用品種　220, 224
公道杯　488
抗毒素作用　443
高濃度茶カテキン　301, 303,
　　306
交配母本　226
抗発がんプロモーション作用
　　402, 412
後発酵茶　140, 154, 289, 312,
　　314, 351, 368
洪武帝　90, 170
高遊外　166, 173, 180
高麗　57
こうろ種　4, 318
黒磚茶　88, 290
黒茶　88, 94, 140, 154, 289, 368,
　　505, 506, 508, 509, 512
固形茶　154
古今名物類聚　165, 167, 180
顧渚茶　94, 95, 153, 257
骨芽細胞　436
骨粗鬆症　435
粉茶　313, 494, 522
粉引　142

コハク酸　550
コーヒーハウス　99, 106, 198,
　　205, 214, 564
コプラナー PCB　450
壺泡法　153, 162
小堀遠州　165, 167, 185, 190
胡麻豆腐　538
ゴールデンドロップ　505
ゴールデンルール　504
コレステロール　382, 383, 396,
　　417
コレステロール吸収阻害　418
コロナ　461
五郎八茶碗　513
婚姻と茶　196
工夫（コングウ）茶　31, 153,
　　162
コンジローマ　410

さ

再乾　257
晒青　160
再製加工　258
再製業者　142
再製茶　465
晒青緑茶　88, 160
サイトカイニン　231
細胞骨格　413
細胞周期　404
嵯峨天皇　10, 35, 164, 170, 484
酢酸　353, 372
挿し木　3, 220, 234
殺青　20, 153, 285, 313
サプリメント　394
サポニン　324, 441, 577
サリチル酸メチル　349, 372
サロン　99, 199
酸化　314
酸化ストレス　377, 389
三紅七緑　284
産地茶商　142
三道茶　194
酸味　472
サンルージュ　220, 226

し

仕上茶　142, 461, 465
仕上茶品評会　465
シェーグレン症候群　439

シェ（畲）族　12, 16, 29
シェルパ族　97
塩味　472
自家不和合性　2, 234
色彩色差計　476
色沢　457, 460, 476
試験管内挿し木　231
歯垢　445, 528, 570
自己免疫病　438
紫砂　488
シーサンパンナ（西双版納）・
　タイ（傣）族自治州　15,
　　89, 94, 160, 290, 552
脂質　321
脂質代謝　378
歯周炎　445
自然萎凋　277
司尊院　60
仕立て　236, 264
七事式　168, 180
シッキム　348
シックハウス症候群　572
室内萎凋　342
卓袱料理　535
シトクローム P450　402, 449
しとり　266
しとり度　266
渋味　462, 497
脂肪燃焼効果　304
シーボルト　132
滋味　457, 462
締炒　257
ジメチルスルフィド　259, 338,
　　346, 562
弱後発酵茶　140
弱発酵茶　140, 549
ジャスミン茶　96, 140, 163
ジャスモン酸メチル　344
ジャワティー　71, 253
揉捻　26, 134, 152, 256, 261,
　　265, 277, 286, 313
粥面　23
珠光（村田珠光）　165, 187
種子　318
寿命延長効果　388
腫瘍壊死因子　431
順応時間　472
ジュンポー族　64, 66, 67, 68,
　　130

索　引

硝酸態窒素　243
消臭効果　569, 570
精進料理　535
炒青　285
脂溶性ビタミン　325, 530
蒸熱　255, 261, 263, 265
少肥栽培　244
乗用型摘採機　238, 250
小葉種　4
照葉樹林地帯　11
松蘿茶　159
蒸留水　478
食事誘発性体熱産生　303
植物エストロジェン　446
食物繊維　322
ジョージア　73
ショート，トーマス　106
ジョンソン，サミュエル　199, 203
新羅　54
尻振り茶　540
シルベストリコバチ　249
人工萎凋　277
審査器具　454
審査室　452
審査台　453
浸出時間　500, 506, 522
新梢枯死症　246
身体活動代謝　303
新茶　336
進茶儀式　58
神農　51, 84
ジンバブエ　77, 133
ジンポー（景頗）族　64

す

水温　481, 498, 500, 505, 511, 522
水乾　257
水痕　24, 156
水色　45, 327, 457, 461, 476
水道水　478, 496
水溶性高分子画分　411
水溶性ビタミン　325
菅原道真　35
数奇　40
数寄屋御成　165, 167
スクアレンエポキシダーゼ　417
すくい網　455, 457
スクラルファート　408
スズラン香　349
スーティ・チャイ　195, 557, 558
ストリクチニン　419, 441
スマグラーズ　115
スムージー　531
スリランカ　110, 128, 191, 275
スローン，ハンス　103

せ

生花　184
青花磁器　487
生活習慣病　300, 422
正山小種　96, 350
青磁　22, 59, 153, 484
整枝　239
精揉　256, 261, 265
成人T細胞白血病　441
青磚　88, 290
青茶　140, 281, 313, 342, 505
製茶機械　265
　　──の省エネルギー　267
整腸作用　393
性フェロモントラップ　252, 246, 247, 249
生物多様性　242
生物農薬　249
清涼飲料水　560, 566
セイロン紅茶　129
セカンド・フラッシュ　131, 347
石州流　165, 167, 185
セルラーゼ　370
セルロース　322, 370
全国手揉茶品評会　465
剪枝　236, 239
剪枝更新　239
禅宗　38
染色体数　6, 9
喘息　419
煎茶　45, 169, 171, 180, 190, 254, 265, 313, 326, 328, 457, 460, 461, 462, 494, 522, 529, 542
磚茶　50, 160, 557
洗茶　506
煎茶歌　171

煎茶道　169
煎茶法　152, 155, 189, 484
煎茶用品種　222
千宗旦　166, 168
千利休　165, 186, 187, 189, 531
専売制度　92
染毛剤　577
前立腺がん　410
川柳　181

そ

草庵の茶　187
葬儀と茶　197
総合的病害虫管理　249
双井茶　159
宋の茶産地　94
測色値　475, 476
ソーサー　209, 487
粗揉　255, 261, 265
蘇轍　156

た

タイ　64, 553
待庵　165
ダイオキシン　449, 450
大紅袍　84, 286
大黒屋光太夫　526
ダイゼイン　446
堆積茶　351
タイ（傣）族　15, 67
台湾　28, 30, 96, 162, 287
台湾包種茶　284
他感作用物質　343
多環芳香族炭化水素　449
竹筒酸茶　13, 64, 289, 291, 370, 554
竹筒茶　64, 192
武野紹鷗　187
ダージリン　33, 69, 130, 131, 347
多田元吉　48, 219, 280
沱茶　88, 160
脱灰　445
脱臭効果　570
脱渋　244
田中鶴翁　166, 177, 180
田能村竹田　176
食べる茶　13, 193, 290, 552
玉解き（玉解け）　135, 278

玉緑茶 50, 224, 254, 313, 460, 461, 462, 494
打油茶 17, 193
タンザニア 77, 133, 275
炭水化物 322
炭疽病 246
団茶 24, 90, 94, 153, 155, 158, 170
タンニン 319, 361, 475, 568
タンパク質 320
短命種子 11

ち

チアミン 326
崔致遠（チェチウォン） 56
地紅茶サミット 276
窒素肥料 242
チノー（基諾）族 15, 552
チベット 195, 557
茶斡旋業者 143
チャイ 73, 79
チャイオジャー 75
チャイダンルック 73
チャイバルダー 74
茶入 189, 484
茶飲料製造 295
茶飲料の殺菌 296
茶運搬快速帆船 123
茶園 235
——の土づくり 241
——管理の機械化 249
茶花 184
茶荷 490
茶海 163, 488, 508, 510
茶粥 66, 294, 538
茶殻 455, 457, 529, 554
——の保存法 555
茶器［西洋］ 206, 485
茶器［中国］ 488
茶器［日本］ 483
『茶器名物図彙』 180
『茶経』 19, 51, 94, 152, 157, 161, 169, 484
茶業委員会 119, 130
茶業振興計画 145
茶業政策 144
茶草場 242
茶芸 161
茶系飲料 561

茶芸館 162
茶壺（ちゃこ） 153, 162, 506
茶こし 455, 505
茶詩 155
茶室 186
茶杓 41
茶税 92, 109, 114
茶筅 23, 41, 484, 511
チャ属 3
チャ中間母本 225, 226
茶銚 190
茶漬け 541
茶筒 515
茶壺（ちゃつぼ） 41, 189, 484
茶摘み 134
茶道具 188
茶道六君子 491
茶と菓子 543
チャトゲコナジラミ 248
茶と香粧品 576
茶と魚料理 547
茶と砂糖 564
茶と肉料理 551
チャの育種 219
茶の一般成分 320
茶の栄養成分 381
チャノキイロアザミウマ 247
チャの起原［日本］ 9
チャの原産地 4
茶の香気成分 335
チャノコカクモンハマキ 246
チャの栽培 234
チャの栽培面積［世界］ 127
茶の審査 452, 463
茶の審査用語 467, 468, 469
茶の水色成分 327
茶の生産量［世界］ 127
茶の呈味成分 357
『茶の博物誌』 104, 118
茶の華 22
チャの病害虫 245
チャの品種 221
チャノホソガ 247
茶の保存 514
茶の間 206
チャノミドリヒメヨコバイ 248, 287, 288, 343
茶の湯 40, 41, 165, 184, 186, 189, 483, 512

茶の流通［日本］ 141
茶葉罐 490
茶馬交易 87
茶馬古道 89
チャハマキ 246
茶振りなまこ 547
茶ベジ 529
茶房 57
チャン（羌）族 196
中興名物 190
中国紅茶 132
中国種 1, 3, 120, 318, 363, 528
中国茶 505
——のテーブルコーディネート 521
中国茶器 488
中国の茶生産・市場 139
中国の茶文化 151
中国緑茶 154, 159, 163, 505, 549
中揉 256, 261, 265
中性デタージェント繊維 475
中蒸し煎茶 522
雀舌（チュエショー）茶 59, 63
チュニジア 216
草衣禅師（チョイソンサ） 61
頂芽優勢 314
腸管出血性大腸菌 443
朝鮮 60
腸内細菌 376, 390
丁若鏞（チョンヤギョン） 61, 62
智異（チリ）山 55
チワン（壮）族 15, 193

つ

ツァンパ 195
漬物茶 14, 65, 66, 351, 353, 552
坪内 187

て

テアニン 4, 6, 243, 259, 364, 371, 379, 387, 390, 432, 475, 481, 498, 562
テアフラビン 330, 331, 363, 379, 402, 404, 450, 562, 573
テアフルビン 333

索　引

テアルビジン　330, 331, 363
ティーアーン　208, 211, 486
ティーインストラクター　148
ティーオークション　136
ティーカップ　207, 208, 487
ティーガーデン　215
低カフェイン茶　360
ティー・クリッパー　123, 126
ティー・コンプレクス　115
ティーショップ　215
ティーセット　487, 520
ティーテーブル　199, 204
ティーバッグ　78, 139, 279, 313, 505, 515
ティーパーティー　526
ティーフーズ　518, 519, 521
ティー・ブレイク　565
ティーボウル　487
ティーポット　207, 208, 486, 488
ディンブラ　349
手押し式施肥機　251
デオドラントケア　571
テオフィリン　357
テオブロミン　357
摘採　237, 316
出島　111
鉄観音　28, 86, 96, 287, 346
手摘み　238, 250
デニヤヤ　191
出開き度　237, 262
出開き芽　316
テーブルコーディネート　516
手揉み　265
デルフト　487
テルペノイド　350
テルペンアルコール　370
テルペンインデックス　10
てん（碾）茶　41, 153, 224, 254, 262, 313, 337, 460, 461, 462, 494, 510
点茶法　22, 152, 155, 161, 189, 484
点滴施肥　244
電動式挽臼　265
天目茶碗　164, 189, 484

と

糖脂質　321
糖新生　428
唐製　45
闘茶　24, 39, 164
凍頂ウーロン茶　96, 284, 288, 346, 550
糖尿病　383, 428
糖尿病合併症　429
唐の茶産地　93
東方美人　96, 287, 288, 334, 343
動脈硬化　378, 382, 417, 422
動力付施肥機　251
栂尾　164
ド・カンドル　4
特定保健用食品　307, 378, 564
『刀自袂』　168, 181
突然変異育種　226
突然変異抑制作用　401
トートリルア剤　249
ドーパミン　386
富山黒茶　289, 290, 294, 314, 351, 354, 368, 370, 513
トリハロメタン　497
トリメチルアミン　547, 570
ドリンク類　560
トルコ　73, 275
トレーサビリティー　254, 307
ドローイング・ルーム　206
トワイニング，トーマス　198, 214
トン（侗）族　193

な

ナイアシン　326
内質審査　454, 457, 461
内臓脂肪量　301
中尾佐助　8
抛入　184
投げ込み式　540
夏挿し　234
奈良茶飯　538
軟水　478, 495, 522

に

ニイエン　351
におい嗅ぎ分析　336
苦味　462, 4721, 497
濁り　458
躙口　187

二煎目　501
日常茶飯（時）　493, 529
日光萎凋　342
日鋳茶　158
日東紅茶　138
「日本の茶の話」　103
日本の茶文化　164
二番茶　241, 316, 321, 362, 364
日本型食生活　535
日本型茶芸館　523
日本紅茶協会　147, 150, 525
日本誌　103
日本茶　312, 493
　——のテーブルコーディネート　517
　——のプレゼンテーション　521
　——の流通　141
日本茶アドバイザー　146
日本茶インストラクター　146
日本茶業中央会　145
日本茶マスター　147
乳酸　371
乳酸菌　351, 370, 371, 390
ニュージーランド　80
ニルギリ　69, 131
仁清窯　167, 179, 190
認知閾値　471
認知症　385, 389, 398

ぬ

ヌワラエリア　349

ね

脳原（ネウォン）茶　58
ネットカップ　455
ネパール　97, 348
ネロリドール　343, 370
年中行事　518

の

農協共販　143
脳梗塞　425, 427
濃縮乾固物含量　478
脳卒中　423, 425
脳内出血　425
農薬　249
ノニルフェノール　446

は

バイオテクノロジー　228
売茶翁　45, 166, 173, 180
媒染剤　568
配糖体　347
胚培養　229
ハイバリヤーボトル　297
杯泡法　152
バイヤー　136
パウリ，シモン　100
萩焼　189
パーキンソン病　385
白居易　155, 169
白磁　22, 63, 153
白茶　91, 140, 313, 505, 549
破骨細胞　437
はさみ摘み　238, 250
バター茶　195, 294, 557
バタバタ茶　46, 290, 294, 514, 540
発がん抑制作用　405
発酵　278, 284, 313
発酵茶　312, 313, 363
八宝茶　194
発毛促進　578
ハトムギ　309
花磚茶　88, 290
花茶　140, 163
バニリン　349
バビロフ　4
パプアニューギニア　416
パラウン族　65
パラコート　450
バルクティー　137
ハロゲン化芳香族炭化水素　449
ハンウェイ，ジョナス　107
バンクス，ジョセフ　70, 119
半袋　42
番茶　41, 313, 483, 484, 494, 499, 522, 542
晩茶　42
パントテン酸　326
半発酵茶　140, 154, 160, 281, 312, 313, 342

ひ

非アルコール性脂肪性肝疾患 307
火入れ　329
火入れ香　341, 346
東インド会社［イギリス］　70, 109, 112
東インド会社［オランダ］　98, 109, 110, 122, 485
東山御物　165, 189
挽臼　265
非水溶性グルカン　445
ビスフェノールA　446
微生物農薬　249
ビタミン　322, 325
ビタミンA　326
ビタミンB_1　326
ビタミンB_2　326, 382
ビタミンB_6　326
ビタミンC　50, 52, 296, 326, 385, 402, 514
ビタミンE　327, 385
ビタミンK　327
ヒト全身性エリテマトーデス 438
ビニル被覆挿し　235
肥培管理　241, 252
肥培管理システム　252
ビフィズス菌　390
被覆肥料　243
ピープス，サミュエル　199, 214
ピペリン　378
肥満　300, 433
飄逸杯　488
ピラジン　339, 341
ピリドキシン　326
ピロリ菌　406, 413, 443
ピロール　341
びん首効果　10
品種登録　226
品茗杯　163, 490, 508
ビンロウ　15

ふ

ファースト・フラッシュ　131, 347
普洱（プーアル／プアール／プーアール）茶　88, 94, 154, 160, 163, 289, 290, 314, 351, 352, 368, 512

武夷岩茶　84, 283, 286, 345
武夷山　16, 28, 31, 84, 96, 160, 281, 286
武夷水仙茶　31
フイ茶　540
フィトケミカル　530
風炉　532
フェオフィチン　323, 329, 476, 514
フェオホルバイド　323, 329
フェーズⅡ代謝　373
フェニルアラニンアンモニアリアーゼ　10
フェニルエタノール　350, 372
フェノール化合物　351
深蒸し煎茶　313, 329, 457, 458, 461, 462, 494, 500, 522
深蒸し茶　254
福州　126
茯磚茶　88, 290, 368, 513
ブクブク茶　46, 540
藤村庸軒　168, 185
普茶料理　180, 535
普通挿し　234
普通審査法　452
福建省　281, 286
フッ素　324, 528, 570, 573
不発酵茶　312, 363
不飽和脂肪酸　321
不昧流　167
フラバノール　361
フラバノン　361
フラボノイド　323, 361, 402, 446, 570
フラボノール　323, 361
フラボノール配糖体　328
フラボン　323, 361
フラボン配糖体　328
フラン　341
プーラン（布朗）族　12, 13, 64, 553
プランテーション　69
ブリア＝サバラン　534
振り茶　46
武陵山　18
ブルース，チャールズ・A.　66, 119, 130
ブルース，ロバート　7, 66, 119, 130

古田織部　165, 167, 185
フルフラール　346
ブレックファースト・ルーム　206
ブレンド　78
ブレンド茶　309
ブレンド用サーバー　523
ブローカー　136
ブロークンタイプ　277
プロビタミンA　326
文山包種茶　284, 288
文人生　184
粉青　59, 63
粉体緑茶　510
文徴明　157
糞便臭　390

へ

米国式茶碗　454
餅茶　20, 153, 170
ヘキセノール　349
碧螺春　86, 90, 95
ペクチン　322, 498
ベジ茶　529
ベストドロップ　505
ペー（白）族　194, 558
ペットボトル　297, 477, 561
ベトナム　64, 233, 275
ペニシリウム（アオカビ）　368
べにひかり　220
べにふうき　276, 419
べにほまれ　220
ベネット, アーノルド　204
ペーパーポット育苗　235
ベロ毒素　444
ベンガル茶産地　131
辺銷茶　87
ベンジルアルコール　348, 349, 350, 372
ベンゾ（a）ピレン　449
ベンティンク, ウィリアム・キャヴェンディッシュ＝　119, 130

ほ

焙炉　41
鳳凰山　28, 29, 94, 162
鳳凰単叢　96, 287
抱合化反応　373, 376

焙じ茶　313, 329, 341, 483, 494, 522, 542
包種茶　313, 334, 460, 461
泡茶法　152, 161
烹茶法　485
飽和脂肪酸　321
北苑　23, 90, 94, 153, 155, 158
『北苑聞略』　527
ボストン茶会事件　110, 115
ホットパック　296
ボテボテ茶　46, 540
ボヒー　31, 108, 113, 123, 160, 211
ポリフェノール　301, 373, 382, 386, 402, 417, 530
ポリフェノールオキシターゼ　134, 312, 329, 363
ホルムアルデヒド　572
本ず被覆　260
ボーンチャイナ　487
『本朝食鑑』　179, 538, 577
ボンテクー, コルネリウス　101

ま

マイセン　207, 487
マウントハーゲン　416
マーカー選抜　232
マカートニー, ジョージ　70, 117
牧之原　47, 219
マスカット香（マスカテル）　343, 347
マスキング結果　547
マスト細胞　419
松平治郷（不昧）　165, 167, 180
抹茶　41, 262, 313, 359, 364, 510, 554
抹茶法　164
マヌカ　81
マラウィ　77, 133, 275
マレーシア　367
廻し注ぎ　500
回り摘み　238

み

ミアン／ミエン／ミャン　13, 14, 15, 65, 290, 291, 294, 353, 370, 553, 554

味覚　471
味覚閾値　364
味覚センサー　477, 478
味細胞　471
実生繁殖　235
水出し煎茶　502
水茶屋　181
密貿易人　108, 110, 115
南インド　131
ミネラル　324, 396
ミネラルウォーター　478
未病　530
ミャンマー　64, 196, 552
ミュータンス連鎖球菌　443, 570
味蕾　471
ミリセチン　323
ミルクティー　558
みる芽香　461
ミント香　350
ミント茶　215

む

無菌充法　296
ムコール（ケカビ）　370
蒸し製　254, 313, 336, 461, 462
蒸し製煎茶　483, 484
虫歯　443, 528, 573
村田珠光　165, 187

め

名物　189
命名登録　226
メイラード反応　329
夫婦茶筅　513
メタボリックシンドローム　300, 417
メチシリン耐性黄色ブドウ球菌　443, 445
メチル化カテキン　228, 419
メチル化抱合　352, 373, 376
メトキシベンゼン　352, 354
メバロン酸　417
メラノイジン　329

も

蒙山茶　158
孟臣壺　153, 162
モザンビーク　77

もち病 246
牧谿 189
擬き料理 536
モロッコ 215
聞香杯 163, 490, 508
モンゴル 195, 557, 558

や

ヤオ（瑤）族 12, 15, 192
やかん 211
焼海苔臭 336, 338
焼畑農耕文化 11
薬茶 93
やぶきた 219, 221, 314, 318, 338
山田宗徧 168, 180
ヤマチャ 10

ゆ

有機質肥料 243
ユウロチウム・クリストタム 369
ユーカース 8, 49
油茶 17, 193

よ

栄西 37, 503
葉酸 326, 382
葉緑素（クロロフィル）323
ヨノン 337, 342

ら

擂茶 15, 193
ラオス 64, 553
羅岕茶 159
樂茶碗 165, 189
ラクトン 339, 342, 345, 354
ラプサンスーチョン 96, 160, 350
ラペソー 14, 65, 196, 289, 290, 291, 294, 351, 370, 552

り

リウマチ 438
陸羽 19, 152, 161, 169, 484
リゼ 73
リナロール 10, 339, 343, 344, 346, 348, 349, 370, 372
リノレン酸 321
リーフタイプ 277
リプトン 138
リボフラビン 326
硫酸抱合体 376
龍井（りゅうせい／ロンチン／ロンヂン）茶 94, 95, 154, 160, 339
涼拌茶 552
緑茶 312, 327, 363, 529
緑茶製造 254
緑茶用品種 220

リン脂質 321
輪斑病 246

る

ルチン相当量 328
ルテイン 450
ルビスコ 320
ルワンダ 77

れ

レッグカット製法 278, 313
レットサム，ジョン・コークレイ 104, 118, 202
レトロネーザル 335
レニン-アンジオテンシン系 423

ろ

炉 188
ローターバン 135, 279, 313
ローデ・レーウメット号 98, 122
盧仝 172
龍井蝦仁(ロンチンシャーレン) 549

わ

ワギ・バレー 416
侘び茶 165, 187, 189, 484

資　料　編

－掲載会社目次－

株式会社　宇治田原製茶場……………………………………………………… 2
株式会社　丸久小山園…………………………………………………………… 3
株式会社　福寿園………………………………………………………………… 4

急須茶で、心豊かに。

月刊 茶の間　宇治田原製茶場　UJITAWARA SEICHA-JYO
〒610-0281 京都府綴喜郡宇治田原町
TEL：(0774) 99-8181

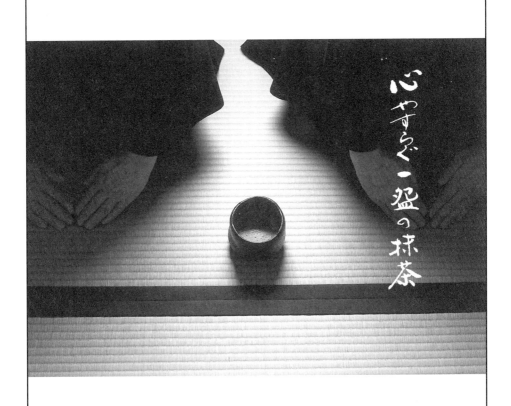

おいしいお茶 お詰めは 京都 福寿園でございます。

王朝文化の京都で、世界に伝えたい
宇治茶文化を体験できます。
京都本店
京都市四条通富小路角
TEL 075(221)2920

伝統のフレンチと宇治茶・
茶の湯のコラボレーション
ふれんち茶懐石
京都 福寿園茶寮
東京駅八重洲口グランルーフ3F
TEL 03 (6268) 0290

お茶づくりをご体験ください
宇治茶工房
宇治市宇治山田10番地(宇治川朝霧橋袂)
TEL 0774(20)1100

ちょっと一服・ちょっと体験
宇治喫茶館
宇治市宇治塔川1-1(宇治川沿い)
TEL 0774(20)1105

宇治茶銘菓「宇治のみどり」
宇治茶菓子工房
宇治市宇治蓮華35(平等院表参道)
TEL 0774(28)6810

CHA遊学パーク 京都府木津川市相楽台3-1-1(関西文化学術研究都市内) TEL 0774(73)1200
本社・山城工場 京都府木津川市山城町上狛東作り道11 TEL 0774(86)3901 http://www.fukujuen.com

編集代表略歴

大
おお
森
もり
正
まさ
司
し

1942 年　東京都に生まれる
1970 年　東京農業大学大学院博士課程修了
現　在　大妻女子大学名誉教授，お茶大学校長
　　　　農学博士

〔おもな編著書〕
『茶の科学』[共著]（朝倉書店，1991 年）
『フードマテリアルズ 新しい食品学各論』[共著]（化学同人，1997 年）
『お茶漬け一杯の奥義』[監修]（創森社，1998 年）
『食べるお茶が効く！』[共著]（主婦と生活社，2004 年）
『日本茶インストラクターに学ぶお茶の本』（キクロス出版，2005 年）
『お茶の大研究 おいしいいれ方から歴史まで』[監修]（PHP 研究所，2005 年）
『おいしい「お茶」の教科書 日本茶・中国茶・紅茶・健康茶・ハーブティー』（PHP 研究所，2010 年）
『日本茶をまいにち飲んで健康になる』（キクロス出版，2016 年）
『お茶の科学―「色・香り・味」を生み出す茶葉のひみつ（ブルーバックス）』（講談社，2017）
　　　…ほか多数

茶の事典

定価はカバーに表示

2017 年 9 月 15 日　初版第 1 刷
2019 年 6 月 25 日　　　第 3 刷

編者　大
おお
森
もり
正
まさ
司
し
　　　阿
あ
南
なん
豊
とよ
正
まさ
　　　伊
い
勢
せ
村
むら
　護
まもる
　　　加
か
藤
とう
みゆき
　　　滝
たき
口
ぐち
明
あき
子
こ
　　　中
なか
村
むら
羊
よう
一
いち
郎
ろう

発行者　朝　倉　誠　造

発行所　株式会社　朝　倉　書　店
東京都新宿区新小川町 6-29
郵便番号　　162-8707
電　話　03（3260）0141
FAX　03（3260）0180
http://www.asakura.co.jp

〈検印省略〉

ⓒ 2017〈無断複写・転載を禁ず〉　　印刷・製本　東国文化
ISBN 978-4-254-43120-9　C 3561　　Printed in Korea

JCOPY　〈(社)出版者著作権管理機構 委託出版物〉
本書の無断複写は著作権法上での例外を除き禁じられています．複写される場合は，そのつど事前に，(社) 出版者著作権管理機構（電話 03-3513-6969，FAX 03-3513-6979，e-mail: info@jcopy.or.jp）の許諾を得てください．

前東大 北本勝ひこ・首都大 春田 伸・東大 丸山潤一・
東海大 後藤慶一・筑波大 尾花 望・信州大 斉藤勝晴 編

食と微生物の事典

43121-6 C3561　　A5判 512頁 本体10000円

生き物として認識する遥か有史以前から、食材の加工や保存を通してヒトと関わってきた「微生物」について、近年の解析技術の大きな進展を踏まえ、最新の科学的知見を集めて「食」をテーマに解説した事典。発酵食品製造、機能性を付加する食品加工、食品の腐敗、ヒトの健康、食糧の生産などの視点から、200余のトピックについて読切形式で紹介する。〔内容〕日本と世界の発酵食品／微生物の利用／腐敗と制御／食と口腔・腸内微生物／農産・畜産・水産と微生物

日本伝統食品研究会 編

日本の伝統食品事典

43099-8 C3577　　A5判 648頁 本体19000円

わが国の長い歴史のなかで育まれてきた伝統的な食品について、その由来と産地、また製造原理や製法、製品の特徴などを、科学的視点から解説。〔内容〕総論／農産：穀類（うどん、そばなど）、豆類（豆腐、納豆など）、野菜類（漬物）、茶類、酒類、調味料類（味噌、醤油、食酢など）／水産：乾製品（干物）、塩蔵品（明太子、数の子など）、調味加工品（つくだ煮）、練り製品（かまぼこ、ちくわ）、くん製品、水産発酵食品（水産漬物、塩辛など）、節類（カツオ節など）、海藻製品（寒天など）

森田明雄・増田修一・中村順行・角川 修・鈴木壯幸 編
食物と健康の科学シリーズ

茶の機能と科学

43544-3 C3361　　A5判 208頁 本体4000円

世界で最も長い歴史を持つ飲料である「茶」について、歴史、栽培、加工科学、栄養学、健康機能などさまざまな側面から解説。〔内容〕茶の歴史／育種／植物栄養／荒茶の製造／仕上加工／香気成分／茶の抗酸化作用／生活習慣病予防効果／他

酢酸菌研究会 編
食物と健康の科学シリーズ

酢の機能と科学

43543-6 C3361　　A5判 200頁 本体4000円

古来より身近な酸味調味料「酢」について、醸造学、栄養学、健康機能、食品加工などのさまざまな面から解説。〔内容〕酢の人文学・社会学／香気成分・呈味成分・着色成分／酢醸造の一般技術／酢酸菌の生態・分類／アスコルビン酸製造／他

前宇都宮大 前田安彦・東京家政大 宮尾茂雄 編
食物と健康の科学シリーズ

漬物の機能と科学

43545-0 C3361　　A5判 180頁 本体3600円

古代から人類とともにあった発酵食品「漬物」について、歴史、栄養学、健康機能などさまざまな側面から解説。〔内容〕漬物の歴史／漬物用資材／漬物の健康科学／野菜の風味主体の漬物（新漬）／調味料の風味主体の漬物（古漬）／他

成蹊大 戸谷洋一郎・成蹊大 原 節子 編
食物と健康の科学シリーズ

油脂の科学

43552-8 C3361　　A5判 208頁 本体3500円

もっとも基本的な栄養成分の一つであり、人類が古くから利用してきた「あぶら」についての多面的な解説。〔内容〕油脂とは／油脂の化学構造と物性／油脂の消化と吸収／必須脂肪酸／調理における油脂の役割／原料と搾油／品質管理／他

前日大 上野川修一 編
食物と健康の科学シリーズ

乳の科学

43553-5 C3361　　A5判 224頁 本体3600円

高栄養価かつ様々な健康機能をもつ牛乳と乳製品について、成分・構造・製造技術など様々な側面から解説。〔内容〕乳利用の歴史／牛乳中のたんぱく質・脂質・糖質の組成とその構造／牛乳と乳飲料／発酵乳食品／抗骨粗鬆症作用／整調作用／他

関西福祉科学大 的場輝佳・味の素 外内尚人 編
食物と健康の科学シリーズ

だしの科学

43554-2 C3361　　A5判 208頁 本体3500円

日本の食文化の基本となる「だし」そして「旨味」について、文化・食品学・栄養学など様々な側面から解説。〔内容〕和食とだし／うま味の発見／味の成分／香りの成分／だしの取り方／肥満・減塩のメカニズム／だしの生理学／社会学／他

上記価格（税別）は 2019年5月現在